城市大型综合交通枢纽建筑技术研究

——上海铁路南站建筑技术

陈东杰　王美华　钱　培　编著

中国建筑工业出版社

图书在版编目（CIP）数据

城市大型综合交通枢纽建筑技术研究/陈东杰，王美华，钱培编著.
北京：中国建筑工业出版社，2006
ISBN 7 - 112 - 08473 - 3

Ⅰ. 城…　　Ⅱ.①陈…②王…③钱…　　Ⅲ. 城市 - 交通运输建筑 -
研究 - 上海市　Ⅳ. TU248

中国版本图书馆 CIP 数据核字（2006）第 080611 号

　　本书对上海铁路南站工程十二项重大工程技术仿真及试验研究做了全
面整理，内容包括：特长平行相邻基坑施工技术研究、预留土堤相邻基坑
施工技术研究、主站房风洞试验研究、超长大跨预应力环梁受力特性及施
工工艺研究、主站房抗震性能研究、主站房钢结构抗火验算研究、主站房
消防评估试验研究、主站房钢结构吊装技术研究、主站房屋面钢结构预应
力张拉技术研究、无柱雨棚钢结构铸钢件节点试验研究和主站房阳光板屋
面系统研究等。书中附有大量的计算数据和试验数据，内容丰富翔实。

　　本书可供有关工程技术、科研及教学人员参考。

＊　　＊　　＊

　　责任编辑：郦锁林
　　责任设计：肖广慧
　　责任校对：汤小平

城市大型综合交通枢纽建筑技术研究
——上海铁路南站建筑技术
陈东杰　王美华　钱　培　编著

＊

中国建筑工业出版社出版、发行（北京西郊百万庄）
新 华 书 店 经 销
北京嘉泰利德公司制版
北京蓝海印刷有限公司印刷

＊

开本：787×1092 毫米　1/16　印张：26　字数：630 千字
2006 年 9 月第一版　　2006 年 9 月第一次印刷
印数：1—2500 册　　定价：45.00 元
ISBN 7 - 112 - 08473 - 3
(15137)

序

　　上海铁路南站是一座铁路与城市交通的综合换乘枢纽，同时也是特大型城市市内的换乘枢纽。"以人为本"的设计理念将铁路、城市轨道、城市高架、城市动力广场、公交车站及长途、近郊车站等多种交通相互间有机联系，融为一体。整个工程占地 60.32hm²，全部地下工程建筑面积达 20 万 m²，相邻基坑施工是工程关键技术之一。主站房采用超大空间建筑布局，突破了国内现有的强制性规范。在结构上，采用大空间结构体系，屋面结构由 18 根 Y 形悬挑大梁组成，主梁由柱子支撑，内外圈柱子落在大尺寸预应力环梁上；环梁共有 5 道，最内圈周长为 477m，最外圈周长为 772m；整个屋面覆盖面积约 6 万 m²，钢结构安装总重量达 8000 多吨。主站房屋面系统大面积采用聚炭酸酯板，在国内外属于首次；在设计构思上，采用三层构造，既避免阳光直射，使光线柔和地进入室内，光线柔和，创造出宁静祥和的空间效果，并能够承受冰雹、雨水、风荷载等。主站房 Y 形主梁与内外柱相交节点，采用大尺度铸钢节点。此外，钢结构屋面呈曲线型，且内圈及外挑跨度均较大，属风载敏感结构，现行规范未提供类似结构的体形及风振系数等风载计算参数。这些重大技术问题为工程的顺利实施带来了挑战，这些问题的研究与解决直接决定着工程的成败。

　　本书对上海铁路南站工程中的特长平行相邻基坑、预留土堤相邻基坑、风洞试验、超长大跨预应力环梁、房屋盖抗震性能、钢结构抗火、消防评估、钢结构铸钢节点试验、主站房钢结构吊装、屋面钢结构预应力张拉、阳光板屋面系统和无柱雨棚钢结构铸钢件等十二项重点工程技术的试验及仿真研究做了全面总结与整理，附有大量的计算和试验数据，内容丰富翔实，反映了当今重大工程技术研究的最新成果；其中所体现的对重大工程技术问题的研究思路、分析模式、试验方法及研究成果，对我们今后解决好类似的重大工程技术问题都有着十分宝贵借鉴意义。

中国工程院院士

3

前　言

作为标志性建筑的上海铁路南站是国家重点工程，是上海铁路枢纽的南大门，也是上海市重要的对外交通枢纽和市内换乘枢纽，对促进"长三角"地区的经济和社会发展有着十分重要的意义。上海铁路南站工程包括站屋工程、广场工程、客运车场、机务段、客技站、沪杭线区间改造、邮政转运站及市政配套工程。上海铁路南站站屋及广场工程位于沪闵路以南，石龙路以北，规划中桂林路以东，柳州路以西，总规划面积为 60.32hm²。站屋工程主要由主站房、行包房、售票房组成，并充分考虑了站屋与轨道交通、公交枢纽站、长途汽车站、近郊汽车站、出租车以及步行等其他交通方式的相互连接，使之成为综合性大型交通枢纽。

上海铁路南站工程的重要性决定了其上海 21 世纪标志性建筑的定位。富有个性、形象强烈的建筑形态与城市环境的和谐共生，赋予其夺目的形象和长久的生命力，形成一个抽象意义上的"车轮滚滚，与时俱进"的建筑形态，巨大的圆形屋盖结构由 2 列钢柱支撑，18 组"人"字形钢架体现出建筑的力度和美感。

在设计理念上，本着"以人为本"的原则，努力将上海铁路南站建设成为与城市规划相协调，满足功能需求、适度超前，讲究效益，体现当今国际先进水平的现代化的铁路客站；充分体现上海铁路南站作为上海市重要的对外交通枢纽和市内换乘枢纽的特点，从功能上最大限度地方便旅客，以实现快速疏散，"以流为主"，解决好地铁、轻轨、城市公交、高速高架道路等与客站之间的联系，使其相互间有机联系，融为一体；充分展现上海铁路南站作为上海城市陆上门户的标志性形象，注重环境意识，合理布置广场空间，提高景观效果。

上海铁路南站站屋工程建筑面积为 56718m²，高架站屋主体檐口高度 24.4m，中心制高点高度 42.7m（距基本站台），站屋最高聚集人数按 6000 人考虑，上海南站近期办理旅客列车 46 对，其中市郊列车 10 对；远期办理旅客列车 63 对，其中市郊列车 12 对。主站屋采用南北贯通、高进低出的高架候车的布置方式，9.900m 标高的环形出发平台，南北下沉广场的到达旅客上客区，以及其他交通设施的布置，为旅客提供了最便利的换乘条件。

主站屋所有公共区域均考虑残疾人通行设施。工程耐火等级为一级。在环保设计上，站屋污废水合流经广场排入城市污水管网，主体站屋钢结构屋盖内侧设多孔铝合金板吸声吊顶，降低大空间噪声，主站屋的绿化环境设计采用集中式大面积绿化的手法，在南北广场分设坡形绿化广场，以草坪为主，乔木、灌木相结合，空间层次丰富。垃圾收集采用定点收集方式，定时清运至行车工程垃圾处理站。主站屋外围护主要采用低反射中空玻璃，屋盖采用双层聚碳酸酯玻璃和金属遮阳网片，充分利用自然光。9.900m 标高以下部位主要采用清水混凝土材料，达到粗犷、稳固的视觉效果，9.900m 标高以上部位采用高技术玻璃、新型屋面材料、连接精密的钢结构体系、铝合金遮阳系统，通过材料虚实对比、表

4

面质感及色彩的变幻，取得精致细腻的外观效果。整体建筑形象气势磅礴，具有极强的视觉冲击力和标志性特征。

在结构设计上，屋顶部分为中心带内压环的大跨度钢结构屋面，环绕主站屋的环通车道与主体结构连成整体。结构的设计使用年限为 100 年。工程设防烈度为 7 度，地震影响按近震考虑，场地土类别为 IV 类，建筑主站屋框架及剪力墙的抗震等级均为二级。由于工程铁路线、地铁及轻轨纵横交叉，为了达到支撑钢屋盖的柱子呈环向等距布置的要求来体现建筑师的设计意图，在标高 9.900m 平台上设置转换大梁，用以支撑上部钢屋盖传来的柱子荷重，由于转换梁高度对下月台的楼梯的通行净高有影响，考虑转换大梁及周边环梁均采用有粘结预应力宽扁梁，为增加转换梁的刚度，转换梁的截面采用工字型，而环向大梁与径向连系梁的空隙用于风管及水电管的穿行。为减小站台上柱子的尺寸，增加结构的延性，柱子考虑采用内置钢管混凝土。环绕主站屋的环通车道与 9.900m 标高平台结构连成整体，但主体结构与外围高架道路均设缝断开。为尽量减小 9.900m 标高平台结构的侧移，减小对上部钢屋盖受力的影响，在底层适当位置布置剪力墙体。考虑留设 8 条施工后浇带以减小混凝土的收缩应力，同时在进行 9.900m 标高结构的计算中，考虑了 ±20℃ 温度的影响。7.500m 标高与 9.900m 标高的联系坡道及候车平台四周的月牙形扭面均采用钢结构。

站屋屋面外形中部呈圆锥形，而外周悬挑部分则略为上翘，整个屋面结构由 18 根 Y 形主梁支撑，而主梁又支撑在内外两圈柱子之上，主梁最内端支撑在直径为 26m 的中心内压环上。主梁平面形状为 Y 形，截面形式为变截面的橄榄形，内柱以内部分增设拉杆和腹杆成为桁架，此种形式不仅增加了主梁的刚度，而且可防止在不对称荷载作用下内压环的摆动。主梁橄榄形截面的上下弦为 250mm × 250mm × 25mm 的方管，梁外壁钢板厚度为 10mm，每隔 3m 设置 T 形内加劲肋。环向檩条的下弦从主梁截面中穿过。

内柱共有 18 根，直径为 800mm，外柱共有 36 根，直径为 1000mm，为保证整个结构体系的稳定，柱脚均考虑采用刚性柱脚。主梁支撑在柱顶 Y 形的钢铸件支座之上，沿主梁轴向的支座形式为铰支座。屋顶中心内压环：主梁的顶端支撑在中心内压环上，中心内压环为设有斜杆的三角形桁架，其刚度足以承受主梁传来的压力。

为增加内环的刚度，减少柱底弯矩，除屋面布置有环向檩条外，在内环柱顶设置了大直径钢棒以承受环向拉力，外环则结合排水沟的设计，布置了环向桁架，此外为防止外环沿环向的扭转，每根外柱均设置了两根固定拉杆，同时在内外柱之间及内环与中心环之间也布置有拉索，以进一步增加内外环的抗扭能力。为减小屋面外挑部分在竖向荷载作用下的变形，沿屋盖结构四周也设置了拉力环带。

站屋内采用真空卫生排水系统，系国内外大面积采用。屋面采用虹吸排水系统。

工程用电负荷等级为一级负荷。在人员较集中的场所设置 EPS 集中供电式应急照明电源箱，作为应急照明备用电源，供主站屋疏散、诱导照明用电。工程一级负荷由二路电源同时供电，末端自切。

主站屋、行包房及内部用房均设置集中空调系统，且各自具有独立的冷热源。

主站屋广厅及普通旅客候车厅区域的高大空间采用自然排烟方式。火灾发生时，由消防控制中心发出信号，电动开启设置在屋顶的自然排烟窗进行排烟。排烟窗面积共 390m²，约占广厅和普通旅客候车厅地面面积之和的 1.5%。

弱电系统主要有：综合布线系统（GCS）、电话通信系统（CNS）、计算机网络系统（OAS）、有线电视系统（CATV）、安保系统、客运及应急广播系统、时钟系统、旅客引导显示系统、旅客信息查询系统、集成管理系统。

上海铁路南客站是项规模庞大的系统工程，其结构与铁路南站、地铁一号线、轨道交通明珠线及轻轨 L1 线的结构相接，在平面及空间上相互重叠，地下、地面交通可相互换乘，因此也形成了地铁站、轻轨站与南客站同步施工的特点。工程实施中，采取南北分块施工，缩短施工工期。

本书对上海铁路南站工程中的软土特长平行相邻基坑、预留土堤相邻基坑、风洞试验、超长大跨预应力环梁、房屋盖抗震性能、钢结构抗火、消防评估、钢结构铸钢节点试验、主站房钢结构吊装、屋面钢结构预应力张拉、阳光板屋面系统和无柱雨棚钢结构铸钢件等十二项重大工程技术的试验及仿真研究做了全面总结与整理。这些成果是上海铁路局、同济大学、华东建筑设计研究院有限公司、铁道第四勘察设计院、上海建工（集团）总公司、上海第七建筑工程有限公司、上海建工机械施工股份有限公司、江南重工股份有限公司、中铁二十四局集团有限公司、中铁四局集团有限公司、珠海市晶艺玻璃工程有限公司等所有参与上海铁路南站工程建设者的辛勤劳动与智慧结晶。

本书由陈东杰、王美华、钱培编著，傅钦华、程学东、韩志伟、朱世镇、夏阳、方继、杨磊、张云鹤、陆成、胡莲花、臧伟林、潘忠庆、袁斌、吴玉勇等参编，感谢赵翠书、黄鼎业、李国强、徐伟、罗忆、罗永峰、吴欣之、蒋首超、顾明、陈以一、赵勇等对上海铁路南站工程建设所做的贡献以及对重大工程技术研究所给予的支持和帮助。由于全书涉及内容较广，错误和不当之处在所难免，恳请读者批评指正。

目　录

第一章　特长平行相邻基坑施工技术研究 ……………………………… 1
　　第一节　概述 …………………………………………………………… 1
　　第二节　工程概况及工艺特点 ………………………………………… 4
　　第三节　相邻基坑平行开挖有限元分析 ……………………………… 6
　　第四节　相邻基坑开挖实现及监测分析 ……………………………… 28

第二章　预留土堤相邻基坑施工技术研究 ……………………………… 37
　　第一节　工程概况及工艺特点 ………………………………………… 37
　　第二节　预留土堤相邻基坑开挖有限元分析 ………………………… 40
　　第三节　相邻基坑预留土堤开挖实现及监测分析 …………………… 48
　　第四节　本章小结 ……………………………………………………… 59

第三章　主站房风洞试验研究 …………………………………………… 60
　　第一节　概述 …………………………………………………………… 60
　　第二节　风洞试验 ……………………………………………………… 60
　　第三节　屋盖结构风致响应分析 ……………………………………… 106

第四章　超长大跨预应力环梁受力特性及施工工艺研究 ……………… 116
　　第一节　空间曲线筋摩擦和锚固预应力损失计算 …………………… 116
　　第二节　摩擦损失测试及摩擦系数反演 ……………………………… 123
　　第三节　主站房环梁部分有限元分析 ………………………………… 129
　　第四节　超长混凝土框架梁的温度收缩裂缝分析和控制 …………… 155
　　第五节　超长预应力混凝土框架梁的布索方案 ……………………… 162
　　第六节　结论及建议 …………………………………………………… 168

第五章　主站房屋盖抗震性能研究 ……………………………………… 170
　　第一节　绪论 …………………………………………………………… 170
　　第二节　研究内容与模型 ……………………………………………… 173
　　第三节　大跨新型钢屋盖结构的动力特性研究 ……………………… 174
　　第四节　大跨新型钢屋盖结构的时程分析 …………………………… 180

第六章　主站房钢结构抗火验算研究 …………………………………… 202
　　第一节　主要工作及验算依据 ………………………………………… 202

第二节　火灾场景 ··· 202
第三节　屋面钢构件温度计算 ··································· 204
第四节　结构反应分析 ·· 205
第五节　分析结果 ··· 207
第六节　结论与建议 ·· 222

第七章　主站屋消防仿真分析 ································ 223
第一节　评估内容及目标 ·· 223
第二节　评估方法 ··· 223
第三节　火灾场景 ··· 227
第四节　上海铁路南站的 CFD 模型 ························· 234
第五节　CFD 模拟结果 ··· 236
第六节　CFD 模拟结果讨论 ····································· 247
第七节　紧急疏散 ··· 248
第八节　屋面钢架结构的评估 ·································· 250
第九节　建议 ·· 250
第十节　结论 ·· 251

第八章　主站房铸钢节点试验研究 ························ 253
第一节　工程概况与试验目的 ·································· 253
第二节　试验方案 ··· 256
第三节　材性试验 ··· 264
第四节　主要试验测试结果 ····································· 265
第五节　有限元分析与试验结果的对比 ····················· 276
第六节　结论 ·· 285

第九章　主站房钢结构吊装施工技术研究 ··············· 286
第一节　概述 ·· 286
第二节　施工工艺 ··· 290
第三节　测量校正 ··· 299
第四节　焊接工艺 ··· 301
第五节　质量措施 ··· 304
第六节　安全技术措施 ··· 305
第七节　安全用电措施 ··· 307

第十章　屋面钢结构预应力张拉技术研究 ··············· 308
第一节　屋面钢结构体系 ·· 308
第二节　施工方案 ··· 311
第三节　分析验算 ··· 312

第四节　方案分析 ··· 313

第五节　方案比较 ··· 361

第六节　结论与建议 ··· 366

第十一章　车站无柱雨棚铸钢节点试验研究 ···························· 367

第一节　概况 ··· 367

第二节　试验设计 ··· 369

第三节　试验结果 ··· 375

第十二章　阳光板屋面系统研究 ·· 381

第一节　前言 ··· 381

第二节　工程概况 ··· 382

第三节　阳光板屋面系统力学性能分析 ··· 385

第四节　试验研究 ··· 387

第五节　结论 ··· 389

参考文献 ··· 390

上海铁路南站建设大事记 ··· 393

第一章 特长平行相邻基坑施工技术研究

第一节 概 述

一、上海南站地下工程组成

上海铁路南站是上海市 21 世纪标志性建筑,是上海市重要的对外交通枢纽和市内换乘枢纽,工程建筑设计理念超前,"以人为本"的设计理念将地铁、轻轨、城市公交、高速高架道路等与客站相互间有机联系,融为一体。整个工程占地 60.03hm²,包括主站房及南北广场等在内的地下工程的建筑面积 20 多万 m²。其中,圆形主站屋直径 270m,地下汇集了地铁 R1 线车站(以下简称 R1 线)、地铁明珠线车站(以下简称 M3 线)、轻轨 L1 线车站(以下简称 L1 线)、行包邮政联系地道(以下简称联系地道)、主站屋设备地道、旅客出站地道、南北广场联系地道、行包地道及邮政地道等地下结构(图 1-1-1),共划分为 6 个开挖区域,其中 4 个区域在主站房下。上海南站相邻地下工程施工主要采用二

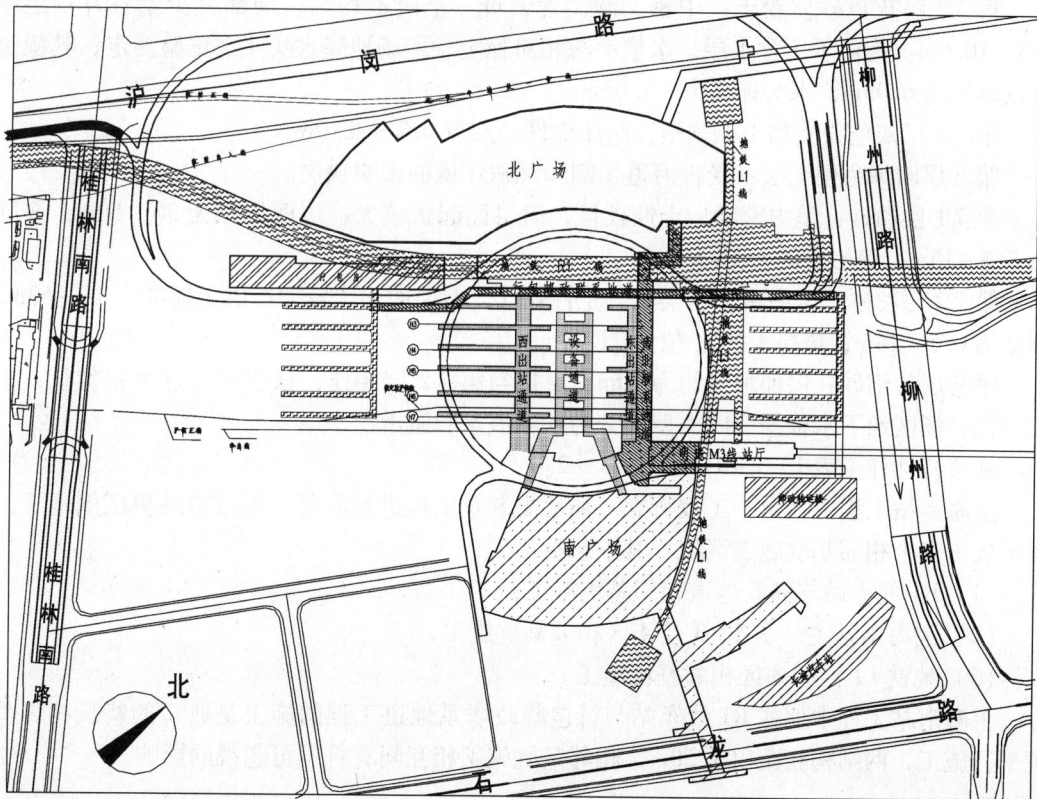

图 1-1-1 上海南站地下工程构成

种方式进行：一种是在 1 区内的以 R1 线车站与联系地道为代表的特长相邻基坑平行施工形式，另一种是在 2 区、3 区内采取的预留土堤相邻基坑施工。相邻基坑施工直接影响着上海南站整个工程的安全、质量、工期和成本。本章主要讨论特长平行相邻基坑施工技术。

二、工程地质情况

工程所在地区广泛分布第四系全新统（Q_4）软土层，为典型的海相软土层，具有高含水量、高孔隙比、低强度等特点，地震基本烈度为 7 度。

场地处于古河道分布区，地层变化情况复杂，具有缺失第⑥层暗绿色硬土层、第⑤层厚度较大且土性变化较大、第⑦层埋藏较深且标高变化较大的特点。工程区域现状地势平坦，地面标高一般为 4.400 ~ 4.600m（取平均值 4.500）。各土层主要分布如下：

第①层杂填土：含少量碎石，松散，下部含植物根茎；层厚 0.7 ~ 4.5m。

第②层褐黄色粉质黏土：可 ~ 软塑，局部为黏土；层厚 0.6 ~ 2.8m。

第③层灰色淤泥质粉质黏土：流塑，土质不均匀，高压缩性；层厚 1.2 ~ 7.2m。

第④层灰色淤泥质黏土：流塑，局部含云母和薄砂层；层厚 6.0 ~ 11.5m。

第⑤1 层灰色粉质黏土：软塑，夹少量片层砂，局部为粉土，高压缩性、高灵敏度；层厚 2.0 ~ 6.9m。

第⑤2 层灰色砂质粉土：中密，湿，含云母，土质不均匀，局部夹少量黏片；层厚 2.5 ~ 10.0m。为弱承压含水层，水位动态相对稳定，经场地降水头注水试验测定，其稳定水位埋深为 6.05m，水头标高为 −1.65m。

第⑤3 层灰色粉质黏土：软塑，高压缩性；层厚 0.7 ~ 23.0m。

第⑥层暗绿色硬土层：受古河道切割和沉积环境的影响缺失。

第⑦1 层粉砂：呈中密状，土性较佳，但层面起伏较大；层面埋深为 30 ~ 50m，厚度为 2.5 ~ 15m；该层土的 p_s 值为 9.72。

第⑦2 层粉砂：呈中密 ~ 密实状，土性较佳，但层面起伏较大；层面埋深为 45 ~ 60m，厚度为 6.5 ~ 24m；该层土的 p_s 值为 21.37。

第⑨层粉细砂：层面埋深约为 70m，直接与第⑦2 层相连，该层厚大且呈密实状，土层较佳；场区地下水根据成因类型可分为孔隙潜水和微承压水。

地层特性详见表 1 - 1 - 1、图 1 - 1 - 2。

上海南站工程中，由于工程特点、场地限制及工程进展需要，圆形主站房区域地下工程形成了多个相邻基坑施工区域，其中包括：

（1）R1 线车站与联系地道相邻基坑施工；

（2）上海南站主站房 2、3 及 4 区相邻基坑施工；

（3）地铁 L1 区间 3 区相邻基坑施工。

上海南站工程中地铁 R1 线车站与行包邮政联系地道工程的施工是典型的特长相邻基坑平行施工，两结构相距仅 7.50m，相邻基坑施工相互间有着不可忽视的影响。

土层层号	土层名称	层厚（m）	层底标高（m）	颜色	湿度	状态	密实度	压缩性	土层描述
①1	杂填土	0.80~1.74 14.60	3.59~2.68 -10.22	杂~黄	很湿		松散		夹煤渣、石块及混凝土块等杂物，下部以黏土为主
①2	浜土	1.50~2.06 2.60	1.29~0.74 0.10	黑色	饱和	流塑			含多量黑色有机质，夹碎石、煤屑等杂物
②	黏土	0.50~1.62 2.40	1.95~1.17 0.52	褐黄~灰黄	湿~很湿	可塑~软塑		中等	含氯化铁及铁锰质结核。随深度增加土质变软，局部为粉质黏土
③	淤泥质粉质黏土	1.20~2.3 3.70	-0.14~-1.19 -2.33	灰	饱和	流塑		高等	含云母、夹薄层粉砂，局部夹砂质粉土团块
④	淤泥质黏土	1.90~10.35 12.00	-10.88~-11.7 -12.64	灰	饱中	流塑		高等	含云母、夹薄层粉砂，底部夹贝壳碎屑
⑤1	黏土夹黏质粉土	2.30~3.61 4.30	-14.36~-15.32 -16.19	褐灰	很湿	软塑		高等	含云母、腐植质，黏土与黏质粉土量互层状分布
⑤2	砂质粉土	5.50~7.20 8.30	-21.18~-22.5 -23.89	灰~青灰	饱和		稍密~中密	中等	含云母、腐植质，夹薄层黏性土
⑤3	粉质黏土	0.60~14.78 24.70	-22.58~-37.5 -47.33	褐灰	湿	软塑~可塑		中等	含云母、有机质，偶见钙质结核；夹薄层粉砂及粉砂团块，土质不均
⑥	粉质黏土	1.40~2.72 4.00	-24.18~-26.04 -29.07	暗绿	湿~稍湿	可塑~硬塑		中等	含氯化铁及铁锰质斑点
⑦1-1	砂质黏土	1.20~3.27 9.00	-28.14~-39.9 -48.73	灰绿~草黄	饱和		中密~密习	中等	含云母、氯化铁，局部夹黏性土
⑦1夹	粉质黏土夹砂质粉土	0.90~2.70 5.70	-31.38~-42.7 -50.04	草黄~褐灰	湿~稍湿	可塑		中等	含云母、氯化铁条纹，局部夹砂质粉土
⑦1-2	粉砂	1.70~5.61 10.90	-35.45~-47.3 -56.64	草黄~青灰	饱和		中密~密实	中等	含云母、氯化铁，局部夹多量粉性土。局部（如C31）静态 p_s 值较小
⑦2	粉细砂	8.50~17.68 29.00	-63.85~-64.7 -65.80	草黄~青灰	饱和		密实	中~低等	含云母、氯化铁条纹，颗料以长石、石英为主
⑨1	粉细砂	6.00~6.74 8.00	-70.89~-71.5 -72.30	青灰	饱和		密实	中~低等	含云母，夹薄层黏性土及粉质黏土
⑨2	粉细砂	未钻穿	未钻穿	青灰	饱和		密实	中~低等	含云母，夹中砂。9孔夹粉质黏土透镜体

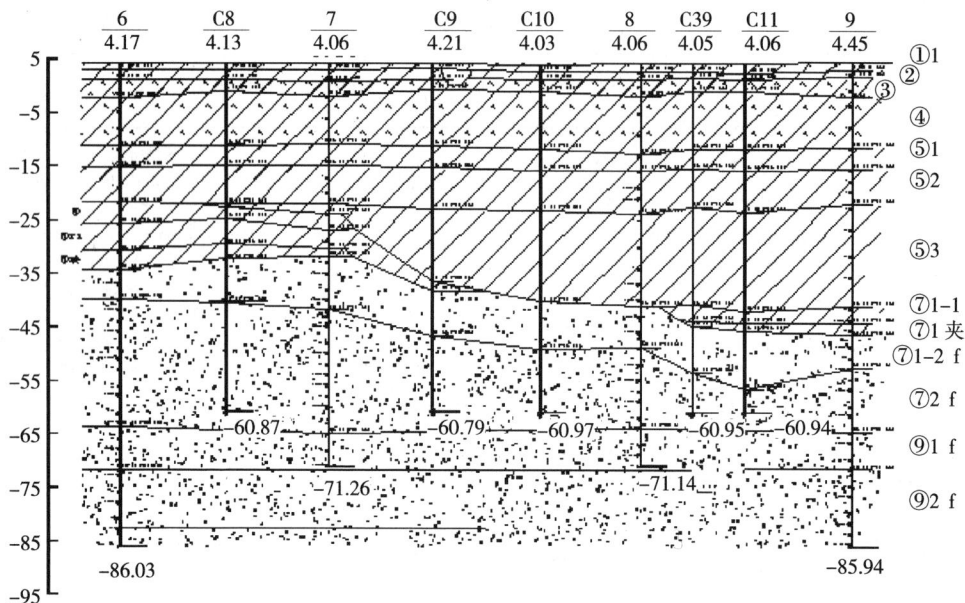

图 1 − 1 − 2　上海南站典型地质剖面

第二节　工程概况及工艺特点

一、工程概况

R1 线上海南站站改建工程改建线路总长约 2.08km。改建后的 R1 线上海南站位于距原站址以南约 200m 处、上海南站主站屋北端下，地下二层三跨箱型框架结构，采用明挖顺做法施工，基坑标准段宽度约 23m，基坑长度约 274m，标准段挖深 14.42m，设四道 $\phi609 \times 16$ 钢管支撑。基坑深度为 14 ~ 15m，围护结构采用 0.8m 厚地墙，内衬采用 400mm 厚钢筋混凝土墙。

联系地道与 R1 线围护结构的南侧相距 7.50m（图 1 − 2 − 1），R1 线结构北侧就是北广场地下结构。联系地道从主站屋西侧的行包房起进入主站屋向东穿行，渐渐由浅入深，并从东侧 L1 线站厅结构的底下横穿而过，之后折而向南穿过铁路线由石龙路一侧出地面，全长约 435.4m，由于穿越 L1 线站厅结构，挖深最深处为 15.86m，其余挖深在 5.2 ~ 10.77 ~ 15.86m，其中：

GDK1 + 145.755 ~ GDK1 + 017.200	挖深 5.2 ~ 10.77m
GDK1 + 017.200 ~ GDK0 + 887.000	挖深 10.77 ~ 11.05m
GDK0 + 887.000 ~ L1 线中心	挖深 11.05 ~ 15.86m
L1 线中心 ~ GDK0 + 758.500	挖深 15.86 ~ 10.52m
GDK0 + 758.500 ~ GDK0 + 706.275	挖深 10.52 ~ 5.2m

工程地面相对标高为 − 2.030m（相对标高）。联系地道围护根据不同挖深，分别采用地下连续墙与 $\phi850$ SMW 工法桩形式（表 1 − 2 − 1）。其中地下连续墙 800mm 厚，混凝土为水下 C30，抗渗 P8；墙顶标高为 + 0.530m、+ 4.50m 和 − 2.724m，墙底标高为 − 16.000 ~ − 21.500m。SMW 工法桩 H 型钢规格为 700mm × 300mm × 13mm × 24mm，桩长

为21m，间距1200mm，坑内地基加固采用深层搅拌桩和高压旋喷桩相结合的形式。坑内采用轻型井点及深井进行坑内降水。

联系地道各段围护情况

表 1-2-1

分段	里 程	围护形式	围护长度/m	围护顶标高/m	支撑数量	支撑位置
1	GDK1+145.155~GDK1+112.300	SMW 工法桩	32.855	-2.030	1	第一道离围护顶 500mm、1500mm
2	GDK1+112.300~GDK1+059.230	SMW 工法桩	53.070	-2.030	2	第一道离围护顶 1200mm 第二道离底板面 1800mm
3	GDK1+059.230~GDK1+47.650	SMW 工法桩	11.580	-6.300	1	第一道离围护顶 450mm
4	GDK1+47.650~GDK1+17.200	SMW 工法桩	30.450	-6.300	2	第一道离围护顶 450mm 第二道离底板面 1800mm
5	GDK0+17.200~GDK0+884.485	SMW 工法桩	132.715	-6.300	2	第一道离围护顶 450mm 第二道离底板面 2500mm
6	GDK0+884.485~GDK0758.500	地连墙	125.985	-2.03 -6.30 -9.254	2~4	第一道离围护顶 1000mm 第二道离底板面 2500mm 第三道由第二道向上 4000mm
7	GDK0758.500~GDK706.845	SMW 工法桩	51.655	-2.03	2~3	第一道离围护顶 1000mm 第二道离底板面 2500mm

整个联系地道以 L1 线车站为界划分为三个施工段，L1 线车站以西为第一段，L1 线车站内为第二段，L1 线车站以东为第三段。施工结合 R1 线及 L1 线工程整体考虑：先做好联系地道围护及基底加固，然后进行大开挖至 -6.300m 标高，再进行联系地道开挖，开挖随 R1 线结构由西向东推进。

R1 线车站与行包联系地道形成相邻基坑施工，如图 1-2-1、图 1-2-2 所示。

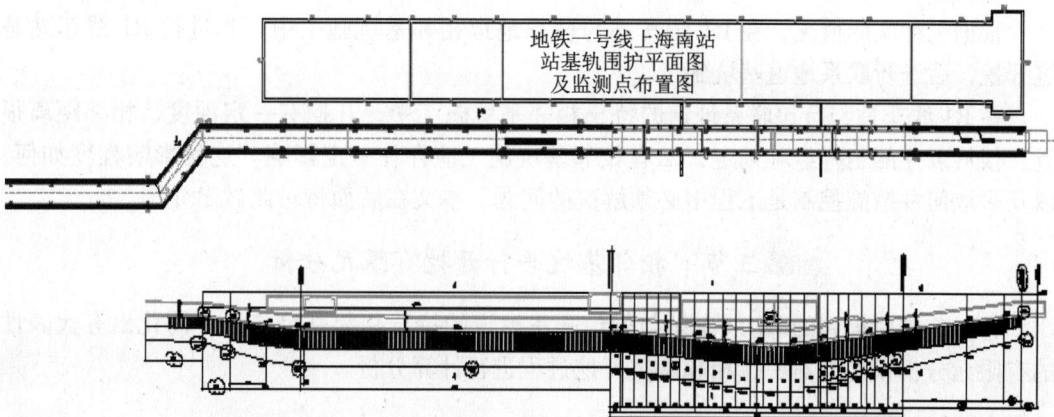

图 1-2-1 R1 线车站与联系地道特长基坑平行相邻

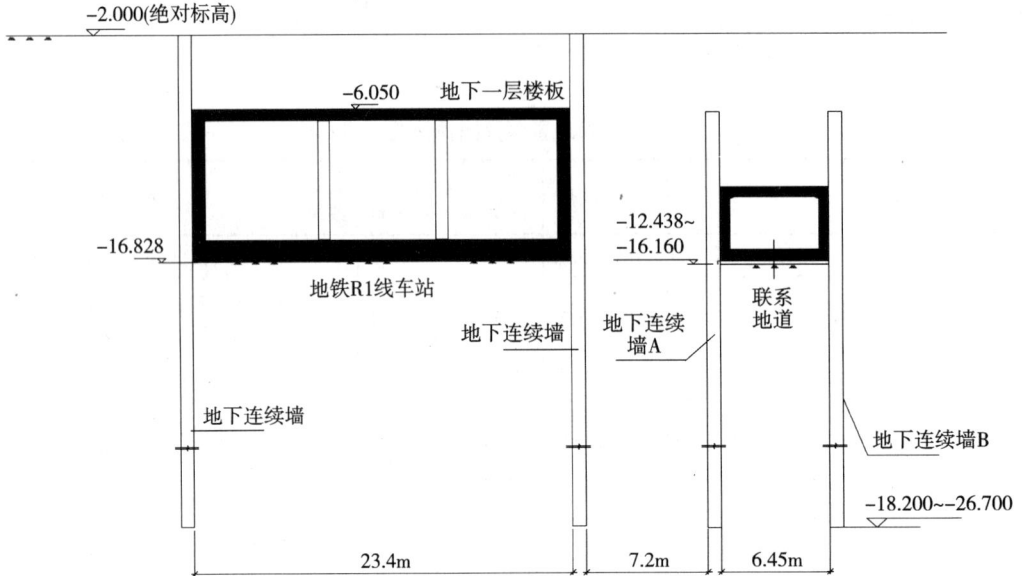

图 1-2-2 R1 线车站与联系地道基坑相邻关系剖面

二、工艺特点

从上述工程情况可以看出，R1 线车站与联系地道形成特长相邻基坑施工。其主要施工工艺特点如下：

（一）每个基坑都比较长

R1 线改建工程线路总长约 2.08km，改建的车站部分基坑长度 274m，行包联系通道全长约 435.4m，此外，相邻二基坑都有一定深度，二者最大开挖深度都超过 15m。

（二）二个基坑相邻很近

行包联系地道与 R1 线围护结构的外侧相距仅 7.50m，而开挖深度是邻近距离的 2 倍。

（三）在施工顺序

根据工程实际情况，在 R1 线车站与联系地道相邻基坑施工中，先进行 R1 线车站基坑开挖，后进行联系地道基坑施工。

在 R1 线车站与行包联系地道的特长相邻基坑施工中，开挖有一定深度，相邻距离很近，仅从以往的工程经验判定，二者相邻基坑施工应存在一定影响。这种影响程度如何，以及采取何种措施控制是工程中必须解决的问题。本文在后面将对此做出介绍。

第三节　相邻基坑平行开挖有限元分析

针对前文所提到的 R1 线车站与行包联系地道的特长相邻基坑施工，简化出有代表性的有限元分析模型，对平行相邻基坑开挖过程进行计算分析。

一、相邻基坑平行开挖有限元分析模型及计算工况

（一）有限元计算模型

沿基坑周边法线方向作一竖向剖面，取相邻基坑的围护壁结构、支撑、相邻基坑间的土体及开挖影响范围内的土体为研究对象，该问题属于典型的平面应变问题，模型简化过程中考虑了对称性，取半结构进行分析，水平支撑按刚度等效的原则简化。

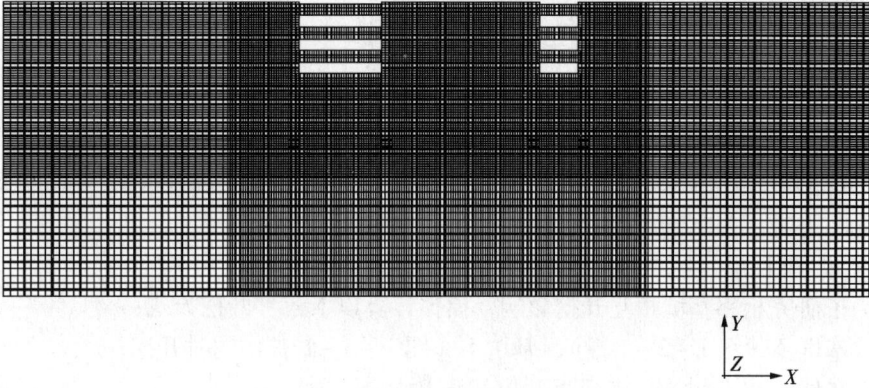

图 1-3-1　有限元计算网格

图 1-3-1 为有限元网格划分情况。网格划分上主要采用任意四边形单元（Arbirary Quadrilateral Plaine-strain），局部划分采用三角形单元（Plain Strain Triangle）以适应划分情况，单元均采用双线性内插函数，采用四个高斯积分点形成刚度。对于混凝土与土体接触问题，采用特殊单元（Special Element）－摩擦及接触单元（Friction and Gap Link Element）模型。任意四边形单元有较高的精度，形状任意，容易适应复杂的边界条件。

计算范围与边界条件：水平范围取地下连续墙外侧 62m，即 $4h_0$，垂直计算范围取开挖面下 46.50m，即 $3h_0$，垂直断面上施加水平不动边界，水平断面上施加竖向不动边界。

材料模型与参数：综合考虑地质资料及有关试验材料，并结合上海地区岩土工程经验以后，计算中将土层划分为三层，工程地质材料计算参数取值见表 1-3-1。

土层力学参数 表 1-3-1

土　　层	弹性模量（kPa）	泊松比	重度（kN·m^{-3}）	黏聚力（kPa）	内摩擦角（°）	层厚（m）
浅层粉质黏土	3000	0.4	18.5	11	10.5	9.3
粉质黏土夹砂质粉土	6000	0.38	18.5	8	20	10.7
粉细砂	8000	0.35	19	5	32	20

地下连续墙围护壁结构采用弹性模型，地下连续墙和支撑弹性模量均取 $3 \times 10^7 \text{kPa}$，泊松比 0.2。土体分析采用总应力法，岩土材料取 Drucker-Prager 模型，采用广义 von Mises 屈服条件：

$$F = \alpha I_1 + \sqrt{J_2} - \frac{\overline{\sigma}}{\sqrt{3}} = 0$$

$$\alpha = \frac{\sin\varphi}{\sqrt{3}\sqrt{3+\sin^2\varphi}}$$

$$\bar{\sigma} = \frac{3c\cos\varphi}{\sqrt{3+\sin^2\varphi}}$$

式中 I_1——应力张量第一不变量；

J_2——应力偏张量第二不变量；

c，φ——土体内聚力和内摩擦角。

Drucker-Prager 屈服准则在应力空间为一圆锥，在 π 平面上为 Mohor-Coulomb 屈服曲线的内切圆。

（二）计算工况

1. 为了研究相邻基坑相互开挖影响，模拟计算以下三种开挖方式：

（1）基坑 A（图 1-3-1 左）、基坑 B（图 1-3-1 右）同时开挖；

（2）基坑 A 先开挖，到底后再开挖基坑 B；

（3）基坑 B 先开挖，到底后再开挖基坑 A。

其中，基坑 A、B 围护壁结构按地下连续墙 30m 长，800mm 厚，钢筋混凝土 C30，按 3 道 ϕ609 钢管水平支撑模拟开挖，水平间距 4m，垂直距地面依次为 1.10m、6.00m、11.00m，最大开挖深度 h_0 = 15.50m，基坑 A 开挖面宽度 20m，基坑 B 开挖面宽度 10m。

基坑分 4 层开挖施工，分层厚度分别为 1.50m，6.50m，11.50m，15.50m，每层土方开挖后设置支撑，再进行下一层土体的开挖。计算中将每一工况作为一个荷载时步，按增量法模拟施工过程。

2. 为了研究相邻基坑的邻近距离（以 D_a 表示）对开挖的影响，对每种开挖方式分别考虑基坑的邻近距离 D_a = $4h_0$、$2h_0$、$1h_0$、$0.5h_0$，即 D_a = 62.00m、31.00m、15.50m、7.75m，其中 h_0 为基坑最大开挖深度，h_0 = 15.50m。

3. 除上述的基坑邻近距离、开挖顺序以外，还分别计算分析影响相邻基坑变形的其他几个因素：相邻基坑开挖面大小、围护壁刚度、支撑刚度、土体加固等。

二、相邻基坑平行开挖有限元计算结果分析说明

通过对各种工况进行有限单元分析，得到大量计算结果。图 1-3-2、图 1-3-3 是相邻基坑同时开挖、D_a = $2h_0$ 时的位移场分布图。

从相邻基坑开挖计算结果可以看出，相邻基坑开挖过程中，由于相邻基坑开挖而使得邻近基坑围护壁水平变形和基坑隆起量呈现出与单基坑开挖不同的变形特点，相邻基坑施工的影响是明显存在的，而且在一定范围内更加突出。因此，在相邻基坑开挖过程中，必须要考虑由于相邻基坑开挖而产生的影响。

实际工程中，基坑围护壁水平变形及坑底隆起量往往对施工周边环境控制及结构施工起到制约作用，因此对各种工况下的计算结果进行整理分析，以相邻基坑开挖结束后的围护壁水平变形及坑底隆起作为研究对象，研究各工况下相邻基坑开挖的基本特点。

从基坑变形的角度来看，相邻基坑施工变形影响因素主要表现在以下几个方面：基坑邻近距离、开挖顺序、相邻基坑开挖面尺寸、围护壁刚度、支撑刚度、土体加固等因素。

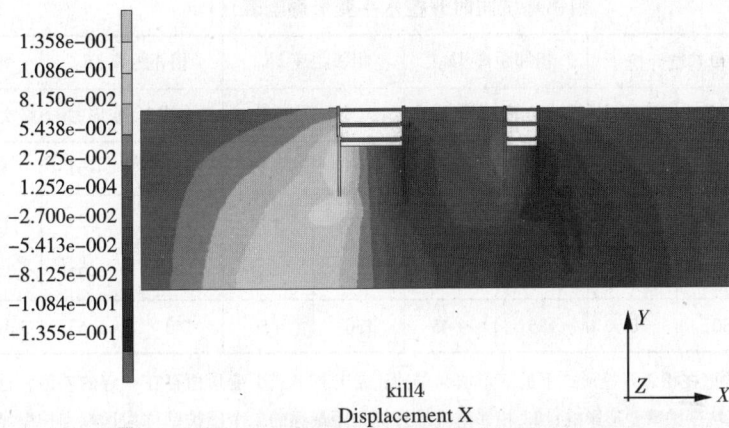

1.358e-001
1.086e-001
8.150e-002
5.438e-002
2.725e-002
1.252e-004
-2.700e-002
-5.413e-002
-8.125e-002
-1.084e-001
-1.355e-001

kill4
Displacement X

图 1-3-2　相邻基坑同时开挖的 X 方向位移场分布

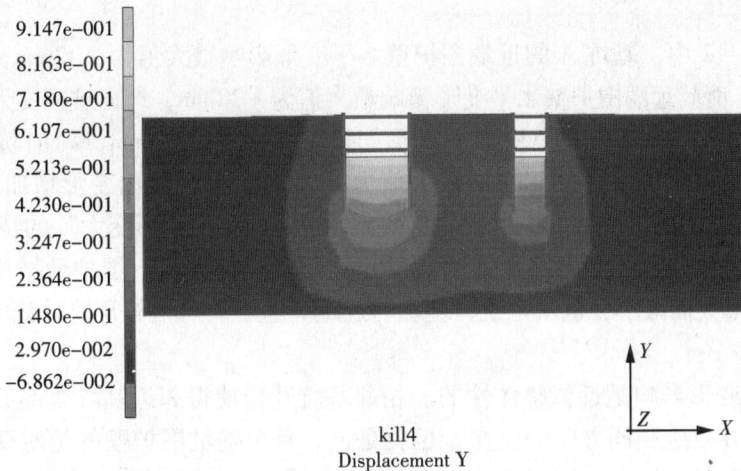

9.147e-001
8.163e-001
7.180e-001
6.197e-001
5.213e-001
4.230e-001
3.247e-001
2.364e-001
1.480e-001
2.970e-002
-6.862e-002

kill4
Displacement Y

图 1-3-3　相邻基坑同时开挖的 Y 方向位移场分布

三、相邻基坑不同邻近距离 D_a 对变形影响

这里先考察基坑邻近距离 D_a 对相邻围护壁水平变形的影响特征。基坑围护壁在相邻开挖形式下的变形值与单独正常开挖形式下变形值存在一定的差值，这里把这种差值称为相邻开挖方式对基坑围护壁变形影响。将相邻基坑 A、B 同时开挖方式下的变形影响列表如表 1-3-2 所示。另外，这里把相邻基坑最外侧的相距最远的二个围护壁称为远端围护壁结构，相邻最近的内侧的二个围护壁称为近端围护壁结构。

根据计算分析，可以得到相邻基坑不同邻近距离（D_a）时变形影响特点：

（1）三种开挖顺序（即从基坑 A 到基坑 B、从基坑 B 到基坑 A 或者基坑 A 基坑 B 同时开挖）中，在一定邻近范围内，由于相邻基坑开挖而使得基坑围护壁水平变形受到明显的影响。

（2）相邻开挖方式变形影响使得相邻基坑近端围护壁向坑内变形减小，使得远端的围护壁向坑内变形变大。

9

相邻基坑同时开挖水平变形影响表（mm）　　　　　　　　表 1 - 3 - 2

	单基坑开挖		相邻距离 $4h_0$		相邻距离 $2h_0$		相邻距离 $1h_0$		相邻距离 $0.5h_0$	
	最大变形	变形影响	最大变形	变形影响	最大变形	变形影响	最大变形	变形影响	最大变形	变形影响
基坑 A 近端	122	0	128	+6	105	-17	91	-31	80	-42
基坑 A 远端	122	0	120	-2	136	+14	147	+25	150	+28
基坑 B 近端	80	0	30	-50	18	-62	8	-72	-3	-83
基坑 B 远端	80	0	125	+45	136	+56	143	+63	147	+67

注：1. 基坑围护壁在相邻开挖形式下的变形值与单独正常开挖形式下变形值存在一定的差值，这里把这种差值称为相邻开挖方式对基坑围护壁变形影响；2. 相邻基坑最外侧相距最远的二个围护壁称为远端围护壁结构，相邻内侧相距最近的二个围护壁称为近端围护壁结构；3. 变形值方向：坑内为" + "，向坑外为" - "；变形影响" + "表示向坑内增大，" - "表示向坑内减小。

在表 1 - 3 - 2 中，基坑 A 的近端围护壁水平变形影响最大值为 - 42mm，即向坑内变形减小 42mm，而其远端围护壁水平变形影响最大值为 + 28mm，即向坑内变形增加 28mm；对于基坑 B 来讲，其近端围护壁水平变形影响最大值为 - 83mm，即向坑内变形减小 83mm，而其远端围护壁水平变形影响最大值为 + 67mm，即向坑内变形增加 67mm。基坑 A、B 围护壁都显示出了"近端向坑内变形减小，远端向坑内变形变大"的特点。

（3）从图 1 - 3 - 4～图 1 - 3 - 15 可以看出：相邻开挖方式下围护壁结构变形受影响程度随着距离增大而减小，也就是说，基坑邻近距离越小，则相邻开挖对基坑围护壁变形影响程度越大。

（4）这种变形影响是近似整体性的。相邻基坑开挖使得邻近基坑全部的二个围护壁均受到影响，并发生相同方向的位移，也就是说，每个基坑围护壁的绝对变形值是在自身开挖引起变形的基础上，又从上到下叠加了一个由于相邻基坑开挖引起近似整体的位移。

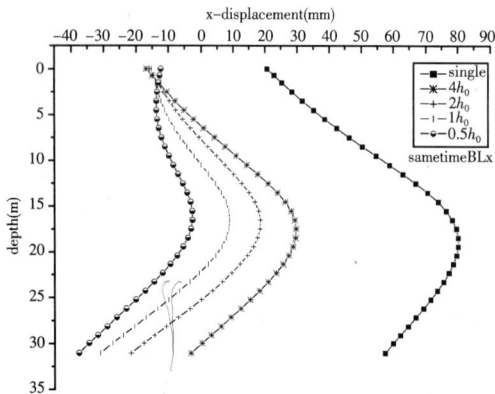

图 1 - 3 - 4　不同距离时基坑 B 近端围护壁
水平变形（开挖顺序：同时开挖）

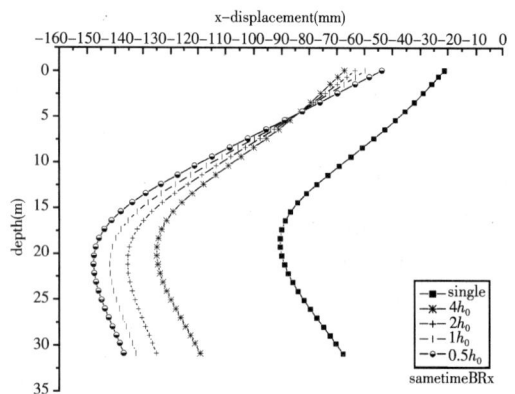

图 1 - 3 - 5　不同距离时基坑 B 远端围护壁
水平变形（开挖顺序：同时开挖）

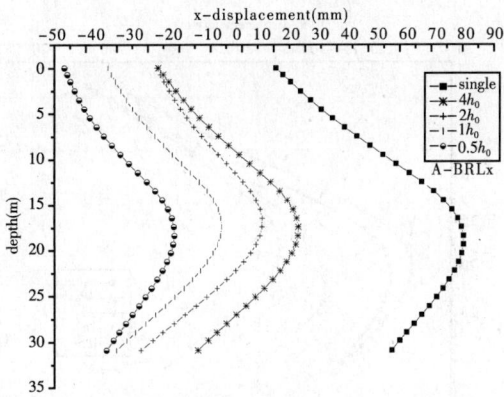

图 1-3-6　不同距离时基坑 B 近端围护壁
水平变形（开挖顺序：A→B）

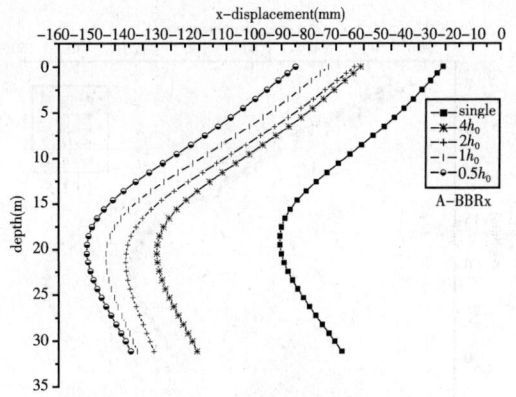

图 1-3-7　不同距离时基坑 B 远端围护壁
水平变形（开挖顺序：A→B）

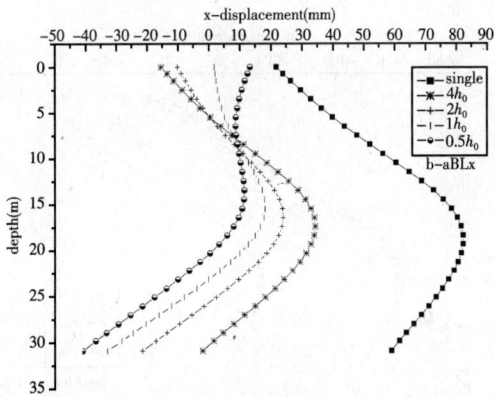

图 1-3-8　不同距离时基坑 B 近端围护壁
水平变形（开挖顺序：B→A）

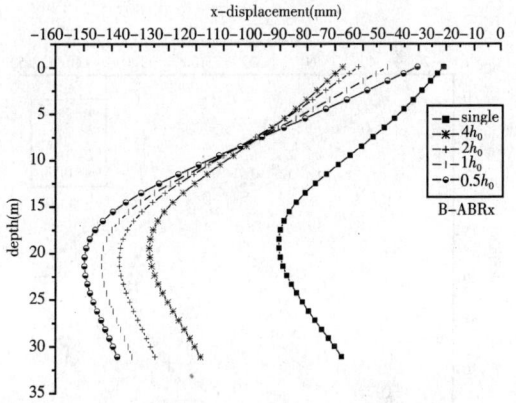

图 1-3-9　不同距离时基坑 B 远端围护壁
水平变形（开挖顺序：B→A）

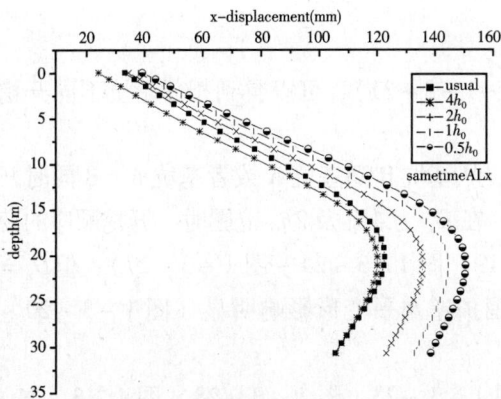

图 1-3-10　不同距离时基坑 A 远端围护壁
水平变形（开挖顺序：同时开挖）

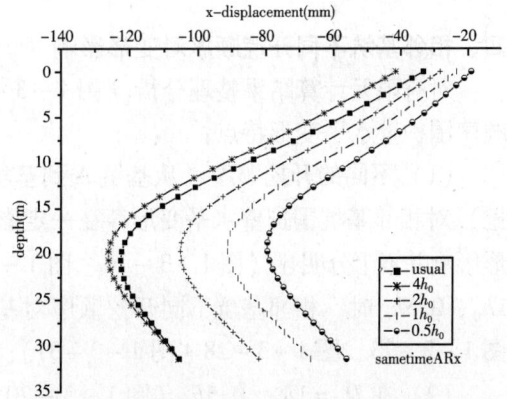

图 1-3-11　不同距离时基坑 A 近端围护壁
水平变形（开挖顺序：同时开挖）

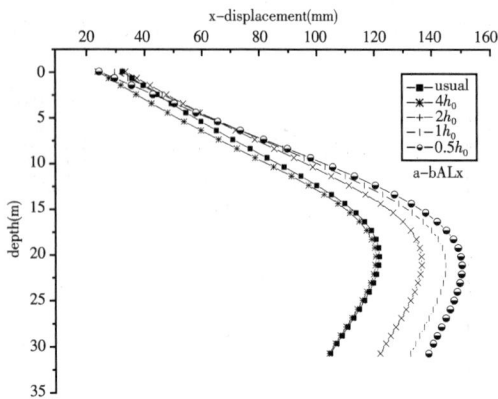

图 1-3-12　不同距离时基坑 A 远端围护壁
水平变形（开挖顺序：A→B）

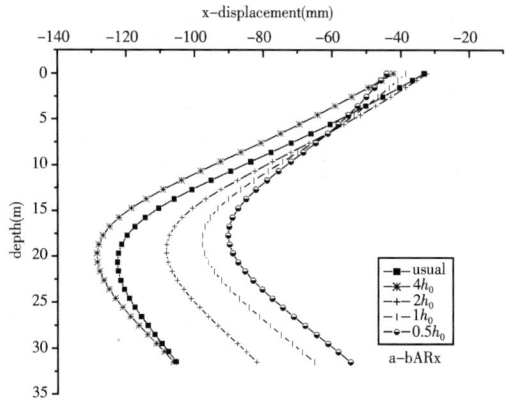

图 1-3-13　不同距离时基坑 B 远端围护壁
水平变形（开挖顺序：A→B）

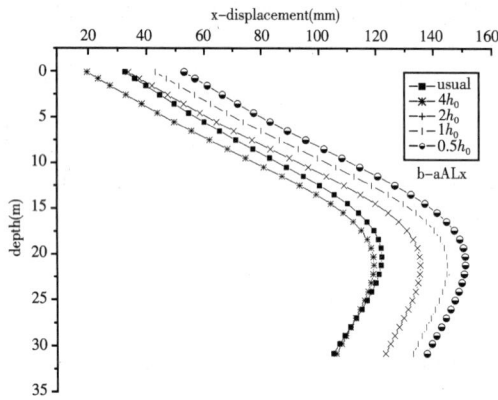

图 1-3-14　不同距离时基坑 A 远端围护壁
水平变形（开挖顺序：B→A）

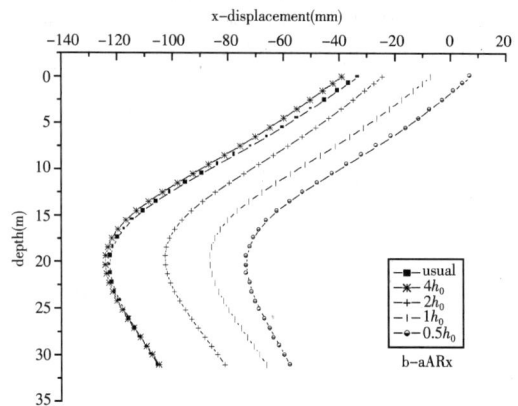

图 1-3-15　不同距离时基坑 A 近端围护壁
水平变形（开挖顺序：B→A）

四、相邻基坑不同开挖顺序对变形影响

对有限元计算结果整理分析（图 1-3-16～1-3-31），可以得到相邻基坑不同开挖顺序围护壁水平变形特点：

（1）不同的开挖顺序（从基坑 A 到基坑 B、从基坑 B 到基坑 A 或者基坑 A、B 同时开挖）对相邻基坑围护壁水平变形存在一定影响，在 D_a 为 $4h_0$ 及 $2h_0$ 范围时，开挖顺序的变形影响并不十分明显（图 1-3-16～图 1-3-19、图 1-3-24～图 1-3-27）；但 $D_a = 1h_0$、$0.5h_0$ 时，相邻基坑不同开挖顺序对基坑围护壁水平变形影响明显（图 1-3-20～图 1-3-23、图 1-3-28～图 1-3-31）。

（2）在 $D_a = 1h_0$、$0.5h_0$（图 1-3-20～图 1-3-23、图 1-3-28～图 1-3-31）时，不同开挖顺序对基坑近端围护壁的变形影响明显大于远端围护壁的变形影响，而且在基坑上口反映更明显。

（3）相邻基坑施工时，开挖顺序对变形影响表现为：先开挖的基坑对邻近的另一个基坑的变形影响程度相对较大，而对其本身围护壁水平变形的影响相对较小；同时开挖的影响程度界于二者之间。换句话讲，相邻基坑施工中，从开挖顺序上看，先开挖的一侧基坑变形所受到的影响程度相对较小，后开挖的基坑所受到的变形影响程度相对较大，而相邻基坑同时开挖对邻近围护壁变形的影响程度处于二者之间。也就是说，相邻基坑同时开挖这种方式对基坑的变形影响相对讲是"公平"的，对相邻基坑都有影响，不是最大，也不是最小，而是界于二者之间。

以 $D_a = 1h_0$ 为例，对于基坑 A 近端围护壁变形影响来讲（图 1-3-29）：当基坑 A 先开挖时，基坑 A 近端围护壁最大变形影响为 -9mm，而当基坑 B 先开挖时，A 围护壁最大变形影响则达到 -34mm，受影响程度增加 42%；对于基坑 B 近端围护壁变形影响存在同样的情况（图 1-3-20），当基坑 B 先开挖时，基坑 B 近端围护壁最大变形影响为 -63mm；而当基坑 A 先开挖时，基坑 B 近端围护壁最大变形影响为 -76mm，变形影响程度增加 21%。对 $D_a = 4h_0$、$2h_0$、$0.5h_0$ 情况分析可以得出相同的结论，即先开挖的基坑对邻近的另一个基坑的变形影响程度相对较大，而对其本身围护壁水平变形的影响相对较小，只不过变形影响程度增加量略有不同，邻近距离越小，则受影响程度越明显，近端的围护壁变形影响比远端的要大。

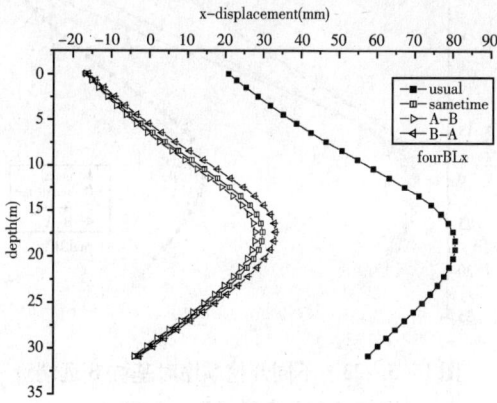

图 1-3-16　不同开挖顺序时基坑 B 近端
围护壁水平变形（$D_a = 4h_0$）

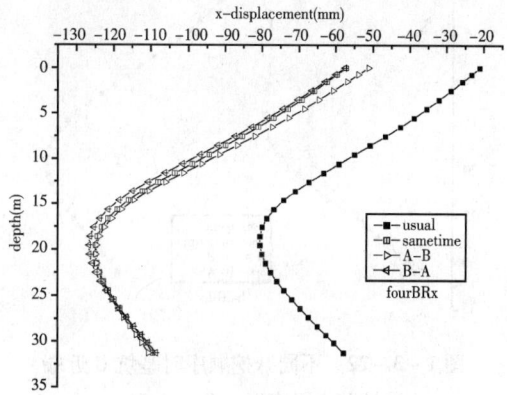

图 1-3-17　不同开挖顺序时基坑 B 远端
围护壁水平变形（$D_a = 4h_0$）

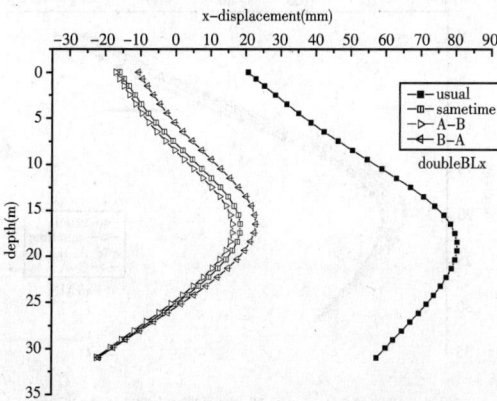

图 1-3-18　不同开挖顺序时基坑 B 近端
围护壁水平变形（$D_a = 2h_0$）

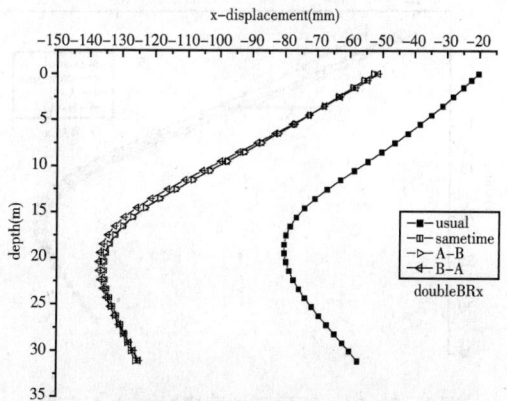

图 1-3-19　不同开挖顺序时基坑 B 远端
围护壁水平变形（$D_a = 2h_0$）

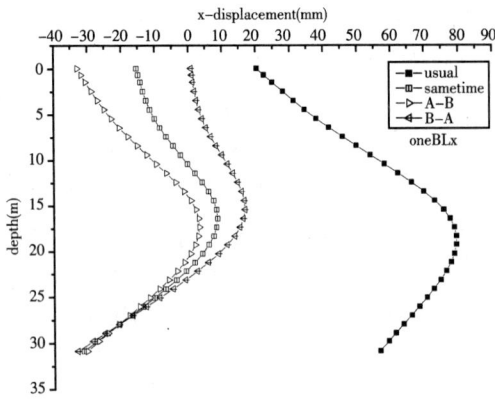

图 1-3-20 不同开挖顺序时基坑 B 近端
围护壁水平变形（$D_a = 1h_0$）

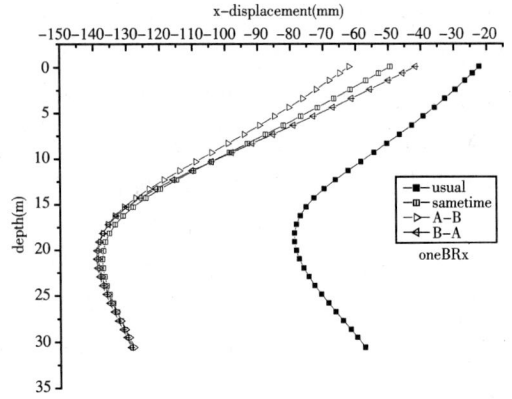

图 1-3-21 不同开挖顺序时基坑 B 远端
围护壁水平变形（$D_a = 1h_0$）

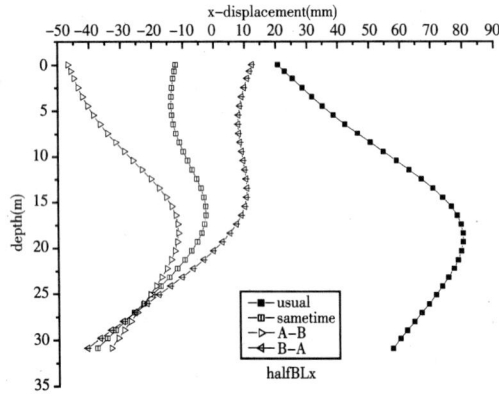

图 1-3-22 不同开挖顺序时基坑 B 近端
围护壁水平变形（$D_a = 0.5h_0$）

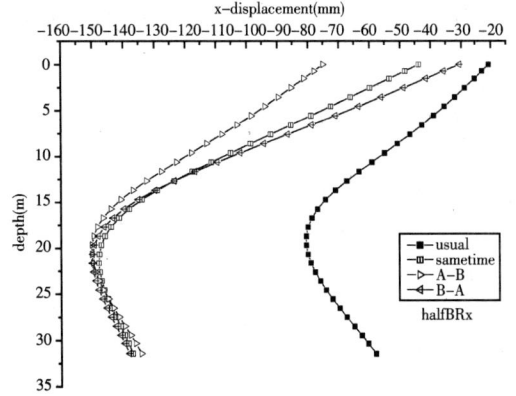

图 1-3-23 不同开挖顺序时基坑 B 远端
围护壁水平变形（$D_a = 0.5h_0$）

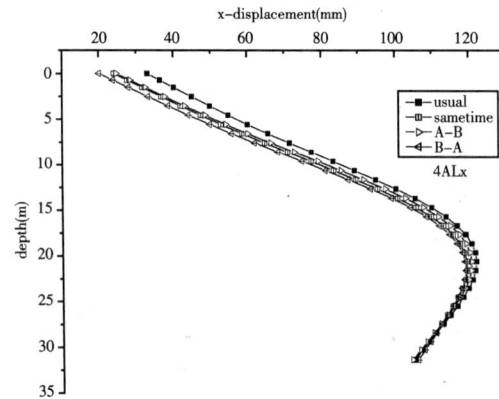

图 1-3-24 不同开挖顺序时基坑 A 远端
围护壁水平变形（$D_a = 4h_0$）

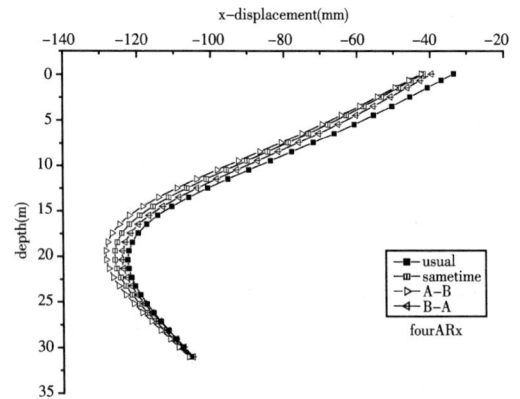

图 1-3-25 不同开挖顺序时基坑 A 近端
围护壁水平变形（$D_a = 4h_0$）

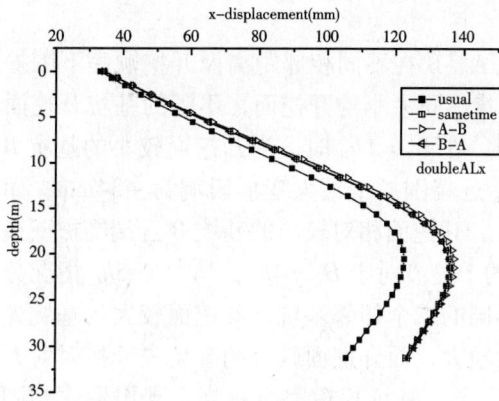

图 1 – 3 – 26 不同开挖顺序时基坑 A 远端
围护壁水平变形（$D_a = 2h_0$）

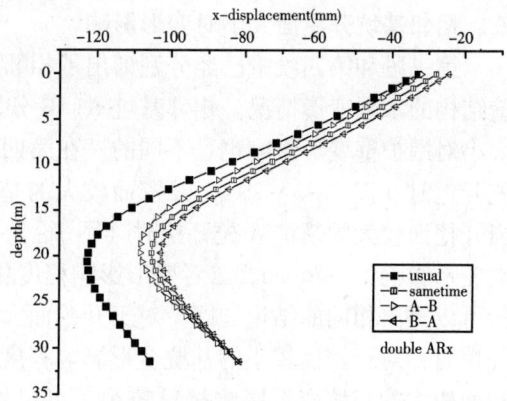

图 1 – 3 – 27 不同开挖顺序时基坑 A 近端
围护壁水平变形（$D_a = 2h_0$）

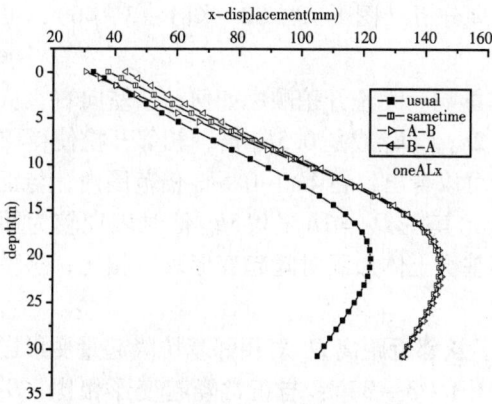

图 1 – 3 – 28 不同开挖顺序时基坑 A 远端
围护壁水平变形（$D_a = 1h_0$）

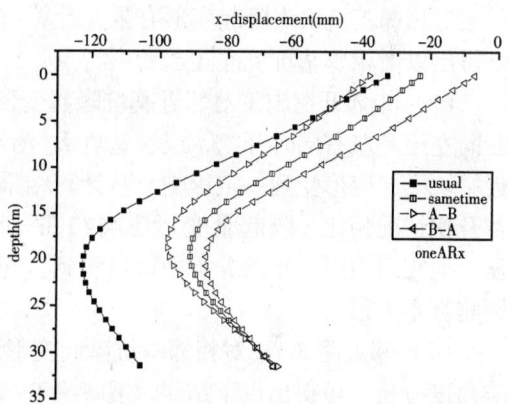

图 1 – 3 – 29 不同开挖顺序时基坑 A 近端
围护壁水平变形（$D_a = 1h_0$）

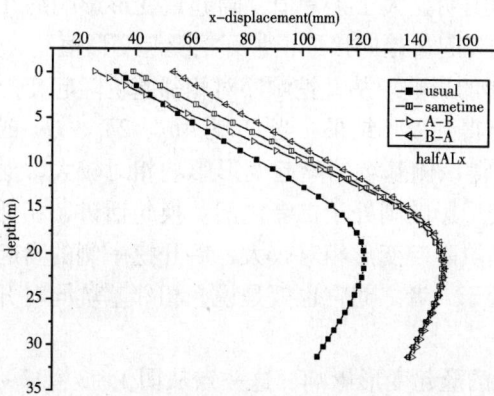

图 1 – 3 – 30 不同开挖顺序时基坑 A 远端
围护壁水平变形（$D_a = 0.5h_0$）

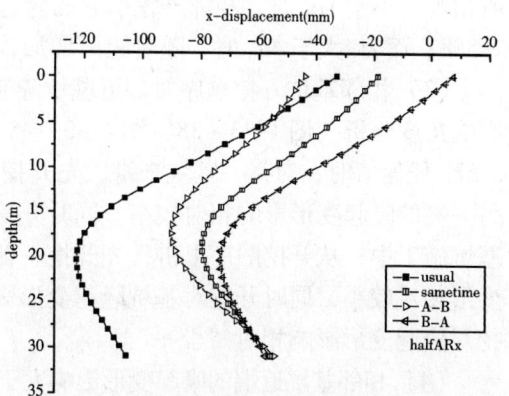

图 1 – 3 – 31 不同开挖顺序时基坑 A 近端
围护壁水平变形（$D_a = 0.5h_0$）

五、相邻基坑开挖面大小对变形影响

第三段和第四段中已经分别列出了相邻基坑 A、B 在不同相邻距离及开挖顺序下围护壁结构的水平变形情况。相邻基坑 A、B 分别有着不同大小的开挖面，不同的基坑开挖面大小对围护壁变形影响也是不同的。在第四段中，在 $D_a = 1h_0$ 时，当开挖面较小的基坑 B 先开挖时（图 1-3-29），开挖面较大的基坑 A 近端围护壁最大变形影响为 -34mm；而当开挖面较大的基坑 A 先开挖时（图 1-3-20），开挖面相对较小的基坑 B 近端围护壁最大变形影响为 -76mm，二者变形影响程度相差约 1 倍。对于 $D_a = 4h_0$、$2h_0$、$0.5h_0$ 情况分析可以得出相同的结论，即：对于开挖面大小不同的二个相邻基坑，开挖面较大的基坑先开挖时，对开挖面较小的基坑变形影响程度相对较大，而开挖面较小的基坑先开挖时对开挖面较大的基坑变形影响相对较小。可以推断，当二基坑规模完全相当、支撑形式相同时，其相互间影响应该是相同的。

六、相邻基坑坑底隆起变形特点

对相邻基坑坑底隆起变形有限元计算结果整理分析（图 1-3-32 ~ 图 1-3-46），可以得出以下相邻基坑坑底隆起变形特点：

（1）相邻开挖施工对邻近基坑隆起变形存在影响。无论开挖顺序如何，从左向右、从右向左还是左右同时开挖，或者基坑 D_a 为 $4h_0$、$2h_0$、$1h_0$ 或是 $0.5h_0$ 倍，相邻开挖使得邻近基坑隆起变形受到一定影响。从计算结果分析可以看出，在 $4h_0$ ~ $0.5h_0$ 倍范围内，与正常开挖情况相比，隆起量变形影响约在 ±5%，尤其在 $D_a = 1h_0$、$0.5h_0$ 倍时表现较为明显。但在后面进一步的分析中可以看到，与相邻基坑土体加固对隆起变形影响相比，这种影响算不上很大。

（2）邻近距离 D_a 对相邻基坑隆起变形影响。从邻近距离 D_a 对相邻基坑隆起量变形影响角度分析，可得出以下结果（图 1-3-32 ~ 图 1-3-37）：与正常隆起变形相比，D_a 在 $4h_0$、$2h_0$ 时，相邻开挖施工引起的基坑隆起变形变化不大，基本与正常开挖时的隆起变形相当；在 $D_a = 1h_0$、$0.5h_0$ 时，相邻基坑开挖使得基坑隆起变形则略大于正常开挖值。可以看出，邻近距离 $D_a = 1h_0$ 是一个临界距离，相邻距离大于 $1h_0$ 时，基坑隆起量与正常值相当；小于 $1h_0$ 时，相邻开挖引起的隆起变形则明显大于正常值，隆起量变形影响约在 ±5%；而 D_a 大于 $4h_0$ 时，随着距离增加，基坑隆起量趋向接近正常开挖隆起变形值。

（3）相邻基坑开挖顺序对邻近基坑隆起变形的影响。从开挖顺序对相邻基坑隆起变形影响角度分析（图 1-3-38 ~ 图 1-3-45），可得到以下结果：当 D_a 为 $4h_0$、$2h_0$、$1h_0$ 或 $0.5h_0$ 任何值时，对某一基坑来讲，先开挖则使得该侧基坑的隆起变形影响相对较大，而另一侧的隆起变形影响相对较小，同时开挖的变形影响则处于二者之间。换句话讲，相邻基坑施工中，从开挖顺序上讲，先开挖一侧的基坑隆起变形相对较大，后开挖一侧的隆起变形相对较小，同时开挖对基坑隆起变形影响处于二者之间，也就是说，相邻基坑同时开挖对隆起变形影响相对"公平"。

（4）相邻基坑近端的隆起变形影响大于远端的隆起变形影响，这一点从图 1-3-32 ~ 图 1-3-45 都可以看出。相邻的二个基坑组成了一个大的基坑，整个基坑呈现出中间变形较大的特点，反映在每个基坑变形上，则呈现出相邻基坑近端隆起变形大于远端隆起变形的特点（图 1-3-46）。

（5）此外，从计算结果分析，对于大小不一样的二个相邻基坑，开挖面较大的基坑隆起变形的绝对值大于开挖面较小基坑的隆起变形的绝对值，这一点与单基坑的隆起变形特点是相似的（图 1-3-46）。

相邻基坑开挖过程中，在坑底未加固的情况下，不同的开挖顺序及邻近距离对坑底隆起变形存在影响。邻近距离 $D_a = 1h_0$ 是一个临界距离，相邻距离大于 $1h_0$ 时，基坑隆起量与正常值相当；小于 $1h_0$ 时，相邻开挖引起的隆起变形则明显大于正常值，隆起量变形影响约在 $\pm 5\%$；而邻近距离大于 $4h_0$ 时，随着距离增加，基坑隆起量向接近正常开挖隆起变形值。在后面第八节的分析中我们还会看到，坑底的加固措施对坑底隆起量却有相当大的作用。因此，相邻基坑工程中，要控制坑底隆起变形，应结合为控制水平变形而采取的坑内加固措施一起来考虑，这样可以降低工程成本，而从开挖顺序及邻近距离来考虑由于相邻施工引起的坑底隆起量效果并不十分明显。

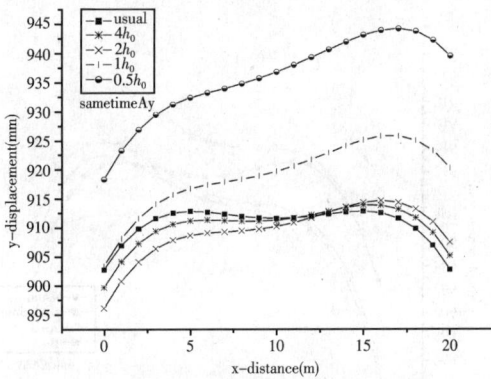

图 1-3-32　不同 D_a 基坑 A 坑底隆起变形
（开挖顺序：同时开挖）

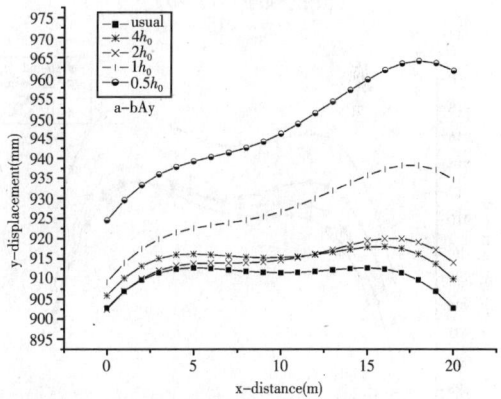

图 1-3-33　不同 D_a 基坑 A 坑底隆起变形
（开挖顺序：A→B）

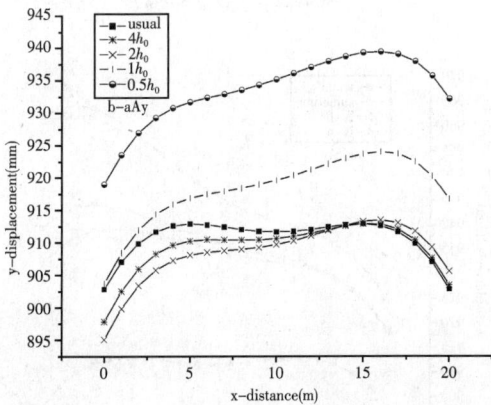

图 1-3-34　不同 D_a 基坑 A 坑底隆起变形
（开挖顺序：B→A）

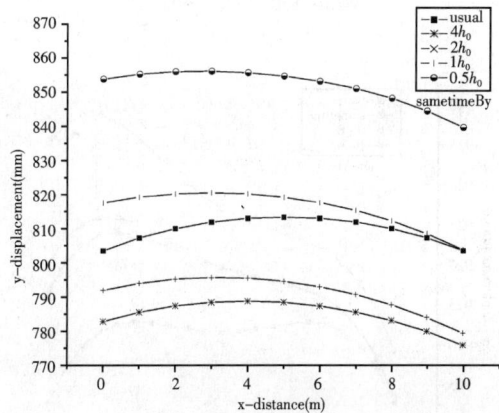

图 1-3-35　不同 D_a 基坑 B 坑底隆起变形
（开挖顺序：同时开挖）

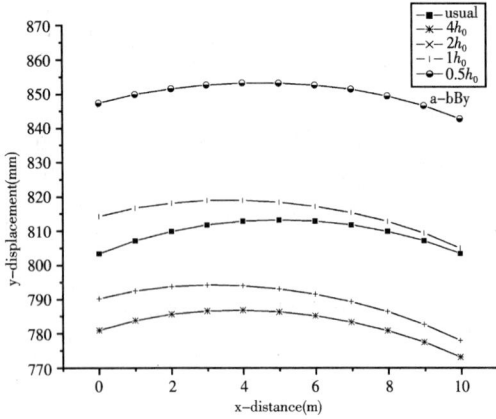

图1-3-36 不同 D_a 基坑 B 坑底隆起变形
（开挖顺序：A→B）

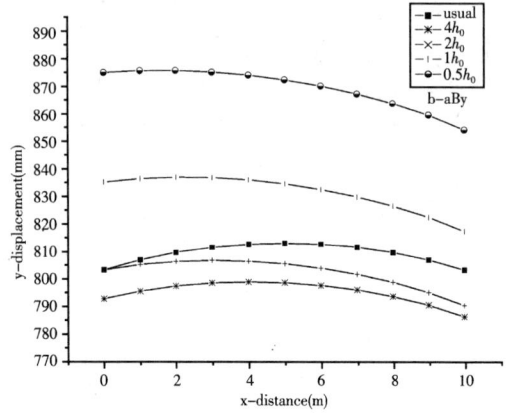

图1-3-37 不同 D_a 基坑 B 坑底隆起变形
（开挖顺序：B→A）

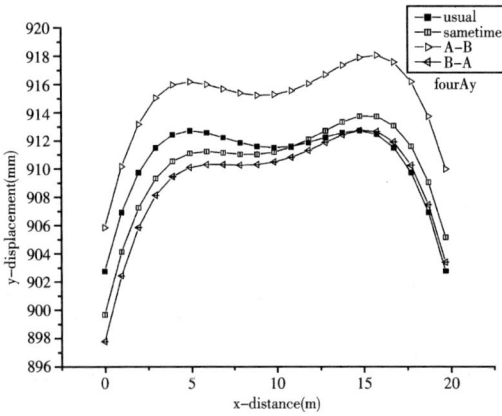

图1-3-38 不同开挖顺序时基坑 A 坑底
隆起变形（$D_a = 4h_0$）

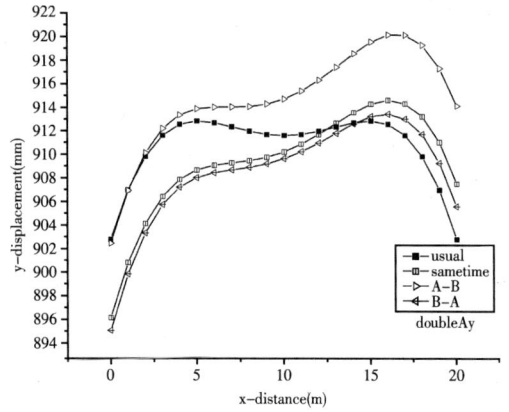

图1-3-39 不同开挖顺序时基坑 A 坑底
隆起变形（$D_a = 2h_0$）

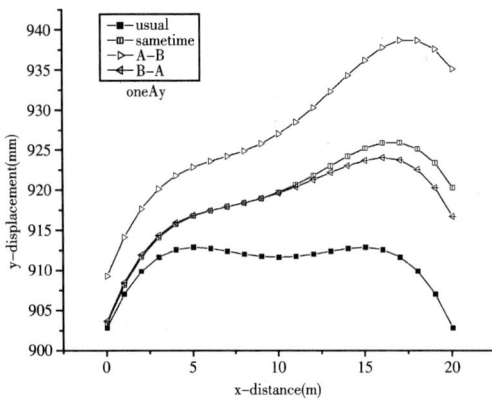

图1-3-40 不同开挖顺序时基坑 A 坑底
隆起变形（$D_a = 1h_0$）

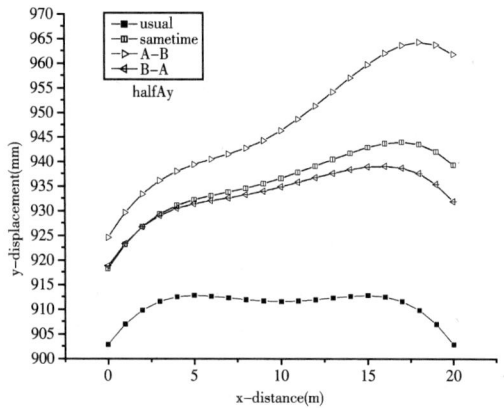

图1-3-41 不同开挖顺序时基坑 A 坑底
隆起变形（$D_a = 0.5h_0$）

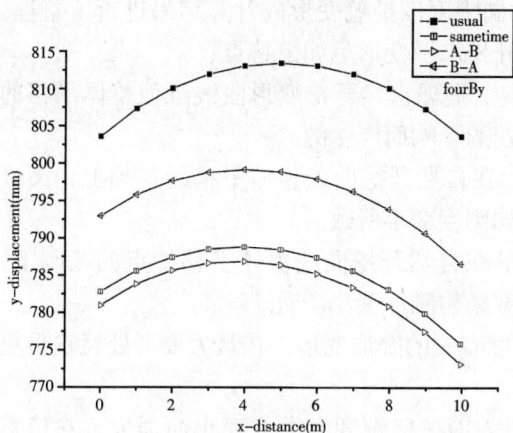

图 1-3-42　不同开挖顺序时基坑 B 坑底
隆起变形（$D_a = 4h_0$）

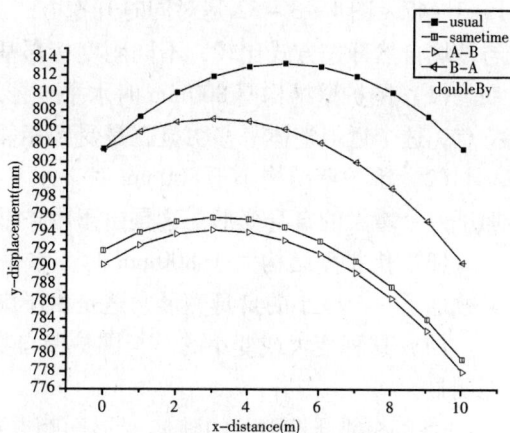

图 1-3-43　不同开挖顺序时基坑 B 坑底
隆起变形（$D_a = 2h_0$）

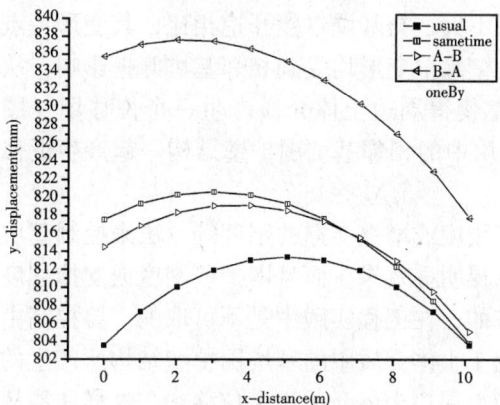

图 1-3-44　不同开挖顺序时基坑 B 坑底
隆起变形（$D_a = 1h_0$）

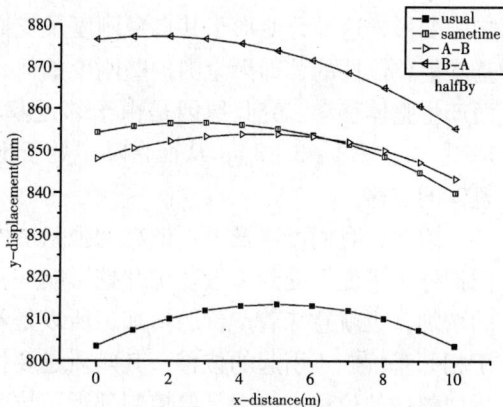

图 1-3-45　不同开挖顺序时基坑 B 坑底
隆起变形（$D_a = 0.5h_0$）

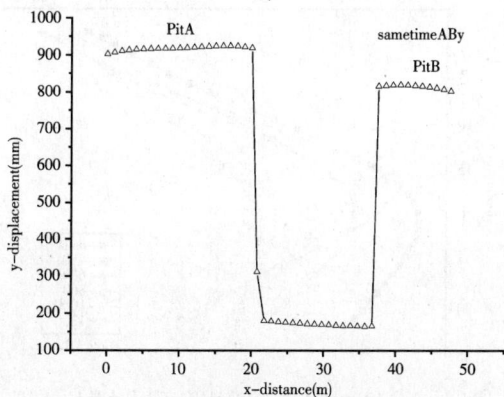

图 1-3-46　同时开挖时基坑 A、B 坑底
整体隆起变形（$D_a = 1h_0$）

七、相邻基坑围护壁刚度的变形影响

从前面的分析中可以看出这样一个特点：相邻基坑同时开挖这种方式对邻近基坑变形的影响处于其他二种开挖方式之间，既不是最大，也不是最小，在邻近距离 $D_a = 1h_0$ 时，能够比较充分反映相邻基坑开挖对变形影响的基本特征。下面的分析就以同时开挖情况为例，研究基坑围护壁不同刚度时水平变形特点。

分别对采用 450mm、600mm、800mm、1000mm、1200mm 不同围护壁厚度的相邻基坑同时开挖方式下的变形进行了计算，图

1-3-47~图1-3-52是对同时开挖方式下不同刚度围护壁变形的计算结果进行了整理。与基坑自然开挖方式比较，不同刚度相邻基坑开挖水平变形呈如下特点：

（1）围护壁结构厚800mm时水平变形基本上呈现自然开挖变形曲线近似整体平移的特点，这个近似整体平移明显就是受到相邻开挖的影响而产生的。

（2）围护壁结构小于800mm时，水平变形在自然开挖曲线整体平移的基础上，又叠加了一个增大的自身变形，这是由于围护壁结构刚度变小所致。

（3）围护壁结构大于800mm时，水平变形在自然开挖曲线整体平移特点的基础上，又叠加了一个减小的自身变形，这是由于围护壁结构刚度变小所致。

（4）这种变大或变小的、与围护壁自身刚度有关的叠加变形，在最大变形处反映得更加明显。

（5）相邻开挖引起的整体变形影响并不因为围护壁刚度变大或变小而消失，它依然存在。

相邻基坑围护壁不同刚度时水平变形由二部分组成：一部分是围护壁自身的变形，这部分变形取决于其自身刚度及支撑刚度等因素；另外一部分则是围护壁受邻近基坑开挖影响的变形，这部分变形于其自身刚度及支撑关系不大，与基坑自然开挖相比，其变形特点基本呈整体性的，即无论围护壁刚度如何，围护壁水平变形均受到相邻基坑开挖影响，从而产生整体移动。究其原因是由于邻近基坑开挖使得周边土体介质产生一个位移场（图1-3-2、图1-3-3），从而带动了处于土体介质中的相邻基坑围护壁结构一起产生近似整体的位移。

因此，我们可以推断：依靠增强基坑围护壁刚度或增强支撑的刚度等方法来控制基坑围护壁水平变形受到邻近基坑开挖影响并不能取得明显效果，而且围护壁刚度或支撑刚度的增加，也就意味着造价的增加，所以是不经济的，在工程实践中是不可取的。要控制由于相邻基坑施工引起的位移，其实质是要控制处于土体介质中的基坑围护壁结构所产生的近似整体的位移，也就是要控制邻近基坑开挖使得周边土体介质产生位移场，这样才能从根本上控制由于相邻基坑施工引起的位移。

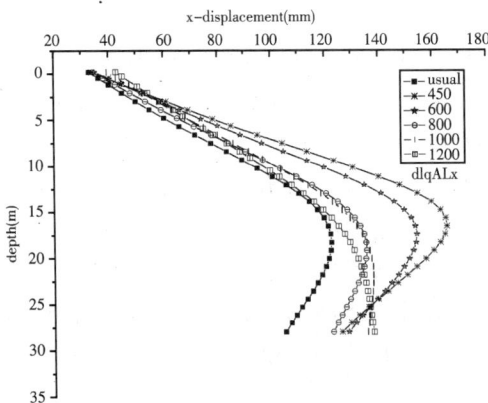

图1-3-47　地下连续墙刚度不同时基坑A围护壁（远端）水平位移（开挖顺序：同时开挖）

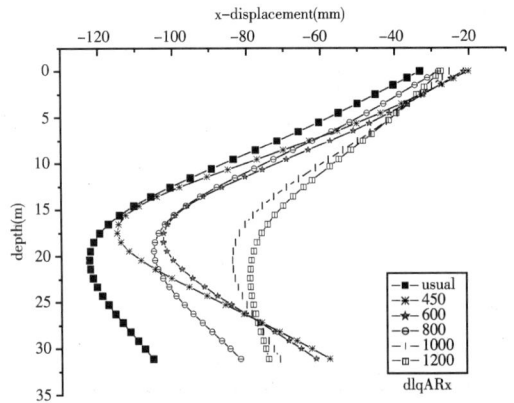

图1-3-48　地下连续墙刚度不同时基坑A围护壁（近端）水平位移（开挖顺序：同时开挖）

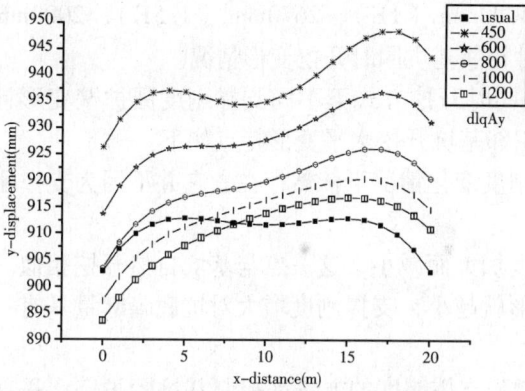

图 1-3-49 地下连续墙刚度不同时基坑 A 坑底隆起位移（开挖顺序：同时开挖）

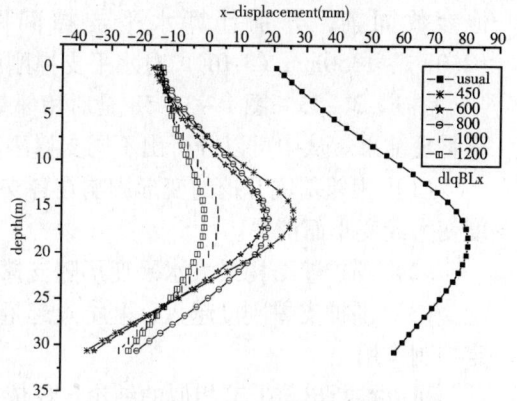

图 1-3-50 地下连续墙刚度不同时基坑 B 围护壁（近端）水平位移（开挖顺序：同时开挖）

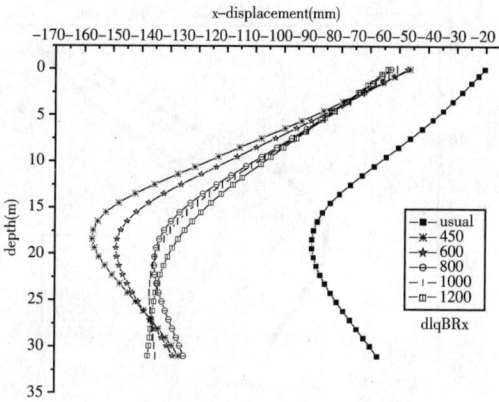

图 1-3-51 地下连续墙刚度不同时基坑 B 围护壁（远端）水平位移（开挖顺序：同时开挖）

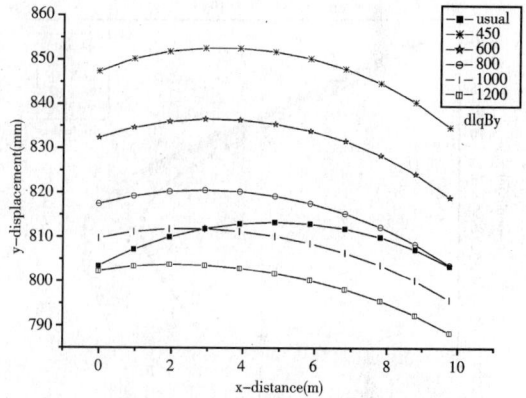

图 1-3-52 地下连续墙刚度不同时基坑 B 坑底隆起位移（开挖顺序：同时开挖）

此外，这里还对不同围护壁刚度相邻基坑隆起量变形进行分析（图 1-3-49、图 1-3-52），对于基坑 A、基坑 B 二个基坑均呈现如下特点：

（1）围护壁结构厚 800mm 时坑底隆起量变形基本上与自然开挖隆起量相当，该隆起量是一个界限。

（2）围护壁结构小于 800mm 时，隆起量变形大于自然开挖隆起量变形。

（3）围护壁结构大于 800mm 时，隆起量变形小于自然开挖隆起量变形。

围护壁刚度越大，基坑隆起量变形就越小，可以看出围护壁刚度对坑底隆起变形具有一定抑制作用。

八、相邻基坑开挖不同支撑刚度的变形影响

根据前面的分析，相邻基坑同时开挖方式在 $D_a = 1h_0$ 时，能够比较充分反映相邻基坑的变形影响基本特征。这里同样以相邻基坑同时开挖方式为研究对象，研究相邻基坑支撑不同刚度时水平变形特点。基本参数：围护壁厚度 800mm，3 道水平 $\phi609$ 钢管支撑，其他参数同前，分别计算水平支撑间距 4000mm（1E）、2670mm（1.5E）、2000mm（2.0E）、1350mm（3.0E）时水平支撑刚度时相邻基坑同时开挖变形情况。

图 1 - 3 - 53 ~ 图 1 - 3 - 58 是对相邻基坑同时开挖方式下不同支撑刚度围护壁变形计算整理结果。从中可以分析出不同支撑刚度相邻基坑开挖水平变形特点如下：

（1）相邻基坑开挖的变形影响在各支撑刚度变化情况下依然存在，它并不因为支撑刚度变大或变小而消失。

（2）围护壁结构最大水平变形随支撑刚度加大而减小，这一点与基坑自然开挖相似。

（3）围护支撑刚度越大，基坑隆起量变形就越小，支撑刚度增大对坑底隆起量具有一定抑制作用。

可以推断出与上节相似的结论：仅依靠增强支撑刚度的方法来控制基坑围护壁水平变形受到邻近基坑开挖影响并不能取得明显的工程效果和经济效果。

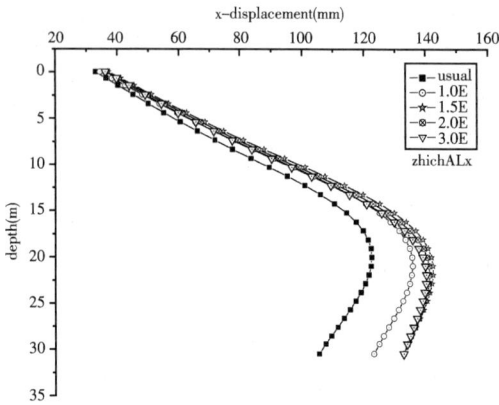

图 1 - 3 - 53　不同支撑刚度时基坑 A 围护壁
（远端）水平位移（开挖顺序：同时开挖）

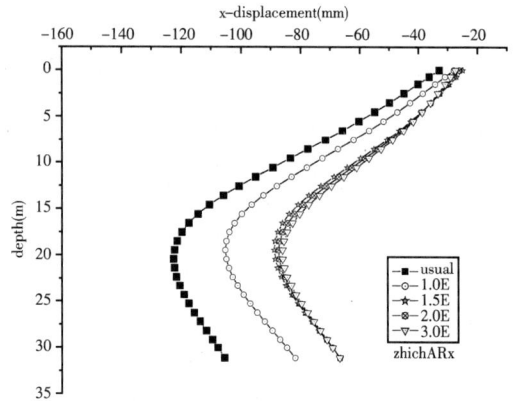

图 1 - 3 - 54　不同支撑刚度时基坑 A 围护壁
（近端）水平位移（开挖顺序：同时开挖）

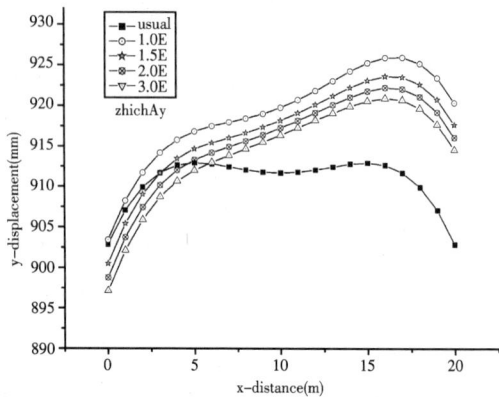

图 1 - 3 - 55　不同支撑刚度时基坑 A 隆起
位移（开挖顺序：同时开挖）

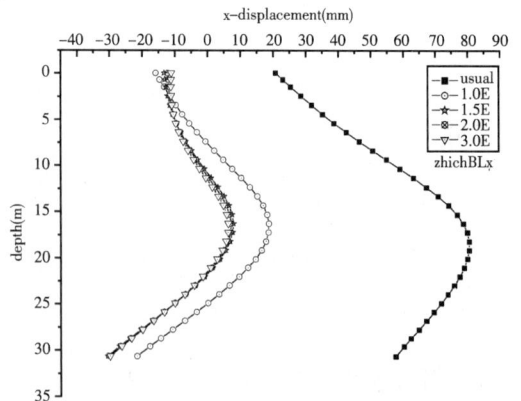

图 1 - 3 - 56　不同支撑刚度时基坑 B 围护壁
（近端）水平位移（开挖顺序：同时开挖）

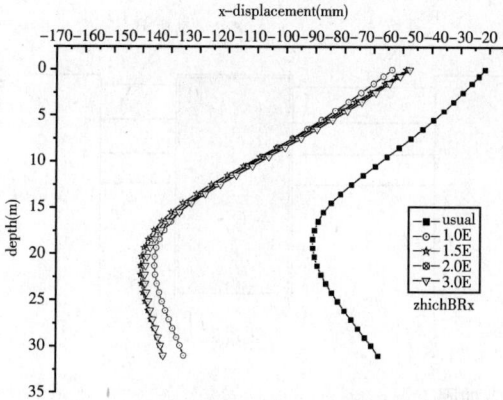

图 1 - 3 - 57　不同支撑刚度时基坑 B 围护壁
（远端）水平位移（开挖顺序：同时开挖）

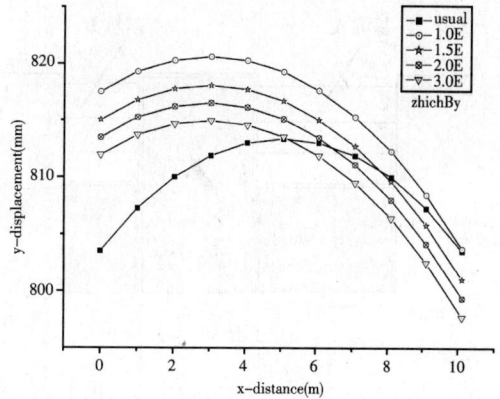

图 1 - 3 - 58　不同支撑刚度时基坑 B 隆起位移
（开挖顺序：同时开挖）

九、相邻基坑土体加固对变形影响

在实际工程中，对围护壁所处的土体进行加固的方式一般有：压密注浆、水泥搅拌桩或高压旋喷桩等方式。本文依据有关资料，对采用压密注浆、水泥搅拌桩或高压旋喷桩加固后的土体参数进行了分析，确定进行有限元计算时的取值（表 1 - 3 - 3）。相邻基坑同时开挖模式，$D_a = 1h_0$，其他计算参数及条件同前，地下连续墙 800mm 厚，3 道钢管支撑，分 4 次开挖。

加固体计算参数　　　　　　　　　　　　　　　　　　　表 1 - 3 - 3

加固方式	无侧限抗压强度 q_u（kPa）	内聚力 c（kPa）	内摩擦角（°）	弹性模量 E（MPa）
原状土	50	11	10.5	2.0 - 8
压密注浆	150	50	20	25
搅拌桩	600	120	22	65
高压旋喷桩	4000	600	9	300

注：1. 表中取值依据相关资料及地质报告；2. $c = (1/2 \sim 1/3) q_u$，$E = 120 \sim 150 q_u$（40 ~ 600MPa）。

土体加固工况如图 1 - 3 - 59 所示：

工况一：分别采用压密注浆、水泥搅拌桩及高压旋喷桩对中间土体及坑底土体全部加固。

工况二：分别采用压密注浆、水泥搅拌桩及高压旋喷桩仅对中间土体加固，坑底不加固。

（一）工况一计算分析

1. 相邻基坑二近端围护壁水平变形绝对值大大减小，围檩位移变化量 - 19 ~ 28mm，而且从上到下的变化量也不大。

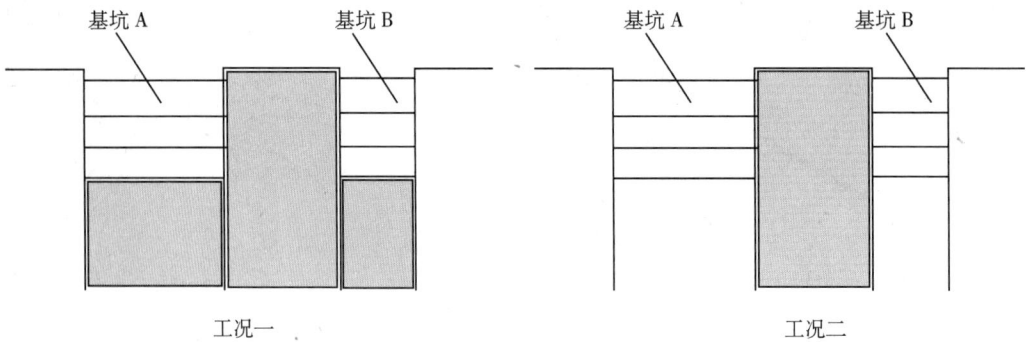

图 1 - 3 - 59 土体加固工况

2. 围护壁水平变形明显减小，尤其是围护壁结构的最大变形值减小得更为明显，如基坑 A 近端围护壁最大变形与未加固的同时开挖相比减少 10cm 左右。

3. 二近端围护壁间的土体呈现出结构构件性，即中间土体类似于一个大的围护壁结构构件的结构性特点，尤其是高压旋喷桩加固方式下，这种整体的结构性表现得更加明显。

4. 坑底隆起变形明显减小，如图 1 - 3 - 62、图 1 - 3 - 65 所示。从图中可以看到，与未加固前相比，隆起变形可减小 30% 以上。隆起变形影响的程度从大到小依次为：高压旋喷桩、搅拌桩及压密注浆。在前面分析中我们曾提到，坑底的加固措施对坑底隆起量却有相当大的作用，在这里可以明显地看到这一点。另外还可以看到，相邻开挖方式对坑底隆起变形影响与加固后的变形影响已是显得微不足道。正如前面提到的那样，在相邻基坑工程中，坑内加固措施对控制坑底隆起变形是非常有效的，也较为经济的。

（二）工况二与工况一相比较

1. 相邻基坑二近端围护壁水平变形绝对值同样大大减小，减小量与工况一相当，围护壁结构的最大变形值同样明显减小，二近端围护壁间的土体也呈现出结构构件性，这些特点与工况一相同。

2. 远端围护壁水平变形并未减小，变形影响甚至略大于未加固的情况。

3. 坑底隆起变形明显未得到控制，与未加固前的情况相当。

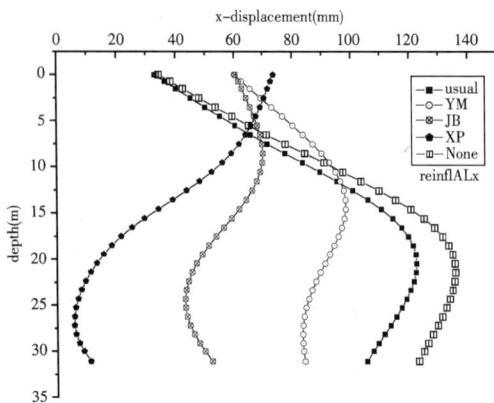

图 1 - 3 - 60 坑底及坑间土体加固后基坑 A 围护壁（远端）位移（开挖顺序：同时开挖）

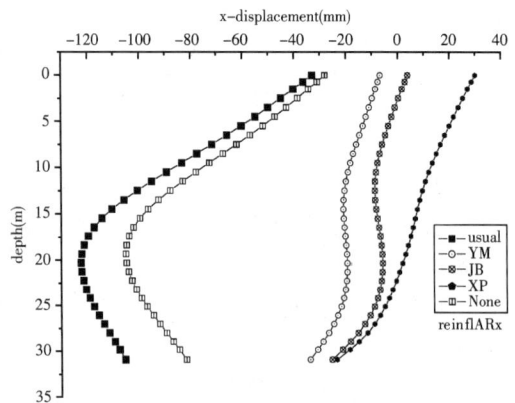

图 1 - 3 - 61 坑底及坑间土体加固后基坑 A 围护壁（近端）位移（开挖顺序：同时开挖）

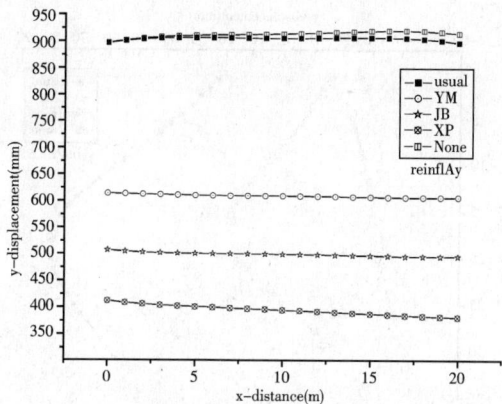

图 1-3-62　坑底及坑间土体加固后基坑 A
隆起位移（开挖顺序：同时开挖）

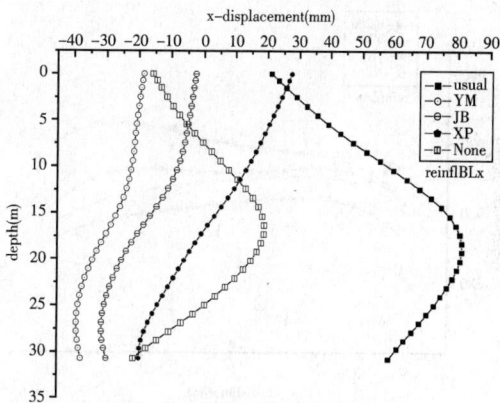

图 1-3-63　坑底及坑间土体加固后基坑 B 围
护壁（近端）位移（开挖顺序：同时开挖）

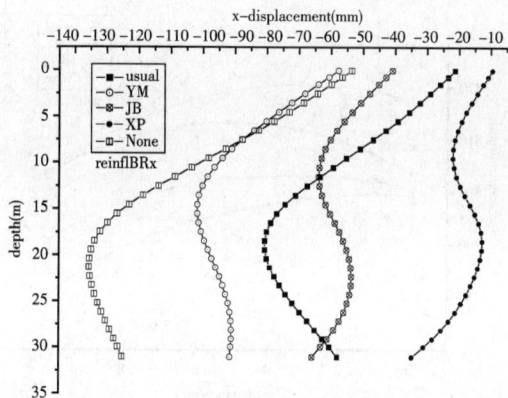

图 1-3-64　坑底及坑间土体加固后基坑 B 围
护壁（远端）位移（开挖顺序：同时开挖）

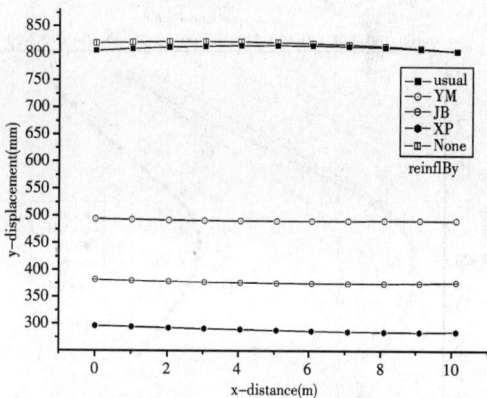

图 1-3-65　坑底及坑间土体加固后基坑隆起
位移（开挖顺序：同时开挖）

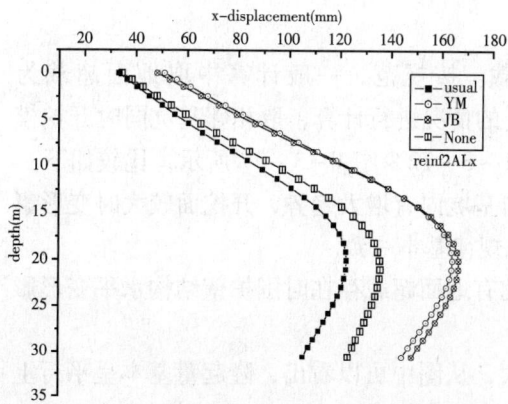

图 1-3-66　仅坑间土体加固后基坑 A 围护壁
（远端）位移（开挖顺序：同时开挖）

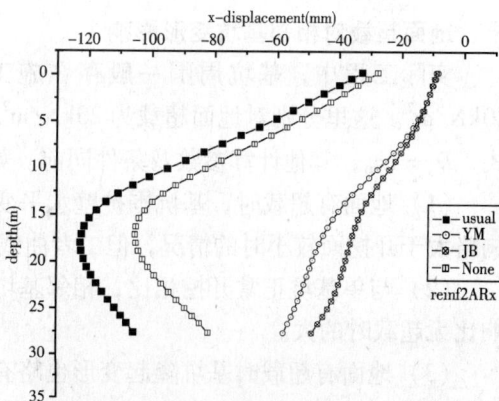

图 1-3-67　仅坑间土体加固后基坑 A 围护壁
（近端）位移（开挖顺序：同时开挖）

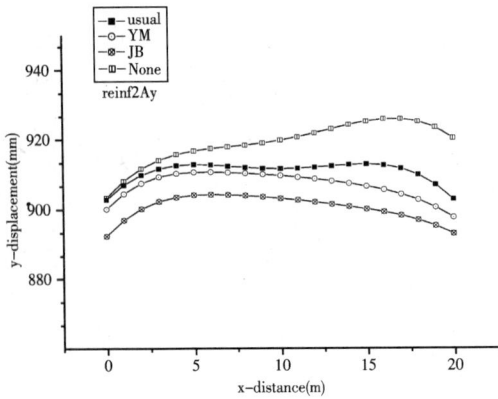

图 1-3-68　仅坑间土体加固后基坑 A 隆起
　　　　　位移（开挖顺序：同时开挖）

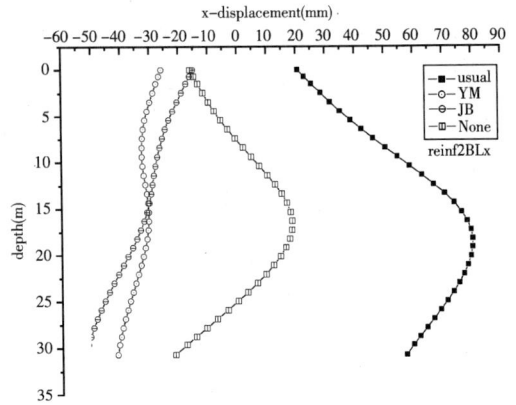

图 1-3-69　仅坑间土体加固后基坑 B 围护
　　　　　壁（近端）位移（开挖顺序：同时开挖）

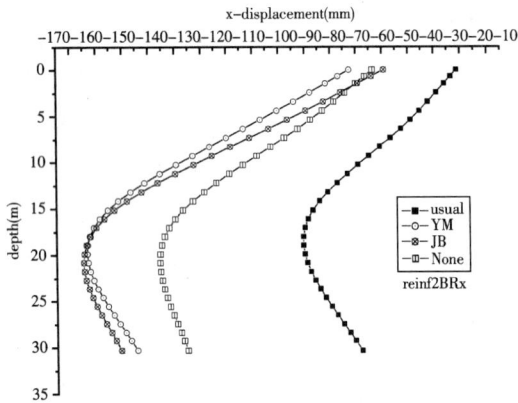

图 1-3-70　仅坑间土体加固后基坑 B 围护
　　　　　壁（远端）位移（开挖顺序：同时开挖）

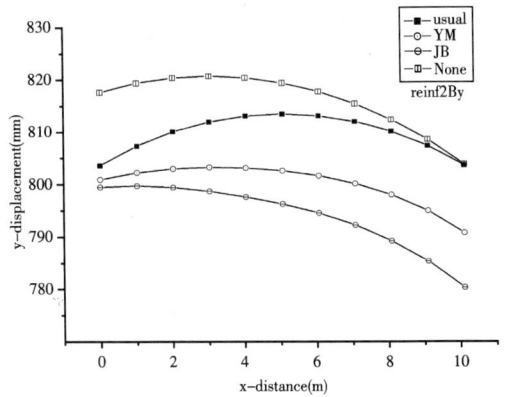

图 1-3-71　仅坑间土体加固后基坑 B 坑底
　　　　　隆起位移（开挖顺序：同时开挖）

十、地面超载对相邻基坑变形影响

实际工程中，基坑周围一般存在施工荷载。按规范，一般计算中取地面超载为 $20kN/m^2$。这里分别对地面超载为 $20kN/m^2$ 及 0 的情况进行计算，取相邻基坑同时开挖模式，$D_a = 1h_0$，其他计算参数及条件同前。如图 1-3-72～图 1-3-77 所示，比较如下：

（1）地面有超载时，基坑围护壁水平变形向基坑内有增大趋势，开挖面较大时变形影响略大于开挖面较小时的情况，但二者曲线变化规律基本一致。

（2）与单基坑正常开挖相比，相邻基坑开挖有地面超载存在时围护壁结构水平变形影响比无超载时的大。

（3）地面有超载时基坑隆起变形也略有增大，从图中可以看出，隆起量基本呈平行上移，但二者曲线变化规律基本一致。

（4）地面有超载时坑底隆起量略大于单基坑自然开挖时的隆起量，超载为 0 时基坑隆起略低于自然开挖时的隆起量，但差距总体不大。

从以上分析可以看出，地面有超载存在与无超载相比较，基坑水平变形及隆起量均略

26

有增加，但差异不大，且其变化趋势相同；另一方面，实际工程中施工荷载的实际分布情况并不十分均匀，甚至有时基坑一侧超载超过 20kN/m² ，而另一侧基本没有超载作用，为了在同等情况下研究相邻基坑开挖影响的一般规律，本文计算中取地面超载统一按 0 考虑，这不会影响对相邻基坑相互影响一般规律的研究结论。

十一、相邻基坑平行开挖计算分析小结

（1）相邻基坑施工的变形影响是明显存在的，在相邻基坑施工中必须考虑这种变形影响。相邻基坑施工变形影响表现在基坑邻近距离、开挖顺序、相邻基坑开挖面尺寸、围护壁刚度、支撑刚度、土体加固等方面。相邻基坑施工中存在着与单基坑正常开挖所不同的时空效应。

（2）相邻开挖变形影响有整体性特点，相邻基坑开挖使得邻近基坑全部的二个围护壁均受到影响，并发生方向相同近似整体的位移。

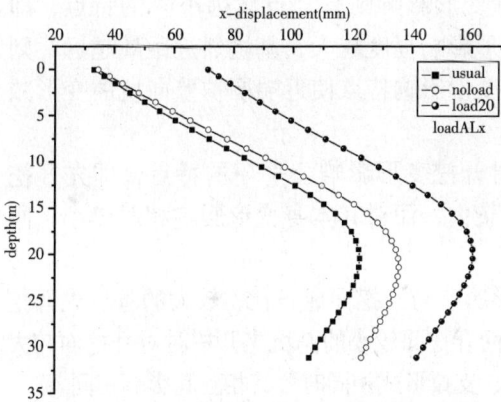

图 1-3-72　有地面超载时基坑 A 围护壁
（远端）水平位移（开挖顺序：同时开挖）

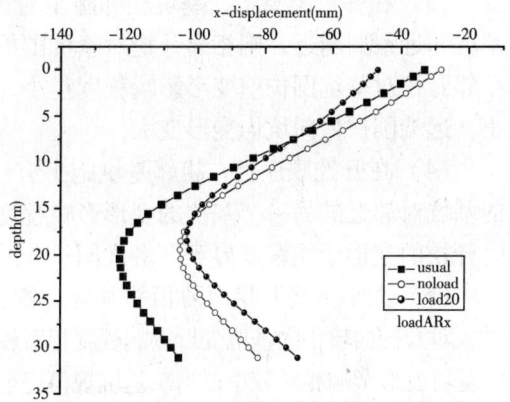

图 1-3-73　有地面超载时基坑 A 围护壁
（近端）水平位移（开挖顺序：同时开挖）

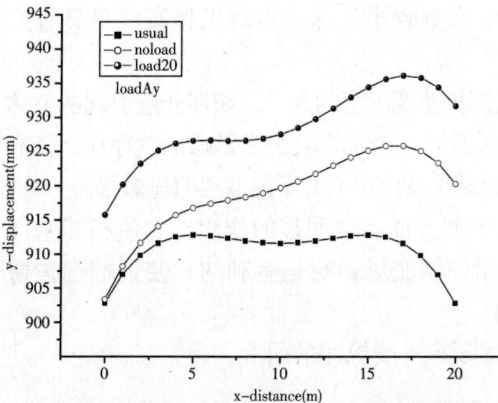

图 1-3-74　有地面超载时基坑 A 隆起位移
（开挖顺序：同时开挖）

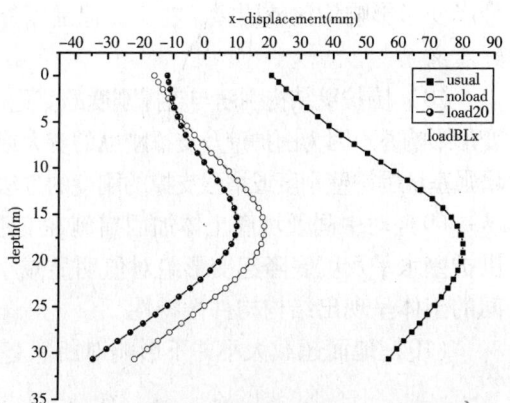

图 1-3-75　有地面超载时基坑 B 围护壁
（近端）水平位移（开挖顺序：同时开挖）

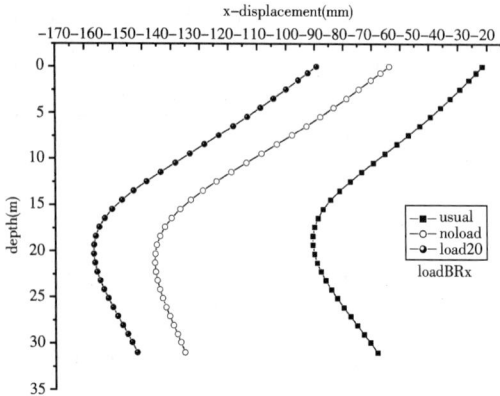

图 1-3-76 有地面超载时基坑 B 围护壁
（远端）水平位移（开挖顺序：同时开挖）

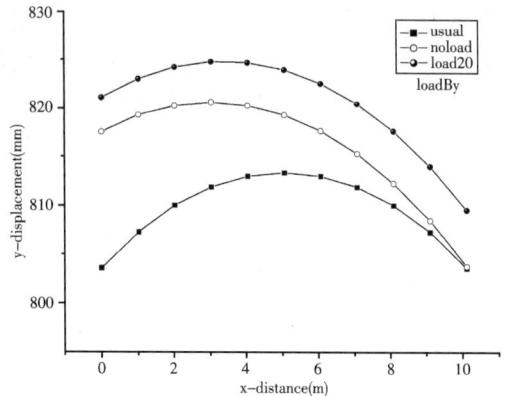

图 1-3-77 有地面超载时基坑 B 隆起位移
（开挖顺序：同时开挖）

（3）在邻近距离上，基坑相邻施工对围护壁变形影响则有"近大远小"的特点，即基坑邻近距离越近，则相邻开挖对基坑围护壁变形影响程度越大，基坑邻近距离越远，则相邻开挖对基坑围护壁变形影响程度越小，这种变形影响特点使近端围护壁向坑内变形减小，远端围护壁向坑内变形变大。

（4）在开挖顺序上，相邻基坑施工有"同时开挖变形影响公平"的特点，即先开挖的基坑对邻近的另一个基坑的变形影响程度相对较大，而对其本身变形影响相对较小，同时开挖的变形影响程度界于二者之间。

（5）大小不同开挖面的相邻基坑开挖，变形影响与开挖面成正比；较大的基坑先开挖时，对开挖面较小的基坑变形影响程度相对较大，而开挖面较小的基坑先开挖时对开挖面较大的基坑变形影响相对较小；当二基坑规模完全相当、支撑形式相同时，其相互间影响相同。

（6）相邻开挖施工对基坑隆起变形影响约在 ±5%，并且有近端隆起变形大于远端隆起变形的特点。

（7）相邻开挖施工的变形影响存在着 $1h_0$ 的邻近距离，在 $1h_0$ 范围以内对水平变形、隆起变形影响均比较明显，在 $1h_0$ 范围以外则变形影响较小，这一点对工程实践更具有实际意义。

（8）围护壁结构刚度与支撑刚度的变化仅改变围护壁变形值的大小，相邻开挖引起的整体变形影响并不因为围护壁及支撑刚度的变大或变小而消失，相邻基坑变形影响依然存在。依靠增强基坑围护壁刚度或增强支撑的刚度的方法来控制基坑变形影响并不能取得明显效果。

（9）对中间及坑底土体加固措施在变形影响控制方面有着明显的作用，它使相邻基坑围护壁水平及坑底隆起变形绝对值明显减小，对于控制变形影响是有利的，使近端围护壁间的土体呈现出结构构件性特性。

（10）地面超载大小并不影响对相邻基坑相互影响一般规律的研究。

第四节 相邻基坑开挖实现及监测分析

一、相邻基坑平行施工原理

根据前文中介绍的相邻基坑相互影响分析结论可知：

（1）在 $1h_0$ 范围内，相邻基坑施工的变形影响是明显存在的。1 区相邻基坑工程中二个基坑相邻很近，行包联系地道与 R1 线围护结构的外侧相距仅 7.50m，开挖深度是邻近距离的 2 倍，因此，施工中变形影响是存在的，应采取相应措施控制这种变形影响。

（2）相邻开挖变形影响有整体性特点，即邻近基坑发生方向相同近似整体的位移，所以施工中应考虑变形的整体性。

（3）在开挖顺序上，相邻基坑施工有"同时开挖变形影响公平"的特点，即先开挖的基坑对邻近的另一个基坑的变形影响程度相对较大，而对其本身变形影响相对较小，同时开挖的变形影响程度界于二者之间，施工中应尽可能考虑相邻基坑同时开挖，否则应采取相应措施控制变形影响。

（4）由于较大的基坑先开挖时对开挖面较小的基坑变形影响程度相对较大，因此尽可能先施工开挖面较小的基坑，否则应采取相应措施控制变形影响。

（5）相邻开挖施工对基坑隆起变形影响约在 ±5%，并且有近端隆起变形大于远端隆起变形的特点。

（6）围护壁结构刚度与支撑刚度的变化仅改变围护壁变形值的大小，相邻开挖引起的整体变形影响并不因为围护壁及支撑刚度的变大或变小而消失，相邻基坑变形影响依然存在。因此，不主张采取增强基坑围护壁刚度或增强支撑的刚度的方法来控制基坑变形影响。

（7）对中间及坑底土体加固措施在变形影响控制方面有着明显的作用，它使相邻基坑围护壁水平及坑底隆起变形绝对值明显减小，对于控制变形影响是有利的，此外使近端围护壁间的土体呈现出结构构件性特性。

二、相邻基坑平行施工技术措施

根据以上相邻基坑平行施工基本原理，针对 1 区施工制定以下技术措施：

（1）预留变形影响尺寸。本工程的施工中，由于各种原因，在施工顺序上，开挖面较大的 R1 线先行开挖，开挖面较小的联系地道只好后续施工。这是相邻基坑平行施工中最不利的工况，根据上述相邻基坑施工原理以及有限元计算，经过事前对各施工工况分析，采取在穿越 L1 线车站部分预留变形影响尺寸 25mm，以抵消相邻基坑变形影响，也就是前文中提到的，针对 1 区不利的施工工况，采取相邻基坑施工的"疏导"的变形控制措施。后来事实证明，事前的变形预留措施是正确的，尽管由于地连墙围护结构施工误差等原因增加了一定施工难度，但为后续的施工减少许多工作量，经过混凝土的少量凿除解决了相邻基坑变形影响问题。

（2）对基坑土体采取加固措施。从上述施工原理中可知，通过对坑底及坑间土体加固，可以有效地控制基坑近端围护壁的绝对变形值。因此，结合工程本身基地加固的需要，采取用水泥搅拌桩对联系地道坑底加固。

（3）在施工工序上，采取联系地道施工逐步跟随 R1 线结构施工推进的控制措施。R1 线基坑开挖到底后，其基坑本身的抵抗变形影响的能力是不够强的，这时进行联系地道的基坑开挖对 R1 变形控制是不利的，而是在 R1 结构完成后，其抵抗变形影响的整体刚度增强，然后进行联系地道基坑开挖施工，从而把对 R1 线施工的变形影响降至尽可能的小。

R1 线车站与联系地道相邻基坑平行施工的实践表明，采取以上措施是合适的，基本消除了相邻基坑施工的变形影响，取得了较明显的实践效果。

三、平行相邻基坑开挖实现

上海南站 R1 线车站与联系地道形成相邻基坑施工。主要施工工况如下：

（1）先开始 R1 线车站地下连续墙围护结构施工。

（2）进行联系地道围护结构施工。

（3）上述工作完成后，R1 线车站于 2003 年 2 月 7 日首先从西端开始挖土，2 月 15 日，东端盾构工作井开始挖土，形成两端往中间同时开挖的形势，加快施工进度，至 2003 年 6 月 3 日，土方开挖全部结束，6 月 18 日，基坑底板全范围浇好，并陆续完成车站结构。

（4）逐步跟随 R1 线结构施工完成，进行联系地道开挖。局部采取"坑中坑"形式，随着 R1 线结构的进度（R1 线 50～75m 为一个施工段，由西向东推进），在 R1 线相应的分段结构封顶拆除支撑后，逐步跟随 R1 线结构推进施工。

（5）逐步完成联系地道土建结构。

四、施工监测分析

（一）基坑监测点布置

对 R1 线及联系地道基坑施工进行了相关的监测项目，其中包括围护墙测斜，墙顶沉降、位移，支撑轴力，坑外水位，地表沉降等。图 1-4-1、图 1-4-2 是 R1 线车站与联系地道相邻基坑监测点布置图。

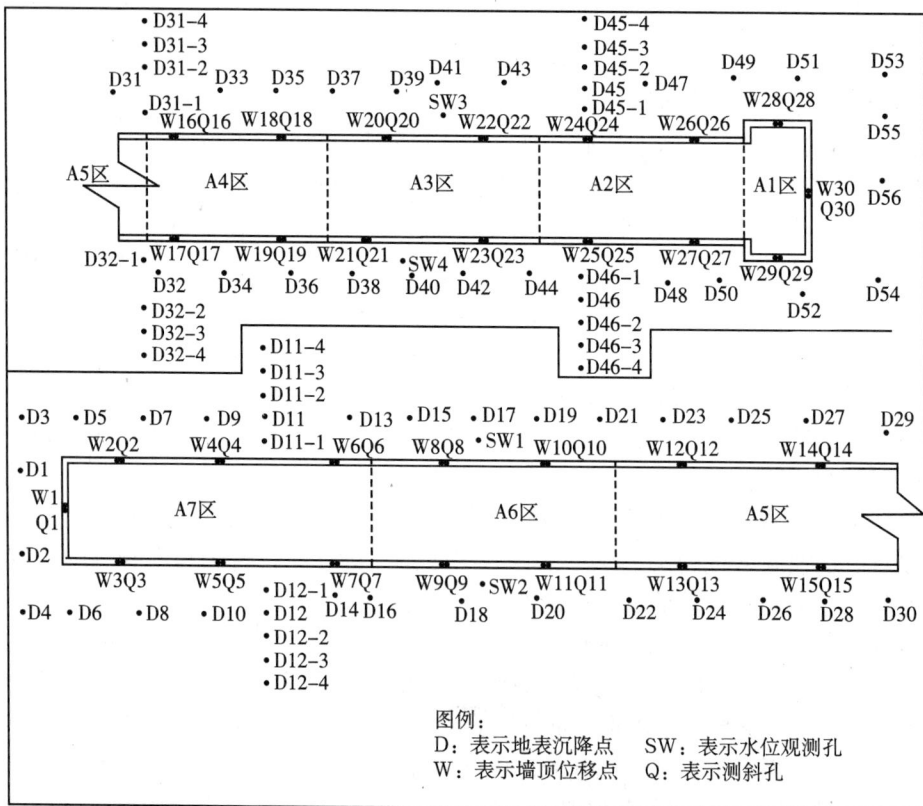

图 1-4-1　R1 线车站基坑监测点布置

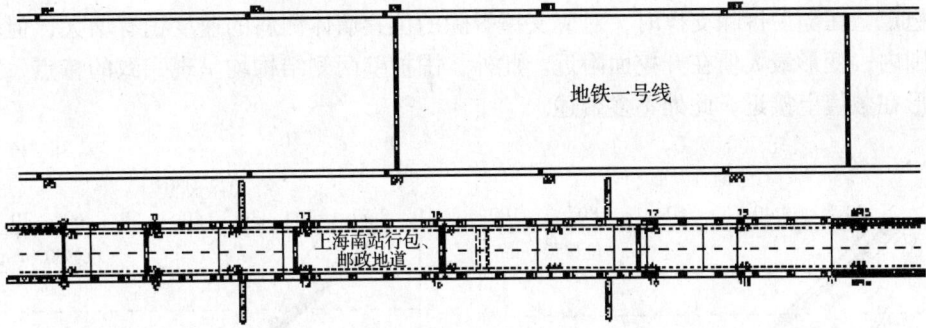

图 1-4-2　联系地道基坑监测点布置

（二）R1 线墙体水平变形监测分析

由于上海南站 R1 线车站与联系地道形成相邻基坑施工中，先进行 R1 线基坑开挖，后进行联系地道基坑施工，因此 R1 线墙体水平变形基本呈现单基坑开挖特点。以墙体测斜孔 Q11 对应不同工况时的累计量曲线图为例（图 1-4-3）：

2003 年 3 月 17 日，第一道支撑，测斜累计量 4.52mm（最大值，下同）；

2003 年 3 月 23 日，第二道支撑，测斜累计量 16.72mm；

2003 年 4 月 1 日，第三道支撑，测斜累计量 36.00mm；

2003 年 4 月 8 日，第四道支撑，测斜累计量 47.54mm；

2003 年 4 月 23 日，浇好垫层，测斜累计量 58.76mm；

2003 年 5 月 5 日，浇好底板，测斜累计量 61.89mm；

2003 年 6 月 28 日，围护墙变形稳定，测斜累计量 71.20mm，在 11m 深处。

从图 1-4-3 中可以看出，R1 线墙体水平变形基本呈现单基坑开挖特点，墙体测斜累计量大部分产生在开始挖第三层土后和浇垫层前这段时间内，随着基坑第一、二层土开挖期间，围护墙深部位移（墙体测斜）开始增加；随

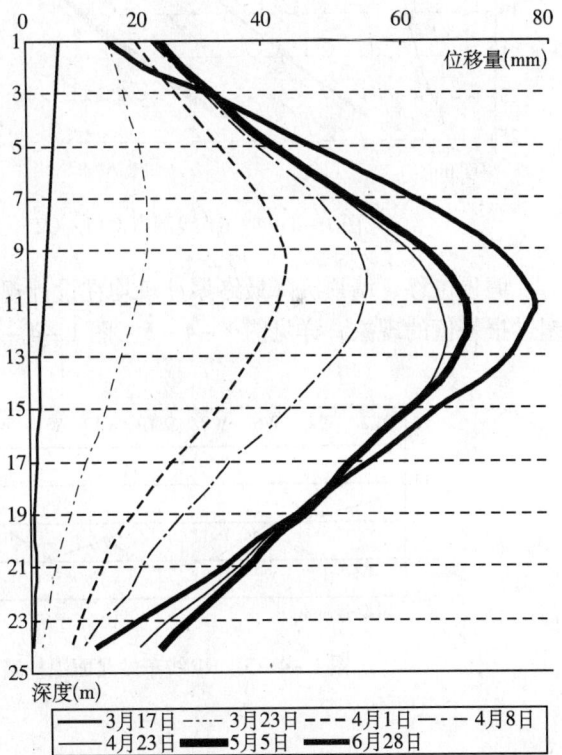

图 1-4-3　R1 线车站墙体测斜孔 Q11 不同工况时累计量曲线图

着第三层、第四层土开挖，在支撑未撑好之前，墙体测斜速度有点偏大，并且出现墙体测斜变化速度超过了设计规定的报警值（≥3mm/24h），支撑撑好以后，墙体测斜速度有所减缓，在设计允许的变形速度内；基坑挖到底后，大多数测斜孔的累计量已经接近或超过了报警值；垫层浇好后，墙体测斜速度明显减小；底板浇好后，各墙体测斜孔的变形速

度趋于稳定。在随后拆除支撑时，对应支撑拆除的位置墙体测斜的速度稍有增大，但均在允许范围内；变形最大值在开挖面附近。此外，围护壁两侧结构均呈现一致的特点，并且二者变形在数值上接近，此处不多赘述。

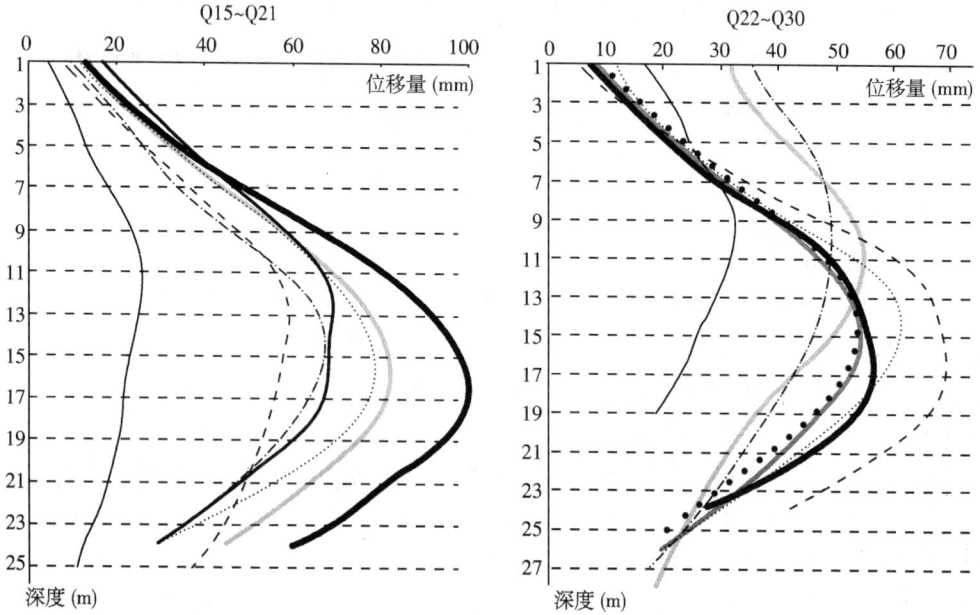

图 1-4-4　R1 线测点 Q15 ~ Q21、Q22 ~ Q30 累计变形量曲线图

墙顶位移、墙顶沉降最终累计量均在设计规定的允许范围内，基坑施工过程中也没有超过报警值的现象，详见图 1-4-5 ~ 图 1-4-8。

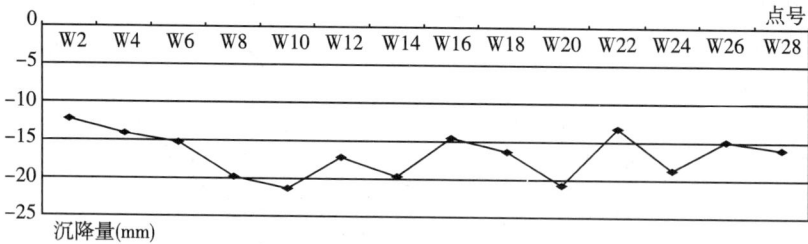

图 1-4-5　R1 线车站北面围护墙顶沉降监测点累计量曲线图

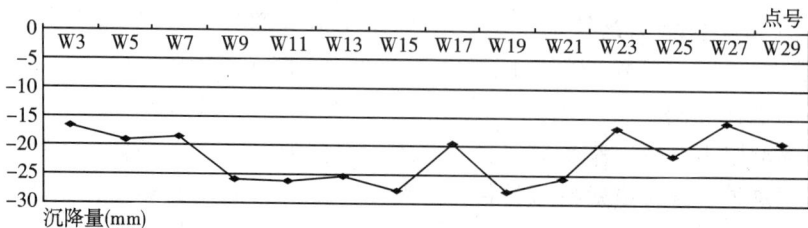

图 1-4-6　R1 线车站南面围护墙顶沉降监测点累计量曲线图

W2 W4 W6 W8 W10 W12 W14 W16 W18 W20 W22 W24 W26 W28

点号

位移量(mm)

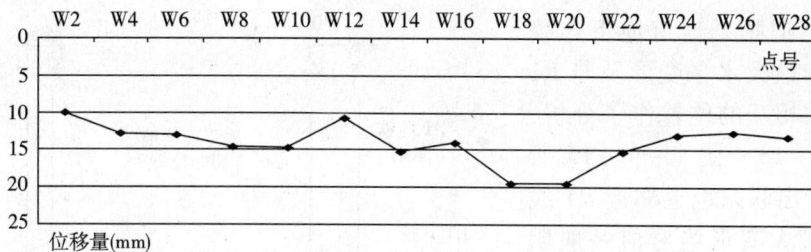

图 1 - 4 - 7　R1 线车站北面墙顶位移监测点累计量曲线图

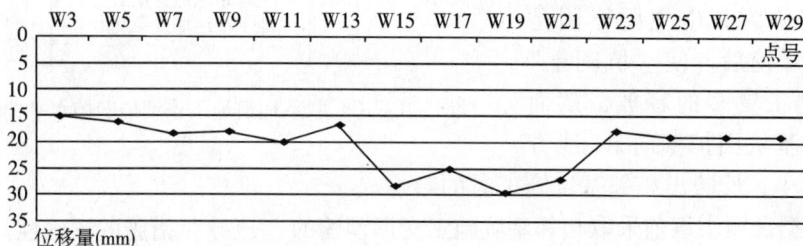

W3 W5 W7 W9 W11 W13 W15 W17 W19 W21 W23 W25 W27 W29

点号

位移量(mm)

图 1 - 4 - 8　R1 线车站南面墙顶位移监测点累计量曲线图

（三）联系地道墙体水平变形监测分析

在上海南站 1 区 R1 线车站与联系地道相邻基坑施工中，R1 线先行开挖，联系地道基坑后续施工，因此，不同于 R1 线呈现的是单基坑开挖的基本规律，联系地道围护结构受到 R1 线相邻基坑施工的水平变形影响明显地显现出来。主要表现在以下两个方面：

1. 联系地道二围护壁结构均呈现出整体位移，完全反映出前文中所提到的"相邻开挖变形影响有整体性特点"规律。联系地道开挖后，对基坑围护墙轴线进行复测。这里把GDK0 + 774.3 至 GDK0 + 854.5 里程 80m 范围内的地下连续墙轴线变化情况进行了整理（图 1 - 4 - 9），综合考虑施工误差等因素，发现联系地道围护墙二条轴线都向 R1 线车站方向发生了平均 40mm 近似整体的偏移。但要注意的是，这里的 40mm 包含了联系地道地连墙由于自身开挖而引起的变形。由于场地等因素，联系地道开挖在 R1 线开挖之后，监测是这时才开始的，也就是说，其监测数据主要反映了联系地道单基坑本身的变形特征；分析联系地道监测数据（图 1 - 4 - 10、图 1 - 4 - 11），地连墙顶端变形平均在 5mm，最大变形平均 11mm，可以判断出（图 1 - 4 - 12），在 R1 线开挖结束后，联系地道近端地连墙已经向 R1 线方向平均偏移 45mm，远端地连墙已经向 R1 线方向平均偏移 35mm。

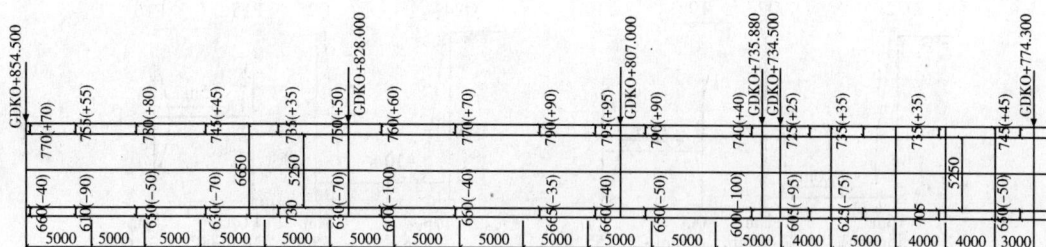

图 1 - 4 - 9　联系地道 GDK0 + 774.3 至 GDK0 + 854.5 里程地下连续墙轴线变化情况

2. 这里把联系地道地下连续墙围护结构最大水平变形及与 R1 线地铁车站相互的位置作了分析，如图 1-4-13～图 1-4-15 所示，可以看出联系地道靠近 R1 线处的围护最大变形绝对值一般明显小于远离 R1 线位置的变形，甚至在变形上出现向基坑反方向的位移，本文认为其中主要原因是由于 R1 线开挖后，使"坑间土"的应力得到了更多的释放，从而使联系地道基坑围护壁向 R1 线方向偏移量减小，反映出相邻基坑施工时的影响。

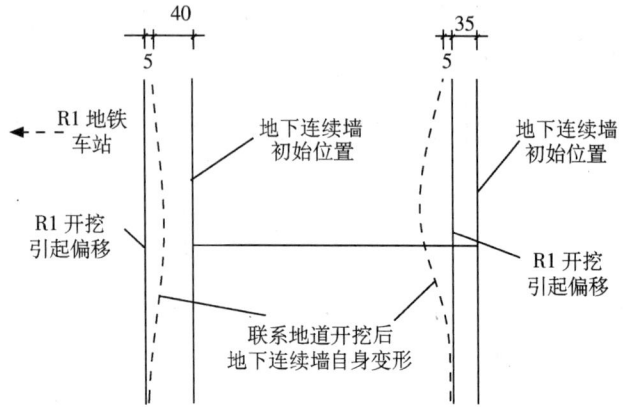

图 1-4-10 联系地道地下连续墙围檩水平偏移分析图

监测数据证明了事前采取相邻基坑施工变形预留的"疏导"措施的正确性。

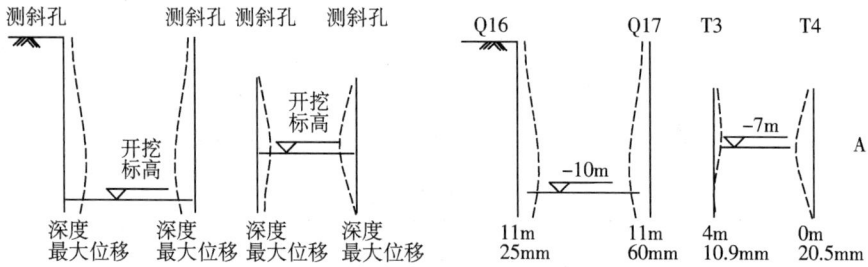

图 1-4-11 R1 地铁及联系地道相邻基坑围护壁水平变形分析图 A

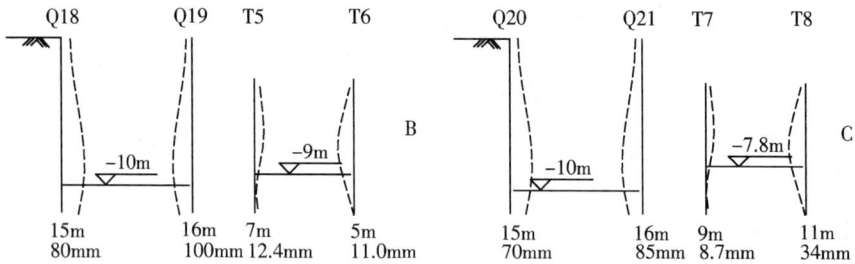

图 1-4-12 R1 地铁及联系地道相邻基坑围护壁水平变形分析图 B、C

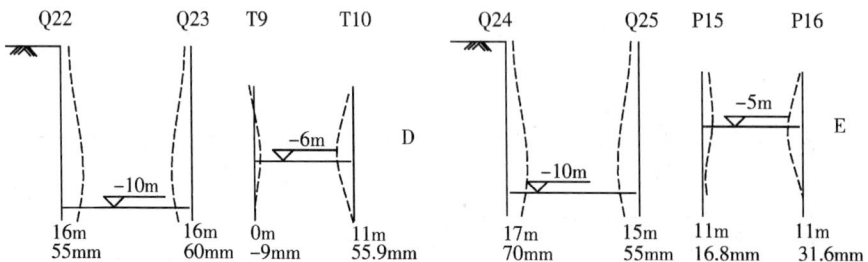

图 1-4-13 R1 地铁及联系地道相邻基坑围护壁水平变形分析图 D、E

34

图 1-4-14 联系地道 T3、T4、T5、T6 深层位移变化趋势图

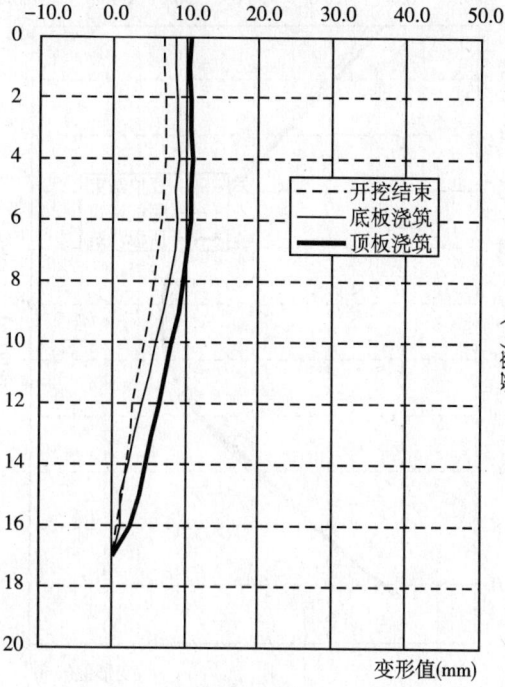

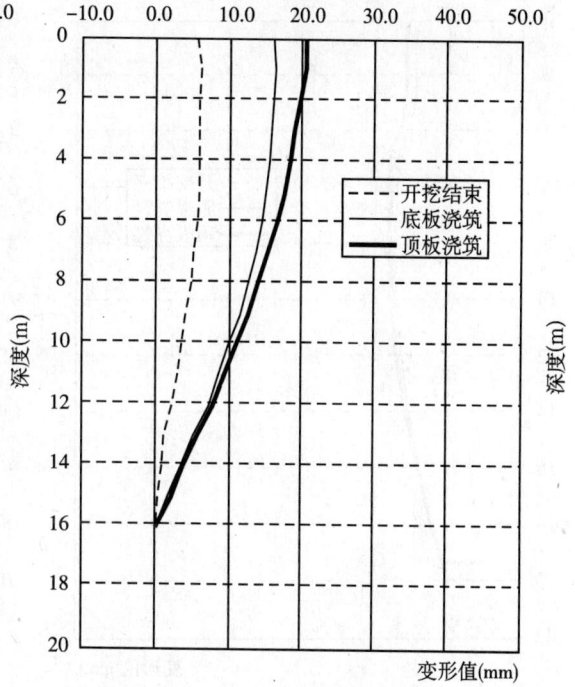

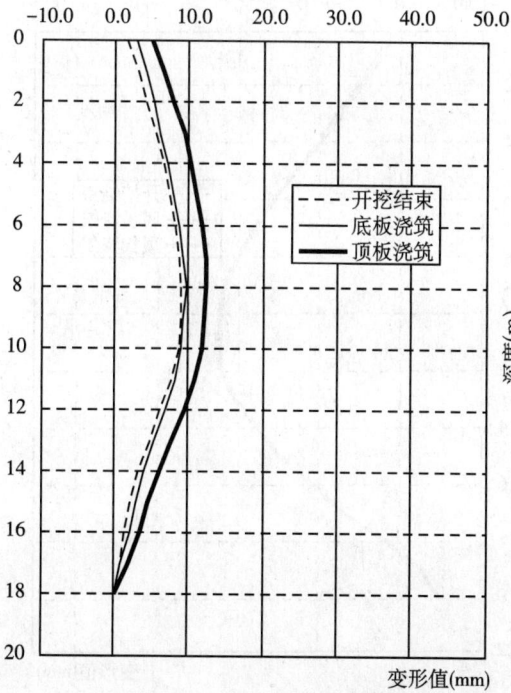

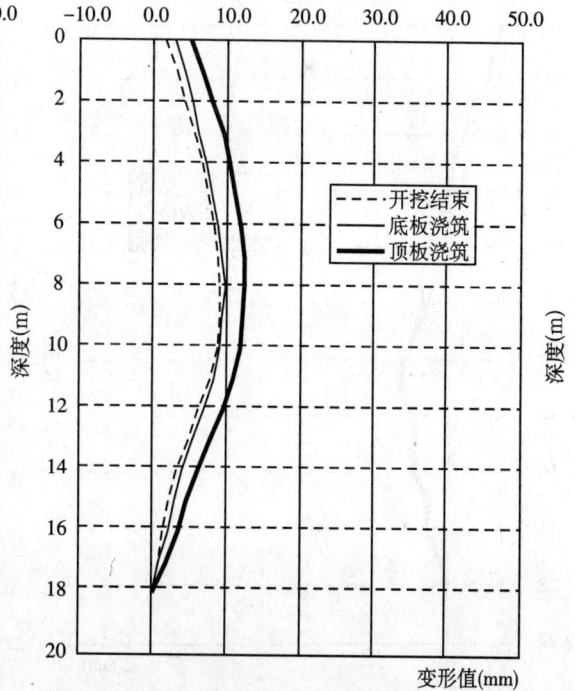

T7 孔深层位移变化趋势图

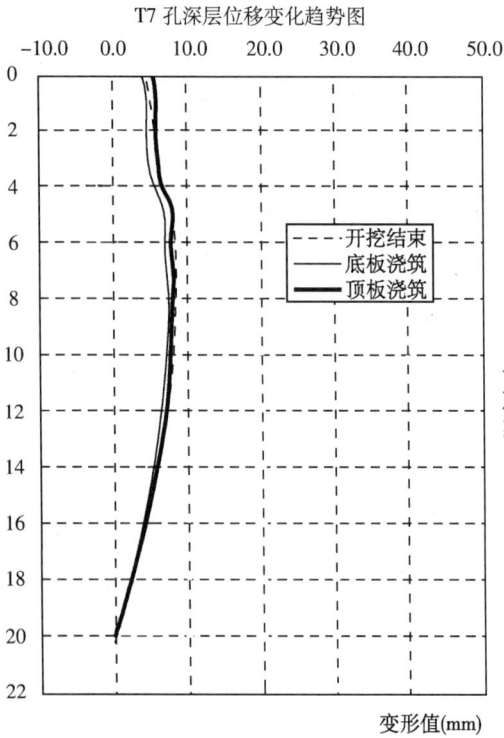

图例：
开挖结束
底板浇筑
顶板浇筑

深度(m)
变形值(mm)

T8 孔深层位移变化趋势图

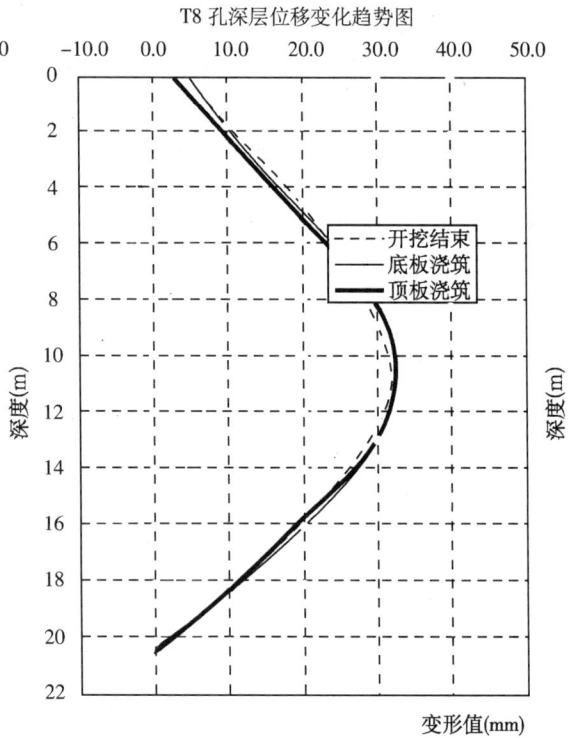

图例：
开挖结束
底板浇筑
顶板浇筑

深度(m)
变形值(mm)

T9 孔深层位移变化趋势图

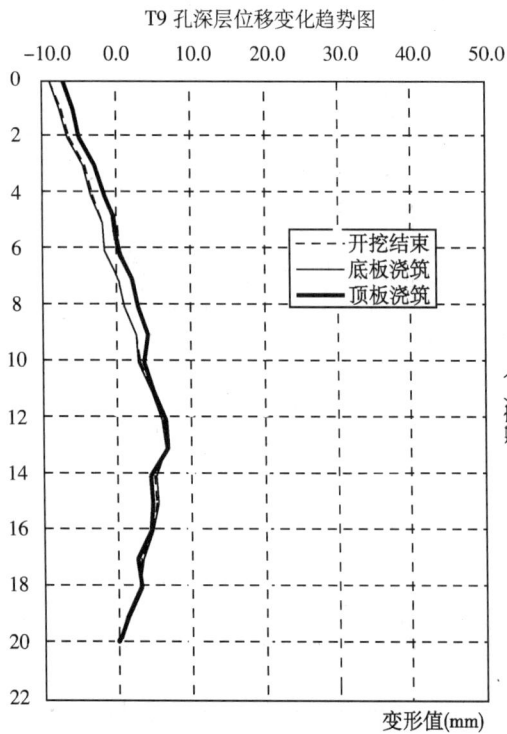

图例：
开挖结束
底板浇筑
顶板浇筑

深度(m)
变形值(mm)

T10 孔深层位移变化趋势图

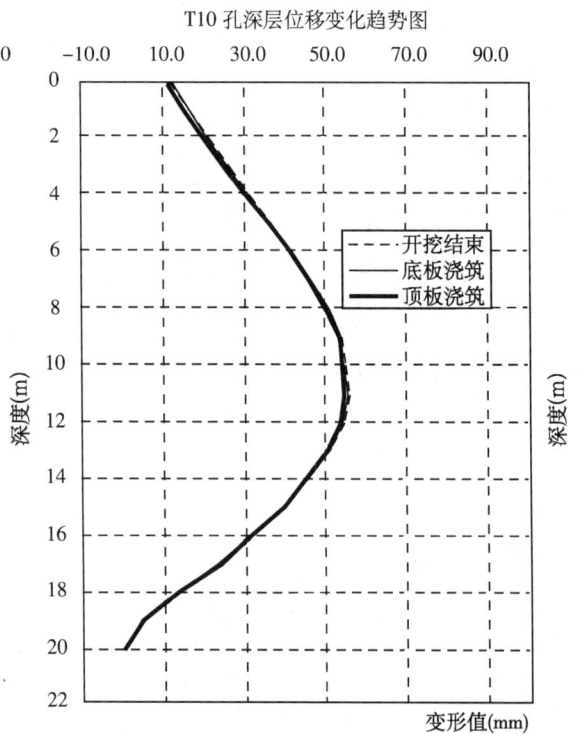

图例：
开挖结束
底板浇筑
顶板浇筑

深度(m)
变形值(mm)

图 1－4－15　联系地道 T7、T8、T9、T10 深层位移变化趋势图

第二章 预留土堤相邻基坑施工技术研究

上海南站地下工程组成及工程地质情况在前面已做详细介绍。本章讨论预留土堤相邻基坑施工技术。上海南站圆形主站房地下工程共划分了四个主要的施工区域,为加快施工进度,形成多个相邻基坑施工工况,其中在2、3、4施工区域相邻基坑施工中,主要采取在基坑外侧的预留土堤形式。

第一节 工程概况及工艺特点

一、工程概况

上海南站地下工程错综复杂,开挖期间,由于必须要确保既有铁路沪杭线的正常运营,整个铁路站场内的地下工程被划分6个开挖区域,其中4个区域在圆形主站房下,如图2-1-1所示。

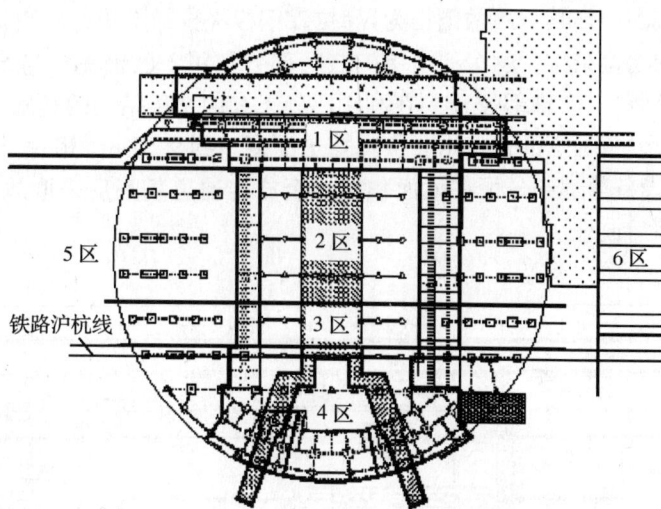

图2-1-1 圆形主站房下地下工程施工区域划分

主站房范围内的四个区域内汇集多条地下通道结构,其中邮政地道、行包地道洞身净宽5.2m,西旅客地道主干道净宽14.3m,东旅客通道和南北广场联系通道组成地下双腔结构,南北通道净宽14.8m,东旅客通道净宽8.20m,主站房管线设备地道为地下两层结构,宽度35.10m,实际挖深9.50m。基坑各单体挖深见表2-1-1。主站房地下工程开挖面积较大,且结构埋置深浅不一。

现场施工情况:场地内北侧有尚在运营的R1线旧线及R1线改线工程(土建已完成),东侧有正在施工的L1线围护结构,南侧M3线及沪杭铁路线尚在运行中。主站房下

1 区内的 H1 轴以北 R1 线土建结构已完成，H3 轴以北的联系地道和主站屋基础正在进行施工；L1 线 2 区围护正在施工，北广场的地下连续墙围护及工程桩正在施工，南广场工程桩及围护墙施工。

基坑各单体挖深一览表（相对标高） 表 2-1-1

地下工程名称	基底标高（m）	场地地坪标高（m）	单体基坑挖深（h_0）(m)
东旅客及南北广场联系通道	-8.10	-2.000	6.00
西旅客通道	-8.30	-2.000	6.3
中区设备通道	-11.30	-2.000	9.3
中区设备通道处基础承台	-12.4	-2.000	10.40
联系地道	-7.00	-2.000	5
邮政通道	-7.72	-2.000	5.72

注：工程 ±0.000 相当于绝对标高 6.530m。

（一）2 区（H6～H3 轴部分）围护结构（图 2-1-2）

此部位的基坑围护，其东西两侧均为 Ⅳ# 拉森钢板桩拉锚围护，南侧（H6 轴部位）则利用已先施工完的通道结构，两个通道结构之间部分利用 3 区钢板桩与 SMW 工法桩拉锚形成整体围护；北侧（H3 轴部位）则在利用已施工完的站房结构的基础上坑内局部放坡，针对位于中间部位设备通道部位，由于实际挖土深度达到 9.27m，相对于西侧旅客通道基底落深 3.0m，故设备通道部分可在大面积挖土至旅客通道基底后采取放坡打设土钉的围护形式或双液注浆后放坡。

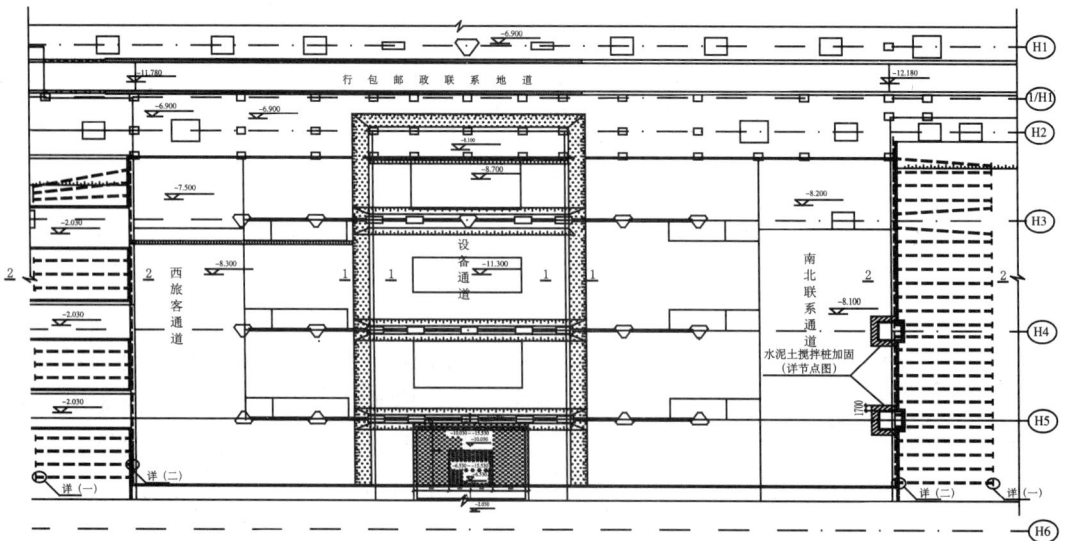

图 2-1-2 2 区（H6～H3 轴部分）围护结构

（二）3 区（主站房 H6～H7 轴之间沪杭线翻交段部位）围护结构（图 2-1-3）

沿 H7 轴的北侧，距离 H7 轴 5.6m（设备通道中间局部为 8.0m），打设 SMW 工法桩，东西两侧与旅客通道外围钢板桩相连，水泥土搅拌桩为 $\phi850@600$，水泥掺量 20%，桩长为 15m（设备通道部位桩长 20m），内插 $H700×300×13×24$ 型钢，型钢间距 850mm，插入深度 15m（设备通道部位 SMW 工法桩长 20m）；

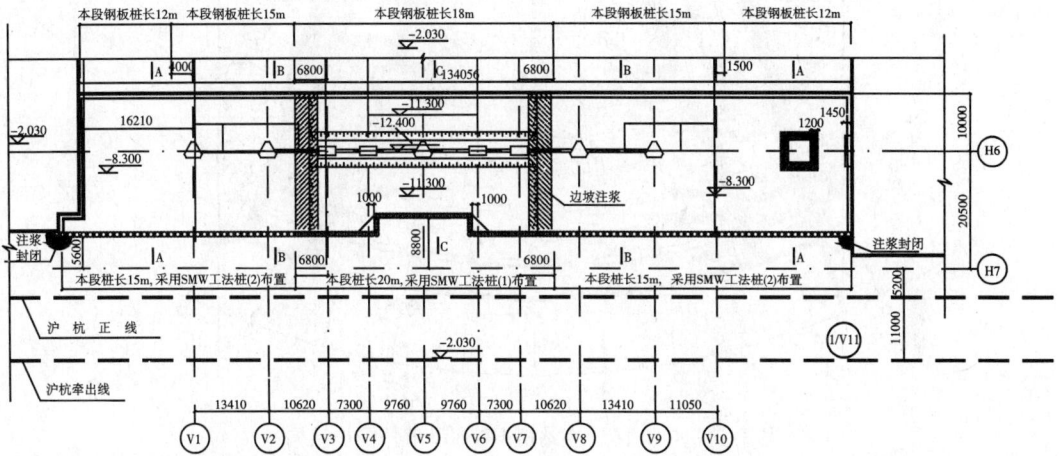

图 2-1-3 3 区围护结构（主站房 H6～H7 轴、沪杭线翻交段部位）

在 H6 轴北侧（距离 H6 轴 10.0m）打设Ⅳ号拉森钢板桩，东西两侧与南北联系通道及西旅客通道外围钢板桩相连，东西旅客通道部分桩长 12m，设备通道部位 18m，其他部分 15m。

SMW 工法桩与拉森桩之间设二道（设备通道部分第二道支撑为双拼）$\phi609×16$ 钢管支撑。第一道钢围檩 $H400×400$ 型钢，第二道均为 $2H700×300$ 型钢围檩，支撑立柱采用 $H350×350$ 型钢立柱，长度为 24m（设备通道部位长 30m）。

（三）4 区（H7 轴以南）围护结构（图 2-1-4）

主要是设备通道部分，其挖深 10.97～12.27m（局部承台部位挖深 11.87m），相对于 -7.800m 标高，大部分落差为 5.9～6.3m，由于深度较深，则采取打设一排 $\phi700@900$ 钻孔灌注桩（桩底标高 -22.000m），一道 $\phi609×16$ 钢管对撑（局部二道）。

由于开挖此部分基坑时，位于 H7 轴北侧的沪杭线过渡段已在运营中，但无通道结构部位的土体以及火车运行产生的动荷载对于 SMW 工法桩的侧向压力，单靠北侧 SMW 工法桩，无法保证基坑的安全，因此，需要利用施工完的 H6～H7 三区基坑保留的工法桩和拉森钢板桩对拉锚，同时在设备通道部位采用加支撑方式进行围护，保护翻交后沪杭线运行安全。

在第 4 区基坑南侧的南广场地下连续墙先行施工完成后，采取多级放坡的形式，并且连续墙两侧同时进行挖土卸载。

（四）东西旅客通道

沿主站房南北联系通道东侧结构外边线、西旅客通道结构外边线由自然地面打设Ⅳ#

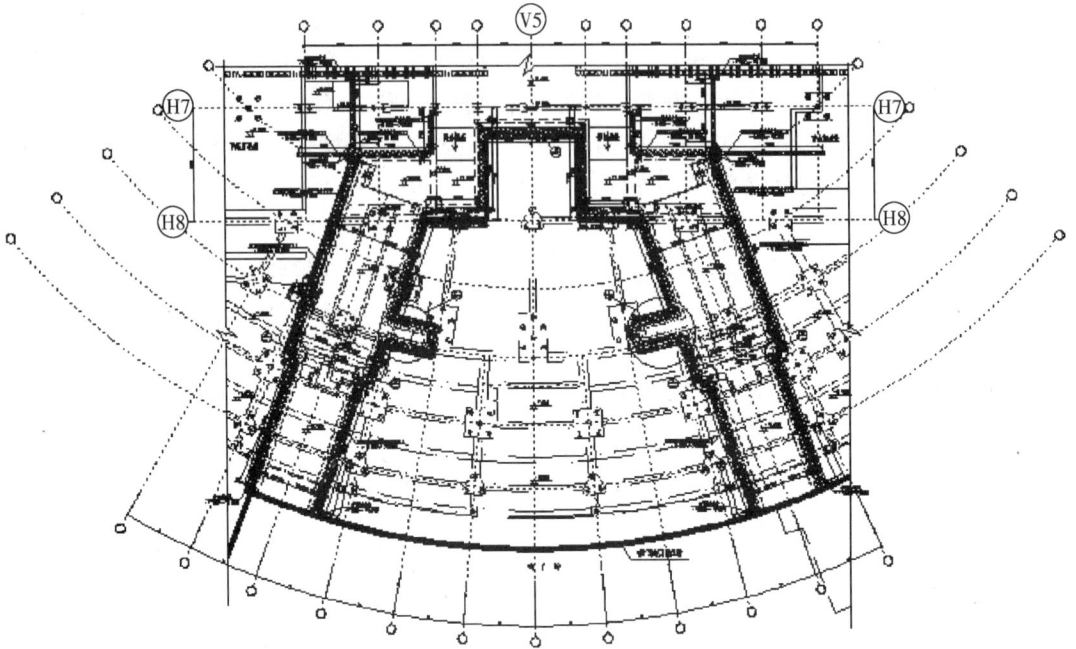

图 2-1-4 4 区（主站房 H7 轴以南）围护结构

拉森钢板桩，桩长 12m，两侧钢板桩在东西两端予以封闭，并形成整体，采用双拼 30 号槽钢围檩，并加设双拼 30 号槽钢水平支撑，局部设钢筋拉锚。

此外，由于基坑开挖范围内的第③夹层渗透系数较大，对整个基坑降水带来较大困难。因此，根据不同部位的基坑开挖深度，以及所采取的围护形式，对于基坑开挖深度在 6m 以内的采用轻型井点降水，基坑开挖深度超过 6m 的采用深井泵降水。各部位在挖土施工前必须确保地下水位位于基坑底部 50cm 以下。

二、工艺特点

为缩短工期，经多次分析，采取以下相邻基坑施工工艺：

（1）1 区采取自然放坡加适当防护形式施工。

（2）2 区、3 区采取预留土堤形式同时施工。

（3）3 区结束后，形成 2 区、4 区对称开挖，同时施工。

第二节　预留土堤相邻基坑开挖有限元分析

上海南站圆形主站房地下工程中，在 2、3、4 施工区域相邻基坑施工中，主要采取在基坑外侧的预留土堤形式。本文对相邻基坑施工中预留土堤形式开挖特点进行计算分析。

一、相邻基坑预留土堤有限元分析模型及计算工况

（一）有限元计算模型

场区地层计算条件同前。分布由上向下依次为①₁、①₂ 层杂填土、第③层淤泥质粉质黏土、第⑤₁ 层黏土夹黏质粉土、第⑤₂ 层砂质粉土，第⑥层暗绿色粉质黏土大部分地

段缺失，第⑦1－2层及⑦2层层面均较大，第⑧层黏性土缺失。

计算模型以一面采用预留土堤形式开挖、另一面采取地下连续墙支护开挖为计算背景。在基坑剖面上，取放坡、挡土墙、支撑及开挖影响范围内的土体为计算对象，问题属于典型的平面应变问题，利用对称性，取半结构进行分析，对预留土堤分别取 $D_a = 2h_0$、$1h_0$、$0h_0$ 进行计算，即 D_a 分别取 18.6、9.3、4.65m，预留土堤下口宽取 23.6m；基坑宽度 22.5m，2 道 $\phi609$ 钢管支撑，距地面分别为 0.30、5.50m，计算中支撑按刚度等效原则处理；$h_0 = 9.3$m，为预留土堤深度及基坑开挖深度，开挖分 3 次进行，预留土堤坡角取 30°。

计算范围与边界条件：放坡开挖端取至基坑中心，垂直断面上施加水平不动边界，地下连续墙外侧取 37.2m，即 $4h_0$，垂直断面上施加水平不动边界，垂直计算范围取开挖面下 27.9m，即 $3h_0$，水平断面上施加竖向不动边界。

材料模型与参数：综合考虑地质资料及有关试验材料，并结合上海地区岩土工程经验以后，计算中将覆盖土层简化，划分为三层，工程地质材料计算参数同前。

混凝土采用弹性模型，地下连续墙和支撑弹性模量均取为 3×10^7kPa，泊松比 0.2，岩土材料取 Drucker – Prager 模型，采用广义 von Mises 屈服条件，土体分析采用总应力法。

图 2 – 2 – 1 为有限元网格划分情况。网格划分上主要采用任意四边形单元（基坑 Arbirary Quadrilateral Plaine – strain），局部划分采用三角形单元（Plain Strain Triangle）以适应划分情况，单元均采用双线性内插函数，采用四个高斯积分点形成刚度。对于混凝土与土体接触问题，采用特殊单元（Special Element） – 摩擦及接触单元（Friction 基坑 And Gap Link Element）。任意四边形单元有较高的精度，形状任意，容易适应复杂的边界条件。

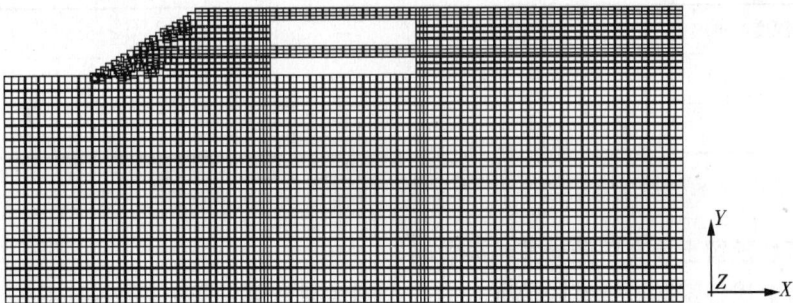

图 2 – 2 – 1　有限元计算网格

（二）计算工况

为了研究相邻基坑相互开挖影响，分别计算以下三种开挖工况。

第一种：预留土堤基坑 A 与地下连续墙围护基坑 B 两边同时开挖。

第二种：预留土堤侧基坑 A 先放坡开挖，到底后再开挖另一侧地下连续墙围护基坑 B。

第三种：先开挖地连墙围护基坑 B，到底后，再开挖预留土堤侧基坑 A。

放坡和支护基坑土方开挖都分三层进行，分层厚度分别为0.6m，5.2m，3.5m。对地下连续墙支护基坑，每层土方开挖后，立即浇筑支撑，再进行下一层土体的开挖。每种开挖方式的工况划分、开挖深度和已浇筑支撑见表2-2-1～表2-2-3。计算中将每一工况作为一个荷载时步，按增量法模拟施工过程。

为了讨论邻近距离 D_a 对基坑的变形影响，对每种开挖方式分别计算邻近距离 $D_a = 2h_0$、$1h_0$、$0h_0$ 的变形情况，即分别考虑 $D_a = 18.6$、9.3、$0.0m$ 时的情况。

第一种开挖方式   表2-2-1

开挖工况	Lcase1	Lcase2	Lcase3
基坑A开挖深度（m）	0.6	5.8	9.3
基坑B开挖深度（m）	0.6	5.8	9.3
已设支撑	–	1	1~2

第二种开挖方式   表2-2-2

开挖工况	Lcase1	Lcase2	Lcase3	Lcase4	Lcase5	Lcase6
基坑A开挖深度（m）	0.6	5.8	9.3	9.3	9.3	9.3
基坑B开挖深度（m）	–	–	–	0.6	5.8	9.3
已设支撑	–	–	–	–	1	1~2

第三种开挖方式   表2-2-3

开挖工况	Lcase1	Lcase2	Lcase3	Lcase4	Lcase5	Lcase6
基坑A开挖深度（m）	–	–	–	0.6	5.8	9.3
基坑B开挖深度（m）	0.6	5.8	9.3	9.3	9.3	9.3
已设支撑	–	1	1~2	1~2	1~2	1~2

二、相邻基坑预留土堤有限元计算结果说明

通过对上述各工况进行有限单元计算，得到大量计算结果。图2-2-2、图2-2-3仅列出了相邻基坑预留土堤模式下同时开挖的位移场分布图，$D_a = 1h_0$，同时对其他结果也进行了整理，将在后文中作进一步讨论。

从相邻基坑预留土堤有限元计算结果可以看出，相邻基坑预留土堤方式开挖过程中，从基坑变形角度来看，相邻基坑施工的变形影响是存在的，而且在一定范围内非常明显。实际工程中，基坑围护壁水平变形及坑底隆起量往往对施工周边环境控制及结构施工起到制约作用，本章主要以相邻基坑预留土堤形式下开挖后基坑B围护壁水平变形及坑底隆起作为研究对象，研究各工况下预留土堤形式开挖对相邻基坑开挖影响的基本特点。分析主要从基坑邻近距离、开挖顺序等方面进行。

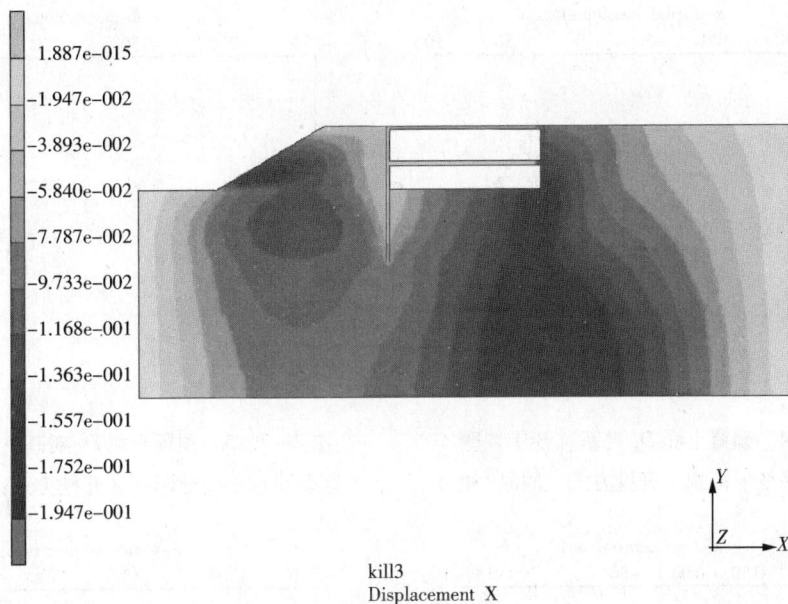

1.887e-015
-1.947e-002
-3.893e-002
-5.840e-002
-7.787e-002
-9.733e-002
-1.168e-001
-1.363e-001
-1.557e-001
-1.752e-001
-1.947e-001

kill3
Displacement X

图 2-2-2　相邻基坑预留土堤形式开挖时 X 方向位移场分布
（同时开挖　$D_a = 1h_0$）

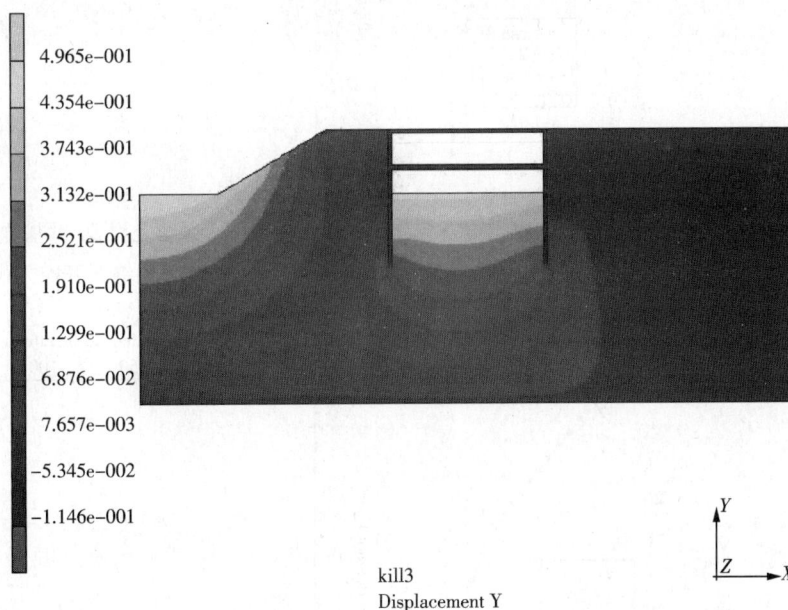

4.965e-001
4.354e-001
3.743e-001
3.132e-001
2.521e-001
1.910e-001
1.299e-001
6.876e-002
7.657e-003
-5.345e-002
-1.146e-001

kill3
Displacement Y

图 2-2-3　相邻基坑预留土堤形式开挖时 Y 方向位移场分布
（同时开挖　$D_a = 1h_0$）

三、相邻基坑预留土堤开挖邻近距离对变形影响分析

相邻基坑预留土堤开挖邻近距离对变形影响特点如下（图 2-2-4～图 2-2-9）：

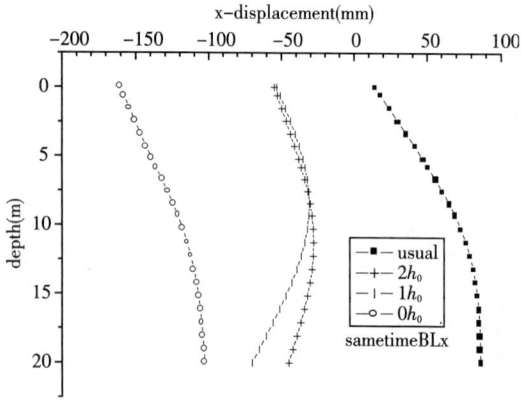

图 2-2-4 预留土堤 D_a 对基坑 B 围护壁
（近端）水平变形影响（开挖方式：同时开挖）

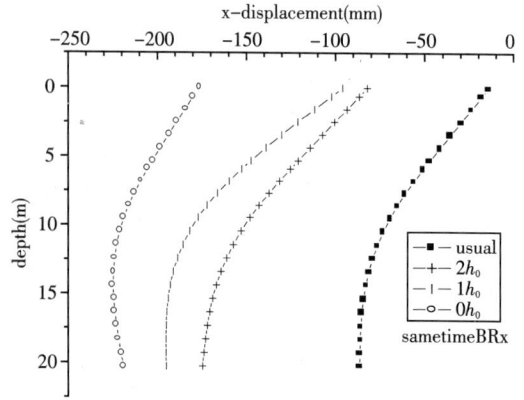

图 2-2-5 预留土堤 D_a 对基坑 B 围护壁
（远端）水平变形影响（开挖方式：同时开挖）

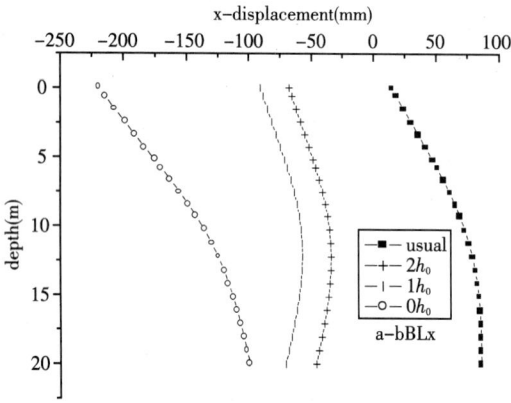

图 2-2-6 预留土堤 D_a 对基坑 B 围护壁
（近端）水平变形影响（开挖方式：A→B）

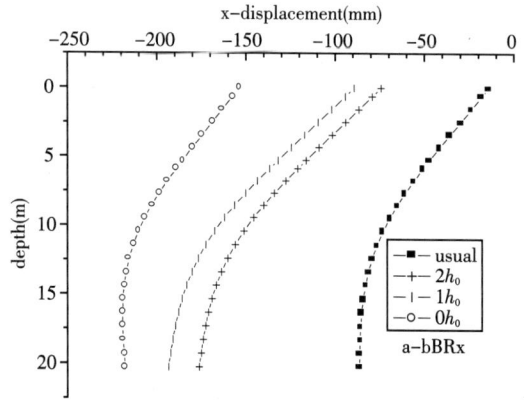

图 2-2-7 预留土堤 D_a 对基坑 B 围护壁
（远端）水平变形影响（开挖方式：A→B）

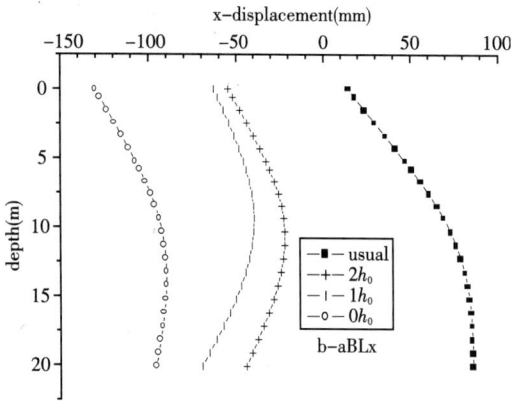

图 2-2-8 预留土堤 D_a 对基坑 B 围护壁
（近端）水平变形影响（开挖方式：B→A）

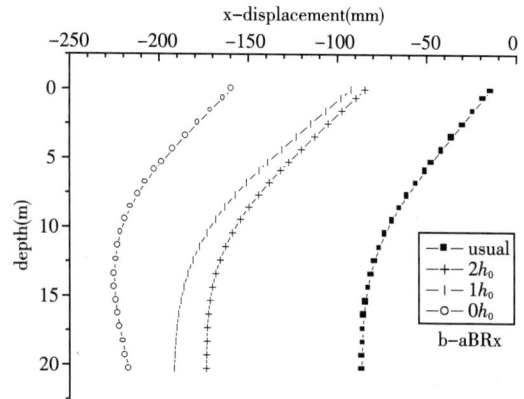

图 2-2-9 预留土堤 D_a 对基坑 B 围护壁
（远端）水平变形影响（开挖方式：B→A）

（1）基坑近端及远端围护壁水平变形影响均比较明显。无论开挖顺序是从 A 到 B、从 B 到 A 还是基坑 A、B 同时开挖，在预留土堤上口距基坑围护壁 $2h_0$、$1h_0$ 及 $0h_0$ 范围内（$h_0 = 9.3\text{m}$ 为基坑开挖深度，以下同），由于相邻区域的开挖而使得基坑围护壁水平变形受到明显影响。同时也发现，在 $D_a = 2h_0$、$1h_0$ 时，变形影响基本相当，而 $D_a = 0h_0$ 时，变形影响非常大，如图 2-2-6 所示，开挖顺序由基坑 A 到基坑 B，开挖对基坑 B 围护壁（近端）围檩水平变形影响达 235mm，因此，在工程中可以取 $D_a = 1h_0$ 作为变形影响的临界距离。

（2）邻近距离越小，变形影响越大。从图中可以看出，在各种开挖顺序中，由于相邻区域开挖的影响，使得围护壁水平变形向预留土堤方向位移增大，邻近距离的变形影响由大到小依次为：$2h_0$、$1h_0$ 及 $0h_0$，而且这种影响的变化也比较明显，这一点从下面图中可以清楚地看出。

（3）开挖对基坑近端及远端二围护壁的变形影响差距不大，尤其随着邻近距离减小数值上更逐渐趋于接近，这说明预留土堤开挖方式对开挖的变形影响更趋整体性。

四、相邻基坑预留土堤开挖顺序对变形影响分析

相邻基坑预留土堤开挖顺序对变形影响有以下特点（图 2-2-10～图 2-2-15）：

（1）相邻基坑预留土堤开挖顺序对基坑围护壁变形有一定影响，但在数值上不如邻近距离那样明显，尤其在 $D_a = 2h_0$ 时，影响不大；$D_a = 0h_0$ 时，对围檩变形有一定影响。

（2）在开挖顺序上，预留土堤基坑 A 先开挖对邻近基坑侧围护壁变形影响大于基坑 B 先开挖时的情况；二基坑同时开挖的变形影响基本处于中间，但在邻近距离较近时并不太明显。

可以这样说，相邻基坑预留土堤开挖顺序对基坑围护壁变形虽有一定影响，但并十分明显。基坑的邻近距离的影响效应要更大一些。

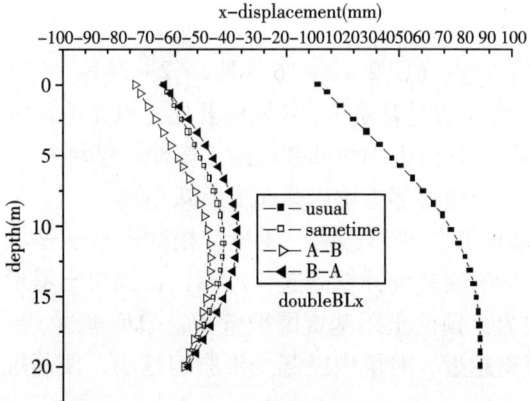

图 2-2-10 开挖顺序对基坑 B 围护壁（近端）水平变形影响（$D_a = 2h_0$）

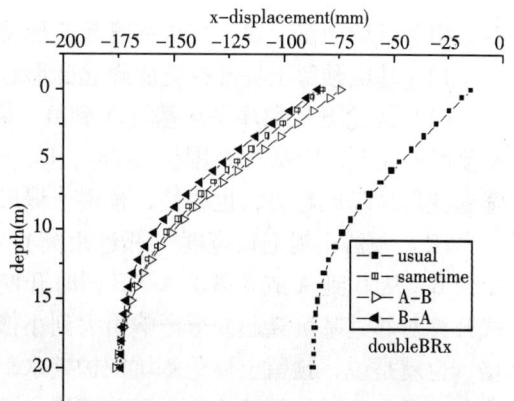

图 2-2-11 开挖顺序对基坑 B 围护壁（远端）水平变形影响（$D_a = 2h_0$）

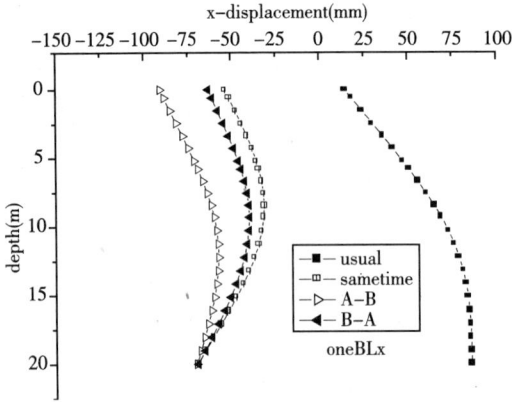

图 2 - 2 - 12　开挖顺序对基坑 B 围护壁
（近端）水平变形影响（ $D_a = 1h_0$ ）

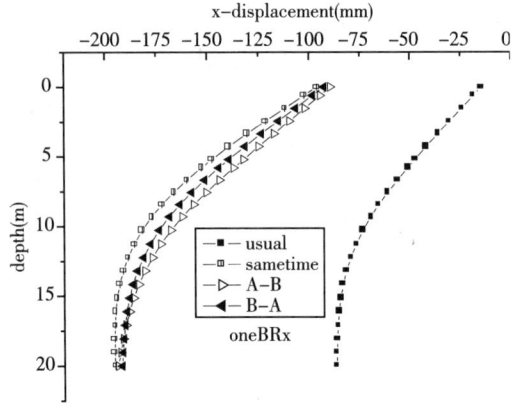

图 2 - 2 - 13　开挖顺序对基坑 B 围护壁（远端）
水平变形影响（ $D_a = 1h_0$ ）

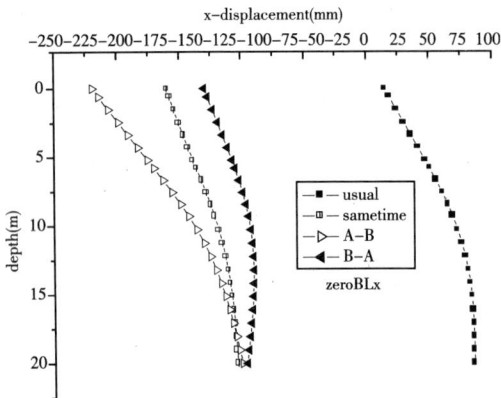

图 2 - 2 - 14　开挖顺序对基坑 B 围护壁（近端）
水平变形影响（ $D_a = 0h_0$ ）

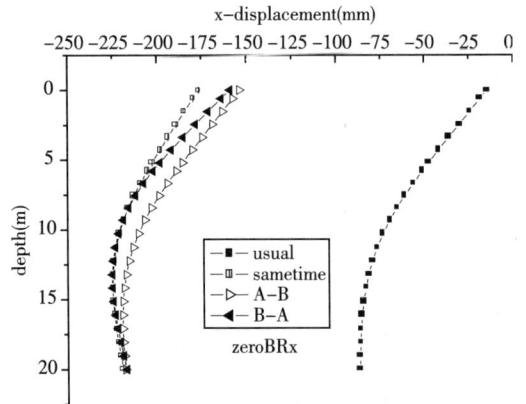

图 2 - 2 - 15　开挖顺序对基坑 B 围护壁（远端）
水平变形影响（ $D_a = 0h_0$ ）

五、相邻基坑预留土堤开挖坑底隆起变形特点

相邻基坑预留土堤开挖坑底隆起变形有以下特点（图 2 - 2 - 16 ~ 图 2 - 2 - 21）：

（1）无论开挖顺序是从基坑 A 到 B、从 B 到 A 或是基坑 A、B 同时开挖，也无论基坑 A 预留土堤上口距基坑 B 围护壁 $2h_0$、$1h_0$ 或 $0h_0$，预留土堤相邻基坑施工都使得基坑 B 的隆起变形呈降低趋势，也就是，预留土堤形式开挖使得邻近坑内隆起变形减小。

（2）预留土堤上口宽度（邻近距离）对基坑隆起变形影响。无论开挖顺序是从基坑 A 到 B、从 B 到 A 或是基坑 A、B 同时开挖，与单独基坑开挖隆起变形相比，预留土堤形式开挖对邻近基坑隆起变形影响由大到小依次为：预留土距基坑围护壁 $2h_0$、$1h_0$ 倍及 $0h_0$ 倍，也就是说，预留土堤距基坑围护壁水平距离越近，对坑内隆起变形影响越小，使基坑隆起变形的绝对值越接近正常隆起变形。

（3）开挖顺序对基坑隆起变形影响。在预留土堤上口距基坑围护壁距离一定时，预留土堤形式开挖对基坑隆起影响由大到小依次为：预留土堤先开挖、预留土堤二侧同时开挖及基坑侧先开挖。也就是说，预留土堤先开挖对坑内隆起影响最大，基坑侧先开挖对坑内隆起影响最小。但总体讲，预留土堤与基坑围护壁不同距离及基坑不同开挖顺序对坑内隆起变形影响相互间差距并不十分明显。

（4）采用预留土堤形式开挖时，基坑隆起呈近端隆起变形大于远端隆起变形的特点，这是由于预留土堤一侧土体减少使得预留土堤及基坑有整体向上的趋势。这与第四章的有关结论相似。

总之，在 $2h_0$ 范围内，预留土堤形式开挖使得基坑隆起变形影响不是最明显，变形影响的主要因素是水平距离，并且对于坑内隆起变形绝对值来讲，预留土堤形式开挖总体是有利隆起变形的减小，不同开挖顺序对坑内隆起变形影响差异不大。

从上面几节的分析可见，相邻基坑预留土堤形式开挖使得基坑围护壁水平变形受到较为明显的影响，在预留土堤形式开挖过程中，一般由于场地限制，放坡起始点一般不会太大，所以由于相邻区域开挖对基坑围护壁水平变形的影响必须得到重视。

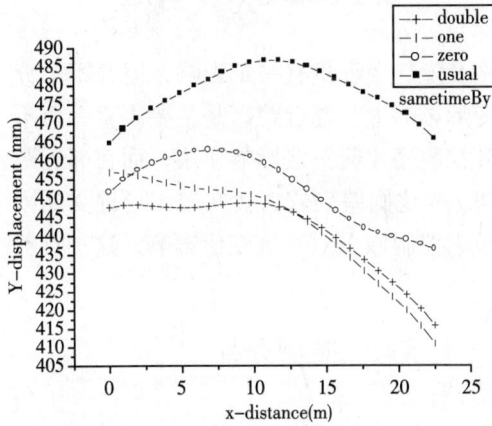

图 2-2-16 邻近距离对基坑 B 围护壁
隆起变形影响（开挖方式：同时开挖）

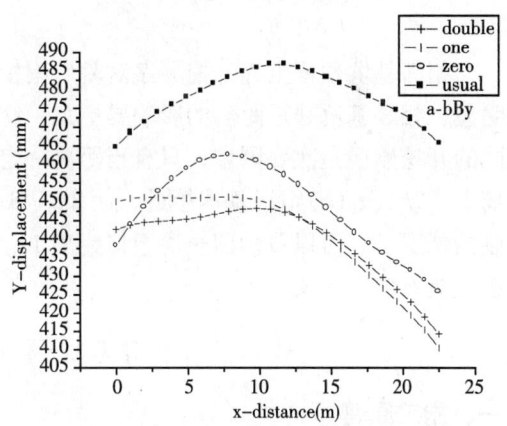

图 2-2-17 邻近距离对基坑 B 围护壁
隆起变形影响（开挖方式：由 A 到 B）

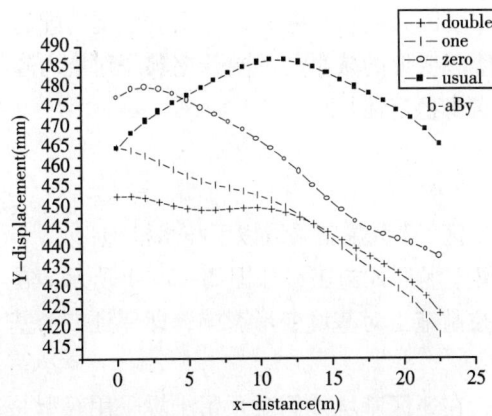

图 2-2-18 邻近距离对基坑 B 围护壁
隆起变形影响（开挖方式：由 B 到 A）

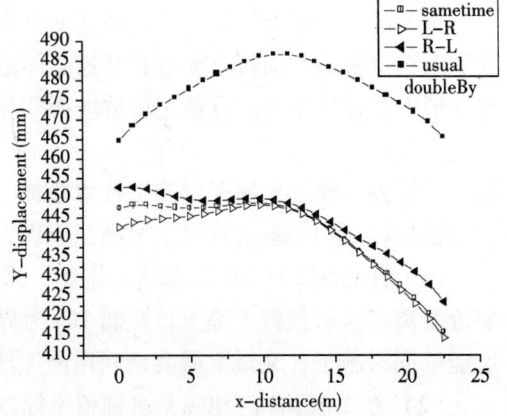

图 2-2-19 开挖方式对基坑 B 围护壁
隆起变形影响（$D_a = 2h_0$）

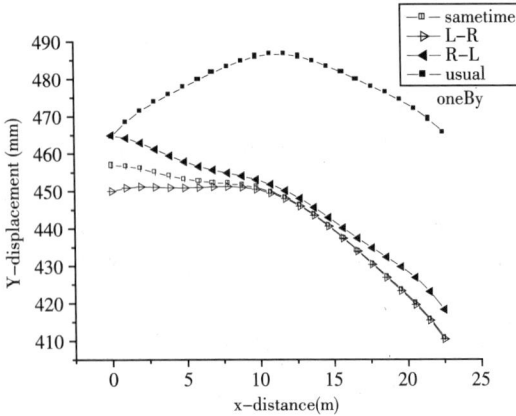

图 2-2-20　开挖方式对基坑 B 围护壁　　　　图 2-2-21　开挖方式对基坑 B 围护壁
隆起变形影响（$D_a = 1h_0$）　　　　　　　隆起变形影响（$D_a = 0h_0$）

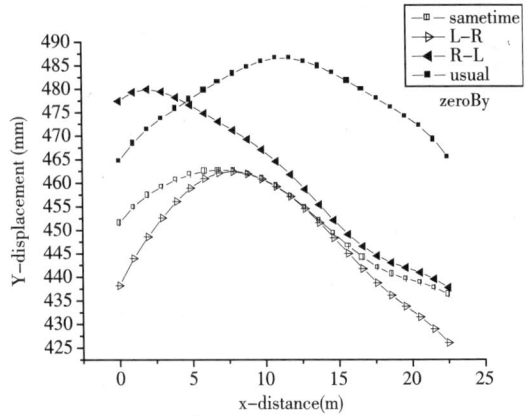

相邻基坑预留土堤开挖顺序对基坑围护壁水平及隆起变形虽有一定影响，但并不十分明显，相邻基坑邻近距离的影响要更大一些。在变形影响上，邻近距离是主要因素，而不同的开挖顺序是次要因素；只有当距离一定时，开挖顺序才起一定影响作用；而在邻近距离上，$2h_0$ 及 $1h_0$ 情况基本接近，而 $2h_0$、$1h_0$ 与 $0h_0$ 相比则差别较大。在施工场地受到限制的情况下，可以取预留土堤上口距离 $1h_0$ 为界限来控制施工对基坑变形影响，这一点对工程具有实际意义。

第三节　相邻基坑预留土堤开挖实现及监测分析

一、施工原理

根据研究结果，相邻基坑预留土堤开挖方式施工中，在变形影响上，邻近距离是主要因素，开挖顺序是次要因素；在邻近距离上，可以取预留土堤上口距离 $1h_0$ 为界限来控制施工对基坑变形影响；开挖对基坑近端及远端围护壁的变形影响趋于整体性。

相邻基坑预留土堤开挖坑底隆起变形影响的主要因素是水平距离，并且对于坑内隆起变形绝对值来讲，预留土堤形式开挖总体是有利隆起变形的减小，不同开挖顺序对坑内隆起变形影响差异不大。预留土堤放坡必须保证其自身稳定性。

二、相邻基坑预留土堤开挖施工技术措施

根据以上相邻基坑预留土堤施工原理，针对 2 区、3 区施工采取以下技术措施：

（1）针对在 2 区、3 区基坑的施工，采取预留土堤形式施工，如图 2-3-1 所示。在邻近距离上，取预留土堤上口距离 $1h_0$ 为界限来控制施工对基坑变形影响，即保证二个基坑能够同时施工，又最大限度地利用施工场地。

（2）在 2 区、3 区相邻基坑预留土堤施工中，在 3 区基坑外侧对预留土堤采用轻型井点降水措施，提高土体抗力，控制预留土堤变形。根据计算分析，确定预留土堤的规模为：上口宽度 10.20m，挖深 9.50m，邻近距离与挖深接近 1∶1，采用 1∶2 分二级放坡。

（3）相邻基坑工程围护壁结构共用。3 区基坑施工是单基坑开挖形式，到底后进行箱

身结构施工，然后进行回填施工。这里值得一提的是，在回填土施工同时，采用钢筋拉锚形式对拉 3 区基坑南北二侧的围护壁结构，使二围护壁结构、箱身结构及中间回填土形成一个类似重力坝式的围护结构，在上面进行铁路沪杭线换线施工，然后将原铁路线转线到上面，为后续的 2 区、4 区对称施工创造了条件（图 2 - 3 - 2）。3 区围护壁结构同时为 3 区、2 区、4 区基坑施工所共用，大大降低工程造价，这是相邻基坑施工中围护壁结构共用的一个成功范例。

（4）3 区基坑完成后，对于 2 区、4 区基坑采用对称施工方式进行。前面讲过，3 区基坑施工时，采用钢筋拉锚形式形成一个类似重力坝式的围护结构，在 2 区、4 区施工时，采用相邻基坑对称开挖施工方式，以减小相邻基坑施工对基坑及施工好结构的影响，这是相邻基坑施工中控制变形影响的有效方法之一。

三、相邻基坑预留土堤施工开挖实现

主站屋下地下 4 个施工区域开挖顺序如下：

第 1 步：1 区内采取相邻基坑平行施工方式，进行 R1 线及联系地道施工。

第 2 步：2 区 H4 轴以北和 3 区基坑同时开挖施工完成相应的土建结构（见图 2 - 3 - 1）。

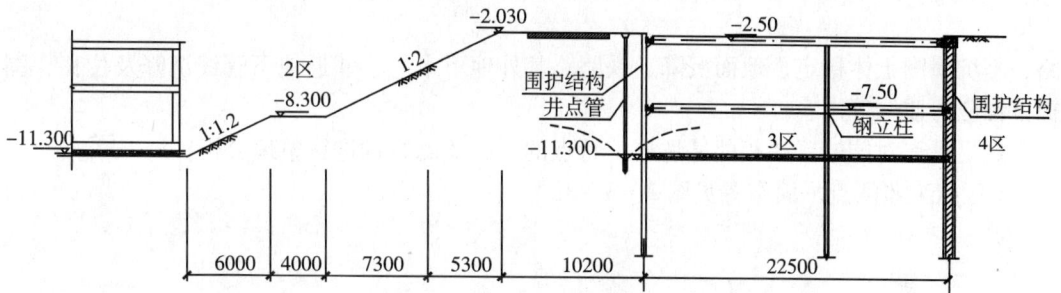

图 2 - 3 - 1　主站房 2 区、3 区相邻基坑预留土堤施工

第 3 步：3 区基坑开挖后，完成土建结构，在回填土的同时，锚筋对拉 3 区的南北二侧的围护结构。

第 4 步：进行沪杭线换线施工，将原铁路线转到主站房 3 区 H6 ~ H7 轴之间施工好的土建结构上，这是主站房基坑施工中的关键控制点。

第 5 步：开挖 2 区 H5 ~ H4 轴邻近 3 区的部分基坑，同时对称施工主站房 4 区基坑（图 2 - 3 - 2）。

在以上的过程中，1 区内采取相邻基坑平行施工方式，2 区、3 区采取预留土堤方式同时施工，3 区土建完成后，形成 2 区、4 区相邻基坑对称施工方式，逐步完成上海南站主站房下的地下工程。

四、施工监测分析

上海南站主站房 2、3 及 4 区相邻基坑施工中，对环境保护和基坑工程本身进行大量监测，包括围护体顶部沉降和位移、围护体测斜、支撑轴力、坑内土体隆起、沪杭线铁

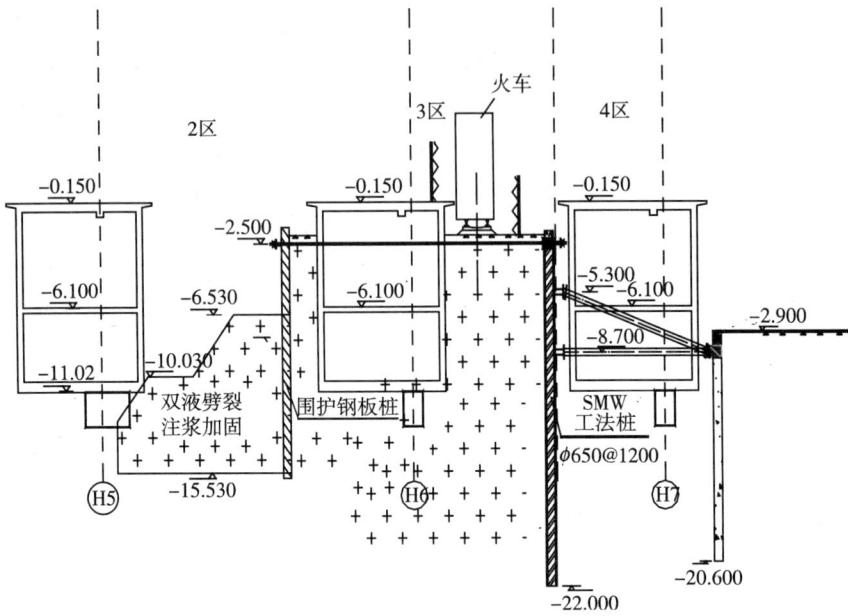

图2-3-2　2区、4区相邻基坑对称施工及围护壁结构共用

路、基坑周围土体稳定、地面沉降、铁路路基外地下水位、邻近地下管线沉降及位移、围护拉锚应力监测等内容。

这里重点对能够反映相邻基坑施工特点的3区监测数据进行整理分析。

3区施工监测点平面布置见图2-3-3。

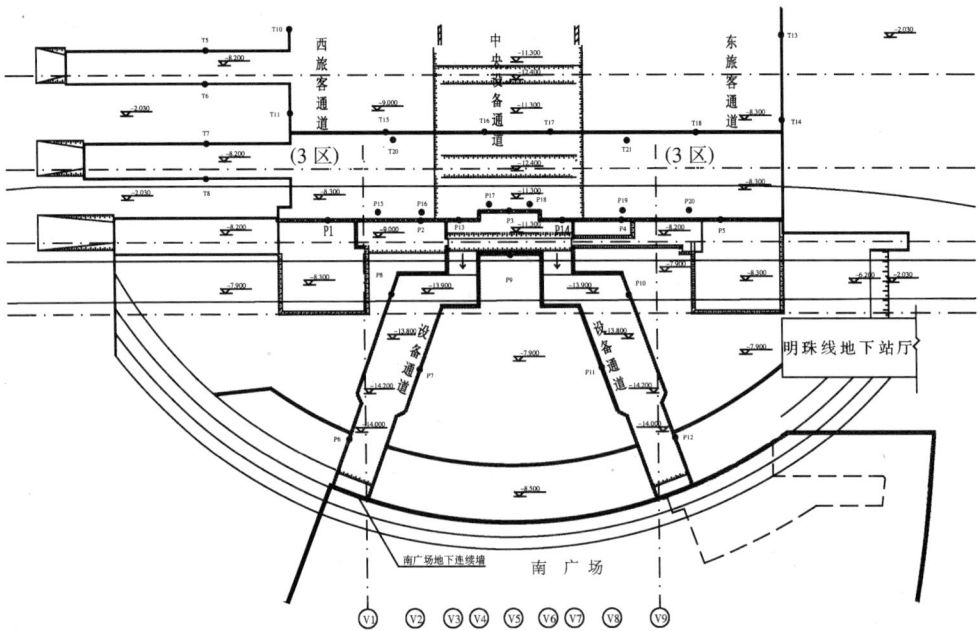

图2-3-3　2区、4区开挖时监测点平面布置

（一）沪杭线改线前3区基坑监测点特征分析（图2－3－4）

P1～P14是3区基坑南侧在沪杭线改线前开挖时的墙体测斜点，T1～T20是3区基坑南侧改线前的土体测斜点。它们主要反映3区基坑在沪杭线改线前以预留土堤形式开挖时变形特点。图2－3－4列出其中的基坑南侧有代表性的P05、P13、P14、T16墙体测斜监测点的变化情况。从监测点图形变化中可以看出，沪杭线改线前，由于2区挖土在$2h_0$以外，3区基坑施工呈单基坑施工的特点，曲线形状呈抛物线，最大水平位移发生在基坑开挖面附近，最大变形量在36mm左右，这完全符合当时3区单基坑的施工工况；而T16孔反映的是3区北侧的围护壁结构的变形，该侧变形较大，对个别段采取了坑底注浆措施。

（二）沪杭线改线后3区基坑监测点特征分析（图2－3－5～图2－3－6）

P15～P20是3区基坑南侧改线后开挖时墙体（远端）测斜点，T20～T22是基坑改线后土体（近端）测斜点。这些监测点反映了2区、4区施工对3区共用围护壁结构的变形影响特征。各监测点对应施工工况如下：

1. P15～P18孔

2月25日：2区挖土开始对4区围护的影响。

3月18日：反向位移达到峰值。

4月5日：4区未开挖前，2区开挖结束后最后变形。

4月10日：4区开挖后变形情况。

6月24日：各区开挖完后，地下结构施工稳定后变形情况。

2. P19孔

3月18日：2区挖土接近到底时对共用围护壁结构的变形影响。

3月29日：反向位移达到峰值。

4月5日：4区未开挖前，2区开挖结束后最后变形。

6月8日：各区开挖完后，地下结构施工稳定后变形情况。

3. P20孔

2月25日：2区挖土对4区围护的影响。

3月29日：反向位移达到峰值。

4月5日：4区未开挖前，2区开挖结束后最后变形。

4月10日：4区开挖后变形变化情况。

6月24日：各区开挖完后，地下结构施工稳定后变形情况。

4. T20孔

3月1日：铁路翻交后，由于2区开挖引起的共用围护壁结构侧变形情况。

3月29日：正向位移达到峰值。

4月5日：4区未开挖前，2区开挖结束后最后变形。

4月15日：4区开挖后变形情况。

5. T21孔

2月29日：铁路翻交后，3区北侧变形情况。

3月29日：正向位移达到峰值。

4月15日：4区开挖后变形情况。

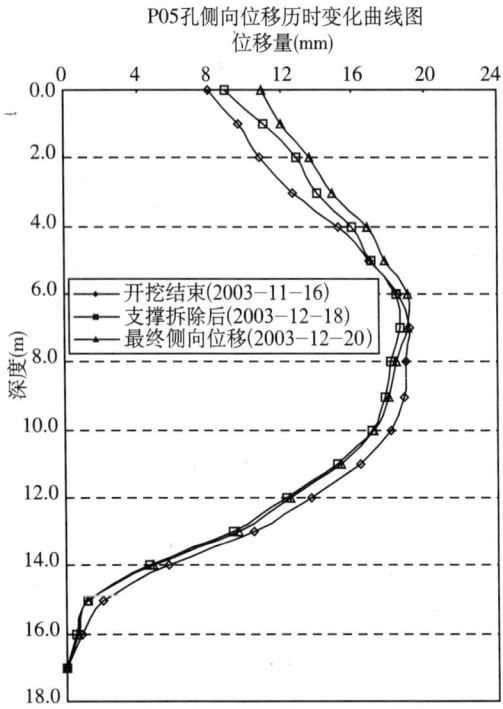

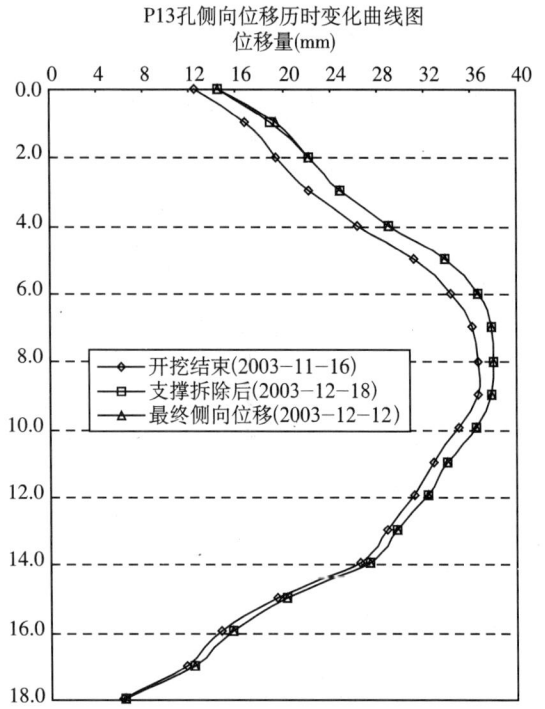

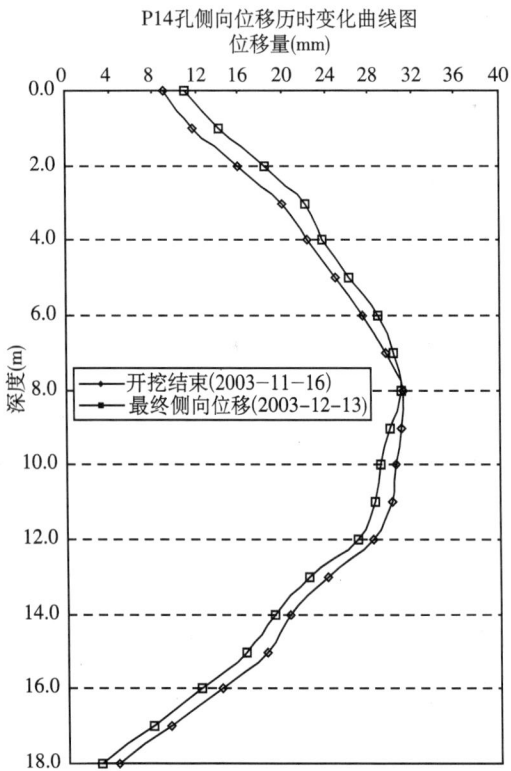

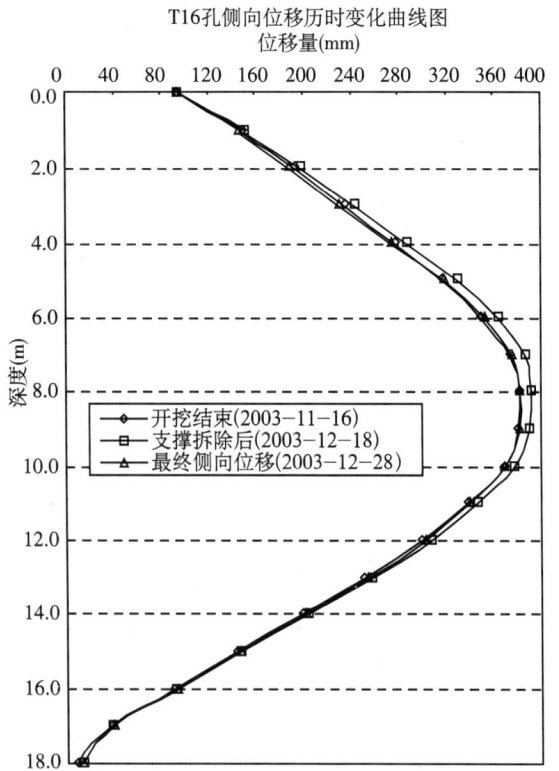

图 2-3-4　沪杭线改线前 3 区基坑监测点

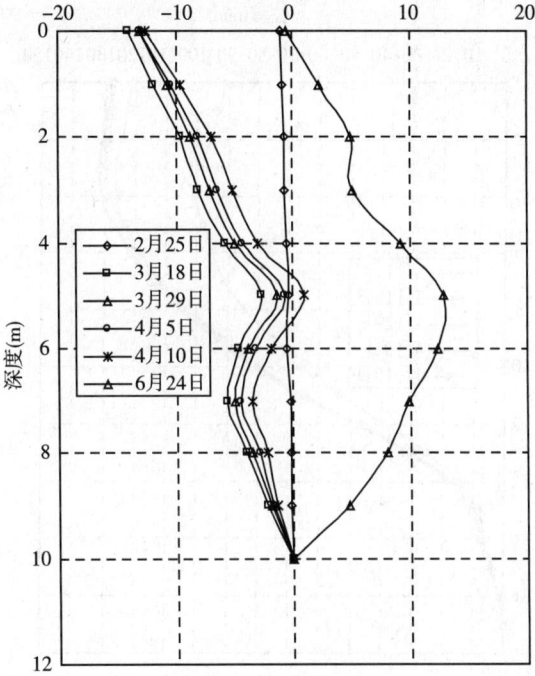

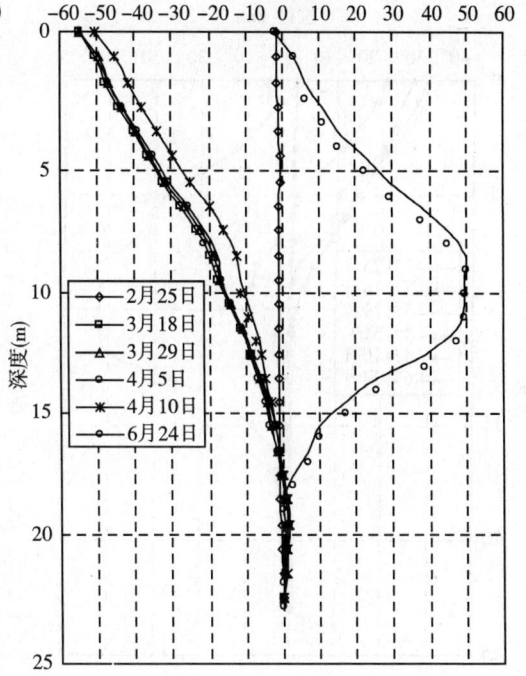

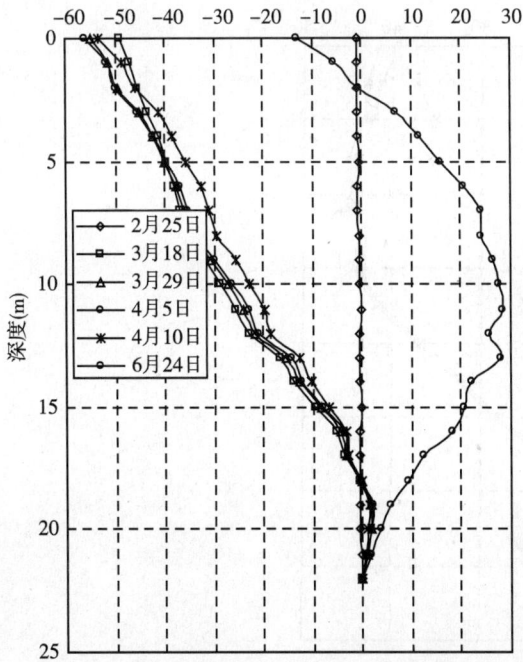

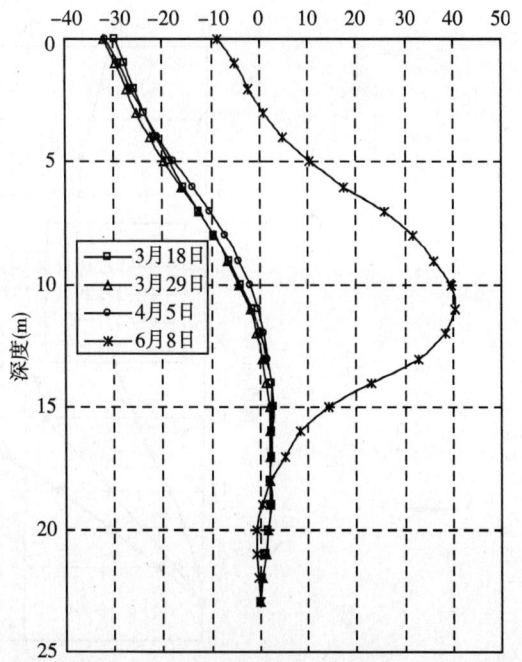

图 2 - 3 - 5　沪杭线改线后 3 区基坑监测点（P15、P16、P18、P19）

P20变形趋势图
位移(mm)

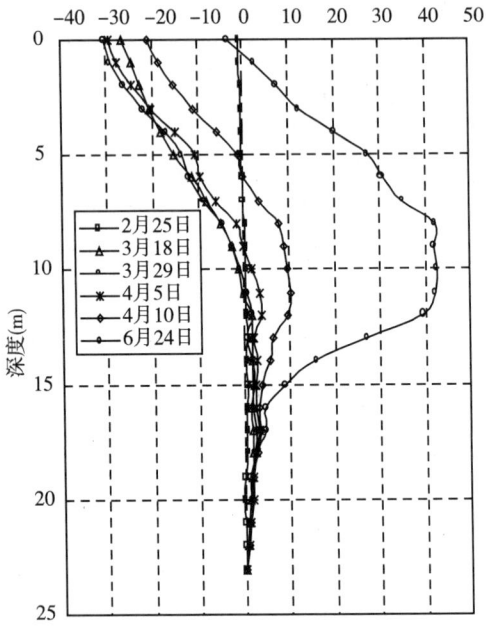

T20变形趋势图
位移(mm)

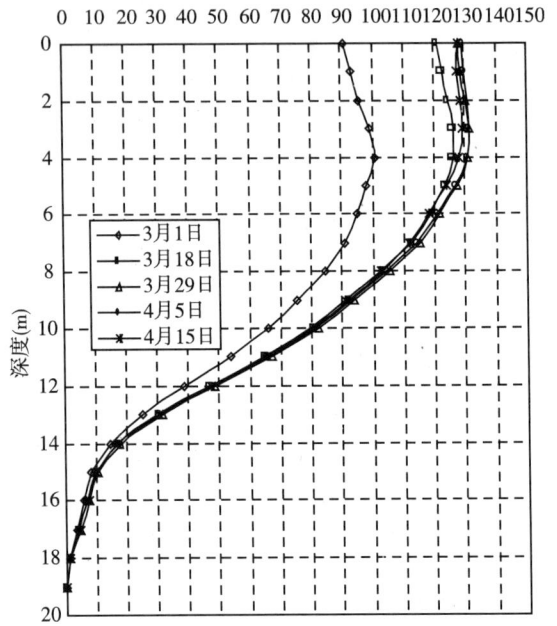

图例：
2月25日
3月18日
3月29日
4月5日
4月10日
6月24日

图例：
3月1日
3月18日
3月29日
4月5日
4月15日

T21变形趋势图
位移(mm)

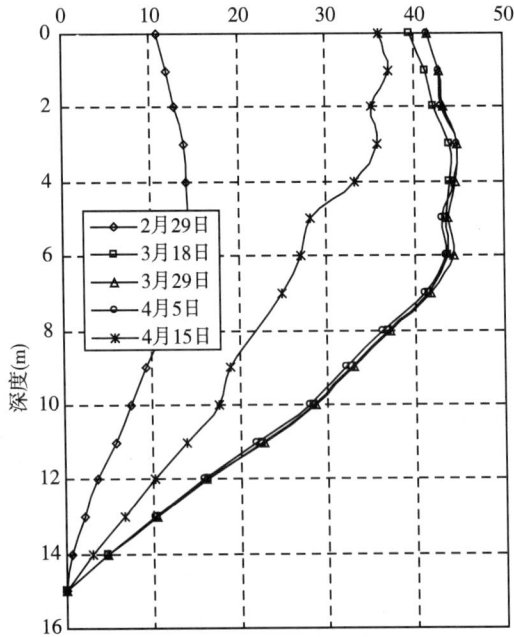

图例：
2月29日
3月18日
3月29日
4月5日
4月15日

图 2-3-6 沪杭线改线后 3 区基坑监测点（P20、T20、T21）

这里以监测点 P16 为例，说明 2 区、4 区施工对共用围护壁结构的变形影响。从上述施工过程可以看到：

2 月 25 日，2 区挖土逐渐接近 3 区，西旅客通道、中央设备通道的挖土逐渐接近 3 区北侧围护壁结构（留土宽度约 10m），西旅客通道中部（近 T10 孔）处开挖至 6m 深，垫层已浇，围护壁结构开始产生位移 –2mm。

3 月 18 日，随着挖土的进行，由于 2 区开挖引起的反向位移达到峰值 –55mm。

4 月 5 日，4 区开挖前，2 区开挖结束后监测点 P16 最大变形为 –57mm，此时 2 区该区域内通道地下结构已施工。

4 月 10 日，4 区开始挖土，围护壁结构变形开始回弹，变形值为 –55mm。

6 月 24 日，4 区开挖结束后，地下结构围护壁结构变形已回弹到 –2mm，由于 4 区开挖引起的变形影响为 55mm。

对监测点 T20、T21 变形过程分析可以反映出同样的特征，所不同的是 4 区开挖时，监测点 T20、T21 相对于 4 区来讲是基坑围护壁结构的远端，因此其变形影响小一些，但其反映出的变形影响特征与监测点 P16 是一致的。

从整个过程清晰地可以看出 2 区、4 区相邻基坑开挖对 3 区围护壁结构的变形影响。另外从中还可以看出变形影响的整体性，即相邻基坑的近端及远端都产生了变形影响。整个过程也验证了本书中第一、二章经过分析得出的关于相邻基坑施工的基本规律。

此外，这里还整理了其他监测资料：铁路路基垂直沉降变化曲线（图 2–3–7）、3 区基坑立柱沉降变化曲线（图 2–3–8）、南站 3 区支撑轴力变形曲线（图 2–3–9）、3 区基坑坑外水位变化曲线（图 2–3–10）等，可供读者自行参考。

五、地铁 L1 线 C3 区相邻基坑对称挖土实现

这里顺便提一下上面提到的上海南站地铁 L1 线 C3 区相邻基坑对称挖土施工方式。其主要施工原理是依据前文中提到的"在开挖顺序上，相邻基坑施工有同时开挖变形影响对等的特点"以及"对坑间土体加固在变形影响控制方面有着明显作用，大大有利于变形控制"等，相应地采取的主要施工措施是对坑间土从地面至开挖面下 3m 采取搅拌桩抽条加固，作为相邻基坑平行施工形式的一种特例，对二个相邻基坑分段、分层，采取完全对称开挖方式进行施工，加快了施工进度，施工效果良好。基坑监测情况如图 2–3–11、图 2–3–12 所示。

六、相邻基坑实测与计算对比

（一）联系地道相邻基坑平行施工实测与计算对比

这里把地铁 R1 线单独开挖时实测变形与计算值进行整理对比（图 2–3–13、图 2–3–14），实测值分别取测点 Q15～Q23、T3～T10 各点平均值。从图中可以看出：

1. 理论值大于实测值，反映出理论分析偏于安全。

2. 在图 2–3–13 中，围护壁结构上口变形计算值比实测大了较多，本文认为是因为实际基坑上口有一道刚度很大的围檩，使得基坑上口整体性增强，实际变形减小。

3. 图 2–3–14 中，计算值及实测值中都包含着相邻基坑开挖引起的整体位移。

4. 计算与实测曲线基本形状相似，说明理论分析能够反映施工实际情况。

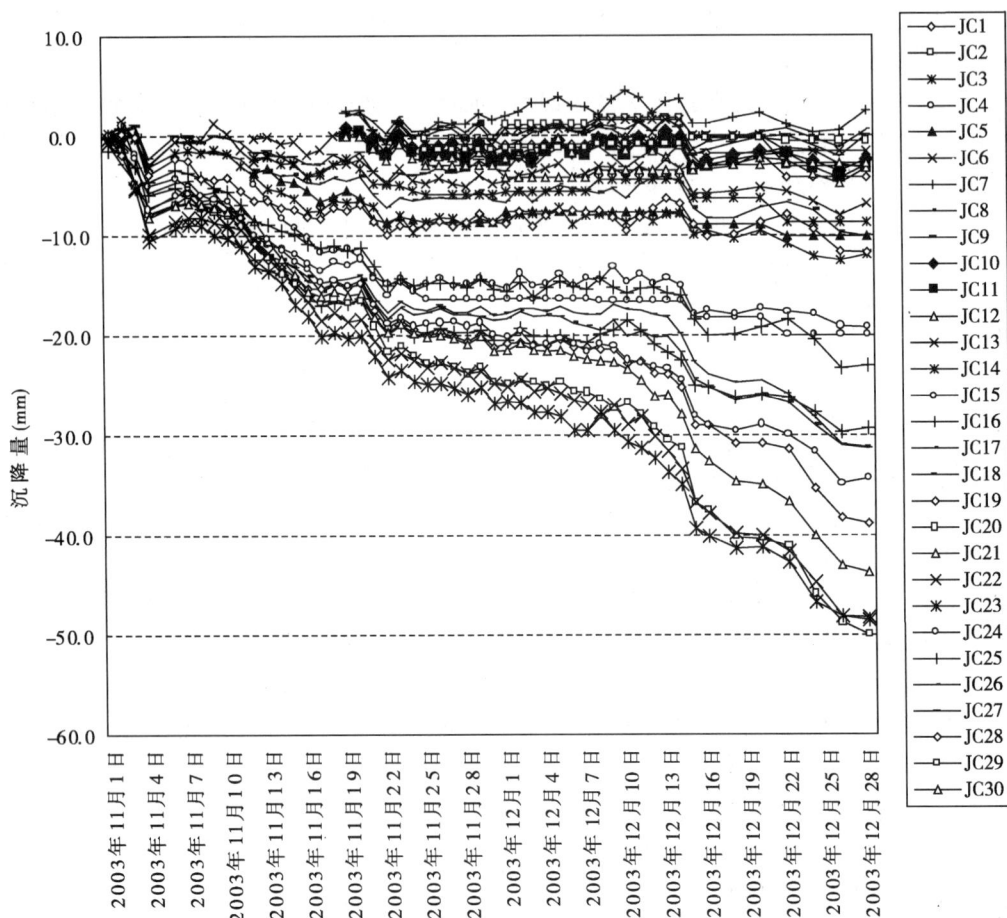

图 2-3-7 铁路路基垂直沉降变化曲线

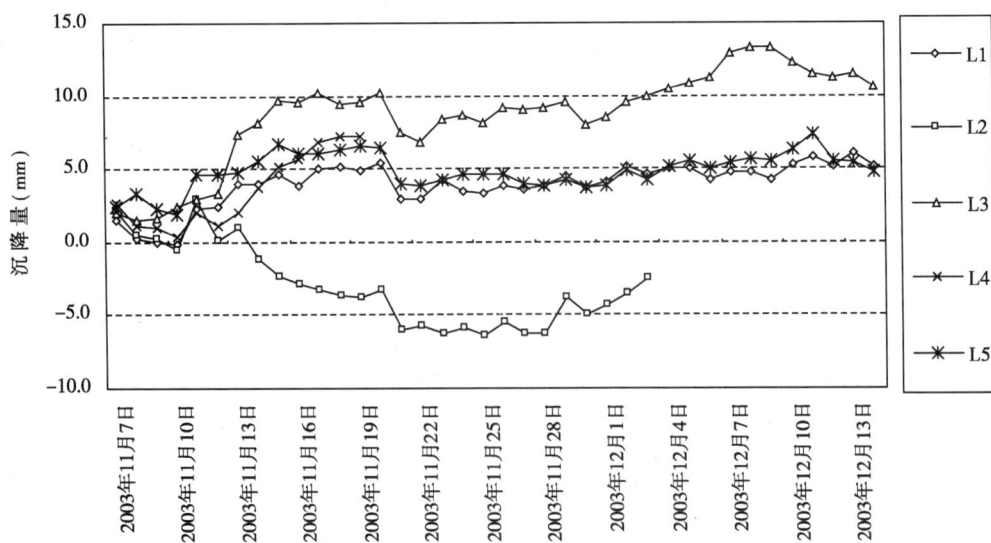

图 2-3-8 3区基坑立柱沉降变化曲线

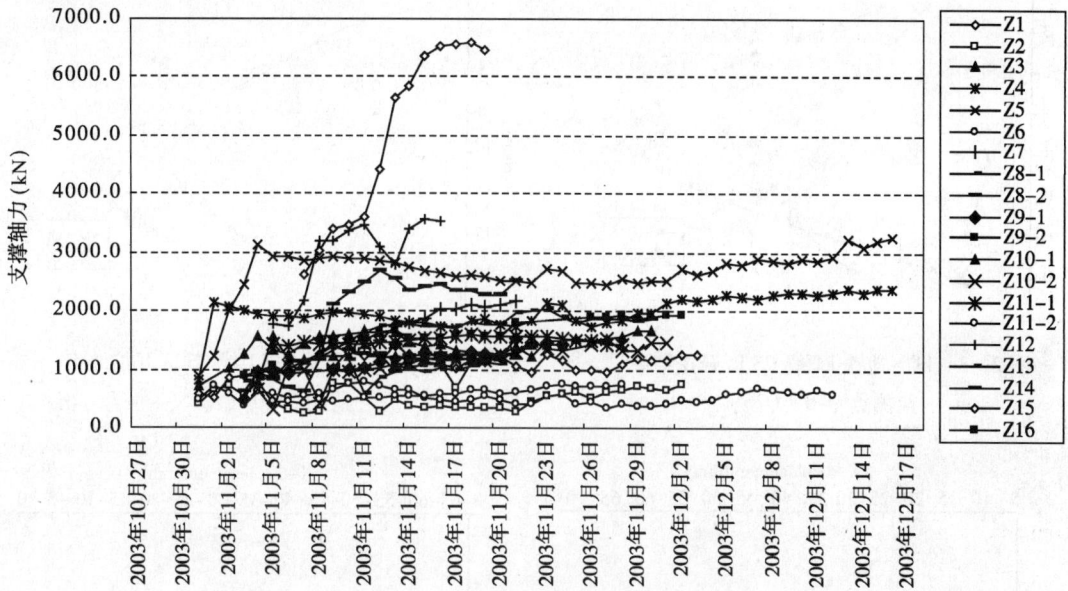

图 2-3-9 南站 3 区支撑轴力变形曲线

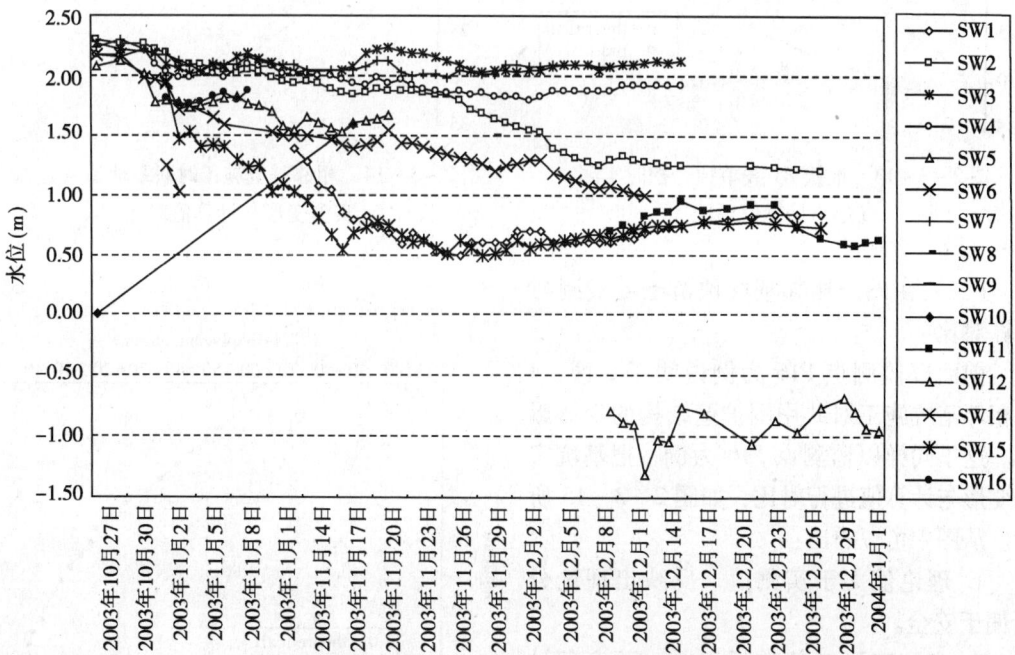

图 2-3-10 3 区基坑坑外水位变化曲线

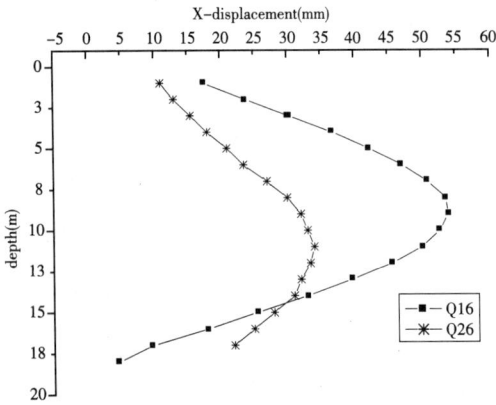

图 2-3-11 地铁 L1 线 C3 区开挖结束
监测点 Q16、Q26

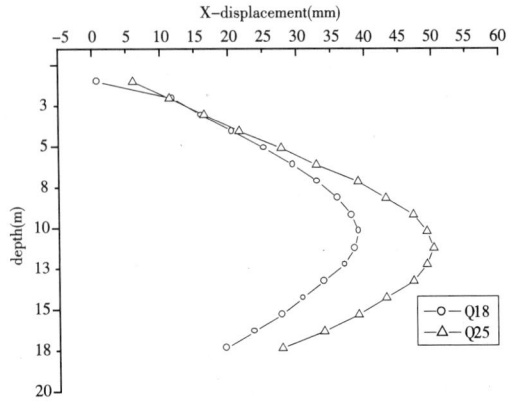

图 2-3-12 地铁 L1 线 C3 区开挖结束
监测点 Q18、Q25

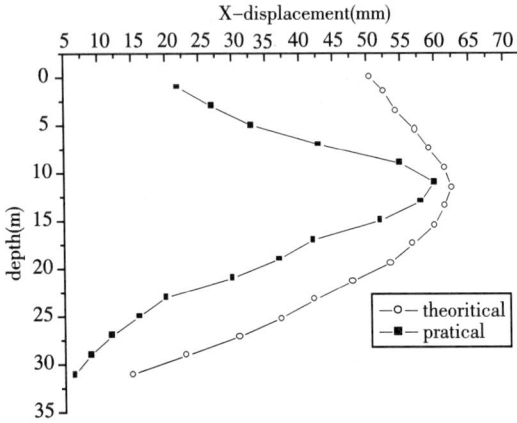

图 2-3-13 地铁 R1 线单独开挖时实测
变形与计算值对比

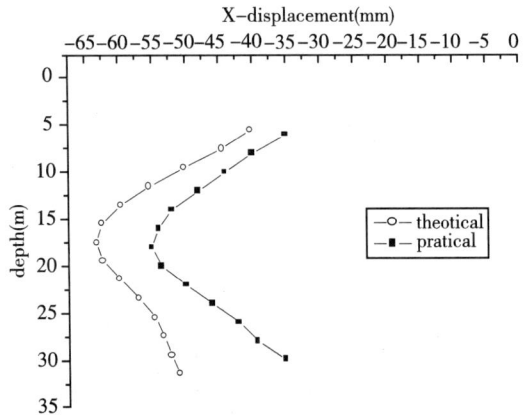

图 2-3-14 相邻基坑施工时联系地道（远端）
实测变形与计算值对比

（二）主站房相邻基坑预留土堤实测与计算对比

前面以监测点 P16 为例说明了 2 区、4 区相邻基坑施工对共用围护壁结构的变形影响。这里同样以监测点 P16 为例，把基坑实测变形与计算值进行对比，如图 2-3-15 所示。从图中可以看出：

1. 理论值大于实测值，反映出理论分析偏于安全。

2. 实测变形底部趋近于零，而底部计算值却明显存在位移。本文认为，这与实测方法有关，实测时一般取土层深处某点，假设其位移为零并将其作为测量基准点，然后

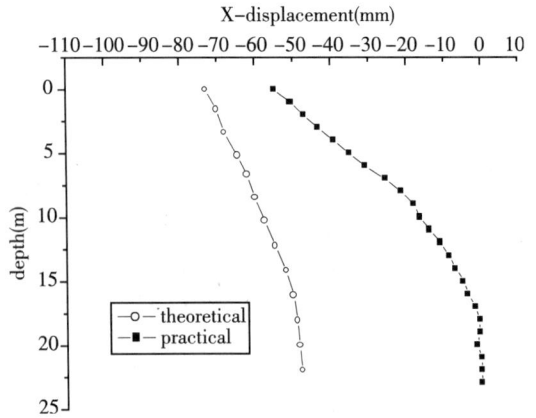

图 2-3-15 测点 P16 实测变形与计算值对比

得出其他各点位移。而计算表明，相邻基坑开挖会引起围护壁结构产生整体位移，虽然不一定很大，但它存在。这一点上实测与计算存在一定不同。由此可以推断，由于相邻基坑变形不同于单基坑的特点，因此在监测方法上应做相应的调整。

3. 计算与实测曲线基本形状相似，说明理论分析能够反映施工实际情况。

第四节　本章小结

上海南站地下工程复杂，主站房地下工程汇集了地铁 R1 线、L1 线、M3 线、旅客出站通道、南北联系地道、设备通道、联系地道等结构。本章分析研究了相邻基坑变形影响规律，根据此规律，提出了在上海南站地下相邻工程施工中，特长相邻基坑平行施工方式及相邻基坑预留土堤施工方式，并对相邻基坑实测数据与计算进行对比分析。

本章依据相邻基坑施工原理，采用相邻基坑平行施工及预留土堤施工方式，制定了相应的有针对性的技术措施，取得较好的实践效果。这些主要措施包括：预留变形影响尺寸的变形"疏导"措施、对基坑土体采取加固措施以有效地控制基坑围护壁的绝对变形值、相邻基坑工程围护壁结构共用、采用对称方式挖土等。相邻基坑平行施工及预留土堤施工方式为上海南站地下工程施工的顺利进行提供了施工技术上的保证。

上海南站工程中相邻基坑平行施工及预留土堤施工的实践及监测数据进一步验证了相邻基坑工程中，相邻基坑施工的变形影响是明显存在的。相邻基坑实测值与计算值的对比分析，很好地证明了前文中对相邻基坑开挖规律分析的正确性，再次证明了在相邻基坑施工中，变形影响具有整体性特点，相邻基坑开挖使得邻近基坑的二个围护壁都受到影响，并发生方向相同近似整体的位移；邻近距离越近，则相邻开挖对基坑围护壁变形影响程度越大，基坑邻近距离越远，则相邻开挖对基坑围护壁变形影响程度越小，这种变形影响特点使近端围护壁向坑内变形减小，远端围护壁向坑内变形变大；相邻基坑施工有"同时开挖变形影响公平"的特点，对于不能同时开挖的相邻基坑工程应采取相应措施来控制变形影响，对相邻工程中间及坑底土体加固措施在变形影响控制方面有着明显的作用；对于平行施工方式来讲，开挖顺序和邻近距离都是变形影响的主要因素；对于预留土堤开挖方式来讲，邻近距离是变形影响的主要因素，开挖顺序是次要因素，开挖对邻近基坑围护壁变形影响同样有整体性特征；在邻近距离上，可以取邻近距离 $1h_0$ 为界限来控制施工对基坑变形影响等。

实践证明，在上海南站大型公共建设工程中，依据相邻基坑施工原理，采用相邻基坑平行施工及预留土堤施工工艺，可以有效地控制相邻基坑施工的变形影响，大大地缩短施工周期，相邻基坑围护壁结构共用明显地降低工程成本，上海南站地下相邻基坑工程实践取得了较好效果。

第三章　主站房风洞试验研究

第一节　概　述

上海铁路南站主站屋为一圆形建筑，直径为 270m。结构形式为框架结构，其中 9.9m 标高以下为钢筋混凝土框架结构，9.9m 标高以上则为由内外两圈钢柱支撑的大跨度钢结构屋面，内圈直径为 152m，外圈直径为 246m，屋面外挑约为 23m，屋面中部设有直径 26m 的中心内压环。由于该钢结构屋面呈曲线型，且内圈及外挑跨度均较大，而屋面的相对刚度较小，因此该结构属风载敏感结构，风荷载是控制结构设计的主要荷载之一。但现行规范未提供类似结构的体形及风振系数等风载计算参数，为保证结构安全，对这一大跨度结构的刚性模型进行了风洞试验，测量了模型表面的平均风荷载和脉动风荷载，计算分析了结构的风振响应和等效风荷载（风振系数）。实验和分析结果可用于结构总体设计和墙面玻璃幕墙及围护结构设计。

第二节　风洞试验

一、风洞设备及测量系统

（一）风洞设备

上海铁路南站模型风洞试验是在同济大学土木工程防灾国家重点实验室风洞试验室的 TJ-3 大气边界层风洞中进行的。该风洞是一座竖向回流式低速风洞（图 3-2-1），试验段尺寸为 15m 宽、2m 高、14m 长，其规模在同类边界层风洞中居世界第二位。在试验段底板上的转盘直径为 4.8m，其转轴中心距试验段进口为 10.5m。并列的 7 台风扇由直流电机驱动，每台电机额定功率为 45kW，额定转速为 750r/min。试验风速范围从 0.2m/s ~ 17.6m/s 连续可调。流畅性能良好，试验区流畅的速度不均匀性小于 2%、湍流度小于 2%、平均气流偏角小于 0.2°。

（二）测量系统

在风洞试验中使用了两套测量系统：

1. 风速测量系统

试验流畅的参考风速是用皮托管和微压计来测量和监控的。大气边界层模拟风场的调试和测定是用丹麦 DANTEC 公司的 streamline 热线/热膜风速仪、A/D 板、PC 机和自编软件组成的系统来测量。热膜探头事先已在空风洞中仔细标定。该系统可以用来测量风洞流场的平均风速、风速剖面、湍流度以及脉动风功率谱等数据。

2. 风压测量、记录及数据处理系统

由美国 Scanivalve 扫描阀公司的量程为 ±254mm 和 ±508mm 水柱的 DSM3000 电子式压力扫描阀系统、PC 机，以及自编的信号采集及数据处理软件组成风压测量、记录及数据处理系统。

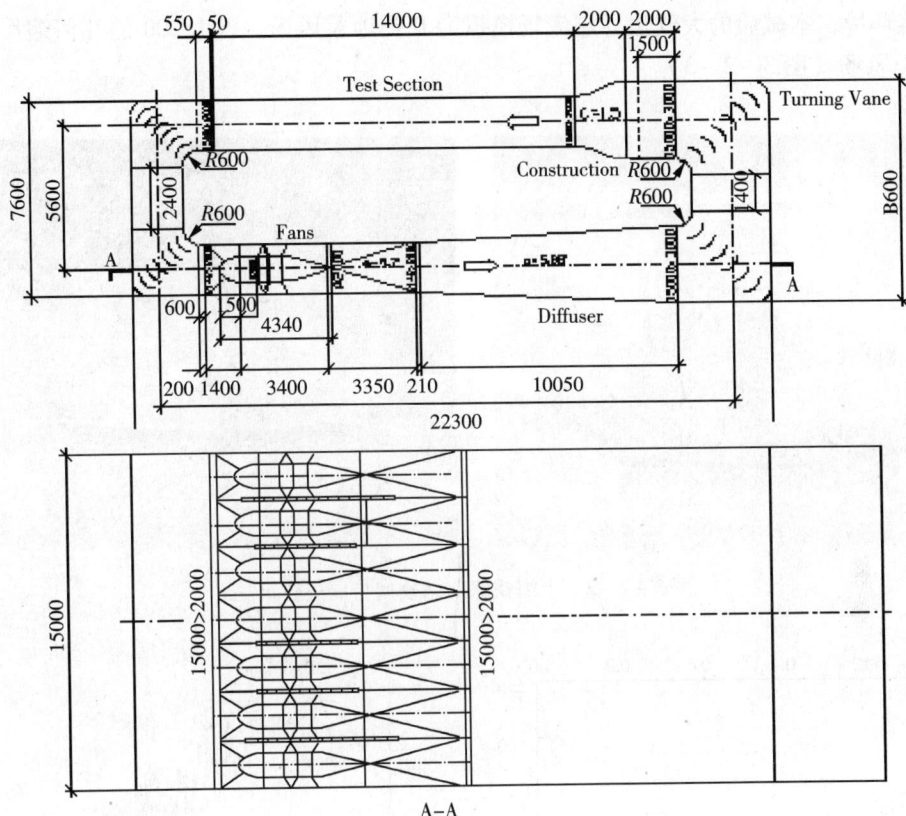

图 3 - 2 - 1　同济大学 TJ - 3 大气边界层风洞

二、模型试验概况

（一）试验模型和测点布置

上海铁路南站风洞测压试验模型为一刚体模型（图 3 - 2 - 2），用有机玻璃板制成，具有足够的强度和刚度，在 13m/s 的试验风速下不发生变形，并不出现明显的振动现象，以保证压力测量的精度。考虑到实际建筑物和所模拟的周边建筑物的范围以及风场模拟情况，选择模型的几何缩尺比为 1/200。模型与实物在外形上保持几何相似。试验时将模型放置在直径为 4.8m 的木制转盘中心，通过旋转转盘模拟不同风向。根据委托方提供的有关资料，模拟了周边约 960m 直径范围内的主要建筑，以考虑风荷载干扰效应。

在铁路南站模型上总共布置了 760 个测压孔。其中边沿悬挑结构部分的测压点包括上下测孔，以同时测量该点上下表面的压力，而该点的压力为上下表面压力之差。这一部分共布置了 120 个测点对，分块编号为 1～2。在中间的小圆顶同样布置了 10 个上下测压点对，分块编号为 13。在大屋顶上布置了 435 个测点，分块编号为 3～12。在墙面上布置了 60 个测点，分块编号为 14。在模型内部放置了 5 个测压点来测量结构的内压，分块编号为 15。试验前经仔细检查，上述测压孔全部有效。

（二）大气边界层风场的风洞模拟

建筑模型风洞试验要求在风洞中模拟大气边界层风场。根据铁路南站周围数公里范围内的建筑环境，本试验的大气边界层流场模拟为 B 类地貌风场。以 1/200 的几何缩尺比模拟了 B 类风场（图 3 - 2 - 3）。

图 3 - 2 - 2　上海铁路南站模型与周边建筑

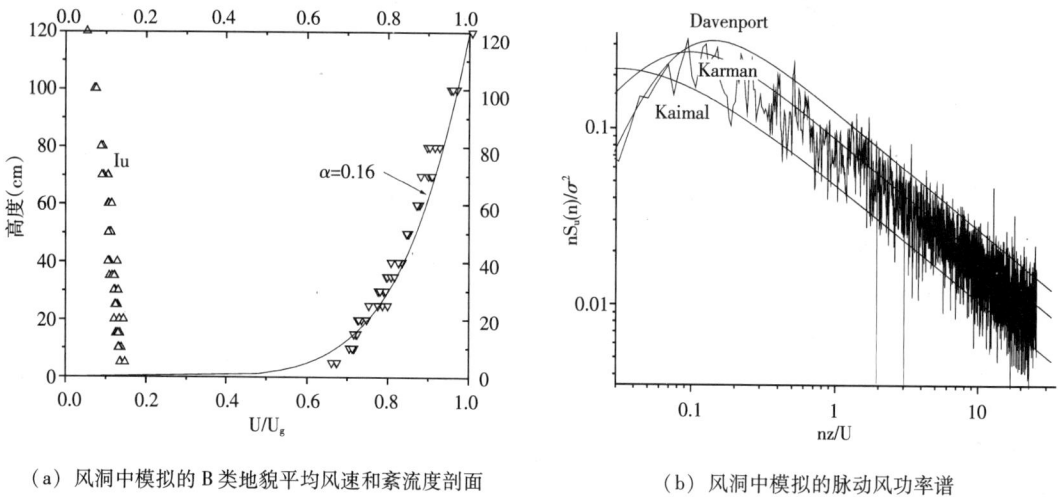

（a）风洞中模拟的 B 类地貌平均风速和紊流度剖面　　　　（b）风洞中模拟的脉动风功率谱

图 3 - 2 - 3　模拟风场

（三）试验工况

定义来流风垂直吹向铁路铁轨轴线时风向角为 0°，按顺时针方向增加，铁路南站方位及风向角定义如图 3 - 2 - 4 所示。

试验中风向角间隔取为 15°，共有 24 个风向。试验时还对局部风压最大绝对值对应的风向角之间增加了两个试验风向：97.5°和 102.5°。

（四）风洞中的参考点位置

在风洞中选一个不受建筑模型影响、且离风洞洞壁边界层足够远的位置作为试验参考点，在该处设置了一根皮托管来测量参考点风压，用于计算各测点上与参考点高度有关但与试验风速无关的无量纲风压系数。试验参考点选在高度为 1.20m 处，该高度在缩尺比为 1/200 的情况下对应于实际高度 240m。

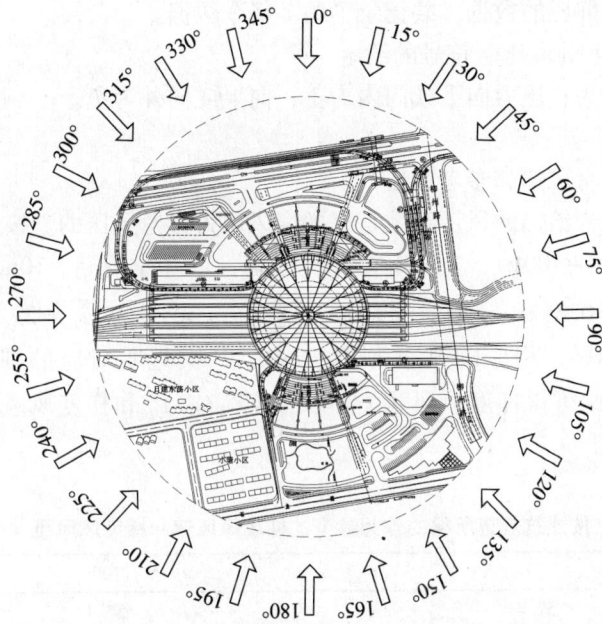

图 3 - 2 - 4　上海铁路南站模型方位及风向角示意图

基于各类地貌所对应的梯度风高度虽然各不相同，但它们的梯度风速度和梯度风压都相等这个原则，在实际应用中为了使用方便，都取梯度风压为参考风压。为此，必须把所有直接测得的风压系数换算成以地貌无关的梯度风压为参考风压的压力系数。按我国的规范，大气边界层中的风速剖面以幂函数表示，即

$$U_z = U_G \left(\frac{Z}{Z_G} \right)^\alpha \qquad (3-2-1)$$

式中　Z_G——各类地貌所对应的梯度风高度（即大气边界层高度）；

　　　Z——测点离地面的高度；

　　　α——反映各类地貌地面粗糙度特性的平均风速分布幂指数；

　　　U_G——梯度风速度；

　　　U_z——离地面高度 Z 处的风速。

由于风压与风速的平方成正比，所以将风洞测得的风压系数换算到梯度风高度的换算因子为 $(240/Z_G)^{2\alpha}$。对于 B 类风场 $Z_G = 350$m、$\alpha = 0.16$，风压系数的换算因子为 $(240/350)^{0.32} = 0.8863$。

文中给出的风压系数是乘了 0.8863 这个换算因子后，以梯度风压为参考风压的风压系数。这样，实际应用时，将各点的风压系数统一与实际梯度风压相乘即为该点对应的实际风压值。

（五）试验风速、采样频率和样本长度

风洞测压试验的参考点风速为 13m/s。测压信号采样频率约为 300Hz，每个测点采样样本总长度为 6000 个数据。

试验中，对每个测点在每个风向角下都记录了 6000 个数据的风压时域信号，加上所

采集的参考点总压和静压的数据，共记录了约 1 亿个数据。

（六）各测压点上的风压值符号的约定

风压符号的约定为：压力向下或向内为正，向上或向外为负。

三、梯度风高度的参考风速和参考风压

如前所述，本报告给出的风压系数是以梯度风压为参考风压的。按照我国《建筑结构荷载规范》（GB50009－2001），上海市在 B 类地貌、50 年重现期、10m 高度处、10min 平均的基本风压为 $w_0 = 0.55$ kPa，相应的基本风速为 $U_{10} = \sqrt{1600 w_0} = 29.7$ m/s；对应于 100 年重现期 $w_0 = 0.60$ kPa，相应的风速为 31.0m/s。B 类地貌对应的梯度风高度为 $Z_G = 350$ m，$\alpha = 0.16$，由此可得梯度风风速 $U_G = U_{10} (Z_G/10)^{\alpha}$ 和梯度风风压 $P_G = \rho U_G^2/2$，结果列于表 3－2－1 中。

按建筑规范所得的作为参考的梯度风风速和梯度风风压　　　　表 3－2－1

重现期（年）	50	100
U_G（m/s）	52.4	54.7
P_G（kPa）	1.7158	1.8718

注 1. 规范中统一取 $\rho/2 \approx 1/1600$（t/m³）

2. 根据上海市龙华气象站 1915～1990 年间的年最大风速记录，采用极值 I 型分布曲线，计算得到在 B 类地貌、30 年重现期、10m 高度处的 10min 平均基本风速为 28.3m/s，相应 50 年重现期的基本风速为 29.4m/s。该值小于规范值 29.7m/s，故本试验风压计算均采用规范值。

四、用于结构设计的风压试验结果

（一）不同风向角下各测点上的平均风压系数

在空气动力学中，物体表面的压力通常用无量纲压力系数 C_{Pi} 表示为：

$$C_{Pi} = \frac{P_i - P_{\infty}}{P_0 - P_{\infty}} \qquad (3-2-2)$$

式中　　C_{Pi}——测点 i 处的压力系数；

　　　　P_i——作用在测点 i 处的压力；

　　P_0 和 P_{∞}——分别是试验时参考高度处的总压和静压。

对屋盖结构的悬挑部分，在进行结构设计时，需要用到的是悬挑部分各测点对上的净压差值，即将各测压点上下表面同步测压所获得的测点对的两个时域信号相减后得到该测点处的净风压时域信号，再对其进行概率统计分析。

悬挑部分上下表面同步测量的各对测压点上的净压力系数由式（3－2－2）导出如下：

$$C_{Pi} = \frac{P_{iu} - P_{id}}{\frac{1}{2} \rho U_{\infty}^2} \qquad (3-2-3)$$

式中　　P_{iu}——作用在测点 i 处的上表面压力；

　　　　P_{id}——作用在测点 i 处的下表面压力。

各测点的风压是个随机变量。为了获得可用于结构设计的各测点的平均风压系数，首

先必须对所记录的数据进行统计分析，以获得各测点上所有 24 个风向角对应的平均风压系数 $C_{\text{Pmean},i}$（已换算为以梯度风压为参考风压的系数）。

（二）不同风向角下各测点的平均风压

在进行建筑结构设计时，常以 10 分钟平均风速下的风压值再考虑动力放大效应（我国规范中定义为风振系数）作为设计荷载。根据试验所得的各风向角下的平均风压系数以及表 3-2-1 中的参考风压，B 类地貌、10 分钟平均风速、50 年和 100 年重现期下建筑物表面上测点 i 处在各个风向角下的平均风压 w_i 为：

$$w_i = C_{\text{pmean},i} P_G = C_{\text{Pmean},i} \left(\frac{350}{10}\right)^{0.32} w_{0R} \qquad (3-2-4)$$

式中　w_{0R}（下标 R 代表重现期，取为 50 年和 100 年）——随重现期的不同取不同的值，本建筑对应于 50 年和 100 年重现期的 w_{0R} 分别为：0.55kPa 和 0.60kPa。

（三）不同风向角下各测点的点体型系数

根据《建筑结构荷载规范》（GB50009-2001），垂直作用在建筑物表面上高度 z 处的风荷载标准值应按下述公式计算：

$$w_i = \beta_{zi} \mu_{si} \mu_{zi} w_{0R} \qquad (3-2-5)$$

式中　β_{zi}——高度 z 处的风振系数（本试验未涉及）；

　　　μ_{si}——风荷载点体型系数；

　　　μ_{zi}——风压高度变化系数，对 B 类风场为 $\left(\frac{z}{10}\right)^{0.32}$。

根据本试验测得的各测点的平均风压系数 $C_{\text{Pmean},i}$，可容易地换算得到各测点的点体型系数 μ_{si}，即：

$$\mu_{si} = C_{\text{Pmean},i} \times \left(\frac{350}{z}\right)^{0.32} \qquad (3-2-6)$$

根据上述公式，得到了各测点在 24 个风向角下的点体型系数。

（四）不同风向角下的分块体型系数

由于大量的试验数据（各测点的点体型系数或压力系数）不便于在实际中应用，为方便工程应用，将铁路南站屋盖表面划分为若干个分块部分，给出每个分块的分块体型系数 $\mu_{s,b}$，即：

$$\mu_{s,b} = \frac{\sum_{i=1}^{n} \mu_{si} \mu_{zi} A_i}{\mu_{z,b} A} \qquad (3-2-7)$$

式中　μ_{si}，μ_{zi}，A_i——测点 i 的体型系数、风压高度变化系数和对应的面积；

　　　A——分块的总面积；

　　　$\mu_{z,b}$——分块中心的风压高度变化系数。

（五）所有风向角下各测点的点体型系数和平均风压的最大值和最小值

前述得到了分别在 24 个风向角下各个测点的点体型系数和平均风压。在此对每个测点在所有风向角下的点体型系数中挑出一个最大值和一个最小值，列于图 3-2-5～图 3-2-6 和表 3-2-2～表 3-2-3 中；相应 50 年和 100 年重现期每个测点在所有风向角下的 10min 平均风压 w_i 的最大值和最小值列于图 3-2-7～图 3-2-10 和表 3-2-4～表 3-2-7 中。

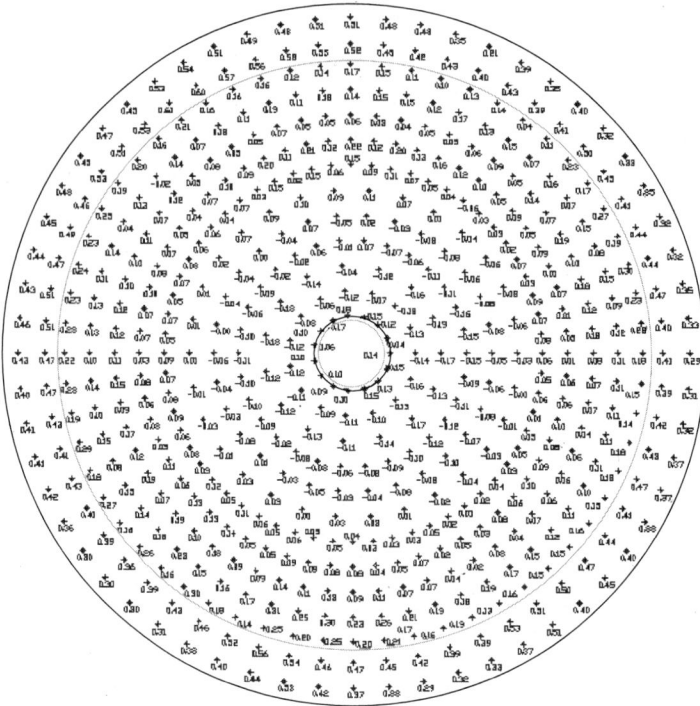

图 3-2-5 墙面所有风向角下各测点体型系数的最大值

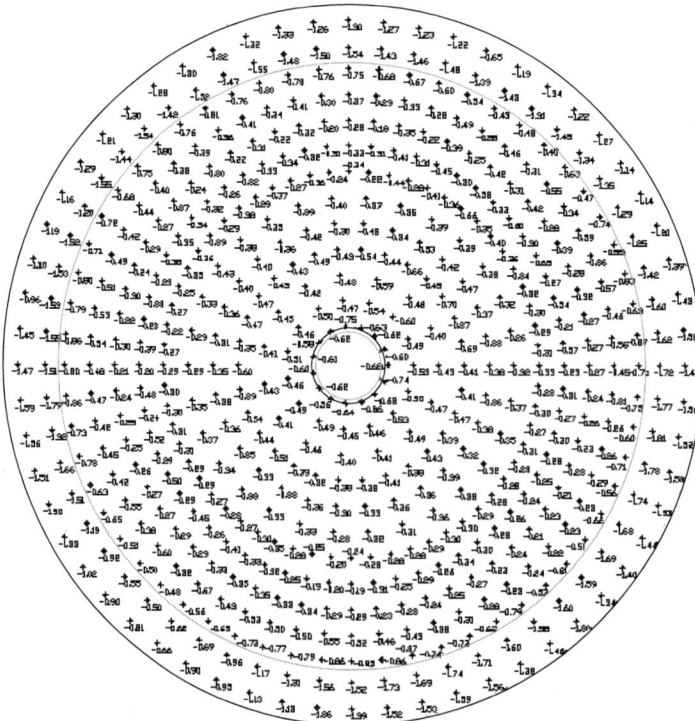

图 3-2-6 屋面所有风向角下各测点体型系数的最小值

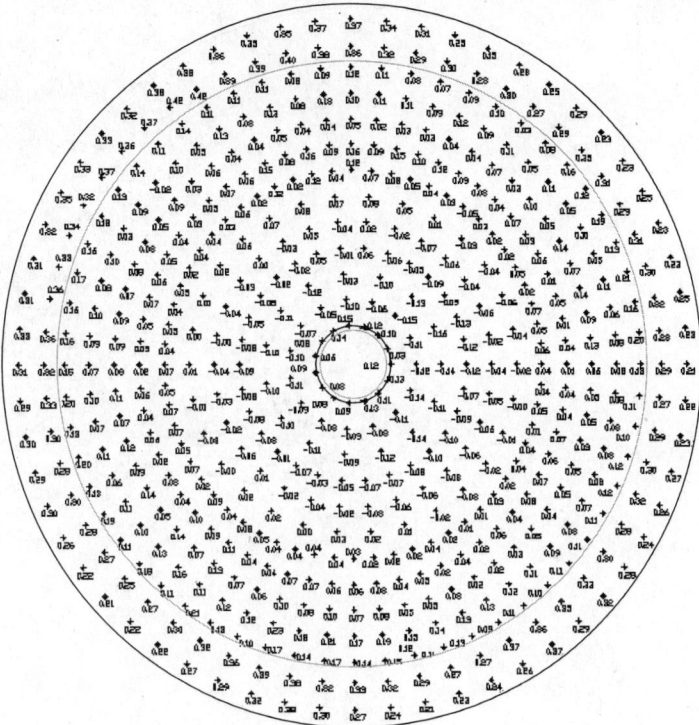

图 3 – 2 – 7　屋面所有风向角下各测点平均风压的最大值（10min 平均风速，50 年重现期）

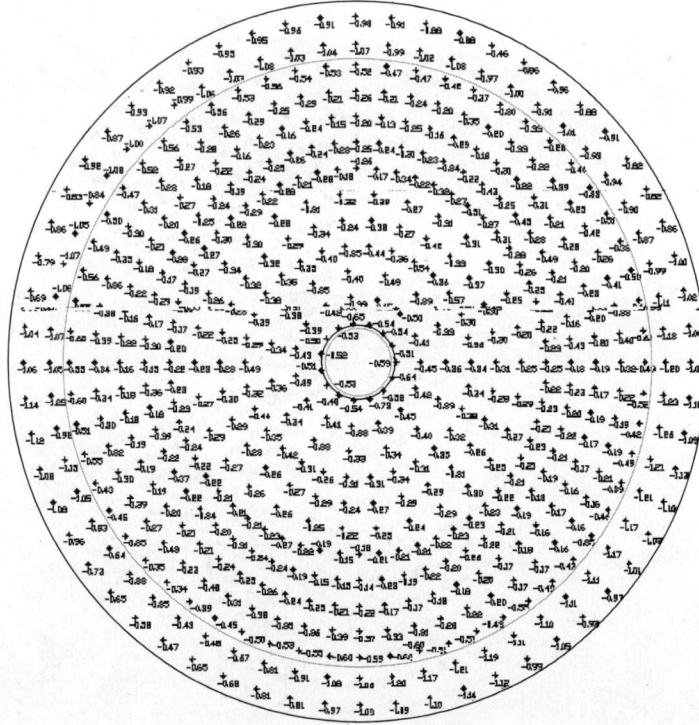

图 3 – 2 – 8　屋面所有风向角下各测点平均风压的最小值（10min 平均风速，50 年重现期）

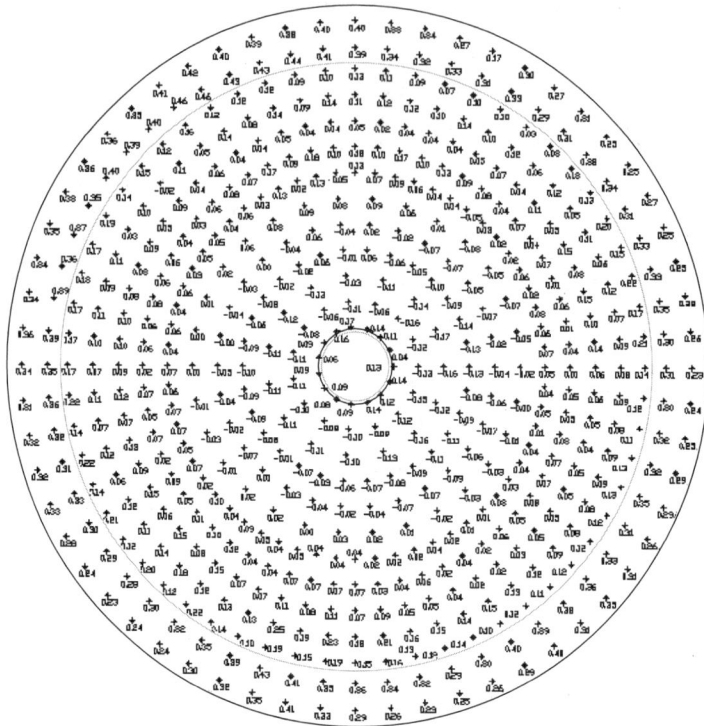

图 3 - 2 - 9　屋面所有风向角下各测点平均风压的最大值（10min 平均风速，100 年重现期）

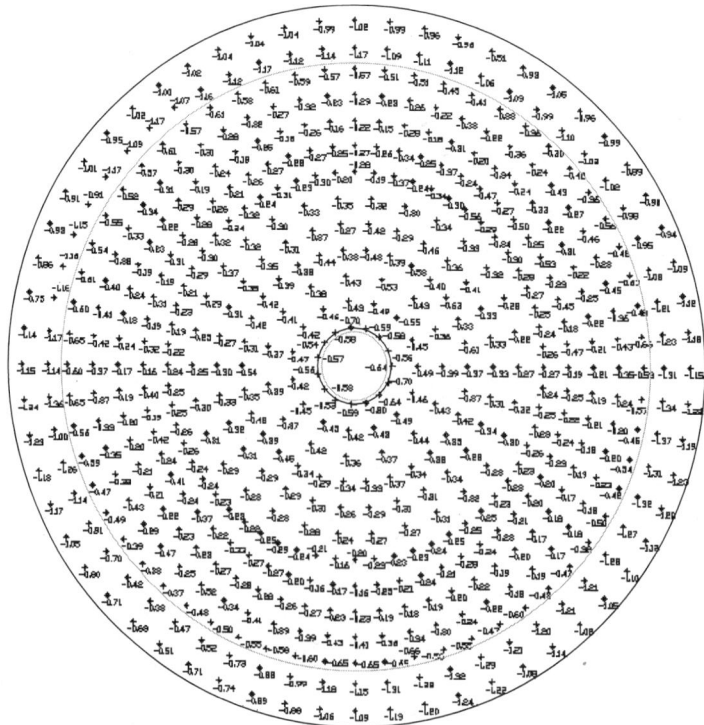

图 3 - 2 - 10　屋面所有风向角下各测点平均风压的最小值（10min 平均风速，100 年重现期）

点号	块号														
	1	2	3	4	5	6	7	8	9	10	11	12	13	14	15
1	0.29	0.41	0.18	0.11	0.08	0.01	0.06	−0.03	−0.05	−0.15	−0.17	−0.14	−0.14	0.98	−0.07
2	0.33	0.40	0.28	0.12	0.18	0.05	0.08	−0.06	−0.03	−0.15	−0.19	−0.13	0.11	0.94	−0.12
3	0.35	0.47	0.23	0.09	0.12	0.01	0.07	−0.08	−0.08	−0.16	−0.16	−0.18	−0.07	0.81	−0.05
4	0.32	0.44	0.30	0.15	0.18	0.07	0.09	−0.06	−0.06	−0.11	−0.12	−0.07	−0.09	0.78	−0.07
5	0.32	0.44	0.19	0.08	0.10	0.01	0.03	−0.04	−0.08	−0.11	−0.04	−0.12	−0.13	0.70	−0.09
6	0.35	0.41	0.27	0.15	0.19	0.09	0.07	0.01	−0.08	−0.06	−0.14	−0.06	−0.13	0.71	−
7	0.33	0.45	0.17	0.07	0.07	0.05	0.02	0.07	−0.03	−0.07	−0.13	−0.08	−0.26	0.75	−
8	0.32	0.50	0.23	0.16	0.14	0.09	0.03	0.11	0.02	0.07	−0.13	−0.12	−0.20	0.74	−
9	0.40	0.41	0.11	0.07	0.05	0.05	0.03	0.09	−0.05	−0.01	−0.12	−0.12	−0.24	0.78	−
10	0.35	0.39	0.04	0.15	0.09	0.10	−0.06	0.10	0.07	0.06	−0.12	−0.11	−0.22	0.74	−
11	0.39	0.43	0.14	0.13	0.06	0.12	0.04	0.09	−0.04	−0.02	−0.13	−0.09	−	0.68	−
12	0.21	0.40	0.13	0.17	0.05	0.16	0.05	0.07	0.00	−0.02	−0.11	−0.11	−	0.67	−
13	0.35	0.43	0.10	0.12	0.05	0.13	0.07	0.02	−0.04	−0.09	−0.14	−0.10	−	0.74	−
14	0.43	0.42	0.11	0.15	0.04	0.20	0.11	0.01	−0.04	−0.06	−0.17	−0.13	−	0.84	−
15	0.48	0.45	0.15	0.15	0.03	0.12	0.09	0.01	0.00	−0.10	−0.13	−0.16	−	0.92	−
16	0.51	0.52	0.17	0.14	0.06	0.22	0.15	0.01	−0.06	−0.11	−	0.14	−	0.98	−
17	0.51	0.55	0.14	0.18	0.05	0.12	0.06	−0.01	−0.04	−0.10	−	0.04	−	0.96	−
18	0.48	0.58	0.12	0.11	0.05	0.21	0.15	−0.03	−0.03	−0.10	−	0.12	−	0.93	−
19	0.49	0.56	0.16	0.19	0.07	0.11	0.02	−0.01	−0.08	−0.09	−	0.15	−	0.96	−
20	0.51	0.57	0.16	0.11	0.05	0.20	0.15	0.03	0.01	−0.02	−	0.18	−	0.96	−
21	0.54	0.60	0.16	0.18	0.05	0.09	0.03	0.03	−0.03	−0.08	−	0.17	−	0.92	−
22	0.53	0.61	0.21	0.07	0.08	0.10	0.07	0.00	−0.05	−0.03	−	0.10	−	0.86	−
23	0.45	0.53	0.16	0.14	0.05	0.07	0.04	0.03	−0.03	−0.06	−	0.06	−	0.80	−
24	0.47	0.51	0.20	−0.02	0.12	0.04	0.06	0.03	−0.04	−0.08	−	0.10	−	0.78	−
25	0.45	0.53	0.19	0.13	0.07	0.05	0.06	0.01	−0.08	−0.09	−	0.10	−	0.75	−
26	0.48	0.46	0.25	0.04	0.11	0.07	0.03	−0.02	−0.08	−0.10	−	0.09	−	0.70	−
27	0.45	0.49	0.23	0.14	0.10	0.08	0.07	−0.04	−0.10	−0.12	−	0.10	−	0.68	−
28	0.44	0.47	0.24	0.11	0.10	0.10	0.05	−0.03	−0.07	−0.12	−	0.15	−	0.74	−
29	0.43	0.51	0.23	0.13	0.12	0.07	0.07	−0.01	−0.08	−0.11	−	0.13	−	0.80	−
30	0.46	0.51	0.23	0.13	0.12	0.07	0.05	0.00	−0.06	−0.09	−	0.15	−	0.83	−
31	0.43	0.47	0.22	0.10	0.11	0.03	0.09	−	−	−	−	−	−	0.84	−
32	0.40	0.47	0.28	0.14	0.15	0.08	0.07	−	−	−	−	−	−	0.96	−
33	0.41	0.43	0.19	0.10	0.09	0.06	0.08	−	−	−	−	−	−	0.94	−
34	0.41	0.41	0.29	0.15	0.17	0.08	0.09	−	−	−	−	−	−	0.88	−
35	0.42	0.43	0.18	0.08	0.12	0.03	0.06	−	−	−	−	−	−	0.72	−
36	0.36	0.40	0.27	0.15	0.19	0.11	0.08	−	−	−	−	−	−	0.57	−
37	0.30	0.39	0.16	0.14	0.07	0.06	0.03	−	−	−	−	−	−	0.59	−
38	0.30	0.36	0.26	0.18	0.19	0.13	0.12	−	−	−	−	−	−	0.65	−
39	0.30	0.39	0.16	0.23	0.10	0.13	0.05	−	−	−	−	−	−	0.64	−

点号	块 号														
	1	2	3	4	5	6	7	8	9	10	11	12	13	14	15
40	0.31	0.43	0.30	0.15	0.18	0.14	0.11	–	–	–	–	–	–	0.61	–
41	0.38	0.46	0.18	0.16	0.09	0.05	0.06	–	–	–	–	–	–	0.62	–
42	0.40	0.52	0.14	0.17	0.09	0.05	0.05	–	–	–	–	–	–	0.62	–
43	0.44	0.56	0.25	0.31	0.14	0.09	0.06	–	–	–	–	–	–	0.64	–
44	0.53	0.54	0.20	0.25	0.11	0.09	0.05	–	–	–	–	–	–	0.69	–
45	0.42	0.46	0.25	0.30	0.13	0.08	0.05	–	–	–	–	–	–	0.78	–
46	0.37	0.47	0.20	0.23	0.09	0.08	0.04	–	–	–	–	–	–	0.88	–
47	0.33	0.45	0.21	0.26	0.11	0.04	0.03	–	–	–	–	–	–	0.85	–
48	0.29	0.42	0.17	0.21	0.07	0.05	0.03	–	–	–	–	–	–	0.79	–
49	0.32	0.39	0.16	0.19	0.07	0.07	0.03	–	–	–	–	–	–	0.78	–
50	0.33	0.39	0.19	0.18	0.04	0.02	0.05	–	–	–	–	–	–	0.81	–
51	0.37	0.53	0.13	0.19	0.02	0.05	0.02	–	–	–	–	–	–	0.75	–
52	0.51	0.51	0.16	0.17	0.03	0.03	0.01	–	–	–	–	–	–	0.87	–
53	0.40	0.50	0.15	0.15	0.04	0.08	0.02	–	–	–	–	–	–	0.81	–
54	0.45	0.47	0.15	0.12	0.07	0.06	0.04	–	–	–	–	–	–	0.81	–
55	0.40	0.44	0.16	0.11	0.06	0.10	0.03	–	–	–	–	–	–	0.83	–
56	0.33	0.41	0.15	0.10	0.06	0.09	0.05	–	–	–	–	–	–	0.81	–
57	0.37	0.47	0.18	0.11	0.06	0.08	0.05	–	–	–	–	–	–	0.86	–
58	0.37	0.43	0.18	0.11	0.04	0.10	0.01	–	–	–	–	–	–	0.91	–
59	0.32	0.42	0.14	0.11	0.07	0.06	0.06	–	–	–	–	–	–	0.94	–
60	0.31	0.39	0.15	0.11	0.07	0.06	0.05	–	–	–	–	–	–	0.96	–

注：最大值 = 0.98。

上海铁路南站各测点的点体型系数在所有风向角下的最小值　　表3-2-3

点号	块 号														
	1	2	3	4	5	6	7	8	9	10	11	12	13	14	15
1	−1.47	−1.72	−0.70	−0.45	−0.27	−0.23	−0.33	−0.32	−0.38	−0.41	−0.43	−0.53	−0.42	−0.60	−0.19
2	−1.51	−1.62	−0.87	−0.56	−0.27	−0.57	−0.31	−0.26	−0.38	−0.69	−0.40	−0.49	−0.71	−0.55	−0.26
3	−1.43	−1.60	−0.63	−0.46	−0.27	−0.21	−0.29	−0.32	−0.37	−0.37	−0.48	−0.60	−0.38	−0.92	−0.19
4	−1.39	−1.42	−0.83	−0.57	−0.32	−0.54	−0.30	−0.38	−0.47	−0.70	−0.59	−0.54	−0.45	−0.59	−0.20
5	−1.20	−1.25	−0.55	−0.36	−0.28	−0.27	−0.32	−0.39	−0.42	−0.45	−0.48	−0.47	−0.45	−0.66	−0.21
6	−1.14	−1.29	−0.74	−0.59	−0.39	−0.65	−0.34	−0.39	−0.53	−0.66	−0.42	−0.50	−0.48	−1.33	–
7	−1.14	−1.35	−0.47	−0.34	−0.28	−0.30	−0.36	−0.35	−0.34	−0.44	−0.45	−0.46	−0.43	−1.22	–
8	−1.27	−1.34	−0.63	−0.55	−0.42	−0.60	−0.40	−0.37	−0.48	−0.54	−0.41	−0.51	−0.35	−1.19	–
9	−1.22	−1.45	−0.40	−0.31	−0.31	−0.33	−0.35	−0.40	−0.30	−0.43	−0.43	−0.46	−0.44	−1.22	–
10	−1.34	−1.31	−0.48	−0.46	−0.42	−0.58	−0.66	−0.39	−0.42	−0.49	−0.41	−0.49	−0.37	−1.14	–
11	−1.19	−1.43	−0.43	−0.28	−0.25	−0.30	−0.36	−0.35	−0.36	−0.43	−0.46	−0.49	–	−1.02	–
12	−0.65	−1.39	−0.54	−0.49	−0.39	−0.45	−0.41	−0.38	−0.40	−0.43	−0.40	−0.45	–	−0.93	–

点号	块号														
	1	2	3	4	5	6	7	8	9	10	11	12	13	14	15
13	-1.22	-1.48	-0.60	-0.28	-0.22	-0.31	-0.28	-0.43	-0.40	-0.47	-0.41	-0.46	-	-0.77	-
14	-1.23	-1.46	-0.67	-0.33	-0.35	-0.41	-0.44	-0.33	-0.36	-0.47	-0.49	-0.53	-	-0.77	-
15	-1.27	-1.43	-0.68	-0.29	-0.18	-0.31	-0.22	-0.29	-0.31	-0.35	-0.47	-0.50	-	-0.81	-
16	-1.30	-1.54	-0.75	-0.37	-0.28	-0.33	-0.34	-0.29	-0.35	-0.60	-	-0.68	-	-0.81	-
17	-1.26	-1.50	-0.76	-0.30	-0.20	-0.31	-0.24	-0.35	-0.38	-0.39	-	-0.60	-	-0.75	-
18	-1.33	-1.48	-0.78	-0.41	-0.32	-0.32	-0.36	-0.37	-0.36	-0.54	-	-0.62	-	-0.74	-
19	-1.32	-1.55	-0.80	-0.34	-0.22	-0.34	-0.27	-0.34	-0.35	-0.44	-	-0.63	-	-0.80	-
20	-1.32	-1.47	-0.76	-0.41	-0.31	-0.33	-0.37	-0.33	-0.33	-0.51	-	-0.75	-	-0.78	-
21	-1.30	-1.52	-0.81	-0.36	-0.22	-0.32	-0.29	-0.33	-0.33	-0.39	-	-0.62	-	-0.76	-
22	-1.28	-1.42	-0.76	-0.39	-0.30	-0.26	-0.38	-0.33	-0.36	-0.32	-	-0.58	-	-0.72	-
23	-1.30	-1.54	-0.80	-0.38	-0.24	-0.32	-0.29	-0.28	-0.30	-0.38	-	-0.61	-	-0.62	-
24	-1.21	-1.44	-0.75	-0.40	-0.37	-0.34	-0.39	-0.32	-0.33	-0.38	-	-0.60	-	-0.61	-
25	-1.29	-1.55	-0.68	-0.44	-0.27	-0.35	-0.36	-0.31	-0.36	-0.41	-	-0.62	-	-0.71	-
26	-1.16	-1.20	-0.72	-0.42	-0.29	-0.38	-0.35	-0.36	-0.36	-0.38	-	-0.56	-	-0.82	-
27	-1.19	-1.52	-0.71	-0.49	-0.24	-0.23	-0.25	-0.38	-0.39	-0.43	-	-0.64	-	-0.70	-
28	-1.10	-1.53	-0.80	-0.51	-0.30	-0.38	-0.27	-0.32	-0.32	-0.39	-	-0.86	-	-0.71	-
29	-0.96	-1.53	-0.79	-0.53	-0.22	-0.23	-0.22	-0.35	-0.38	-0.47	-	-0.68	-	-0.63	-
30	-1.45	-1.55	-0.86	-0.54	-0.30	-0.39	-0.27	-0.37	-0.36	-0.41	-	-0.74	-	-0.76	-
31	-1.47	-1.51	-0.80	-0.48	-0.21	-0.20	-0.29	-	-	-	-	-	-	-0.45	-
32	-1.59	-1.79	-0.86	-0.47	-0.24	-0.48	-0.30	-	-	-	-	-	-	-0.45	-
33	-1.56	-1.32	-0.73	-0.42	-0.25	-0.24	-0.30	-	-	-	-	-	-	-0.46	-
34	-1.51	-1.66	-0.78	-0.45	-0.25	-0.52	-0.31	-	-	-	-	-	-	-0.52	-
35	-1.50	-1.51	-0.63	-0.42	-0.26	-0.29	-0.31	-	-	-	-	-	-	-1.05	-
36	-1.33	-1.19	-0.65	-0.55	-0.27	-0.50	-0.29	-	-	-	-	-	-	-0.77	-
37	-1.02	-0.92	-0.51	-0.38	-0.27	-0.29	-0.29	-	-	-	-	-	-	-0.79	-
38	-0.90	-0.55	-0.50	-0.60	-0.29	-0.45	-0.27	-	-	-	-	-	-	-0.77	-
39	-0.81	-0.50	-0.48	-0.32	-0.29	-0.26	-0.28	-	-	-	-	-	-	-0.92	-
40	-0.66	-0.62	-0.56	-0.67	-0.33	-0.41	-0.27	-	-	-	-	-	-	-0.97	-
41	-0.90	-0.69	-0.65	-0.43	-0.35	-0.33	-0.30	-	-	-	-	-	-	-0.91	-
42	-0.95	-0.96	-0.73	-0.53	-0.35	-0.32	-0.35	-	-	-	-	-	-	-0.98	-
43	-1.13	-1.17	-0.77	-0.50	-0.33	-0.25	-0.28	-	-	-	-	-	-	-0.87	-
44	-1.13	-1.31	-0.79	-0.50	-0.34	-0.19	-0.25	-	-	-	-	-	-	-0.77	-
45	-1.36	-1.56	-0.86	-0.55	-0.29	-0.20	-0.20	-	-	-	-	-	-	-0.68	-
46	-1.39	-1.52	-0.85	-0.52	-0.29	-0.19	-0.24	-	-	-	-	-	-	-0.68	-
47	-1.52	-1.73	-0.86	-0.46	-0.23	-0.31	-0.28	-	-	-	-	-	-	-0.65	-
48	-1.53	-1.69	-0.87	-0.43	-0.23	-0.25	-0.28	-	-	-	-	-	-	-0.65	-
49	-1.59	-1.74	-0.74	-0.38	-0.24	-0.29	-0.28	-	-	-	-	-	-	-0.68	-
50	-1.56	-1.71	-0.73	-0.31	-0.25	-0.26	-0.29	-	-	-	-	-	-	-0.67	-
51	-1.38	-1.60	-0.62	-0.28	-0.27	-0.34	-0.30	-	-	-	-	-	-	-0.72	-

点号	块 号														
	1	2	3	4	5	6	7	8	9	10	11	12	13	14	15
52	-1.46	-1.58	-0.79	-0.23	-0.23	-0.30	-0.30	–	–	–	–	–	–	-0.50	–
53	-1.30	-1.60	-0.57	-0.24	-0.24	-0.28	-0.29	–	–	–	–	–	–	-0.55	–
54	-1.34	-1.59	-0.61	-0.22	-0.21	-0.26	-0.28	–	–	–	–	–	–	-0.55	–
55	-1.40	-1.69	-0.51	-0.23	-0.23	-0.24	-0.28	–	–	–	–	–	–	-0.52	–
56	-1.44	-1.68	-0.66	-0.23	-0.21	-0.25	-0.28	–	–	–	–	–	–	-0.49	–
57	-1.53	-1.74	-0.56	-0.29	-0.23	-0.28	-0.31	–	–	–	–	–	–	-0.53	–
58	-1.58	-1.73	-0.71	-0.26	-0.23	-0.30	-0.27	–	–	–	–	–	–	-0.53	–
59	-1.52	-1.81	-0.60	-0.26	-0.26	-0.27	-0.30	–	–	–	–	–	–	-0.70	–
60	-1.56	-1.77	-0.75	-0.31	-0.24	-0.31	-0.28	–	–	–	–	–	–	-0.56	–

注：最小值 = -1.81。

上海铁路南站各测点平均风压在所有风向角下的最大值

（kPa，10min 平均风速，50 年重现期）　　　　表 3-2-4

点号	块 号														
	1	2	3	4	5	6	7	8	9	10	11	12	13	14	15
1	0.21	0.29	0.13	0.08	0.06	0.01	0.04	-0.02	-0.04	-0.12	-0.14	-0.12	-0.12	0.61	-0.06
2	0.23	0.28	0.20	0.08	0.13	0.04	0.06	-0.04	-0.02	-0.12	-0.16	-0.11	0.09	0.58	-0.09
3	0.25	0.32	0.16	0.06	0.09	0.01	0.05	-0.06	-0.06	-0.13	-0.13	-0.15	-0.06	0.50	-0.04
4	0.23	0.30	0.21	0.11	0.14	0.05	0.07	-0.04	-0.04	-0.09	-0.10	-0.06	-0.08	0.48	-0.05
5	0.23	0.31	0.13	0.05	0.07	0.01	0.02	-0.03	-0.06	-0.09	-0.03	-0.10	-0.12	0.43	-0.07
6	0.25	0.29	0.19	0.10	0.14	0.06	0.05	0.01	-0.07	-0.05	-0.12	-0.05	-0.12	0.43	–
7	0.23	0.31	0.12	0.05	0.05	0.03	0.02	0.05	-0.02	-0.06	-0.11	-0.07	-0.23	0.46	–
8	0.23	0.35	0.16	0.11	0.10	0.07	0.02	0.08	0.02	0.06	-0.10	-0.10	-0.18	0.46	–
9	0.29	0.29	0.08	0.05	0.03	0.04	0.03	0.07	-0.04	-0.01	-0.10	-0.11	-0.21	0.48	–
10	0.25	0.27	0.03	0.11	0.07	0.08	-0.05	0.08	0.05	0.05	-0.10	-0.09	-0.19	0.46	–
11	0.28	0.30	0.10	0.09	0.04	0.09	0.03	0.07	-0.03	-0.02	-0.11	-0.08	–	0.42	–
12	0.15	0.28	0.09	0.10	0.04	0.12	0.04	0.06	0.00	-0.02	-0.09	-0.09	–	0.42	–
13	0.25	0.30	0.07	0.09	0.03	0.10	0.05	0.02	-0.03	-0.08	-0.12	-0.08	–	0.45	–
14	0.31	0.29	0.08	0.11	0.03	0.15	0.08	0.01	-0.04	-0.05	-0.14	-0.11	–	0.52	–
15	0.34	0.32	0.11	0.10	0.02	0.09	0.07	0.00	-0.08	-0.11	-0.14		–	0.57	–
16	0.37	0.36	0.12	0.10	0.05	0.16	0.12	0.01	-0.04	-0.09	–	0.12	–	0.60	–
17	0.37	0.38	0.09	0.13	0.06	0.09	0.04	-0.01	-0.03	-0.08	–	0.03	–	0.59	–
18	0.35	0.40	0.08	0.08	0.04	0.16	0.12	-0.03	-0.02	-0.08	–	0.10	–	0.58	–
19	0.35	0.39	0.11	0.13	0.05	0.08	0.02	0.00	-0.06	-0.08	–	0.12	–	0.59	–
20	0.36	0.39	0.11	0.08	0.04	0.15	0.12	0.02	0.01	-0.01	–	0.15	–	0.59	–
21	0.38	0.42	0.11	0.13	0.04	0.06	0.02	0.02	-0.02	-0.07	–	0.14	–	0.57	–
22	0.38	0.42	0.14	0.05	0.06	0.07	0.06	0.00	-0.04	-0.03	–	0.08	–	0.53	–
23	0.32	0.37	0.11	0.10	0.03	0.05	0.03	0.03	-0.02	-0.05	–	0.06	–	0.49	–

点号	块号														
	1	2	3	4	5	6	7	8	9	10	11	12	13	14	15
24	0.33	0.36	0.14	-0.02	0.09	0.03	0.04	0.02	-0.03	-0.07	-	0.09	-	0.48	-
25	0.33	0.37	0.13	0.09	0.05	0.04	0.04	0.01	-0.06	-0.07	-	0.08	-	0.46	-
26	0.35	0.32	0.18	0.03	0.08	0.05	0.02	-0.02	-0.06	-0.08	-	0.08	-	0.43	-
27	0.32	0.34	0.16	0.10	0.08	0.06	0.05	-0.03	-0.08	-0.10	-	0.09	-	0.42	-
28	0.31	0.33	0.17	0.08	0.07	0.07	0.04	-0.02	-0.06	-0.10	-	0.13	-	0.46	-
29	0.31	0.36	0.16	0.10	0.09	0.05	0.05	-0.01	-0.06	-0.09	-	0.11	-	0.49	-
30	0.33	0.36	0.16	0.09	0.09	0.05	0.04	0.00	-0.05	-0.07	-	0.13	-	0.51	-
31	0.31	0.32	0.15	0.07	0.08	0.02	0.07	-	-	-	-	-	-	0.52	-
32	0.29	0.33	0.20	0.10	0.11	0.06	0.05	-	-	-	-	-	-	0.59	-
33	0.30	0.30	0.13	0.07	0.07	0.04	0.07	-	-	-	-	-	-	0.58	-
34	0.29	0.28	0.20	0.11	0.12	0.06	0.07	-	-	-	-	-	-	0.54	-
35	0.30	0.30	0.13	0.06	0.09	0.02	0.05	-	-	-	-	-	-	0.44	-
36	0.26	0.28	0.19	0.11	0.14	0.08	0.07	-	-	-	-	-	-	0.35	-
37	0.22	0.27	0.11	0.10	0.05	0.04	0.02	-	-	-	-	-	-	0.37	-
38	0.21	0.25	0.18	0.13	0.14	0.10	0.09	-	-	-	-	-	-	0.40	-
39	0.22	0.27	0.11	0.16	0.07	0.09	0.04	-	-	-	-	-	-	0.39	-
40	0.22	0.30	0.21	0.11	0.13	0.11	0.08	-	-	-	-	-	-	0.38	-
41	0.27	0.32	0.13	0.12	0.07	0.04	0.05	-	-	-	-	-	-	0.38	-
42	0.29	0.36	0.10	0.12	0.06	0.04	0.04	-	-	-	-	-	-	0.38	-
43	0.32	0.39	0.17	0.23	0.10	0.07	0.04	-	-	-	-	-	-	0.40	-
44	0.38	0.38	0.14	0.18	0.08	0.07	0.04	-	-	-	-	-	-	0.42	-
45	0.30	0.32	0.17	0.21	0.10	0.06	0.04	-	-	-	-	-	-	0.48	-
46	0.27	0.33	0.14	0.17	0.07	0.06	0.03	-	-	-	-	-	-	0.54	-
47	0.24	0.32	0.15	0.19	0.08	0.03	0.02	-	-	-	-	-	-	0.53	-
48	0.21	0.29	0.12	0.15	0.05	0.04	0.02	-	-	-	-	-	-	0.49	-
49	0.23	0.27	0.11	0.14	0.05	0.05	0.02	-	-	-	-	-	-	0.48	-
50	0.24	0.27	0.13	0.13	0.03	0.02	0.04	-	-	-	-	-	-	0.50	-
51	0.26	0.37	0.09	0.13	0.02	0.04	0.02	-	-	-	-	-	-	0.46	-
52	0.37	0.36	0.11	0.12	0.02	0.02	0.01	-	-	-	-	-	-	0.54	-
53	0.29	0.35	0.10	0.11	0.03	0.06	0.01	-	-	-	-	-	-	0.50	-
54	0.32	0.33	0.11	0.09	0.05	0.04	0.03	-	-	-	-	-	-	0.50	-
55	0.28	0.30	0.11	0.08	0.04	0.08	0.02	-	-	-	-	-	-	0.51	-
56	0.24	0.28	0.11	0.07	0.05	0.07	0.04	-	-	-	-	-	-	0.50	-
57	0.26	0.32	0.12	0.08	0.05	0.06	0.04	-	-	-	-	-	-	0.53	-
58	0.27	0.30	0.12	0.08	0.03	0.07	0.01	-	-	-	-	-	-	0.56	-
59	0.23	0.29	0.10	0.08	0.05	0.04	0.05	-	-	-	-	-	-	0.58	-
60	0.22	0.27	0.11	0.08	0.05	0.04	0.04	-	-	-	-	-	-	0.59	-

注：最大值 =0.61。

上海铁路南站各测点平均风压在所有风向角下的最小值

（kPa，10min 平均风速，50 年重现期）　　　　表 3-2-5

点号	块 号														
	1	2	3	4	5	6	7	8	9	10	11	12	13	14	15
1	-1.06	-1.20	-0.49	-0.32	-0.19	-0.18	-0.25	-0.25	-0.31	-0.34	-0.36	-0.45	-0.36	-0.37	-0.15
2	-1.08	-1.13	-0.61	-0.40	-0.20	-0.43	-0.23	-0.20	-0.30	-0.56	-0.33	-0.41	-0.62	-0.34	-0.20
3	-1.02	-1.11	-0.44	-0.33	-0.20	-0.16	-0.22	-0.25	-0.30	-0.30	-0.39	-0.50	-0.33	-0.57	-0.15
4	-1.00	-0.99	-0.58	-0.41	-0.23	-0.41	-0.23	-0.30	-0.37	-0.57	-0.49	-0.45	-0.39	-0.36	-0.15
5	-0.86	-0.87	-0.38	-0.26	-0.20	-0.21	-0.25	-0.31	-0.33	-0.36	-0.40	-0.39	-0.39	-0.41	-0.16
6	-0.82	-0.90	-0.51	-0.42	-0.28	-0.49	-0.26	-0.31	-0.42	-0.54	-0.35	-0.42	-0.41	-0.82	-
7	-0.82	-0.94	-0.33	-0.25	-0.21	-0.23	-0.28	-0.27	-0.27	-0.36	-0.38	-0.39	-0.38	-0.75	-
8	-0.91	-0.93	-0.44	-0.39	-0.31	-0.45	-0.31	-0.29	-0.38	-0.44	-0.34	-0.43	-0.30	-0.74	-
9	-0.88	-1.01	-0.28	-0.22	-0.22	-0.25	-0.27	-0.32	-0.24	-0.35	-0.36	-0.39	-0.39	-0.75	-
10	-0.96	-0.91	-0.33	-0.33	-0.31	-0.43	-0.51	-0.31	-0.34	-0.40	-0.34	-0.41	-0.32	-0.70	-
11	-0.86	-1.00	-0.30	-0.20	-0.18	-0.22	-0.27	-0.28	-0.29	-0.35	-0.38	-0.41	-	-0.63	-
12	-0.46	-0.97	-0.37	-0.35	-0.29	-0.34	-0.32	-0.30	-0.32	-0.35	-0.33	-0.38	-	-0.57	-
13	-0.88	-1.03	-0.42	-0.20	-0.16	-0.23	-0.22	-0.34	-0.32	-0.38	-0.34	-0.39	-	-0.48	-
14	-0.88	-1.02	-0.47	-0.24	-0.25	-0.31	-0.34	-0.26	-0.28	-0.39	-0.40	-0.45	-	-0.47	-
15	-0.91	-0.99	-0.47	-0.21	-0.13	-0.24	-0.17	-0.22	-0.25	-0.29	-0.39	-0.42	-	-0.50	-
16	-0.93	-1.07	-0.52	-0.26	-0.20	-0.25	-0.26	-0.23	-0.28	-0.49	-	-0.59	-	-0.50	-
17	-0.91	-1.04	-0.53	-0.21	-0.15	-0.23	-0.18	-0.27	-0.30	-0.32	-	-0.51	-	-0.46	-
18	-0.96	-1.03	-0.54	-0.29	-0.24	-0.24	-0.28	-0.29	-0.29	-0.44	-	-0.54	-	-0.46	-
19	-0.95	-1.08	-0.56	-0.25	-0.16	-0.26	-0.21	-0.27	-0.28	-0.35	-	-0.54	-	-0.50	-
20	-0.95	-1.03	-0.53	-0.29	-0.23	-0.25	-0.28	-0.26	-0.26	-0.42	-	-0.65	-	-0.48	-
21	-0.93	-1.06	-0.56	-0.26	-0.16	-0.24	-0.22	-0.26	-0.27	-0.31	-	-0.53	-	-0.47	-
22	-0.92	-0.99	-0.53	-0.28	-0.22	-0.19	-0.29	-0.25	-0.29	-0.26	-	-0.50	-	-0.44	-
23	-0.93	-1.07	-0.56	-0.27	-0.18	-0.24	-0.22	-0.22	-0.24	-0.31	-	-0.52	-	-0.38	-
24	-0.87	-1.00	-0.52	-0.28	-0.27	-0.25	-0.30	-0.25	-0.27	-0.31	-	-0.51	-	-0.38	-
25	-0.92	-1.08	-0.47	-0.31	-0.20	-0.26	-0.27	-0.24	-0.29	-0.34	-	-0.53	-	-0.44	-
26	-0.83	-0.84	-0.50	-0.30	-0.21	-0.28	-0.27	-0.29	-0.29	-0.31	-	-0.48	-	-0.50	-
27	-0.86	-1.05	-0.49	-0.35	-0.18	-0.17	-0.19	-0.30	-0.31	-0.35	-	-0.54	-	-0.43	-
28	-0.79	-1.07	-0.56	-0.36	-0.22	-0.29	-0.21	-0.25	-0.26	-0.32	-	-0.73	-	-0.44	-
29	-0.69	-1.06	-0.55	-0.38	-0.16	-0.17	-0.17	-0.27	-0.31	-0.38	-	-0.58	-	-0.39	-
30	-1.04	-1.07	-0.60	-0.39	-0.22	-0.30	-0.20	-0.29	-0.28	-0.34	-	-0.64	-	-0.47	-
31	-1.06	-1.05	-0.55	-0.34	-0.16	-0.15	-0.22	-	-	-	-	-	-	-0.28	-
32	-1.14	-1.25	-0.60	-0.34	-0.18	-0.36	-0.23	-	-	-	-	-	-	-0.28	-
33	-1.12	-0.92	-0.51	-0.30	-0.18	-0.18	-0.23	-	-	-	-	-	-	-0.29	-
34	-1.08	-1.15	-0.55	-0.32	-0.19	-0.39	-0.24	-	-	-	-	-	-	-0.32	-
35	-1.08	-1.05	-0.43	-0.30	-0.19	-0.22	-0.24	-	-	-	-	-	-	-0.65	-
36	-0.96	-0.83	-0.45	-0.39	-0.19	-0.37	-0.22	-	-	-	-	-	-	-0.48	-
37	-0.73	-0.64	-0.35	-0.27	-0.20	-0.22	-0.22	-	-	-	-	-	-	-0.49	-
38	-0.65	-0.38	-0.35	-0.43	-0.21	-0.34	-0.21	-	-	-	-	-	-	-0.48	-

点号	块 号														
	1	2	3	4	5	6	7	8	9	10	11	12	13	14	15
39	-0.58	-0.35	-0.34	-0.23	-0.21	-0.20	-0.21	-	-	-	-	-	-	-0.57	-
40	-0.47	-0.43	-0.39	-0.48	-0.24	-0.31	-0.21	-	-	-	-	-	-	-0.60	-
41	-0.65	-0.48	-0.45	-0.31	-0.25	-0.24	-0.23	-	-	-	-	-	-	-0.56	-
42	-0.68	-0.67	-0.50	-0.38	-0.26	-0.24	-0.27	-	-	-	-	-	-	-0.60	-
43	-0.81	-0.81	-0.53	-0.35	-0.24	-0.19	-0.22	-	-	-	-	-	-	-0.54	-
44	-0.81	-0.91	-0.55	-0.36	-0.25	-0.15	-0.19	-	-	-	-	-	-	-0.48	-
45	-0.97	-1.08	-0.60	-0.39	-0.21	-0.15	-0.15	-	-	-	-	-	-	-0.42	-
46	-1.00	-1.06	-0.59	-0.37	-0.22	-0.14	-0.18	-	-	-	-	-	-	-0.42	-
47	-1.09	-1.20	-0.60	-0.33	-0.17	-0.23	-0.21	-	-	-	-	-	-	-0.40	-
48	-1.10	-1.17	-0.60	-0.31	-0.17	-0.19	-0.21	-	-	-	-	-	-	-0.40	-
49	-1.14	-1.21	-0.51	-0.28	-0.18	-0.22	-0.21	-	-	-	-	-	-	-0.42	-
50	-1.12	-1.19	-0.51	-0.22	-0.18	-0.20	-0.22	-	-	-	-	-	-	-0.41	-
51	-0.99	-1.11	-0.43	-0.20	-0.20	-0.26	-0.23	-	-	-	-	-	-	-0.44	-
52	-1.05	-1.10	-0.55	-0.17	-0.17	-0.22	-0.23	-	-	-	-	-	-	-0.31	-
53	-0.93	-1.11	-0.40	-0.17	-0.18	-0.21	-0.23	-	-	-	-	-	-	-0.34	-
54	-0.97	-1.11	-0.43	-0.16	-0.16	-0.19	-0.22	-	-	-	-	-	-	-0.34	-
55	-1.01	-1.17	-0.35	-0.16	-0.17	-0.18	-0.21	-	-	-	-	-	-	-0.32	-
56	-1.03	-1.17	-0.46	-0.16	-0.16	-0.19	-0.21	-	-	-	-	-	-	-0.30	-
57	-1.10	-1.21	-0.39	-0.21	-0.17	-0.21	-0.23	-	-	-	-	-	-	-0.32	-
58	-1.13	-1.21	-0.49	-0.19	-0.17	-0.22	-0.21	-	-	-	-	-	-	-0.33	-
59	-1.09	-1.26	-0.42	-0.19	-0.19	-0.20	-0.23	-	-	-	-	-	-	-0.43	-
60	-1.12	-1.23	-0.52	-0.22	-0.17	-0.23	-0.22	-	-	-	-	-	-	-0.35	-

注：最小值 = -1.26。

上海铁路南站各测点平均风压在所有风向角下的最大值

（kPa，10min 平均风速，100 年重现期）　　　　　　　　　表 3-2-6

点号	块 号														
	1	2	3	4	5	6	7	8	9	10	11	12	13	14	15
1	0.23	0.31	0.14	0.08	0.06	0.01	0.05	-0.02	-0.04	-0.13	-0.16	-0.13	-0.13	0.66	-0.06
2	0.26	0.30	0.21	0.09	0.14	0.04	0.07	-0.05	-0.02	-0.13	-0.17	-0.12	0.10	0.63	-0.10
3	0.28	0.35	0.17	0.07	0.10	0.01	0.06	-0.07	-0.07	-0.14	-0.14	-0.16	-0.07	0.55	-0.05
4	0.25	0.33	0.22	0.12	0.15	0.06	0.08	-0.05	-0.05	-0.09	-0.11	-0.06	-0.09	0.52	-0.05
5	0.25	0.33	0.15	0.06	0.08	0.01	0.02	-0.03	-0.07	-0.10	-0.03	-0.11	-0.13	0.47	-0.08
6	0.27	0.31	0.20	0.11	0.15	0.07	0.06	0.01	-0.07	-0.05	-0.13	-0.06	-0.13	0.47	-
7	0.25	0.34	0.13	0.05	0.05	0.04	0.02	0.06	-0.02	-0.06	-0.12	-0.08	-0.25	0.50	-
8	0.25	0.38	0.18	0.12	0.11	0.07	0.02	0.09	0.02	0.06	-0.11	-0.11	-0.19	0.50	-
9	0.31	0.31	0.08	0.06	0.04	0.04	0.03	0.08	-0.04	-0.01	-0.11	-0.11	-0.23	0.52	-
10	0.27	0.29	0.03	0.12	0.07	0.08	-0.05	0.09	0.06	0.06	-0.11	-0.10	-0.21	0.50	-

点号	块 号														
	1	2	3	4	5	6	7	8	9	10	11	12	13	14	15
11	0.30	0.33	0.10	0.10	0.05	0.09	0.04	0.08	−0.04	−0.02	−0.11	−0.08	−	0.46	−
12	0.17	0.31	0.10	0.14	0.04	0.13	0.04	0.06	0.00	−0.02	−0.10	−0.10	−	0.45	−
13	0.27	0.33	0.07	0.10	0.04	0.10	0.06	0.02	−0.03	−0.08	−0.13	−0.09	−	0.49	−
14	0.34	0.32	0.09	0.12	0.04	0.17	0.09	0.01	−0.04	−0.06	−0.16	−0.12	−	0.57	−
15	0.38	0.34	0.11	0.12	0.02	0.10	0.07	0.00	0.00	−0.09	−0.12	−0.15	−	0.62	−
16	0.40	0.39	0.13	0.11	0.05	0.18	0.13	0.01	−0.05	−0.10	−	0.13	−	0.66	−
17	0.40	0.41	0.10	0.14	0.04	0.10	0.05	−0.01	−0.04	−0.09	−	0.04	−	0.64	−
18	0.38	0.44	0.09	0.09	0.04	0.18	0.13	−0.03	−0.02	−0.09	−	0.11	−	0.63	−
19	0.39	0.43	0.12	0.14	0.05	0.09	0.02	−0.01	−0.07	−0.08	−	0.14	−	0.65	−
20	0.40	0.43	0.12	0.08	0.04	0.17	0.13	0.02	0.01	−0.01	−	0.17	−	0.64	−
21	0.42	0.46	0.12	0.14	0.04	0.07	0.03	0.02	−0.03	−0.07	−	0.16	−	0.62	−
22	0.41	0.46	0.16	0.05	0.06	0.08	0.06	0.00	−0.04	−0.03	−	0.09	−	0.58	−
23	0.35	0.40	0.12	0.11	0.04	0.06	0.04	0.03	−0.02	−0.06	−	0.06	−	0.54	−
24	0.36	0.39	0.15	−0.02	0.09	0.03	0.05	0.02	−0.04	−0.07	−	0.09	−	0.53	−
25	0.36	0.40	0.14	0.10	0.05	0.04	0.05	0.01	−0.07	−0.08	−	0.09	−	0.50	−
26	0.38	0.35	0.19	0.03	0.09	0.06	0.03	−0.02	−0.07	−0.09	−	0.08	−	0.47	−
27	0.35	0.37	0.17	0.11	0.08	0.06	0.06	−0.03	−0.09	−0.11	−	0.09	−	0.45	−
28	0.34	0.36	0.18	0.09	0.08	0.08	0.04	−0.03	−0.06	−0.11	−	0.14	−	0.50	−
29	0.34	0.39	0.17	0.11	0.10	0.06	0.06	−0.01	−0.07	−0.09	−	0.12	−	0.54	−
30	0.36	0.39	0.17	0.10	0.10	0.06	0.04	0.00	−0.06	−0.08	−	0.14	−	0.56	−
31	0.34	0.35	0.17	0.07	0.09	0.02	0.07	−	−	−	−	−	−	0.56	−
32	0.31	0.36	0.22	0.11	0.12	0.07	0.06	−	−	−	−	−	−	0.64	−
33	0.32	0.32	0.14	0.07	0.07	0.05	0.07	−	−	−	−	−	−	0.63	−
34	0.32	0.31	0.22	0.12	0.13	0.07	0.07	−	−	−	−	−	−	0.59	−
35	0.33	0.33	0.14	0.06	0.09	0.02	0.05	−	−	−	−	−	−	0.48	−
36	0.28	0.30	0.21	0.12	0.15	0.09	0.07	−	−	−	−	−	−	0.38	−
37	0.24	0.29	0.12	0.11	0.06	0.05	0.02	−	−	−	−	−	−	0.40	−
38	0.23	0.28	0.20	0.14	0.15	0.11	0.10	−	−	−	−	−	−	0.43	−
39	0.24	0.30	0.12	0.18	0.08	0.10	0.04	−	−	−	−	−	−	0.43	−
40	0.24	0.32	0.22	0.12	0.15	0.12	0.09	−	−	−	−	−	−	0.41	−
41	0.30	0.35	0.14	0.13	0.07	0.04	0.05	−	−	−	−	−	−	0.42	−
42	0.32	0.39	0.10	0.13	0.07	0.04	0.04	−	−	−	−	−	−	0.41	−
43	0.35	0.43	0.19	0.25	0.11	0.07	0.05	−	−	−	−	−	−	0.43	−
44	0.41	0.41	0.15	0.19	0.08	0.07	0.04	−	−	−	−	−	−	0.46	−
45	0.33	0.35	0.19	0.23	0.11	0.07	0.04	−	−	−	−	−	−	0.53	−
46	0.29	0.36	0.15	0.18	0.07	0.07	0.04	−	−	−	−	−	−	0.59	−
47	0.26	0.34	0.16	0.21	0.09	0.03	0.02	−	−	−	−	−	−	0.57	−
48	0.23	0.32	0.13	0.16	0.05	0.04	0.02	−	−	−	−	−	−	0.53	−

点号	块号														
	1	2	3	4	5	6	7	8	9	10	11	12	13	14	15
49	0.25	0.29	0.12	0.15	0.05	0.06	0.02	–	–	–	–	–	–	0.53	–
50	0.26	0.30	0.14	0.14	0.04	0.02	0.04	–	–	–	–	–	–	0.54	–
51	0.29	0.40	0.10	0.15	0.02	0.04	0.02	–	–	–	–	–	–	0.51	–
52	0.40	0.39	0.12	0.13	0.02	0.02	0.01	–	–	–	–	–	–	0.59	–
53	0.31	0.38	0.11	0.12	0.03	0.06	0.01	–	–	–	–	–	–	0.54	–
54	0.35	0.36	0.12	0.09	0.05	0.05	0.03	–	–	–	–	–	–	0.54	–
55	0.31	0.33	0.12	0.08	0.05	0.08	0.03	–	–	–	–	–	–	0.56	–
56	0.26	0.31	0.12	0.08	0.05	0.07	0.04	–	–	–	–	–	–	0.55	–
57	0.29	0.35	0.13	0.09	0.05	0.07	0.04	–	–	–	–	–	–	0.58	–
58	0.29	0.32	0.13	0.09	0.04	0.08	0.01	–	–	–	–	–	–	0.61	–
59	0.25	0.32	0.11	0.08	0.05	0.05	0.05	–	–	–	–	–	–	0.63	–
60	0.24	0.30	0.12	0.09	0.06	0.05	0.04	–	–	–	–	–	–	0.65	–

注：最大值 = 0.66。

上海铁路南站各测点平均风压在所有风向角下的最小值
（kPa，10min 平均风速，100 年重现期）

表 3-2-7

点号	块号														
	1	2	3	4	5	6	7	8	9	10	11	12	13	14	15
1	-1.15	-1.31	-0.53	-0.35	-0.21	-0.19	-0.27	-0.27	-0.33	-0.37	-0.39	-0.49	-0.39	-0.40	-0.16
2	-1.18	-1.23	-0.66	-0.43	-0.21	-0.47	-0.26	-0.22	-0.33	-0.61	-0.36	-0.45	-0.67	-0.37	-0.22
3	-1.12	-1.21	-0.48	-0.36	-0.22	-0.18	-0.24	-0.28	-0.33	-0.33	-0.43	-0.55	-0.36	-0.62	-0.16
4	-1.09	-1.08	-0.63	-0.45	-0.25	-0.45	-0.25	-0.32	-0.41	-0.63	-0.53	-0.49	-0.42	-0.40	-0.17
5	-0.94	-0.95	-0.42	-0.28	-0.22	-0.23	-0.27	-0.33	-0.36	-0.40	-0.43	-0.43	-0.43	-0.45	-0.18
6	-0.90	-0.98	-0.56	-0.46	-0.31	-0.53	-0.28	-0.34	-0.46	-0.58	-0.38	-0.46	-0.45	-0.89	–
7	-0.89	-1.02	-0.36	-0.27	-0.22	-0.25	-0.30	-0.30	-0.29	-0.39	-0.41	-0.42	-0.41	-0.82	–
8	-0.99	-1.02	-0.48	-0.43	-0.33	-0.50	-0.34	-0.32	-0.42	-0.48	-0.37	-0.47	-0.33	-0.80	–
9	-0.96	-1.10	-0.30	-0.24	-0.24	-0.27	-0.29	-0.35	-0.27	-0.38	-0.39	-0.42	-0.42	-0.82	–
10	-1.05	-0.99	-0.36	-0.36	-0.34	-0.47	-0.56	-0.33	-0.37	-0.44	-0.37	-0.45	-0.35	-0.77	–
11	-0.93	-1.09	-0.33	-0.22	-0.20	-0.24	-0.30	-0.30	-0.31	-0.38	-0.42	-0.45	–	-0.69	–
12	-0.51	-1.06	-0.41	-0.38	-0.31	-0.37	-0.34	-0.32	-0.35	-0.39	-0.36	-0.42	–	-0.62	–
13	-0.96	-1.12	-0.45	-0.22	-0.18	-0.25	-0.24	-0.37	-0.35	-0.42	-0.37	-0.43	–	-0.52	–
14	-0.96	-1.11	-0.51	-0.26	-0.28	-0.34	-0.37	-0.29	-0.31	-0.42	-0.44	-0.49	–	-0.52	–
15	-0.99	-1.09	-0.51	-0.23	-0.15	-0.26	-0.19	-0.25	-0.27	-0.31	-0.43	-0.46	–	-0.55	–
16	-1.02	-1.17	-0.57	-0.29	-0.22	-0.27	-0.28	-0.25	-0.30	-0.54	–	-0.64	–	-0.55	–
17	-0.99	-1.14	-0.57	-0.23	-0.16	-0.25	-0.20	-0.30	-0.33	-0.35	–	-0.56	–	-0.50	–
18	-1.04	-1.12	-0.59	-0.32	-0.26	-0.27	-0.30	-0.31	-0.32	-0.48	–	-0.58	–	-0.50	–
19	-1.04	-1.17	-0.61	-0.27	-0.18	-0.28	-0.23	-0.29	-0.31	-0.39	–	-0.59	–	-0.54	–
20	-1.04	-1.12	-0.58	-0.32	-0.25	-0.27	-0.31	-0.28	-0.29	-0.45	–	-0.70	–	-0.53	–

点号	块 号														
	1	2	3	4	5	6	7	8	9	10	11	12	13	14	15
21	-1.02	-1.16	-0.61	-0.28	-0.18	-0.26	-0.24	-0.28	-0.29	-0.34	–	-0.58	–	-0.51	–
22	-1.00	-1.07	-0.57	-0.31	-0.24	-0.21	-0.32	-0.28	-0.31	-0.29	–	-0.54	–	-0.48	–
23	-1.02	-1.17	-0.61	-0.30	-0.19	-0.26	-0.24	-0.24	-0.26	-0.34	–	-0.57	–	-0.42	–
24	-0.95	-1.09	-0.57	-0.31	-0.29	-0.28	-0.32	-0.27	-0.29	-0.33	–	-0.56	–	-0.41	–
25	-1.01	-1.17	-0.52	-0.34	-0.22	-0.28	-0.30	-0.27	-0.31	-0.37	–	-0.58	–	-0.48	–
26	-0.91	-0.91	-0.55	-0.33	-0.23	-0.31	-0.29	-0.31	-0.31	-0.34	–	-0.53	–	-0.55	–
27	-0.93	-1.15	-0.54	-0.38	-0.19	-0.19	-0.21	-0.32	-0.34	-0.38	–	-0.59	–	-0.47	–
28	-0.86	-1.16	-0.61	-0.40	-0.24	-0.31	-0.23	-0.28	-0.28	-0.35	–	-0.80	–	-0.48	–
29	-0.75	-1.16	-0.60	-0.41	-0.18	-0.19	-0.19	-0.30	-0.34	-0.42	–	-0.64	–	-0.43	–
30	-1.14	-1.17	-0.65	-0.42	-0.24	-0.32	-0.22	-0.32	-0.31	-0.37	–	-0.70	–	-0.51	–
31	-1.15	-1.14	-0.60	-0.37	-0.17	-0.16	-0.24	–	–	–	–	–	–	-0.30	–
32	-1.24	-1.36	-0.65	-0.37	-0.19	-0.40	-0.25	–	–	–	–	–	–	-0.31	–
33	-1.23	-1.00	-0.56	-0.33	-0.20	-0.19	-0.25	–	–	–	–	–	–	-0.31	–
34	-1.18	-1.26	-0.59	-0.35	-0.20	-0.42	-0.26	–	–	–	–	–	–	-0.35	–
35	-1.17	-1.14	-0.47	-0.32	-0.21	-0.24	-0.26	–	–	–	–	–	–	-0.71	–
36	-1.05	-0.91	-0.49	-0.43	-0.21	-0.41	-0.24	–	–	–	–	–	–	-0.52	–
37	-0.80	-0.70	-0.39	-0.29	-0.22	-0.24	-0.24	–	–	–	–	–	–	-0.53	–
38	-0.71	-0.42	-0.38	-0.47	-0.23	-0.37	-0.23	–	–	–	–	–	–	-0.52	–
39	-0.63	-0.38	-0.37	-0.25	-0.23	-0.22	-0.23	–	–	–	–	–	–	-0.62	–
40	-0.51	-0.47	-0.43	-0.52	-0.27	-0.33	-0.22	–	–	–	–	–	–	-0.65	–
41	-0.71	-0.52	-0.50	-0.34	-0.28	-0.27	-0.25	–	–	–	–	–	–	-0.61	–
42	-0.74	-0.73	-0.55	-0.41	-0.28	-0.27	-0.29	–	–	–	–	–	–	-0.66	–
43	-0.89	-0.88	-0.58	-0.39	-0.26	-0.20	-0.24	–	–	–	–	–	–	-0.58	–
44	-0.88	-0.99	-0.60	-0.39	-0.27	-0.16	-0.21	–	–	–	–	–	–	-0.52	–
45	-1.06	-1.18	-0.65	-0.43	-0.23	-0.17	-0.16	–	–	–	–	–	–	-0.45	–
46	-1.09	-1.15	-0.65	-0.41	-0.23	-0.16	-0.20	–	–	–	–	–	–	-0.46	–
47	-1.19	-1.31	-0.65	-0.36	-0.19	-0.25	-0.23	–	–	–	–	–	–	-0.44	–
48	-1.20	-1.28	-0.66	-0.34	-0.18	-0.21	-0.23	–	–	–	–	–	–	-0.44	–
49	-1.24	-1.32	-0.56	-0.30	-0.19	-0.24	-0.23	–	–	–	–	–	–	-0.46	–
50	-1.22	-1.29	-0.55	-0.24	-0.20	-0.21	-0.24	–	–	–	–	–	–	-0.45	–
51	-1.08	-1.21	-0.47	-0.22	-0.22	-0.28	-0.25	–	–	–	–	–	–	-0.48	–
52	-1.14	-1.20	-0.60	-0.18	-0.19	-0.24	-0.25	–	–	–	–	–	–	-0.34	–
53	-1.02	-1.21	-0.43	-0.19	-0.20	-0.23	-0.25	–	–	–	–	–	–	-0.37	–
54	-1.05	-1.21	-0.47	-0.17	-0.17	-0.21	-0.23	–	–	–	–	–	–	-0.37	–
55	-1.10	-1.28	-0.38	-0.18	-0.18	-0.20	-0.23	–	–	–	–	–	–	-0.35	–
56	-1.12	-1.27	-0.50	-0.18	-0.17	-0.20	-0.23	–	–	–	–	–	–	-0.33	–
57	-1.20	-1.32	-0.42	-0.23	-0.19	-0.23	-0.26	–	–	–	–	–	–	-0.35	–
58	-1.23	-1.31	-0.54	-0.20	-0.18	-0.24	-0.23	–	–	–	–	–	–	-0.36	–
59	-1.19	-1.37	-0.45	-0.20	-0.21	-0.22	-0.25	–	–	–	–	–	–	-0.47	–
60	-1.22	-1.34	-0.57	-0.24	-0.19	-0.25	-0.24	–	–	–	–	–	–	-0.38	–

注：最小值 = -1.37

五、用于玻璃幕墙及围护结构设计的风压

（一）所有风向角中各测点上的最大平均、最小平均及最大脉动风压系数

由于处于紊流场中的各测点的风压系数 C_{Pi} 是个随机变量，因此对各个测点除了得到前述的 24 个风向角下的平均风压系数 $C_{Pmean,i}$，对所记录的数据进行概率统计分析，还可获得各测点 24 个风向角下的脉动风压系数 $C_{Prms,i}$（即各测点风压系数 C_{Pi} 的均方根值，以梯度风压为参考风压）。

在所有风向角中，对于每个测点的平均压力系数，总可以找到一个最大值和一个最小值，分别称为该测点的最大平均风压系数 $(C_{Pmean})_{max}$ 和最小平均风压系数 $(C_{Pmean})_{min}$；对于每个测点的均方根压力系数，总可以找到一个最大值，称为该测点的最大均方根风压系数 $(C_{Prms})_{max}$。

24 个风向角中各测点上的最大平均风压系数 $(C_{Pmean})_{max}$、最小平均风压系数 $(C_{Pmean})_{min}$ 和最大均方根风压系数 $(C_{Prms})_{max}$ 列于表 3-2-8 ～表 3-2-10 中，并将 $(C_{Pmean})_{max}$ 和 $(C_{Pmean})_{min}$ 绘于图 3-2-11 ～图 3-2-12 中。

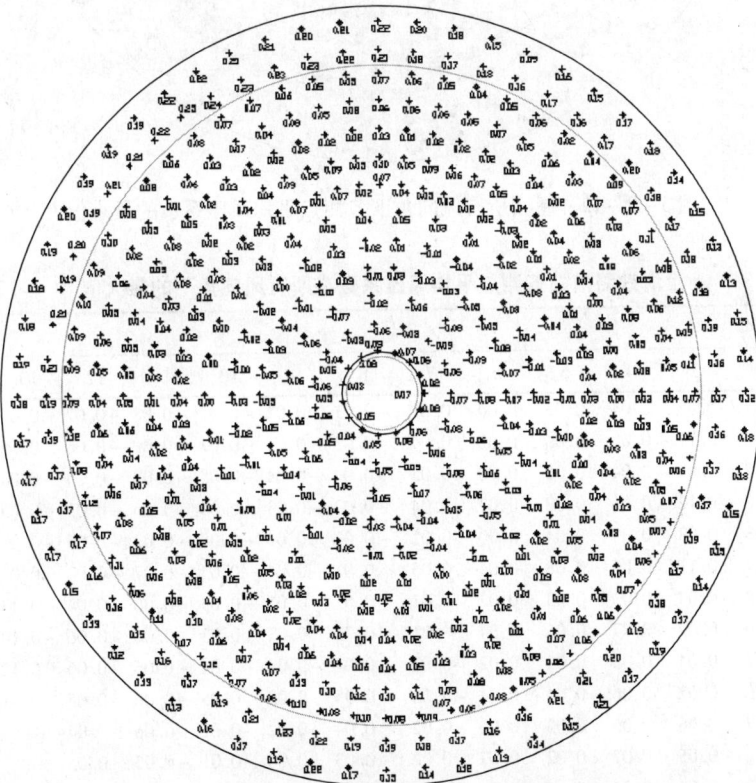

图 3-2-11　屋面所有风向角下各测点平均风压系数的最大值

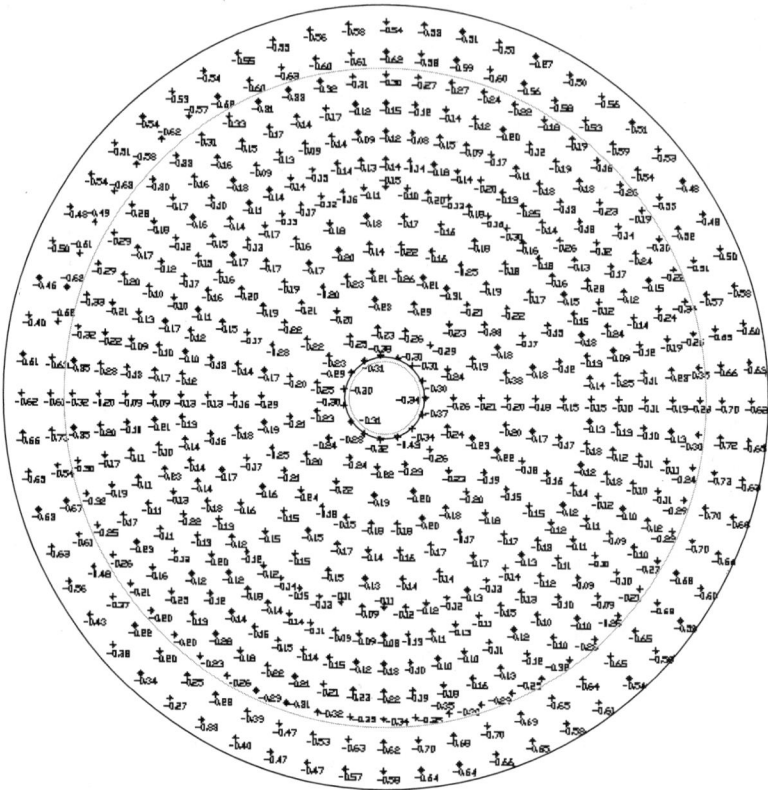

图 3 - 2 - 12　屋面所有风向角下各测点平均风压系数的最小值

上海铁路南站各测点平均风压系数在所有风向角下的最大值　　　　表 3 - 2 - 8

点号	块 号														
	1	2	3	4	5	6	7	8	9	10	11	12	13	14	15
1	0.12	0.17	0.07	0.04	0.03	0.00	0.03	-0.01	-0.02	-0.07	-0.08	-0.07	-0.07	0.35	-0.03
2	0.14	0.16	0.11	0.05	0.08	0.02	0.04	-0.03	-0.01	-0.07	-0.09	-0.06	0.05	0.34	-0.05
3	0.15	0.19	0.09	0.04	0.05	0.00	0.03	-0.04	-0.04	-0.08	-0.08	-0.09	-0.04	0.29	-0.02
4	0.13	0.18	0.12	0.06	0.08	0.03	0.04	-0.03	-0.03	-0.05	-0.06	-0.03	-0.05	0.28	-0.03
5	0.13	0.18	0.08	0.03	0.04	0.00	0.01	-0.02	-0.04	-0.05	-0.02	-0.06	-0.07	0.25	-0.04
6	0.15	0.17	0.11	0.06	0.08	0.04	0.03	0.01	-0.04	-0.03	-0.07	-0.03	-0.07	0.25	—
7	0.14	0.18	0.07	0.03	0.03	0.02	0.01	0.03	-0.01	-0.03	-0.06	-0.04	-0.13	0.27	—
8	0.13	0.20	0.09	0.07	0.06	0.04	0.01	0.05	0.01	0.03	-0.06	-0.06	-0.10	0.27	—
9	0.17	0.17	0.04	0.03	0.02	0.02	0.02	0.04	-0.02	-0.01	-0.06	-0.06	-0.12	0.28	—
10	0.15	0.16	0.02	0.06	0.04	0.04	-0.03	0.05	0.03	0.03	-0.06	-0.05	-0.11	0.27	—
11	0.16	0.17	0.06	0.03	0.05	0.05	0.02	0.04	-0.02	-0.01	-0.06	-0.04	—	0.25	—
12	0.09	0.16	0.05	0.07	0.02	0.07	0.02	0.03	0.00	-0.01	-0.05	-0.05	—	0.24	—
13	0.15	0.18	0.04	0.05	0.02	0.06	0.03	0.01	-0.02	-0.04	-0.07	-0.05	—	0.26	—
14	0.18	0.17	0.05	0.06	0.02	0.09	0.05	0.00	-0.02	-0.03	-0.08	-0.06	—	0.30	—
15	0.20	0.18	0.06	0.06	0.01	0.05	0.04	0.00	0.00	-0.05	-0.06	-0.08	—	0.33	—
16	0.22	0.21	0.07	0.06	0.03	0.10	0.07	0.00	-0.03	-0.05	—	0.07	—	0.35	—
17	0.21	0.22	0.05	0.08	0.02	0.05	0.02	-0.01	-0.02	-0.05	—	0.02	—	0.34	—
18	0.20	0.23	0.05	0.05	0.02	0.09	0.07	-0.01	-0.01	-0.05	—	0.06	—	0.34	—

点号	块号														
	1	2	3	4	5	6	7	8	9	10	11	12	13	14	15
19	0.21	0.23	0.06	0.08	0.03	0.05	0.01	0.00	-0.04	-0.04	–	0.07	–	0.35	–
20	0.21	0.23	0.07	0.04	0.02	0.09	0.07	0.01	0.01	-0.01	–	0.09	–	0.34	–
21	0.22	0.24	0.07	0.07	0.02	0.04	0.01	0.01	-0.01	-0.04	–	0.08	–	0.33	–
22	0.22	0.25	0.08	0.03	0.03	0.04	0.03	0.00	-0.02	-0.02	–	0.05	–	0.31	–
23	0.19	0.22	0.06	0.06	0.02	0.03	0.02	0.02	-0.01	-0.03	–	0.03	–	0.29	–
24	0.19	0.21	0.08	-0.01	0.05	0.02	0.03	0.01	-0.02	-0.04	–	0.05	–	0.28	–
25	0.19	0.21	0.08	0.05	0.03	0.02	0.03	0.00	-0.04	-0.04	–	0.05	–	0.27	–
26	0.20	0.19	0.10	0.02	0.05	0.03	0.01	-0.01	-0.04	-0.05	–	0.04	–	0.25	–
27	0.19	0.20	0.09	0.06	0.04	0.03	0.03	-0.02	-0.05	-0.06	–	0.05	–	0.24	–
28	0.18	0.19	0.10	0.05	0.04	0.04	0.02	-0.01	-0.03	-0.06	–	0.08	–	0.27	–
29	0.18	0.21	0.09	0.06	0.05	0.03	0.03	-0.01	-0.04	-0.05	–	0.06	–	0.29	–
30	0.19	0.21	0.09	0.05	0.05	0.03	0.02	0.00	-0.03	-0.04	–	0.08	–	0.30	–
31	0.18	0.19	0.09	0.04	0.05	0.01	0.04	–	–	–	–	–	–	0.30	–
32	0.17	0.19	0.12	0.06	0.06	0.04	0.03	–	–	–	–	–	–	0.34	–
33	0.17	0.17	0.08	0.04	0.04	0.02	0.04	–	–	–	–	–	–	0.34	–
34	0.17	0.17	0.12	0.06	0.07	0.04	0.04	–	–	–	–	–	–	0.31	–
35	0.17	0.17	0.07	0.03	0.05	0.01	0.03	–	–	–	–	–	–	0.26	–
36	0.15	0.16	0.11	0.06	0.08	0.05	0.04	–	–	–	–	–	–	0.21	–
37	0.13	0.16	0.06	0.06	0.03	0.02	0.01	–	–	–	–	–	–	0.21	–
38	0.12	0.15	0.11	0.08	0.08	0.06	0.05	–	–	–	–	–	–	0.23	–
39	0.13	0.16	0.07	0.10	0.04	0.05	0.02	–	–	–	–	–	–	0.23	–
40	0.13	0.17	0.12	0.06	0.08	0.06	0.05	–	–	–	–	–	–	0.22	–
41	0.16	0.19	0.07	0.07	0.04	0.02	0.03	–	–	–	–	–	–	0.22	–
42	0.17	0.21	0.06	0.07	0.04	0.02	0.02	–	–	–	–	–	–	0.22	–
43	0.19	0.23	0.10	0.13	0.06	0.04	0.03	–	–	–	–	–	–	0.23	–
44	0.22	0.22	0.08	0.10	0.04	0.04	0.02	–	–	–	–	–	–	0.25	–
45	0.17	0.19	0.10	0.12	0.06	0.04	0.02	–	–	–	–	–	–	0.28	–
46	0.15	0.19	0.08	0.10	0.04	0.04	0.02	–	–	–	–	–	–	0.32	–
47	0.14	0.18	0.09	0.11	0.05	0.02	0.01	–	–	–	–	–	–	0.31	–
48	0.12	0.17	0.07	0.09	0.03	0.02	0.01	–	–	–	–	–	–	0.29	–
49	0.13	0.16	0.06	0.08	0.03	0.03	0.01	–	–	–	–	–	–	0.28	–
50	0.14	0.16	0.08	0.08	0.02	0.01	0.02	–	–	–	–	–	–	0.29	–
51	0.15	0.21	0.05	0.08	0.01	0.02	0.01	–	–	–	–	–	–	0.27	–
52	0.21	0.21	0.06	0.07	0.01	0.01	0.01	–	–	–	–	–	–	0.31	–
53	0.17	0.20	0.06	0.06	0.02	0.03	0.01	–	–	–	–	–	–	0.29	–
54	0.19	0.19	0.06	0.05	0.03	0.03	0.02	–	–	–	–	–	–	0.29	–
55	0.17	0.18	0.07	0.04	0.02	0.05	0.01	–	–	–	–	–	–	0.30	–
56	0.14	0.17	0.06	0.04	0.03	0.04	0.02	–	–	–	–	–	–	0.29	–
57	0.15	0.19	0.07	0.05	0.03	0.04	0.02	–	–	–	–	–	–	0.31	–
58	0.15	0.17	0.07	0.05	0.02	0.04	0.00	–	–	–	–	–	–	0.33	–
59	0.13	0.17	0.06	0.04	0.03	0.03	0.03	–	–	–	–	–	–	0.34	–
60	0.13	0.16	0.06	0.05	0.03	0.03	0.02	–	–	–	–	–	–	0.35	–

注：最大值 =0.35（测点号为 14 -1，风向角为 90°）。

上海铁路南站各测点平均风压系数在所有风向角下的最小值　　表 3-2-9

点号	块 号														
	1	2	3	4	5	6	7	8	9	10	11	12	13	14	15
1	-0.62	-0.70	-0.28	-0.19	-0.11	-0.10	-0.15	-0.15	-0.18	-0.20	-0.21	-0.26	-0.21	-0.22	-0.09
2	-0.63	-0.66	-0.35	-0.23	-0.11	-0.25	-0.14	-0.12	-0.18	-0.33	-0.19	-0.24	-0.36	-0.20	-0.12
3	-0.60	-0.65	-0.26	-0.19	-0.12	-0.09	-0.13	-0.15	-0.17	-0.18	-0.23	-0.29	-0.19	-0.33	-0.09
4	-0.58	-0.57	-0.34	-0.24	-0.14	-0.24	-0.13	-0.17	-0.22	-0.33	-0.29	-0.26	-0.23	-0.21	-0.09
5	-0.50	-0.51	-0.22	-0.15	-0.12	-0.12	-0.15	-0.18	-0.19	-0.21	-0.23	-0.23	-0.23	-0.24	-0.10
6	-0.48	-0.52	-0.30	-0.24	-0.17	-0.28	-0.15	-0.18	-0.25	-0.31	-0.20	-0.25	-0.24	-0.48	-
7	-0.48	-0.55	-0.19	-0.14	-0.12	-0.13	-0.16	-0.16	-0.16	-0.21	-0.22	-0.23	-0.22	-0.44	-
8	-0.53	-0.54	-0.26	-0.23	-0.18	-0.26	-0.18	-0.17	-0.22	-0.26	-0.20	-0.25	-0.18	-0.43	-
9	-0.51	-0.59	-0.16	-0.13	-0.14	-0.14	-0.15	-0.18	-0.14	-0.21	-0.21	-0.23	-0.23	-0.44	-
10	-0.56	-0.53	-0.19	-0.19	-0.18	-0.25	-0.30	-0.18	-0.20	-0.23	-0.20	-0.24	-0.19	-0.41	-
11	-0.50	-0.58	-0.18	-0.12	-0.11	-0.13	-0.16	-0.16	-0.17	-0.20	-0.22	-0.24	-	-0.37	-
12	-0.27	-0.56	-0.22	-0.20	-0.17	-0.20	-0.18	-0.17	-0.19	-0.21	-0.19	-0.22	-	-0.33	-
13	-0.51	-0.60	-0.24	-0.12	-0.09	-0.14	-0.13	-0.20	-0.19	-0.22	-0.20	-0.23	-	-0.28	-
14	-0.51	-0.59	-0.27	-0.14	-0.15	-0.18	-0.20	-0.15	-0.17	-0.23	-0.23	-0.26	-	-0.28	-
15	-0.53	-0.58	-0.27	-0.12	-0.08	-0.14	-0.10	-0.13	-0.14	-0.17	-0.23	-0.24	-	-0.29	-
16	-0.54	-0.62	-0.30	-0.15	-0.14	-0.14	-0.15	-0.13	-0.16	-0.29	-	-0.34	-	-0.29	-
17	-0.53	-0.61	-0.31	-0.12	-0.09	-0.13	-0.11	-0.16	-0.18	-0.19	-	-0.30	-	-0.27	-
18	-0.56	-0.60	-0.32	-0.17	-0.14	-0.14	-0.16	-0.17	-0.17	-0.25	-	-0.31	-	-0.27	-
19	-0.55	-0.63	-0.33	-0.14	-0.09	-0.15	-0.12	-0.16	-0.16	-0.21	-	-0.31	-	-0.29	-
20	-0.55	-0.60	-0.31	-0.17	-0.13	-0.14	-0.17	-0.15	-0.15	-0.24	-	-0.38	-	-0.28	-
21	-0.54	-0.62	-0.33	-0.15	-0.09	-0.14	-0.13	-0.15	-0.15	-0.18	-	-0.31	-	-0.27	-
22	-0.53	-0.57	-0.31	-0.16	-0.13	-0.11	-0.17	-0.15	-0.17	-0.15	-	-0.29	-	-0.26	-
23	-0.54	-0.62	-0.33	-0.16	-0.10	-0.14	-0.13	-0.13	-0.14	-0.18	-	-0.30	-	-0.22	-
24	-0.51	-0.58	-0.30	-0.17	-0.16	-0.15	-0.17	-0.14	-0.16	-0.18	-	-0.30	-	-0.22	-
25	-0.54	-0.63	-0.28	-0.18	-0.12	-0.15	-0.16	-0.14	-0.17	-0.20	-	-0.31	-	-0.25	-
26	-0.48	-0.49	-0.29	-0.17	-0.12	-0.17	-0.16	-0.17	-0.17	-0.18	-	-0.28	-	-0.29	-
27	-0.50	-0.61	-0.29	-0.20	-0.10	-0.10	-0.11	-0.17	-0.18	-0.20	-	-0.32	-	-0.25	-
28	-0.46	-0.62	-0.33	-0.21	-0.13	-0.17	-0.12	-0.15	-0.15	-0.19	-	-0.43	-	-0.26	-
29	-0.40	-0.62	-0.32	-0.22	-0.09	-0.10	-0.10	-0.16	-0.18	-0.22	-	-0.34	-	-0.23	-
30	-0.61	-0.63	-0.35	-0.23	-0.13	-0.17	-0.12	-0.17	-0.17	-0.20	-	-0.37	-	-0.27	-
31	-0.62	-0.61	-0.32	-0.20	-0.09	-0.09	-0.13	-	-	-	-	-	-	-0.16	-
32	-0.66	-0.73	-0.35	-0.20	-0.10	-0.21	-0.13	-	-	-	-	-	-	-0.16	-
33	-0.65	-0.54	-0.30	-0.17	-0.11	-0.10	-0.14	-	-	-	-	-	-	-0.17	-
34	-0.63	-0.67	-0.32	-0.19	-0.11	-0.23	-0.14	-	-	-	-	-	-	-0.19	-
35	-0.63	-0.61	-0.25	-0.17	-0.11	-0.13	-0.14	-	-	-	-	-	-	-0.38	-
36	-0.56	-0.48	-0.26	-0.23	-0.11	-0.22	-0.13	-	-	-	-	-	-	-0.28	-
37	-0.43	-0.37	-0.21	-0.16	-0.12	-0.13	-0.13	-	-	-	-	-	-	-0.29	-
38	-0.38	-0.22	-0.20	-0.25	-0.12	-0.20	-0.12	-	-	-	-	-	-	-0.28	-
39	-0.34	-0.20	-0.20	-0.13	-0.12	-0.12	-0.12	-	-	-	-	-	-	-0.33	-

点号	块 号														
	1	2	3	4	5	6	7	8	9	10	11	12	13	14	15
40	-0.27	-0.25	-0.23	-0.28	-0.14	-0.18	-0.12	-	-	-	-	-	-	-0.35	-
41	-0.38	-0.28	-0.26	-0.18	-0.15	-0.14	-0.14	-	-	-	-	-	-	-0.33	-
42	-0.40	-0.39	-0.29	-0.22	-0.15	-0.14	-0.15	-	-	-	-	-	-	-0.35	-
43	-0.47	-0.47	-0.31	-0.21	-0.14	-0.11	-0.13	-	-	-	-	-	-	-0.31	-
44	-0.47	-0.53	-0.32	-0.21	-0.15	-0.09	-0.11	-	-	-	-	-	-	-0.28	-
45	-0.57	-0.63	-0.35	-0.23	-0.12	-0.09	-0.09	-	-	-	-	-	-	-0.24	-
46	-0.58	-0.62	-0.34	-0.22	-0.13	-0.08	-0.11	-	-	-	-	-	-	-0.25	-
47	-0.64	-0.70	-0.35	-0.19	-0.10	-0.13	-0.12	-	-	-	-	-	-	-0.24	-
48	-0.64	-0.68	-0.35	-0.18	-0.10	-0.11	-0.12	-	-	-	-	-	-	-0.23	-
49	-0.66	-0.70	-0.30	-0.16	-0.10	-0.13	-0.12	-	-	-	-	-	-	-0.24	-
50	-0.65	-0.69	-0.29	-0.13	-0.11	-0.11	-0.13	-	-	-	-	-	-	-0.24	-
51	-0.58	-0.65	-0.25	-0.12	-0.12	-0.15	-0.13	-	-	-	-	-	-	-0.26	-
52	-0.61	-0.64	-0.32	-0.10	-0.10	-0.13	-0.14	-	-	-	-	-	-	-0.18	-
53	-0.54	-0.65	-0.23	-0.10	-0.10	-0.12	-0.13	-	-	-	-	-	-	-0.20	-
54	-0.56	-0.65	-0.25	-0.09	-0.09	-0.11	-0.13	-	-	-	-	-	-	-0.20	-
55	-0.59	-0.68	-0.21	-0.10	-0.10	-0.11	-0.12	-	-	-	-	-	-	-0.19	-
56	-0.60	-0.68	-0.27	-0.10	-0.09	-0.11	-0.12	-	-	-	-	-	-	-0.18	-
57	-0.64	-0.70	-0.23	-0.12	-0.10	-0.12	-0.14	-	-	-	-	-	-	-0.19	-
58	-0.66	-0.70	-0.29	-0.11	-0.10	-0.13	-0.12	-	-	-	-	-	-	-0.19	-
59	-0.63	-0.73	-0.24	-0.11	-0.11	-0.12	-0.13	-	-	-	-	-	-	-0.25	-
60	-0.65	-0.72	-0.30	-0.13	-0.10	-0.13	-0.13	-	-	-	-	-	-	-0.20	-

注：最小值 = -0.73（测点号为 2-59，风向角为 105°）。

上海铁路南站各测点均方根风压系数在所有风向角下的最大值　　表 3-2-10

点号	块 号														
	1	2	3	4	5	6	7	8	9	10	11	12	13	14	15
1	0.15	0.18	0.13	0.13	0.12	0.09	0.07	0.06	0.05	0.04	0.05	0.05	0.06	0.12	0.04
2	0.15	0.18	0.12	0.13	0.11	0.09	0.07	0.06	0.05	0.04	0.04	0.05	0.15	0.11	0.04
3	0.16	0.16	0.13	0.13	0.11	0.09	0.07	0.05	0.05	0.04	0.05	0.05	0.09	0.10	0.04
4	0.15	0.16	0.12	0.12	0.11	0.08	0.07	0.05	0.04	0.04	0.04	0.05	0.13	0.11	0.03
5	0.16	0.15	0.12	0.11	0.10	0.08	0.07	0.04	0.04	0.04	0.04	0.05	0.10	0.10	0.03
6	0.15	0.16	0.12	0.10	0.10	0.07	0.07	0.05	0.04	0.04	0.05	0.04	0.10	0.10	-
7	0.15	0.16	0.11	0.10	0.09	0.07	0.06	0.05	0.05	0.04	0.04	0.04	0.07	0.11	-
8	0.15	0.16	0.13	0.10	0.08	0.06	0.06	0.06	0.05	0.04	0.04	0.05	0.05	0.11	-
9	0.15	0.16	0.13	0.10	0.08	0.06	0.05	0.05	0.05	0.04	0.05	0.05	0.05	0.11	-
10	0.16	0.16	0.08	0.10	0.08	0.06	0.07	0.05	0.05	0.04	0.04	0.05	0.05	0.11	-
11	0.15	0.16	0.13	0.10	0.09	0.07	0.06	0.05	0.05	0.04	0.05	0.05	-	0.11	-
12	0.09	0.17	0.12	0.11	0.09	0.07	0.06	0.05	0.04	0.04	0.05	0.05	-	0.11	-
13	0.16	0.17	0.14	0.12	0.10	0.08	0.07	0.05	0.04	0.04	0.04	0.05	-	0.11	-
14	0.14	0.16	0.12	0.12	0.10	0.08	0.06	0.06	0.05	0.04	0.05	0.05	-	0.11	-

点号	块 号														
	1	2	3	4	5	6	7	8	9	10	11	12	13	14	15
15	0.15	0.15	0.12	0.13	0.11	0.09	0.07	0.06	0.06	0.04	0.05	0.05	–	0.11	–
16	0.13	0.15	0.11	0.12	0.11	0.09	0.07	0.06	0.05	0.04	–	0.08	–	0.10	–
17	0.16	0.17	0.11	0.12	0.11	0.09	0.07	0.06	0.05	0.04	–	0.07	–	0.11	–
18	0.14	0.17	0.11	0.12	0.11	0.09	0.07	0.05	0.04	0.04	–	0.07	–	0.12	–
19	0.14	0.17	0.12	0.12	0.11	0.09	0.07	0.05	0.05	0.04	–	0.08	–	0.12	–
20	0.14	0.15	0.11	0.11	0.11	0.09	0.07	0.06	0.05	0.05	–	0.08	–	0.10	–
21	0.14	0.16	0.11	0.12	0.12	0.09	0.07	0.06	0.06	0.05	–	0.07	–	0.10	–
22	0.15	0.14	0.10	0.11	0.11	0.08	0.07	0.07	0.06	0.05	–	0.07	–	0.11	–
23	0.14	0.15	0.12	0.12	0.12	0.08	0.07	0.07	0.07	0.05	–	0.07	–	0.11	–
24	0.14	0.14	0.11	0.11	0.10	0.08	0.07	0.07	0.06	0.05	–	0.07	–	0.11	–
25	0.15	0.16	0.12	0.13	0.11	0.08	0.07	0.06	0.05	0.04	–	0.07	–	0.11	–
26	0.14	0.13	0.10	0.11	0.10	0.08	0.07	0.05	0.05	0.04	–	0.07	–	0.10	–
27	0.13	0.16	0.12	0.12	0.11	0.09	0.08	0.05	0.05	0.04	–	0.09	–	0.10	–
28	0.13	0.15	0.11	0.12	0.11	0.09	0.08	0.05	0.04	0.04	–	0.10	–	0.10	–
29	0.12	0.15	0.13	0.12	0.11	0.10	0.08	0.05	0.05	0.04	–	0.07	–	0.09	–
30	0.11	0.16	0.11	0.12	0.11	0.09	0.08	0.05	0.05	0.04	–	0.08	–	0.09	–
31	0.18	0.17	0.15	0.12	0.12	0.10	0.09	–	–	–	–	–	–	0.10	–
32	0.16	0.17	0.15	0.13	0.11	0.09	0.07	–	–	–	–	–	–	0.11	–
33	0.19	0.16	0.16	0.14	0.12	0.09	0.08	–	–	–	–	–	–	0.10	–
34	0.15	0.18	0.15	0.12	0.10	0.08	0.07	–	–	–	–	–	–	0.10	–
35	0.18	0.19	0.16	0.13	0.10	0.08	0.07	–	–	–	–	–	–	0.10	–
36	0.18	0.16	0.13	0.11	0.09	0.07	0.06	–	–	–	–	–	–	0.10	–
37	0.17	0.14	0.11	0.10	0.08	0.07	0.06	–	–	–	–	–	–	0.11	–
38	0.15	0.11	0.10	0.09	0.08	0.07	0.06	–	–	–	–	–	–	0.12	–
39	0.17	0.12	0.10	0.09	0.09	0.08	0.07	–	–	–	–	–	–	0.12	–
40	0.15	0.14	0.10	0.10	0.09	0.08	0.07	–	–	–	–	–	–	0.11	–
41	0.17	0.16	0.13	0.11	0.11	0.09	0.08	–	–	–	–	–	–	0.11	–
42	0.15	0.16	0.12	0.12	0.11	0.09	0.08	–	–	–	–	–	–	0.10	–
43	0.16	0.17	0.11	0.12	0.12	0.10	0.09	–	–	–	–	–	–	0.10	–
44	0.14	0.17	0.10	0.12	0.11	0.10	0.09	–	–	–	–	–	–	0.11	–
45	0.16	0.17	0.12	0.13	0.13	0.10	0.09	–	–	–	–	–	–	0.11	–
46	0.15	0.15	0.11	0.12	0.12	0.11	0.09	–	–	–	–	–	–	0.11	–
47	0.16	0.19	0.14	0.14	0.12	0.10	0.09	–	–	–	–	–	–	0.10	–
48	0.17	0.18	0.15	0.13	0.11	0.09	0.08	–	–	–	–	–	–	0.10	–
49	0.16	0.19	0.15	0.14	0.11	0.09	0.08	–	–	–	–	–	–	0.11	–
50	0.17	0.18	0.13	0.13	0.10	0.08	0.07	–	–	–	–	–	–	0.11	–
51	0.15	0.17	0.14	0.13	0.10	0.07	0.07	–	–	–	–	–	–	0.11	–
52	0.16	0.17	0.15	0.12	0.11	0.07	0.06	–	–	–	–	–	–	0.10	–
53	0.16	0.17	0.14	0.13	0.10	0.07	0.06	–	–	–	–	–	–	0.10	–

点号	块 号														
	1	2	3	4	5	6	7	8	9	10	11	12	13	14	15
54	0.15	0.16	0.13	0.12	0.10	0.07	0.06	–	–	–	–	–	–	0.10	–
55	0.15	0.17	0.14	0.13	0.10	0.07	0.06	–	–	–	–	–	–	0.10	–
56	0.16	0.17	0.14	0.13	0.10	0.07	0.06	–	–	–	–	–	–	0.10	–
57	0.16	0.18	0.14	0.13	0.10	0.08	0.06	–	–	–	–	–	–	0.11	–
58	0.16	0.17	0.14	0.13	0.10	0.08	0.06	–	–	–	–	–	–	0.10	–
59	0.16	0.17	0.14	0.14	0.11	0.08	0.07	–	–	–	–	–	–	0.12	–
60	0.15	0.17	0.13	0.14	0.12	0.09	0.07	–	–	–	–	–	–	0.10	–

注：最大值 = 0.19（测点号为 2 – 35，风向角为 255°）。

（二）所有风向角中各测点上的最大极值风压系数和最小极值风压系数

根据概率统计理论可知，各测点在某一风向来流的作用下，其风压系数的极大值 C_{Pmax} 和极小值 C_{Pmin} 可表示为：

$$C_{Pmax} = C_{Pmean} + kC_{Prms} \qquad (3-2-8)$$

$$C_{Pmin} = C_{Pmean} - kC_{Prms} \qquad (3-2-9)$$

式中，$k = 2.5 \sim 4$ 为峰值因子，这里取 $k = 3.5$。

从绘出的各测点对应的 C_{Pmax} 和 C_{Pmin} 随风向角变化的曲线，对于每个测点，在所有风向角对应的 C_{Pmax} 和 C_{Pmin} 中，总可以找到一个最大的 C_{Pmax} 和一个最小的 C_{Pmin}，分别称为该测点的最大极值风压系数 $\tilde{C}_{Pmax}$ 和最小极值风压系数 $\tilde{C}_{Pmin}$。铁路南站各测点的 $\tilde{C}_{Pmax}$ 和 $\tilde{C}_{Pmin}$ 值分别列于表 3 – 2 – 11 ~ 表 3 – 2 – 12 中。相应的最大和最小极值风压列于表 3 – 2 – 13 ~ 表 3 – 2 – 16 中。

本节的各测点的不同风向角下的极值风压系数 C_{Pmax}、C_{Pmin} 及相应的所有风向角下的最大和最小极值风压是应用概率统计理论对试验结果进行计算得到的。

上海铁路南站各测点的最大极值风压系数　　　　　　　　表 3 – 2 – 11

点号	块 号														
	1	2	3	4	5	6	7	8	9	10	11	12	13	14	15
1	0.25	0.33	0.31	0.33	0.40	0.29	0.27	0.16	0.15	0.06	0.06	0.06	0.10	0.67	0.07
2	0.26	0.34	0.27	0.36	0.30	0.27	0.22	0.16	0.10	0.06	0.02	0.06	0.47	0.66	0.07
3	0.29	0.35	0.35	0.35	0.36	0.28	0.27	0.11	0.12	0.03	0.05	0.03	0.26	0.61	0.08
4	0.26	0.32	0.31	0.32	0.29	0.25	0.20	0.12	0.10	0.08	0.07	0.10	0.37	0.64	0.07
5	0.26	0.32	0.34	0.31	0.33	0.23	0.23	0.12	0.10	0.06	0.11	0.08	0.24	0.61	0.06
6	0.31	0.33	0.25	0.34	0.27	0.25	0.17	0.17	0.12	0.10	0.07	0.10	0.27	0.61	–
7	0.27	0.36	0.28	0.32	0.31	0.24	0.19	0.21	0.14	0.10	0.06	0.09	0.08	0.65	–
8	0.27	0.36	0.27	0.33	0.26	0.24	0.15	0.25	0.17	0.17	0.08	0.08	0.08	0.62	–
9	0.33	0.32	0.33	0.31	0.30	0.25	0.20	0.23	0.14	0.13	0.08	0.08	0.04	0.63	–
10	0.29	0.32	0.14	0.33	0.25	0.22	0.13	0.23	0.19	0.16	0.07	0.09	0.06	0.59	–
11	0.32	0.33	0.30	0.34	0.30	0.28	0.20	0.22	0.15	0.12	0.09	–	0.58		
12	0.26	0.30	0.28	0.39	0.30	0.32	0.23	0.22	0.16	0.12	0.13	0.10	–	0.58	–

点号	块 号														
	1	2	3	4	5	6	7	8	9	10	11	12	13	14	15
13	0.33	0.35	0.27	0.38	0.35	0.32	0.23	0.19	0.15	0.09	0.08	0.09	–	0.64	–
14	0.34	0.31	0.23	0.39	0.33	0.36	0.26	0.22	0.13	0.10	0.05	0.08	–	0.67	–
15	0.36	0.33	0.22	0.34	0.37	0.36	0.28	0.23	0.19	0.11	0.07	0.04	–	0.70	–
16	0.37	0.35	0.20	0.36	0.35	0.40	0.29	0.22	0.14	0.08	–	0.35	–	0.69	–
17	0.40	0.39	0.21	0.32	0.33	0.35	0.26	0.20	0.15	0.10	–	0.22	–	0.66	–
18	0.37	0.40	0.18	0.31	0.35	0.38	0.30	0.15	0.10	0.09	–	0.30	–	0.68	–
19	0.37	0.39	0.22	0.29	0.33	0.34	0.27	0.14	0.10	0.09	–	0.33	–	0.70	–
20	0.37	0.38	0.19	0.29	0.37	0.36	0.30	0.17	0.11	0.12	–	0.33	–	0.67	–
21	0.40	0.41	0.22	0.26	0.35	0.34	0.27	0.19	0.18	0.13	–	0.32	–	0.67	–
22	0.38	0.42	0.21	0.27	0.34	0.32	0.27	0.25	0.18	0.12	–	0.28	–	0.69	–
23	0.34	0.39	0.22	0.29	0.36	0.32	0.27	0.25	0.22	0.15	–	0.24	–	0.65	–
24	0.34	0.37	0.21	0.31	0.32	0.29	0.25	0.24	0.18	0.13	–	0.30	–	0.64	–
25	0.36	0.37	0.23	0.34	0.38	0.29	0.25	0.19	0.15	0.11	–	0.29	–	0.57	–
26	0.36	0.34	0.24	0.33	0.30	0.27	0.23	0.16	0.11	0.08	–	0.28	–	0.55	–
27	0.36	0.37	0.24	0.34	0.35	0.31	0.28	0.15	0.11	0.08	–	0.35	–	0.59	–
28	0.34	0.35	0.23	0.33	0.31	0.31	0.24	0.15	0.11	0.06	–	0.38	–	0.58	–
29	0.36	0.38	0.27	0.32	0.35	0.33	0.30	0.16	0.12	0.09	–	0.32	–	0.60	–
30	0.34	0.39	0.22	0.29	0.32	0.32	0.27	0.19	0.12	0.10	–	0.34	–	0.63	–
31	0.36	0.36	0.39	0.32	0.38	0.35	0.31	–	–	–	–	–	–	0.65	–
32	0.32	0.35	0.28	0.39	0.34	0.31	0.24	–	–	–	–	–	–	0.70	–
33	0.33	0.33	0.40	0.39	0.41	0.31	0.28	–	–	–	–	–	–	0.69	–
34	0.31	0.32	0.34	0.42	0.33	0.26	0.21	–	–	–	–	–	–	0.66	–
35	0.34	0.35	0.47	0.43	0.34	0.25	0.23	–	–	–	–	–	–	0.54	–
36	0.28	0.33	0.36	0.32	0.26	0.21	0.16	–	–	–	–	–	–	0.50	–
37	0.39	0.32	0.34	0.29	0.25	0.20	0.17	–	–	–	–	–	–	0.60	–
38	0.29	0.28	0.25	0.30	0.19	0.22	0.16	–	–	–	–	–	–	0.64	–
39	0.34	0.30	0.31	0.27	0.25	0.22	0.20	–	–	–	–	–	–	0.64	–
40	0.27	0.32	0.24	0.29	0.25	0.26	0.21	–	–	–	–	–	–	0.59	–
41	0.32	0.44	0.28	0.27	0.33	0.26	0.25	–	–	–	–	–	–	0.61	–
42	0.33	0.37	0.27	0.27	0.28	0.28	0.26	–	–	–	–	–	–	0.55	–
43	0.39	0.43	0.27	0.28	0.33	0.33	0.31	–	–	–	–	–	–	0.60	–
44	0.41	0.40	0.26	0.30	0.27	0.32	0.31	–	–	–	–	–	–	0.62	–
45	0.36	0.37	0.26	0.30	0.31	0.34	0.32	–	–	–	–	–	–	0.67	–
46	0.32	0.37	0.23	0.34	0.28	0.34	0.30	–	–	–	–	–	–	0.69	–
47	0.32	0.36	0.26	0.36	0.37	0.34	0.30	–	–	–	–	–	–	0.65	–
48	0.27	0.33	0.27	0.38	0.32	0.31	0.26	–	–	–	–	–	–	0.62	–
49	0.31	0.34	0.29	0.40	0.37	0.31	0.25	–	–	–	–	–	–	0.60	–
50	0.31	0.34	0.22	0.37	0.34	0.28	0.23	–	–	–	–	–	–	0.64	–
51	0.34	0.38	0.28	0.41	0.35	0.27	0.23	–	–	–	–	–	–	0.66	–

点号	块 号														
	1	2	3	4	5	6	7	8	9	10	11	12	13	14	15
52	0.36	0.39	0.25	0.40	0.34	0.27	0.22	–	–	–	–	–	–	0.68	–
53	0.33	0.37	0.28	0.39	0.35	0.28	0.21	–	–	–	–	–	–	0.64	–
54	0.34	0.35	0.25	0.41	0.36	0.27	0.21	–	–	–	–	–	–	0.63	–
55	0.32	0.33	0.29	0.40	0.37	0.29	0.22	–	–	–	–	–	–	0.66	–
56	0.27	0.31	0.27	0.40	0.39	0.28	0.22	–	–	–	–	–	–	0.62	–
57	0.30	0.35	0.29	0.40	0.37	0.29	0.22	–	–	–	–	–	–	0.64	–
58	0.28	0.33	0.26	0.41	0.35	0.30	0.21	–	–	–	–	–	–	0.64	–
59	0.28	0.33	0.26	0.38	0.39	0.29	0.26	–	–	–	–	–	–	0.63	–
60	0.26	0.30	0.23	0.35	0.36	0.33	0.25	–	–	–	–	–	–	0.68	–

注：最大值＝0.70（测点号为14－32，风向角为285°）。

上海铁路南站各测点的最小极值风压系数　　　　　表 3－2－12

点号	块 号														
	1	2	3	4	5	6	7	8	9	10	11	12	13	14	15
1	−1.09	−1.25	−0.72	−0.66	−0.44	−0.36	−0.28	−0.26	−0.31	−0.31	−0.34	−0.41	−0.38	−0.35	−0.20
2	−1.17	−1.19	−0.76	−0.65	−0.51	−0.38	−0.29	−0.24	−0.30	−0.45	−0.34	−0.40	−0.90	−0.34	−0.24
3	−1.13	−1.18	−0.66	−0.65	−0.42	−0.35	−0.26	−0.26	−0.30	−0.29	−0.38	−0.44	−0.42	−0.48	−0.20
4	−1.08	−1.06	−0.75	−0.63	−0.52	−0.36	−0.31	−0.29	−0.35	−0.45	−0.42	−0.42	−0.58	−0.35	−0.19
5	−1.06	−1.00	−0.62	−0.54	−0.39	−0.33	−0.28	−0.29	−0.32	−0.33	−0.36	−0.38	−0.52	−0.40	−0.19
6	−0.99	−1.08	−0.66	−0.55	−0.48	−0.39	−0.33	−0.29	−0.37	−0.43	−0.34	−0.39	−0.49	−0.67	–
7	−0.97	−1.05	−0.52	−0.47	−0.35	−0.31	−0.30	−0.27	−0.26	−0.34	−0.34	−0.36	−0.41	−0.60	–
8	−1.06	−1.06	−0.62	−0.48	−0.42	−0.37	−0.33	−0.28	−0.33	−0.39	−0.32	−0.42	−0.34	−0.62	–
9	−0.97	−1.08	−0.55	−0.40	−0.32	−0.29	−0.28	−0.29	−0.32	−0.36	−0.36	−0.38	–	−0.61	–
10	−1.11	−1.05	−0.45	−0.41	−0.37	−0.35	−0.50	−0.29	−0.33	−0.37	−0.32	−0.38	−0.35	−0.56	–
11	−0.95	−1.11	−0.62	−0.40	−0.37	−0.26	−0.29	−0.29	−0.29	−0.32	−0.37	−0.40	–	−0.49	–
12	−0.58	−1.10	−0.64	−0.44	−0.34	−0.30	−0.31	−0.29	−0.30	−0.32	−0.32	−0.37	–	−0.46	–
13	−1.01	−1.15	−0.72	−0.49	−0.41	−0.25	−0.26	−0.33	−0.32	−0.37	−0.33	−0.38	–	−0.40	–
14	−0.95	−1.15	−0.70	−0.50	−0.39	−0.28	−0.31	−0.26	−0.27	−0.34	−0.39	−0.43	–	−0.38	–
15	−0.99	−1.11	−0.67	−0.56	−0.45	−0.26	−0.26	−0.24	−0.27	−0.28	−0.40	−0.40	–	−0.45	–
16	−1.00	−1.10	−0.69	−0.56	−0.44	−0.28	−0.28	−0.24	−0.28	−0.42	–	−0.60	–	−0.40	–
17	−1.04	−1.16	−0.69	−0.53	−0.45	−0.26	−0.26	−0.28	−0.33	−0.31	–	−0.53	–	−0.38	–
18	−1.02	−1.14	−0.72	−0.56	−0.47	−0.30	−0.29	−0.29	−0.30	−0.39	–	−0.55	–	−0.37	–
19	−1.05	−1.22	−0.72	−0.53	−0.46	−0.29	−0.26	−0.27	−0.29	−0.33	–	−0.56	–	−0.39	–
20	−1.02	−1.12	−0.70	−0.52	−0.46	−0.31	−0.30	−0.27	−0.27	−0.36	–	−0.61	–	−0.38	–
21	−1.05	−1.15	−0.69	−0.56	−0.47	−0.30	−0.28	−0.28	−0.29	−0.31	–	−0.50	–	−0.38	–
22	−1.01	−1.03	−0.64	−0.53	−0.42	−0.30	−0.30	−0.26	−0.29	−0.28	–	−0.49	–	−0.38	–
23	−1.03	−1.16	−0.72	−0.57	−0.48	−0.32	−0.28	−0.25	−0.26	−0.30	–	−0.48	–	−0.40	–
24	−1.01	−1.03	−0.64	−0.51	−0.41	−0.32	−0.31	−0.27	−0.28	−0.30	–	−0.50	–	−0.38	–

点号	块号														
	1	2	3	4	5	6	7	8	9	10	11	12	13	14	15
25	-1.07	-1.19	-0.69	-0.56	-0.44	-0.35	-0.29	-0.26	-0.31	-0.31	–	-0.53	–	-0.41	–
26	-0.94	-0.91	-0.63	-0.56	-0.46	-0.34	-0.28	-0.29	-0.30	-0.31	–	-0.46	–	-0.47	–
27	-0.97	-1.17	-0.68	-0.60	-0.48	-0.35	-0.28	-0.29	-0.32	-0.34	–	-0.56	–	-0.39	–
28	-0.84	-1.12	-0.67	-0.61	-0.52	-0.37	-0.31	-0.27	-0.27	-0.31	–	-0.79	–	-0.39	–
29	-0.76	-1.14	-0.70	-0.62	-0.49	-0.37	-0.27	-0.28	-0.32	-0.37	–	-0.57	–	-0.35	–
30	-0.91	-1.12	-0.70	-0.62	-0.52	-0.36	-0.30	-0.30	-0.29	-0.33	–	-0.65	–	-0.40	–
31	-1.17	-1.15	-0.74	-0.59	-0.51	-0.37	-0.28	–	–	–	–	–	–	-0.32	–
32	-1.16	-1.31	-0.80	-0.62	-0.49	-0.35	-0.28	–	–	–	–	–	–	-0.31	–
33	-1.19	-1.06	-0.77	-0.59	-0.48	-0.34	-0.30	–	–	–	–	–	–	-0.33	–
34	-1.15	-1.30	-0.69	-0.57	-0.45	-0.38	-0.28	–	–	–	–	–	–	-0.35	–
35	-1.23	-1.28	-0.68	-0.58	-0.42	-0.31	-0.30	–	–	–	–	–	–	-0.55	–
36	-1.17	-1.02	-0.66	-0.50	-0.42	-0.41	-0.29	–	–	–	–	–	–	-0.42	–
37	-1.03	-0.85	-0.56	-0.48	-0.39	-0.28	-0.30	–	–	–	–	–	–	-0.47	–
38	-0.87	-0.62	-0.54	-0.53	-0.38	-0.43	-0.29	–	–	–	–	–	–	-0.45	–
39	-0.95	-0.57	-0.53	-0.43	-0.44	-0.31	-0.32	–	–	–	–	–	–	-0.50	–
40	-0.75	-0.70	-0.56	-0.60	-0.46	-0.45	-0.31	–	–	–	–	–	–	-0.55	–
41	-0.96	-0.84	-0.64	-0.55	-0.51	-0.39	-0.32	–	–	–	–	–	–	-0.55	–
42	-0.91	-0.95	-0.69	-0.58	-0.51	-0.41	-0.31	–	–	–	–	–	–	-0.57	–
43	-1.03	-1.04	-0.67	-0.62	-0.55	-0.41	-0.31	–	–	–	–	–	–	-0.51	–
44	-0.93	-1.11	-0.65	-0.60	-0.53	-0.40	-0.32	–	–	–	–	–	–	-0.45	–
45	-1.08	-1.22	-0.71	-0.68	-0.56	-0.38	-0.33	–	–	–	–	–	–	-0.40	–
46	-1.03	-1.14	-0.69	-0.63	-0.53	-0.40	-0.30	–	–	–	–	–	–	-0.43	–
47	-1.13	-1.30	-0.77	-0.66	-0.51	-0.36	-0.32	–	–	–	–	–	–	-0.39	–
48	-1.13	-1.25	-0.83	-0.62	-0.46	-0.34	-0.27	–	–	–	–	–	–	-0.40	–
49	-1.15	-1.33	-0.77	-0.60	-0.45	-0.32	-0.28	–	–	–	–	–	–	-0.41	–
50	-1.19	-1.24	-0.74	-0.53	-0.41	-0.31	-0.25	–	–	–	–	–	–	-0.43	–
51	-1.09	-1.24	-0.72	-0.53	-0.39	-0.28	-0.27	–	–	–	–	–	–	-0.48	–
52	-1.15	-1.23	-0.85	-0.50	-0.39	-0.29	-0.27	–	–	–	–	–	–	-0.38	–
53	-1.06	-1.20	-0.67	-0.49	-0.36	-0.26	-0.26	–	–	–	–	–	–	-0.37	–
54	-1.04	-1.18	-0.68	-0.46	-0.38	-0.26	-0.24	–	–	–	–	–	–	-0.35	–
55	-1.13	-1.23	-0.70	-0.50	-0.35	-0.26	-0.26	–	–	–	–	–	–	-0.33	–
56	-1.09	-1.24	-0.74	-0.49	-0.34	-0.26	-0.25	–	–	–	–	–	–	-0.34	–
57	-1.14	-1.29	-0.71	-0.55	-0.37	-0.27	-0.27	–	–	–	–	–	–	-0.35	–
58	-1.18	-1.27	-0.74	-0.52	-0.40	-0.25	-0.25	–	–	–	–	–	–	-0.37	–
59	-1.16	-1.28	-0.72	-0.58	-0.41	-0.29	-0.27	–	–	–	–	–	–	-0.46	–
60	-1.15	-1.27	-0.72	-0.60	-0.45	-0.29	-0.26	–	–	–	–	–	–	-0.35	–

注：最小值 = -1.33（测点号为 2-49，风向角为 150°）。

上海铁路南站各测点的最大极值风压

（kPa，50 年重现期，用于玻璃幕墙设计）　表 3 - 2 - 13

点号	块　号														
	1	2	3	4	5	6	7	8	9	10	11	12	13	14	15
1	0.43	0.56	0.52	0.56	0.69	0.50	0.46	0.28	0.26	0.10	0.10	0.09	0.17	1.16	0.12
2	0.45	0.59	0.46	0.62	0.51	0.46	0.38	0.27	0.18	0.10	0.04	0.11	0.81	1.13	0.12
3	0.50	0.60	0.59	0.61	0.61	0.48	0.46	0.18	0.20	0.06	0.08	0.06	0.44	1.05	0.14
4	0.45	0.55	0.52	0.54	0.49	0.43	0.35	0.20	0.16	0.13	0.12	0.17	0.63	1.09	0.12
5	0.45	0.55	0.59	0.53	0.56	0.39	0.40	0.21	0.17	0.11	0.19	0.13	0.41	1.05	0.10
6	0.53	0.57	0.43	0.58	0.46	0.43	0.29	0.29	0.20	0.17	0.11	0.18	0.47	1.05	–
7	0.46	0.61	0.49	0.56	0.53	0.40	0.32	0.36	0.24	0.16	0.10	0.15	0.14	1.11	–
8	0.47	0.62	0.47	0.56	0.44	0.41	0.26	0.43	0.28	0.29	0.14	0.15	0.13	1.06	–
9	0.57	0.54	0.57	0.54	0.52	0.41	0.34	0.39	0.24	0.22	0.13	0.13	0.07	1.08	–
10	0.50	0.56	0.24	0.56	0.44	0.43	0.22	0.39	0.33	0.27	0.13	0.14	0.10	1.00	–
11	0.55	0.56	0.52	0.58	0.51	0.49	0.34	0.38	0.26	0.21	0.14	0.15	–	0.99	–
12	0.45	0.51	0.48	0.67	0.52	0.54	0.39	0.37	0.27	0.20	0.23	0.18	–	0.99	–
13	0.56	0.60	0.47	0.65	0.59	0.55	0.39	0.32	0.25	0.16	0.14	0.15	–	1.10	–
14	0.59	0.52	0.40	0.68	0.57	0.62	0.45	0.37	0.23	0.17	0.08	0.14	–	1.15	–
15	0.61	0.57	0.37	0.59	0.63	0.62	0.48	0.39	0.33	0.18	0.11	0.07	–	1.20	–
16	0.64	0.60	0.35	0.61	0.61	0.69	0.51	0.39	0.25	0.14	–	0.61	–	1.18	–
17	0.69	0.68	0.36	0.56	0.57	0.60	0.45	0.34	0.26	0.17	–	0.38	–	1.13	–
18	0.64	0.68	0.31	0.54	0.59	0.64	0.52	0.25	0.17	0.15	–	0.52	–	1.17	–
19	0.63	0.67	0.37	0.50	0.56	0.58	0.46	0.24	0.18	0.15	–	0.57	–	1.19	–
20	0.63	0.66	0.33	0.50	0.63	0.62	0.52	0.29	0.18	0.20	–	0.57	–	1.15	–
21	0.68	0.70	0.38	0.45	0.61	0.59	0.46	0.32	0.30	0.22	–	0.55	–	1.15	–
22	0.66	0.72	0.36	0.46	0.58	0.54	0.46	0.44	0.30	0.21	–	0.49	–	1.18	–
23	0.58	0.66	0.37	0.50	0.62	0.56	0.47	0.43	0.37	0.26	–	0.42	–	1.11	–
24	0.59	0.63	0.36	0.52	0.55	0.49	0.43	0.41	0.31	0.23	–	0.52	–	1.10	–
25	0.62	0.63	0.40	0.58	0.64	0.49	0.44	0.32	0.26	0.18	–	0.49	–	0.98	–
26	0.62	0.58	0.40	0.57	0.52	0.47	0.40	0.27	0.19	0.14	–	0.47	–	0.95	–
27	0.61	0.64	0.40	0.59	0.59	0.54	0.47	0.26	0.19	0.14	–	0.60	–	1.01	–
28	0.58	0.61	0.40	0.57	0.53	0.54	0.41	0.25	0.20	0.11	–	0.64	–	1.00	–
29	0.61	0.64	0.46	0.55	0.61	0.57	0.51	0.28	0.20	0.15	–	0.54	–	1.03	–
30	0.59	0.67	0.38	0.50	0.55	0.54	0.46	0.32	0.21	0.18	–	0.58	–	1.08	–
31	0.61	0.62	0.66	0.55	0.66	0.60	0.54	–	–	–	–	–	–	1.12	–
32	0.55	0.61	0.49	0.68	0.59	0.53	0.42	–	–	–	–	–	–	1.20	–
33	0.56	0.57	0.69	0.67	0.70	0.54	0.47	–	–	–	–	–	–	1.18	–
34	0.53	0.54	0.59	0.72	0.56	0.45	0.36	–	–	–	–	–	–	1.13	–
35	0.58	0.60	0.81	0.73	0.59	0.43	0.39	–	–	–	–	–	–	0.93	–
36	0.48	0.57	0.62	0.56	0.44	0.37	0.28	–	–	–	–	–	–	0.85	–
37	0.66	0.55	0.58	0.49	0.43	0.34	0.30	–	–	–	–	–	–	1.02	–
38	0.49	0.47	0.44	0.51	0.32	0.38	0.27	–	–	–	–	–	–	1.10	–

点号	块 号														
	1	2	3	4	5	6	7	8	9	10	11	12	13	14	15
39	0.58	0.51	0.53	0.46	0.43	0.37	0.34	—	—	—	—	—	—	1.10	—
40	0.47	0.54	0.42	0.50	0.43	0.45	0.36	—	—	—	—	—	—	1.01	—
41	0.55	0.75	0.48	0.47	0.56	0.44	0.43	—	—	—	—	—	—	1.05	—
42	0.56	0.63	0.46	0.47	0.48	0.49	0.45	—	—	—	—	—	—	0.95	—
43	0.66	0.74	0.46	0.48	0.57	0.56	0.54	—	—	—	—	—	—	1.02	—
44	0.71	0.68	0.45	0.51	0.46	0.55	0.52	—	—	—	—	—	—	1.06	—
45	0.63	0.64	0.44	0.52	0.54	0.58	0.56	—	—	—	—	—	—	1.14	—
46	0.55	0.64	0.39	0.58	0.48	0.58	0.52	—	—	—	—	—	—	1.18	—
47	0.54	0.63	0.45	0.62	0.63	0.59	0.52	—	—	—	—	—	—	1.12	—
48	0.46	0.57	0.46	0.64	0.55	0.52	0.45	—	—	—	—	—	—	1.07	—
49	0.54	0.59	0.49	0.68	0.63	0.53	0.43	—	—	—	—	—	—	1.04	—
50	0.53	0.57	0.38	0.63	0.59	0.48	0.40	—	—	—	—	—	—	1.10	—
51	0.58	0.65	0.48	0.70	0.61	0.47	0.39	—	—	—	—	—	—	1.13	—
52	0.61	0.67	0.42	0.68	0.59	0.46	0.37	—	—	—	—	—	—	1.16	—
53	0.56	0.63	0.49	0.67	0.60	0.48	0.36	—	—	—	—	—	—	1.11	—
54	0.59	0.60	0.42	0.71	0.62	0.46	0.36	—	—	—	—	—	—	1.09	—
55	0.55	0.57	0.49	0.69	0.63	0.49	0.37	—	—	—	—	—	—	1.13	—
56	0.46	0.52	0.47	0.69	0.66	0.48	0.38	—	—	—	—	—	—	1.06	—
57	0.52	0.59	0.50	0.69	0.63	0.49	0.38	—	—	—	—	—	—	1.10	—
58	0.49	0.56	0.45	0.70	0.60	0.51	0.35	—	—	—	—	—	—	1.09	—
59	0.48	0.57	0.45	0.66	0.67	0.50	0.44	—	—	—	—	—	—	1.09	—
60	0.45	0.52	0.40	0.59	0.62	0.56	0.43	—	—	—	—	—	—	1.17	—

注：最大值 = 1.20（测点号为 14 - 32，风向角为 285°）。

上海铁路南站各测点的最小极值风压

（kPa，50 年重现期，用于玻璃幕墙设计）   表 3 - 2 - 14

点号	块 号														
	1	2	3	4	5	6	7	8	9	10	11	12	13	14	15
1	-1.87	-2.14	-1.24	-1.13	-0.75	-0.62	-0.47	-0.45	-0.54	-0.53	-0.58	-0.70	-0.65	-0.60	-0.34
2	-2.00	-2.04	-1.30	-1.11	-0.87	-0.65	-0.50	-0.42	-0.51	-0.77	-0.59	-0.69	-1.54	-0.58	-0.41
3	-1.95	-2.03	-1.14	-1.11	-0.72	-0.60	-0.44	-0.44	-0.52	-0.49	-0.65	-0.75	-0.72	-0.82	-0.35
4	-1.86	-1.82	-1.29	-1.08	-0.89	-0.62	-0.53	-0.49	-0.60	-0.77	-0.72	-0.72	-0.99	-0.61	-0.33
5	-1.82	-1.72	-1.07	-0.93	-0.67	-0.57	-0.48	-0.49	-0.56	-0.56	-0.61	-0.66	-0.90	-0.68	-0.33
6	-1.70	-1.86	-1.13	-0.95	-0.83	-0.68	-0.56	-0.49	-0.64	-0.74	-0.59	-0.66	-0.85	-1.14	—
7	-1.66	-1.80	-0.89	-0.80	-0.60	-0.54	-0.52	-0.47	-0.45	-0.58	-0.59	-0.62	-0.70	-1.02	—
8	-1.82	-1.83	-1.06	-0.82	-0.73	-0.64	-0.57	-0.48	-0.57	-0.67	-0.56	-0.73	-0.58	-1.06	—
9	-1.66	-1.85	-0.95	-0.68	-0.55	-0.49	-0.49	-0.49	-0.45	-0.55	-0.61	-0.62	-0.65	-1.05	—
10	-1.91	-1.81	-0.78	-0.70	-0.63	-0.60	-0.86	-0.49	-0.56	-0.63	-0.54	-0.65	-0.61	-0.96	—

点号	块 号														
	1	2	3	4	5	6	7	8	9	10	11	12	13	14	15
11	-1.63	-1.91	-1.07	-0.69	-0.64	-0.45	-0.50	-0.50	-0.51	-0.55	-0.63	-0.69	—	-0.85	—
12	-1.00	-1.88	-1.11	-0.76	-0.58	-0.52	-0.52	-0.50	-0.52	-0.55	-0.55	-0.64	—	-0.79	—
13	-1.72	-1.98	-1.24	-0.85	-0.71	-0.44	-0.45	-0.56	-0.55	-0.63	-0.57	-0.66	—	-0.68	—
14	-1.64	-1.97	-1.21	-0.86	-0.66	-0.49	-0.53	-0.45	-0.46	-0.58	-0.67	-0.74	—	-0.65	—
15	-1.69	-1.90	-1.15	-0.96	-0.77	-0.44	-0.44	-0.41	-0.46	-0.47	-0.68	-0.68	—	-0.77	—
16	-1.72	-1.89	-1.18	-0.95	-0.76	-0.48	-0.48	-0.42	-0.48	-0.72	—	-1.02	—	-0.68	—
17	-1.79	-2.00	-1.19	-0.92	-0.78	-0.45	-0.44	-0.48	-0.56	-0.53	—	-0.90	—	-0.65	—
18	-1.75	-1.95	-1.23	-0.96	-0.80	-0.52	-0.49	-0.49	-0.51	-0.67	—	-0.95	—	-0.64	—
19	-1.80	-2.09	-1.24	-0.92	-0.79	-0.50	-0.44	-0.47	-0.50	-0.57	—	-0.96	—	-0.67	—
20	-1.74	-1.92	-1.20	-0.89	-0.79	-0.53	-0.51	-0.47	-0.46	-0.62	—	-1.04	—	-0.66	—
21	-1.80	-1.98	-1.18	-0.96	-0.81	-0.51	-0.45	-0.48	-0.50	-0.53	—	-0.85	—	-0.65	—
22	-1.73	-1.77	-1.10	-0.91	-0.72	-0.51	-0.52	-0.45	-0.49	-0.48	—	-0.84	—	-0.66	—
23	-1.77	-1.99	-1.24	-0.97	-0.82	-0.55	-0.48	-0.42	-0.45	-0.51	—	-0.83	—	-0.68	—
24	-1.73	-1.77	-1.10	-0.88	-0.70	-0.54	-0.54	-0.46	-0.47	-0.52	—	-0.86	—	-0.66	—
25	-1.83	-2.04	-1.18	-0.96	-0.75	-0.60	-0.50	-0.44	-0.53	-0.53	—	-0.91	—	-0.70	—
26	-1.61	-1.56	-1.09	-0.95	-0.78	-0.59	-0.49	-0.50	-0.51	-0.54	—	-0.80	—	-0.81	—
27	-1.66	-2.00	-1.17	-1.04	-0.82	-0.60	-0.48	-0.50	-0.56	-0.58	—	-0.96	—	-0.66	—
28	-1.44	-1.92	-1.14	-1.04	-0.89	-0.63	-0.53	-0.46	-0.47	-0.54	—	-1.35	—	-0.66	—
29	-1.31	-1.96	-1.20	-1.06	-0.84	-0.64	-0.46	-0.48	-0.56	-0.63	—	-0.98	—	-0.60	—
30	-1.56	-1.93	-1.20	-1.06	-0.89	-0.62	-0.52	-0.51	-0.50	-0.56	—	-1.12	—	-0.69	—
31	-2.00	-1.96	-1.26	-1.01	-0.88	-0.63	-0.49	—	—	—	—	—	—	-0.54	—
32	-1.99	-2.24	-1.37	-1.07	-0.85	-0.59	-0.48	—	—	—	—	—	—	-0.54	—
33	-2.04	-1.82	-1.32	-1.00	-0.83	-0.58	-0.52	—	—	—	—	—	—	-0.56	—
34	-1.97	-2.23	-1.19	-0.98	-0.77	-0.66	-0.49	—	—	—	—	—	—	-0.60	—
35	-2.11	-2.19	-1.17	-0.99	-0.71	-0.53	-0.52	—	—	—	—	—	—	-0.94	—
36	-2.01	-1.75	-1.13	-0.86	-0.72	-0.71	-0.50	—	—	—	—	—	—	-0.73	—
37	-1.77	-1.45	-0.96	-0.82	-0.66	-0.49	-0.51	—	—	—	—	—	—	-0.80	—
38	-1.49	-1.06	-0.93	-0.90	-0.64	-0.74	-0.50	—	—	—	—	—	—	-0.76	—
39	-1.63	-0.98	-0.91	-0.74	-0.76	-0.54	-0.55	—	—	—	—	—	—	-0.85	—
40	-1.29	-1.21	-0.96	-1.02	-0.78	-0.77	-0.54	—	—	—	—	—	—	-0.95	—
41	-1.65	-1.45	-1.10	-0.94	-0.88	-0.67	-0.55	—	—	—	—	—	—	-0.94	—
42	-1.56	-1.63	-1.18	-0.99	-0.88	-0.71	-0.53	—	—	—	—	—	—	-0.97	—
43	-1.77	-1.78	-1.15	-1.07	-0.94	-0.70	-0.53	—	—	—	—	—	—	-0.87	—
44	-1.59	-1.90	-1.12	-1.02	-0.91	-0.69	-0.55	—	—	—	—	—	—	-0.77	—
45	-1.85	-2.09	-1.21	-1.16	-0.97	-0.65	-0.57	—	—	—	—	—	—	-0.68	—
46	-1.78	-1.95	-1.19	-1.09	-0.91	-0.69	-0.51	—	—	—	—	—	—	-0.74	—
47	-1.94	-2.23	-1.31	-1.14	-0.87	-0.61	-0.54	—	—	—	—	—	—	-0.67	—
48	-1.94	-2.14	-1.42	-1.07	-0.79	-0.58	-0.46	—	—	—	—	—	—	-0.68	—
49	-1.98	-2.28	-1.32	-1.02	-0.77	-0.55	-0.48	—	—	—	—	—	—	-0.70	—

点号	块 号														
	1	2	3	4	5	6	7	8	9	10	11	12	13	14	15
50	-2.04	-2.13	-1.26	-0.91	-0.70	-0.53	-0.43	-	-	-	-	-	-	-0.74	-
51	-1.86	-2.12	-1.24	-0.90	-0.66	-0.47	-0.46	-	-	-	-	-	-	-0.82	-
52	-1.96	-2.10	-1.46	-0.86	-0.67	-0.49	-0.46	-	-	-	-	-	-	-0.64	-
53	-1.82	-2.06	-1.15	-0.85	-0.62	-0.45	-0.45	-	-	-	-	-	-	-0.63	-
54	-1.79	-2.03	-1.16	-0.79	-0.65	-0.45	-0.42	-	-	-	-	-	-	-0.60	-
55	-1.93	-2.11	-1.19	-0.85	-0.59	-0.44	-0.44	-	-	-	-	-	-	-0.57	-
56	-1.87	-2.13	-1.28	-0.84	-0.58	-0.45	-0.43	-	-	-	-	-	-	-0.58	-
57	-1.96	-2.21	-1.22	-0.94	-0.64	-0.47	-0.47	-	-	-	-	-	-	-0.60	-
58	-2.03	-2.18	-1.28	-0.88	-0.68	-0.44	-0.42	-	-	-	-	-	-	-0.64	-
59	-2.00	-2.20	-1.24	-0.99	-0.70	-0.49	-0.47	-	-	-	-	-	-	-0.79	-
60	-1.97	-2.18	-1.24	-1.03	-0.78	-0.50	-0.45	-	-	-	-	-	-	-0.61	-

注：最小值 = -2.28（测点号为 2-49，风向角为 150°）。

上海铁路南站各测点的最大极值风压
（kPa，100 年重现期，用于玻璃幕墙设计）　　　　　　　表 3-2-15

点号	块 号														
	1	2	3	4	5	6	7	8	9	10	11	12	13	14	15
1	0.47	0.61	0.57	0.61	0.75	0.55	0.50	0.30	0.28	0.10	0.11	0.10	0.18	1.26	0.14
2	0.49	0.64	0.50	0.68	0.55	0.50	0.41	0.30	0.19	0.11	0.04	0.12	0.88	1.23	0.13
3	0.54	0.66	0.65	0.66	0.67	0.53	0.50	0.20	0.22	0.06	0.08	0.06	0.48	1.15	0.15
4	0.49	0.60	0.57	0.59	0.54	0.47	0.38	0.22	0.18	0.14	0.13	0.19	0.69	1.19	0.13
5	0.49	0.61	0.64	0.58	0.61	0.42	0.44	0.23	0.19	0.12	0.20	0.14	0.45	1.14	0.11
6	0.57	0.62	0.47	0.63	0.50	0.47	0.31	0.31	0.22	0.18	0.12	0.19	0.51	1.15	-
7	0.50	0.67	0.53	0.61	0.58	0.44	0.35	0.40	0.26	0.18	0.11	0.17	0.15	1.21	-
8	0.51	0.68	0.51	0.61	0.48	0.45	0.28	0.47	0.31	0.31	0.15	0.17	0.15	1.16	-
9	0.63	0.59	0.62	0.59	0.57	0.44	0.37	0.43	0.26	0.24	0.15	0.15	0.07	1.18	-
10	0.55	0.61	0.27	0.61	0.48	0.47	0.24	0.42	0.36	0.30	0.14	0.16	0.11	1.10	-
11	0.60	0.61	0.57	0.63	0.56	0.53	0.37	0.42	0.28	0.23	0.15	0.16	-	1.08	-
12	0.49	0.56	0.52	0.73	0.57	0.59	0.43	0.41	0.29	0.22	0.25	0.19	-	1.08	-
13	0.61	0.65	0.51	0.70	0.65	0.61	0.43	0.35	0.27	0.17	0.16	0.17	-	1.20	-
14	0.64	0.57	0.43	0.74	0.62	0.67	0.49	0.40	0.25	0.18	0.09	0.16	-	1.26	-
15	0.67	0.62	0.41	0.64	0.69	0.68	0.53	0.42	0.36	0.20	0.12	0.08	-	1.31	-
16	0.70	0.65	0.38	0.67	0.66	0.76	0.55	0.42	0.27	0.15	-	0.66	-	1.29	-
17	0.75	0.74	0.39	0.61	0.62	0.65	0.49	0.38	0.28	0.18	-	0.42	-	1.23	-
18	0.70	0.74	0.34	0.59	0.65	0.70	0.57	0.27	0.18	0.16	-	0.57	-	1.27	-
19	0.68	0.73	0.41	0.55	0.61	0.63	0.50	0.26	0.20	0.16	-	0.63	-	1.30	-
20	0.69	0.72	0.36	0.55	0.69	0.67	0.57	0.31	0.20	0.22	-	0.62	-	1.25	-
21	0.74	0.76	0.41	0.49	0.66	0.64	0.50	0.35	0.33	0.24	-	0.59	-	1.25	-

点号	块 号														
	1	2	3	4	5	6	7	8	9	10	11	12	13	14	15
22	0.72	0.78	0.39	0.50	0.63	0.59	0.50	0.48	0.33	0.23	–	0.53	–	1.28	–
23	0.63	0.72	0.41	0.55	0.68	0.61	0.51	0.46	0.41	0.28	–	0.46	–	1.21	–
24	0.64	0.69	0.39	0.57	0.60	0.54	0.47	0.45	0.34	0.25	–	0.56	–	1.20	–
25	0.68	0.69	0.43	0.63	0.70	0.54	0.48	0.35	0.28	0.20	–	0.54	–	1.07	–
26	0.68	0.63	0.44	0.62	0.57	0.51	0.44	0.30	0.21	0.15	–	0.52	–	1.03	–
27	0.67	0.70	0.44	0.64	0.65	0.58	0.52	0.28	0.21	0.15	–	0.65	–	1.10	–
28	0.63	0.66	0.43	0.62	0.58	0.58	0.44	0.28	0.21	0.12	–	0.70	–	1.09	–
29	0.67	0.70	0.50	0.60	0.66	0.62	0.56	0.30	0.22	0.17	–	0.59	–	1.12	–
30	0.64	0.73	0.41	0.54	0.60	0.59	0.50	0.35	0.23	0.19	–	0.63	–	1.17	–
31	0.67	0.68	0.72	0.60	0.72	0.65	0.59	–	–	–	–	–	–	1.22	–
32	0.60	0.66	0.53	0.74	0.64	0.57	0.46	–	–	–	–	–	–	1.31	–
33	0.61	0.62	0.75	0.73	0.77	0.59	0.51	–	–	–	–	–	–	1.29	–
34	0.58	0.59	0.64	0.78	0.62	0.49	0.39	–	–	–	–	–	–	1.23	–
35	0.63	0.65	0.89	0.80	0.65	0.47	0.43	–	–	–	–	–	–	1.02	–
36	0.52	0.62	0.68	0.61	0.48	0.40	0.30	–	–	–	–	–	–	0.93	–
37	0.72	0.60	0.63	0.54	0.47	0.37	0.32	–	–	–	–	–	–	1.12	–
38	0.54	0.52	0.47	0.56	0.35	0.41	0.29	–	–	–	–	–	–	1.19	–
39	0.63	0.56	0.58	0.51	0.47	0.41	0.37	–	–	–	–	–	–	1.20	–
40	0.51	0.59	0.46	0.55	0.47	0.49	0.39	–	–	–	–	–	–	1.10	–
41	0.60	0.81	0.52	0.51	0.61	0.48	0.47	–	–	–	–	–	–	1.14	–
42	0.61	0.69	0.51	0.51	0.52	0.53	0.49	–	–	–	–	–	–	1.03	–
43	0.72	0.80	0.50	0.52	0.62	0.61	0.59	–	–	–	–	–	–	1.12	–
44	0.77	0.74	0.49	0.56	0.51	0.60	0.57	–	–	–	–	–	–	1.16	–
45	0.68	0.70	0.48	0.56	0.59	0.63	0.61	–	–	–	–	–	–	1.25	–
46	0.60	0.70	0.43	0.64	0.52	0.63	0.57	–	–	–	–	–	–	1.29	–
47	0.59	0.68	0.49	0.68	0.69	0.64	0.56	–	–	–	–	–	–	1.22	–
48	0.50	0.62	0.50	0.70	0.60	0.57	0.49	–	–	–	–	–	–	1.16	–
49	0.59	0.64	0.54	0.74	0.69	0.57	0.47	–	–	–	–	–	–	1.13	–
50	0.58	0.63	0.42	0.69	0.64	0.52	0.43	–	–	–	–	–	–	1.20	–
51	0.63	0.71	0.53	0.76	0.66	0.51	0.42	–	–	–	–	–	–	1.23	–
52	0.67	0.73	0.46	0.74	0.65	0.51	0.40	–	–	–	–	–	–	1.27	–
53	0.61	0.69	0.53	0.73	0.65	0.52	0.40	–	–	–	–	–	–	1.21	–
54	0.64	0.66	0.46	0.77	0.68	0.50	0.40	–	–	–	–	–	–	1.18	–
55	0.60	0.62	0.54	0.75	0.69	0.53	0.41	–	–	–	–	–	–	1.24	–
56	0.51	0.57	0.51	0.75	0.72	0.52	0.42	–	–	–	–	–	–	1.16	–
57	0.57	0.65	0.55	0.75	0.68	0.54	0.42	–	–	–	–	–	–	1.20	–
58	0.53	0.61	0.49	0.76	0.66	0.56	0.38	–	–	–	–	–	–	1.19	–
59	0.52	0.62	0.50	0.71	0.73	0.55	0.48	–	–	–	–	–	–	1.18	–
60	0.49	0.57	0.43	0.65	0.67	0.61	0.47	–	–	–	–	–	–	1.28	–

注：最大值 = 1.31（测点号为 14 – 32，风向角为 285°）。

上海铁路南站各测点的最小极值风压

（kPa，100 年重现期，用于玻璃幕墙设计）　　　　表 3 - 2 - 16

点号	块　　号														
	1	2	3	4	5	6	7	8	9	10	11	12	13	14	15
1	-2.04	-2.34	-1.35	-1.23	-0.82	-0.67	-0.52	-0.49	-0.59	-0.57	-0.63	-0.76	-0.71	-0.65	-0.37
2	-2.18	-2.23	-1.42	-1.21	-0.95	-0.71	-0.54	-0.46	-0.55	-0.84	-0.64	-0.76	-1.68	-0.63	-0.45
3	-2.12	-2.21	-1.24	-1.21	-0.78	-0.65	-0.48	-0.48	-0.57	-0.54	-0.71	-0.82	-0.79	-0.90	-0.38
4	-2.02	-1.98	-1.41	-1.18	-0.97	-0.68	-0.57	-0.54	-0.65	-0.84	-0.78	-0.78	-1.08	-0.66	-0.36
5	-1.98	-1.87	-1.16	-1.01	-0.73	-0.62	-0.52	-0.54	-0.61	-0.62	-0.67	-0.72	-0.98	-0.74	-0.36
6	-1.85	-2.03	-1.23	-1.04	-0.90	-0.74	-0.61	-0.54	-0.69	-0.81	-0.64	-0.72	-0.92	-1.25	-
7	-1.81	-1.97	-0.97	-0.88	-0.66	-0.59	-0.56	-0.51	-0.50	-0.64	-0.65	-0.68	-0.76	-1.12	-
8	-1.99	-1.99	-1.16	-0.89	-0.79	-0.69	-0.62	-0.52	-0.62	-0.73	-0.61	-0.79	-0.64	-1.16	-
9	-1.81	-2.02	-1.03	-0.75	-0.60	-0.54	-0.53	-0.54	-0.49	-0.60	-0.67	-0.67	-0.71	-1.15	-
10	-2.08	-1.97	-0.85	-0.76	-0.69	-0.66	-0.94	-0.54	-0.61	-0.69	-0.59	-0.71	-0.66	-1.05	-
11	-1.78	-2.08	-1.16	-0.75	-0.69	-0.49	-0.54	-0.54	-0.55	-0.60	-0.69	-0.75	-	-0.92	-
12	-1.09	-2.06	-1.21	-0.83	-0.63	-0.56	-0.57	-0.54	-0.56	-0.60	-0.60	-0.70	-	-0.86	-
13	-1.88	-2.16	-1.35	-0.92	-0.77	-0.48	-0.49	-0.61	-0.60	-0.69	-0.62	-0.72	-	-0.74	-
14	-1.78	-2.15	-1.32	-0.93	-0.72	-0.53	-0.58	-0.49	-0.50	-0.63	-0.73	-0.81	-	-0.71	-
15	-1.85	-2.08	-1.26	-1.05	-0.84	-0.48	-0.48	-0.44	-0.50	-0.52	-0.74	-0.74	-	-0.84	-
16	-1.88	-2.06	-1.28	-1.04	-0.83	-0.52	-0.52	-0.46	-0.52	-0.78	-	-1.12	-	-0.74	-
17	-1.95	-2.18	-1.30	-1.00	-0.85	-0.49	-0.48	-0.52	-0.61	-0.58	-	-0.98	-	-0.71	-
18	-1.91	-2.13	-1.34	-1.04	-0.87	-0.57	-0.53	-0.54	-0.55	-0.73	-	-1.04	-	-0.70	-
19	-1.97	-2.28	-1.35	-1.00	-0.86	-0.55	-0.48	-0.51	-0.55	-0.63	-	-1.04	-	-0.73	-
20	-1.90	-2.10	-1.31	-0.97	-0.86	-0.58	-0.56	-0.51	-0.50	-0.67	-	-1.14	-	-0.71	-
21	-1.96	-2.16	-1.29	-1.05	-0.88	-0.56	-0.49	-0.52	-0.54	-0.57	-	-0.93	-	-0.71	-
22	-1.89	-1.94	-1.20	-1.00	-0.78	-0.56	-0.56	-0.49	-0.54	-0.52	-	-0.92	-	-0.72	-
23	-1.93	-2.17	-1.35	-1.06	-0.90	-0.60	-0.53	-0.46	-0.49	-0.56	-	-0.90	-	-0.74	-
24	-1.89	-1.93	-1.20	-0.96	-0.76	-0.59	-0.59	-0.50	-0.52	-0.57	-	-0.94	-	-0.72	-
25	-2.00	-2.22	-1.29	-1.05	-0.82	-0.65	-0.55	-0.48	-0.58	-0.57	-	-0.99	-	-0.77	-
26	-1.76	-1.70	-1.19	-1.04	-0.85	-0.64	-0.53	-0.54	-0.55	-0.59	-	-0.87	-	-0.88	-
27	-1.81	-2.19	-1.27	-1.13	-0.89	-0.65	-0.52	-0.54	-0.61	-0.64	-	-1.05	-	-0.72	-
28	-1.57	-2.09	-1.25	-1.13	-0.97	-0.69	-0.58	-0.51	-0.51	-0.59	-	-1.47	-	-0.72	-
29	-1.43	-2.14	-1.31	-1.16	-0.92	-0.70	-0.50	-0.52	-0.61	-0.69	-	-1.07	-	-0.65	-
30	-1.70	-2.10	-1.31	-1.16	-0.98	-0.68	-0.57	-0.55	-0.55	-0.61	-	-1.22	-	-0.76	-
31	-2.18	-2.14	-1.38	-1.10	-0.96	-0.69	-0.53	-	-	-	-	-	-	-0.59	-
32	-2.18	-2.45	-1.49	-1.16	-0.92	-0.65	-0.53	-	-	-	-	-	-	-0.59	-
33	-2.23	-1.99	-1.44	-1.10	-0.90	-0.63	-0.56	-	-	-	-	-	-	-0.61	-
34	-2.15	-2.44	-1.30	-1.07	-0.84	-0.72	-0.53	-	-	-	-	-	-	-0.65	-
35	-2.31	-2.39	-1.28	-1.08	-0.78	-0.57	-0.57	-	-	-	-	-	-	-1.03	-
36	-2.20	-1.91	-1.23	-0.93	-0.78	-0.77	-0.54	-	-	-	-	-	-	-0.80	-
37	-1.93	-1.58	-1.05	-0.89	-0.72	-0.53	-0.55	-	-	-	-	-	-	-0.88	-
38	-1.63	-1.16	-1.01	-0.99	-0.70	-0.81	-0.55	-	-	-	-	-	-	-0.83	-
39	-1.78	-1.07	-0.99	-0.81	-0.83	-0.59	-0.59	-	-	-	-	-	-	-0.93	-
40	-1.41	-1.32	-1.04	-1.12	-0.85	-0.84	-0.58	-	-	-	-	-	-	-1.03	-
41	-1.80	-1.58	-1.20	-1.03	-0.96	-0.73	-0.60	-	-	-	-	-	-	-1.03	-
42	-1.71	-1.78	-1.29	-1.08	-0.96	-0.78	-0.58	-	-	-	-	-	-	-1.06	-

点号	块 号														
	1	2	3	4	5	6	7	8	9	10	11	12	13	14	15
43	−1.93	−1.94	−1.26	−1.16	−1.03	−0.76	−0.58	−	−	−	−	−	−	−0.95	−
44	−1.74	−2.07	−1.22	−1.12	−0.99	−0.75	−0.60	−	−	−	−	−	−	−0.84	−
45	−2.01	−2.27	−1.32	−1.27	−1.06	−0.70	−0.63	−	−	−	−	−	−	−0.74	−
46	−1.94	−2.13	−1.30	−1.19	−0.99	−0.75	−0.55	−	−	−	−	−	−	−0.81	−
47	−2.12	−2.44	−1.43	−1.24	−0.95	−0.67	−0.59	−	−	−	−	−	−	−0.73	−
48	−2.12	−2.33	−1.55	−1.17	−0.87	−0.63	−0.51	−	−	−	−	−	−	−0.74	−
49	−2.16	−2.48	−1.44	−1.12	−0.84	−0.60	−0.52	−	−	−	−	−	−	−0.76	−
50	−2.22	−2.33	−1.38	−1.00	−0.77	−0.58	−0.47	−	−	−	−	−	−	−0.81	−
51	−2.03	−2.32	−1.35	−0.99	−0.72	−0.52	−0.51	−	−	−	−	−	−	−0.89	−
52	−2.14	−2.30	−1.59	−0.94	−0.73	−0.54	−0.50	−	−	−	−	−	−	−0.70	−
53	−1.98	−2.25	−1.26	−0.93	−0.67	−0.49	−0.49	−	−	−	−	−	−	−0.69	−
54	−1.95	−2.22	−1.27	−0.86	−0.71	−0.50	−0.45	−	−	−	−	−	−	−0.66	−
55	−2.11	−2.30	−1.30	−0.93	−0.65	−0.48	−0.48	−	−	−	−	−	−	−0.62	−
56	−2.04	−2.33	−1.39	−0.92	−0.63	−0.49	−0.47	−	−	−	−	−	−	−0.63	−
57	−2.14	−2.41	−1.33	−1.02	−0.69	−0.51	−0.51	−	−	−	−	−	−	−0.66	−
58	−2.21	−2.38	−1.39	−0.96	−0.74	−0.47	−0.46	−	−	−	−	−	−	−0.70	−
59	−2.18	−2.40	−1.35	−1.08	−0.77	−0.54	−0.51	−	−	−	−	−	−	−0.86	−
60	−2.15	−2.37	−1.35	−1.12	−0.85	−0.54	−0.49	−	−	−	−	−	−	−0.66	−

注：最小值 = −2.48（测点号为 2 − 49，风向角为 150°）。

（三）用于玻璃幕墙及围护结构设计的风压

按照我国有关规范计算了用于玻璃幕墙及围护结构设计的风压值。作用在点支式玻璃幕墙及围护结构上的风荷载标准值应按下述公式计算：

$$w_i = \beta_{gz}\mu_s\mu_z w_{0R} \qquad\qquad (3-2-10)$$

式中　μ_z——测点 i 处的风压高度变化系数；

　　　　μ_s——测点 i 处的风荷载点体型系数；

　　　　β_{gz}——阵风系数，按现行国家标准《建筑结构荷载规范》（GB50009—2001）采用。

对玻璃幕墙及围护结构等围护构件，应考虑到封闭结构门窗开启或局部玻璃意外损坏的情况而导致的内压修正。按建筑结构荷载规范，封闭式建筑物的内表面的局部体型系数按外表面风压的正负情况取 −0.2 或 0.2。计算用于玻璃幕墙及围护结构设计的风压时，各测点的点体型系数 μ_s 及对应的平均风压系数据此进行了相应的修正。

由此可得到各测点在 24 个风向角下用于玻璃幕墙及围护结构设计的风压值。对于每个测点的风压值，找出 24 个风向角中的一个最大值和一个最小值，分别称为该测点的最不利正风压 w_{max}^* 和最不利负风压 w_{min}^*，用于玻璃幕墙及围护结构设计。

图 3 − 2 − 13 ～图 3 − 2 − 14 和表 3 − 2 − 17、表 3 − 2 − 18 给出了铁路南站各测点的 50 年重现期的 w_{max}^* 和 w_{min}^* 值。图 3 − 2 − 15 ～图 3 − 2 − 16 和表 3 − 2 − 19 ～表 3 − 2 − 20 给出了铁路南站各测点的 100 年重现期的 w_{max}^* 和 w_{min}^*。

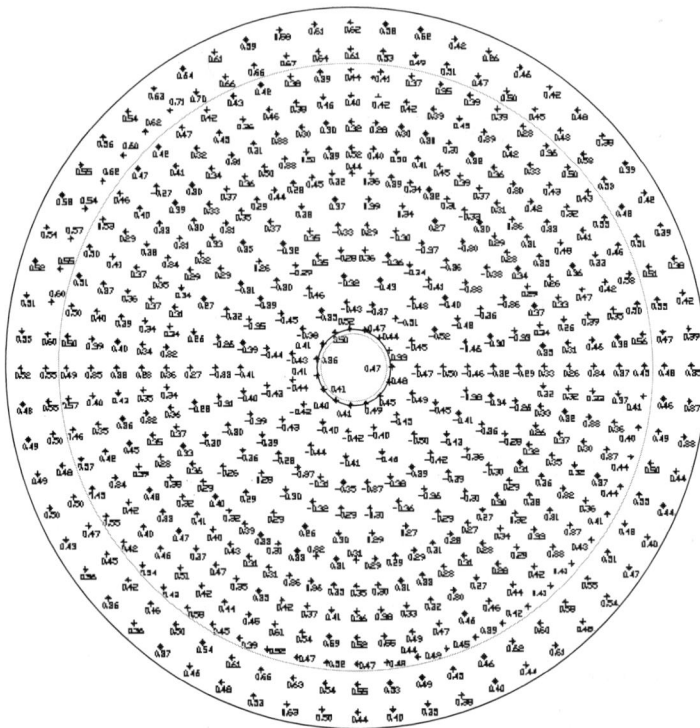

图 3 - 2 - 13　屋面各测点的最不利正风压（kPa，50 年重现期，用于玻璃幕墙设计）

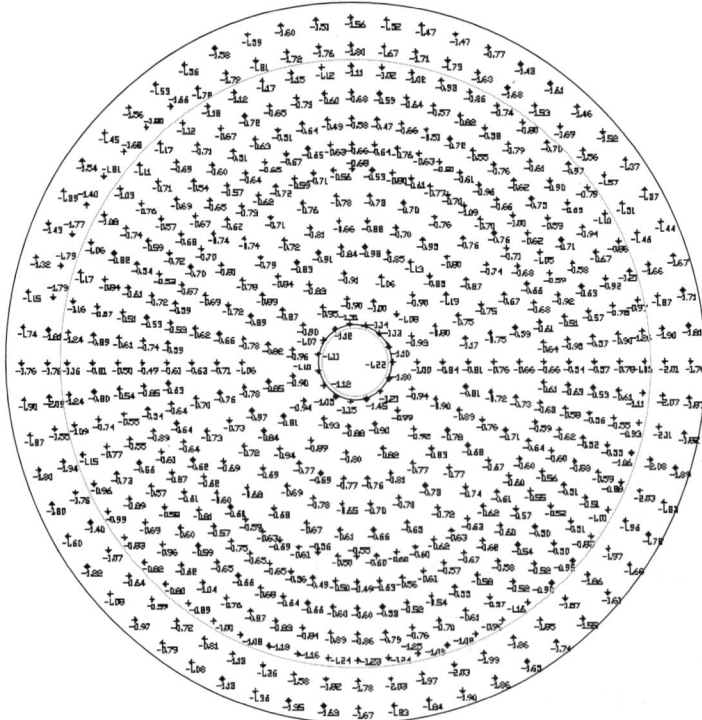

图 3 - 2 - 14　屋面各测点的最不利负风压（kPa，50 年重现期，用于玻璃幕墙设计）

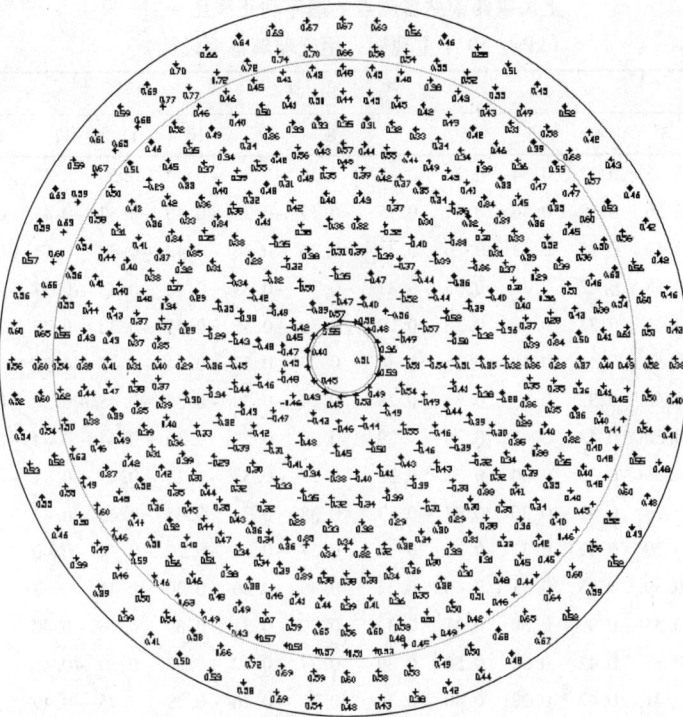

图 3-2-15 屋面各测点的最不利正风压（kPa，100 年重现期，用于玻璃幕墙设计）

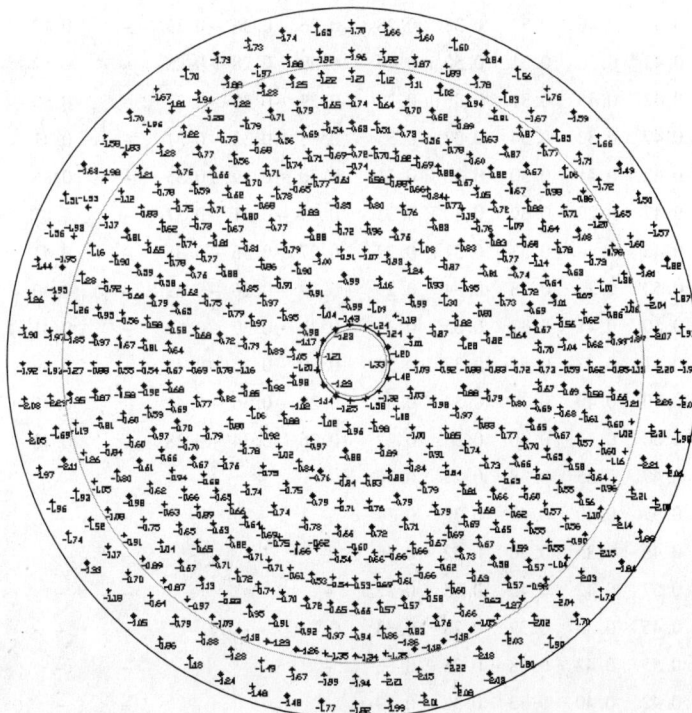

图 3-2-16 屋面各测点的最不利负风压（kPa，100 年重现期，用于玻璃幕墙设计）

点号	块号														
	1	2	3	4	5	6	7	8	9	10	11	12	13	14	15
1	0.35	0.48	0.45	0.37	0.34	0.26	0.33	-0.29	-0.32	-0.46	-0.50	-0.47	-0.19	1.26	-0.34
2	0.39	0.47	0.56	0.38	0.46	0.31	0.35	-0.33	-0.30	-0.46	-0.52	-0.45	0.15	1.22	-0.41
3	0.42	0.55	0.50	0.35	0.39	0.26	0.34	-0.36	-0.36	-0.48	-0.48	-0.51	-0.10	1.08	-0.32
4	0.38	0.51	0.58	0.42	0.47	0.33	0.37	-0.33	-0.33	-0.40	-0.43	-0.37	-0.13	1.04	-0.33
5	0.39	0.51	0.46	0.33	0.36	0.26	0.29	-0.30	-0.36	-0.41	-0.32	-0.43	-0.19	0.96	-0.37
6	0.42	0.48	0.55	0.41	0.48	0.35	0.34	0.27	-0.37	-0.34	-0.46	-0.35	-0.18	0.97	-
7	0.39	0.53	0.43	0.32	0.33	0.31	0.28	0.34	-0.30	-0.36	-0.45	-0.38	-0.37	1.01	-
8	0.38	0.58	0.50	0.43	0.42	0.36	0.29	0.39	0.29	0.36	-0.44	-0.43	-0.28	1.01	-
9	0.48	0.48	0.36	0.33	0.30	0.31	0.30	0.37	-0.33	-0.28	-0.43	-0.44	-0.33	1.04	-
10	0.42	0.45	0.28	0.42	0.36	0.37	-0.33	0.38	0.35	0.35	-0.43	-0.42	-0.30	1.01	-
11	0.46	0.50	0.39	0.39	0.32	0.39	0.31	0.37	-0.32	-0.29	-0.44	-0.40	-	0.94	-
12	0.26	0.47	0.39	0.45	0.31	0.45	0.32	0.35	0.26	-0.30	-0.41	-0.42	-	0.93	-
13	0.42	0.51	0.35	0.39	0.30	0.41	0.34	0.29	-0.31	-0.39	-0.46	-0.40	-	1.00	-
14	0.52	0.49	0.37	0.42	0.30	0.50	0.39	0.27	-0.32	-0.35	-0.50	-0.45	-	1.11	-
15	0.58	0.53	0.41	0.42	0.28	0.40	0.36	0.26	-0.26	-0.39	-0.45	-0.49	-	1.19	-
16	0.62	0.61	0.44	0.40	0.32	0.52	0.44	0.27	-0.33	-0.41	-	0.47	-	1.26	-
17	0.61	0.64	0.39	0.46	0.30	0.39	0.32	-0.28	-0.31	-0.40	-	0.33	-	1.24	-
18	0.58	0.67	0.38	0.38	0.30	0.51	0.45	-0.30	-0.30	-0.39	-	0.44	-	1.21	-
19	0.59	0.66	0.42	0.46	0.33	0.38	0.28	-0.26	-0.36	-0.39	-	0.47	-	1.24	-
20	0.61	0.66	0.43	0.36	0.31	0.50	0.44	0.29	0.28	-0.28	-	0.52	-	1.23	-
21	0.64	0.70	0.42	0.45	0.31	0.36	0.29	0.29	-0.30	-0.37	-	0.50	-	1.19	-
22	0.63	0.71	0.47	0.32	0.34	0.37	0.35	0.26	-0.32	-0.31	-	0.41	-	1.13	-
23	0.54	0.62	0.42	0.41	0.30	0.33	0.31	0.30	-0.29	-0.35	-	0.36	-	1.06	-
24	0.56	0.60	0.47	-0.27	0.39	0.30	0.33	0.29	-0.31	-0.37	-	0.41	-	1.05	-
25	0.55	0.62	0.46	0.40	0.33	0.31	0.32	0.27	-0.36	-0.38	-	0.41	-	1.01	-
26	0.58	0.54	0.53	0.29	0.38	0.34	0.29	-0.29	-0.36	-0.39	-	0.40	-	0.96	-
27	0.54	0.57	0.50	0.41	0.37	0.35	0.34	-0.31	-0.39	-0.42	-	0.41	-	0.93	-
28	0.52	0.55	0.51	0.37	0.36	0.37	0.31	-0.30	-0.36	-0.43	-	0.49	-	1.00	-
29	0.51	0.60	0.50	0.40	0.39	0.34	0.34	-0.28	-0.36	-0.41	-	0.45	-	1.07	-
30	0.55	0.60	0.50	0.39	0.40	0.34	0.32	-0.26	-0.34	-0.38	-	0.48	-	1.10	-
31	0.52	0.55	0.49	0.35	0.38	0.28	0.36	-	-	-	-	-	-	1.11	-
32	0.48	0.55	0.57	0.40	0.43	0.35	0.34	-	-	-	-	-	-	1.24	-
33	0.49	0.50	0.46	0.35	0.36	0.32	0.36	-	-	-	-	-	-	1.21	-
34	0.49	0.48	0.57	0.42	0.45	0.35	0.37	-	-	-	-	-	-	1.15	-
35	0.50	0.50	0.45	0.34	0.39	0.28	0.33	-	-	-	-	-	-	0.98	-
36	0.43	0.47	0.55	0.42	0.48	0.38	0.36	-	-	-	-	-	-	0.82	-
37	0.36	0.45	0.42	0.40	0.33	0.32	0.29	-	-	-	-	-	-	0.85	-
38	0.36	0.42	0.54	0.46	0.47	0.41	0.40	-	-	-	-	-	-	0.90	-

点号	块号														
	1	2	3	4	5	6	7	8	9	10	11	12	13	14	15
39	0.36	0.46	0.42	0.51	0.37	0.40	0.32	–	–	–	–	–	–	0.89	–
40	0.37	0.50	0.58	0.42	0.47	0.43	0.39	–	–	–	–	–	–	0.87	–
41	0.46	0.54	0.45	0.44	0.35	0.31	0.33	–	–	–	–	–	–	0.87	–
42	0.48	0.61	0.39	0.45	0.35	0.31	0.31	–	–	–	–	–	–	0.87	–
43	0.53	0.66	0.52	0.61	0.42	0.36	0.33	–	–	–	–	–	–	0.90	–
44	0.63	0.63	0.47	0.54	0.37	0.36	0.32	–	–	–	–	–	–	0.95	–
45	0.50	0.54	0.52	0.59	0.41	0.35	0.31	–	–	–	–	–	–	1.05	–
46	0.44	0.55	0.47	0.52	0.36	0.35	0.31	–	–	–	–	–	–	1.15	–
47	0.40	0.53	0.48	0.55	0.38	0.30	0.29	–	–	–	–	–	–	1.12	–
48	0.35	0.49	0.44	0.49	0.33	0.31	0.29	–	–	–	–	–	–	1.06	–
49	0.38	0.45	0.42	0.47	0.32	0.33	0.29	–	–	–	–	–	–	1.05	–
50	0.40	0.46	0.45	0.46	0.30	0.28	0.31	–	–	–	–	–	–	1.08	–
51	0.44	0.62	0.39	0.46	0.27	0.31	0.28	–	–	–	–	–	–	1.02	–
52	0.61	0.60	0.42	0.44	0.28	0.28	0.27	–	–	–	–	–	–	1.14	–
53	0.48	0.58	0.41	0.42	0.29	0.34	0.27	–	–	–	–	–	–	1.07	–
54	0.54	0.55	0.41	0.38	0.33	0.32	0.30	–	–	–	–	–	–	1.08	–
55	0.47	0.51	0.43	0.37	0.31	0.38	0.29	–	–	–	–	–	–	1.10	–
56	0.40	0.48	0.41	0.36	0.32	0.36	0.31	–	–	–	–	–	–	1.08	–
57	0.44	0.55	0.44	0.37	0.32	0.35	0.32	–	–	–	–	–	–	1.13	–
58	0.44	0.50	0.44	0.37	0.30	0.37	0.26	–	–	–	–	–	–	1.19	–
59	0.38	0.49	0.40	0.36	0.33	0.32	0.33	–	–	–	–	–	–	1.21	–
60	0.37	0.46	0.41	0.37	0.33	0.32	0.32	–	–	–	–	–	–	1.24	–

注：最大值 = 1.26（测点号为 14 − 1，风向角为 90°）。

上海铁路南站各测点的最不利负风压 w_{min}^*

（kPa，50 年重现期，用于玻璃幕墙设计）   表 3 − 2 − 18

点号	块号														
	1	2	3	4	5	6	7	8	9	10	11	12	13	14	15
1	−1.76	−2.01	−1.05	−0.78	−0.57	−0.54	−0.66	−0.66	−0.76	−0.81	−0.84	−1.00	−0.58	−0.85	−0.49
2	−1.81	−1.90	−1.26	−0.90	−0.57	−0.95	−0.64	−0.59	−0.75	−1.17	−0.80	−0.93	−0.99	−0.80	−0.58
3	−1.71	−1.87	−0.97	−0.78	−0.57	−0.51	−0.61	−0.67	−0.75	−0.75	−0.90	−1.08	−0.53	−1.20	−0.49
4	−1.67	−1.66	−1.21	−0.92	−0.63	−0.92	−0.63	−0.74	−0.87	−1.19	−1.06	−1.00	−0.62	−0.84	−0.50
5	−1.44	−1.46	−0.88	−0.67	−0.58	−0.59	−0.66	−0.76	−0.80	−0.85	−0.91	−0.90	−0.62	−0.92	−0.52
6	−1.37	−1.51	−1.10	−0.94	−0.71	−1.05	−0.68	−0.76	−0.95	−1.13	−0.83	−0.95	−0.66	−1.63	–
7	−1.37	−1.57	−0.79	−0.65	−0.59	−0.62	−0.71	−0.70	−0.70	−0.85	−0.87	−0.90	−0.60	−1.51	–
8	−1.52	−1.56	−0.97	−0.90	−0.75	−1.00	−0.76	−0.73	−0.88	−0.98	−0.82	−0.96	−0.48	−1.49	–
9	−1.46	−1.69	−0.70	−0.61	−0.62	−0.66	−0.70	−0.78	−0.66	−0.84	−0.85	−0.90	−0.62	−1.51	–
10	−1.61	−1.53	−0.80	−0.79	−0.76	−0.96	−1.09	−0.76	−0.81	−0.91	−0.81	−0.94	−0.52	−1.43	–

点号	块 号														
	1	2	3	4	5	6	7	8	9	10	11	12	13	14	15
11	-1.43	-1.68	-0.74	-0.58	-0.55	-0.61	-0.70	-0.71	-0.72	-0.83	-0.89	-0.93	–	-1.30	–
12	-0.77	-1.63	-0.86	-0.82	-0.72	-0.81	-0.77	-0.74	-0.79	-0.84	-0.80	-0.88	–	-1.20	–
13	-1.47	-1.73	-0.93	-0.57	-0.51	-0.63	-0.61	-0.81	-0.78	-0.89	-0.82	-0.90	–	-1.04	–
14	-1.47	-1.71	-1.02	-0.64	-0.66	-0.76	-0.80	-0.69	-0.72	-0.89	-0.92	-0.99	–	-1.04	–
15	-1.52	-1.67	-1.02	-0.59	-0.47	-0.64	-0.53	-0.62	-0.66	-0.73	-0.90	-0.94	–	-1.08	–
16	-1.56	-1.80	-1.11	-0.68	-0.58	-0.66	-0.68	-0.63	-0.71	-1.06	–	-1.22	–	-1.08	–
17	-1.51	-1.76	-1.12	-0.60	-0.49	-0.63	-0.56	-0.70	-0.76	-0.78	–	-1.10	–	-1.01	–
18	-1.60	-1.72	-1.15	-0.73	-0.64	-0.65	-0.71	-0.73	-0.73	-0.97	–	-1.13	–	-1.00	–
19	-1.59	-1.81	-1.17	-0.65	-0.51	-0.67	-0.59	-0.69	-0.72	-0.84	–	-1.14	–	-1.07	–
20	-1.58	-1.72	-1.12	-0.72	-0.63	-0.65	-0.72	-0.68	-0.69	-0.94	–	-1.31	–	-1.05	–
21	-1.56	-1.78	-1.18	-0.67	-0.51	-0.64	-0.62	-0.68	-0.69	-0.77	–	-1.12	–	-1.02	–
22	-1.53	-1.66	-1.12	-0.71	-0.60	-0.57	-0.73	-0.67	-0.73	-0.69	–	-1.07	–	-0.98	–
23	-1.56	-1.80	-1.17	-0.69	-0.54	-0.65	-0.62	-0.61	-0.65	-0.77	–	-1.11	–	-0.88	–
24	-1.45	-1.68	-1.11	-0.71	-0.69	-0.67	-0.74	-0.66	-0.70	-0.76	–	-1.10	–	-0.87	–
25	-1.54	-1.81	-1.03	-0.76	-0.57	-0.68	-0.70	-0.65	-0.73	-0.81	–	-1.12	–	-0.97	–
26	-1.39	-1.40	-1.08	-0.74	-0.59	-0.72	-0.70	-0.72	-0.73	-0.77	–	-1.05	–	-1.08	–
27	-1.43	-1.77	-1.06	-0.82	-0.54	-0.53	-0.57	-0.74	-0.77	-0.83	–	-1.15	–	-0.96	–
28	-1.32	-1.79	-1.17	-0.84	-0.61	-0.72	-0.59	-0.67	-0.68	-0.78	–	-1.45	–	-0.97	–
29	-1.15	-1.79	-1.16	-0.87	-0.51	-0.53	-0.53	-0.71	-0.76	-0.89	–	-1.21	–	-0.89	–
30	-1.74	-1.81	-1.24	-0.89	-0.61	-0.74	-0.59	-0.73	-0.72	-0.81	–	-1.30	–	-1.02	–
31	-1.76	-1.76	-1.16	-0.81	-0.50	-0.49	-0.61	–	–	–	–	–	–	-0.69	–
32	-1.90	-2.09	-1.24	-0.80	-0.54	-0.85	-0.63	–	–	–	–	–	–	-0.70	–
33	-1.87	-1.55	-1.09	-0.74	-0.55	-0.54	-0.64	–	–	–	–	–	–	-0.71	–
34	-1.80	-1.94	-1.15	-0.77	-0.55	-0.89	-0.64	–	–	–	–	–	–	-0.77	–
35	-1.80	-1.76	-0.96	-0.73	-0.56	-0.61	-0.64	–	–	–	–	–	–	-1.33	–
36	-1.60	-1.40	-0.99	-0.89	-0.57	-0.87	-0.62	–	–	–	–	–	–	-1.04	–
37	-1.22	-1.07	-0.83	-0.69	-0.58	-0.61	-0.62	–	–	–	–	–	–	-1.06	–
38	-1.08	-0.64	-0.82	-0.96	-0.60	-0.81	-0.60	–	–	–	–	–	–	-1.04	–
39	-0.97	-0.59	-0.80	-0.62	-0.59	-0.57	-0.60	–	–	–	–	–	–	-1.19	–
40	-0.79	-0.72	-0.89	-1.04	-0.65	-0.75	-0.59	–	–	–	–	–	–	-1.25	–
41	-1.08	-0.81	-1.00	-0.76	-0.66	-0.65	-0.63	–	–	–	–	–	–	-1.18	–
42	-1.13	-1.13	-1.08	-0.87	-0.68	-0.65	-0.69	–	–	–	–	–	–	-1.26	–
43	-1.36	-1.36	-1.13	-0.83	-0.64	-0.56	-0.61	–	–	–	–	–	–	-1.14	–
44	-1.35	-1.53	-1.16	-0.84	-0.66	-0.49	-0.56	–	–	–	–	–	–	-1.04	–
45	-1.63	-1.82	-1.24	-0.89	-0.60	-0.50	-0.50	–	–	–	–	–	–	-0.93	–
46	-1.67	-1.78	-1.23	-0.86	-0.60	-0.49	-0.55	–	–	–	–	–	–	-0.94	–
47	-1.83	-2.03	-1.24	-0.79	-0.53	-0.63	-0.60	–	–	–	–	–	–	-0.91	–
48	-1.84	-1.97	-1.25	-0.76	-0.52	-0.56	-0.60	–	–	–	–	–	–	-0.91	–
49	-1.90	-2.03	-1.09	-0.70	-0.54	-0.61	-0.60	–	–	–	–	–	–	-0.94	–

点号	块 号														
	1	2	3	4	5	6	7	8	9	10	11	12	13	14	15
50	-1.86	-1.99	-1.08	-0.61	-0.55	-0.57	-0.62	-	-	-	-	-	-	-0.92	-
51	-1.65	-1.86	-0.96	-0.57	-0.58	-0.67	-0.63	-	-	-	-	-	-	-0.98	-
52	-1.74	-1.85	-1.16	-0.52	-0.53	-0.62	-0.63	-	-	-	-	-	-	-0.75	-
53	-1.55	-1.87	-0.90	-0.52	-0.54	-0.60	-0.62	-	-	-	-	-	-	-0.80	-
54	-1.61	-1.86	-0.95	-0.50	-0.50	-0.57	-0.61	-	-	-	-	-	-	-0.80	-
55	-1.68	-1.97	-0.83	-0.51	-0.52	-0.55	-0.60	-	-	-	-	-	-	-0.77	-
56	-1.72	-1.96	-1.01	-0.51	-0.51	-0.56	-0.60	-	-	-	-	-	-	-0.73	-
57	-1.83	-2.03	-0.88	-0.59	-0.53	-0.60	-0.64	-	-	-	-	-	-	-0.78	-
58	-1.89	-2.03	-1.06	-0.55	-0.52	-0.62	-0.59	-	-	-	-	-	-	-0.78	-
59	-1.82	-2.11	-0.93	-0.55	-0.56	-0.58	-0.63	-	-	-	-	-	-	-0.96	-
60	-1.87	-2.07	-1.11	-0.61	-0.53	-0.63	-0.61	-	-	-	-	-	-	-0.81	-

注：最小值 = -2.11（测点号为 2-59，风向角为 105°）。

上海铁路南站各测点的最不利正风压 w_{max}^*
（kPa，100 年重现期，用于玻璃幕墙设计）　　表 3-2-19

点号	块 号														
	1	2	3	4	5	6	7	8	9	10	11	12	13	14	15
1	0.38	0.52	0.49	0.40	0.37	0.28	0.36	-0.32	-0.35	-0.51	-0.54	-0.51	-0.21	1.38	-0.38
2	0.43	0.51	0.61	0.41	0.50	0.34	0.39	-0.36	-0.32	-0.50	-0.57	-0.49	0.16	1.33	-0.44
3	0.46	0.60	0.54	0.38	0.43	0.28	0.37	-0.40	-0.39	-0.52	-0.52	-0.56	-0.11	1.18	-0.35
4	0.42	0.56	0.63	0.46	0.51	0.36	0.40	-0.36	-0.36	-0.44	-0.47	-0.40	-0.14	1.14	-0.36
5	0.42	0.56	0.50	0.36	0.39	0.29	0.31	-0.33	-0.39	-0.44	-0.35	-0.47	-0.20	1.04	-0.40
6	0.46	0.53	0.60	0.45	0.52	0.39	0.37	0.30	-0.40	-0.37	-0.50	-0.39	-0.20	1.05	-
7	0.43	0.57	0.47	0.35	0.36	0.33	0.31	0.37	-0.32	-0.39	-0.49	-0.42	-0.40	1.10	-
8	0.42	0.63	0.55	0.47	0.45	0.39	0.31	0.43	0.32	-0.39	-0.48	-0.47	-0.30	1.10	-
9	0.52	0.53	0.39	0.36	0.33	0.34	0.32	0.40	-0.36	-0.31	-0.46	-0.48	-0.36	1.14	-
10	0.45	0.49	0.31	0.46	0.39	0.41	-0.36	0.42	0.38	0.38	-0.47	-0.46	-0.33	1.10	-
11	0.51	0.55	0.43	0.42	0.34	0.43	0.34	0.41	-0.35	-0.32	-0.48	-0.43	-	1.03	-
12	0.28	0.52	0.43	0.49	0.34	0.49	0.35	0.38	0.28	-0.32	-0.45	-0.46	-	1.02	-
13	0.46	0.55	0.38	0.42	0.33	0.44	0.37	0.31	-0.34	-0.42	-0.50	-0.44	-	1.09	-
14	0.56	0.54	0.40	0.45	0.32	0.55	0.42	0.29	-0.35	-0.38	-0.55	-0.49	-	1.21	-
15	0.63	0.58	0.45	0.45	0.31	0.44	0.39	0.29	-0.29	-0.43	-0.49	-0.54	-	1.30	-
16	0.67	0.66	0.48	0.44	0.35	0.57	0.48	0.29	-0.36	-0.45	-	0.51	-	1.37	-
17	0.67	0.70	0.43	0.50	0.33	0.43	0.35	-0.30	-0.34	-0.44	-	0.36	-	1.35	-
18	0.63	0.74	0.41	0.41	0.33	0.56	0.49	-0.33	-0.32	-0.43	-	0.48	-	1.32	-
19	0.64	0.72	0.45	0.50	0.36	0.42	0.31	-0.29	-0.39	-0.42	-	0.52	-	1.35	-
20	0.66	0.72	0.46	0.40	0.34	0.55	0.48	0.32	0.30	-0.31	-	0.57	-	1.35	-
21	0.70	0.77	0.46	0.49	0.34	0.39	0.32	0.32	-0.33	-0.41	-	0.55	-	1.30	-

点号	块 号														
	1	2	3	4	5	6	7	8	9	10	11	12	13	14	15
22	0.69	0.77	0.52	0.35	0.37	0.40	0.38	0.28	-0.35	-0.34	—	0.45	—	1.24	—
23	0.59	0.68	0.46	0.45	0.33	0.36	0.34	0.33	-0.32	-0.38	—	0.40	—	1.16	—
24	0.61	0.65	0.51	-0.29	0.42	0.33	0.35	0.32	-0.34	-0.40	—	0.45	—	1.15	—
25	0.59	0.67	0.50	0.43	0.36	0.34	0.35	0.29	-0.39	-0.41	—	0.45	—	1.10	—
26	0.63	0.59	0.58	0.31	0.41	0.37	0.32	-0.31	-0.39	-0.43	—	0.43	—	1.05	—
27	0.59	0.63	0.54	0.44	0.40	0.38	0.37	-0.33	-0.43	-0.46	—	0.45	—	1.02	—
28	0.57	0.60	0.56	0.41	0.40	0.40	0.34	-0.32	-0.39	-0.46	—	0.53	—	1.09	—
29	0.56	0.65	0.55	0.44	0.43	0.37	0.37	-0.30	-0.39	-0.44	—	0.49	—	1.17	—
30	0.60	0.65	0.55	0.43	0.43	0.37	0.35	-0.28	-0.38	-0.41	—	0.53	—	1.20	—
31	0.56	0.60	0.54	0.39	0.41	0.31	0.40	—	—	—	—	—	—	1.21	—
32	0.52	0.60	0.62	0.44	0.47	0.38	0.37	—	—	—	—	—	—	1.35	—
33	0.54	0.54	0.50	0.38	0.39	0.35	0.39	—	—	—	—	—	—	1.32	—
34	0.53	0.52	0.63	0.46	0.49	0.39	0.40	—	—	—	—	—	—	1.25	—
35	0.55	0.55	0.49	0.37	0.42	0.31	0.36	—	—	—	—	—	—	1.07	—
36	0.46	0.51	0.60	0.45	0.52	0.42	0.39	—	—	—	—	—	—	0.90	—
37	0.39	0.49	0.46	0.44	0.36	0.35	0.31	—	—	—	—	—	—	0.92	—
38	0.39	0.46	0.59	0.50	0.52	0.45	0.44	—	—	—	—	—	—	0.98	—
39	0.39	0.50	0.46	0.56	0.40	0.44	0.35	—	—	—	—	—	—	0.97	—
40	0.41	0.54	0.63	0.46	0.51	0.47	0.43	—	—	—	—	—	—	0.95	—
41	0.50	0.58	0.49	0.48	0.38	0.34	0.36	—	—	—	—	—	—	0.95	—
42	0.53	0.66	0.43	0.49	0.38	0.34	0.34	—	—	—	—	—	—	0.95	—
43	0.58	0.72	0.57	0.67	0.46	0.39	0.36	—	—	—	—	—	—	0.98	—
44	0.69	0.69	0.51	0.59	0.41	0.39	0.35	—	—	—	—	—	—	1.03	—
45	0.54	0.59	0.57	0.65	0.44	0.38	0.34	—	—	—	—	—	—	1.15	—
46	0.48	0.60	0.51	0.56	0.39	0.38	0.34	—	—	—	—	—	—	1.26	—
47	0.43	0.58	0.53	0.60	0.41	0.33	0.32	—	—	—	—	—	—	1.22	—
48	0.38	0.53	0.48	0.53	0.36	0.34	0.32	—	—	—	—	—	—	1.16	—
49	0.42	0.49	0.45	0.51	0.35	0.36	0.32	—	—	—	—	—	—	1.15	—
50	0.44	0.50	0.49	0.50	0.32	0.30	0.34	—	—	—	—	—	—	1.17	—
51	0.48	0.68	0.42	0.51	0.30	0.33	0.30	—	—	—	—	—	—	1.11	—
52	0.67	0.65	0.46	0.48	0.31	0.31	0.29	—	—	—	—	—	—	1.25	—
53	0.52	0.64	0.44	0.45	0.32	0.38	0.30	—	—	—	—	—	—	1.17	—
54	0.59	0.60	0.45	0.42	0.36	0.35	0.33	—	—	—	—	—	—	1.17	—
55	0.52	0.56	0.46	0.40	0.34	0.41	0.32	—	—	—	—	—	—	1.20	—
56	0.43	0.52	0.45	0.40	0.35	0.39	0.34	—	—	—	—	—	—	1.18	—
57	0.48	0.60	0.48	0.40	0.35	0.38	0.35	—	—	—	—	—	—	1.24	—
58	0.48	0.55	0.48	0.40	0.32	0.40	0.29	—	—	—	—	—	—	1.29	—
59	0.41	0.54	0.44	0.40	0.36	0.35	0.36	—	—	—	—	—	—	1.32	—
60	0.40	0.50	0.45	0.41	0.36	0.35	0.35	—	—	—	—	—	—	1.35	—

注：最大值 =1.38（测点号为 14-1，风向角为 90°）。

上海铁路南站各测点的最不利负风压 w_{min}^*
(kPa，100年重现期，用于玻璃幕墙设计)

表 3-2-20

点号	块号														
	1	2	3	4	5	6	7	8	9	10	11	12	13	14	15
1	-1.93	-2.20	-1.15	-0.85	-0.62	-0.59	-0.73	-0.72	-0.83	-0.88	-0.92	-1.09	-0.63	-0.93	-0.54
2	-1.97	-2.07	-1.37	-0.99	-0.62	-1.04	-0.70	-0.64	-0.82	-1.28	-0.87	-1.01	-1.08	-0.87	-0.63
3	-1.87	-2.04	-1.06	-0.86	-0.62	-0.56	-0.67	-0.73	-0.81	-0.82	-0.99	-1.18	-0.57	-1.31	-0.54
4	-1.82	-1.81	-1.32	-1.01	-0.69	-1.01	-0.69	-0.81	-0.95	-1.30	-1.16	-1.09	-0.68	-0.92	-0.55
5	-1.57	-1.60	-0.96	-0.73	-0.63	-0.64	-0.72	-0.83	-0.87	-0.93	-0.99	-0.99	-0.68	-1.01	-0.57
6	-1.50	-1.65	-1.20	-1.03	-0.78	-1.14	-0.74	-0.83	-1.03	-1.24	-0.91	-1.04	-0.72	-1.78	–
7	-1.49	-1.72	-0.86	-0.71	-0.64	-0.68	-0.77	-0.76	-0.76	-0.93	-0.95	-0.98	-0.65	-1.65	–
8	-1.66	-1.71	-1.06	-0.98	-0.82	-1.09	-0.83	-0.80	-0.96	-1.07	-0.89	-1.05	-0.53	-1.62	–
9	-1.59	-1.85	-0.77	-0.67	-0.67	-0.72	-0.76	-0.85	-0.72	-0.91	-0.92	-0.98	-0.67	-1.65	–
10	-1.76	-1.67	-0.87	-0.87	-0.82	-1.05	-1.19	-0.83	-0.88	-1.00	-0.88	-1.02	-0.57	-1.56	–
11	-1.56	-1.83	-0.81	-0.63	-0.60	-0.67	-0.77	-0.77	-0.79	-0.90	-0.97	-1.02	–	-1.42	–
12	-0.84	-1.78	-0.94	-0.89	-0.78	-0.88	-0.84	-0.81	-0.86	-0.91	-0.88	-0.96	–	-1.31	–
13	-1.60	-1.89	-1.02	-0.62	-0.56	-0.69	-0.66	-0.88	-0.85	-0.97	-0.89	-0.98	–	-1.13	–
14	-1.60	-1.87	-1.11	-0.70	-0.73	-0.82	-0.88	-0.75	-0.79	-0.97	-1.00	-1.08	–	-1.13	–
15	-1.66	-1.82	-1.12	-0.64	-0.51	-0.70	-0.58	-0.68	-0.72	-0.79	-0.98	-1.03	–	-1.18	–
16	-1.70	-1.96	-1.21	-0.74	-0.63	-0.72	-0.74	-0.69	-0.78	-1.16	–	-1.33	–	-1.18	–
17	-1.65	-1.92	-1.22	-0.65	-0.54	-0.69	-0.61	-0.77	-0.82	-0.85	–	-1.20	–	-1.10	–
18	-1.74	-1.88	-1.25	-0.79	-0.69	-0.71	-0.77	-0.79	-0.80	-1.06	–	-1.24	–	-1.09	–
19	-1.73	-1.97	-1.28	-0.71	-0.56	-0.74	-0.65	-0.76	-0.78	-0.92	–	-1.24	–	-1.17	–
20	-1.73	-1.88	-1.22	-0.79	-0.68	-0.71	-0.78	-0.74	-0.75	-1.02	–	-1.43	–	-1.14	–
21	-1.70	-1.94	-1.28	-0.73	-0.56	-0.70	-0.68	-0.74	-0.75	-0.84	–	-1.23	–	-1.11	–
22	-1.67	-1.81	-1.22	-0.77	-0.66	-0.62	-0.80	-0.73	-0.79	-0.76	–	-1.17	–	-1.07	–
23	-1.70	-1.96	-1.28	-0.76	-0.59	-0.71	-0.67	-0.66	-0.71	-0.84	–	-1.21	–	-0.95	–
24	-1.58	-1.83	-1.21	-0.78	-0.75	-0.73	-0.81	-0.72	-0.76	-0.83	–	-1.20	–	-0.95	–
25	-1.68	-1.98	-1.12	-0.83	-0.62	-0.74	-0.77	-0.71	-0.79	-0.88	–	-1.23	–	-1.06	–
26	-1.51	-1.53	-1.17	-0.81	-0.65	-0.78	-0.76	-0.79	-0.79	-0.84	–	-1.14	–	-1.18	–
27	-1.56	-1.93	-1.16	-0.90	-0.59	-0.58	-0.62	-0.81	-0.84	-0.91	–	-1.25	–	-1.05	–
28	-1.44	-1.95	-1.28	-0.92	-0.66	-0.79	-0.65	-0.73	-0.74	-0.85	–	-1.58	–	-1.06	–
29	-1.26	-1.95	-1.26	-0.95	-0.56	-0.58	-0.58	-0.77	-0.83	-0.97	–	-1.32	–	-0.97	–
30	-1.90	-1.97	-1.35	-0.97	-0.67	-0.81	-0.64	-0.80	-0.79	-0.88	–	-1.42	–	-1.11	–
31	-1.92	-1.93	-1.27	-0.88	-0.55	-0.54	-0.67	–	–	–	–	–	–	-0.76	–
32	-2.08	-2.29	-1.35	-0.87	-0.58	-0.92	-0.68	–	–	–	–	–	–	-0.76	–
33	-2.05	-1.69	-1.19	-0.81	-0.60	-0.59	-0.69	–	–	–	–	–	–	-0.77	–
34	-1.97	-2.11	-1.26	-0.84	-0.60	-0.97	-0.70	–	–	–	–	–	–	-0.84	–
35	-1.96	-1.93	-1.05	-0.80	-0.61	-0.66	-0.70	–	–	–	–	–	–	-1.45	–
36	-1.74	-1.52	-1.08	-0.98	-0.62	-0.94	-0.67	–	–	–	–	–	–	-1.13	–
37	-1.33	-1.17	-0.91	-0.75	-0.63	-0.66	-0.68	–	–	–	–	–	–	-1.16	–
38	-1.18	-0.70	-0.89	-1.04	-0.65	-0.89	-0.65	–	–	–	–	–	–	-1.13	–

点号	块 号														
	1	2	3	4	5	6	7	8	9	10	11	12	13	14	15
39	−1.05	−0.64	−0.87	−0.67	−0.65	−0.63	−0.66	−	−	−	−	−	−	−1.30	−
40	−0.86	−0.79	−0.97	−1.13	−0.71	−0.82	−0.64	−	−	−	−	−	−	−1.36	−
41	−1.18	−0.88	−1.09	−0.83	−0.72	−0.71	−0.69	−	−	−	−	−	−	−1.29	−
42	−1.24	−1.23	−1.18	−0.95	−0.74	−0.71	−0.75	−	−	−	−	−	−	−1.37	−
43	−1.48	−1.49	−1.23	−0.91	−0.70	−0.61	−0.66	−	−	−	−	−	−	−1.24	−
44	−1.48	−1.67	−1.26	−0.92	−0.72	−0.53	−0.62	−	−	−	−	−	−	−1.13	−
45	−1.77	−1.99	−1.35	−0.97	−0.65	−0.54	−0.54	−	−	−	−	−	−	−1.02	−
46	−1.82	−1.94	−1.34	−0.94	−0.66	−0.53	−0.60	−	−	−	−	−	−	−1.03	−
47	−1.99	−2.21	−1.35	−0.86	−0.57	−0.69	−0.66	−	−	−	−	−	−	−0.99	−
48	−2.01	−2.15	−1.36	−0.83	−0.57	−0.61	−0.66	−	−	−	−	−	−	−0.99	−
49	−2.08	−2.22	−1.19	−0.76	−0.58	−0.66	−0.66	−	−	−	−	−	−	−1.02	−
50	−2.03	−2.18	−1.18	−0.66	−0.60	−0.62	−0.67	−	−	−	−	−	−	−1.01	−
51	−1.80	−2.03	−1.05	−0.63	−0.63	−0.73	−0.69	−	−	−	−	−	−	−1.07	−
52	−1.90	−2.02	−1.27	−0.57	−0.58	−0.67	−0.69	−	−	−	−	−	−	−0.82	−
53	−1.70	−2.04	−0.98	−0.57	−0.59	−0.65	−0.68	−	−	−	−	−	−	−0.88	−
54	−1.76	−2.03	−1.04	−0.55	−0.55	−0.62	−0.66	−	−	−	−	−	−	−0.87	−
55	−1.84	−2.15	−0.90	−0.56	−0.57	−0.60	−0.65	−	−	−	−	−	−	−0.84	−
56	−1.88	−2.14	−1.10	−0.56	−0.55	−0.61	−0.66	−	−	−	−	−	−	−0.80	−
57	−2.00	−2.21	−0.96	−0.64	−0.58	−0.65	−0.70	−	−	−	−	−	−	−0.85	−
58	−2.06	−2.21	−1.16	−0.60	−0.57	−0.67	−0.65	−	−	−	−	−	−	−0.85	−
59	−1.98	−2.31	−1.02	−0.60	−0.61	−0.63	−0.69	−	−	−	−	−	−	−1.05	−
60	−2.04	−2.26	−1.21	−0.66	−0.58	−0.69	−0.67	−	−	−	−	−	−	−0.89	−

注：最小值 = −2.31（测点号为 2 − 59，风向角为 105°）。

铁路南站屋面的前 10 个最不利负风压值列于表 3 − 2 − 21 中，其中对应于 50 年和 100 年重现期的最不利负压分别为 −2.11kPa 和 −2.31kPa（位于第 2 块第 59 点，风向角为 105°）。铁路南站屋面的前 10 个最不利正风压值列于表 3 − 2 − 22 中，其中对应于 50 年和 100 年重现期的最不利正压力分别为 0.71kPa 和 0.77kPa（位于第 2 块第 22 点，风向角为 135°）。

铁路南站屋面上前 10 个最不利负压值（kPa）　　　　　表 3 − 2 − 21

测点	50 年重现期	100 年重现期
2 − 59	−2.11	−2.31
2 − 32	−2.09	−2.28
2 − 60	−2.07	−2.26
2 − 49	−2.03	−2.22
2 − 57	−2.03	−2.21
2 − 58	−2.03	−2.21

测点	50 年重现期	100 年重现期
2 – 47	– 2.03	– 2.21
2 – 1	– 2.01	– 2.19
2 – 50	– 1.97	– 2.15
2 – 55	– 1.97	– 2.15

铁路南站屋面上前 **10** 个最不利正压值（kPa）　　　　　表 **3 – 2 – 22**

测点	50 年重现期	100 年重现期
2 – 22	0.71	0.77
2 – 21	0.70	0.77
2 – 18	0.67	0.73
2 – 20	0.66	0.72
2 – 19	0.66	0.72
2 – 43	0.66	0.71
2 – 17	0.64	0.70
2 – 44	0.63	0.69
2 – 23	0.62	0.68
2 – 51	0.62	0.68

铁路南站墙面的前 10 个最不利负风压值列于表 3 – 2 – 23 中，其中对应于 50 年和 100 年重现期的最不利负压分别为 – 1.63kPa 和 – 1.78kPa（位于第 14 块第 6 点，风向角为 150°）。铁路南站墙面的前 10 个最不利正风压值列于表 3 – 2 – 24 中，其中对应于 50 年和 100 年重现期的最不利正压力分别为 1.26kPa 和 1.38kPa（位于第 14 块第 1 点，风向角为 90°）。

铁路南站墙面上前 **10** 个最不利负压值（kPa）　　　　　表 **3 – 2 – 23**

测点	50 年重现期	100 年重现期
14 – 6	– 1.63	– 1.78
14 – 7	– 1.51	– 1.66
14 – 9	– 1.51	– 1.65
14 – 8	– 1.49	– 1.63
14 – 10	– 1.43	– 1.56
14 – 35	– 1.33	– 1.45
14 – 11	– 1.30	– 1.42
14 – 42	– 1.26	– 1.37
14 – 40	– 1.25	– 1.36
14 – 12	– 1.20	– 1.31

测点	50 年重现期	100 年重现期
14 - 1	1. 26	1. 38
14 - 16	1. 26	1. 37
14 - 19	1. 24	1. 36
14 - 20	1. 24	1. 35
14 - 32	1. 24	1. 35
14 - 17	1. 24	1. 34
14 - 60	1. 22	1. 33
14 - 2	1. 22	1. 33
14 - 59	1. 21	1. 32
14 - 33	1. 21	1. 32

六、结论

通过对上海铁路南站风洞测压试验及分析，得到如下结果和建议：

（1）上海铁路南站用于屋盖和外墙表面设计的风荷载主要以负压为主。

（2）上海铁路南站屋面和墙面 50 年重现期下用于围护结构（包括玻璃幕墙）设计的风压见图 3 - 2 - 13 和图 3 - 2 - 14 以及表 3 - 2 - 17 和表 3 - 2 - 18；100 年重现期下用于围护结构设计的风压见图 3 - 2 - 15 和图 3 - 2 - 16 以及表 3 - 2 - 19 和表 3 - 2 - 20。屋面第 2 块第 59 点有最不利负压，50 年、100 年重现期下的最不利负压分别为 - 2. 11kPa 和 - 2. 31kPa（风向角为 105°）。墙面第 14 块第 6 点有最不利负压，50 年、100 年重现期下的最不利负压分别为 - 1. 63kPa 和 - 1. 78kPa（风向角为 150°）。

（3）上海铁路南站屋面表面测点 2 - 59 在 105°风向角时负压（绝对值）达到最大值。本试验增加了 2 个试验风向，即在风向角分别为 97. 5°和 112. 5°时进行了试验。试验结果表明，97. 5°和 112. 5°风向角时墙面所有测点中亦是测点 2 - 59 的负压最不利，50 年和 100 年重现期用于围护结构设计的最不利风压分别为 - 2. 02kPa 和 - 2. 18kPa，均未超过风向角 105°时的结果。

由于试验只模拟了当前的周边环境，因此严格地讲，本试验提供的风荷载只在当前周边环境状况下才是正确的。当周边环境有较大改变时，上海铁路南站上的风荷载分布也将发生变化，在设计时应考虑这种潜在因素可能产生的影响。

第三节　屋盖结构风致响应分析

一、大跨度屋盖结构风致响应特征

大跨度屋盖结构因具有质量轻、柔性大、阻尼小等特点，风荷载是其结构设计的控制荷载。另外，在大气边界层中，这类结构处于高湍流度区，而由于其独特的建筑外型，其绕流和空气动力作用非常复杂，结构极易发生大幅振动。因此，很有必要对结构进行风致响应分析。

一般来说，大跨度屋盖结构的外型复杂，模态密集，其动力响应和等效风荷载的试验、分析非常复杂。大跨度屋盖结构动力响应及动力等效风荷载分析有如下主要特点：

（1）基于通常特定情况下假定的动力响应分析方法用来计算大跨度屋盖的风致响应是不合适的。

（2）背景和共振部分一般都不可忽略，并且共振部分包含多个模态的贡献。

（3）由于模态密集、阻尼小，振型之间的交叉项不可忽略。

本研究基于这些特点，开发了包括试验方法、分析方法和基于 ANSYS 软件的计算程序系统，应用于上海铁路南站的动力响应和等效风荷载分析。

二、风致响应动力分析的方法和要点

本研究对上海南站工程屋盖结构进行风致响应和等效风荷载分析的主要过程如下：

（1）根据刚体模型脉动风压同步测量的风洞试验结果，分析了各测点脉动风压的功率谱密度函数，并严格按照相似比关系换算到实际风场中。

（2）根据刚体模型脉动风压同步测量的风洞试验结果，分析了各测点脉动风压之间的互功率谱密度函数，并严格按照相似比关系换算到实际风场中。

（3）华东建筑设计研究院有限公司提供的有限元模型准确地模拟了实际结构的性能。

（4）为了简化计算，将所有压力测点进行局部合并为 198 个荷载输入点，再进行结构响应计算。

（5）采用通用有限元分析软件 ANSYS 中的随机振动分析模块进行结构分析，分析中考虑了振型之间的交叉项的影响。

（6）考虑了预应力对结构刚度的影响。

（7）计算给出 198 个荷载输入点的动力位移响应，以及对应某些较大响应的阵风荷载因子。

本研究的风洞实验模型的几何缩尺比取为 1/200，试验风速比为 1/3.37，由此导出频率比为 1/59.35。各点的脉动压力自功率谱和互功率谱函数依据这些相似比换算到实际风场中。

三、结构参数的选取

计算结构风振响应所取的风速参数和结构参数见表 3 – 3 – 1。

<table>
<tr><td colspan="2" style="text-align:center">结构参数的取值</td><td style="text-align:right">表 3 – 3 – 1</td></tr>
<tr><td>参数名称</td><td colspan="2">参数取值</td></tr>
<tr><td>地貌类型</td><td colspan="2">B 类</td></tr>
<tr><td>基本风压（50 年重现期）</td><td colspan="2">0.55 kPa</td></tr>
<tr><td>计算风速（50 年重现期，10m 高度）</td><td colspan="2">29.67m/s</td></tr>
<tr><td>阻尼比</td><td colspan="2">0.02</td></tr>
<tr><td>峰值因子</td><td colspan="2">3.5</td></tr>
</table>

四、计算工况的选取

根据结构的对称性、周边环境的特点（见图 3 – 2 – 4）以及对风洞试验结果的分析，选取了 12 个典型风向角下的工况进行动力计算，即：0°、30°、60°、90°、120°、150°、180°、210°、240°、270°、300°、330°等风向角。

五、荷载输入点的布置

为了简化计算，将所有压力测点进行局部合并为 198 个荷载输入点，再进行结构响应计算。图 3 - 3 - 1 给出了 198 个荷载输入点的位置。风荷载由包含在输入点附属面积内的刚性试验模型测压点的风压力经过平均得到，以集中力的方式施加在有限元模型相应的荷载输入点上。与图 3 - 3 - 1 荷载输入点对应的 ANSYS 有限元模型节点编号列于表 3 - 3 - 2 中。

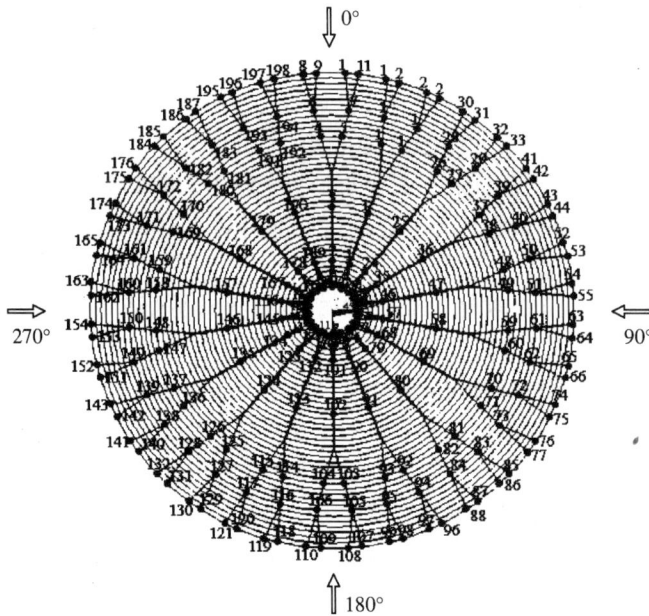

图 3 - 3 - 1　荷载输入点位置

荷载输入点和 ANSYS 模型节点对应表　　　　　　　表 3 - 3 - 2

荷载输入点号	节点号	荷载输入点号	节点号	荷载输入点号	节点号	荷载输入点号	节点号	荷载输入点号	节点号
1	7435	9	7862	17	711	25	6053	33	6201
2	7459	10	7820	18	130	26	6243	34	5239
3	7517	11	7665	19	7046	27	6130	35	5263
4	7707	12	6703	20	7130	28	683	36	5321
5	7594	13	6727	21	7088	29	725	37	5511
6	738	14	6785	22	6933	30	6314	38	5398
7	173	15	6975	23	5971	31	6398	39	654
8	7778	16	6862	24	5995	32	6356	40	698

荷载输入点号	节点号	荷载输入点号	节点号	荷载输入点号	节点号	荷载输入点号	节点号	荷载输入点号	节点号
41	5582	73	609	105	460	137	11986	169	9903
42	5666	74	3386	106	512	138	351	170	9790
43	5624	75	3470	107	1190	139	407	171	234
44	5469	76	3428	108	1274	140	12170	172	294
45	4507	77	3273	109	1232	141	12254	173	9974
46	4531	78	2311	110	1077	142	12212	174	10058
47	4589	79	2335	111	13291	143	12057	175	10016
48	4779	80	2393	112	13315	144	11095	176	9861
49	4666	81	2583	113	13373	145	11119	177	8899
50	624	82	2470	114	13563	146	11177	178	8923
51	670	83	529	115	13450	147	11367	179	8981
52	4850	84	577	116	425	148	11254	180	9171
53	4934	85	2654	117	478	149	313	181	9058
54	4892	86	2738	118	13634	150	370	182	193
55	4737	87	2696	119	13718	151	11438	183	255
56	3775	88	2541	120	13676	152	11522	184	9242
57	3799	89	1579	121	13521	153	11480	185	9326
58	3857	90	1603	122	12559	154	11325	186	9284
59	4047	91	1661	123	12583	155	10363	187	9129
60	3934	92	1851	124	12641	156	10387	188	8167
61	593	93	1738	125	12831	157	10445	189	8191
62	640	94	495	126	12718	158	10635	190	8249
63	4118	95	545	127	389	159	10522	191	8439
64	4202	96	1922	128	443	160	274	192	8326
65	4160	97	2006	129	12902	161	332	193	151
66	4005	98	1964	130	12986	162	10706	194	215
67	3043	99	1809	131	12944	163	10790	195	8510
68	3067	100	847	132	12789	164	10748	196	8594
69	3125	101	871	133	11827	165	10593	197	8552
70	3315	102	929	134	11851	166	9631	198	8397
71	3202	103	1119	135	11909	167	9655		
72	561	104	1006	136	12099	168	9713		

六、风致响应分析及静力等效风荷载

（一）模态分析结果

图 3－3－2 给出了有代表性的前几阶振型。由图可知，屋盖结构的一阶频率为 0.652Hz，振型为翘曲；在 0.652Hz 和 1Hz 频率之间存在 14 阶频率，振型非常密集。

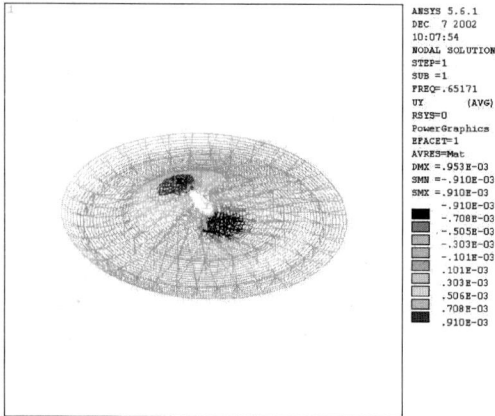

第一阶模态：翘曲0.6517Hz（$T=1.534\text{s}$）

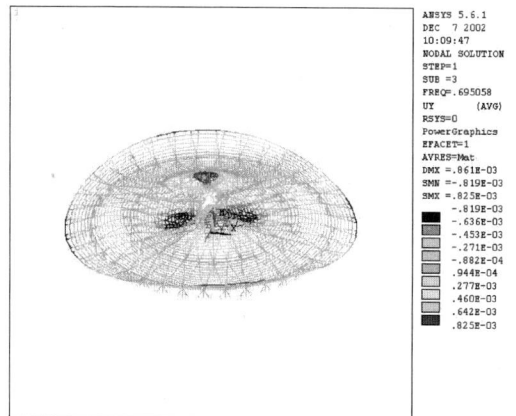

第二阶模态：翘曲0.6951Hz（$T=1.439\text{s}$）

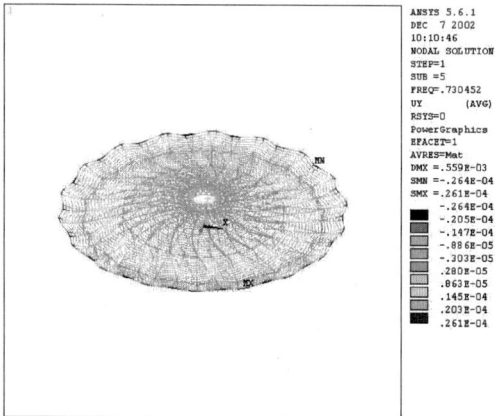

第三阶模态：扭转0.7305Hz（$T=1.369\text{s}$）

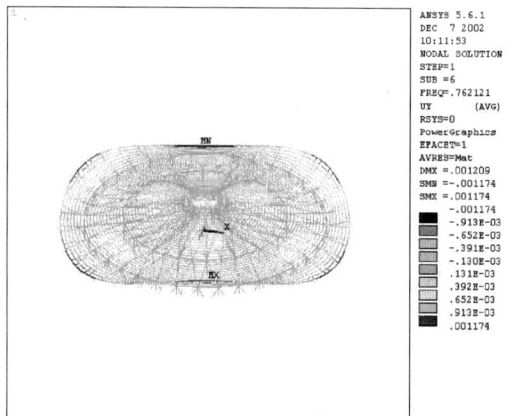

第四阶模态：0.7621Hz（$T=1.312\text{s}$）

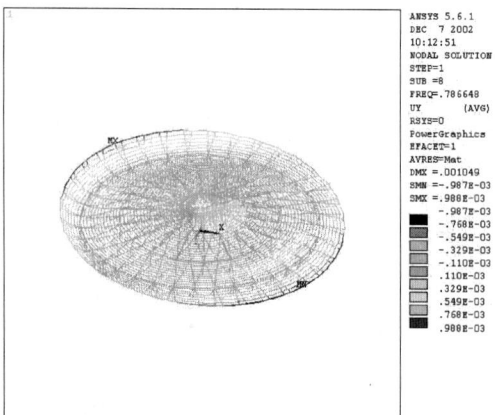

第五阶模态：0.7866Hz（$T=1.271\text{s}$）

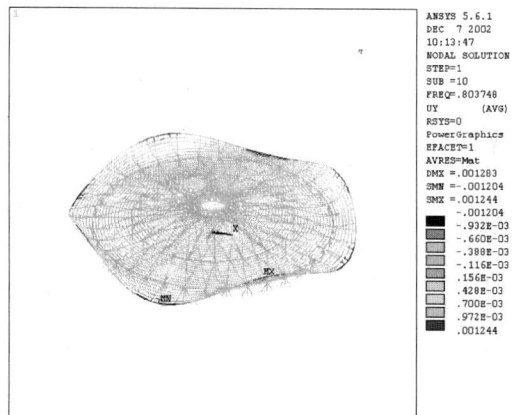

第六阶模态：0.8037Hz（$T=1.244\text{s}$）

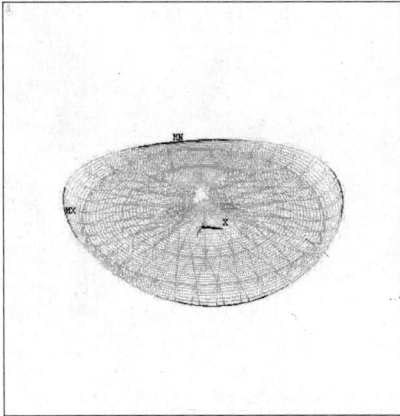

第七阶模态：0.8061Hz（$T = 1.241$s）

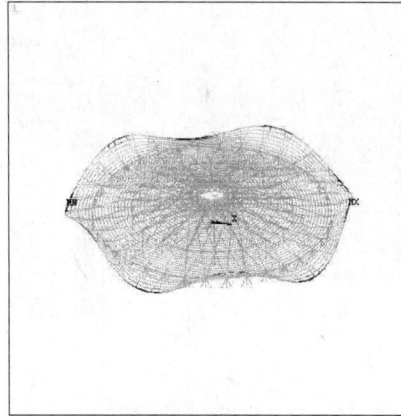

第八阶模态：0.8500Hz（$T = 1.177$s）

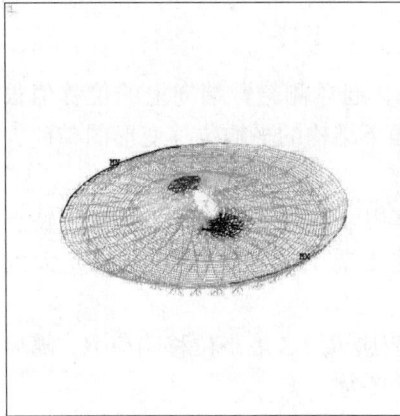

第九阶模态：0.8967Hz（$T = 1.115$s）

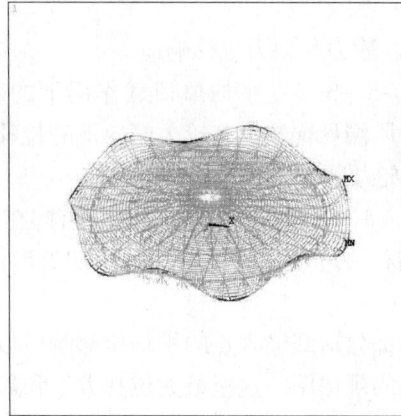

第十阶模态：0.9029Hz（$T = 1.108$s）

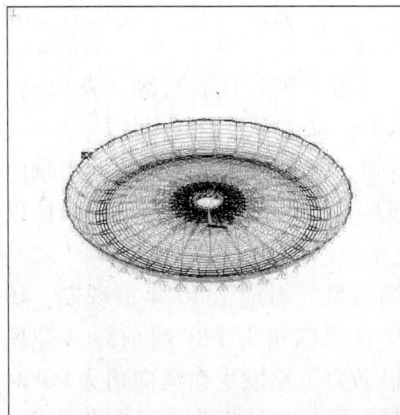

第十一阶模态：0.9514Hz（$T = 1.051$s）

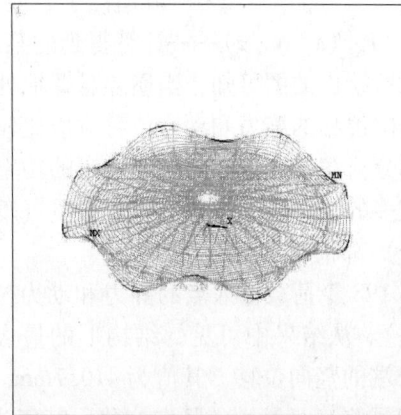

第十二阶模态：0.9621Hz（$T = 1.039$s）

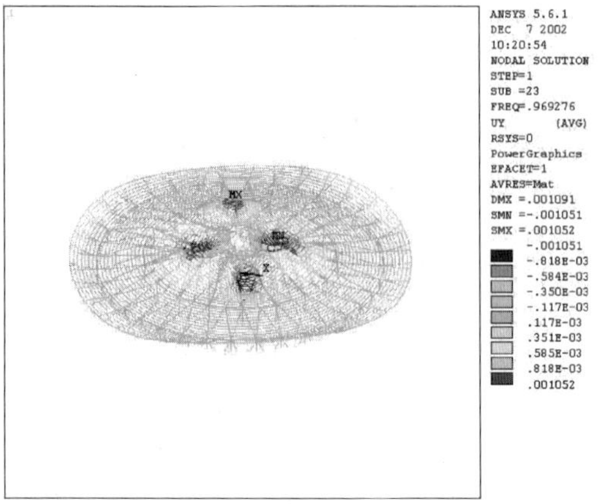

第十三阶模态：0.9693Hz（$T = 1.032$s） 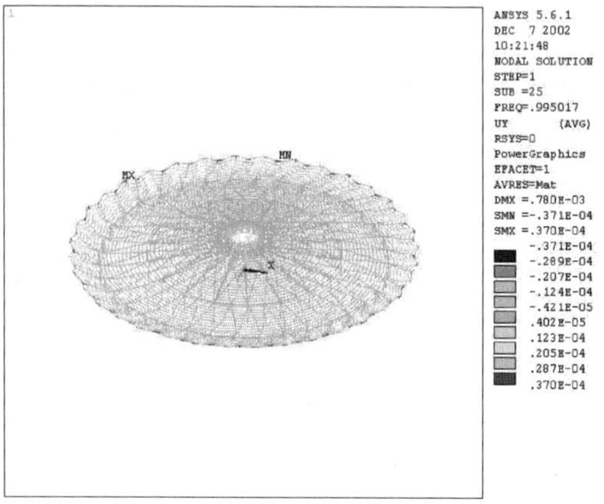　　　　　第十四阶模态：0.9950Hz（$T = 1.005$s）

图 3 - 3 - 2　有代表性的前几阶振型

（二）静力和动力位移响应

图 3 - 3 - 3 是在平均风荷载作用下的变形图。可见，迎风侧悬臂端向上的位移值很大，而下风侧悬臂端也有较大的向下的位移。其他风向角下结构的平均位移变形图与此大致相同，这里不再列出。

图 3 - 3 - 4 为 0°风向角时屋盖结构在动力风荷载作用下的振动位移图。其变形特点和屋盖结构在平均风荷载作用下的变形图相似。其他工况下的振动变形图与此大致相同。

绘出部分荷载输入点的平均位移响应以及最大位移响应 R_{max}、最小位移响应 R_{min} 随风向角变化的规律图。这里最大位移 R_{max} 和最小位移 R_{min} 定义为

$$R_{max}(x, y, z) = \bar{R}(x, y, z) + g\sigma_R(x, y, z) \tag{3 - 3 - 1}$$

$$R_{min}(x, y, z) = \bar{R}(x, y, z) - g\sigma_R(x, y, z) \tag{3 - 3 - 2}$$

式中　$\bar{R}(x, y, z)$——某点的平均响应；

　　　　g——峰值因子，取 3.5；

　　　　$\sigma_R(x, y, z)$——计算得到的某点均方根动力位移。

根据所绘出的图可知，当屋盖悬臂端处于来流的前缘（迎风侧）或者后缘（背风侧）时，其竖向位移的静力和动力位移响应比较大，立柱的水平位移也有相同的规律。

从部分荷载输入点在最大响应时的功率谱中，可以得知，每个荷载输入点的动力响应包含有较多的频率成分，并且背景分量（低于 0.6Hz 的低频部分）和共振分量（0.6Hz 以上的部分）都很明显。

列出 198 个荷载输入点的静力和动力位移响应的详细结果（对应于 50 年重现期，10 分钟风速）。从结果中可见，结构上的最大平均位移发生在风向角为 120°时前缘（迎风侧）悬臂端的竖向位移，其值为 410.7mm。而最大均方根动力位移发生在风向角为 90°时前缘（迎风侧）悬臂端的竖向位移，其值为 102.3mm。最大峰值位移发生在风向角为 90°时的前缘（迎风侧）悬臂端的竖向位移，其值为 752.4mm。

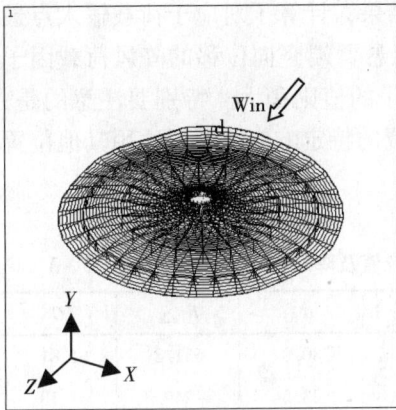
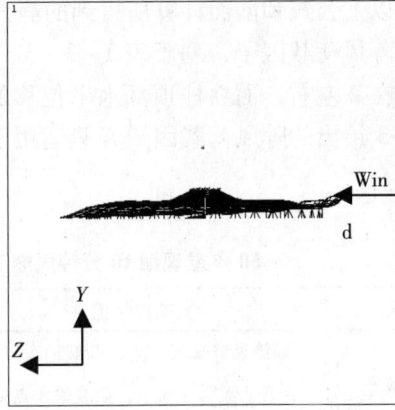

（1）　　　　　　　　　　　　　　（2）

图 3-3-3　0°风向角下平均风压力下的变形图（包含预应力的变形）

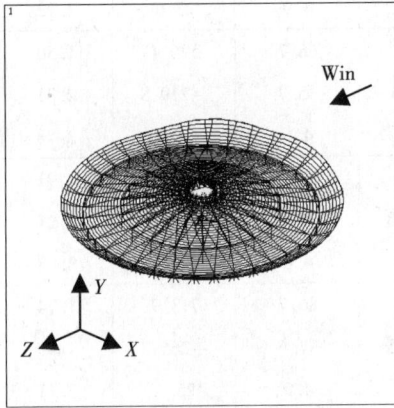
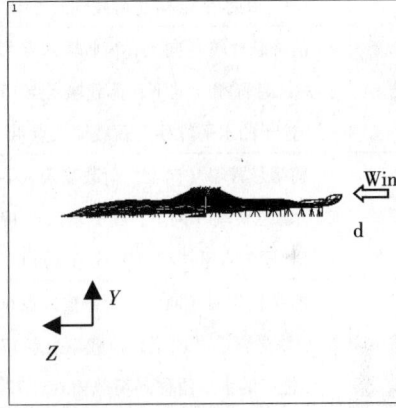

（1）　　　　　　　　　　　　　　（2）

图 3-3-4　0°风向角下动力计算的变形图

（三）阵风荷载因子法（GLF 法）及阵风荷载因子

GLF 法定义峰值位移响应与平均位移响应之比为"阵风荷载因子" G（Gust Loading Factor），以此来表征结构对脉动荷载的放大作用。作用在结构上的以某点位移响应等效的静力等效风荷载可用下式计算，

$$\hat{F}(x,y,z) = G(x,y,z)\overline{F}(x,y,z) \qquad (3-3-3)$$

式中　$\overline{F}(x, y, z)$——平均风荷载；

　　　　$G(x, y, z)$——阵风荷载因子，由下式确定：

$$G(x, y, z) = \frac{\hat{R}_{Peak}(x, y, z)}{\overline{R}(x, y, z)} \qquad (3-3-4)$$

即：

$$G(x, y, z) = 1 \pm g\frac{\sigma_R(x, y, z)}{\overline{R}(x, y, z)} \qquad (3-3-5)$$

式（3-3-5）中的"±"是为了保证 σ_R 与 $\overline{R}$ 有相同的正负号，从而保证 G 为正值。

根据以上公式和前面计算所得到的静力和动力位移结果，计算了对应于荷载输入点最大响应的阵风荷载因子，列于表3-3-3。可见，屋盖上悬臂端竖向位移的阵风荷载因子的值基本在2左右，而立柱顶部水平位移的阵风荷载因子的值则稍大。特别要注意的是，表3-3-3给出的阵风荷载因子 G 只适用于某一特定位置的特定响应，而不适用其他位置的响应。

50年重现期10分钟风速下的结构位移响应值及阵风因子   表3-3-3

工况名称	响应位置	$\bar{R}$	σ_R	$\hat{R}_{\text{Peak}}$	G
0°风向角	前缘悬臂端（向上，荷载输入点8）	349.1	80.8	631.8	1.81
	后缘悬臂端（向下，荷载输入点107）	-114.6	38.5	-249.3	2.18
	柱子的水平位移（荷载输入点6）	7.0	4.8	23.7	3.36
30°风向角	前缘悬臂端（向上，荷载输入点22）	297.1	77.4	568.0	1.91
	后缘悬臂端（向下，荷载输入点121）	-109.1	35.2	-232.4	2.13
	柱子的水平位移（荷载输入点18）	6.3	4.9	23.6	3.73
60°风向角	前缘悬臂端（向上，荷载输入点53）	293.1	66.7	526.4	1.80
	后缘悬臂端（向下，荷载输入点152）	-95.0	35.7	-219.8	2.31
	柱子的水平位移（荷载输入点40）	5.8	4.6	21.8	3.78
90°风向角	前缘悬臂端（向上，荷载输入点74）	394.5	102.3	752.4	1.91
	后缘悬臂端（向下，荷载输入点173）	-106.8	37.1	-236.5	2.21
	柱子的水平位移（荷载输入点62）	7.1	4.6	23.4	3.28
120°风向角	前缘悬臂端（向上，荷载输入点66）	410.7	86.7	713.9	1.74
	后缘悬臂端（向下，荷载输入点173）	-133.5	37.6	-265.3	1.99
	柱子的水平位移（荷载输入点72）	8.2	4.9	25.4	3.11
150°风向角	前缘悬臂端（向上，荷载输入点96）	384.1	82.3	672.1	1.75
	后缘悬臂端（向下，荷载输入点196）	-146.0	35.9	-271.8	1.86
	柱子的水平位移（荷载输入点84）	7.9	4.94	25.2	3.18
180°风向角	前缘悬臂端（向上，荷载输入点110）	283.0	92.7	607.4	2.15
	后缘悬臂端（向下，荷载输入点11）	-109.2	39.3	-246.8	2.26
	柱子的水平位移（荷载输入点106）	6.3	5.2	24.5	3.92
210°风向角	前缘悬臂端（向上，荷载输入点110）	203.5	75.8	468.7	2.30
	后缘悬臂端（向下，荷载输入点11）	-97.5	40.7	-240.1	2.46
	柱子的水平位移（荷载输入点116）	6.4	5.1	24.0	3.78
240°风向角	前缘悬臂端（向上，荷载输入点154）	304.2	97.5	645.3	2.12
	后缘悬臂端（向下，荷载输入点55）	-77.8	35.5	-201.9	2.60
	柱子的水平位移（荷载输入点150）	6.5	5.2	24.5	3.78
270°风向角	前缘悬臂端（向上，荷载输入点162）	375.7	86.8	679.4	1.81
	后缘悬臂端（向下，荷载输入点64）	-110.0	37.1	-234.0	2.18
	柱子的水平位移（荷载输入点150）	7.0	5.2	25.3	3.63

工况名称	响应位置	$\bar{R}$	σ_R	$\hat{R}_{Peak}$	G
300°风向角	前缘悬臂端（向上，荷载输入点 176）	324.7	80.8	607.6	1.87
	后缘悬臂端（向下，荷载输入点 77）	-111.6	36.3	-238.7	2.14
	柱子的水平位移（荷载输入点 172）	6.2	4.7	22.6	3.62
330°风向角	前缘悬臂端（向上，荷载输入点 8）	320.7	85.9	621.3	1.94
	后缘悬臂端（向下，荷载输入点 107）	-106.4	40.0	-246.5	2.32
	柱子的水平位移（荷载输入点 6）	6.2	4.6	22.3	3.58

注: 1. 位移响应的单位：mm；

　　2. 表中 $\bar{R}$、σ_R、$\hat{R}$（$\hat{R} = \bar{R} + g\sigma_R$）都是对应于 50 年重现期 10 分钟风速下的标准值；如果换算成 100 年重现期 10 分钟风速下的标准值，需乘以 1.1（阵风因子在以上换算中保持不变）。

　　3. 悬臂端响应是指处于悬臂最外端荷载输入点的竖向位移。

　　4. 柱子的水平指柱顶水平位移的矢量和。

　　5. 以上计算结果没有包含预应力下的位移（但考虑了预应力对结构刚度的影响），以便于荷载之间的组合。

　　6. 表中列出的三种情况是设计人员所关心的荷载响应中的最不利情况。

　　7. 不同位置处的 G 值的计算结果只适用于表 4 中已指定的相应的响应。

　　8. 预应力作用下悬臂端的竖向位移约为 200mm。

　　9. 荷载输入点 xxx，指的是图 3-3-1 的荷载输入点号。

七、结论

通过对上海南站工程屋盖结构风致响应的分析，得到如下结果和建议：

（1）在风荷载的作用下，迎风向及背风向悬臂端的平均和动力竖向位移均很大，最大平均位移为 410.7mm，最大均方根动力位移为 102.3mm，而最大峰值位移达到 752.4mm，应引起设计人员的重视。

（2）表 3-3-3 给出的阵风荷载因子可用于结构设计。屋盖上悬臂端竖向位移的阵风荷载因子的值基本在 2 左右，而立柱顶部水平位移的阵风荷载因子的值则稍大。特别要注意的是，表 3-3-3 给出的阵风荷载因子 G 只适用于某一特定位置的特定响应，而不适用其他位置的响应。

（3）由于试验只模拟了当前的周边环境，因此严格地讲，本报告提供的风荷载只在当前周边环境状况下才是正确的。当周边环境有较大改变时，上海铁路南站上的风荷载分布及结构响应也将发生变化，在设计时应考虑这种潜在因素可能产生的影响。

第四章 超长大跨预应力环梁受力特性及施工工艺研究

第一节 空间曲线筋摩擦和锚固预应力损失计算

一、引言

摩擦和锚固引起的预应力损失计算是预应力混凝土结构设计的一项重要内容，但现行混凝土结构设计规范，例如《混凝土结构设计规范》（GB50010—2002），只给出了直线梁中平面预应力筋的摩擦和锚固损失计算公式。尽管以往研究中对空间曲线预应力筋摩擦和锚固损失计算有所讨论，但这些研究主要集中于桥梁结构和环形储罐等，在桥梁中预应力筋线型一般为圆弧线或直线，而在建筑结构中较多的采用多段光滑连接的抛物线；另外，桥梁跨度大且预应力筋线型比较平缓，其平均沿程包角 β/s（其中 β 为预应力筋的总包角，s 为总弧长）一般为 $0.01 \sim 0.02 \mathrm{rad/m}$，而建筑结构中预应力筋的 β/s 一般为 $0.05 \sim 0.1 \mathrm{rad/m}$。因此有必要针对建筑结构中预应力筋的线型特点，就空间曲线筋摩擦和锚固预应力损失的计算以及摩擦系数取值、简化计算误差等相关问题展开讨论。

二、摩擦和锚固损失计算方法

（一）摩擦损失计算基本公式

对于平面曲线预应力筋的摩擦损失，《混凝土结构设计规范》（GB50010—2002）建议的公式为：

$$\sigma_{l2}(x) = \sigma_{\mathrm{con}}\left[1 - e^{-(\kappa x + \mu\theta)}\right] \qquad (4-1-1)$$

式中　$\sigma_{l2}(x)$——x 处的摩擦损失；

　　　　σ_{con}——张拉控制应力；

　　　　x——张拉端至计算截面的孔道长度（m）；

　　　　θ——张拉端至计算截面曲线孔道部分切线的夹角（rad）；

　　　　κ——考虑孔道每米长度局部偏差的摩擦系数；

　　　　μ——预应力筋与孔道壁之间的摩擦系数（1/m）。

式（4-1-1）是根据微分几何学的基本原理建立起来的，对于空间曲线预应力筋的摩擦损失的计算公式亦可根据该原理来推导建立，而且文献［5］已清楚说明，空间曲线预应力筋的摩擦损失仍可按式（4-1-2）计算，只是公式中的角 θ 应取张拉段至验算点的空间包角 β，而相应的 x 取空间曲线弧长 s，即有：

$$\sigma_{l2} = \sigma_{\mathrm{con}}\left[1 - e^{(\mu\beta + \kappa s)}\right] \qquad (4-1-2)$$

（二）分段计算摩擦损失

对于多跨多波曲线预应力筋，可以采用分段线性化分析其摩擦损失和锚固损。在

116

计算摩擦损失前，先对预应力筋进行分段，段点数 n_d 与预应力筋线型类别有关，应使每段预应力筋线型均可用一个函数，如式（4-1-15）表示。对于一般情况，分段点应设在反弯点处，但对于折线情况需特殊处理。然后，将上一段后一分段点扣除摩擦损失后的有效预应力值作为下一段的"张拉控制力"，从而可求该段两分段点的摩擦损失增量，进而可确定下一分段点的摩擦损失，各分段点的摩擦损失按式（4-1-3）逐点计算。

$$\sigma_{l2}(i+1) = \sigma_{l2}(i) + [\sigma_{con} - \sigma_{l2}(i)] \cdot [1 - e^{-(\kappa\beta_i + \mu s_i)}] \qquad (4-1-3)$$

$$t_i = \sum_{k=1}^{i-1} s_k \qquad (4-1-4)$$

式中　i——段点编号，$1 \leqslant i \leqslant n_d$；

　　　β_i——第 i 段曲线的空间包角；

　　　s_i——第 i 段曲线的空间弧长；

　　　t_i——第 i 段点到张拉端的孔道长度，且 $t_i = 0$；

　　σ_{con}——张拉控制力；

　$\sigma_{l2}(i)$——第 i 段点的摩擦损失值，显然张拉端的 $\sigma_{12}(1) = 0$。

各段预应力筋线型一般满足 $\mu\beta_i + ks_i \leqslant 0.2$，可近似认为两段点间的摩擦损失为线性分布，因此有：

$$\sigma_{l2}(t) = m_i t + \sigma_{l2}(i) - m_i t_i \qquad (4-1-5)$$

$$m_i = \frac{\sigma_{l2}(i+1) - \sigma_{l2}(i)}{t_{i+1} - t_i} \qquad (4-1-6)$$

式中　t——第 i 段中任意一点到张拉端的孔道长度，而且 $t_i \leqslant t \leqslant t_{i+1}$；

　　　m_i——第 i 段的正摩擦损失斜率。

（三）锚固损失计算

根据上述方法，即可得到空间曲线筋摩擦损失沿孔道长度的分段线性分布，利用该分布可进一步求出锚固损失。空间曲线和平面曲线预应力筋的锚固损失计算原理基本相同。即按变形协调原理，取张拉端锚具的变形和内缩值等于反摩擦力引起的预应力筋变形值，并且假定回缩发生的反向摩擦力和张拉时的正向摩擦力的摩擦损失斜率相等，则可求出锚固损失的影响范围和数值。

不妨令预应力筋线型总弧长为 l_p，并假设锚固损失消失在第 $n_1 \leqslant n \leqslant n_d$ 段内，逐段按式（4-1-7）试算，第一个满足 $t_{n-1} < t_{fn} < t_n$ 的 t_{fn} 即为反向摩擦影响长度 l_f。

$$t_{fn} = \sqrt{\frac{a_{in}E_p}{m_n} + (t_{n-1})^2 - \frac{t_1^2 m_1 + \sum_{i=2}^{n-1}(t_i^2 - t_{i-1}^2) \cdot m_i}{m_n}} \qquad (4-1-7)$$

式中　a_{in}——预应力筋的内缩和锚具变形值（m）；

　　　E_p——预应力筋的弹性模量（MPa）。

此时如果 $l_f < t_n$，则需在第 $n-1$ 个分段点后增加一个分段点，此时分段点数为 $n_d = n_d + 1$，并按式（4-1-5）计算该段点的摩擦损失，然后采用倒算方法计算各分段点的锚固损失。

$$\sigma_{l1}(i) = 0, (n < i \leqslant n_d + 1) \qquad (4-1-8)$$

$$\sigma_{l1}(i) = \sigma_{l1}(i+1) + 2m_i t_i \quad (1 \leqslant i \leqslant n) \qquad (4-1-9)$$

但对于一些特殊情况，例如预应力筋比较短或者线型比较缓，按式（4-1-7）计算的所有 t_{fn} 均不满足 $t_{n-1} < t_{fn} \leqslant t_n$，则令 $l_f = l_p$，按式（4-1-10）计算锚固端（即第 $n_d + 1$ 段点）的锚固损失值，后按式（4-1-9）采用倒算方法计算各分段点的锚固损失。

$$\sigma_{l1}(n_d + 1) = \frac{1}{l_p}\left[a_{in}E_p - t_1^2 m_1 + \sum_{i=2}^{n_d}(t_i^2 - t_{i-1}^2)m_i\right] \qquad (4-1-10)$$

（四）弧长和包角计算方法

1. 一般曲线的弧长和包角

对于任意一段空间曲线 $r = r(u) = \{x(u), y(u), z(u)\}$，其中 $u_0 \leqslant u \leqslant u_1$，其弧长 s 和空间包角 β 可分别按下式计算：

$$s = \int_{u_0}^{u_1} |r'(u)| \, du \qquad (4-1-11)$$

$$\beta = \int_{s_0}^{s_1} k(s) \, ds \qquad (4-1-12)$$

其中 $k(s)$ 为空间曲线在 s 点的曲率，曲率是曲线的几何不变量，与曲线参数和空间直角坐标系的选取无关，即有：

$$k(s) = k(u) = \frac{|r'(u) \times r''(u)|}{|r'(u)|^3} \qquad (4-1-13)$$

因此有：

$$\beta = \int_{u_0}^{u_1} \frac{|r'(u) \times r''(u)|}{|r'(u)|^2} du \qquad (4-1-14)$$

2. 常用预应力筋曲线的弧长和包角

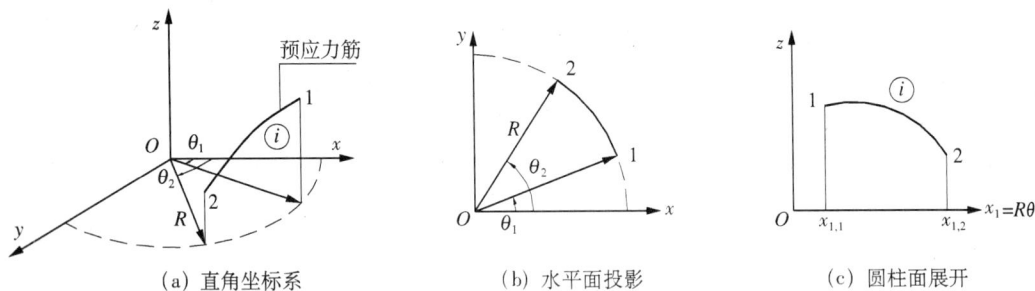

（a）直角坐标系　　　　（b）水平面投影　　　　（c）圆柱面展开

图 4-1-1　圆柱面上的曲线

建筑工程中，预应力筋一般位于半径 R 的圆柱面上，即曲线在水平面的投影为圆弧，如图 4-1-1 所示。因此每段曲线的参数方程可表示为：

$$r = r(\theta) = \{R\cos\theta, R\sin\theta, z\} \quad (\theta_1 \leqslant \theta \leqslant \theta_2) \qquad (4-1-15)$$

式中　θ——预应力筋水平投影的圆心角。

在建筑工程中预应力筋的竖向柱面展开曲线一般采用抛物线组合曲线，假设展开平面的抛物线方程为：

$$z = ax_1^2 + bx_1^2 + c \qquad (4-1-16)$$

式中，$x_1 = R\theta$，则有：

$$z = aR^2\theta^2 + bR\theta + c \qquad (4-1-17)$$

将式（4-1-16）和式（4-1-17）代入式（4-1-13）和式（4-1-14）中，整理后可得：

$$s = R\int_{\theta_1}^{\theta_2}\sqrt{4a^2\theta^2 + 4ab\theta + b^2 + 1}\,\mathrm{d}\theta \qquad (4-1-18)$$

$$\beta = \int_{\theta_1}^{\theta_2}\frac{\sqrt{4a^2R^2(1+\theta^2) + 4abR\theta + b^2 + 1}}{4a^2\theta^2 + 4ab\theta + b^2 + 1}\,\mathrm{d}\theta \qquad (4-1-19)$$

显然，当 $a=0$ 且 $b\neq0$，$c\neq0$ 时，展开线为斜线，即空间曲线为螺旋线；当 $a=0$，$b=0$ 且 $c\neq0$ 时，展开线为水平直线。

（五）折点处理方法

在集中荷载作用下，例如曲线转换梁，构件中的预应力筋可能选用折线线形，折点处将出现竖向折角 θ_v；而当预应力筋贯穿两根水平面不相切的梁时，转角处则将出现水平折角 θ_H。在分析瞬时预应力损失时，应当考虑这些折角的处理。注意到当线形函数连续且一阶可导时，摩擦损失连续分布，但当遇到有折点时，该点处的摩擦损失将不连续，计算时可在折点处增加一小段，该段的弧长 s_i 可取 100mm，包角 β_i 可按式（4-1-20）简化计算，从而使摩擦损失分布保持连续。

$$\beta_i = \sqrt{\theta_H^2 + \theta_v^2} \qquad (4-1-20)$$

（六）两端张拉处理方法

对于两端张拉的情况，首先按上述方法分别计算左右两端单端张拉时摩擦损失和锚固损失的线性分布。其次进行统一分段，新的分段点包括所有的左、右端分别张拉的分段点，并分别计算左、右端单端张拉在新分段点上的瞬时预应力损失 σ_{ll}^L、σ_{ll}^R。然后根据各分段点的瞬时预应力损失值，确定左右端分别张拉瞬时预应力损失的相同点位置，将该点称为"不动点"，如果第 j 段两端的瞬时预应力损失满足式（4-1-21），则认为该点落在第 j 段内，该点位置 t_{in} 可按式（4-1-22）确定，并按式（4-1-23）计算该分段点瞬时预应力损失。最后根据"不动点左端的预应力损失分布与左端单端张拉的分布一致，右端的预应力损失分布与右端单端张拉的分布一致"的原则来确定两端张拉的瞬时预应力损失。此外，如果该"不动点"不是原分段点，则需要在"不动点"位置增加一个分段点。

$$[\sigma_{ll}^L(j+1) - \sigma_{ll}^R(j+1)]\cdot[\sigma_{ll}^L(j) - \sigma_{ll}^R(j)] \leqslant 0, 且 [\sigma_{ll}^L(j) - \sigma_{ll}^R(j)] \leqslant 0$$
$$(4-1-21)$$

$$t_{in} = t_j + (t_{j+1} - t_j)\frac{[\sigma_{ll}^L(j) - \sigma_{ll}^R(j)]}{[\sigma_{ll}^L(j) - \sigma_{ll}^R(j)] - [\sigma_{ll}^L(j+1) - \sigma_{ll}^R(j+1)]} \qquad (4-1-22)$$

$$\sigma_{ll}(t_{in}) = \sigma_{ll}^L(j) + \frac{t_{in} - t_j}{t_{j+1} - t_j}\cdot[\sigma_{ll}^L(j+1) - \sigma_{ll}^R(j)] \qquad (4-1-23)$$

三、算例分析

（一）算例概况

上海铁路南站主站屋工程 9.900m 标高平台结构共有 5 道多跨超长预应力混凝土环形

框架梁，其中最外一道环梁（YKL401）的半径达 123m，最内一道环梁（YKL405）的半径为 76m。图 4 - 1 - 2 为该工程内道环梁 YKL405 的 R5 ~ R8 轴两跨预应力筋柱面展开的线型图（未包含两端的张拉延伸段），两跨线型略有差别，每跨的水平弧角 θ_H 均为 0.1745rad，该环弧梁高 1685mm。工程中预应力筋采用 270K 级钢绞线，直径为 15.2mm，标准强度 $f_{ptk} = 1860MPa$，弹性模量 $E_p = 1.95 \times 10^5 MPa$；锚具采用 STM15 系列锚具；预留孔道采用金属波纹管；预应力筋的张拉控制应力为 $\sigma_{con} = 0.75 f_{ptk} = 1395MPa$。

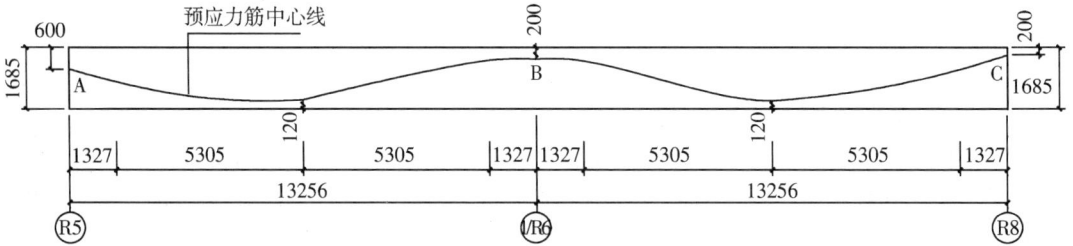

图 4 - 1 - 2　预应力筋柱面展开曲线

（二）计算工况和结果

共计算了 5 个工况，其中工况 1 ~ 3 的摩擦系数分别按规范《混凝土结构设计规范》（GB50010—2002）、规范《公路钢筋混凝土及预应力混凝土桥涵设计规范》（JTJ023—85）及按实测反演结果，均为 A 处单端张拉；工况 4 为 B 处单端张拉；工况 5 为两端同时张拉。分析结果分别见表 4 - 1 - 1 和图 4 - 1 - 3，其中有效预应力等于张拉控制应力减去摩擦和锚固损失，平均有效预应力为每跨取 9 个点有效预应力值的平均。根据表 4 - 1 - 1 和图 4 - 1 - 3 可以知道：

1. 与工况 3 相比，按照《混凝土结构设计规范》（GB50010—2002）计算的有效预应力偏大，但按《公路钢筋混凝土及预应力混凝土桥涵设计规范》（JTJ023—85）计算偏小，而且差别随沿程增大。

2. 随摩擦系数增大，反向摩擦长度减小，张拉端 A 处的锚固损失增大。

3. 由图 4 - 1 - 2 可知，AB 跨的线型比 BC 跨的线型略缓，两端张拉时，A 端的锚固损失要比 B 端小，AB 跨的平均有效预应力也比 BC 跨大。

算例分析计算结果　　　　　　　　　　　　　　　　　　表 4 - 1 - 1

| 计算工况 | 张拉端 | 摩擦系数 | | 有效预应力/MPa | | | 平均有效预应力/MPa | | 反向摩擦长度 l_f/m | 张拉伸长值/mm |
		κ	μ	A	B	C	AB 跨	BC 跨		
1	A 端	0.0015	0.25	947	933	617	1056	768	6.954	133
2	A 端	0.0021	0.28	916	889	556	1031	714	6.538	127
3	A 端	0.003	0.35	853	798	442	978	607	5.807	116
4	B 端	0.0021	0.28	556	837	834	672	979	5.721	121

(a) 单端张拉（工况 1~3）

(b) 两端张拉（工况 5）

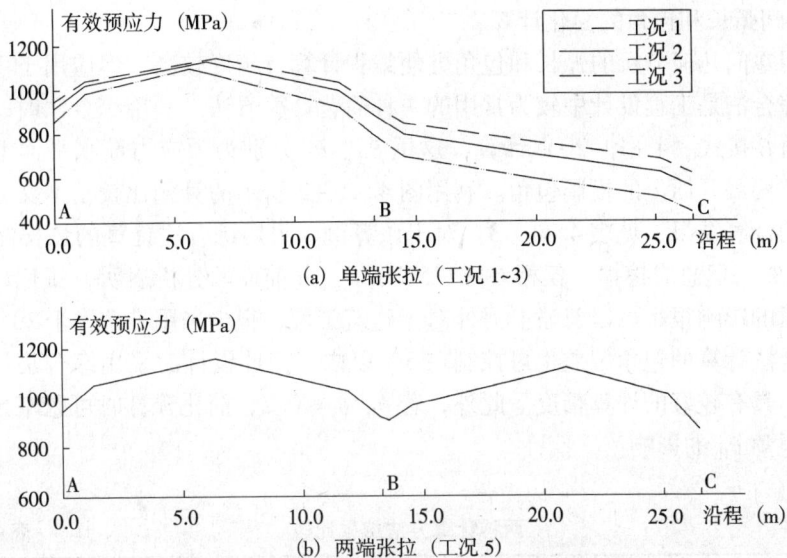

图 4-1-3　考虑第 1 批预应力损失后的有效预应力沿程分布

四、相关问题的讨论

（一）摩擦系数反演

现行规范和过往研究对空间曲线筋摩擦系数的测试结果也有较大差别，因此对于环梁空间曲线预应力筋需要通过测试反演确定其摩擦系数。假定系数法和最小二乘法是较为常用的摩擦系数反演方法。假定系数法是根据经验假定 κ、μ 中的一个系数计算另外一个系数，逐个样本进行分析，然后求平均值，该方法应用范围比较广。

在建筑工程中，预应力梁跨度一般小于 36m，平均沿程包角 β/s 一般为 $0.05 \sim 0.1\mathrm{rad/m}$，因此包角对摩擦损失的影响比弧长的影响要大得多。例如，对于图 4-1-2 的预应力筋有：

$$1 - e^{-ks} = 1 - e^{-0.0021 \times 27.17} = 0.05546；\quad 1 - e^{-\mu\beta} = 1 - e^{-0.28 \times 2.937} = 0.5606$$

这也使得系数 κ 的反演值对测试结果非常敏感，即分析条件对系数 k 的影响非常大，因此采用最小二乘法时要求各样本弧长和包角需有一定的差别。

上海铁路南站主站屋工程在正式张拉前对其中 6 束预应力筋进行了张拉测试，并反演了摩擦系数。摩擦系数及其中一束预应力筋总摩擦损失 σ_{l2} 的实测和计算结果见表 4-1-2，该预应力筋位于 YKL405 中，在分析时考虑了张拉延伸段的预应力筋线型。由表 4-1-2 可知，当测试样本具有多样性时，可采用最小二乘法也可采用假定系数法确定摩擦系数，两种方法得到的摩擦系数分别计算的摩擦损失相差小于 $2\% \sigma_{con}$。

不同摩擦系数计算结果比较　　　　　　　　　　　　　　　表 4-1-2

工况	取值方法	κ（1/m）	μ	σ_{l2}（MPa）	σ_{l2}/σ_{con}	伸长值（mm）
1	最小二乘法	0.0021	0.28	872	62.5%	158
2	假定 κ，求 μ	0.0015	0.29	895	64.1%	157
3	假定 μ，求 κ	0.0048	0.25	871	62.4%	157
4	实测结果	—	—	889	63.7%	157

（二）空间弧长和包角的简化计算

上述采用空间几何分析的弧长和包角方便编程计算，精度较高，但应用于手算则显得比较复杂。综合法是工程设计中较为常用的一种简化计算方法。利用综合法时，弧长取为 $s = R\theta_H$，包角 β 按式（4-1-20）计算，这里 θ_H、θ_v 分别为预应力筋水平面上的投影包角和竖向圆柱面展开面上的投影包角。利用图 4-1-2 所示的算例比较了本文方法和综合法两种方法的计算结果，见表 4-1-3。对于该算例，采用综合法计算的弧长偏小 2.4%，包角偏大 4.7%，但总摩擦损失仅相差（1.5%）σ_{con}。前面的分析表明，弧长计算的偏差对摩擦损失值的影响很小可以忽略。另外对于建筑工程，很少采用升角大于 20° 的螺旋线，所以采用综合法计算的包角偏差也可控制在 5% 以内。因此设计时采用综合法计算摩擦损失是可行的，具有较好的计算精度。此外，若 $\theta_H/\theta_v \leqslant 0.2$，简化计算时可忽略预应力筋水平面上投影包角 θ_H 的影响。

两种计算方法结果比较

表 4-1-3

计算方法	弧长 s（m）	包角 β（rad）	σ_{l2}（MPa）	σ_{l2}/σ_{con}
本文方法（1）	27.17	2.937	786	58.5%
综合法（2）	26.53	3.074	803	60.0%
相对值 $[(2)-(1)]/(1)$	-2.4%	4.7%	2.2%	—

（三）张拉端预应力筋线型的影响

当预应力筋排数比较多时，需要在节点处框架大梁水平加腋以设置张拉端，另外，对于超长框架梁，预应力筋往往需要搭接，即预应力筋需要从轴线向外延伸一段。加腋端和延伸段内的预应力筋一般布置成具有双向曲率的空间曲线，而且可能双向曲率都比较大。设计时应考虑并重视张拉端的预应力筋线型，否则会高估有效预应力结果。图 4-1-2 的算例分析表明，若张拉端线型包角比较大时，张拉端附近的锚固损失将增大，而平均有效预应力和张拉伸长值将减小。因此张拉端的预应力筋线型应尽量平缓，即减小其平均沿程包角，另外张拉端延长段可采用大一号的波纹管。

五、小结

本章考虑建筑结构中预应力筋的线型特点，建立了空间曲线筋摩擦和锚固预应力损失的分段线性化计算方法，包括分段计算摩擦损失、锚固损失计算、弧长和包角计算、折点处理以及两端张拉处理等。该方法可与平面曲线筋的相关计算统一起来，而且便于编程计算。此外，通过工程实例说明了该方法的应用，并讨论了相关的问题。分析结果表明：

（1）对于空间曲线预应力筋张拉前有必要通过测试确定其摩擦系数。

（2）建筑工程中，包角对摩擦损失的影响比弧长的影响要大。

（3）当测试样本具有多样性时，可采用最小二乘法也可采用假定系数法确定摩擦系数。

（4）可采用综合法计算摩擦损失，该简化方法具有较好的计算精度。

（5）张拉端的预应力筋线型应尽量平缓。

第二节 摩擦损失测试及摩擦系数反演

一、概述

上海铁路南站主站屋工程 9.900m 标高处结构平台环梁预应力筋线型为空间曲线，具有双向曲率。在预应力损失中，摩擦损失占有很大比重，而摩擦损失计算的关键是确定 k（考虑孔道每米长度局部偏差的摩擦系数）和 μ（预应力钢筋与孔道壁之间的摩擦系数）。现行规范如《混凝土结构设计规范》（GB50010—2002）的摩擦系数取值来于直线梁的统计，是否可直接用于曲梁值得商榷；而且对于金属波纹管成孔材料《混凝土结构设计规范》（GB50010—2002）和《公路钢筋混凝土及预应力混凝土桥涵设计规范》（JTJ023—85）的 k 和 μ 取值差别较大；此外，过往研究对空间曲线筋摩擦系数的取值建议也有较大差别。因此，有必要对环梁空间曲线预应力筋进行预应力摩擦损失测试并反演摩擦系数 k 和 μ。

本次测试的对象为第 1 施工段的 C1（YKL401）、C2（YKL402）和 C5（YKL403）梁的各两束预应力筋。根据《上海铁路南站主站屋工程 9.900m 结构平台预应力专项工程施工方案》及设计院提供的结构施工图，本工程中后张有粘结预应力筋采用 270K 级钢绞线，直径为 $\phi15.2mm$，标准强度 $f_{ptk} = 1860MPa$，弹性模量 $E_p = 1.95 \times 10^5 MPa$；锚具采用 STM15 系列锚具；预留孔道采用金属波纹管；预应力筋的张拉控制应力为 $\sigma_{con} = 0.75 f_{ptk} = 1395MPa$。

二、现场张拉测试

摩擦损失测试采用传感器法。如图 4-2-1 所示，传感器法在操作时须保证预应力束为一端张拉，在张拉前，要求预先在预应力束的两端各安装一台传感器。测试时，开动张拉端千斤顶进行张拉，待达到测试工况要求时停止进油并稳定油压，分别读出此时两端传感器的压力读数，即可得到预应力孔道摩擦损失。测试顺序为 C1→C5→C2 梁，每根梁测试两束预应力筋，相应的测点见图 4-2-2。C1 和 C5 梁每束一端张拉另一端被动进行两次张拉测试，然后更换主动端重复两次；根据实际情况，C2 梁为单端张拉测试。每束预应力筋测试分 7 个工况，分别为 $0.1\sigma_{con}$、$0.2\sigma_{con}$、$0.5\sigma_{con}$、$0.65\sigma_{con}$、$0.8\sigma_{con}$、$1.0\sigma_{con}$ 及持荷 3min，读取每个工况传感器的读数和量测预应力筋张拉伸长值。

其中由于张拉伸长值将大于 1 个千斤顶的行程，对 C1 梁的预应力筋张拉端安装两个千斤顶。具体步骤如下：（1）安装工作锚，锚中不装夹片；（2）千斤顶 1 打出一定行程；（3）千斤顶 2 张拉到 σ_{con} 后持荷 3min，张拉过程中监测两端传感器读数，测出张拉端和固定端应力，并记录相应的张拉伸长值；（4）千斤顶 2 回程卸压；（5）千斤顶 2 重新张拉到 σ_{con} 后持荷 3min，张拉过程中监测两端传感器读数，测出张拉端和被动端应力，并记录相应的张拉伸长值；（6）千斤顶 2 回程卸压；（7）千斤顶 2 打出一定行程；（8）千斤顶 1 张拉到 σ_{con} 并持荷 3min，张拉过程中监测两端传感器读数，测出张拉端和固定端应力，并记录相应的张拉伸长值；（9）千斤顶 1 回程卸压；（10）千斤顶 1 重新张拉到 σ_{con} 后持荷 3min，张拉过程中监测两端传感器读数，测出张拉端和固定端应力，并记录相应的张拉伸长值；（11）千斤顶 1 回程卸压，拆除传感器，结束一束预应力筋测试。

本次张拉测试中所采用的张拉设备为由柳州建筑机械厂生产的 YC250 千斤顶和油压表

（0~60MPa），传感器采用山东科技大学洛赛尔公司生产的 MGH—2500 振弦式力传感器和 GSJ—II 电脑检测仪。所用的张拉设备和测力传感器均经有关部门标定。

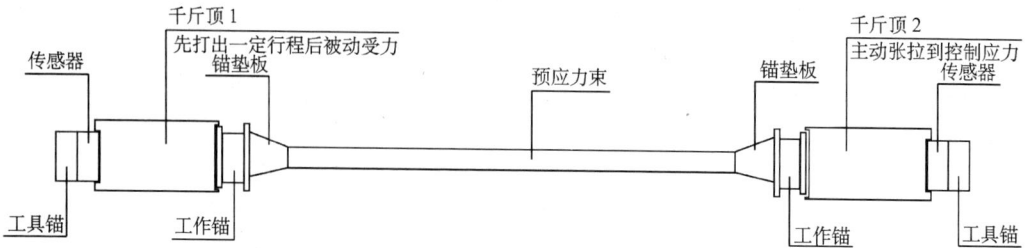

图 4 - 2 - 1　张拉测试方法

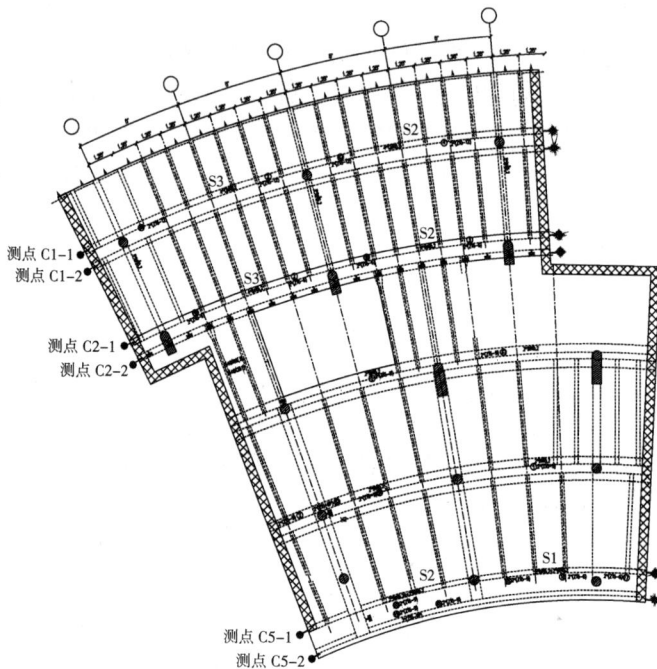

图 4 - 2 - 2　第一施工段和测点

三、数据处理

为了数据统一，在分析前先将测试数据进行标准化处理，即假定各级的张拉控制应力均为 1.0，相应的被动端的应力为被动端的应力除以主动端的应力。标准化处理后，各张拉束的张拉端和被动端的应力如图 4 - 2 - 3~图 4 - 2 - 7 所示，图中的横轴坐标表示张拉端应力和张拉控制应力的比值，纵轴为被动端的应力和张拉端应力比，粗线为应力平均值。由图 4 - 2 - 3~图 4 - 2 - 7 可知，张拉应力大于 $0.6\sigma_{con}$ 后，应力比较稳定，因此在分析摩擦系数时取张拉应力分别为 $0.65\sigma_{con}$、$0.8\sigma_{con}$ 和 $1.0\sigma_{con}$ 的相应数据。

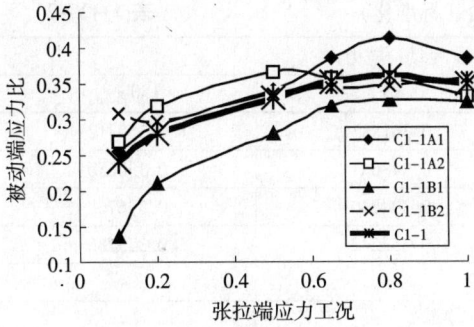

图 4 - 2 - 3　C1 - 1 束测试结果

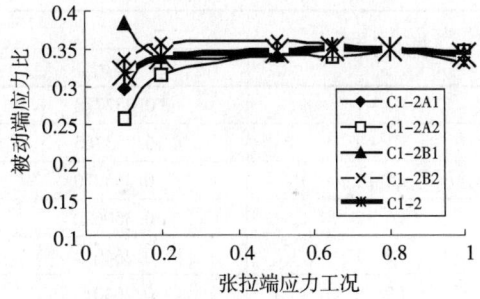

图 4 - 2 - 4　C1 - 2 束测试结果

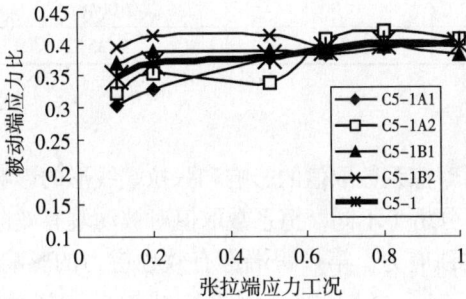

图 4 - 2 - 5　C5 - 1 束测试结果

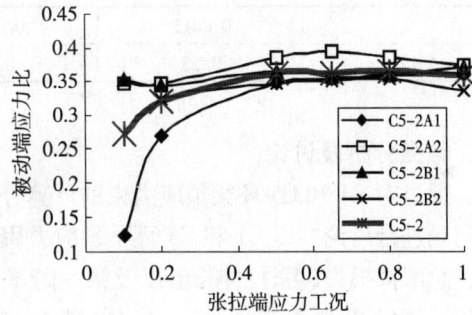

图 4 - 2 - 6　C5 - 2 束测试结果

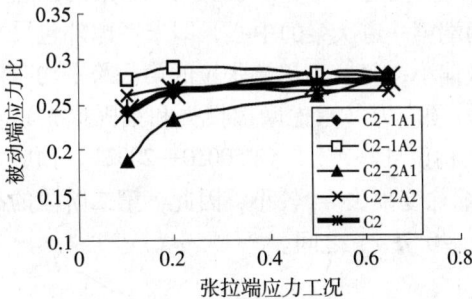

图 4 - 2 - 7　C2 - 1 和 C2 - 2 束测试结果

根据施工图分析和现场了解的情况，各预应力束的弧长和包角列于表 4 - 2 - 1 中。标准化后各工况下的被动端应力平均值见表 4 - 2 - 2。根据表 4 - 2 - 1 和表 4 - 2 - 2 的数据，分别采用最小二乘法和假定系数法反演摩擦系数，其结果见表 4 - 2 - 3。

预应力束弧长和包角　　　　　　　　　　　　　　　表 4 - 2 - 1

预应力束号	梁高	孔数	弧长 s（m）	包角 β（rad）
C1 - 1，C1 - 2	2118	9	49.276	3.4810
C2 - 1，C2 - 2	2100	7	45.020	3.7366
C5 - 1，C5 - 2	1685	7	33.876	3.3980

125

表 4 - 2 - 2

各工况下的被动端应力（标准化）　　　　　　　　　　　　　　表 4 - 2 - 2

预应力束号	主动端应力		
	$0.65\sigma_{con}$	$0.8\sigma_{con}$	$1.0\sigma_{con}$
C1 - 1	0.352778	0.361883	0.350812
C1 - 2	0.353765	0.348637	0.330650
C5 - 1	0.395270	0.394640	0.396767
C5 - 2	0.350620	0.352242	0.335783
C2 - 1	0.264013	–	–
C2 - 2	0.264013	–	–

摩擦系数取值　　　　　　　　　　　　　　表 4 - 2 - 3

计算方法	规范取值	最小二乘法	假定 κ 求 μ	假定 μ 求 κ
κ	0.0015	0.0021	0.0015	0.0048
μ	0.25	0.28	0.29	0.25

四、数据分析及讨论

通过对 C1 和 C5 环梁预应力束的计算分析，对摩擦系数取值的影响和张拉端线形的影响两问题进行讨论。以 C1 和 C5 环梁预应力束为例，分析了不同摩擦系数取值对被动端有效应力、总摩擦损失、张拉伸长值以及第一跨平均有效预应力、第一跨端部有效预应力的影响，分析计算结果列于表 4 - 2 - 4。由表 4 - 2 - 4 可知：（1）按《混凝土结构设计规范》（GB50010—2002）取的摩擦系数计算的摩擦损失偏小，即有效预应力偏大，与以反演摩擦系数计算的结果和实测结果偏差（7%）σ_{con} 左右；（2）以采用"最小二乘法"反演的摩擦系数（$\kappa = 0.0021$，$\mu = 0.28$）计算的结果与实测结果偏差小于 4%；（3）对于 C1 梁的预应力筋，计算其张拉伸长值时，预应力筋的长度取至两端第一道次梁的中心，即未考虑外包尺寸和采用两个千斤顶的长度，因此计算的伸长值略微偏小；（4）由单端张拉的第一跨平均有效预应力可知，当采用两端张拉时，第一阶段的有效预应力（考虑摩擦损失和锚固损失）在 $0.74\sigma_{con} \sim 0.78\sigma_{con}$，而对于本工程，按《混凝土结构设计规范》（GB50010—2002），预应力筋的松弛损失 $\sigma_{l4} = 48MPa = 0.34\sigma_{con}$，混凝土的收缩徐变损失 σ_{l5} 较小，因此，第二阶段的有效预应力（考虑摩擦损失、锚固损失）在 $0.70\sigma_{con} \sim 0.75\sigma_{con}$ 之间。

分析计算结果比较　　　　　　　　　　　　　　表 4 - 2 - 4

内　　　容		规范取值	最小二乘法	假定 κ 求 μ	假定 μ 求 κ	实测值
摩擦系数	κ	0.0015	0.0021	0.0015	0.0048	–
	μ	0.25	0.28	0.29	0.25	–
被动端应力（MPa）	C1 有效应力 σ_{pe}	596	516	507	496	499
	C1 σ_{pe}/σ_{con}	42.7%	37.0%	36.3%	35.6%	35.8%
	C1 相对差值	19.4%	3.4%	1.6%	0.6%	–
	C5 有效应力 σ_{pe}	580	523	500	524	506
	C5 σ_{pe}/σ_{con}	41.6%	37.5%	35.8%	37.6%	36.3%
	C5 相对差值	14.6%	3.4%	- 1.2%	3.6%	–

内　　容		规范取值	最小二乘法	假定 κ 求 μ	假定 μ 求 κ	实测值
总摩擦损失（MPa）	C1 总摩擦 σ_{l2}	799	879	888	899	895
	C1σ_{l2}/σ_{con}	57.3%	63.0%	63.7%	64.4%	64.2%
	C1 相对差值	-10.7%	-1.8%	-0.8%	-0.4%	—
	C5 总摩擦 σ_{l2}	815	872	895	871	889
	C5σ_{l2}/σ_{con}	58.4%	62.5%	64.1%	62.4%	63.7%
	C5 相对差值	-9.3%	-3.0%	0.4%	-3.1%	—
伸长值（mm）	C1 伸长值	237（250）	222（235）	220（233）	219（232）	230
	C1 相对差值	3%（8.7%）	-3.5%（2.2%）	-4.3%（1.3%）	-4.8%（0.8%）	—
	C5 伸长值	167	159	157	159	157
	C5 相对差值	6.4%	1.3%	0%	1.3%	—
近张拉端的第一跨平均有效应力（MPa）	C1 平均应力 σ_{pe}	1093	1041	1031	1031	—
	C1σ_{pe}/σ_{con}	78.4%	74.6%	73.9%	73.9%	—
	C5 平均应力 σ_{pe}	1130	1100	1091	1094	—
	C5σ_{pe}/σ_{con}	80.9%	78.8%	78.2%	78.4%	—
第一跨端部有效应力（MPa）	C1 有效应力 σ_{pe}	920	849	834	831	—
	C1σ_{pe}/σ_{con}	65.9%	60.8%	59.7%	59.5%	—
	C5 有效应力 σ_{pe}	939	889	872	887	—
	C5σ_{pe}/σ_{con}	67.3%	63.7%	62.5%	63.5%	—

注：1. 相对差值 =（计算值 - 实测值）/实测值×100%，下同；

2. "实测值"为各工况的平均结果；

3. "平均有效应力"为张拉控制应力扣除摩擦损失和锚固损失后的应力平均值，即未扣除长期损失；

4. "有效应力"为张拉控制应力扣除摩擦损失和锚固损失后的应力值，即未扣除长期损失；

5. （ ）内的数据为 C1 梁的预应力筋计算其张拉伸长值时，考虑外包尺寸和采用两个千斤顶长度后的结果。

五、结论和建议

通过张拉测试和数据分析，可以知道：

（1）张拉应力大于 $0.6\sigma_{con}$ 后，应力比较稳定，因此在分析摩擦系数时取张拉应力分别为 $0.65\sigma_{con}$、$0.8\sigma_{con}$ 和 $1.0\sigma_{con}$ 的相应数据。

（2）分别采用最小二乘法和假定系数法反演摩擦系数，其结果见表 4-2-3，其中采用"最小二乘法"反演的摩擦系数为 $\kappa=0.0021$，$\mu=0.28$。

（3）按《混凝土结构设计规范》（GB50010—2002）取的摩擦系数（$\kappa=0.0015$，$\mu=0.25$）计算的摩擦损失偏小，即有效预应力偏大，与以反演摩擦系数计算的结果和实测结果偏差（7%）σ_{con} 左右。

（4）当采用两端张拉时，对于两跨线形，第一阶段的有效预应力（仅扣除摩擦损失和锚固损失）为 $0.74\sigma_{con}\sim0.78\sigma_{con}$。

（5）预应力束采用分离式交叉搭接时，建议延伸的张拉端线形应尽量平缓。

六、附图（图4-2-8～图4-2-13）

图4-2-8　张拉千斤顶和传感器（未张拉）

图4-2-9　张拉千斤顶的油压表

图4-2-10　张拉千斤顶和传感器（张拉过程）

图4-2-11　单端张拉时传感器安装

图4-2-12　MGH—2500传感器

图4-2-13　GSJ—Ⅱ电脑检测仪

第三节 主站房环梁部分有限元分析

一、工程概况

上海南站主站房采用大空间结构体系，屋面结构由 18 根 Y 形悬挑大梁组成，主梁由柱子支撑，内外圈柱子落在大尺寸预应力环梁上。大尺寸环梁共有 5 道，环梁最内一圈半径为 76m，最外一圈环梁半径为 123m。预应力环梁的混凝土强度等级为 C40，支撑环梁的柱子混凝土强度等级为 C60，混凝土板厚度为 150mm，混凝土强度等级为 C40。环梁结构平面如图 4 - 3 - 1 所示。

5 道环梁均为工字形截面，环梁的剖面如图 4 - 3 - 2 所示。C5 轴为最内一道环梁。支撑屋盖结构的柱子以等圆心角方式落在 C5 和 C2 环梁上，且这些柱子和支撑环梁的柱子不对齐，所以 C5 和 C2 环梁兼起转换大梁的作用，因此这两道环梁的受力更为复杂。C1 ~ C5 环梁的实际尺寸见表 4 - 3 - 1。

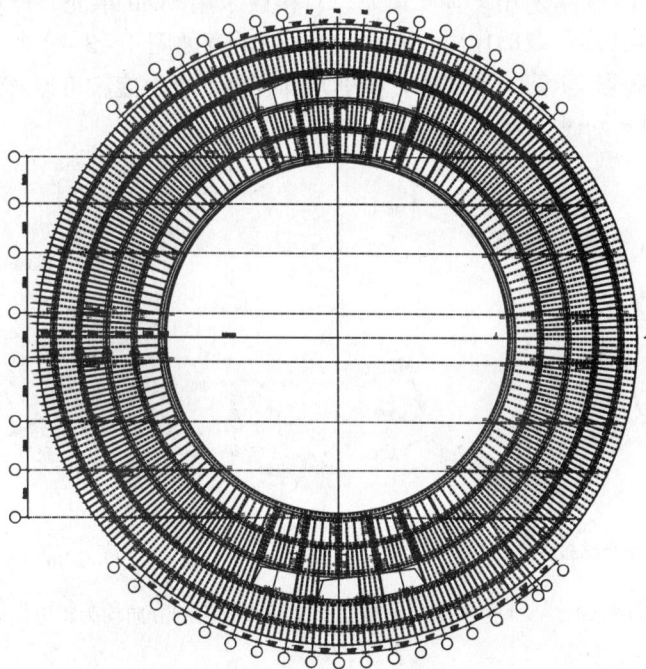

图 4 - 3 - 1 环梁结构平面布置图

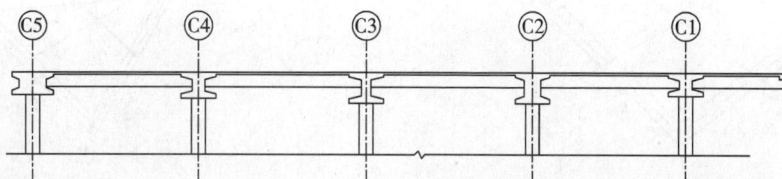

图 4 - 3 - 2 环梁剖面图

表 4 - 3 - 1

环梁编号	截面尺寸 $b \times h \times b_f$（mm）	梁截面示意
C5 轴环形梁	$3000 \times 1685 \times 1950$	
C4 轴环形梁	$2500 \times 1968 \times 900$	
C3 轴环形梁	$2500 \times 2100 \times 700$	
C2 轴环形梁	$2500 \times 2100 \times 1200$	
C1 轴环形梁	$2500 \times 2118 \times 1200$	

二、环梁结构有限元分析模型

（一）单元选择

根据设计院提供的 PKPM 模型，建立了 SAP2000 有限元分析模型，由于环梁具有对称性，在不考虑地震效应的情况下可取四分之一模型进行计算，这样使自由度的数目大大减少。对环梁及其他框架梁采用 Frame 单元，对楼板采用 Shell 单元。计算时不考虑壳单元抗弯的贡献，只起传递荷载的作用。Frame 单元的示意如图 4 - 3 - 3 所示。该梁单元可以分析结构中空间梁和柱子的受力性能，该单元具有六个自由度，可以计算梁的扭矩。Shell 单元的特性如图 4 - 3 - 4 所示。

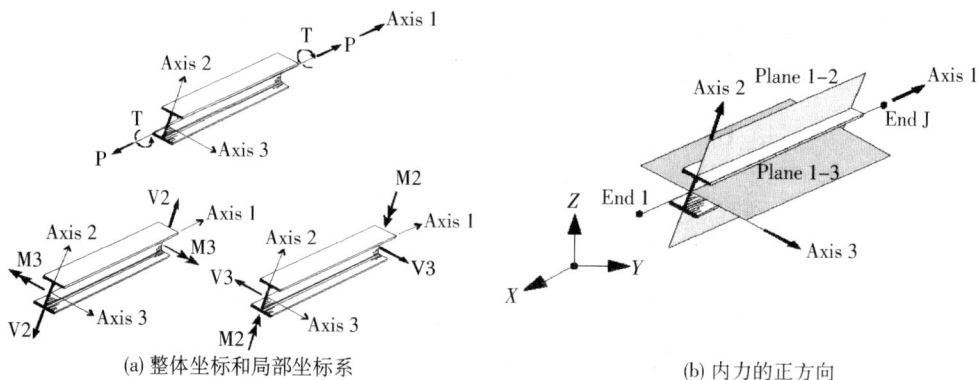

(a) 整体坐标和局部坐标系

(b) 内力的正方向

图 4 - 3 - 3 Frame 单元示意（图中箭头所指的方向均为正方向）

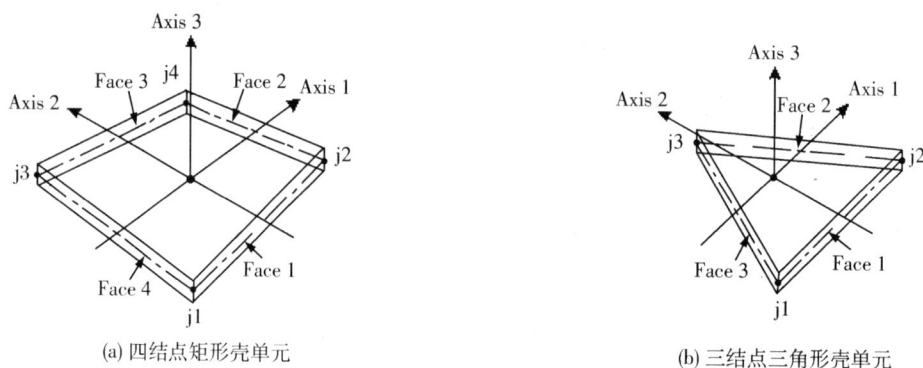

(a) 四结点矩形壳单元

(b) 三结点三角形壳单元

图 4 - 3 - 4 Shell 单元示意

（二）结构构件截面尺寸

在 SAP2000 中定义结构的截面尺寸如表 4-3-2 所示。

有限元模型的构件截面尺寸　　　　　　　　　表 4-3-2

截面编号	截面类型	截面尺寸（mm）
C5		$h = 1685$，$b = 3000$，$b_f = 1950$，$w = 400$
C4		$h = 1968$，$b = 2500$，$b_f = 900$，$w = 400$
C3		$h = 2100$，$b = 2500$，$b_f = 700$，$w = 400$
C2		$h = 2100$，$b = 2500$，$b_f = 1200$，$w = 400$
C1		$h = 2118$，$b = 2500$，$b_f = 900$，$w = 400$
CL4×10		$h = 1000$，$b = 400$
CL6×12		$h = 1500$，$b = 600$
CL25×10		$h = 1000$，$b = 250$

（三）计算工况

荷载工况分为三类，分别是恒载、活载和温度荷载，由于地震荷载和风荷载不起控制作用，所以有限元计算没有考虑地震和风的作用。该环梁截面面积大，长度超长，所以不可忽略温度效应对其产生的不利影响。对于结构自重荷载的计算，可将混凝土的容重取为 $25kN/m^3$，并考虑装修抹灰荷载，在计算时取混凝土的密度为 $27kN/m^3$，程序可以自动导算结构自重。屋面恒、活荷载按照设计院提供 PKPM 模型中屋面恒荷载数值输入，C5 和 C2 轴还承担上部屋盖传下来的集中荷载，这部分荷载按恒载考虑。温度效应暂取温差 30℃计算。结构整体的 SAP2000 有限元模型如图 4-3-5 所示，结构的 SAP2000 四分之一有限元模型如图 4-3-6 所示。

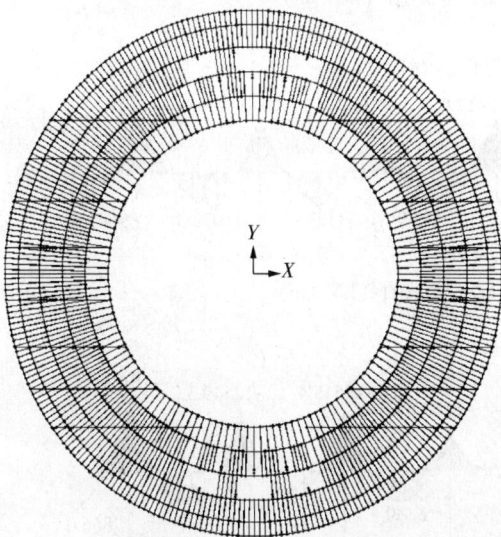

图 4-3-5　结构整体的 SAP2000 有限元模型　　　图 4-3-6　结构 SAP2000 四分之一有限元模型

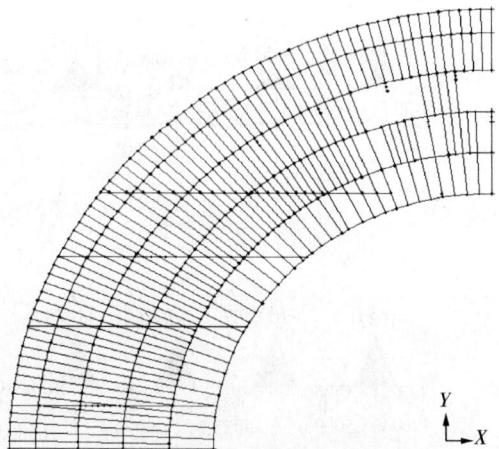

三、环梁结构有限元分析结果

（一）恒载工况弯矩图（图4-3-7～图4-3-11）

（二）恒载工况剪力图（图4-3-12～图4-3-16）

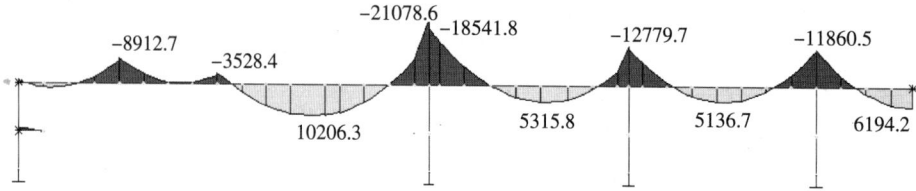

图4-3-7　C5轴线梁恒载—弯矩图（kN·m）

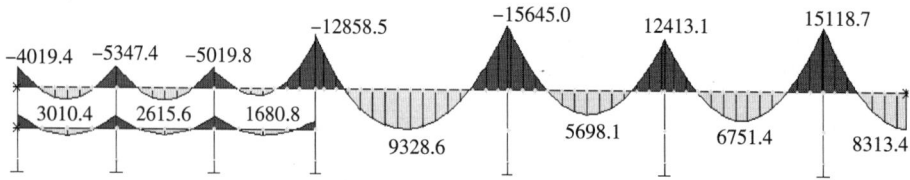

图4-3-8　C4轴线梁恒载—弯矩图（kN·m）

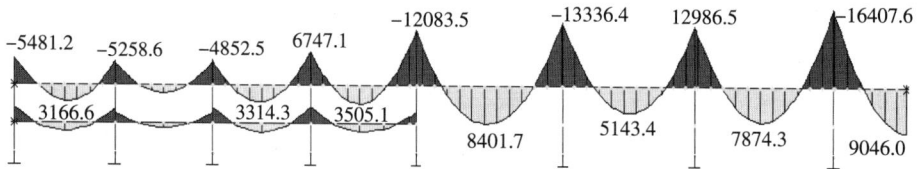

图4-3-9　C3轴线梁恒载—弯矩图（kN·m）

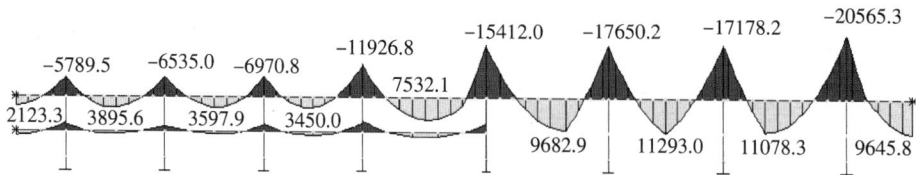

图4-3-10　C2轴线梁恒载—弯矩图（kN·m）

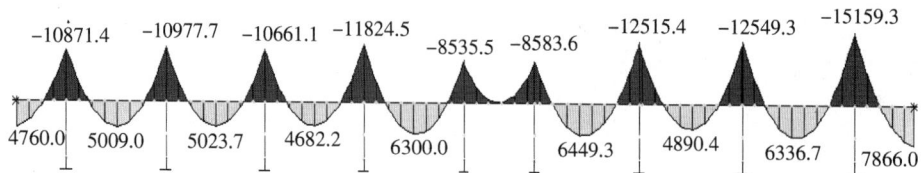

图4-3-11　C1轴线梁恒载—弯矩图（kN·m）

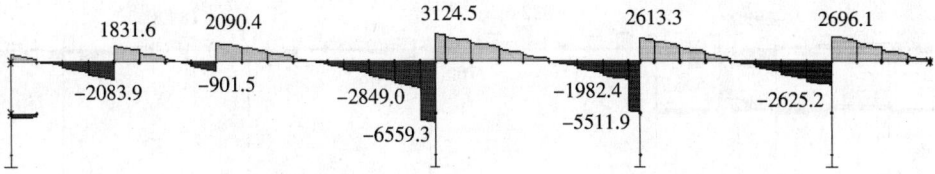

图 4-3-12 C5 轴线恒载—剪力图（kN）

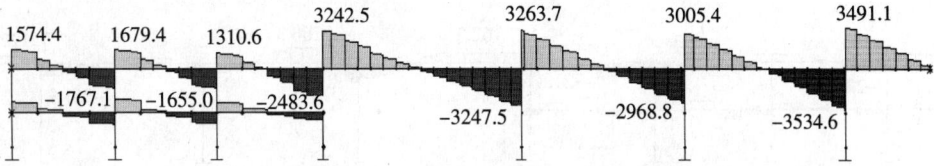

图 4-3-13 C4 轴线恒载—剪力图（kN）

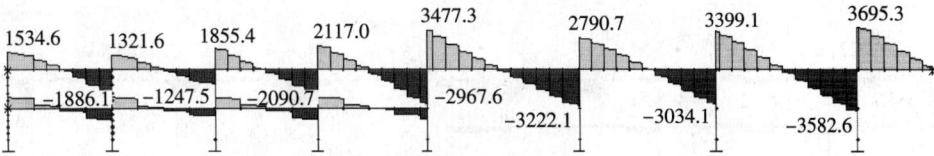

图 4-3-14 C3 轴线恒载—剪力图（kN）

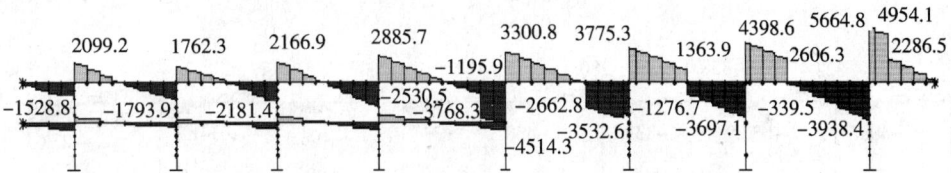

图 4-3-15 C2 轴线恒载—剪力图（kN）

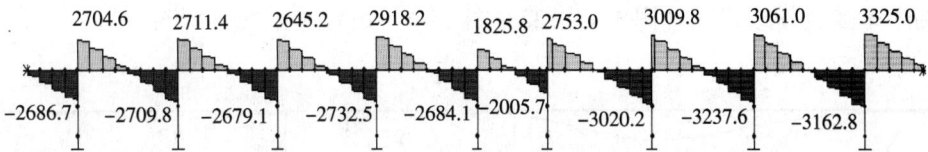

图 4-3-16 C1 轴线恒载—剪力图（kN）

（三）SAP2000 恒载工况扭矩图（图 4-3-17～图 4-3-21）

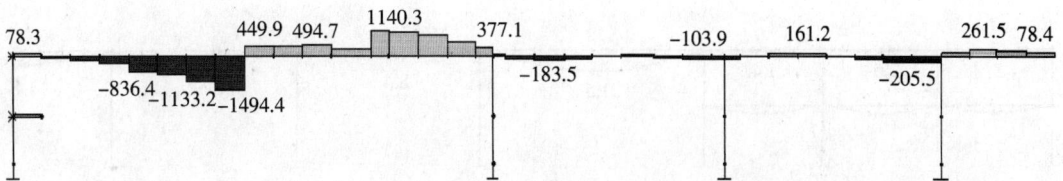

图 4-3-17 C5 轴线梁恒载—扭矩图（kN·m）

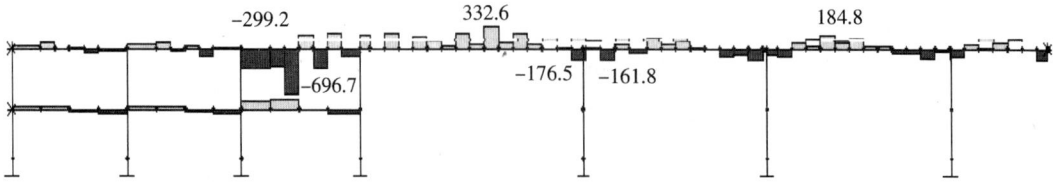

图 4 - 3 - 18 C4 轴线梁恒载—扭矩图 （kN·m）

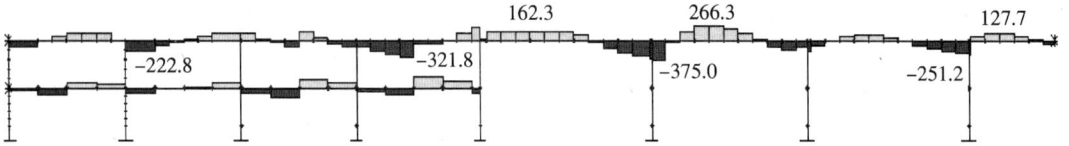

图 4 - 3 - 19 C3 轴线梁恒载—扭矩图 （kN·m）

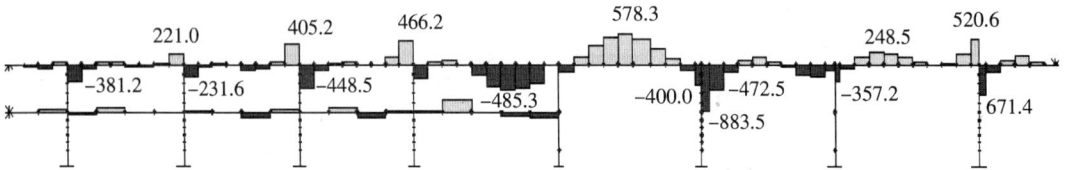

图 4 - 3 - 20 C2 轴线梁恒载—扭矩图 （kN·m）

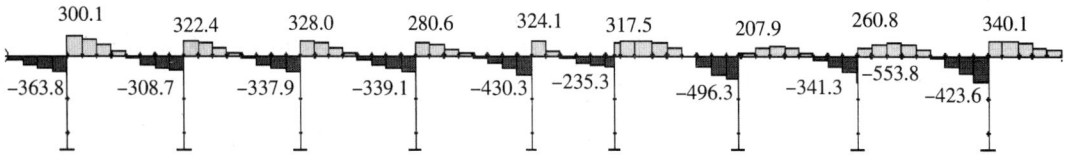

图 4 - 3 - 21 C1 轴线梁恒载—扭矩图 （kN·m）

（四）恒载工况变形图（图 4 - 3 - 22 ~ 图 4 - 3 - 26）

图 4 - 3 - 22 C5 轴线梁恒载—变形图 （mm）

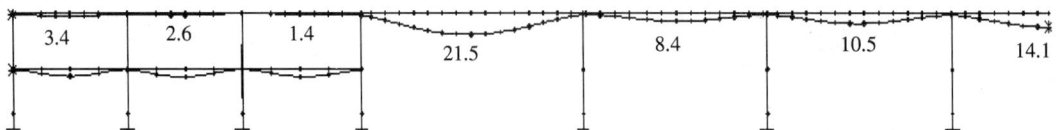

图 4 - 3 - 23 C4 轴线梁恒载—变形图 （mm）

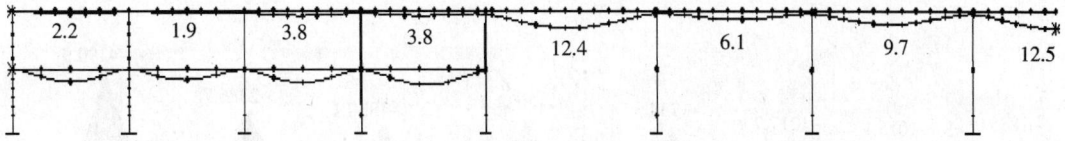

图 4 - 3 - 24　C3 轴线梁恒载—变形图（mm）

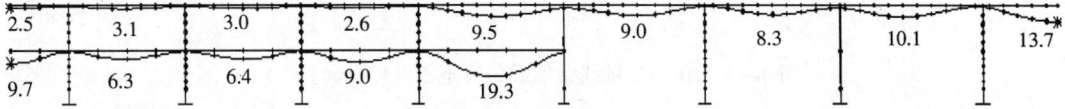

图 4 - 3 - 25　C2 轴线梁恒载—变形图（mm）

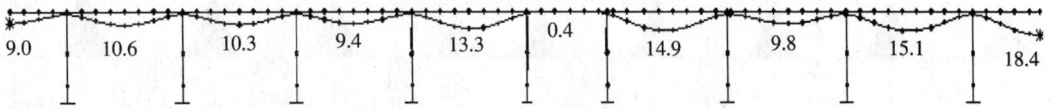

图 4 - 3 - 26　C1 轴线梁恒载—变形图（mm）

（五）活载工况弯矩图（SAP2000）（图 4 - 3 - 27 ~ 图 4 - 3 - 31）

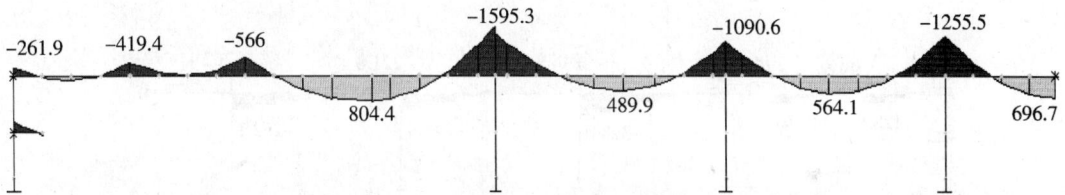

图 4 - 3 - 27　C5 轴线梁活载—弯矩图（kN·m）

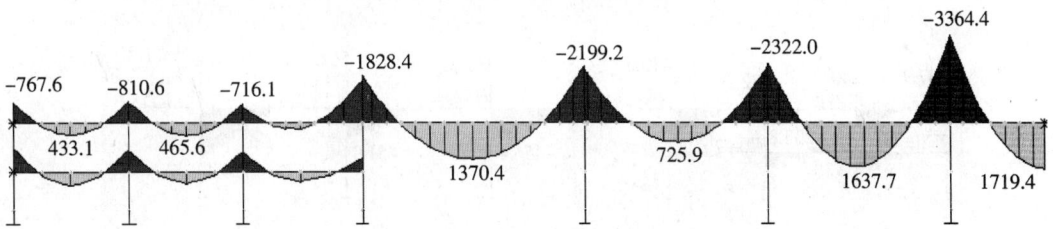

图 4 - 3 - 28　C4 轴线梁活载—弯矩图（kN·m）

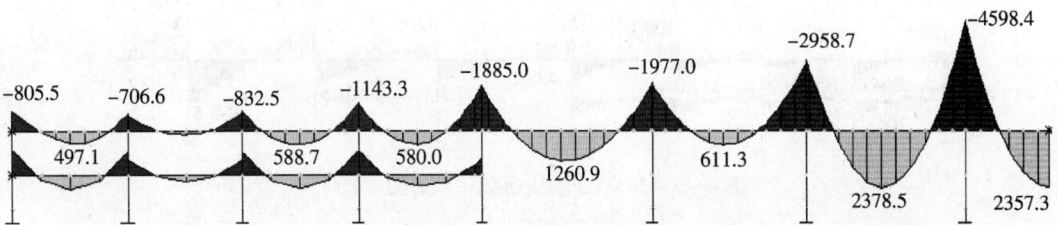

图 4 - 3 - 29　C3 轴线梁活载—弯矩图（kN·m）

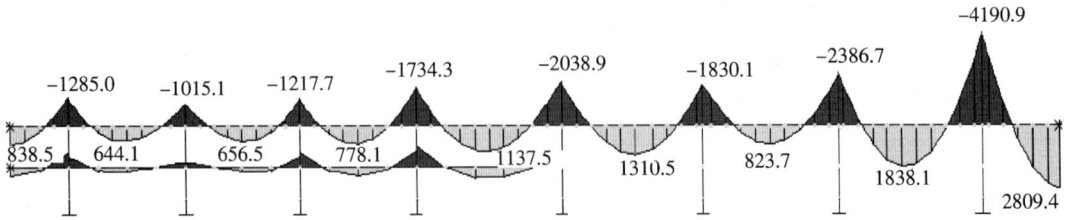

图 4 – 3 – 30　C2 轴线梁活载—弯矩图（kN·m）

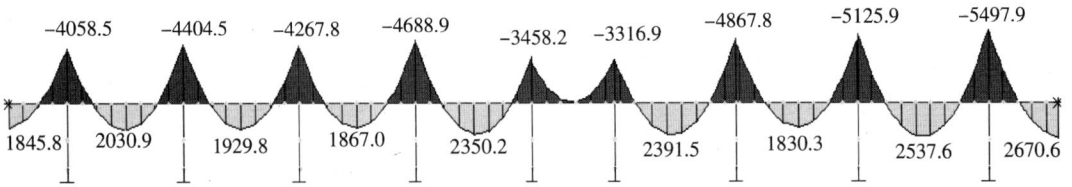

图 4 – 3 – 31　C1 轴线梁活载—弯矩图（kN·m）

（六）活载工况剪力图（SAP2000）（图 4 – 3 – 32 ~ 图 4 – 3 – 36）

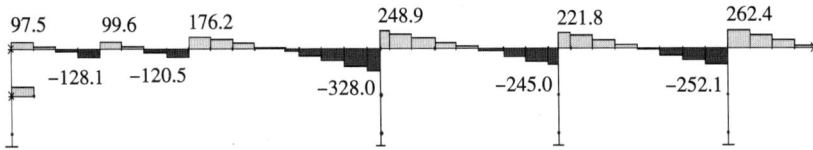

图 4 – 3 – 32　C5 轴线活载—剪力图（kN）

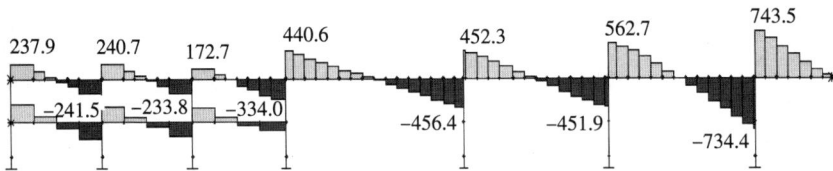

图 4 – 3 – 33　C4 轴线梁活载—剪力图（kN）

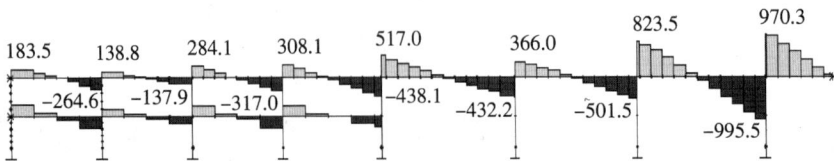

图 4 – 3 – 34　C3 轴线活载—剪力图（kN）

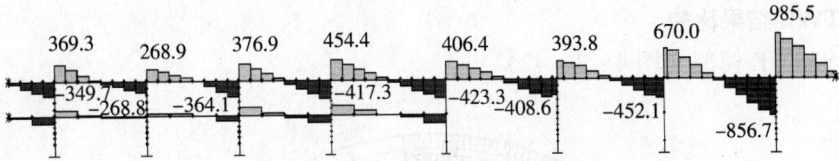

图 4 - 3 - 35　C2 轴线活载—剪力图（kN）

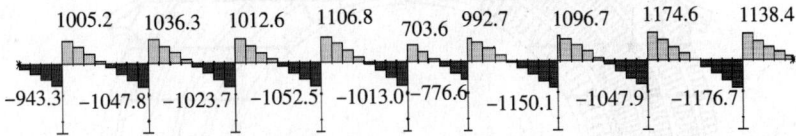

图 4 - 3 - 36　C1 轴线活载—剪力图（kN）

（七）活载工况变形图（SAP2000）（图 4 - 3 - 37 ~ 图 4 - 3 - 41）

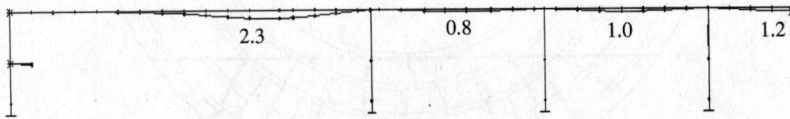

图 4 - 3 - 37　C5 轴线梁恒载—变形图（mm）

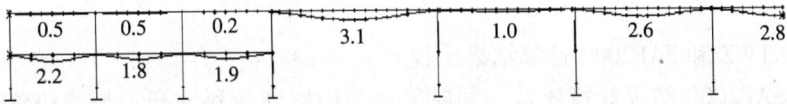

图 4 - 3 - 38　C4 轴线梁恒载—变形图（mm）

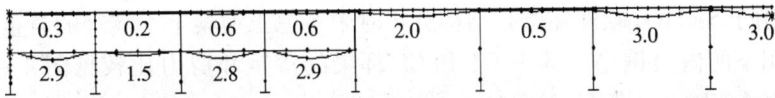

图 4 - 3 - 39　C3 轴线梁恒载—变形图（mm）

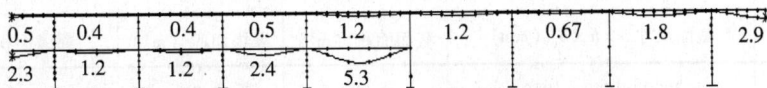

图 4 - 3 - 40　C2 轴线梁恒载—变形图（mm）

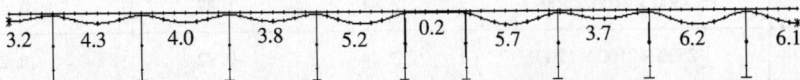

图 4 - 3 - 41　C1 轴线梁恒载—变形图（mm）

四、和 SATWE 结果比较

（一）SATWE 模型（图 4 - 3 - 42）

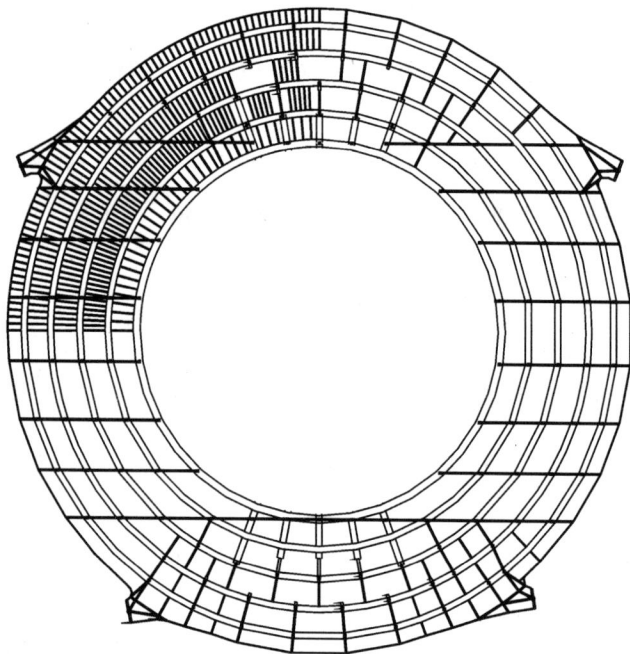

图 4 - 3 - 42　SATWE 计算模型

（二）SATWE 和 SAP2000 计算结果比较

为了同 SAP2000 结果计算比较，同时采用了中国建筑科学研究院 SATWE 软件对南站整体结构进行了分析。并将两种计算的结果进行了比较。比较结果列在下表中。分析结果表明，本结构环梁为工型、断面尺寸大、上下翼缘面积占截面总面积比例较大（表 4 - 3 - 3），由于 SATWE 软件在进行结构分析时未考虑工型梁上下翼缘的自重，可能使结构在恒载作用下的内力偏小，其中 C1 和 C5 环梁的弯矩和剪力比较见图 4 - 3 - 43 ～图 4 - 3 - 46 及表 4 - 3 - 4 ～表 4 - 3 - 11。

翼缘面积占总截面面积比例　　　　　　　　　　　表 4 - 3 - 3

环梁编号	截面尺寸 $b \times h \times b_f$（mm）	截面面积（m²）	翼缘面积（m²）	翼缘面积/截面面积
C5 轴	$3000 \times 1560 \times 1950$	3.882	0.84	0.216
C4 轴	$2500 \times 1780 \times 900$	2.882	1.28	0.444
C3 轴	$2500 \times 2100 \times 700$	2.84	1.37	0.482
C2 轴	$2500 \times 2100 \times 1200$	3.44	0.92	0.267
C1 轴	$2500 \times 1580 \times 900$	2.702	1.28	0.474

1. 弯矩计算结果比较

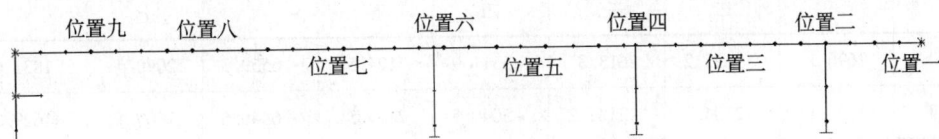

图 4 - 3 - 43　C5 梁比较位置图

C5 轴线梁恒载—弯矩图比较（kN·m）　　　　　表 4 - 3 - 4

位置	一	二	三	四	五	六	七	八	九
SAP2000	696.7	-1255.5	564.1	-1090.6	489.9	-1595.3	804.4	-566	-419.4
SATWE	473.9	-1170.4	334.9	-1041.7	313.6	-1464.2	645.8	-601.3	-418.9

C5 轴线梁活载—弯矩图比较（kN·m）　　　　　表 4 - 3 - 5

位置	一	二	三	四	五	六	七	八	九
SAP2000	6194.2	-11860.5	5136.7	-12779.7	4332.0	-21078.6	10206.3	-3528.4	-8912.7
SATWE	5151.0	-10119.5	3561.6	-11229.6	5315.8	-18419.3	8541.6	-2186.8	-6867.2

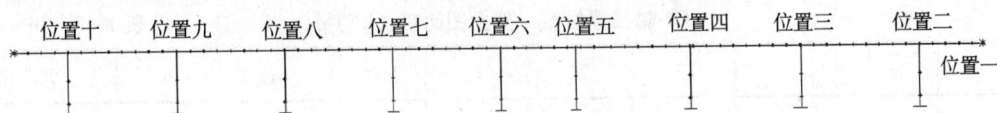

图 4 - 3 - 44　C1 梁比较位置

C1 轴线梁恒载—弯矩图比较（kN·m）　　　　　表 4 - 3 - 6

位置	一	二	三	四	五	六	七	八	九	十
SAP2000	7866.0	-15159.3	-12549.3	-12515.4	-8595.6	-8535.5	-11824.5	-10661.1	-10977.7	-10871.4
SATWE	6982.8	-12827.9	-10518.0	-8416.1	-5470.2	-7641.6	-9750.9	-8989.0	-9237.7	-9173.5

C1 轴线梁活载—弯矩图比较（kN·m）　　　　　表 4 - 3 - 7

位置	一	二	三	四	五	六	七	八	九	十
SAP2000	2870.6	-5497.9	-5125.9	-4867.8	-3316.9	-3458.2	-4688.9	-4267.8	-4404.5	-4058.5
SATWE	3190.4	-5913.5	-4804.5	-3821.7	-2389.7	-3486.9	-4542.9	-4185.0	-4430.6	-3619.2

2. 剪力计算结果比较

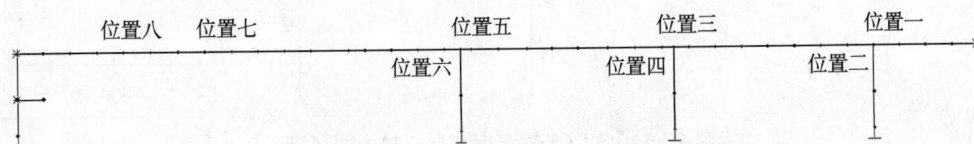

图 4 - 3 - 45　C5 梁剪力比较位置图

位置	一	二	三	四	五	六	七	八
SAP2000	2696.1	−2625.2	2613.3	−5511.9	3124.5	−6559.3	2090.4	1831.6
SATWE	2226.1	−2104.3	−2181.2	−5040.5	2607.5	−6046.6	1609.1	1629.2

C5 轴线梁活载—剪力图比较（kN·m）　　　　　表 4 - 3 - 9

位置	一	二	三	四	五	六	七	八
SAP2000	262.4	−252.1	221.8	−245.0	248.9	−328.0	176.2	99.6
SATWE	213.3	−206.8	183.6	−230.3	203.3	−313.8	154.0	99.5

图 4 - 3 - 46　C1 梁剪力比较位置图

C1 轴线梁恒载—剪力图比较（kN）　　　　　表 4 - 3 - 10

位置	一	二	三	四	五	六	七	八	九
SAP2000	3325.0	−3162.8	3061.0	−3237.6	3009.8	2753.0	1825.8	2918.2	2645.2
SATWE	2803.0	−2610.1	2454.6	−2308.2	2052.8	1790.3	1792.5	2396.9	2184.1

C1 轴线梁活载—剪力图比较（kN）　　　　　表 4 - 3 - 11

位置	一	二	三	四	五	六	七	八	九
SAP2000	1138.4	−1176.7	1174.6	−1047.9	1096.7	992.7	703.6	1106.8	1012.6
SATWE	1269.6	1189.3	1080.5	−1037.3	891.8	754.4	796.5	1089.2	1007.3

五、结构整体降温分析

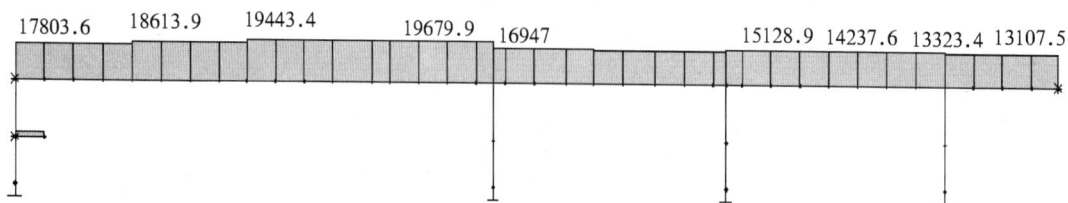

图 4 - 3 - 47　C5 轴温度工况—轴力图（kN）

140

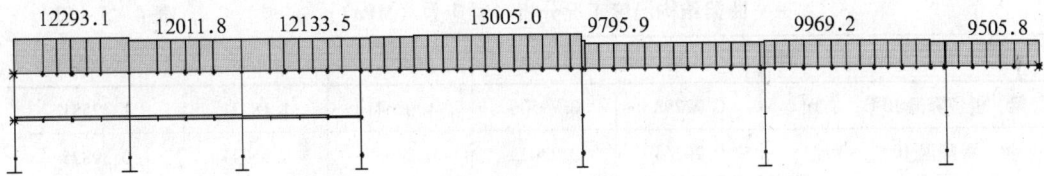

图 4-3-48 C4 轴温度工况—轴力图 (kN)

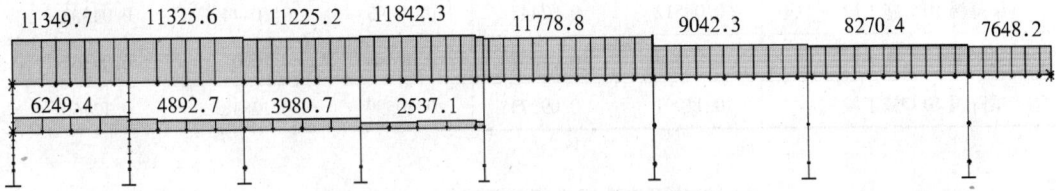

图 4-3-49 C3 轴温度工况—轴力图 (kN)

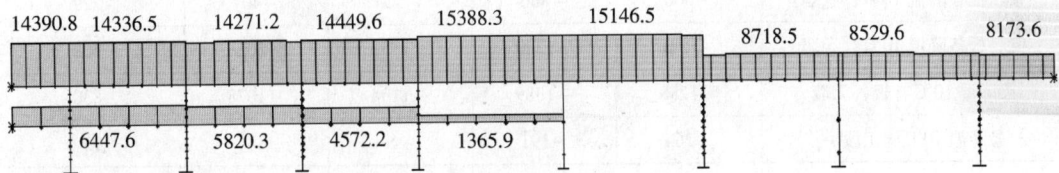

图 4-3-50 C2 轴温度工况—轴力图 (kN)

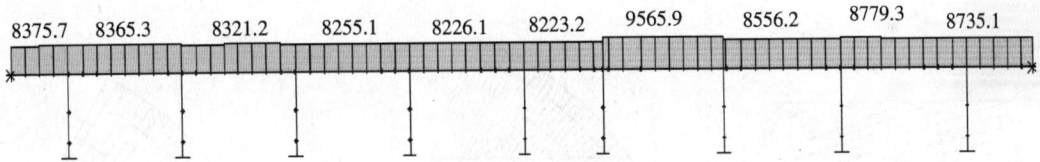

图 4-3-51 C1 轴温度工况—轴力图 (kN)

曲梁温度工况分析 (轴力)　　　　　　　　表 4-3-12

工　况	C1 梁 (kN)	C2 梁 (kN)	C3 梁 (kN)	C4 梁 (kN)	C5 梁 (kN)
梁、板各降温30℃, 有墙	7888	8205	8745	10230	16605
梁、板降温30℃, 无墙	1643	2894	2614	3108	4639
梁降温30℃有板, 无墙	2651	3432	2871	3303	5112
梁降温30℃无板, 无墙	1973	3021	2603	3134	4683
施工段一	690	768	894	903	508
施工段二	595	749	771	882	743
施工段三	972	958	905	1110	1452
施工段三, 无板	487	525	512	592	655

曲梁结构温度工况分析（梁应力（MPa））　　　表 4 - 3 - 13

工　　况	C1 梁	C2 梁	C3 梁	C4 梁	C5 梁
梁、板各降温 10℃，有墙	0.97298	0.79506	1.02641	1.18321	1.42581
梁、板降温 10℃，无墙	0.20244	0.28023	0.30669	0.35947	0.39825
梁降温 30℃有板，无墙	0.32679	0.33256	0.33697	0.38203	0.43895
梁降温 10℃无板，无墙	0.24315	0.29273	0.30528	0.36225	0.40211
梁降温 10℃施工段一	0.08512	0.07442	0.10493	0.10444	0.04353
梁降温 10℃施工段二	0.07328	0.07267	0.09049	0.10201	0.06363
梁降温 10℃施工段三	0..11991	0.09273	0.10599	0.12838	0.12468

曲梁结构温度工况分析（柱弯矩（kN·m））　　　表 4 - 3 - 14

工　　况	C1 梁	C2 梁	C3 梁	C4 梁	C5 梁
梁、板各降温 10℃，有墙	− 660	− 860	− 520	− 407	− 229
梁、板降温 10℃，无墙	− 1241	− 1340	− 1151	− 1038	− 802
梁降温 10℃有板，无墙	− 1258	− 1389	− 1194	− 1078	− 830
梁降温 10℃施工段一	− 264	− 191	− 48	88	193
梁降温 10℃施工段二	− 191	− 222	− 40	148	300
梁降温 10℃施工段三	− 214	− 104	107	363	426

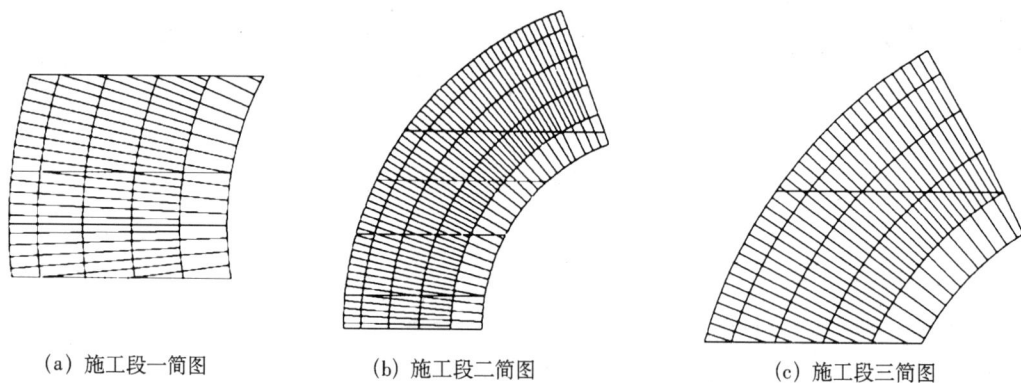

（a）施工段一简图　　　（b）施工段二简图　　　（c）施工段三简图

图 4 - 3 - 52　计算简图

六、预应力梁施工阶段工况分析

（一）预应力筋布置方案

按照设计方案，后张有粘结预应力体系预应力筋采用 270K 级钢绞线，直径为 $\phi 15.2mm$，标准强度 $f_{ptk} = 1860MPa$，预留孔道采用塑料波纹管，混凝土强度等级为 C40。环梁预应力配筋及线型参数见表 4 - 3 - 15 所列。

环向预应力梁配筋及线型参数（图4-3-53）　　表4-3-15

序号	预应力梁编号	截面尺寸(mm)				跨度(mm)		矢高(mm)			反弯点位置			钢绞线 ϕ^j		
		b	h_1	h_2	b_f	L	跨度	f_1	f_2	f_3	a_1	a_3	a_2	束数×根数	总数(根)	采用波纹管内径(mm)
1	YKL401(36)	2500	2118	2118	1200	S1	21400	200	120	200	0.1	0.1	0.5	$4\times12\phi^j15$	48	85
						S2	21400	200	120	200	0.1	0.1	0.5	$4\times12\phi^j15$	48	85
						S3	21400	200	120	200	0.1	0.1	0.5	$4\times12\phi^j15$	48	85
						S4	21400	200	120	200	0.1	0.1	0.5	$4\times12\phi^j15$	48	85
						S5	21400	200	120	200	0.1	0.1	0.5	$4\times6+2\times12\phi^j15$	48	70 85
						S5a	8600	200	1050	200	0.1	0.1	0.5	$2\times9+2\times12\phi^j15$	42	75 85
						S6	14700	200	120	200	0.1	0.1	0.5	$2\times6-2\times12\phi^j15$	36	70 85
						S6a	27600	200	120	200	0.1	0.1	0.5	$4\times12+2\times9\phi^j15$	66	75 85
						S7	23500	200	120	200	0.1	0.1	0.5	$4\times12\phi^j15$	48	85
						S8	22100	200	120	200	0.1	0.1	0.5	$2\times12+4\times6\phi^j15$	48	75 85
						S9	26000	200	120	200	0.1	0.1	0.5	$2\times9+4\times12\phi^j15$	66	75 85
						S10	20500	200	120	200	0.1	0.1	0.5	$4\times12\phi^j15$	48	85
2	YKL402(33)	2500	2100	2100	1200	S1	19500	200	120	200	0.1	0.1	0.5	$4\times6\phi^j15$	24	70
						S2	19500	200	120	200	0.1	0.1	0.5	$4\times6\phi^j15$	24	70
						S3	19500	200	120	200	0.1	0.1	0.5	$4\times6\phi^j15$	24	70
						S3a	9800	200	1050	200	0.1	0.1	0.5	$4\times6\phi^j15$	24	70
						S4	19500	200	120	200	0.1	0.1	0.5	$4\times6\phi^j15$	24	70
						S4a	19500	200	120	200	0.1	0.1	0.5	$4\times6\phi^j15$	24	70
						S5	19500	200	120	200	0.1	0.1	0.5	$4\times6+2\times12\phi^j15$	48	70 85
						S5a	14200	200	120	200	0.1	0.1	0.5	$4\times6\phi^j15$	24	70
						S6	24600	200	120	200	0.1	0.1	0.5	$2\times6+4\times12\phi^j15$	60	70 85
						S7	22500	200	120	200	0.1	0.1	0.5	$4\times12\phi^j15$	48	85
						S8	26300	200	120	200	0.1	0.1	0.5	$6\times12\phi^j15$	72	85
						S9	20400	200	120	200	0.1	0.1	0.5	$4\times12\phi^j15$	48	85
3	YKL403(30)	2500	2100	2100	700	S1	17400	200	120	200	0.1	0.1	0.5	$2\times9\phi^j15$	18	75
						S2	16800	200	120	200	0.1	0.1	0.5	$2\times9\phi^j15$	18	75
						S3	17400	200	120	200	0.1	0.1	0.5	$2\times9\phi^j15$	18	75
						S4	18400	200	120	200	0.1	0.1	0.5	$2\times9\phi^j15$	18	75
						S5	26600	200	120	200	0.1	0.1	0.5	$6\times9\phi^j15$	54	75
						S6	23200	200	120	200	0.1	0.1	0.5	$4\times9+2\times6\phi^j15$	48	70 75
						S7	26300	200	120	200	0.1	0.1	0.5	$6\times9\phi^j15$	54	75
						S8	20500	200	120	200	0.1	0.1	0.5	$4\times9-2\times6\phi^j15$	48	70 75

序号	预应力梁编号	截面尺寸(mm)				跨度(mm)		矢高(mm)		反弯点位置				钢绞线 ϕ^j		
		b	h_1	h_2	b_f	L	跨度	f_1	f_2	f_3	a_1	a_3	a_2	束数×根数	总数(根)	采用波纹管内径(mm)
4	YKL404(26)	2500	1968	2018	900	S1	15300	200	120	200	0.1	0.1	0.5	$2 \times 9\phi^j15$	18	75
						S2	15300	200	120	200	0.1	0.1	0.5	$2 \times 9\phi^j15$	18	75
						S3	15800	200	120	200	0.1	0.1	0.5	$2 \times 9 + 2 \times 6\phi^j15$	30	70 75
						S4	30600	200	120	200	0.1	0.1	0.5	$6 \times 9\phi^j15$	54	75
						S5	24100	200	120	200	0.1	0.1	0.5	$4 \times 9\phi^j15$	36	75
						S6	26600	200	120	200	0.1	0.1	0.5	$6 \times 9\phi^j15$	54	75
						S7	20500	200	120	200	0.1	0.1	0.5	$4 \times 9\phi^j15$	36	75
5	YKL405(22)	3000	1560	1685	1950	S1	13300	200	120	200	0.1	0.1	0.5	$2 \times 9 - 2 \times 6\phi^j15$	30	70 75
						S2	13300	200	120	600	0.1	0.1	0.5	$2 \times 9 - 2 \times 6\phi^j15$	30	70 75
						S3	29600	600	120	200	0.1	0.1	0.5	$8 \times 9\phi^j15$	72	75
						S4	26100	200	120	200	0.1	0.1	0.5	$6 \times 9\phi^j15$	54	75
						S5	26900	200	120	200	0.1	0.1	0.5	$4 \times 9 - 2 \times 6\phi^j15$	48	70 75
						S6	20700	200	120	200	0.1	0.1	0.5	$4 \times 9\phi^j15$	36	75

注：表中参数含义如图 4-3-53 所示。

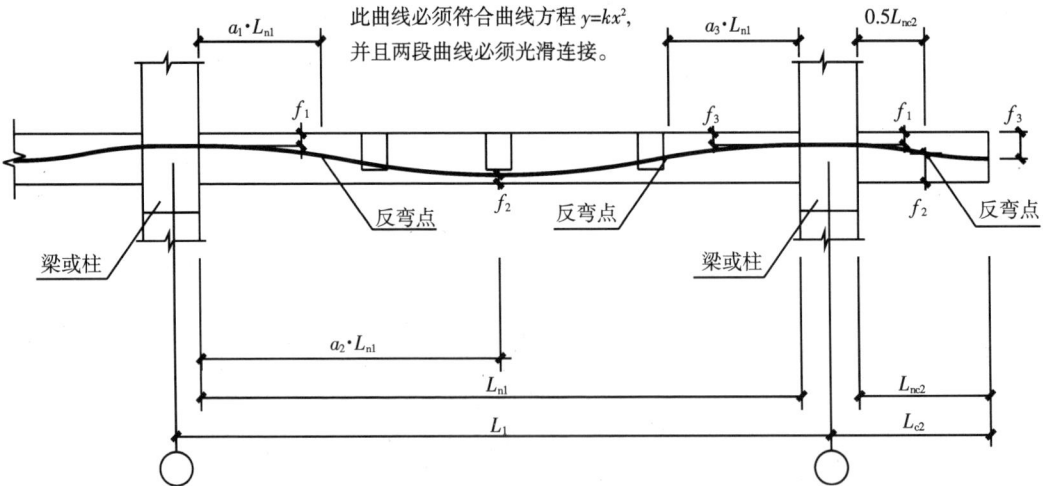

图 4-3-53 预应力梁钢绞线曲线布置统一做法

(二) 预应力梁施工张拉顺序

按照设计单位提供的施工方案，预应力环梁部分的施工顺序如下：

1. 主站屋 9.900m 标高圆环结构部位共分为十二个施工段。施工顺序和施工段设置见

图 4 - 3 - 54。

2. 对于环形框架梁同跨预应力筋均分为二批张拉,第一批张拉在本段混凝土强度达到80%后,预应力筋张拉数量一般为50%左右;第二批张拉在相邻施工段混凝土强度达到80%后。

3. 第一批张拉的张拉先后次序为:先张拉环形框架梁50%,后张拉径向框架梁及径向次梁。环形框架梁张拉次序为先张拉外圈环梁,后依次顺延张拉内圈环梁。即环梁张拉次序为 YKL401→YKL402→YKL403→YKL404→YKL405。径向框架梁及径向次梁预应力筋一次张拉完成,径向梁张拉采取跳仓间隔张拉方式。

4. 第二批张拉的先后次序跟第一批张拉的先后次序相反,先张拉内圈环梁,后依次顺延张拉外圈环梁,即 YKL405→YKL404→YKL403→YKL402→YKL401。

(三)施工段的选取

预应力梁施工阶段预应力效应分析选取第三施工段的预应力梁进行计算,考虑的原因是该段长度在所划分的12个施工段中是最长的,且该段预应力配筋、及受力特点上具有代表性。施工段三的力学分析模型如图4-3-54和图4-3-55所示。

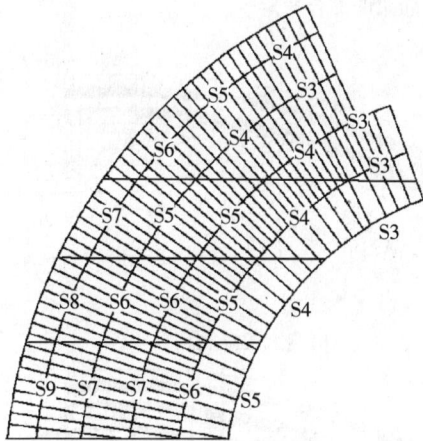

图 4 - 3 - 54　施工段三的分析模型

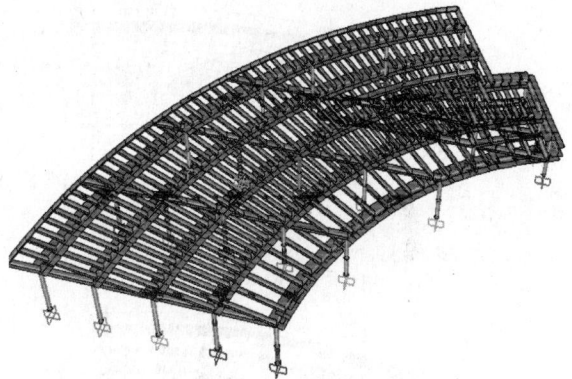

图 4 - 3 - 55　施工段三的三维模型

(四)施工阶段梁应力分析

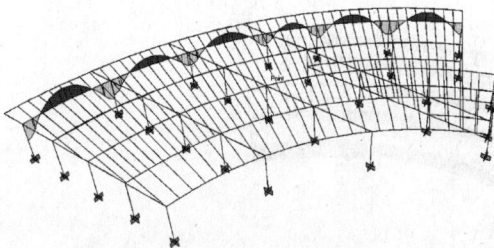

(a)张拉 YKL401 梁

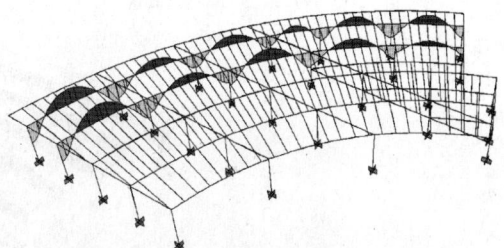

(b)张拉 YKL402 梁

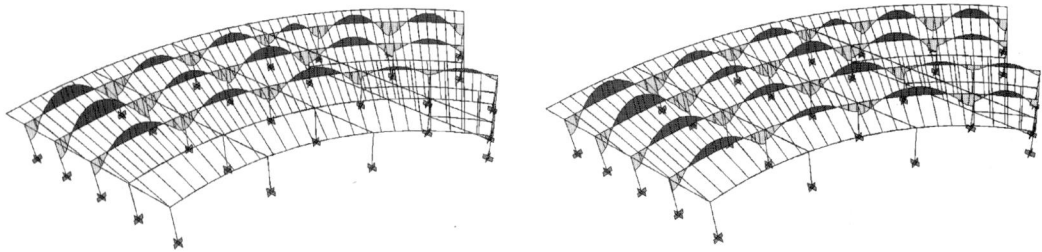

(c) 张拉 YKL403 梁　　　　　　　　　　　　　　(d) 张拉 YKL404 梁

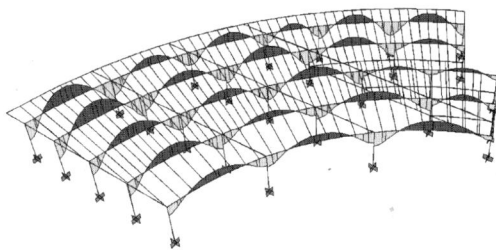

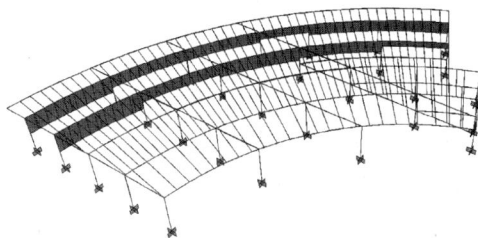

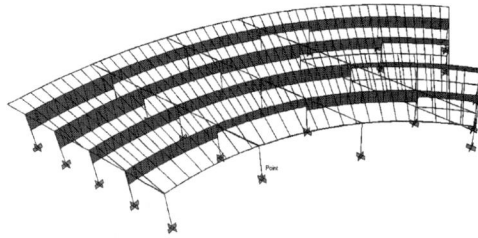

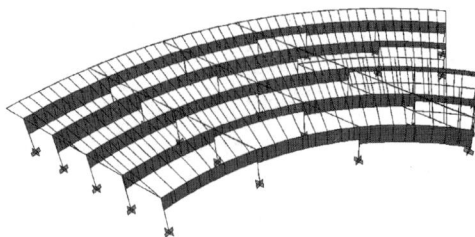

(e) 张拉 YKL405 梁

图 4 - 3 - 56　第一批张拉 50% 预应力筋梁的综合弯矩

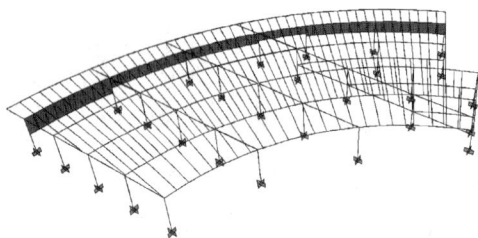

(a) 张拉 YKL401 梁　　　　　　　　　　　　　　(b) 张拉 YKL402 梁

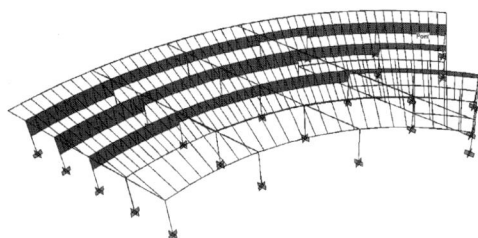

(c) 张拉 YKL403 梁　　　　　　　　　　　　　　(d) 张拉 YKL404 梁

(e) 张拉 YKL405 梁

图 4 - 3 - 57　第一批张拉 50% 预应力筋梁的综合轴力

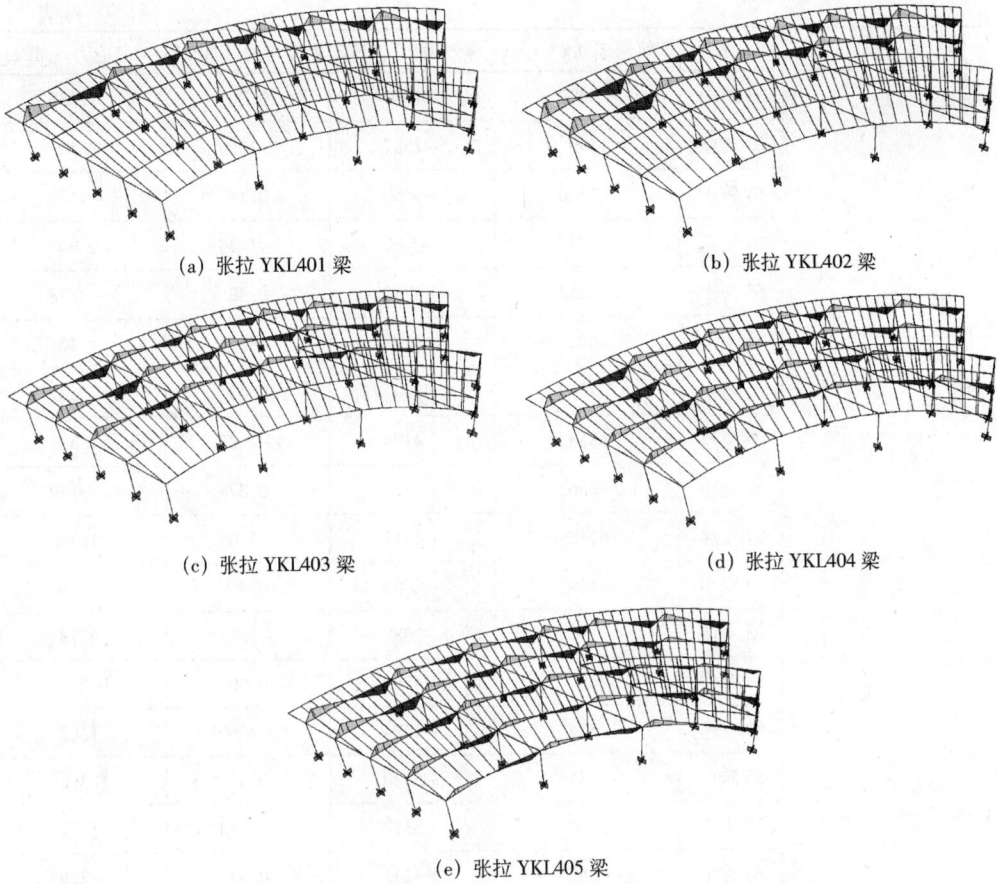

(a) 张拉 YKL401 梁　　　　　　　　　　　　　(b) 张拉 YKL402 梁

(c) 张拉 YKL403 梁　　　　　　　　　　　　　(d) 张拉 YKL404 梁

(e) 张拉 YKL405 梁

图 4 - 3 - 58　第一批张拉 50% 预应力筋梁的综合剪力

环梁第一批 50% 预应力筋张拉完毕时预应力效应分析　　　　　　　表 4 - 3 - 16

梁　编　号	位置	等效弯矩（kN·m）	等效轴力（kN）	梁顶应力（MPa）	梁底应力（MPa）
YKL405 （$A = 3.882m^2$，$W = 1.168m^3$）	S3 跨中	-3116	-6427	1.01	-4.32
	S3 支座	1527	-6424	-2.96	-0.35
	S4 跨中	-2299	-4817	0.73	-3.21
	S4 支座	3515	-4775	-4.24	1.78
	S5 跨中	-2383	-4309	0.93	-3.15
	S5 支座	3184	-4306	-3.84	1.62
YKL404 （$A = 3.0512m^2$，$W = 1.400m^3$）	S3 跨中	-1988	-2535	0.59	-2.25
	S3 支座	2274	-2543	-2.46	0.79
	S4 跨中	-2744	-4780	0.39	-3.53
	S4 支座	4180	-4733	-4.54	1.43
	S5 跨中	-1986	-3208	0.37	-2.47
	S5 支座	2849	-3137	-3.06	1.01
	S6 跨中	-3521	-4844	0.927	-4.10
	S6 支座	4726	-4840	-4.96	1.79

梁 编 号	位置	等效弯矩（kN·m）	等效轴力（kN）	梁顶应力（MPa）	梁底应力（MPa）
YKL403 （$A = 2.91\text{m}^2$，$W = 1.524\text{m}^3$）	S3 跨中	-1227	-1589	0.26	-1.35
	S3 支座	1599	-1587	-1.59	0.50
	S4 跨中	-1020	-1550	0.14	-1.20
	S4 支座	1753	-548	-1.34	0.96
	S5 跨中	-3252	-4780	0.49	-3.78
	S5 支座	4602	-4703	-4.64	1.40
	S6 跨中	-2862	4200	0.43	-3.32
	S6 支座	4318	-4194	-4.27	1.39
	S7 跨中	-3862	-4833	0.87	-4.19
	S7 支座	5212	-4817	-5.08	1.76
YKL402 （$A = 3.56\text{m}^2$，$W = 1.611\text{m}^3$）	S3 跨中	-1692	-2089	0.46	-1.64
	S3 支座	2196	-2089	-1.95	0.78
	S4 跨中	-2873	-4203	0.60	-2.96
	S4 支座	4524	-4204	-3.99	1.63
	S5 跨中	-3815	-5320	0.87	-3.86
	S5 支座	5370	-5312	-4.83	1.84
	S6 跨中	-2875	-4272	0.58	-2.98
	S6 支座	4499	-4266	-3.99	1.59
	S7 跨中	-5147	-6477	1.38	-5.01
	S7 支座	6949	-6471	-6.13	2.50
YKL401 （$A = 3.5816\text{m}^2$，$W = 1.635\text{m}^3$）	S4 跨中	-3148	-4266	0.73	-3.11
	S4 支座	4094	-4289	-3.70	1.31
	S5 跨中	-2952	-4187	0.64	-2.97
	S5 支座	5082	-4199	-4.28	1.94
	S6 跨中	-2097	-3062	0.43	-2.14
	S6 支座	3720	-3066	-3.13	1.42
	S7 跨中	-3066	-4170	0.71	-3.04
	S7 支座	4425	-4155	-3.87	1.55
	S8 跨中	-2771	-4190	0.52	-2.86
	S8 支座	4482	-4169	-3.91	1.58
	S9 跨中	-4569	-5902	1.15	-4.44
	S9 支座	6570	-5883	-5.66	2.38

（五）施工阶段梁变形分析

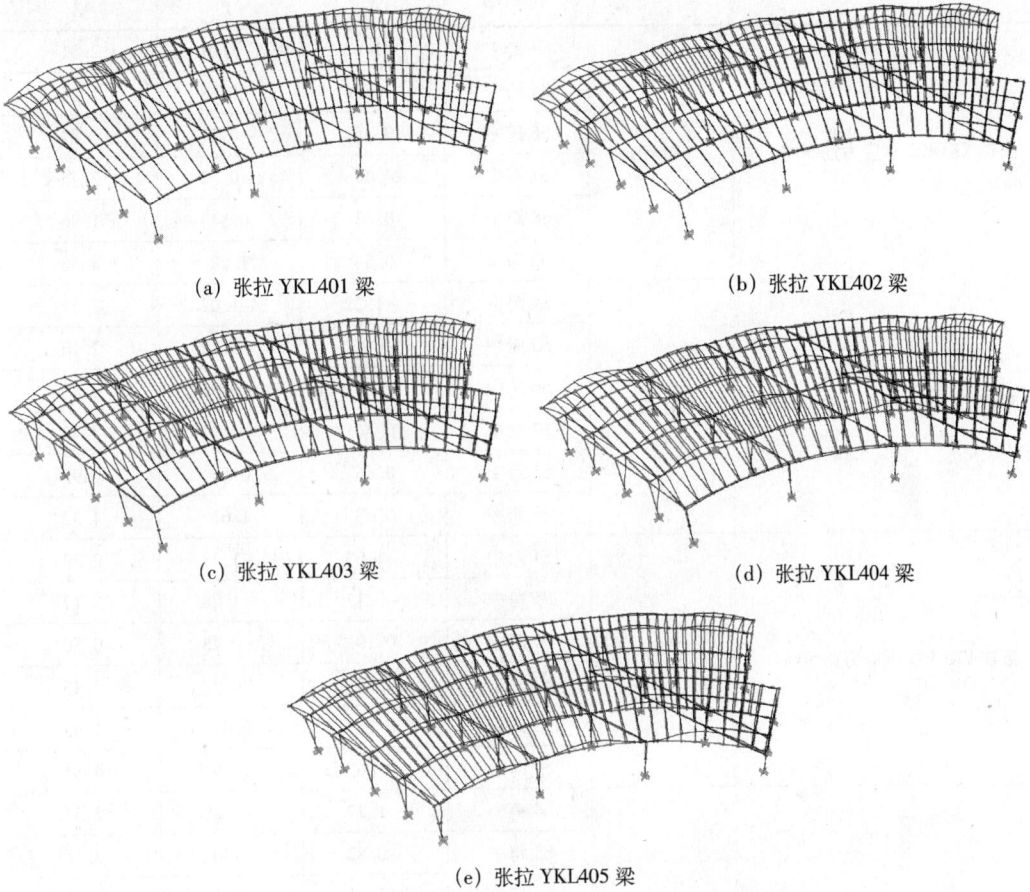

(a) 张拉 YKL401 梁

(b) 张拉 YKL402 梁

(c) 张拉 YKL403 梁

(d) 张拉 YKL404 梁

(e) 张拉 YKL405 梁

图 4 - 3 - 59　张拉 YKL405 梁 50% 预应力筋的梁反拱

张 拉 工 况	梁 编 号	位　置	三个方向挠度（mm）		
			X	Y	Z
张拉 YKL401 预应力筋 50%	YKL401	S4 跨中	-1.56	-1.03	2.49
		S5 跨中	-0.74	-0.86	2.08
		S6 跨中	-0.16	-0.60	0.85
		S7 跨中	0.27	-0.25	2.40
		S8 跨中	0.53	0.47	1.98
		S9 跨中	0.45	1.53	4.14

环梁第一批预应力筋张拉时 YKL401 梁挠度分析　　　　表 4 - 3 - 17

张 拉 工 况	梁 编 号	位 置	三个方向挠度（mm）		
			X	Y	Z
张拉 YKL402 预应力筋 50%	YKL401	S4 跨中	-1.42	-1.01	2.51
		S5 跨中	-0.56	-0.88	2.16
		S6 跨中	0.15	-0.77	0.82
		S7 跨中	0.40	-0.22	2.45
		S8 跨中	0.63	0.54	1.96
		S9 跨中	0.54	1.63	4.36
张拉 YKL403 预应力筋 50%	YKL401	S4 跨中	-1.22	-1.02	2.51
		S5 跨中	-0.12	-1.22	2.16
		S6 跨中	0.34	-0.86	0.80
		S7 跨中	0.54	-0.27	2.45
		S8 跨中	0.66	0.54	1.95
		S9 跨中	0.63	1.61	4.32
张拉 YKL404 预应力筋 50%	YKL401	S4 跨中	-1.03	-1.38	2.52
		S5 跨中	-0.17	-1.26	2.17
		S6 跨中	0.19	-0.78	0.80
		S7 跨中	0.56	-0.32	2.45
		S8 跨中	0.75	0.47	1.95
		S9 跨中	0.86	1.49	4.34
张拉 YKL405 预应力筋 50%	YKL401	S4 跨中	-1.29	-1.28	2.51
		S5 跨中	-0.52	-1.02	2.16
		S6 跨中	-0.11	-0.59	0.80
		S7 跨中	0.32	-0.17	2.45
		S8 跨中	0.81	0.46	1.95
		S9 跨中	1.13	1.41	4.35

环梁第一批预应力筋张拉时 YKL402 梁挠度分析　　　　　表 4-3-18

张 拉 工 况	梁 编 号	位 置	三个方向挠度（mm）		
			X	Y	Z
张拉 YKL401 预应力筋 50%	YKL402	S4 跨中	0.11	-0.05	0.11
		S5 跨中	0.16	-0.10	0.09
		S6 跨中	0.31	-0.20	0.06
		S7 跨中	0.27	-0.13	0.00
		S8 跨中	0.12	-0.06	0.34

张 拉 工 况	梁 编 号	位　置	三个方向挠度（mm）		
			X	Y	Z
张拉 YKL402 预应力筋 50%	YKL402	S4 跨中	− 1. 14	− 0. 84	0. 88
		S5 跨中	− 0. 40	− 0. 82	2. 12
		S6 跨中	0. 43	− 0. 33	2. 62
		S7 跨中	0. 72	0. 55	1. 69
		S8 跨中	0. 61	1. 73	3. 84
张拉 YKL403 预应力筋 50%	YKL402	S4 跨中	− 1. 01	− 0. 90	0. 89
		S5 跨中	− 0. 02	− 1. 22	2. 11
		S6 跨中	0. 53	− 0. 41	2. 67
		S7 跨中	0. 81	0. 52	1. 71
		S8 跨中	0. 71	1. 72	4. 03
张拉 YKL404 预应力筋 50%	YKL402	S4 跨中	− 0. 78	− 1. 24	0. 89
		S5 跨中	− 0. 07	− 1. 19	2. 05
		S6 跨中	0. 50	− 0. 37	2. 68
		S7 跨中	0. 85	0. 51	1. 71
		S8 跨中	0. 95	1. 64	3. 99
张拉 YKL405 预应力筋 50%	YKL402	S4 跨中	− 0. 98	− 1. 11	0. 90
		S5 跨中	− 0. 37	− 0. 90	2. 05
		S6 跨中	0. 27	− 0. 15	2. 68
		S7 跨中	0. 87	0. 59	1. 71
		S8 跨中	1. 20	1. 64	3. 98

环梁第一批预应力筋张拉时 YKL403 梁挠度分析　　　　　表 4 - 3 - 19

张 拉 工 况	梁 编 号	位　置	三个方向挠度（mm）		
			X	Y	Z
张拉 YKL401 预应力筋 50%	YKL403	S3 跨中	0. 13	− 0. 12	− 0. 01
		S4 跨中	0. 15	− 0. 07	− 0. 01
		S5 跨中	0. 22	− 0. 13	− 0. 01
		S6 跨中	0. 26	− 0. 17	− 0. 02
		S7 跨中	0. 13	− 0. 12	− 0. 06

张 拉 工 况	梁 编 号	位 置	三个方向挠度（mm）		
			X	Y	Z
张拉 YKL402 预应力筋 50%	YKL403	S3 跨中	0.21	−0.00	0.00
		S4 跨中	0.26	−0.09	−0.01
		S5 跨中	0.52	−0.31	0.12
		S6 跨中	0.39	−0.15	−0.03
		S7 跨中	0.20	−0.05	0.33
张拉 YKL403 预应力筋 50%	YKL403	S3 跨中	−0.72	−0.45	0.60
		S4 跨中	−0.16	−0.83	0.50
		S5 跨中	0.60	−0.62	2.91
		S6 跨中	0.93	0.47	2.08
		S7 跨中	0.78	1.74	3.18
张拉 YKL404 预应力筋 50%	YKL403	S3 跨中	−0.69	−0.74	0.62
		S4 跨中	−0.12	−1.12	0.54
		S5 跨中	0.42	−0.54	2.95
		S6 跨中	0.97	0.48	2.06
		S7 跨中	1.03	1.70	3.38
张拉 YKL405 预应力筋 50%	YKL403	S3 跨中	−0.64	−0.90	0.60
		S4 跨中	−0.35	−0.80	0.51
		S5 跨中	0.22	−0.25	2.94
		S6 跨中	0.90	0.68	2.07
		S7 跨中	1.26	1.78	3.35

环梁第一批预应力筋张拉时 YKL404 梁挠度分析　　　　表 4 − 3 − 20

张 拉 工 况	梁 编 号	位 置	三个方向挠度（mm）		
			X	Y	Z
张拉 YKL401 预应力筋 50%	YKL404	S3 跨中	0.15	0.00	0.00
		S4 跨中	0.19	−0.07	0.01
		S5 跨中	0.30	−0.16	0.00
		S6 跨中	0.18	−0.11	0.00
张拉 YKL402 预应力筋 50%	YKL404	S3 跨中	0.24	0.01	0.01
		S4 跨中	0.34	−0.13	−0.06
		S5 跨中	0.41	−0.23	−0.02
		S6 跨中	0.20	−0.14	−0.07

张 拉 工 况	梁 编 号	位 置	三个方向挠度（mm）		
			X	Y	Z
张拉 YKL403 预应力筋 50%	YKL404	S3 跨中	0.23	0.01	0.02
		S4 跨中	0.66	−0.53	0.09
		S5 跨中	0.52	−0.32	−0.01
		S6 跨中	0.27	−0.17	0.27
张拉 YKL404 预应力筋 50%	YKL404	S3 跨中	−0.38	−0.63	0.88
		S4 跨中	0.60	0.61	3.49
		S5 跨中	1.09	0.39	1.73
		S6 跨中	1.01	1.47	3.35
张拉 YKL405 预应力筋 50%	YKL404	S3 跨中	−0.49	−0.83	0.93
		S4 跨中	0.28	−0.34	3.47
		S5 跨中	0.86	0.63	1.72
		S6 跨中	1.21	1.55	3.45

环梁第一批预应力筋张拉时 YKL405 梁挠度分析　　　　　表 4−3−21

张 拉 工 况	梁 编 号	位 置	三个方向挠度（mm）		
			X	Y	Z
张拉 YKL401 预应力筋 50%	YKL405	S3 跨中	0.21	0.00	0.00
		S4 跨中	0.3	−0.11	0.00
		S5 跨中	0.23	−0.09	0.00
张拉 YKL402 预应力筋 50%	YKL405	S3 跨中	0.34	0.01	0.00
		S4 跨中	0.53	−0.23	0.00
		S5 跨中	0.29	−0.10	0.00
张拉 YKL403 预应力筋 50%	YKL405	S3 跨中	0.50	−0.07	0.00
		S4 跨中	0.68	−0.39	−0.07
		S5 跨中	0.31	−0.19	−0.05
张拉 YKL404 预应力筋 50%	YKL405	S3 跨中	0.89	−0.33	0.13
		S4 跨中	0.73	−0.13	−0.16
		S5 跨中	0.54	−0.01	0.28
张拉 YKL405 预应力筋 50%	YKL405	S3 跨中	0.13	−0.49	6.08
		S4 跨中	0.84	0.53	3.11
		S5 跨中	1.18	1.40	3.40

梁编号	位置	三个方向挠度（mm）		
		X	Y	Z
YKL405	S3 跨中	0.13	−0.49	6.08
	S4 跨中	0.84	0.53	3.11
	S5 跨中	1.18	1.40	3.40
YKL404	S3 跨中	−0.49	−0.83	0.93
	S4 跨中	0.28	−0.34	3.47
	S5 跨中	0.86	0.63	1.72
	S6 跨中	1.21	1.55	3.45
YKL403	S3 跨中	−0.64	−0.90	0.60
	S4 跨中	−0.35	−0.80	0.51
	S5 跨中	0.22	−0.25	2.94
	S6 跨中	0.90	0.68	2.07
	S7 跨中	1.26	1.78	3.35
YKL402	S3 跨中	−0.98	−1.11	0.90
	S4 跨中	−0.37	−0.90	2.05
	S5 跨中	0.27	−0.15	2.68
	S6 跨中	0.87	0.59	1.71
	S7 跨中	1.20	1.64	3.98
YKL401	S4 跨中	−1.29	−1.28	2.51
	S5 跨中	−0.52	−1.02	2.16
	S6 跨中	−0.11	−0.59	0.80
	S7 跨中	0.32	−0.17	2.45
	S8 跨中	0.81	0.46	1.95
	S9 跨中	1.13	1.41	4.35

（六）分析总结

1. 本结构环梁为工字形、断面尺寸大、上下翼缘面积占截面总面积比例较大，由于 SATWE 软件在进行结构分析时未考虑工字形梁上下翼缘的自重，可能使结构在恒载作用下的内力偏小。

2. 由计算结果可知，本结构环梁恒载产生的弯矩远远大于活载产生的弯矩，即恒载起控制作用。可以考虑采用某些措施来减轻结构的自重，如采用空腹梁和填充轻质高强材料等。

3. 建议将某些次梁也施加预应力。

4. 对环梁的温度效应计算结果表明，在温降作用下会产生很大的轴拉应力，因此该环梁的设计要考虑温度效应参与组合。

5. 当剪力墙存在时，环梁结构由温度产生的轴力远大于不设剪力墙时，建议剪力墙后浇，但剪力墙与环梁结构连接成整体时要对由剪力墙引起的温度效应进行计算。

6. 由计算结果看，当环梁结构降温 10℃ 时，在结构中已产生较大的拉应力。因此为正确分析温度效应，合理的温降是计算的关键。

7. 温度的作用不仅使环梁产生较大的轴力，也使柱产生较大的弯矩，因此建议对柱的承载力进行校核。

8. 按照施工单位提供的施工缝设置方法，对结构进行了温度效应计算，计算结果表明相对整体分析结果，分块施工段温度应力有很大程度减少，说明分段施工在减小环梁温度收缩效应上是有效的。但当所有施工段浇为一整体后仍需验算结构整体的温度效应。

9. 从预应力施工阶段分析看张拉本道预应力环梁时建立的预应力效应在某些部位较明显，且对相邻环梁的预应力效应有一定的影响，对相隔两道以上环梁的预应力效应基本没有影响。

10. 张拉本道预应力环梁时引起梁的反拱值较明显，对相邻环梁的反拱挠度值有一定的影响，对相隔两道以上环梁的反拱挠度值基本没有影响。需要注意的是张拉预应力环梁时将引起整体结构在平面内的位移，其水平位移值和反拱值在同一数量级，这是和张拉预应力平面框架时相区别的。

第四节　超长混凝土框架梁的温度收缩裂缝分析和控制

一、温度收缩裂缝及其控制方法概述

混凝土裂缝可能由外力引起，也可能由收缩、温度变化引起，若不加以控制，裂缝将会发展，以致影响结构使用。混凝土收缩裂缝是由于混凝土在凝固过程中体积减小，在超静定结构中引起的约束拉应力累积到一定程度而形成的，因此收缩裂缝属于直接受拉裂缝，即为垂直于构件中面的贯透性裂缝。收缩裂缝有显著的时间性，一般经历一定时间到混凝土体积收缩基本停止以后，即不再发展。

收缩裂缝形成有两个基本条件，其一，混凝土收缩变形受到约束；其二，约束在混凝土中产生的拉应力大于混凝土轴心抗拉强度。为避免混凝土构件出现过大的收缩裂缝，应在建材、设计、施工三方面作出努力。其中对于设计而言，一方面，可以将构件与其支座的连接设计成铰接或者在结构中设置伸缩缝，使其能够在一定程度上自由伸缩，从而减小构件的拉应力；另一方面，通过配置一定量的普通钢筋，以使混凝土开裂后，能够控制裂缝的宽度；此外，可以通过施加一定的预应力来部分甚至全部抵消收缩拉应力。

我国有关规范规定，结构长度超过 55m 时，需要设置伸缩缝，目的是防止因混凝土收缩和温降作用使结构开裂。在混凝土收缩和环境温差作用下，超长结构会产生较大的收缩应力和温度应力。混凝土徐变对大面积混凝土结构温度应力影响很大。季节温差和混凝土收缩都是随时间变化比较缓慢的作用，由于徐变的存在，结构中的实际应力会远远小于弹性分析的结果。对超长问题其实质就是，由于纵向结构长度太大，在混凝土收缩和环境温降的共同作用下，结构产生缩短变形，由于结构受到各种约束作用，会使混凝土实体内部产生较大的拉应力，当拉应力超过混凝土的抗拉强度时，混凝土就会开裂而产生裂缝。在结构设计过程中，通过对这种拉应力的大小和分布情况进行合理的分析，进而采取各种结构、施工工艺和材料等技术措施，以达到降低混凝土拉应力和控制裂缝的目的。

从受力机理的角度讲，解决的方法不外乎以下三种：一是减小变形或结构内应力；第

二是解除或减小约束；再就是提高材料强度等级。约束是由结构体系决定的，在结构形式已确定的情况下要解除或减少约束是不可能的。通过提高材料强度等级来改善混凝土的抗裂性能是很不经济的，而且强度等级越高混凝土的收缩率越大。利用预应力技术属于减小变形或结构内应力方面的措施。

从具体工程技术措施来看，解决裂缝问题的方法有以下几种：

（一）变形缝

这里指温度缝，设置温度缝的诸多不利之处这里不再赘述。

（二）后浇带

指在结构的适当位置设置后浇带。设置后浇带会影响工期、增加基坑排水量，更重要的是后浇带只能释放混凝土的早期收缩变形，而对后期收缩变形和温度变形无能为力。

（三）添加膨胀剂

可与其他工程技术措施同时配合采用，对混凝土后期收缩变形和温度变形作用不大，膨胀剂本身仅能提供约 $0.2 \sim 0.7\mathrm{MPa}$ 的预压应力，而且膨胀剂对结构的耐久性有一定的影响。

（四）添加纤维增强混凝土

可与其他工程技术措施同时配合采用，对混凝土后期收缩变形和温度变形作用不大。

（五）施工工艺

合理配比、精心养护、降低施工养护阶段混凝土凝结早期的温度等。

（六）结构措施

确定结构方案时尽量解除约束，这往往受到建筑功能和结构功能要求的限制。过分提高混凝土强度等级，则不够经济。

（七）预应力技术

相比之下，采用预应力技术是解决结构超长问题的最有效途径之一，它建立的预压应力可以全部或部分抵消因混凝土收缩和温降作用产生的拉应力。若采取分阶段早期部分张拉预应力，还可以对混凝土早期收缩应力与裂缝有一定的控制作用。

（八）配制充足的非预应力筋

加强配筋构造措施以控制裂缝是可行的现实途径之一。国内外大部分规范均有对温度收缩钢筋最小配筋率的要求，但具体的控制指标却不尽相同。国外规范（如 ACI318 规范和 AS3600 规范等）允许采用配置预应力筋来抵抗温度收缩应力，而我国没有这方面的规定；此外，对于混凝土梁，美国 ACI318 规范规定的最小配筋率为 0.0018，我国 GB50010 规范规定的最小配筋率为 0.002，二者对于两端约束较大的构件而言均偏低；但美国 ACI318—02 规范（R7.12.1.2）又强调：当剪力墙或柱子对温度收缩变形的约束较大时，需要增加温度收缩钢筋的配筋量。本章讨论由混凝土干缩引起的受拉裂缝形成机理，以及确定此类裂缝的平均宽度、数量和间距的计算方法，重点讨论了配筋率对裂缝宽度的影响，为温度收缩裂缝控制配筋设计计算提供参考。

二、初始收缩裂缝的形成

如图 4-4-1（a）所示的两端约束构件，约束轴力 $N(t)$ 随时间的推进不断变大。当由 $N(t)$ 引起的正截面拉应力达到混凝土的轴心抗拉强度时，即 $N(t) = f_{tk}A_c$ 时，将会出现全截面受拉裂缝，第一道收缩裂缝一般在混凝土开始干缩后的一周左右出现。

如图 4-4-1 所示，开裂后固端约束力降为 N_{cr}；在第一道裂缝处，钢筋应力为 σ_{s2}^0，混凝土的应力为零；在区域 1 内，钢筋和混凝土的应力分别为 σ_{s1}^0、σ_{c1}^0；在区域 2 内，钢筋的应力由 σ_{s1}^0 变化为 σ_{s2}^0，混凝土的应力由 σ_{c1}^0 变化为零，假定区域 2 内混凝土和钢筋的应力变化曲线为抛物线；而且区域 2 上裂缝一侧的应力传递长度为 s_0，可采用式（4-4-1）的简化模型计算：

$$s_0 = \frac{d_s}{10\rho} \tag{4-4-1}$$

式中，d_s 为钢筋直径，ρ 为钢筋配筋率。

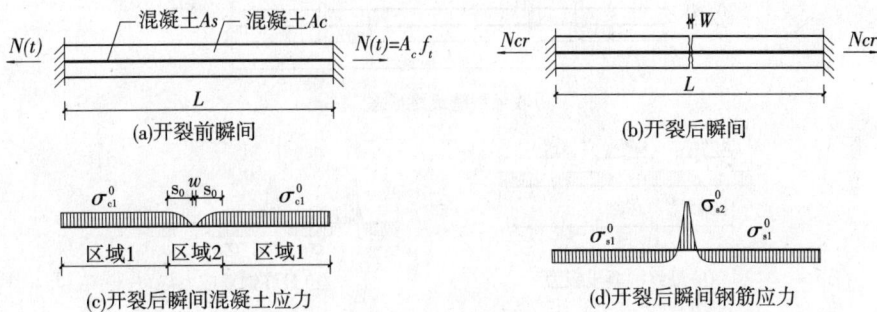

图 4-4-1　初始收缩裂缝形成

由于构件两端被嵌固，因此钢筋的总应变为零，因此有：

$$\frac{\sigma_{s1}^0}{E_s}L + \frac{\sigma_{s2}^0 - \sigma_{s1}^0}{E_s}\left(\frac{2}{3}s_0 + w\right) = 0 \tag{4-4-2}$$

上式中 w 为裂缝宽度，且 $s_0 > w_0$。在开裂处，混凝土的应力突降为零，钢筋 A_s 将承担所有的 N_{cr}，因此有：

$$\sigma_{s2}^0 = \frac{N_{cr}}{A_s} \tag{4-4-3}$$

而且在开裂瞬间，混凝土的应力达到 f_{tk}，因此有：

$$\varepsilon_c^0 + \varepsilon_{sh}^0 = -\frac{f_{tk}}{E_c} \tag{4-4-4}$$

式中，f_{tk}、E_c、ε_c^0 和 ε_{sh}^0 分别为混凝土的轴心抗拉强度标准值、弹性模量、徐变应变和收缩应变。另外，开裂后，在区域 1 内，任意截面上混凝土和钢筋的受力平衡，则有：

$$\sigma_{c1}^0 A_c + \sigma_{s1}^0 A_s = N_{cr} \tag{4-4-5}$$

此外，在区域 1 内，混凝土和钢筋的应变相等，即：

$$\frac{\sigma_{s1}^0}{E_s} = \frac{\sigma_{c1}^0}{E_c} + \varepsilon_c^0 + \varepsilon_{sh}^0 \tag{4-4-6}$$

由式（4-4-2）～式（4-4-6）可求出开裂瞬间固端约束力 N_{cr}，以及此时钢筋和混凝土的应力 σ_{s1}^0、σ_{c1}^0 和 σ_{s2}^0。

三、最终收缩裂缝宽度、数量和间距

第一道裂缝出现后，混凝土的收缩仍将继续，$N(t)$ 将不断增加，裂缝仍将不断出现，但是，每道新裂缝的形成都会使构件的抗拉刚度降低，从而使更新裂缝出现所需的拉应力不断降低，这样的过程将持续几个月，裂缝才会稳定下来。

如图 4-4-2 所示，假定 $t \rightarrow \infty$ 时，构件中产生有 m 条宽为 w 平均 间距为 s 的收缩裂缝；裂缝处，钢筋应力为 σ_{s2}，混凝土的应力为零；在裂缝两侧的区域 1 内，钢筋和混凝土的应力分别为 σ_{s1}、σ_{c1}，在区域 2 内，钢筋的应力由 σ_{s1} 变化为 σ_{s2}，混凝土的应力由 σ_{c1} 变化为零，区域 2 内混凝土和钢筋的应力变化曲线为抛物线。

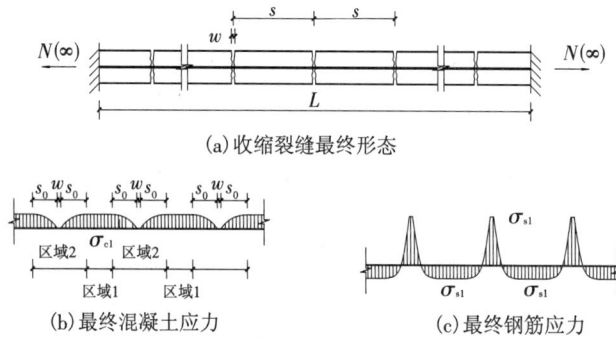

(a) 收缩裂缝最终形态

(b) 最终混凝土应力   (c) 最终钢筋应力

图 4-4-2　最终收缩裂缝形成

同样，由于钢筋的总应变值为零，则有：

$$\frac{\sigma_{s1}}{E_s}L + m\frac{\sigma_{s2} - \sigma_{s1}}{E_s}\left(\frac{2}{3}s_0 + w\right) = 0 \qquad (4-4-7)$$

由于裂缝宽度相对裂缝间距比较小，因此平均裂缝间距可表示为：

$$s = L/m \qquad (4-4-8)$$

而在裂缝处，混凝土的应力为零，则有：

$$\sigma_{s2} = \frac{N(\infty)}{A_s} \qquad (4-4-9)$$

在区域 1 内，未开裂区域混凝土的应力随时间变化见图 4-4-3，裂缝出现前，混凝土的应力不断增长，当达到 f_t 后，混凝土开裂，开裂处的混凝土应力突降为零，未开裂处混凝土的应力则突降为 σ_{c1}，混凝土的应力介于 σ_{c1} 和 f_{tk} 之间，因此假定混凝土受到的平均应力 σ_{av} 为：

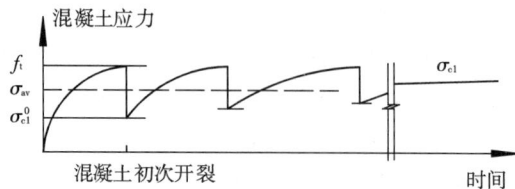

图 4-4-3　区域 1 内未开裂混凝土应力随时间变化

$$\sigma_{av} = \frac{\sigma_{c1}^0 + f_{tk}}{2} \tag{4-4-10}$$

而且假定区域 1 内，混凝土的徐变应变 ε_c 为：

$$\varepsilon_c = \frac{\sigma_{av}}{E_c}\phi_t \tag{4-4-11}$$

式中　ϕ_t——徐变系数，将其定义为在平均应力作用下，混凝土的徐变应变和弹性应变之比。

区域 1 内，混凝土的总应变为：

$$\varepsilon_{c1} = \varepsilon_e + \varepsilon_c + \varepsilon_{sh} = \frac{\sigma_{av}}{E_c} + \frac{\sigma_{av}}{E_c}\phi_t + \varepsilon_{sh} = \frac{\sigma_{av}}{E_e^c} + \varepsilon_{sh} \tag{4-4-12}$$

式中，E_e^c 为混凝土的等效模量，即：$E_e^c = \frac{E_c}{1 + \phi_t}$ $\tag{4-4-13}$

在区域 1 内，由于钢筋和混凝土受力平衡，则有：

$$\sigma_{c1} = \frac{N(\infty) - \sigma_{s1}A_s}{A_c} \tag{4-4-14}$$

而且，在区域 1 内，钢筋和混凝土的应变相等，则有：

$$\frac{\sigma_{s1}}{E_c} = \frac{\sigma_{av}}{E_e^c} + \varepsilon_{sh} \tag{4-4-15}$$

由于在区域 1 内，混凝土的应力小于 f_{tk}，则有：

$$\sigma_{c1} \leqslant f_{tk} \tag{4-4-16}$$

将式（4-4-7）~式（4-4-16）整理后可以得到平均裂缝间距的计算公式：

$$s \leqslant \frac{2s_0(1 + \eta)}{3\eta} \tag{4-4-17}$$

式中，$\eta = -\dfrac{n_{sc}\rho(\sigma_{av} + \varepsilon_{sh}E_e^c)}{n_{sc}\rho(\sigma_{av} + \varepsilon_{sh}E_e^c) + f_{tk}}$ $\tag{4-4-18}$

其中，$n_{sc} = E_s/E_e^c$，$\rho = A_s/A_c$。

接下来，需通过混凝土的总缩短量来确定裂缝平均宽度，即：

$$w + \varepsilon_{c1}(s - 2s_0) + 2\int_0^{s_0} \varepsilon_{c2}\mathrm{d}x = 0 \tag{4-4-19}$$

其中区域 1 内，混凝土的应变 ε_{c1} 由式 4-4-12 确定，区域 2 内的应变 ε_{c2} 为：

$$\varepsilon_{c2} = \frac{\beta(x)\sigma_{c1}}{E_e^c} + \varepsilon_{sh} \tag{4-4-20}$$

其中，$\beta(x)$ 为抛物线函数，$\beta \in [0,1]$。因此有：

$$w = -\left[\frac{\sigma_{c1}}{E_e^c}\left(s - \frac{2}{3}s_0\right) + \varepsilon_{sh}s\right] \tag{4-4-21}$$

四、普通钢筋屈服后的裂缝开展情况

前面的推导是在普通钢筋没有屈服的假设下建立的。但是，如果配筋量比较小，在混凝土初始开裂后，钢筋有可能就屈服了，在这种情况下，两端的约束力将保持为定值，即有：

$$N(\infty) = f_{yk}A_s \qquad (4-4-22)$$

其中 f_{yk} 为钢筋抗拉强度标准值。因此，区域 1 内的混凝土应力为：

$$\sigma_{c1} = \frac{f_{yk}A_s - \sigma_{s1}A_s}{A_c} \qquad (4-4-23)$$

另外，尽管 σ_{c1} 随时间会略有增长，但 σ_{c1} 再不会达到混凝土轴心抗拉强度，因此不会出现持续的开裂，初始裂缝将变得很大，裂缝宽度可以根据钢筋总应变为零算出，即有：

$$\frac{\sigma_{s1}}{E_s}(L-w) + \frac{f_{yk} - \sigma_{s1}}{E_s}\frac{2}{3}s_0 + w = 0 \qquad (4-4-24)$$

由于 $L \gg w$，因此有：

$$w = -\frac{\sigma_{s1}(3L - 2s_0) + 2s_0 f_{yk}}{3E_s} \qquad (4-4-25)$$

将式（4-4-25）代入式（4-4-24），整理后有：

$$\sigma_{s1} = \frac{n_{sc}\rho f_{yk} + \varepsilon_{sh}E_s}{1 + n_{sc}\rho} \qquad (4-4-26)$$

五、算例分析

（一）【算例1】板构件

板跨分别为 4.2m、6m 和 9m，板厚分别为 100mm、150mm 和 220mm；$E_s = 2 \times 10^5 \text{MPa}$，$f_{yk} = 360 \text{MPa}$；采用 C35 混凝土，$f_{tk} = 2.2 \text{MPa}$，$E_c = 3.15 \times 10^4 \text{MPa}$，$\phi_t = 2.5$。表 4-4-1 ~ 表 4-4-4 为裂缝宽度和间距的计算结果。

裂缝计算结果（$d_s = 12\text{mm}$，$\varepsilon_{sh} = -600 \times 10^{-6}$）　　　　表 4-4-1

	配筋率（%）	0.2	0.3	0.4	0.5	0.6	0.7	0.8	1.0
4.2m 板跨	裂缝宽度 w（mm）	1.2	0.86	0.47	0.35	0.25	0.20	0.15	0.11
	裂缝间距 s（mm）	2100	2100	1050	840	600	467	350	247
6m 板跨	裂缝宽度 w（mm）	2.12	0.85	0.51	0.36	0.26	0.20	0.16	0.11
	裂缝间距 s（mm）	3000	2000	1200	857	600	462	375	250
9m 板跨	裂缝宽度 w（mm）	3.63	0.91	0.54	0.37	0.27	0.21	0.16	0.11
	裂缝间距 s（mm）	4500	2250	1286	900	643	500	391	250

裂缝计算结果（$d_s = 16\text{mm}$，$\varepsilon_{sh} = -600 \times 10^{-6}$）　　　　表 4-4-2

	配筋率（%）	0.2	0.3	0.4	0.5	0.6	0.7	0.8	1.0
4.2m 板跨	裂缝宽度 w（mm）	1.41	0.97	0.63	0.45	0.34	0.26	0.20	0.14
	裂缝间距 s（mm）	2100	2100	1400	1050	840	600	476	323
6m 板跨	裂缝宽度 w（mm）	1.81	1.19	0.66	0.48	0.35	0.26	0.21	0.14
	裂缝间距 s（mm）	3000	3000	1500	1200	857	600	500	316
9m 板跨	裂缝宽度 w（mm）	3.33	1.20	0.72	0.48	0.35	0.27	0.21	0.15
	裂缝间距 s（mm）	4500	3000	1800	1125	818	643	500	333

裂缝计算结果（$d_s = 12mm$，$\varepsilon_{sh} = -1000 \times 10^{-6}$） 表 4 - 4 - 3

配筋率（%）		0.2	0.3	0.4	0.5	0.6	0.7	0.8	1.0
4.2m 板跨	裂缝宽度 w（mm）	2.66	0.89	0.58	0.36	0.28	0.21	0.16	0.11
	裂缝间距 s（mm）	2100	1050	700	420	323	233	183	120
6m 板跨	裂缝宽度 w（mm）	4.27	0.98	0.56	0.39	0.27	0.21	0.17	0.11
	裂缝间距 s（mm）	3000	1200	667	462	316	240	188	122
9m 板跨	裂缝宽度 w（mm）	6.94	0.94	0.58	0.40	0.29	0.21	0.17	0.11
	裂缝间距 s（mm）	4500	1125	692	474	333	243	191	123

裂缝计算结果（$d_s = 16mm$，$\varepsilon_{sh} = -1000 \times 10^{-6}$） 表 4 - 4 - 4

配筋率（%）		0.2	0.3	0.4	0.5	0.6	0.7	0.8	1.0
4.2m 板跨	裂缝宽度 w（mm）	2.71	1.19	0.72	0.51	0.36	0.27	0.22	0.14
	裂缝间距 s（mm）	2100	1400	840	600	420	300	247	156
6m 板跨	裂缝宽度 w（mm）	3.91	1.25	0.73	0.51	0.37	0.28	0.22	0.15
	裂缝间距 s（mm）	3000	1500	857	600	429	316	250	162
9m 板跨	裂缝宽度 w（mm）	6.58	1.25	0.76	0.51	0.37	0.28	0.22	0.15
	裂缝间距 s（mm）	4500	1500	900	600	429	321	250	164

（二）【算例 2】梁构件

梁跨分别为 12m、18m 和 24m，梁高分别（取跨长的 1/12）为 1000mm、1500mm 和 2000mm；$E_s = 2 \times 10^5 MPa$，$f_{yk} = 360MPa$；采用 C40 混凝土，$f_{tk} = 2.39MPa$，$E_c = 3.25 \times 10^4 MPa$，$\phi_t = 2.5$。表 4 - 4 - 5 ~ 表 4 - 4 - 8 为裂缝宽度和间距的计算结果。

裂缝计算结果（$d_s = 20mm$，$\varepsilon_{sh} = -600 \times 10^{-6}$） 表 4 - 4 - 5

配筋率（%）		0.4	0.6	0.8	1.2	1.4	1.6	1.8	2.0
12m 板跨	裂缝宽度 w（mm）	0.93	0.47	0.28	0.19	0.14	0.11	0.08	0.07
	裂缝间距 s（mm）	2400	1200	706	462	324	240	185	148
18m 板跨	裂缝宽度 w（mm）	0.97	0.47	0.29	0.19	0.14	0.11	0.09	0.07
	裂缝间距 s（mm）	2571	1200	720	462	327	243	188	149
24m 板跨	裂缝宽度 w（mm）	9.23	0.49	0.29	0.20	0.14	0.11	0.09	0.07
	裂缝间距 s（mm）	12000	1263	727	471	333	245	189	150

裂缝计算结果（$d_s = 25mm$，$\varepsilon_{sh} = -600 \times 10^{-6}$） 表 4 - 4 - 6

配筋率（%）		0.4	0.6	0.8	1.2	1.4	1.6	1.8	2.0
12m 板跨	裂缝宽度 w（mm）	1.16	0.55	0.35	0.24	0.17	0.13	0.11	0.09
	裂缝间距 s（mm）	3000	1333	857	571	4000	3000	231	185
18m 板跨	裂缝宽度 w（mm）	1.18	0.59	0.35	0.24	0.18	0.13	0.11	0.09
	裂缝间距 s（mm）	3000	1500	857	581	409	300	234	186
24m 板跨	裂缝宽度 w（mm）	9.44	0.59	0.36	0.24	0.18	0.13	0.11	0.09
	裂缝间距 s（mm）	12000	1500	889	585	414	304	235	186

裂缝计算结果（$d_s=20mm$，$\varepsilon_{sh}=-1000\times10^{-6}$）　　　　**表 4-4-7**

配筋率（%）		0.4	0.6	0.8	1.2	1.4	1.6	1.8	2.0
12m 板跨	裂缝宽度 w（mm）	0.99	0.48	0.29	0.20	0.14	0.11	0.09	0.07
	裂缝间距 s（mm）	1200	571	333	218	152	113	87	69
18m 板跨	裂缝宽度 w（mm）	1.04	0.49	0.29	0.20	0.14	0.11	0.09	0.07
	裂缝间距 s（mm）	1286	581	340	220	154	113	87	69
24m 板跨	裂缝宽度 w（mm）	1.96	0.50	0.30	0.20	0.14	0.11	0.09	0.07
	裂缝间距 s（mm）	12000	600	343	220	155	114	87	69

计算结果（$d_s=25mm$，$\varepsilon_{sh}=-1000\times10^{-6}$）　　　　**表 4-4-8**

配筋率（%）		0.4	0.6	0.8	1.2	1.4	1.6	1.8	2.0
12m 板跨	裂缝宽度 w（mm）	1.23	0.60	0.36	0.25	0.18	0.14	0.11	0.09
	裂缝间距 s（mm）	1500	706	414	273	190	141	108	86
18m 板跨	裂缝宽度 w（mm）	1.24	0.61	0.36	0.25	0.18	0.14	0.11	0.09
	裂缝间距 s（mm）	1500	720	419	273	191	142	108	86
24m 板跨	裂缝宽度 w（mm）	18.15	0.63	6.37	0.25	0.18	0.14	0.11	0.09
	裂缝间距 s（mm）	12000	750	429	276	192	142	108	86

算例计算结果表明：(1) 加强配筋构造措施以控制裂缝是可行的现实途径之一，随着配筋率的增大，裂缝宽度和裂缝间距减小，而裂缝数量加大；(2) 当配筋率较小时（对于板 $\rho<0.002$，对于梁 $\rho<0.004$），只出现一道宽度较大的裂缝，而且构件跨度越大，裂缝宽度越宽；(3) 当配筋率达到一定量时（对于板 $\rho>0.006$，对于梁 $\rho>0.01$），不同跨度构件的裂缝宽度基本相同，且在 0.30mm 左右；(4) 相同配筋率下，裂缝宽度随钢筋直径减小而减小。

算例为最不利情况下构件的温度收缩裂缝的预测，对于两端约束不是很强的构件，配筋率可适当降低。对于预应力构件，可以考虑平均预压应力产生的效应，在确定最终收缩时可以扣除平均预压应力引起的应变，另外在计算配筋率时考虑预应力筋预应力增量的影响。此外，在确定最终收缩时也可以适当考虑平均温度引起的应变。

对于混凝土板温度收缩钢筋应沿板上、下表面作双层配筋，对于混凝土梁温度收缩钢筋沿梁四周均匀布置。温度收缩钢筋可利用原有钢筋贯通布置，也可另行设置构造钢筋网，并与原有钢筋按受拉钢筋的要求搭接或在柱边构件中锚固。

第五节　超长预应力混凝土框架梁的布索方案

一、引言

确定预应力筋布索方案是超长预应力混凝土结构设计的一项重要内容。从满足结构使用性能和承载能力要求，预应力筋的外形应尽可能与弯矩图一致，而且为了得到截面内部抵抗弯矩的最大力臂，应把结构控制截面处的预应力筋尽量靠近受拉边缘布置。

在确定超长框架梁预应力筋的布索方式时，尚应充分考虑布索方案的可操作性和经济性，特别是要注意减小摩擦损失以提高预应力效率，使预应力筋能够有效连接，处理好张拉锚固节点，另外，在确定预应力筋线型时，应避免预应力筋在交叉处相交以及协调预应力筋和非预应力筋的矢高，此外还可充分利用无粘结预应力筋增加梁的抗裂度。本章对国内若干超长预应力混凝土框架梁工程成功经验进行了分析和总结，并提出了若干建议，可为设计和施工提供参考。

二、规范的构造要求

在进行超长框架梁设计时，一般通过抗裂要求来确定预应力筋的用量，然后通过正截面承载力的计算来确定普通钢筋的用量。现行《混凝土结构设计规范》（GB50010—2002）根据我国多年试验研究和工程经验，对后张预应力筋配置提出了相应的构造要求，确定布索方案时应加以考虑。

（一）预应力强度比和最大综合配筋率要求

对有抗震要求的有粘结框架梁的端截面，规范要求预应力强度比满足：

$$\lambda = \frac{f_{py}A_p}{f_{py}A_p + f_yA_s} \leq \lambda_{max} \qquad (4-5-1)$$

其中对于一级和二、三级抗震等级 λ_{max} 分别取 0.55 和 0.75。对于常用的 $f_{py}=1320$MPa 钢绞线，根据式（4-5-1）可以得到的普通钢筋和预应力筋最小面积比，列于表 4-5-1 中。

普通钢筋和预应力筋最小面积比（As/Ap）　　　　　　　表 4-5-1

钢筋种类	抗震等级	
	一级	二、三级
HRB335	3.6	1.47
HRB400	3.0	1.22

此外，纵向受拉钢筋按非预应力筋抗拉强度设计值折算的配筋率不应大于 2.5%（HRB400 级钢筋）或 3.0%（HRB335 级钢筋），即：

$$\rho = \frac{f_{py}A_p + f_yA_s}{f_yA_1} \leq \rho_{max} \qquad (4-5-2)$$

将式（4-5-1）和式（4-5-2）联立则有：

$$A_p \leq \frac{\lambda_{max}\rho_{max}f_y}{f_{py}}A_1 \qquad (4-5-3)$$

对于常用的 $f_{py}=1320$MPa 钢绞线，根据式（4-5-3）可以得到：

一级抗震等级：$A_p \leq 0.375\%A_1$ 　　　　　　　　　　　　（4-5-4）

二级、三级抗震等级：$A_p \leq 0.511\%A_1$ 　　　　　　　　　　（4-5-5）

式中　A_1——按全截面面积扣除受压翼缘面积（$b_f'-b$）h_f' 后的截面面积。

式（4-5-4）、式（4-5-5）一定程度上限定了框架梁端的预应力筋配筋量。

（二）孔道净距要求

为防止框架梁在施工阶段受力后发生沿孔道的裂缝和破坏，规范对预留孔道规定：在框架梁中，预留孔道在竖直方向的净间距不应小于孔道外径，水平方向的净间距不应小于1.5倍孔道外径；从孔壁算起的保护层厚度，梁底不宜小于50mm，外侧不宜小于40mm。设计人员在确定预应力筋的排数以及每排孔道数时宜满足上述的规定。

三、减小摩擦损失的方法

预应力筋与孔道壁之间的摩擦引起的预应力损失 σ_{l2}，《混凝土结构设计规范》（GB50010—2002）给出了计算公式：

$$\sigma_{l2} = \sigma_{con}\left[1 - e^{-(\kappa x + \mu\theta)}\right] \tag{4-5-6}$$

式中　σ_{con}——张拉控制应力；

　　　　x——张拉端至计算截面的孔道长度（m）；

　　　　θ——张拉端至计算截面曲线孔道部分切线的夹角（rad）；

　　　　κ——考虑孔道每米长度局部偏差的摩擦系数；

　　　　μ——预应力筋与孔道壁之间的摩擦系数。

因此，可从三个方面减小预应力摩擦损失：其一，采用分段张拉、结构整体连续的预应力施加方法，即减小预应力筋总长度；其二，采用线型较为平缓的预应力筋布索方式，即减少预应力筋线型总切线夹角；其三，减小摩擦系数 κ 和 μ。

（一）分段张拉

若有效预应力值过小，$f_{py} - \sigma_{pe}$ 数值过大，则极限承载力计算时预应力筋抗拉强度设计值采用 f_{py} 已经不合适，设计时可根据平截面假定确定其实际应力值，但这样带来的结果是结构不经济。文献［4］指出，多跨预应力筋的跨数与长度 L_p，应控制在 $0.5L_p$ 长度处的有效预应力值不小于 $0.45f_{ptk}$。根据这一要求，两端张拉的预应力筋跨数宜取 3～5 跨，长度控制在 50～75m。但对于水平弧梁的预应力筋，笔者认为其跨度数不宜超过 3 跨，长度控制在 30～50m 为宜。如果有效预应力值小于 $0.45f_{ptk}$，可以考虑在中间几跨增设无粘结预应力筋，以满足抗裂要求。

（二）选择合适的预应力筋线型

框架梁中的预应力筋线型一般为抛物线和直线这两种基本线型组合而成，通常按"跨"定义和布置，其中四段正反抛物线组合、直线和抛物线相切线组合和三段折线组合尤为常用。对于超长框架梁应注意：

1. 不宜采用折线型预应力筋线，一方面是因为较多的折角使预应力筋穿束施工困难，另一方面，中间跨跨中处的累积摩擦损失比较大。

2. 对于跨度较小的端跨，不宜采用抛物线线型，而且单端张拉时，预应力筋的张拉端宜设置在线型较为平缓的一端。因为跨度较小时，抛物线的切线夹角比较大，摩擦损失会比较大。如果张拉端的线型比较陡，一方面端跨的摩擦损失比较大，累积到锚固端的摩擦损失将偏大；另一方面，预应力筋锚固回缩时，因为正、反向摩擦斜率基本相同，锚固损失将集中在张拉端附近，使张拉端附近的有效预应力偏低。

（三）减小摩擦系数 κ 和 μ

摩擦系数 κ、μ 和孔道成形方式及施工质量有着密切的关系。在施工中，可采取如下措施减小摩擦损失：（1）选用大一号的波纹管，以减小预应力摩擦损失；并加大波纹管壁厚，以增大波纹管的刚度；（2）在混凝土浇筑后及时用倒链来回抽动钢绞线，以防钢绞线与可能渗入波纹管的水泥浆粘在一起而增大摩擦损失；（3）在施工中，必须加强质量控制，严格控制预应力束的水平和竖向偏差；（4）采取超张拉回松技术，放大锚固时预应力筋回缩量，以提高跨中的有效预应力；（5）可以选用塑料波纹管成孔方式。

四、预应力筋有效连接

在超长框架结构中，由于跨数多而采用两端张拉方法时，中间部位预应力损失很大，穿束长度过长，必须采用分段张拉方法。因此，预应力筋的有效连接相当关键。多跨预应力筋的连接方法主要有三种：对接法、搭接法和分离法。在实际工程中，这三种方法也可同时采用。

（一）对接法

预应力筋张拉端设置在施工缝处，采用锚头连接器，在张拉后接长，逐段浇筑混凝土，向前推进。此法在桥梁工程中采用较多，此时桥梁施工采用分段流水施工，逐孔浇注逐孔张拉，再施工下一流水段。在房屋结构中，当结构平面尺寸细长，宽度在60m以内，长度大于100m时，采用此种连接法分段施工较为合理，此时施工流水速度及材料周转速度取决于预应力筋张拉时间。但在房屋工程中由于梁的截面尺寸小，且费用也较高，该方法使用受到限制。某工程即采用对接与分离法相结合的施工方案，如图4-5-1所示。

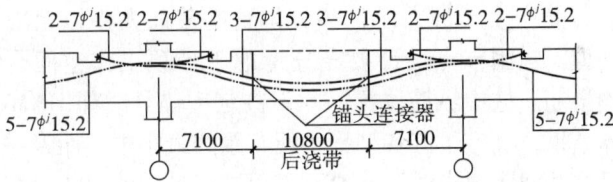

图4-5-1 预应力筋连接工程实例

（二）搭接法

预应力筋在支座处搭接，从柱两侧梁顶面、侧面斜凹槽内伸出。搭接法在房屋工程中采用较多，但在支座处配筋稠密的情况下施工难度也较大。如图4-5-2所示，某机场停车楼预应力框架梁即采用了交叉搭接法。

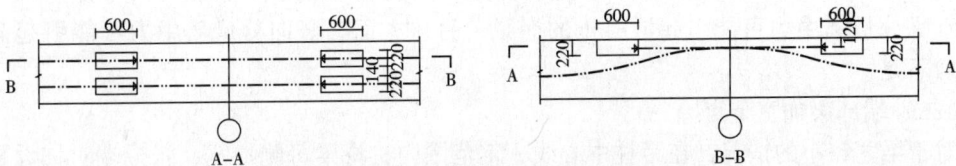

图4-5-2 预应力筋交叉搭接实例

（三）分离法

在超长框架结构的施工中，往往要留设后浇带，形成两个分离的施工段。预应力筋在梁端张拉，两施工段之间留一跨（段）预埋预应力筋，该预应力筋可采用无粘结预应力筋，待该跨（段）补浇混凝土后再张拉，连成贯通的预应力筋（图4-5-3）。对于补拉的预应力筋应注意两点，一方面，补拉部分预应力筋受到的侧向约束可能比较大，施加到梁上的有效预压力会偏小，设计时需要考虑侧向约束的影响；另一方面，补拉部分的预应力筋长度不宜过短，一般不宜小于6m，否则锚固损失将很大。如图4-5-3所示，某工程的主框架梁为七跨连续梁，利用后浇带分为两段。由于后浇带跨支座处配置有粘结预应力筋，承担负弯矩，跨中底部正弯矩主要由普通钢筋承担，并配部分无粘结筋以提高刚度和抗裂度。

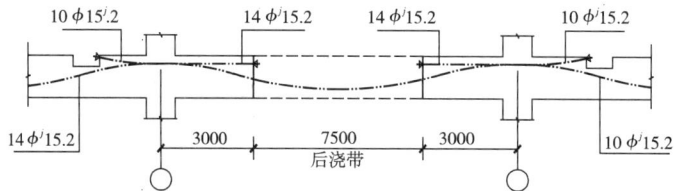

图4-5-3　预应力筋分离连接实例

五、锚固节点处理

超长预应力梁的内节点处锚固的预应力筋较多，特别是当锚固端呈内凹式设置时，端部埋件可能与非预应力筋产生矛盾，而且部分位置的截面太小，无法保证端部锚垫板位置，此时需做特殊处理。锚固节点设计要充分考虑千斤顶工作空间、锚具尺寸、局部承压、梁面负筋、梁侧腰筋、柱中纵筋位置等。一些定型锚具，如HVM、OVM等，根据有限元分析和理论计算结果，确定了其各型锚垫板布置的最小中心距及中心到构件边缘的最小距离，当设计满足这些间距要求时，一般不需再进行专门的局压验算。

（一）梁顶面锚固节点

预应力筋伸过分段的轴线后，将预应力筋引出楼面，在梁顶面上开斜口锚固，当预应力筋较多时宜分批锚固，预应力筋锚固点的间距应根据预应力筋产生的径向力不引起混凝土剪切破坏及千斤顶尺寸确定。但笔者认为，预应力筋不宜在支座附近的梁面锚固，主要是考虑到，其一，支座附近的梁顶纵向钢筋和箍筋比较密，而锚固端需要留设较大的张拉槽，因此要使普通钢筋让位于张拉槽的难度比较大；其二，支座附近的预应力筋往往需要斜向锚固，锚固端的预应力等效集中力将产生水平和竖向两个分量，一方面，水平分量集中力可能引起混凝土的崩脱，另一方面，竖向分量集中力可能引起截面的抗剪不足。

（二）端部梁加宽节点

对于梁宽较小的情况，在距柱中心线一定范围内，将梁每侧加宽，张拉端对称设置在梁加宽区端部，同时根据需要可将一部分张拉端设置在梁顶面。梁端部宽加腋采用的有矩形和三角形两种，其中矩形加腋常用于中间跨的节点，如图4-5-4所示为某工程为梁加宽锚固节点，而三角形加腋一般用于端跨节点，如图4-5-7所示。特别是采用分离式在梁柱节点交错搭接时，设计时应考虑将预应力筋左右对称的上下错开布置。

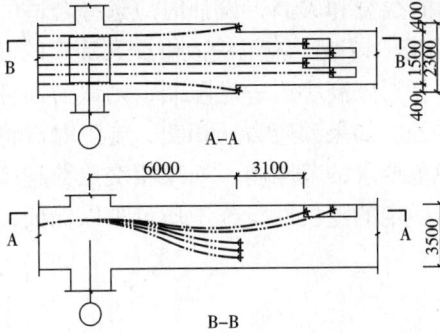

图 4-5-4　中间跨端部梁加宽锚固节点图　　图 4-5-5　柱端局部加腋节点

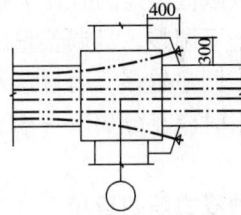

（三）柱端局部加腋节点

对于截面不足之处，锚垫板位置的端头可采用局部加腋的方法处理，设计时应对该处局部承压进行验算，如图 4-5-5 所示为某工程的一个端部节点处理。

（四）板面设牛腿节点

对于地下停车场等结构，其楼板顶面要回填土，因此可采取在内节点处凸出板面设置锚固块（牛腿），牛腿的非预应力配筋应满足抗剪及局部承压要求。

（五）节点处的普通钢筋

预应力筋锚固节点处往往是多向钢筋和预应力筋交错之处，如何使锚具安装就位，是设计和施工应考虑的重要问题。在设计时，应考虑对端部的非预应力筋进行特殊处理。例如，梁面纵筋可提前弯曲，梁底筋向下锚固，如图 4-5-6 所示；柱钢筋移位让出锚垫板位置，实在无法让开时可将少数柱筋割断，再用插筋满足规范要求。此外，如图 4-5-7 所示，为防止混凝土崩裂，需要在加腋处预应力筋水平弯折范围内加配防崩钢筋。

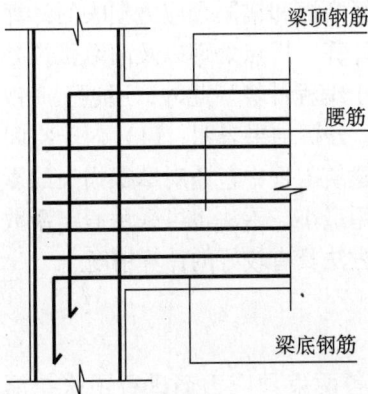

图 4-5-6　端部普通钢筋锚固　　　　图 4-5-7　梁宽加腋箍筋加密

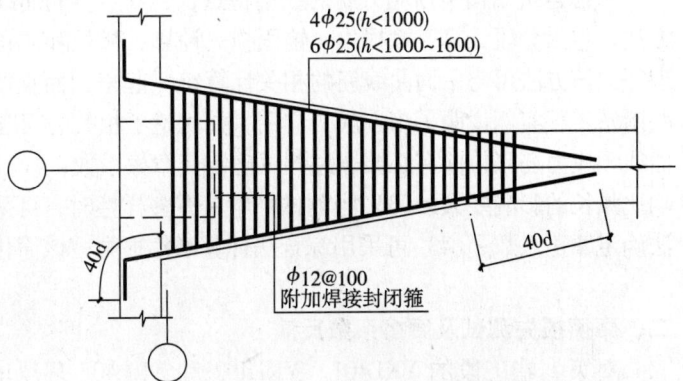

六、预应力筋的相交问题

在双向框架梁或交叉梁中，两个方向的预应力筋和非预应力筋交错叠放，形成一张预应力筋"网"。为保证"网"上各预应力筋的线型和矢高，设计时应选择合适的线型，尽量减少甚至避免"网"上各节点预应力筋相交，以减少施工铺放中交叉穿索的麻烦。

如果两个方向的预应力筋在交叉点上的相对矢高小于一定限制，则认为预应力筋在该点上相交，该限值至少为预应力筋的孔道外径。如果预应力筋相交，施工时需将预应力筋局部左右、上下调整，且调整量应控制在规范要求的范围内。如果相交点数越多，说明需要进行的施工调整越多，而且这种调整具有一定的随机性，施工质量难以保证，因此设计确定布索方案时应充分加以考虑。

七、无粘结预应力筋的应用

按照《混凝土结构设计规范》（GB50010—2002）规定，框架梁宜采用后张有粘结预应力筋。但实际工程中，由于无粘结筋施工便捷，可以适当配置一定数量的无粘结筋以满足梁的刚度和抗裂要求。例如前面提到的在设置后浇带一跨梁内配置无粘结预应力筋，可取得较好的效果。此外，对于超长框架，在有粘结预应力筋尚未张拉前，由于混凝土的早期收缩和温度变化，可能产生较大的拉应力而使混凝土开裂。因此，可在梁中配置无粘结筋以抵抗可能超限的收缩和温度应力，而且以腰筋形式配置。

第六节 结论及建议

上海铁路南站主站屋工程的 9.900m 标高平台结构为一内径 152m，外径 270m 的圆形框架剪力墙结构体系，主体结构设有五道圆环形预应力混凝土框架环梁，其中有两道环梁为支撑上部钢屋盖传来的柱子荷重的转换梁，最大环梁跨度为 30.6m，最小宽度为 8.6m。另外沿径向设有近三百根预应力框架梁和悬挑主次梁，在施工过程中表现为数段预应力曲梁框架，最终形成整环形梁，并且和径向主、次梁和楼板共同形成整体，整个楼层预应力体系的形成是一个复杂的过程。通过上海南站主站屋超长、大跨预应力环梁受力特性及施工工艺研究，得出以下主要结论：

一、空间曲线筋摩擦和锚固预应力损失计算

考虑建筑结构中预应力筋的线型特点，建立了空间曲线筋摩擦和锚固预应力损失的计算方法，包括分段计算摩擦损失、锚固损失计算、弧长和包角计算、折点处理以及两端张拉处理等。该方法可与平面曲线筋的相关计算统一起来，而且便于编程计算。此外，通过上海铁路南站工程实例说明了该方法的应用，并讨论了相关的问题。分析结果表明：（1）对于空间曲线预应力筋张拉前有必要通过测试确定其摩擦系数；（2）建筑工程中包角对摩擦损失的影响比弧长的影响要大；（3）当测试样本具有多样性时，可采用最小二乘法也可采用假定系数法确定摩擦系数；（4）可采用综合法计算摩擦损失，该简化方法具有较好的计算精度。

二、摩擦损失测试及摩擦系数反演

对第 1 施工段的 YKL401、YKL402 和 YKL405 环梁的各两束预应力筋进行了张拉测试。通过张拉测试和数据分析，可以知道：（1）张拉应力大于 $0.6\sigma_{con}$ 后，应力比较稳定，

因此在分析摩擦系数时取张拉应力分别 $0.65\sigma_{con}$、$0.8\sigma_{con}$ 和 $1.0\sigma_{con}$ 的相应数据；（2）采用"最小二乘法"反演的摩擦系数为 $\kappa=0.0021$，$\mu=0.28$；（3）按《混凝土结构设计规范》（GB50010—2002）取的摩擦系数（$\kappa=0.0015$，$\mu=0.25$）计算的摩擦损失偏小，与以反演摩擦系数计算的结果和实测结果偏差 $7\%\sigma_{con}$ 左右；（4）预应力束采用分离式交叉搭接时，建议延伸的张拉端线型应尽量平缓。

三、超长、大跨预应力混凝土环梁结构有限元分析

对超长、大跨预应力混凝土环梁进行了整体和局部相结合的有限元分析，重点对恒荷、温度、预应力效应进行了讨论。分析结果表明：（1）SATWE 软件在进行结构分析时未考虑工字形梁上下翼缘的自重，可能使结构在恒载作用下的内力偏小；（2）对本结构环梁，恒载起控制作用，建议考虑采用某些措施来减轻结构的自重；（3）建议将某些次梁也施加预应力；（4）在温降作用下环梁会产生很大的轴拉应力，因此该环梁的设计要考虑温度效应参与组合；（5）当剪力墙存在时，环梁结构由温度产生的轴力远大于不设剪力墙时，建议剪力墙后浇；（6）温度的作用也在柱上产生较大的弯矩，建议对柱的承载力进行校核；（7）按照施工单位提供的施工缝设置方法，对结构进行了温度效应计算，计算结果表明相对整体模型，分块施工段温度应力有很大程度减少，说明分段施工在减小环梁温度收缩效应上是有效的；（8）预应力施工阶段分析表明，张拉本道预应力环梁时建立的预应力效应在某些部位较明显，且对相邻环梁的预应力效应有一定的影响，对相隔两道以上环梁的预应力效应基本没有影响。

四、超长混凝土框架梁的温度收缩裂缝分析和控制

讨论由混凝土干缩引起的受拉裂缝形成机理，并总结了温度收缩裂缝控制的常用方法。此外，利用两端固定约束模型讨论温度收缩裂缝的平均宽度、数量和间距的计算方法，重点讨论了配筋率对裂缝宽度的影响，为温度收缩裂缝控制配筋设计计算提供参考。分析结果表明：（1）加强配筋构造措施以控制裂缝是可行的现实途径之一，随着配筋率的增大，裂缝宽度和裂缝间距减小，而裂缝数量加大；（2）当配筋率较小时，只出现一道宽度较大的裂缝，而且构件跨度越大，裂缝宽度越宽；（3）当配筋率达到一定量时（对于板 $\rho>0.006$，对于梁 $\rho>0.01$），不同跨度构件的裂缝宽度基本相同，且在 0.30mm 左右；（4）相同配筋率下，裂缝宽度随钢筋直径减小而减小。

五、超长预应力混凝土框架梁的施工布索方案

确定预应力筋布索方案是超长预应力混凝土结构设计和施工的一项重要内容。从满足结构使用性能和承载能力要求，预应力筋的外形应尽可能与弯矩图一致，而且为了得到截面内部抵抗弯矩的最大力臂，应把结构控制截面处的预应力筋尽量靠近受拉边缘布置。在确定超长框架梁预应力筋的布索方式时，尚应充分考虑布索方案的可操作性和经济性。对国内若干超长预应力混凝土框架梁工程成功经验进行了分析和总结，对减小摩擦损失以提高预应力效率、预应力筋有效连接、张拉锚固节点处理、避免预应力筋在交叉处相交、协调预应力筋和非预应力筋的矢高以及利用无粘结预应力筋增加梁的抗裂度等相关问题提出建议，为设计和施工提供参考。

第五章 主站房屋盖抗震性能研究

第一节 绪 论

一、背景及意义

上海铁路南站屋面采用大跨预应力钢结构，结构形式复杂，荷载类型多样，给屋面结构的分析和设计带来较大难度与挑战。本建筑重要性等级高，抗震设防要求高。同时，上海南站作为上海市的标志性建筑，其屋面结构的可靠性不仅涉及成千上万人的生命安全，还具有重大的经济、社会影响。

对大跨新型钢屋盖结构进行抗震性能研究，目的就是对该结构的抗震能力和设计参数等方面进行必要的验证，提出保证屋面结构抗震能力的措施，并对此类屋面结构的动力特性、地震反应特点及抗震薄弱环节予以评定。

本项目的研究，对于保证上海铁路南站屋面抗震能力具有较大的指导意义。通过计算机仿真模拟，可以预测地震作用下屋盖中应力、应变、挠度以及稳定性等的变化规律及可能发生的破坏形式，为结构设计、制造提出合理建议，并校核设计计算结果。可以模拟复杂地震作用下屋盖的地震反应，对其抗震性能进行全面评估。

二、研究现状

（一）大跨网壳的抗震特点及问题

网壳结构作为大跨度空间结构的一种形式，往往被用于覆盖大面积公用建筑，一旦损坏，对人类的生命财产都会产生严重危害。

网壳结构具有振型密集，振型间相互耦合严重等特点。在地震作用下，它的响应较为复杂，其动力特性远区别于高层结构，现有的适用于高层抗震设计的方法及思想未必适用网壳结构。

其振型（或频率）分布比较密集，往往从最低阶算起前面数十个振型都可能对其地震响应有贡献。

不同方向的地震作用引起的响应往往是同量级的，因此考虑多维输入是一个相当重要的问题。

对于矢跨比不大的网壳结构竖向地震作用较显著。

一些超大跨度网壳尺度十分巨大，因而在计算中也许有必要考虑地震动的空间相关性。

单层网壳结构在静力作用下的稳定性是设计中的重要因素，它们在地震作用下同样存在动力失稳问题。

大跨度带预应力索屋盖的非线性特性。

（二）地震动的输入

1. 竖向地震的重要性不可忽略

震害经验与理论研究表明地震时的地面运动是一复杂的多维运动，包括三个平动分量和三个转动分量。

在强震区地震的竖向分量较为明显，1952 年 7 月 21 日阿尔文—蒂哈恰比地震时（震级 7.7 级）在加州塔夫特记录到的地面运动加速度曲线，竖向加速度 a_v 达到了水平加速度 a_h 的 60%。1976 年 7 月 28 日我国唐山大地震测得 a_v 达 a_h，1999 年台湾的"九·二一"大地震 a_v 可达一个重力加速度。哈尔滨工业大学的大量研究数据表明：竖向地震的加速度峰值平均值为水平地震加速度峰值的 1/2 ~ 1/3；美国山谷（Imperial Valley）地震所获得的 30 个记录中 a_v/a_h 的平均值达 0.77；大量震害记录表明，竖向与水平地震加速度比平均为 1/2 ~ 2/3，但也有一些大于 1 的，如 1995 年 1 月 17 日日本阪神大地震记录到的最大水平地震加速度为 813ga1，最大竖向地震加速度为 833ga1，是一次典型的都市"直下型"地震。

竖向地震不仅可能造成普通结构破坏，对大跨、悬臂结构而言，更可能是起控制作用的因素。在对竖向地震作用对单层工业厂房等大跨度结构震害的影响进行了研究后，杨春田等提出："竖向地震作用是造成震害的重要因素，抗震设计必须考虑竖向地震与水平地震的共同作用。"

结构在单维与多维地震作用下的反应是不同的，数值分析与振动台试验结果也表明大跨屋盖结构在三向地震输入下的反应会大于单向地震输入下的反应。对一些复杂工程结构（如大型水坝、海洋平台、核电站、大跨度及空间结构等），在结构抗震分析时只考虑单分量地震作用是不够的，还应考虑多分量对其的影响。

2. 结构多维地震作用下的地震反应分析方法

结构在多维地震作用下的反应分析主要可分为三种方法：反应谱法，时程法和随机振动分析方法，此外，也有将 Push – Over 法用于网壳的抗震设计研究。

（1）振型分解反应谱法

反应谱理论是结构抗震设计的基础理论之一，已被应用于网壳结构的动力性能研究，但是适用于高层结构的振型分解反应谱法方法，用于网壳结构的动力计算时主要存在以下两个问题：

①网壳等大跨度空间的结构自振频率密集，振型复杂，除几阶低阶振型外，无法区分振型是以水平或竖向震动为主，且振型间相互耦合严重，多个振型对结构的响应都起重要作用。这些特性决定了采用振型分解反应谱法进行计算时参与组合的振型数目过多，计算工作量巨大，失去了该方法简单易用的优点及实用性。

②弹性反应谱的研究已经趋于成熟，但是地震运动具有很大的不确定性，在强烈地震运动的作用下，网壳结构有可能进入塑性工作阶段。目前对于弹塑性反应谱的研究成果还主要只能提供一些抗震设计的概念以及对结构破坏与地震地面运动特性和结构动力参数及特性间的关系的认识。就目前对地震运动及网壳结构反应的研究现状看，还不可能运用振型分解反应谱法来考虑材料非线性对结构的影响，因此，对强震作用下网壳结构的性能不能全面了解。

（2）时程分析法

时程分析法又称结构直接动力法，是输入地震波，直接计算结构地震响应的分析方法。它通过逐步积分，可以得到结构各质点的位移、速度和加速度时程。适用于各种结构形式并可以考虑弹塑性及几何非线性的影响，但缺点是计算数据量大，耗时多，计算结果受地震波的影响大。使用该方法计算网壳结构的地震响应有几方面问题尚需解决：

①选波原则。这是一个共性问题。时程分析中，输入的不确定性是支配结构地震响应不确定性的最重要因素，具有决定性的作用。许多文献认为：按地震加速度记录反应谱特征周期 T_g 和结构第一周期 T_1，双指标选波更为合理可行。目前这一观点被普通接受并采用，但由于以上文献中计算结果的评估均是以多高层结构为例，依据《建筑抗震设计规范》（GB50011 – 2001）规定，与基底剪力法或振型分解反应谱法的计算结果进行比较，选波原则是否适用于网壳结构还需进一步研究。

②迭代策略的影响。用时程分析法计算网壳结构动力响应工作量巨大，只能在计算机上实现。在强震作用下，网壳部分杆件进入非线性后，结构动力方程变为非线性动力平衡方程，需要采用数值方法进行迭代求解。采用的迭代策略不同，导致计算结果的敛散性有很大不同。因此，如何选取适当的迭代策略使计算结果更为稳定也是一个必须解决的问题。

（3）随机振动分析方法

对于大跨度结构，在做抗震分析时应考虑行波效应、部分相关效应乃至非平稳效应、非均匀调制效应等等，这些都给计算带来很多困难，但客观的需求却十分迫切。因此，国内外学术界对于大跨度结构在多点地震输入下的响应分析方法研究给予了特殊的重视，当前一般认为最合理的分析方法是基于概率统计特性的随机振动方法。虚拟激励法是我国学者近十几年来发展的对于复杂结构随机振动计算分析的高效精确的计算方法之一，它可以考虑以上提到的种种问题，而且自动包含了全部参振振型之间以及多点激励之间的相关性，理论是随机振动方程的精确解法。

通过对香港青马悬索桥、丰满水库大坝和某复杂空间有限元模型平稳和非平稳激励的多种情况下的计算和分析，证明了虚拟激励法可以高效解决规模巨大的工程结构的抗震计算问题，引起许多学者的兴趣。但在解决了结构分析方法的基础上，为真正实现其工程实用，还有许多其他工作有待完成。最主要的是随机荷载的确定和随机响应分析结果的应用，是需要进一步专门研究的课题。

（4）静力弹塑性分析方法

尽管 Push-Over 方法已被应用于网壳结构的抗震设计研究中，但这种方法对大跨度空间结构并不十分适用。原因如下：

①对于网壳结构，竖向地震作用与水平地震作用均不可忽略，结构在三维地震作用下的三个方向响应也是同一量级的，仅靠水平方向施加单调递增荷载来考虑抗震性能而不考虑竖向地震作用，不符合客观实际。

②加载的极限状态难以确定。通常结构破坏的定义是以结构的顶点位移或层间位移角达到某一限值，或结构出现不稳定状态为终止标志。对于网壳这种高次超静定结构，目标位移的确定困难。

综上所述，在处理好选波、迭代策略以及整体模型的阻尼取值等问题的基础上，采用三向地震波输入对整体模型进行弹性时程分析，不仅可以展现结构的地震响应过程，反映结构三向地震作用组合下的反应，还可以解决非线性情况下的荷载工况组合问题。同时，与弹塑性时程分析相比，计算量又不十分巨大，因而是分析南站大跨屋盖抗震性能的较适宜的方法。

第二节　研究内容与模型

一、研究内容

（1）确定屋盖结构的动力特性，进行模态分析。

（2）屋盖结构分别进行在多遇和罕遇地震下的时程分析，并在分析中考虑下部结构共同工作的影响以及地震动的三向输入。

（3）针对屋盖结构地震作用下的受力及变形情况进行研究，找出屋盖结构在地震作用下的薄弱部位和不利构件。

（4）结合理论研究与计算分析结果，对屋盖部分的结构抗震性能进行综合评估，以便为结构设计提供指导建议和必要的校核。

二、结构分析模型

在进行钢屋盖结构抗震分析时，本文对于屋盖部分采用华东建筑设计院提供的没有次檩条的计算模型（图5-2-1），以加快计算速度，节约计算时间。经分析验证，模型中有无次檩条对确定最优预应力组合的影响很小。

大跨度屋盖结构的抗震分析时，普遍的做法是将其与下部的支承结构分开，单独进行考虑。然而通常情况下，大跨度屋盖并非直接固定或铰支于地面之上，而是支承在具有一定刚度、质量与阻尼特性的下部支承结构上面，因此下部结构对屋盖的抗震性能具有一定的影响。

上海南站主站房屋盖支承在下部两层框剪结构上，如何考虑下部结构对屋盖抗震性能的影响，成为上海南站主站房屋盖抗震分析的一个方面。而考虑下部支承结构共同工作最直接的方法就是建立整体模型。

在建立下部支承结构 ANSYS 分析模型时，为确保坐标的准确性并尽量减少工作量，采用提取已有下部结构的 PKPM 计算模型的几何参数和坐标，进行了合理的建模，使节点与单元的编号更加合理、规律。同时在建模过程中为简化工作，省略了楼板和部分次梁，而将楼面的重力荷载代表值折算成附加质量加到下部结构的各层梁中，并进行了一定的合理化处理。

下部结构模型采用混凝土材料特性，较好地反映了真实结构的质量、刚度以及温度变形特性。框架梁、柱采用 beam188 两节点塑性梁单元，剪力墙采用 shell143 塑性小应变壳单元建模。ANSYS 下部结构模型和整体模型分别如图5-2-2、图5-2-3所示。

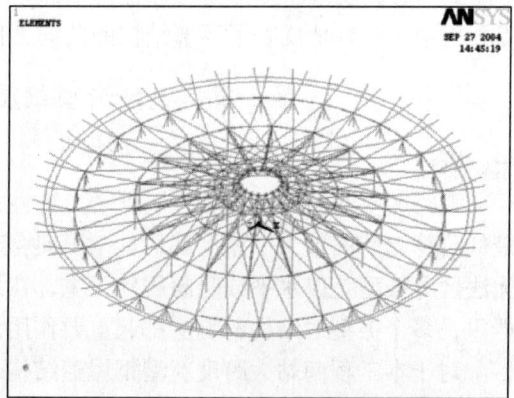

图5-2-1　上部屋盖结构模型

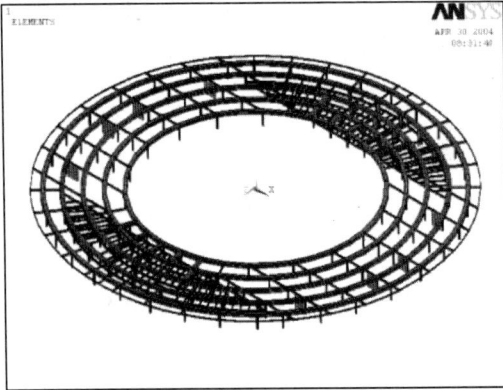

图 5-2-2　下部支承结构模型

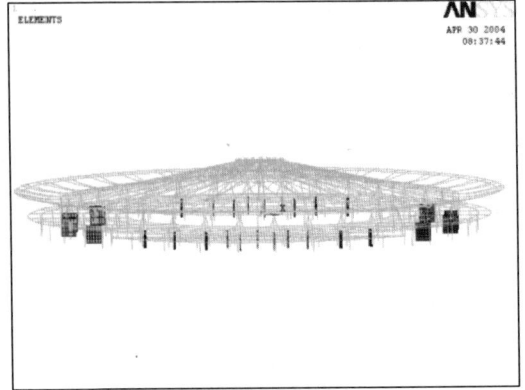

图 5-2-3　整体结构模型

为验证下部结构的 ANSYS 模型的可用性，对其进行了模态分析。经过与 PKPM 下部结构模型的动力特性进行比较，发现二者的前几阶振型中，结构的整体振型与相应周期较为接近，如表 5-2-1 所示。表明所建的 ANSYS 模型较好地反应了原结构的性能，能够满足计算要求。

两种计算模型模态分析结果比较　　　　　　　　表 5-2-1

PKPM 下部模型			ANSYS 下部模型		
振型号	周期（s）	振型特征	振型号	周期（s）	振型特征
1	0.9866	整体平面扭转	1	0.978090767	整体平面扭转
2	0.8199	沿小剪力墙方向平动（垂直轨道方向）	2	0.899928006	平面局部反对称扭转
3	0.681	沿大剪力墙方向平动（平行轨道方向）	3	0.859106529	沿小剪力墙方向平动（垂直轨道方向）

在此基础上，将上部屋盖的 ANSYS 模型与下部结构的 ANSYS 模型在柱脚处通过对自由度的耦合，实现了屋盖内、外柱与下部结构环梁的有效固定连接。建成的整体模型在抗震分析中，较好地反映了下部结构的共同工作效应对上部屋盖结构的影响。

第三节　大跨新型钢屋盖结构的动力特性研究

一、概述

大跨度空间结构通常具有以下动力特性：振型（或自振频率）分布比较密集，往往从最低阶算起前面数十个振型都可能对其地震响应有贡献；振型复杂，除几阶低阶振型外，无法区分振型是以水平或竖向震动为主，在地震作用下的响应较为复杂；振型间相互耦合严重，多个振型对结构的响应都起重要作用。

对于本工程南站大跨度新型钢屋盖结构，又具有一些自身的特点，如：该屋盖结构体系为钢梁与柔索组合体系，结构的振动特性与传统的刚性屋盖和柔性屋盖有所不同；在平面呈圆形的屋盖中，主梁沿径向呈辐射状布置，檩条及内压环沿环向呈同心圆周状布置，在地震作用下，可能引起屋盖结构在水平面内的整体扭转振动响应；南站屋盖结构通过内、外两圈柱子立于主站屋混凝土结构的预应力环梁上，下部结构对屋盖部分提供了与固定支座相比较为柔性的支承作用，下部结构的共同工作效应会对上部屋盖结构的动力特性产生一定影响。

二、模态分析及结果对比

为了分析大跨新型钢屋盖结构的动力特性，本次研究对南站屋盖结构进行了动力特性分析。分别考虑三种情况下的计算模型：（1）屋盖结构模型不考虑大变形和预应力效应的情况；（2）屋盖结构模型考虑大变形和预应力效应的情况；（3）包含下部结构的整体模型且考虑大变形和预应力效应的情况。从而对下部结构的支座效应、屋盖结构的大变形效应以及重力和拉索的预应力效应对屋盖结构模态分析结果的影响进行了研究。计算所得屋盖结构的前18阶自振频率列于表5-3-1～表5-3-3。模态分析结果自振频率分布情况绘于图5-3-1中。屋盖结构模型不考虑大变形和预应力效应以及整体模型考虑大变形和预应力效应两种情况下的前10阶振型如图5-3-2、图5-3-3所示；而屋盖结构模型考虑大变形和预应力效应情况下的前9阶振型与整体模型的振型基本相同，只是后者对应的各阶自振频率较前者略低。

屋盖结构模型不考虑大变形和预应力效应的模态分析结果　　　　表5-3-1

阶数	1	2	3	4	5	6	7	8	9
频率（Hz）	0.6016	0.7262	0.7262	0.9576	1.0754	1.1108	1.1108	1.1530	1.1530
周期（s）	1.6622	1.3770	1.3770	1.0442	0.9299	0.9003	0.9003	0.8673	0.8673
阶数	10	11	12	13	14	15	16	17	18
频率（Hz）	1.2393	1.2393	1.2597	1.2597	1.2717	1.2717	1.2809	1.2809	1.2883
周期（s）	0.8069	0.8069	0.7938	0.7938	0.7864	0.7864	0.7807	0.7807	0.7763

屋盖结构模型考虑大变形和预应力效应的模态分析结果　　　　表5-3-2

阶数	1	2	3	4	5	6	7	8	9
频率（Hz）	0.6103	0.7564	0.7564	0.8767	0.8767	0.9487	0.9589	0.9589	1.0890
周期（s）	1.6385	1.3221	1.3221	1.1407	1.1407	1.0541	1.0429	1.0429	0.9183
阶数	10	11	12	13	14	15	16	17	18
频率（Hz）	1.1800	1.1800	1.2245	1.2245	1.2439	1.2439	1.2735	1.2735	1.2951
周期（s）	0.8475	0.8475	0.8167	0.8167	0.8039	0.8039	0.7852	0.7852	0.7721

整体模型考虑大变形和预应力效应的模态分析结果　　　　表5-3-3

阶数	1	2	3	4	5	6	7	8	9
频率（Hz）	0.6080	0.7321	0.7328	0.8657	0.8667	0.9458	0.9563	0.9574	1.0708
周期（s）	1.6449	1.3659	1.3646	1.1551	1.1538	1.0574	1.0457	1.0445	0.9339
阶数	10	11	12	13	14	15	16	17	18
频率（Hz）	1.1785	1.1785	1.2172	1.2178	1.2421	1.2422	1.2707	1.2717	1.2917
周期（s）	0.8485	0.8485	0.8216	0.8212	0.8051	0.8050	0.7870	0.7863	0.7742

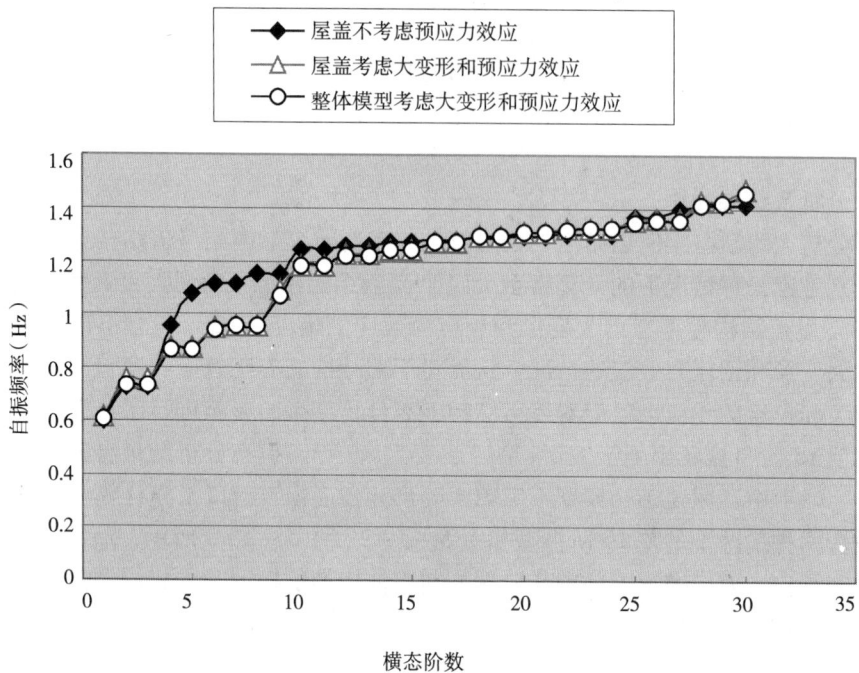

图 5 - 3 - 1　三种情况下屋盖结构的自振频率分布

　　如图 5 - 3 - 2 所示，模态分析得到的第一阶振型为屋盖结构外缘悬挑部分在水平面内的摆动；第二阶振型为屋盖结构沿小剪力墙方向即垂直于轨道方向的整体平动；第三阶振型为屋盖结构沿大剪力墙方向即平行于轨道方向的整体平动；第四阶振型为以在内柱中间部分的屋盖结构为主的整体竖向振动；第五阶振型为屋盖结构水平面内的整体扭转；第六、第七阶振型分别为屋盖结构的内柱中间部分在平行轨道方向以及垂直轨道方向的竖直平面内进行的整体竖向扭转；第八、第九阶振型分别为屋盖结构在平面内，由于内压环沿上述两个方向发生翘曲变形而引起的振动形式。

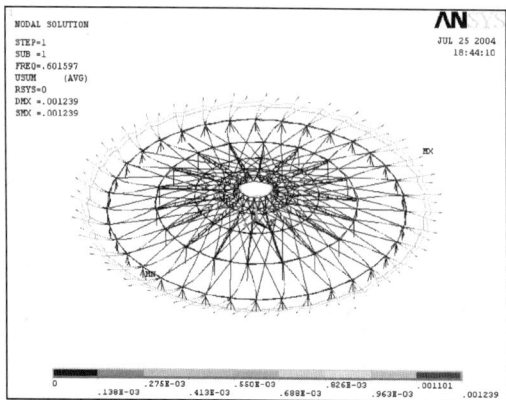

（a）第 1 阶振型

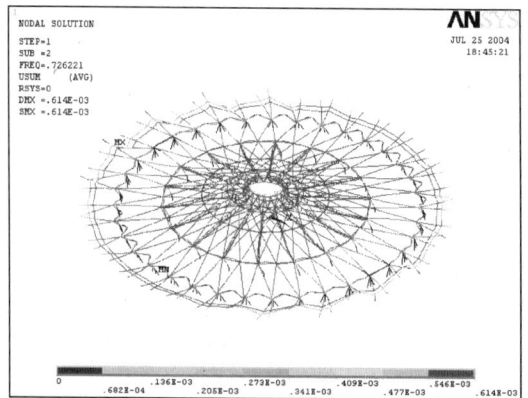

（b）第 2 阶振型

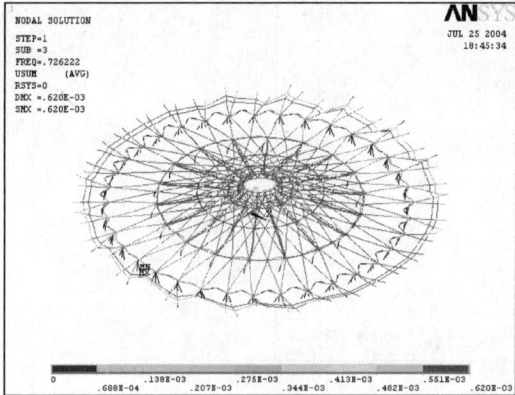

（c）第 3 阶振型

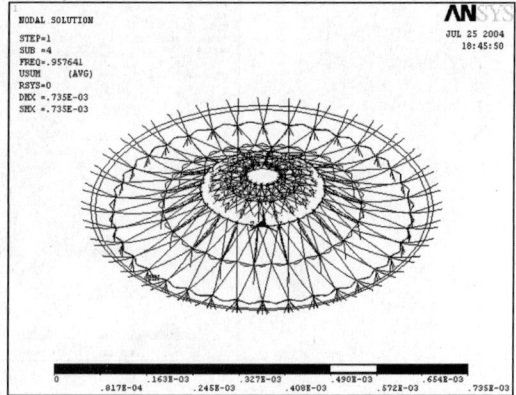

（d）第 4 阶振型

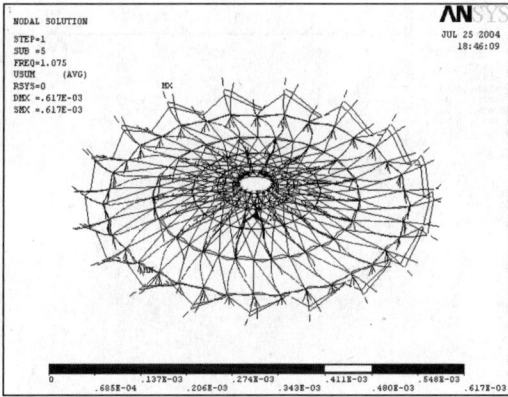

（e）第 5 阶振型

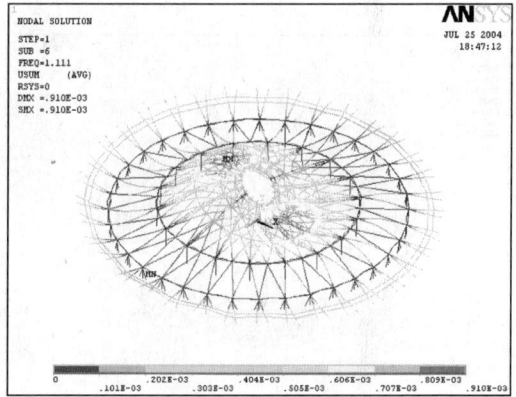

（f）第 6 阶振型

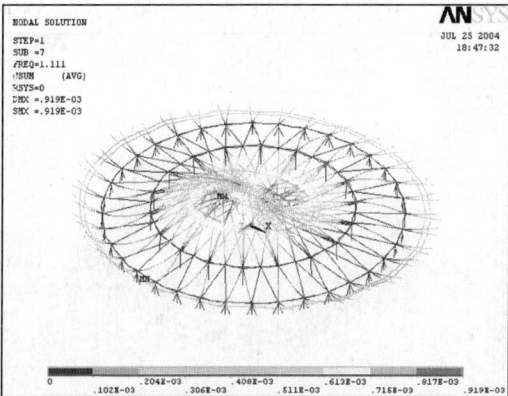

（g）第 7 阶振型

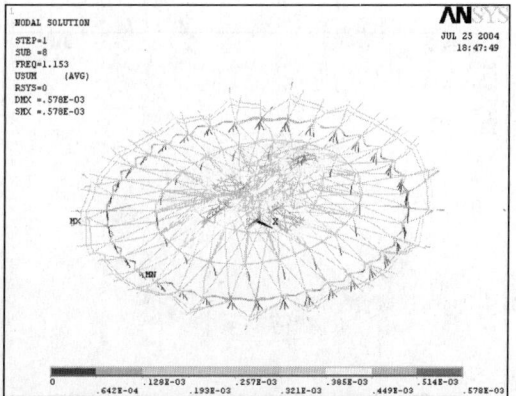

（h）第 8 阶振型

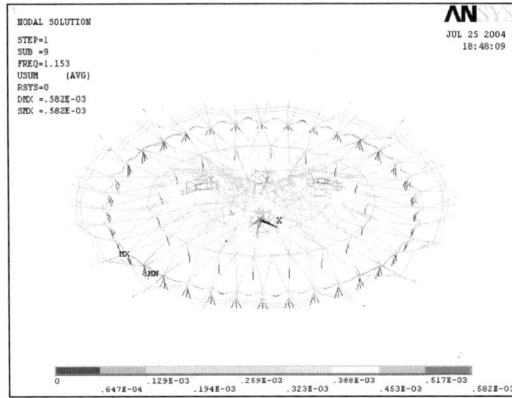

（i）第 9 阶振型

图 5 - 3 - 2　屋盖结构模型不考虑大变形和预应力效应的前 9 阶振型

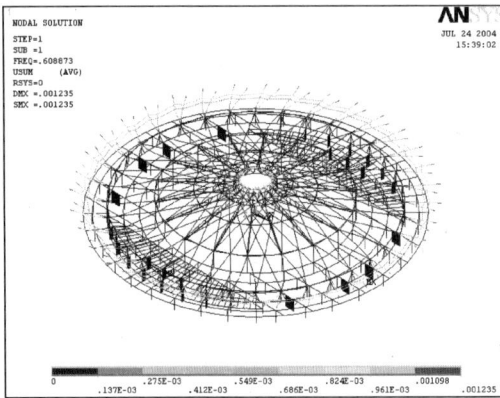

（a）第 1 阶振型

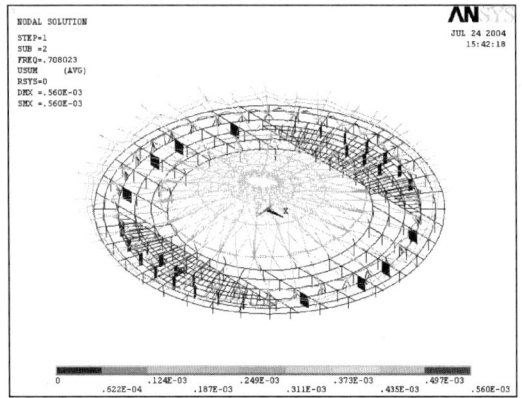

（b）第 2 阶振型

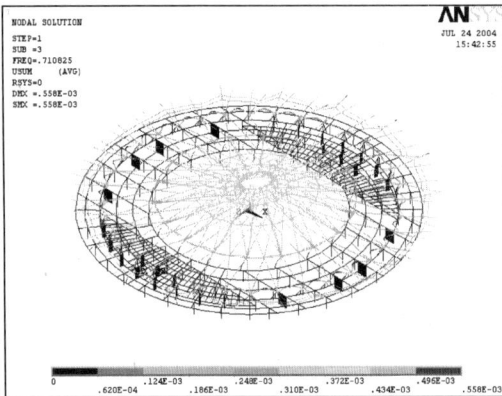

（c）第 3 阶振型

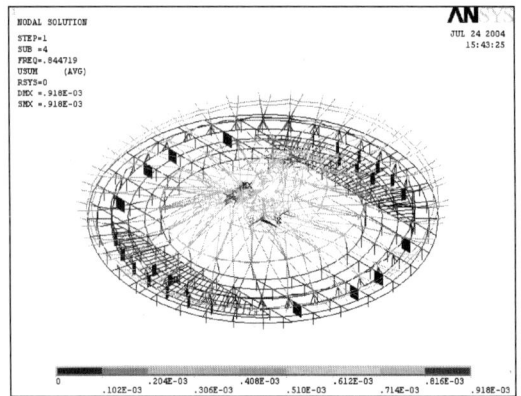

（d）第 4 阶振型

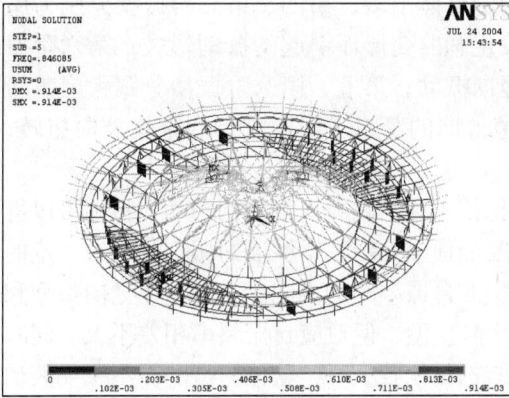

（e）第 5 阶振型

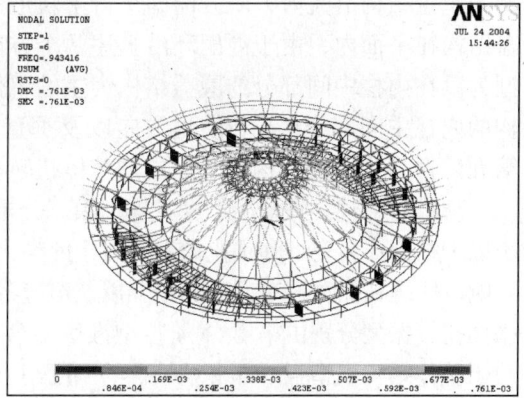

（f）第 6 阶振型

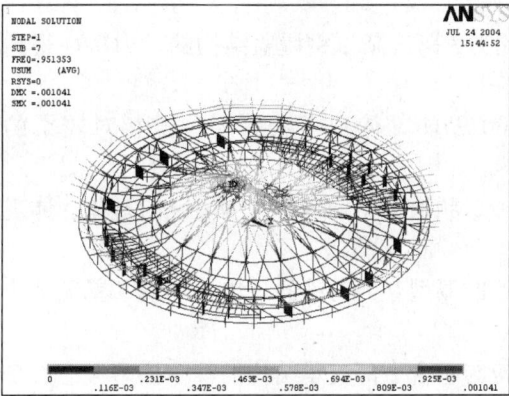

（g）第 7 阶振型

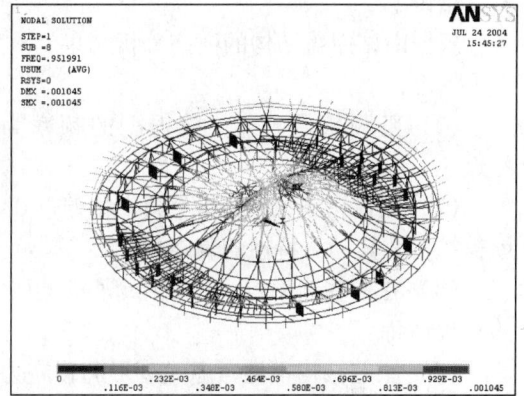

（h）第 8 阶振型

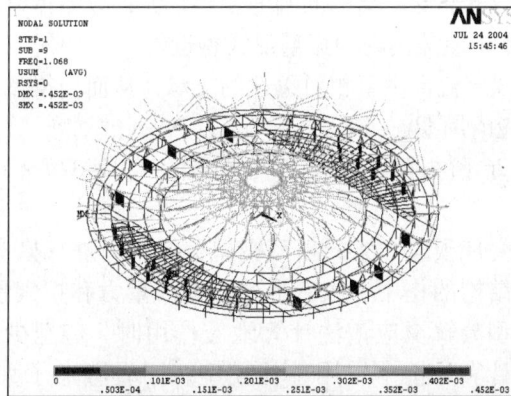

（i）第 9 阶振型

图 5－3－3　整体模型考虑大变形和预应力效应的前 10 阶振型

　　如图 5－3－3 所示，模态分析得到的第一阶振型为屋盖结构外缘悬挑部分在水平面内的摆动；第二阶振型为屋盖结构沿小剪力墙方向即垂直于轨道方向的整体平动；第三阶振型为屋盖结构沿大剪力墙方向即平行于轨道方向的整体平动；第四、第五阶振型分别为屋盖结构在平面内，由于内压环沿上述两个方向发生翘曲变形而引起的振动形式；第六阶振型为以在内柱中间部分的屋盖结构为主的整体竖向振动；第七、第八阶振型分别为屋盖结构的内柱中间部分在平行轨道方向以及垂直轨道方向的竖直平面内进行的整体竖向扭转；第九阶振型为屋盖结构水平面内的整体扭转。

通过对上述三种情况下屋盖模型模态分析的比较，对于此类屋盖结构的动力特性可以得出以下结论：大变形和预应力效应对于此类大跨度带预应力新型钢屋盖的振型分布有一定的影响。体现在振型分布次序的差异以及对应各振型的自振频率的不同。其中整体竖向振型和平面扭转振型分别由第4、5阶振型推后到第6、9阶振型，但对应自振频率相差不大。同时对于整体结构模型当下部支承结构的刚度与上部结构相比较大时，整体模型的振型主要表现为屋盖的振动，下部结构的影响主要体现为相对于固定支承较为柔性的支座效应。

三、结论

根据南站屋盖结构的模态分析结果，对于此类大跨度新型钢屋盖结构的动力特性得到以下结论：

（1）基频较低，第一阶振型的频率为 0.60795Hz，体现了大跨度屋盖相对较柔的特点。

（2）频谱密集，1~30 阶频率相差仅 0.85Hz，频谱变化均匀，无明显跃阶现象，体现屋盖结构及其动力特性的复杂性。

（3）在一些频率点，存在相邻两阶频率相近的振型互为对称的现象，体现了屋盖结构的对称性特点。

（4）屋盖结构模型考虑大变形和预应力效应与包含下部支承结构的整体模型考虑大变形和预应力效应的模态分布情况较接近。两者与屋盖结构模型不考虑大变形和预应力效应的模态分布情况在前 8 阶相差较大，后者偏高，而前者频率变化较平稳。

（5）由于上部屋盖与下部支承结构的刚度相差较大，故整体模型的振型主要表现为屋盖的振动，并且两种模型中屋盖出现的振型形式相近。

（6）下部结构为上部屋盖提供了相对柔性的支承，从而使得整体模型各阶振型的周期普遍略长于屋盖模型对应的周期。

（7）整体结构的前 26 阶振型的振型参与质量为 1.23407E + 11kg，达到结构总质量的 95.7%。

对于南站这类大跨度带预应力索的新型钢屋盖结构，进行模态分析和采用振型分解反应谱法计算时，下部结构的作用、大变形效应以及重力和拉索预应力效应的影响是不应忽略的，且在采用振型分解反应谱法计算地震作用时，应至少采用前 26 阶振型进行组合。因此，本研究在计算分析中采用整体模型，同时考虑了大变形效应以及预应力效应。

第四节　大跨新型钢屋盖结构的时程分析

一、概述

时程分析法亦称直接动力法，又称动态分析法，它根据选定的地震波对动力方程进行直接积分，采用逐步积分的方法计算地震过程中每一瞬间结构的位移、速度和加速度反应。时程分析得到的是结构在具体地震作用下的响应时程，可详细了解结构在整个地震持续时间内的响应，同时可以反映地震动三要素：振幅、频谱和持时对结构响应的影响。

近年来，随着高层建筑和复杂结构的发展，时程分析在工程中的应用越来越广泛。国家标准《建筑抗震设计规范》（GB50011—2001）第 5.1.2 条中规定：对于特别不规则的建筑、甲类建筑和超过一定高度的高层建筑，应采用时程分析法进行多遇地震下的补充计算，可取多条时程曲线计算结果的平均值与振型分解反应谱法计算结果的较大值。

二、地震动的输入

（一）地震波的选择

时程分析法中，输入地震波的确定是时程分析结果能否既反映结构可能遭受的最大地震作用，又能满足工程抗震设计保证安全和功能要求的前提。选用的地震波应与设计反应谱在统计意义上一致，包括地震波数量和相应的反应谱特征。既能达到工程上计算精度的要求，又不致于进行大量的运算。

《建筑抗震设计规范》（GB50011-2001）规定：采用时程分析法时，应按建筑场地类别和设计地震分组选用不少于二组的实际强震记录和一组人工模拟的加速度时程曲线，其平均地震影响系数曲线应与振型分解反应谱法所采用的地震影响系数曲线在统计意义上相符，其加速度时程的最大值可按表5.1.2-2采用。

上海市工程建设规范《建筑抗震设计规程》（DBJ08—9—92），1996 年局部修订增补中，参考国标《建筑抗震设计规范》（GB50011—2001），根据上海市抗震设防标准和上海市场地地震反应分析结果，在罕遇地震时，时程分析所用地震加速度时程的最大值取《建筑抗震设计规范》（GB50011—2001）相应值的90%，这是根据上海地震危险性分析与土层地震反应分析结果而确定的，反映了上海市厚软土层的地质特点。

本次时程分析采用上海市工程建设规范《建筑抗震设计规程》（DBJ08—9—92）附录 A 中人工模拟的加速度时程曲线 SHW1 和 SHW2 以及根据实际强震记录调整后的加速度时程曲线 SHW3 和 SHW4，如图 5-4-1 所示。

（二）地震波的输入

震害经验与理论研究表明地震时的地面运动是一复杂的多维运动，包括三个平动分量和三个转动分量。而结构在单维与多维地震作用下的反应是不同的，数值分析与振动台试验结果也表明大跨屋盖结构在三向地震输入下的反应会大于单向地震输入下的反应。

此外，在水平方向，南站屋盖的主梁呈辐射状布置，且与内环和檩条在水平面正交，地震时可能会引起整个屋盖结构的扭转振动。同时，考虑到结构的复杂性与刚度分布情况，故水平方向采用 X、Y 双向地震波输入。

在强震区地震的竖向分量较为明显，而竖向地震不仅可能造成普通结构破坏，对大跨、悬臂结构而言，更可能是起控制作用的因素，因此竖向地震波输入也不可忽略。

故在时程分析中，采用三向地震输入，地震加速度时程的最大值为：多遇地震，$35\text{cm}/\text{s}^2$；罕遇地震，$200\text{cm}/\text{s}^2$。地震加速度最大值之比为 $a_x : a_y : a_z = 1 : 0.85 : 0.65$。

SHW1 加速度时程曲线

SHW2 加速度时程曲线

SHW3 加速度时程曲线

SHW4 加速度时程曲线

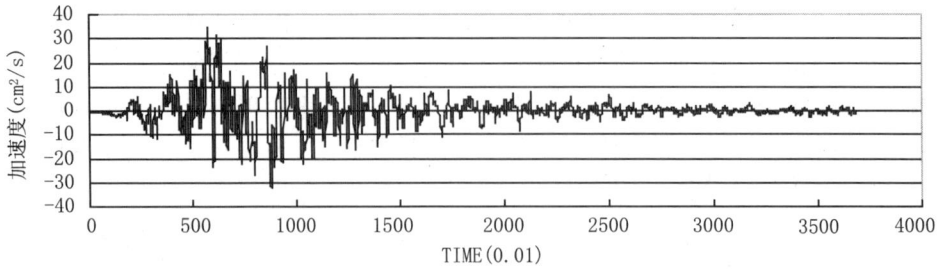

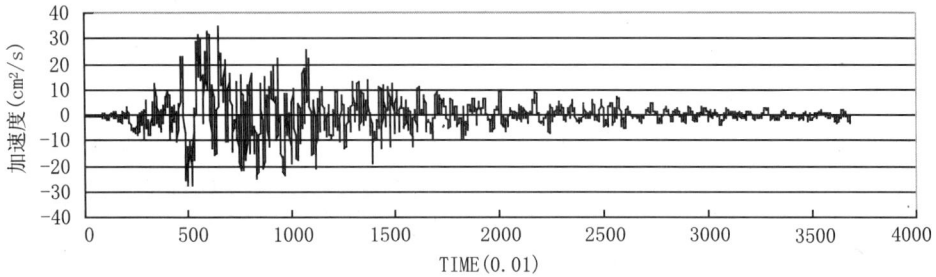

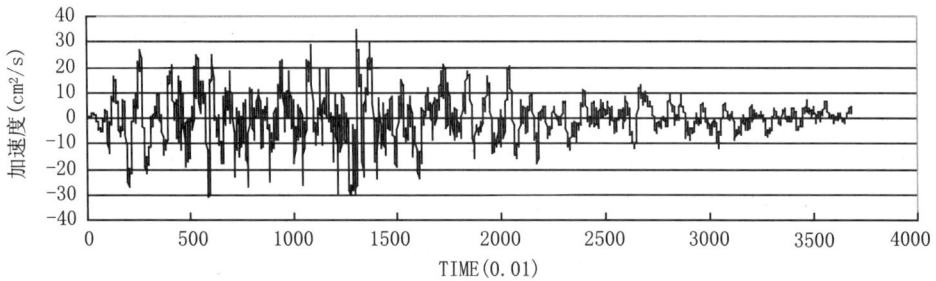

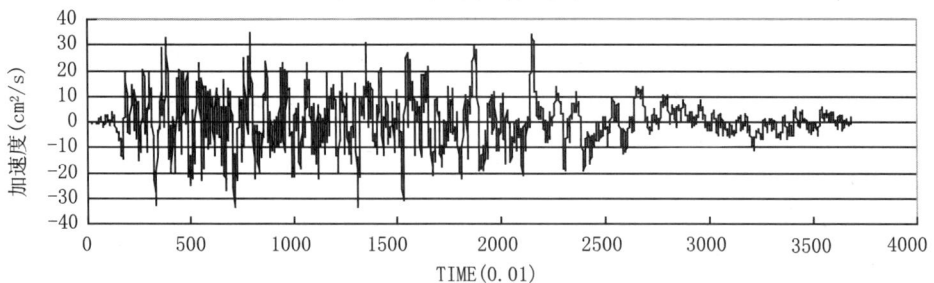

图 5-4-1 加速度时程曲线

三、选用的计算模型及参数

在工程设计中，为了简化计算，常把下部的支承体系与上部的网壳结构分开考虑，用固定铰支座模拟网壳结构的支承情况。近些年的有些研究和设计已经采用了弹性支座模型来分析网壳。然而对于南站大跨度钢屋盖并非直接固定或铰支于地面之上，而是支承在具有一定刚度、质量与阻尼特性的下部支承结构上面，为此在分析中建立了整体模型，以考虑共同工作。

考虑下部支承结构的 ANSYS 整体结构模型如图 5 - 4 - 2 所示。

图 5 - 4 - 2　整体结构模型

动力时程分析结果的输出点位置见图 5 - 4 - 3。

阻尼是结构动力分析的基本参数，是反映结构体系振动过程中能量耗散特征的参数，对结构动力分析结果的可靠性和精度有很大的影响。

目前在抗震设计中对于钢结构一般取阻尼比 ξ 为 0.02，对于钢筋混凝土结构一般取阻尼比 ξ 为 0.05。国内相关研究表明对于网壳与支承整体结构其数值在钢结构与混凝土结构之间，部分研究结果得出其阻尼比大约为 0.025 ~ 0.034。

在本次时程分析中取整体结构阻尼比 ξ 为 0.03。

四、整体结构模型的时程分析

（一）计算过程简介

在南站屋盖整体结构模型的时程分析中，重力荷载代表值取"1.0 恒载 + 0.5 活载"，结构阻尼比取 0.03，每条地震波长度 40s 左右，时间间隔为 0.01 秒，加速度峰值常遇地震为 $35\text{cm}/\text{s}^2$，罕遇地震为 $200\text{cm}/\text{s}^2$。同时沿水平和竖直三个平动方向输入地震波，根据国标《建筑抗震设计规范》（GB50011—2001）规定，其加速度最大值按 1（水平 1）：0.85（水平 2）：0.65（竖向）的比例调整。计算方法采用了 NewMark - beta 时程积分法。重力荷载代表值分项系数取 1.2，地震作用（包括水平地震作用和竖向地震作用）的分项系数取 1.3。

（二）屋盖结构平面内沿两正交方向的梁、柱、索的时程分析结果

这里对屋盖结构平面内沿两正交方向的梁、柱、索时程分析结果的响应时程进行分析，统计结果常遇地震见表 5 - 4 - 1 ~ 表 5 - 4 - 5，罕遇地震见表 5 - 4 - 6 ~ 表 5 - 4 - 10。

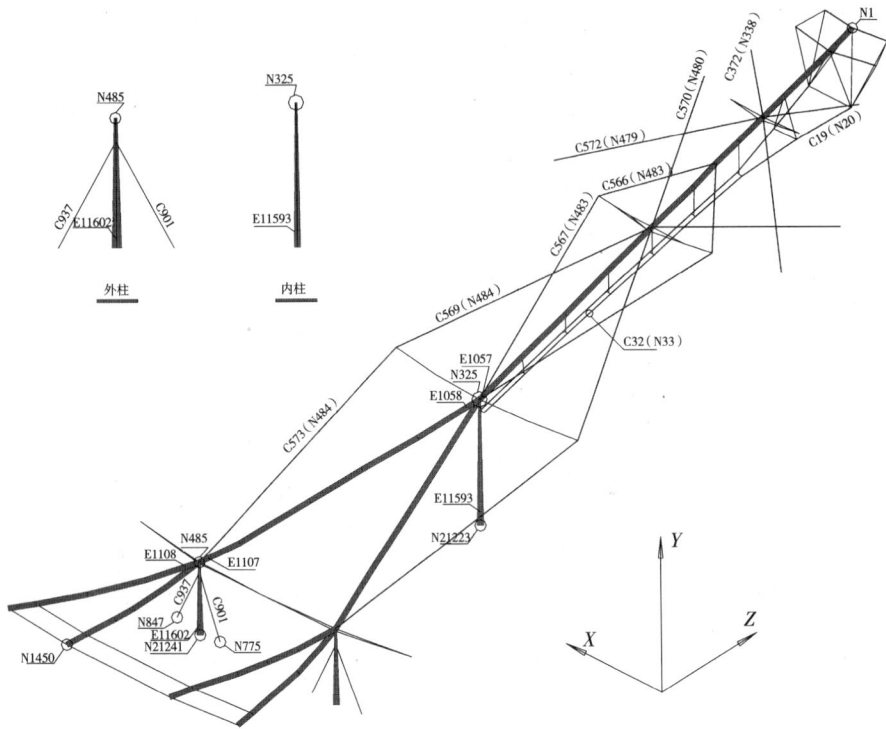

（a）

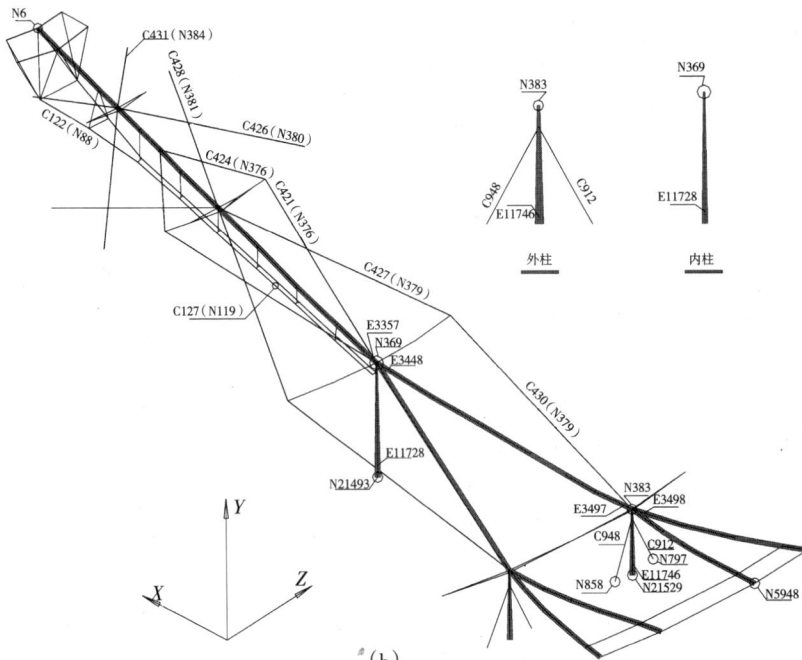

（b）

图 5-4-3 动力时程输出结果控制点位置

测 点		单位	常遇，SHW1	常遇，SHW2	常遇，SHW3	常遇，SHW4	上下限	
C122	上限	N	4.06E+05	3.85E+05	4.17E+05	4.05E+05	最大上限	4.17E+05
	下限	N	3.17E+05	2.98E+05	3.03E+05	3.02E+05	最小下限	2.98E+05
C127	上限	N	3.51E+05	3.51E+05	3.63E+05	3.52E+05	最大上限	3.63E+05
	下限	N	3.18E+05	3.17E+05	2.98E+05	3.15E+05	最小下限	2.98E+05
C19	上限	N	4.28E+05	4.13E+05	3.25E+05	4.31E+05	最大上限	4.31E+05
	下限	N	3.40E+05	3.21E+05	4.40E+05	3.29E+05	最小下限	3.21E+05
C32	上限	N	4.04E+05	3.95E+05	4.39E+05	4.17E+05	最大上限	4.39E+05
	下限	N·	3.07E+05	3.05E+05	2.87E+05	3.05E+05	最小下限	2.87E+05
C372	上限	N·	1.50E+05	1.76E+05	1.72E+05	1.54E+05	最大上限	1.76E+05
	下限	N	3.26E+04	5.35E+04	2.26E+04	4.32E+04	最小下限	2.26E+04
C421	上限	N	2.66E+05	2.50E+05	3.04E+05	2.79E+05	最大上限	3.04E+05
	下限	N	9.54E+04	1.11E+05	7.49E+04	1.01E+05	最小下限	7.49E+04
C424	上限	N	2.38E+05	2.33E+05	2.50E+05	2.53E+05	最大上限	2.53E+05
	下限	N	1.76E+05	1.69E+05	1.68E+05	1.77E+05	最小下限	1.68E+05
C426	上限	N	1.54E+05	1.62E+05	1.65E+05	1.70E+05	最大上限	1.70E+05
	下限	N	8.42E+04	7.85E+04	7.81E+04	8.47E+04	最小下限	7.81E+04
C427	上限	N	2.51E+05	2.38E+05	2.83E+05	2.48E+05	最大上限	2.83E+05
	下限	N	7.91E+04	9.38E+04	4.59E+04	5.88E+04	最小下限	4.59E+04
C428	上限	N	1.63E+05	1.76E+05	1.65E+05	1.64E+05	最大上限	1.76E+05
	下限	N	6.94E+04	8.52E+04	5.70E+04	6.78E+04	最小下限	5.70E+04
C430	上限	N	4.14E+05	4.17E+05	5.32E+05	4.84E+05	最大上限	5.32E+05
	下限	N	5.58E+04	1.01E+05	0.00E+00	8.79E+03	最小下限	0.00E+00
C431	上限	N	1.50E+05	1.74E+05	1.64E+05	1.63E+05	最大上限	1.74E+05
	下限	N	5.77E+04	7.22E+04	4.37E+04	6.38E+04	最小下限	4.37E+04
C566	上限	N	2.43E+05	2.37E+05	2.55E+05	2.55E+05	最大上限	2.55E+05
	下限	N	1.73E+05	1.66E+05	1.59E+05	1.68E+05	最小下限	1.59E+05
C567	上限	N	2.62E+05	2.56E+05	3.12E+05	2.84E+05	最大上限	3.12E+05
	下限	N	7.70E+04	1.00E+05	5.63E+04	8.38E+04	最小下限	5.63E+04
C569	上限	N	2.64E+05	2.44E+05	3.01E+05	2.60E+05	最大上限	3.01E+05
	下限	N	7.79E+04	8.26E+04	4.60E+04	5.51E+04	最小下限	4.60E+04
C570	上限	N	1.60E+05	1.77E+05	1.76E+05	1.69E+05	最大上限	1.77E+05
	下限	N	4.33E+04	7.33E+04	3.78E+04	4.62E+04	最小下限	3.78E+04
C572	上限	N	1.75E+05	1.62E+05	1.79E+05	1.80E+05	最大上限	1.80E+05
	下限	N	8.42E+04	7.09E+04	6.87E+04	7.22E+04	最小下限	6.87E+04
C573	上限	N	4.27E+05	4.36E+05	5.48E+05	5.03E+05	最大上限	5.48E+05
	下限	N	4.43E+04	9.21E+04	0.00E+00	0.00E+00	最小下限	0.00E+00
C901	上限	N	1.49E+06	1.59E+06	2.12E+06	1.84E+06	最大上限	2.12E+06
	下限	N	1.22E+05	3.42E+05	0.00E+00	0.00E+00	最小下限	0.00E+00
C912	上限	N	1.10E+06	6.30E+05	1.71E+06	1.55E+06	最大上限	1.71E+06
	下限	N	0.00E+00	0.00E+00	0.00E+00	0.00E+00	最小下限	0.00E+00
C937	上限	N	1.85E+06	1.62E+06	2.41E+06	2.23E+06	最大上限	2.41E+06
	下限	N	4.01E+05	2.86E+05	0.00E+00	3.41E+04	最小下限	0.00E+00
C948	上限	N	1.20E+06	1.48E+06	1.99E+06	1.68E+06	最大上限	1.99E+06
	下限	N	0.00E+00	0.00E+00	0.00E+00	0.00E+00	最小下限	0.00E+00

常遇地震作用下节点位移计算结果 　　　　　　　　　　　　　表 5 - 4 - 2

测点		单位	常遇，SHW1	常遇，SHW2	常遇，SHW3	常遇，SHW4	上下限	
N1450Y	上限	m	− 1.95E − 01	− 1.91E − 01	− 1.57E − 01	− 1.61E − 01	最大上限	− 1.57E − 01
	下限	m	− 2.79E − 01	− 2.74E − 01	− 3.00E − 01	− 2.89E − 01	最小下限	− 3.00E − 01
N1Y	上限	m	− 2.59E − 01	− 2.67E − 01	− 2.51E − 01	− 2.53E − 01	最大上限	− 2.51E − 01
	下限	m	− 2.95E − 01	− 3.03E − 01	− 3.06E − 01	− 3.03E − 01	最小下限	− 3.06E − 01
N325X	上限	m	− 2.92E − 03	− 1.42E − 03	1.86E − 02	1.05E − 02	最大上限	1.86E − 02
	下限	m	− 7.17E − 02	− 6.06E − 02	− 8.63E − 02	− 7.86E − 02	最小下限	− 8.63E − 02
N325Z	上限	m	3.79E − 02	2.67E − 02	5.81E − 02	5.07E − 02	最大上限	5.81E − 02
	下限	m	− 3.37E − 02	− 3.90E − 02	− 6.14E − 02	− 5.32E − 02	最小下限	− 6.14E − 02
N369X	上限	m	− 4.93E − 03	− 2.66E − 03	1.74E − 02	1.14E − 02	最大上限	1.74E − 02
	下限	m	− 7.10E − 02	− 6.20E − 02	− 8.87E − 02	− 8.02E − 02	最小下限	− 8.87E − 02
N369Z	上限	m	3.46E − 02	3.95E − 02	6.09E − 02	5.29E − 02	最大上限	6.09E − 02
	下限	m	− 3.92E − 02	− 2.60E − 02	− 5.86E − 02	− 5.09E − 02	最小下限	− 5.86E − 02
N383X	上限	m	− 1.26E − 02	− 1.04E − 02	5.67E − 03	6.08E − 04	最大上限	5.67E − 03
	下限	m	− 6.31E − 02	− 5.65E − 02	− 7.82E − 02	− 7.05E − 02	最小下限	− 7.82E − 02
N383Z	上限	m	1.06E − 02	1.60E − 02	2.16E − 02	1.76E − 02	最大上限	2.16E − 02
	下限	m	− 1.49E − 02	− 8.95E − 03	− 2.42E − 02	− 2.04E − 02	最小下限	− 2.42E − 02
N485X	上限	m	− 1.16E − 02	− 1.07E − 02	5.74E − 03	− 2.02E − 03	最大上限	5.74E − 03
	下限	m	− 6.49E − 02	− 5.67E − 02	− 7.62E − 02	− 6.96E − 02	最小下限	− 7.62E − 02
N485Z	上限	m	1.23E − 02	8.63E − 03	2.06E − 02	1.69E − 02	最大上限	2.06E − 02
	下限	m	− 9.66E − 03	− 1.56E − 02	− 2.05E − 02	− 1.66E − 02	最小下限	− 2.05E − 02
N5948Y	上限	m	− 2.03E − 01	− 1.95E − 01	− 1.68E − 01	− 1.73E − 01	最大上限	− 1.68E − 01
	下限	m	− 2.92E − 01	− 2.84E − 01	− 3.20E − 01	− 3.01E − 01	最小下限	− 3.20E − 01
N6Y	上限	m	− 2.55E − 01	− 2.62E − 01	− 2.43E − 01	− 2.47E − 01	最大上限	− 2.43E − 01
	下限	m	− 2.91E − 01	− 3.00E − 01	− 3.05E − 01	− 3.01E − 01	最小下限	− 3.05E − 01

常遇地震作用下主梁弯矩计算结果 　　　　　　　　　　　　　表 5 - 4 - 3

测点		单位	常遇，SHW1	常遇，SHW2	常遇，SHW3	常遇，SHW4	上下限	
L1057MY	上限	N·m	2.42E + 07	2.48E + 07	2.50E + 07	2.46E + 07	最大上限	2.50E + 07
	下限	N·m	2.22E + 07	2.26E + 07	2.19E + 07	2.22E + 07	最小下限	2.19E + 07
L1058MY	上限	N·m	1.23E + 07	1.22E + 07	1.29E + 07	1.28E + 07	最大上限	1.29E + 07
	下限	N·m	1.05E + 07	1.03E + 07	9.73E + 06	1.03E + 07	最小下限	9.73E + 06
L1107MY	上限	N·m	1.13E + 07	1.14E + 07	1.16E + 07	1.17E + 07	最大上限	1.17E + 07
	下限	N·m	9.64E + 06	9.79E + 06	9.63E + 06	9.36E + 06	最小下限	9.36E + 06
L1108MY	上限	N·m	5.50E + 06	5.64E + 06	5.63E + 06	5.67E + 06	最大上限	5.67E + 06
	下限	N·m	4.65E + 06	4.67E + 06	4.52E + 06	4.41E + 06	最小下限	4.41E + 06

测点		单位	常遇，SHW1	常遇，SHW2	常遇，SHW3	常遇，SHW4	上下限	
L3357MY	上限	N·m	2.42E+07	2.48E+07	2.52E+07	2.47E+07	最大上限	2.52E+07
	下限	N·m	2.20E+07	2.24E+07	2.14E+07	2.19E+07	最小下限	2.14E+07
L3448MY	上限	N·m	1.23E+07	1.22E+07	1.29E+07	1.28E+07	最大上限	1.29E+07
	下限	N·m	1.05E+07	1.03E+07	9.73E+06	1.03E+07	最小下限	9.73E+06
L3497MY	上限	N·m	1.15E+07	1.16E+07	1.19E+07	1.17E+07	最大上限	1.19E+07
	下限	N·m	9.51E+06	9.60E+06	9.44E+06	9.24E+06	最小下限	9.24E+06
L3498MY	上限	N·m	5.63E+06	5.69E+06	5.83E+06	5.68E+06	最大上限	5.83E+06
	下限	N·m	4.51E+06	4.63E+06	4.27E+06	4.33E+06	最小下限	4.27E+06

常遇地震作用下内柱内力计算结果　　　　　表5-4-4

测点		单位	常遇，SHW1	常遇，SHW2	常遇，SHW3	常遇，SHW4	上下限	
E11593MY	上限	N·m	1.01E+06	8.58E+05	1.22E+06	1.11E+06	最大上限	1.22E+06
	下限	N·m	3.18E+04	1.38E+04	-2.67E+05	-1.60E+05	最小下限	-2.67E+05
E11593MZ	上限	N·m	8.64E+05	6.38E+05	1.29E+06	1.18E+06	最大上限	1.29E+06
	下限	N·m	-7.99E+05	-8.51E+05	-1.49E+06	-1.15E+06	最小下限	-1.49E+06
E11593NX	上限	N	-3.59E+06	-3.64E+06	-3.61E+06	-3.64E+06	最大上限	-3.59E+06
	下限	N	-3.88E+06	-3.94E+06	-3.91E+06	-3.87E+06	最小下限	-3.94E+06
E11593VY	上限	N	1.01E+05	7.26E+04	1.50E+05	1.43E+05	最大上限	1.50E+05
	下限	N	-9.45E+04	-1.07E+05	-1.85E+05	-1.30E+05	最小下限	-1.85E+05
E11593VZ	上限	N	-4.19E+02	9.28E+01	1.60E+04	9.84E+03	最大上限	1.60E+04
	下限	N	-5.45E+04	-4.61E+04	-6.57E+04	-5.95E+04	最小下限	-6.57E+04
E11728MY	上限	N·m	9.79E+05	8.71E+05	1.25E+06	1.13E+06	最大上限	1.25E+06
	下限	N·m	9.46E+04	4.92E+04	-2.30E+05	-1.44E+05	最小下限	-2.30E+05
E11728MZ	上限	N·m	7.73E+05	7.74E+05	1.50E+06	1.09E+06	最大上限	1.50E+06
	下限	N·m	-9.72E+05	-7.61E+05	-1.38E+06	-1.24E+06	最小下限	-1.38E+06
E11728NX	上限	N	-3.56E+06	-3.61E+06	-3.56E+06	-3.61E+06	最大上限	-3.56E+06
	下限	N	-3.86E+06	-3.95E+06	-3.93E+06	-3.89E+06	最小下限	-3.95E+06
E11728VY	上限	N	8.74E+04	9.23E+04	1.83E+05	1.18E+05	最大上限	1.83E+05
	下限	N	-1.20E+05	-9.78E+04	-1.65E+05	-1.53E+05	最小下限	-1.65E+05
E11728VZ	上限	N	-3.60E+03	-1.52E+03	1.35E+04	9.10E+03	最大上限	1.35E+04
	下限	N	-5.36E+04	-4.73E+04	-6.70E+04	-6.07E+04	最小下限	-6.70E+04

常遇地震作用下外柱内力计算结果 表 5-4-5

测点		单位	常遇，SHW1	常遇，SHW2	常遇，SHW3	常遇，SHW4	上下限	
E11602MY	上限	N·m	8.37E+05	7.26E+05	9.89E+05	9.00E+05	最大上限	9.89E+05
	下限	N·m	7.97E+04	6.37E+04	-1.51E+05	-5.14E+04	最小下限	-1.51E+05
E11602MZ	上限	N·m	-4.76E+05	-4.62E+05	-3.44E+05	-3.76E+05	最大上限	-3.44E+05
	下限	N·m	-8.36E+05	-8.00E+05	-8.97E+05	-8.80E+05	最小下限	-8.97E+05
E11602NX	上限	N	-3.90E+06	-3.92E+06	-3.89E+06	-3.87E+06	最大上限	-3.87E+06
	下限	N	-4.07E+06	-4.10E+06	-4.46E+06	-4.26E+06	最小下限	-4.46E+06
E11602VY	上限	N	-1.33E+05	-1.22E+05	-4.43E+04	-6.52E+04	最大上限	-4.43E+04
	下限	N	-3.91E+05	-3.62E+05	-4.46E+05	-4.26E+05	最小下限	-4.46E+05
E11602VZ	上限	N	-4.27E+03	-2.51E+03	1.75E+04	7.89E+03	最大上限	1.75E+04
	下限	N	-7.46E+04	-6.42E+04	-8.63E+04	-7.90E+04	最小下限	-8.63E+04
E11746MY	上限	N·m	6.55E+05	5.97E+05	8.50E+05	7.68E+05	最大上限	8.50E+05
	下限	N·m	1.91E+04	-2.03E+03	-2.05E+05	-1.54E+05	最小下限	-2.05E+05
E11746MZ	上限	N·m	7.07E+05	7.07E+05	7.24E+05	7.14E+05	最大上限	7.24E+05
	下限	N·m	5.22E+05	5.33E+05	5.24E+05	5.24E+05	最小下限	5.22E+05
E11746NX	上限	N	-2.54E+06	-2.55E+06	-2.52E+06	-2.54E+06	最大上限	-2.52E+06
	下限	N	-3.31E+06	-3.61E+06	-4.12E+06	-3.77E+06	最小下限	-4.12E+06
E11746VY	上限	N	3.22E+05	2.96E+05	3.76E+05	3.49E+05	最大上限	3.76E+05
	下限	N	1.40E+05	1.29E+05	8.70E+04	1.00E+05	最小下限	8.70E+04
E11746VZ	上限	N	-2.22E+02	2.40E+03	2.17E+04	1.83E+00	最大上限	2.17E+04
	下限	N	-6.04E+04	-5.63E+04	-7.64E+04	-6.93E+04	最小下限	-7.64E+04

罕遇地震作用下节点位移计算结果 表 5-4-6

测点		单位	罕遇，SHW1	罕遇，SHW2	罕遇，SHW3	罕遇，SHW4	上下限	
N1450Y	上限	m	2.94E-02	-1.91E-01	2.94E-02	-2.27E-01	最大上限	-1.99E-01
	下限	m	-6.00E-01	-2.74E-01	-6.00E-01	-2.31E-01	最小下限	-2.62E-01
N1Y	上限	m	-1.27E-01	-2.67E-01	-1.27E-01	-2.68E-01	最大上限	-2.43E-01
	下限	m	-3.70E-01	-3.03E-01	-3.70E-01	-2.71E-01	最小下限	-2.94E-01
N325X	上限	m	1.85E-01	-1.42E-03	1.85E-01	-3.33E-02	最大上限	-9.01E-03
	下限	m	-2.16E-01	-6.06E-02	-2.16E-01	-3.68E-02	最小下限	-6.35E-02
N325Z	上限	m	2.18E-01	2.67E-02	2.18E-01	1.88E-03	最大上限	3.13E-02
	下限	m	-2.46E-01	-3.90E-02	-2.46E-01	-1.94E-03	最小下限	-2.89E-02
N369X	上限	m	1.90E-01	-2.66E-03	1.90E-01	-3.33E-02	最大上限	-9.40E-03
	下限	m	-2.15E-01	-6.20E-02	-2.15E-01	-3.68E-02	最小下限	-6.31E-02
N369Z	上限	m	2.45E-01	3.95E-02	2.45E-01	1.96E-03	最大上限	2.92E-02
	下限	m	-2.16E-01	-2.60E-02	-2.16E-01	-1.90E-03	最小下限	-3.16E-02

测　点		单位	常遇，SHW1	常遇，SHW2	常遇，SHW3	常遇，SHW4	上下限	
N383X	上限	m	1.33E−01	−1.04E−02	1.33E−01	−3.48E−02	最大上限	−1.71E−02
	下限	m	−1.70E−01	−5.65E−02	−1.70E−01	−3.74E−02	最小下限	−5.70E−02
N383Z	上限	m	5.68E−02	1.60E−02	5.68E−02	5.78E−04	最大上限	7.49E−03
	下限	m	−9.61E−02	−8.95E−03	−9.61E−02	−4.52E−04	最小下限	−8.73E−03
N485X	上限	m	1.26E−01	−1.07E−02	1.26E−01	−3.48E−02	最大上限	−1.67E−02
	下限	m	−1.70E−01	−5.67E−02	−1.70E−01	−3.74E−02	最小下限	−5.75E−02
N485Z	上限	m	8.73E−02	8.63E−03	8.73E−02	4.48E−04	最大上限	8.65E−03
	下限	m	−5.90E−02	−1.56E−02	−5.90E−02	−5.73E−04	最小下限	−7.42E−03
N5948Y	上限	m	3.04E−02	−1.95E−01	3.04E−02	−2.27E−01	最大上限	−1.99E−01
	下限	m	−6.02E−01	−2.84E−01	−6.02E−01	−2.31E−01	最小下限	−2.62E−01
N6Y	上限	m	−1.24E−01	−2.62E−01	−1.24E−01	−2.68E−01	最大上限	−2.43E−01
	下限	m	−3.76E−01	−3.00E−01	−3.76E−01	−2.71E−01	最小下限	−2.93E−01

罕遇地震作用下拉索轴力计算结果　　　　　　　　　　　　表5−4−7

测　点		单位	罕遇，SHW1	罕遇，SHW2	罕遇，SHW3	罕遇，SHW4	上下限	
C122	上限	N	6.69E+05	3.85E+05	6.69E+05	3.56E+05	最大上限	3.98E+05
	下限	N	2.20E+05	2.98E+05	2.20E+05	3.53E+05	最小下限	3.24E+05
C127	上限	N	5.47E+05	3.51E+05	5.47E+05	3.39E+05	最大上限	3.50E+05
	下限	N	1.64E+05	3.17E+05	1.64E+05	3.38E+05	最小下限	3.28E+05
C19	上限	N	7.08E+05	4.13E+05	7.08E+05	3.56E+05	最大上限	3.96E+05
	下限	N	2.48E+05	3.21E+05	2.48E+05	3.53E+05	最小下限	3.25E+05
C32	上限	N	7.79E+05	3.95E+05	7.79E+05	3.41E+05	最大上限	3.98E+05
	下限	N	1.53E+05	3.05E+05	1.53E+05	3.36E+05	最小下限	2.83E+05
C372	上限	N	4.08E+05	1.76E+05	4.08E+05	1.20E+05	最大上限	1.46E+05
	下限	N	0.00E+00	5.35E+04	0.00E+00	1.17E+05	最小下限	7.08E+04
C421	上限	N	5.13E+05	2.50E+05	5.13E+05	1.93E+05	最大上限	2.66E+05
	下限	N	0.00E+00	1.11E+05	0.00E+00	1.84E+05	最小下限	9.45E+04
C424	上限	N	4.15E+05	2.33E+05	4.15E+05	2.10E+05	最大上限	2.47E+05
	下限	N	6.83E+04	1.69E+05	6.83E+04	2.06E+05	最小下限	1.73E+05
C426	上限	N	3.63E+05	1.62E+05	3.63E+05	1.27E+05	最大上限	1.75E+05
	下限	N	0.00E+00	7.85E+04	0.00E+00	1.23E+05	最小下限	7.81E+04
C427	上限	N	7.96E+05	2.38E+05	7.96E+05	1.63E+05	最大上限	2.56E+05
	下限	N	0.00E+00	9.38E+04	0.00E+00	1.54E+05	最小下限	7.43E+04
C428	上限	N	3.42E+05	1.76E+05	3.42E+05	1.27E+05	最大上限	1.69E+05
	下限	N	0.00E+00	8.52E+04	0.00E+00	1.23E+05	最小下限	6.67E+04

测　点		单位	罕遇，SHW1	罕遇，SHW2	罕遇，SHW3	罕遇，SHW4	上下限	
C430	上限	N	1.22E+06	4.17E+05	1.22E+06	2.49E+05	最大上限	4.01E+05
	下限	N	0.00E+00	1.01E+05	0.00E+00	2.28E+05	最小下限	6.59E+04
C431	上限	N	3.51E+05	1.74E+05	3.51E+05	1.20E+05	最大上限	1.46E+05
	下限	N	0.00E+00	7.22E+04	0.00E+00	1.17E+05	最小下限	7.01E+04
C566	上限	N	4.19E+05	2.37E+05	4.19E+05	2.10E+05	最大上限	2.47E+05
	下限	N	7.45E+04	1.66E+05	7.45E+04	2.06E+05	最小下限	1.73E+05
C567	上限	N	5.17E+05	2.56E+05	5.17E+05	1.93E+05	最大上限	2.65E+05
	下限	N	0.00E+00	1.00E+05	0.00E+00	1.84E+05	最小下限	9.52E+04
C569	上限	N	7.60E+05	2.44E+05	7.60E+05	1.63E+05	最大上限	2.56E+05
	下限	N	0.00E+00	8.26E+04	0.00E+00	1.54E+05	最小下限	7.50E+04
C570	上限	N	3.10E+05	1.77E+05	3.10E+05	1.27E+05	最大上限	1.69E+05
	下限	N	0.00E+00	7.33E+04	0.00E+00	1.23E+05	最小下限	6.69E+04
C572	上限	N	3.80E+05	1.62E+05	3.80E+05	1.27E+05	最大上限	1.74E+05
	下限	N	0.00E+00	7.09E+04	0.00E+00	1.23E+05	最小下限	7.85E+04
C573	上限	N	1.26E+06	4.36E+05	1.26E+06	2.49E+05	最大上限	4.00E+05
	下限	N	0.00E+00	9.21E+04	0.00E+00	2.28E+05	最小下限	6.72E+04
C901	上限	N	4.83E+06	1.59E+06	4.83E+06	6.76E+05	最大上限	1.18E+06
	下限	N	0.00E+00	3.42E+05	0.00E+00	6.00E+05	最小下限	0.00E+00
C912	上限	N	7.04E+06	6.30E+05	7.04E+06	8.12E+05	最大上限	1.47E+06
	下限	N	0.00E+00	0.00E+00	0.00E+00	7.32E+05	最小下限	1.93E+05
C937	上限	N	7.00E+06	1.62E+06	7.00E+06	8.12E+05	最大上限	1.46E+06
	下限	N	0.00E+00	2.86E+05	0.00E+00	7.32E+05	最小下限	1.98E+05
C948	上限	N	4.26E+06	1.48E+06	4.26E+06	6.77E+05	最大上限	1.19E+06
	下限	N	0.00E+00	0.00E+00	0.00E+00	6.00E+05	最小下限	0.00E+00

罕遇地震作用下主梁弯矩计算结果　　　　　　　　　表 5-4-8

测　点		单位	罕遇，SHW1	罕遇，SHW2	罕遇，SHW3	罕遇，SHW4	上下限	
L1057MY	上限	N·m	3.12E+07	2.48E+07	3.12E+07	2.31E+07	最大上限	2.43E+07
	下限	N·m	1.53E+07	2.26E+07	1.53E+07	2.30E+07	最小下限	2.19E+07
L1058MY	上限	N·m	1.98E+07	1.22E+07	1.98E+07	1.13E+07	最大上限	1.20E+07
	下限	N·m	5.02E+06	1.03E+07	5.02E+06	1.13E+07	最小下限	1.08E+07
L1107MY	上限	N·m	1.70E+07	1.14E+07	1.70E+07	1.06E+07	最大上限	1.10E+07
	下限	N·m	3.74E+06	9.79E+06	3.74E+06	1.05E+07	最小下限	1.02E+07
L1108MY	上限	N·m	9.22E+06	5.64E+06	9.22E+06	5.12E+06	最大上限	5.35E+06
	下限	N·m	1.46E+06	4.67E+06	1.46E+06	5.10E+06	最小下限	4.85E+06

测 点		单位	罕遇，SHW1	罕遇，SHW2	罕遇，SHW3	罕遇，SHW4	上下限	
L3357MY	上限	N·m	3.23E+07	2.48E+07	3.23E+07	2.31E+07	最大上限	2.43E+07
	下限	N·m	1.43E+07	2.24E+07	1.43E+07	2.30E+07	最小下限	2.19E+07
L3448MY	上限	N·m	1.98E+07	1.22E+07	1.98E+07	1.13E+07	最大上限	1.20E+07
	下限	N·m	5.02E+06	1.03E+07	5.02E+06	1.13E+07	最小下限	1.08E+07
L3497MY	上限	N·m	1.74E+07	1.16E+07	1.74E+07	1.06E+07	最大上限	1.10E+07
	下限	N·m	3.78E+06	9.60E+06	3.78E+06	1.06E+07	最小下限	1.01E+07
L3498MY	上限	N·m	9.12E+06	5.69E+06	9.12E+06	5.12E+06	最大上限	5.35E+06
	下限	N·m	1.60E+06	4.63E+06	1.60E+06	5.10E+06	最小下限	4.85E+06

罕遇地震作用下内柱内力计算结果   表5-4-9

测 点		单位	罕遇，SHW1	罕遇，SHW2	罕遇，SHW3	罕遇，SHW4	上下限	
E11593MY	上限	N·m	3.12E+06	8.58E+05	3.12E+06	5.28E+05	最大上限	9.17E+05
	下限	N·m	-2.57E+06	1.38E+04	-2.57E+06	4.77E+05	最小下限	1.24E+05
E11593MZ	上限	N·m	5.16E+06	6.38E+05	5.16E+06	4.24E+04	最大上限	7.01E+05
	下限	N·m	-5.71E+06	-8.51E+05	-5.71E+06	-4.32E+04	最小下限	-6.55E+05
E11593NX	上限	N	-2.71E+06	-3.64E+06	-2.71E+06	-3.72E+06	最大上限	-3.64E+06
	下限	N	-4.73E+06	-3.94E+06	-4.73E+06	-3.73E+06	最小下限	-3.82E+06
E11593VY	上限	N	5.75E+05	7.26E+04	5.75E+05	4.95E+03	最大上限	8.17E+04
	下限	N	-7.31E+05	-1.07E+05	-7.31E+05	-5.06E+03	最小下限	-7.69E+04
E11593VZ	上限	N	1.26E+05	9.28E+01	1.26E+05	-2.49E+04	最大上限	-5.42E+03
	下限	N	-1.62E+05	-4.61E+04	-1.62E+05	-2.77E+04	最小下限	-4.93E+04
E11728MY	上限	N·m	3.00E+06	8.71E+05	3.00E+06	5.28E+05	最大上限	9.10E+05
	下限	N·m	-2.52E+06	4.92E+04	-2.52E+06	4.78E+05	最小下限	1.30E+05
E11728MZ	上限	N·m	5.74E+06	7.74E+05	5.74E+06	4.34E+04	最大上限	6.62E+05
	下限	N·m	-5.31E+06	-7.61E+05	-5.31E+06	-4.27E+04	最小下限	-7.09E+05
E11728NX	上限	N	-2.63E+06	-3.61E+06	-2.63E+06	-3.72E+06	最大上限	-3.64E+06
	下限	N	-4.81E+06	-3.95E+06	-4.81E+06	-3.73E+06	最小下限	-3.82E+06
E11728VY	上限	N	7.42E+05	9.23E+04	7.42E+05	5.07E+03	最大上限	7.77E+04
	下限	N	-6.02E+05	-9.78E+04	-6.02E+05	-4.97E+03	最小下限	-8.26E+04
E11728VZ	上限	N	1.25E+05	-1.52E+03	1.25E+05	-2.49E+04	最大上限	-5.73E+03
	下限	N	-1.54E+05	-4.73E+04	-1.54E+05	-2.77E+04	最小下限	-4.90E+04

罕遇地震作用下外柱内力计算结果

表 5-4-10

测 点		单位	罕遇, SHW1	罕遇, SHW2	罕遇, SHW3	罕遇, SHW4	上下限	
E11602MY	上限	N·m	2.16E+06	7.26E+05	2.16E+06	4.78E+05	最大上限	7.73E+05
	下限	N·m	-2.02E+06	6.37E+04	-2.02E+06	4.39E+05	最小下限	1.79E+05
E11602MZ	上限	N·m	-4.92E+04	-4.62E+05	-4.92E+04	-6.29E+05	最大上限	-4.96E+05
	下限	N·m	-1.02E+06	-8.00E+05	-1.02E+06	-6.49E+05	最小下限	-8.02E+05
E11602NX	上限	N	-2.60E+06	-3.92E+06	-2.60E+06	-3.52E+06	最大上限	-3.48E+06
	下限	N	-8.57E+06	-4.10E+06	-8.57E+06	-3.52E+06	最小下限	-3.58E+06
E11602VY	上限	N	3.39E+05	-1.22E+05	3.39E+05	-2.40E+05	最大上限	-1.45E+05
	下限	N	-6.88E+05	-3.62E+05	-6.88E+05	-2.55E+05	最小下限	-3.64E+05
E11602VZ	上限	N	1.74E+05	-2.51E+03	1.74E+05	-3.89E+04	最大上限	-1.45E+04
	下限	N	-1.54E+05	-6.42E+04	-1.54E+05	-4.24E+04	最小下限	-7.03E+04
E11746MY	上限	N·m	1.90E+06	5.97E+05	1.90E+06	4.77E+05	最大上限	7.66E+05
	下限	N·m	-1.81E+06	-2.03E+03	-1.81E+06	4.40E+05	最小下限	1.85E+05
E11746MZ	上限	N·m	1.17E+06	7.07E+05	1.17E+06	6.49E+05	最大上限	8.03E+05
	下限	N·m	1.62E+00	5.33E+05	1.62E+05	6.29E+05	最小下限	4.94E+05
E11746NX	上限	N	-1.73E+06	-2.55E+06	-1.73E+06	-3.52E+06	最大上限	-3.48E+06
	下限	N	-8.40E+06	-3.61E+06	-8.40E+06	-3.52E+06	最小下限	-3.59E+06
E11746VY	上限	N	6.38E+05	2.96E+05	6.38E+05	2.55E+05	最大上限	3.65E+05
	下限	N	-2.65E+05	1.29E+05	-2.65E+05	2.40E+05	最小下限	1.44E+05
E11746VZ	上限	N	1.67E+05	2.40E+03	1.67E+05	-3.89E+04	最大上限	-1.51E+04
	下限	N	-1.33E+05	-5.63E+04	-1.33E+05	-4.24E+04	最小下限	-6.96E+04

（三）屋盖结构屋面拉索及外柱斜拉索的时程分析结果

屋盖结构屋面拉索和外柱斜拉索在常遇及罕遇地震下的时程分析的统计结果见表 5-4-11。

常遇、罕遇地震作用下拉索轴力计算结果

表 5-4-11

		单位	外柱斜拉索	屋盖内环索	屋盖次内环内侧索	屋盖次内环外侧索	屋盖次外环索	屋盖外环索
常遇, SHW1	上限	N	2.31E+06	1.91E+05	1.85E+05	2.85E+05	2.86E+05	4.69E+05
	下限	N	0.00E+00	3.01E+04	4.33E+04	7.69E+04	4.12E+04	3.32E+03
常遇, SHW2	上限	N	2.28E+06	2.14E+05	1.87E+05	2.58E+05	2.85E+05	4.55E+05
	下限	N	0.00E+00	2.51E+04	4.86E+04	1.54E+05	4.61E+04	1.91E+04

		单位	外柱斜拉索	屋盖内环索	屋盖次内环内侧索	屋盖次内环外侧索	屋盖次外环索	屋盖外环索
常遇，SHW3	上限	N	3.05E+06	2.09E+05	2.01E+05	2.61E+05	3.47E+05	5.65E+05
	下限	N	0.00E+00	1.20E+03	2.52E+04	1.37E+05	2.30E+04	0.00E+00
常遇，SHW4	上限	N	2.78E+06	2.03E+05	1.86E+05	2.56E+05	3.01E+05	5.18E+05
	下限	N	0.00E+00	1.48E+04	4.18E+04	1.49E+05	2.82E+04	0.00E+00
常遇，最大上下限	最大上限	N	3.05E+06	2.14E+05	2.01E+05	2.85E+05	3.47E+05	5.65E+05
	最大下限	N	0.00E+00	1.20E+03	2.52E+04	7.69E+04	2.30E+04	0.00E+00
罕遇，SHW1	上限	N	8.68E+06	6.29E+05	4.55E+05	5.84E+05	1.15E+06	1.35E+06
	下限	N	0.00E+00	0.00E+00	0.00E+00	1.28E+04	0.00E+00	0.00E+00
罕遇，SHW2	上限	N	8.96E+06	7.47E+05	5.33E+05	5.01E+05	1.08E+06	1.33E+06
	下限	N	0.00E+00	0.00E+00	0.00E+00	0.00E+00	0.00E+00	0.00E+00
罕遇，SHW3	上限	N	8.45E+06	7.06E+05	5.07E+05	5.07E+05	1.13E+06	1.31E+06
	下限	N	0.00E+00	0.00E+00	0.00E+00	1.59E+04	0.00E+00	0.00E+00
罕遇，SHW4	上限	N	8.85E+06	8.85E+06	5.61E+05	4.94E+05	1.16E+06	1.35E+06
	下限	N	0.00E+00	0.00E+00	0.00E+00	0.00E+00	0.00E+00	0.00E+00
罕遇，最大上下限	最大上限	N	8.96E+06	8.85E+06	5.61E+05	5.84E+05	1.16E+06	1.35E+06
	最大下限	N	0.00E+00	0.00E+00	0.00E+00	0.00E+00	0.00E+00	0.00E+00

由计算结果可知，在常遇地震下，外柱斜拉索、屋盖内环索、屋盖次内环索和屋盖次外环索均未出现松弛；而屋盖外环索中仅在地震波 SHW3 和 SHW4 下有拉索出现松弛；外柱斜拉索中则在四条地震波下均有拉索出现了松弛的现象。

在罕遇地震下，只有屋盖次内环内侧索在地震波 SHW1 和 SHW3 下未出现松弛，而屋盖次内环内侧索在地震波 SHW2 和 SHW4 下以及其他各类索在四条地震波下均出现了有拉索松弛的现象。

屋盖结构屋面拉索和外柱斜拉索在常遇及罕遇地震下产生最大拉力索的时程结果见图 5-4-4、图 5-4-5。

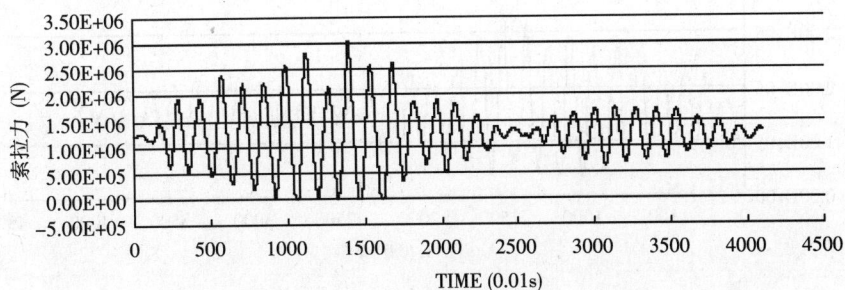

（a）产生最大拉力的外柱斜拉索索力时程曲线

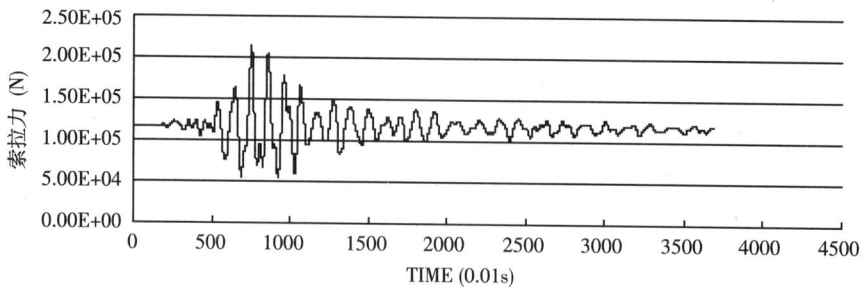

（b）产生最大拉力的屋盖内环索力时程曲线

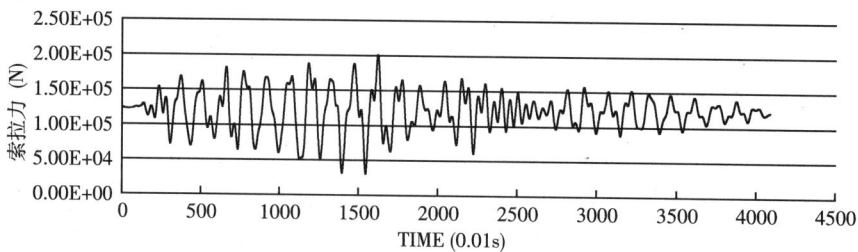

（c）产生最大拉力的屋盖次内环内侧索力时程曲线

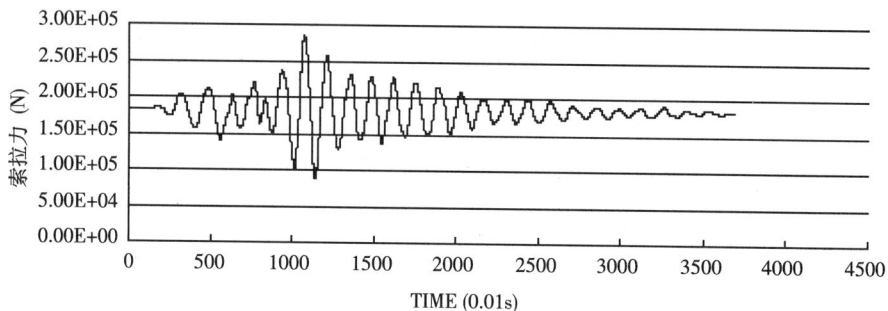

（d）产生最大拉力的屋盖次内环外侧索力时程曲线

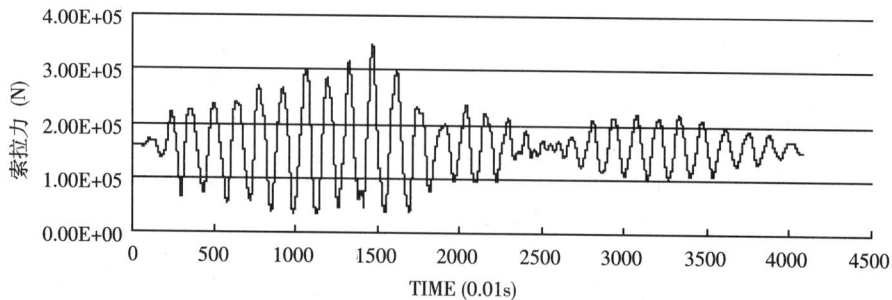

（e）产生最大拉力的屋盖次外环索力时程曲线

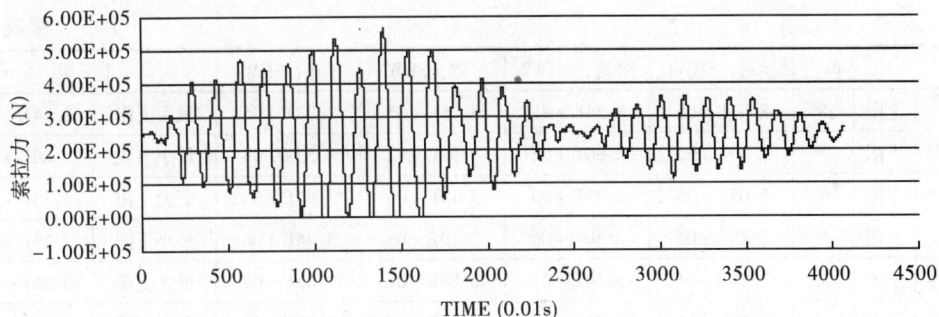

（f）产生最大拉力的屋盖外环索索力时程曲线

图 5 - 4 - 4　常遇地震下各类拉索中产生最大拉力拉索的索力时程曲线

（四）屋盖结构全部内柱、外柱的时程分析结果

屋盖结构全部内柱、外柱在常遇及罕遇地震下的时程分析的统计结果见表 5 - 4 - 12、表 5 - 4 - 13。

常遇地震作用下内柱、外柱地震响应计算结果　　　　　　　　　　　　表 5 - 4 - 12

		单位	常遇，SHW1	常遇，SHW2	常遇，SHW3	常遇，SHW4	上下限	
内柱 柱底弯矩	上限	N·m	2.11E+06	2.11E+06	2.44E+06	2.74E+06	最大上限	2.74E+06
	下限	N·m	1.39E+05	1.01E+05	4.05E+04	1.22E+04	最小下限	1.22E+04
内柱 柱底剪力	上限	N	1.80E+05	1.85E+05	2.76E+05	2.33E+05	最大上限	2.76E+05
	下限	N	5.40E+03	3.68E+03	6.88E+02	1.52E+03	最小下限	6.88E+02
内柱柱底 轴压力	上限	N	3.93E+06	3.96E+06	3.96E+06	3.94E+06	最大上限	3.96E+06
	下限	N	3.50E+06	3.41E+06	3.48E+06	3.44E+06	最小下限	3.41E+06
内柱柱顶 层间位移	上限	m	7.13E-02	7.06E-02	1.00E-01	9.05E-02	最大上限	1.00E-01
	下限	m	9.61E-04	1.00E-03	2.17E-04	1.24E-04	最小下限	1.24E-04
外柱 柱底弯矩	上限	N·m	1.45E+06	1.43E+06	1.84E+06	1.72E+06	最大上限	1.84E+06
	下限	N·m	4.79E+05	4.66E+05	3.47E+05	3.80E+05	最小下限	3.47E+05
外柱 柱底剪力	上限	N	4.27E+05	4.24E+05	4.67E+05	4.67E+05	最大上限	4.67E+05
	下限	N	7.28E+04	7.96E+04	2.58E+04	2.58E+04	最小下限	2.58E+04
外柱柱底 轴压力	上限	N	4.41E+06	4.40E+06	5.15E+06	4.92E+06	最大上限	5.15E+06
	下限	N	2.43E+06	2.43E+06	2.30E+06	2.39E+06	最小下限	2.30E+06
外柱柱顶 层间位移	上限	m	4.84E-02	4.81E-02	6.63E-02	5.86E-02	最大上限	6.63E-02
	下限	m	1.42E-04	9.74E-05	6.39E-05	3.69E-05	最小下限	3.69E-05

罕遇地震作用下内柱、外柱地震响应计算结果　　　　　　　　　　　　表 5 - 4 - 13

		单位	罕遇，SHW1	罕遇，SHW2	罕遇，SHW3	罕遇，SHW4	上下限	
内柱 柱底弯矩	上限	N·m	6.49E+06	6.64E+06	6.52E+06	2.74E+06	最大上限	6.64E+06
	下限	N·m	1.79E+04	7.40E+03	6.01E+03	1.22E+04	最小下限	6.01E+03

		单位	罕遇, SHW1	罕遇, SHW2	罕遇, SHW3	罕遇, SHW4	上下限	
内柱 柱底剪力	上限	N	8.01E+05	8.54E+05	8.05E+05	2.33E+05	最大上限	8.54E+05
	下限	N	1.09E+03	2.80E+02	4.59E+02	1.52E+03	最小下限	2.80E+02
内柱柱底 轴压力	上限	N	5.05E+06	5.33E+06	5.14E+06	3.94E+06	最大上限	5.33E+06
	下限	N	2.40E+06	2.30E+06	2.19E+06	3.44E+06	最小下限	2.19E+06
内柱柱顶 层间位移	上限	m	3.26E-01	3.14E-01	2.88E-01	9.05E-02	最大上限	3.26E-01
	下限	m	4.89E-05	3.09E-05	2.30E-04	1.24E-04	最小下限	3.09E-05
外柱 柱底弯矩	上限	N·m	4.28E+06	4.26E+06	4.45E+06	1.72E+06	最大上限	4.45E+06
	下限	N·m	3.00E+04	6.15E+04	9.26E+04	3.80E+05	最小下限	3.00E+04
外柱 柱底剪力	上限	N	7.11E+05	7.20E+05	7.12E+05	4.67E+05	最大上限	7.20E+05
	下限	N	1.07E+03	4.81E+02	5.33E+02	2.58E+04	最小下限	4.81E+02
外柱柱底 轴压力	上限	N	1.05E+07	1.09E+07	1.03E+07	4.92E+06	最大上限	1.09E+07
	下限	N	1.55E+06	1.74E+06	1.51E+06	2.39E+06	最小下限	1.51E+06
外柱柱顶 层间位移	上限	m	2.41E-01	2.13E-01	1.81E-01	5.86E-02	最大上限	2.41E-01
	下限	m	1.03E-05	1.17E-04	1.78E-05	3.69E-05	最小下限	1.03E-05

屋盖结构内柱和外柱在常遇及罕遇地震下的包含相应最大值的柱底弯矩、剪力、轴压力以及柱顶层间位移的时程曲线见图5-4-5、图5-4-6。

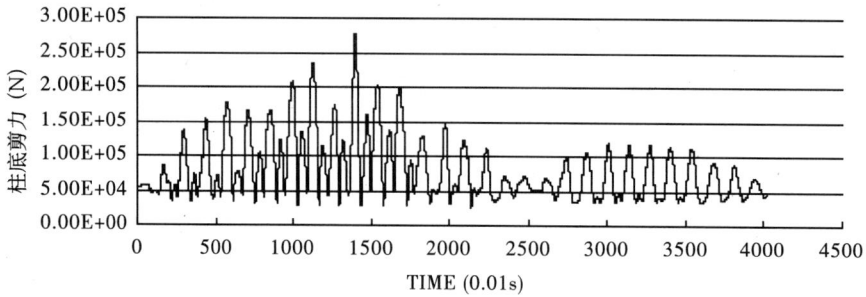

（a）包含最大值的内柱柱底弯矩时程结果

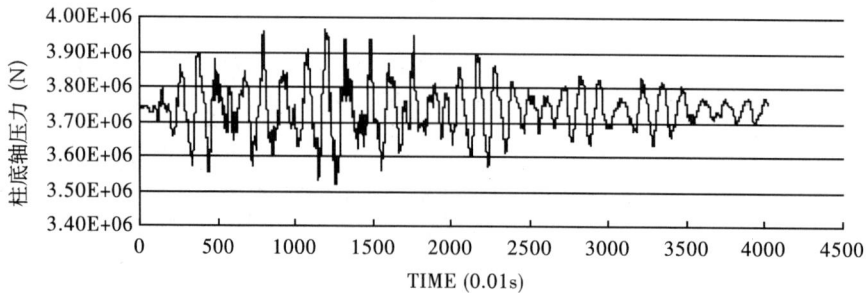

（b）包含最大值的内柱柱底剪力时程结果

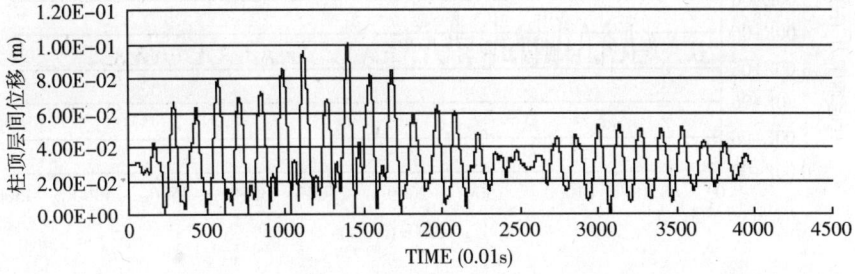

（c）包含最大值的内柱柱底轴压力时程结果

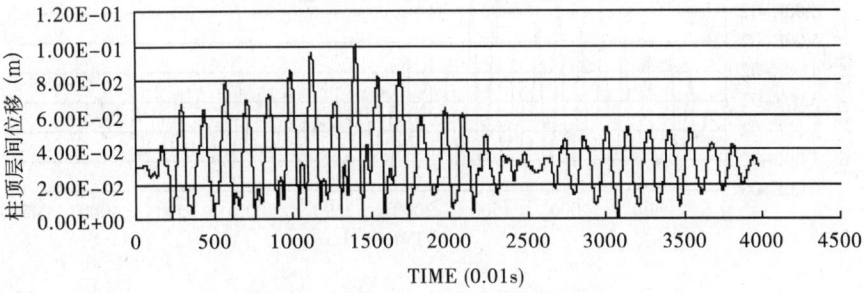

（d）包含最大值的内柱柱顶层间位移时程结果

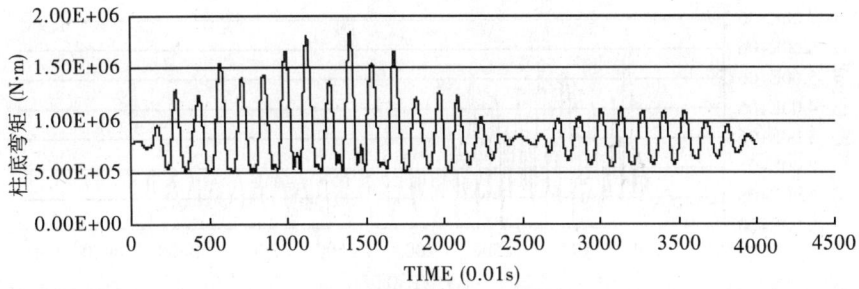

（e）包含最大值的外柱柱底弯矩时程结果

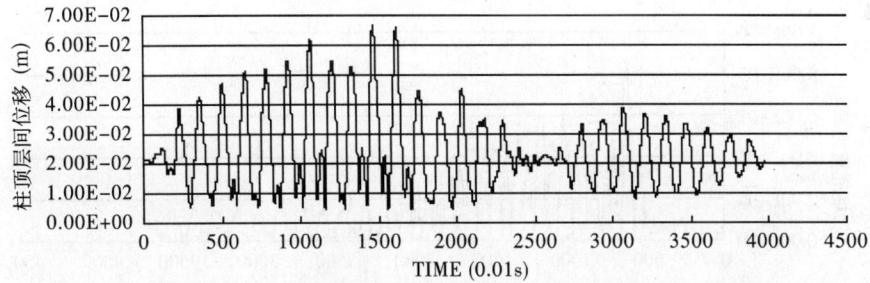

（f）包含最大值的外柱柱底剪力时程结果

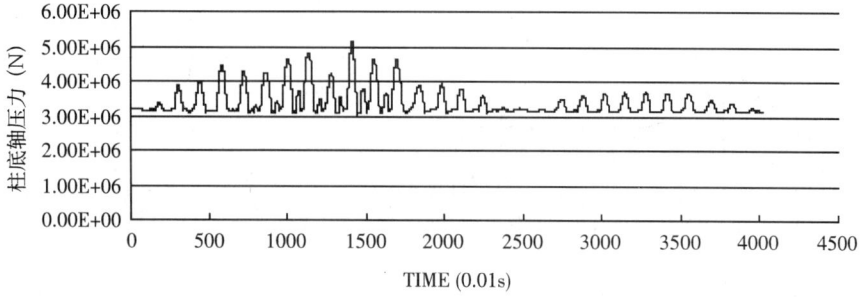

（g）包含最大值的外柱柱底轴压力时程结果

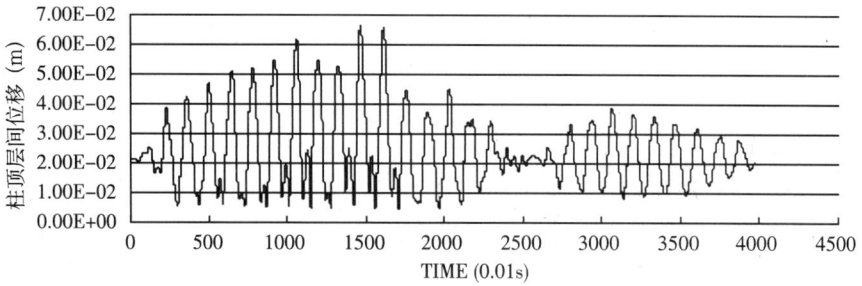

（h）包含最大值的外柱柱顶层间位移时程结果

图 5-4-5　常遇地震内、外柱中包含最大地震响应的时程曲线

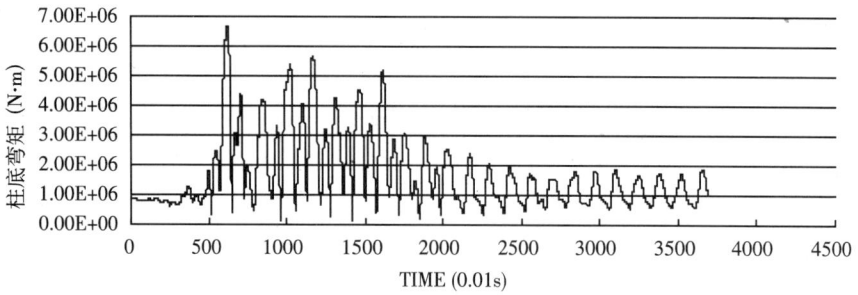

（a）包含最大值的内柱柱底弯矩时程结果

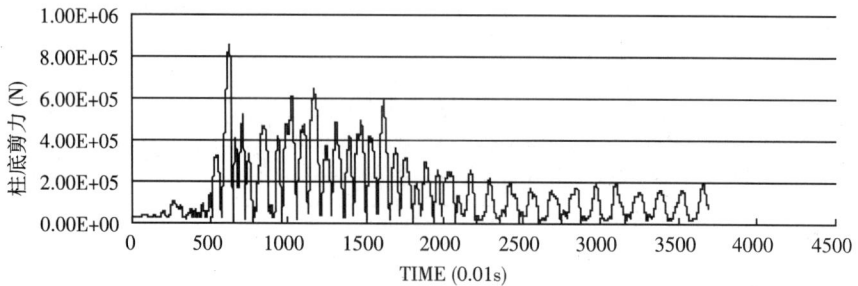

（b）包含最大值的内柱柱底剪力时程结果

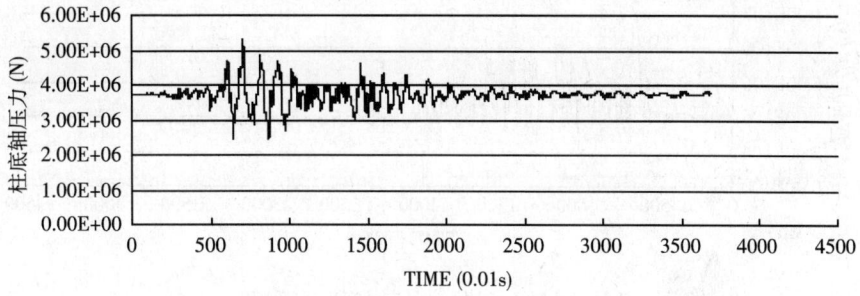

（c）包含最大值的内柱柱底轴压力时程结果

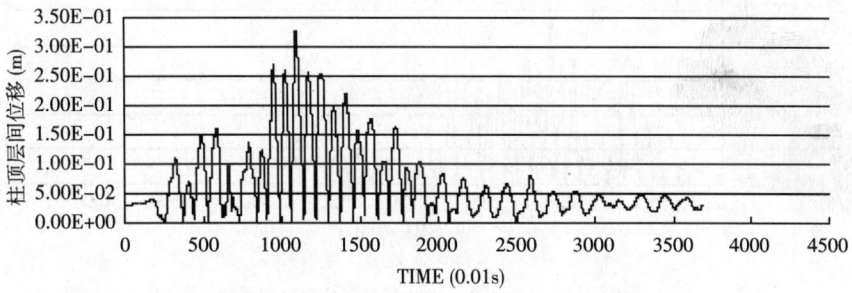

（d）包含最大值的内柱柱顶层间位移时程结果

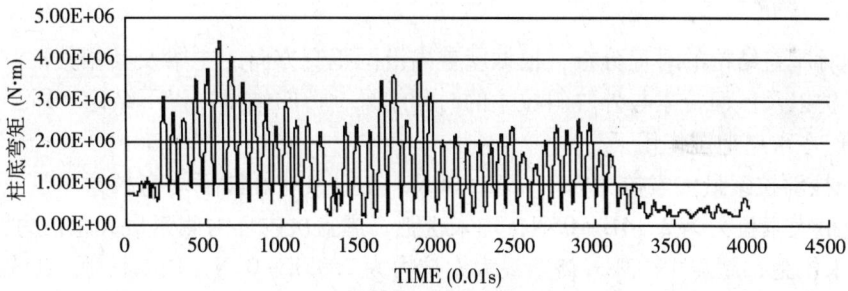

（e）包含最大值的外柱柱底弯矩时程结果

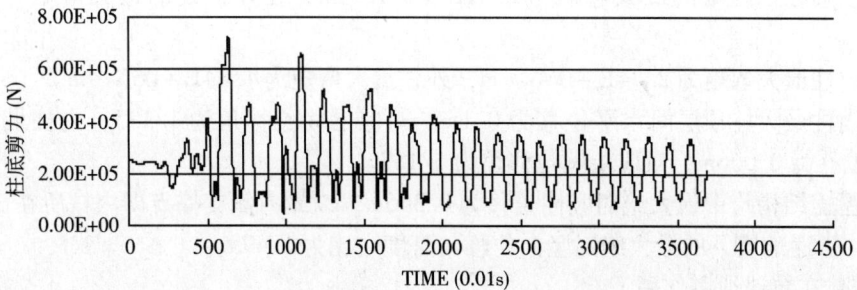

（f）包含最大值的外柱柱底剪力时程结果

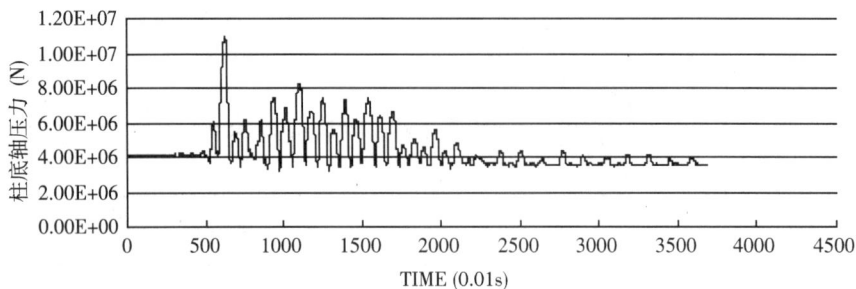

（g）包含最大值的外柱柱底轴压力时程结果

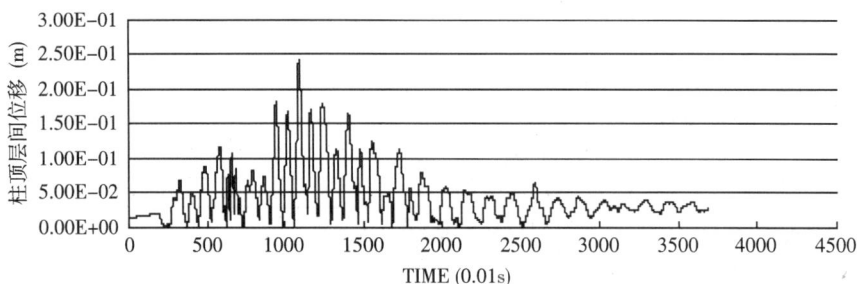

（h）包含最大值的外柱柱顶层间位移时程结果

图 5 - 4 - 6 罕遇地震内、外柱中包含最大地震响应的时程曲线

五、结论

通过对屋盖结构的时程分析，根据屋盖内沿两正交方向的主梁及其相关柱、拉索和所有内、外柱以及屋面拉索与外柱斜拉索的时程结果，可归纳得出以下结论，即：

（一）在常遇地震作用下

1. 外柱斜拉索最大索拉力为 3.05E + 06N，在四条地震波下均有拉索出现了松弛；屋盖内环索最大索拉力为 2.14E + 05N，均未松弛；屋盖次内环内侧索最大索拉力为2.01E + 05N，均未松弛；屋盖次内环外侧索最大索拉力为 2.85E + 05N，均未松弛；屋盖次外环最大索拉力为 3.47E + 05N，均未松弛；屋盖外环索最大索拉力为 5.65E + 05N，在地震波 SHW3 和 SHW4 下有拉索出现松弛。

2. 主梁在内柱处的最大弯矩为 2.52E + 07N·m，在外柱处的最大弯矩为 1.19E + 07N·m。

3. 内柱最大弯矩为 2.74E + 06N·m，外柱最大弯矩为 1.84E + 06N·m。

4. 内柱最大柱顶层间水平位移为 0.1m，对应层间位移角为 1/135；内柱最大柱顶层间水平位移为 0.066m，对应层间位移角为 1/117。

5. 屋盖结构跨中最大绝对竖向位移为 0.306m，以最内侧支撑点即内柱所在位置计算，屋盖结构常遇地震下的最大绝对竖向位移与跨度之比为 1/495。

（二）在罕遇地震作用下

1. 外柱斜拉索最大索拉力为 8.96E + 06N，在四条地震波下均有拉索出现了松弛；屋盖内环索最大索拉力为 8.85E + 06N，在四条地震波下均有拉索出现了松弛；屋盖次内环内侧索最大索拉力为 5.61E+05N，在地震波 SHW2 和 SHW4 下，出现松弛；屋盖次内环外侧索最大索拉力为 5.84E+05N，在四条地震波下均有拉索出现了松弛；屋盖次外环索最大索拉力为 1.16E+06N，在四条地震波下均有拉索出现了松弛；屋盖外环索最大索拉力为 1.35E+06N，在四条地震波下均有拉索出现了松弛。

2. 主梁在内柱处的最大弯矩为 2.43E+07N·m，在外柱处的最大弯矩为 1.10E+07N·m。

3. 内柱最大弯矩为 6.64E+06N·m，外柱最大弯矩为 4.45E+06N·m。

4. 内柱最大柱顶层间水平位移为 0.326m，对应层间位移角为 1/41.5；内柱最大柱顶层间水平位移为 0.241m，对应层间位移角为 1/32.1。

5. 屋盖结构跨中最大绝对竖向位移为 0.241m，以最内侧支撑点即内柱所在位置计算，屋盖结构罕遇地震下的最大绝对竖向位移与跨度之比为 1/629。

综上所述，对于主梁来说，弯矩最大值随地震动强度的变化并不显著，而柱子和拉索的响应则有显著增大。其中内、外柱柱顶最大水平层间位移角均超过了上海市工程建设规范《建筑抗震设计规程》中对于多、高层钢结构层间位移角限值的规定，即 $[\theta_e]=1/300$，$[\theta_p]=1/50$。同时，无论在常遇还是罕遇地震作用下，外柱的最大层间位移角计算值均大于内柱最大层间位移角计算值，可见外柱的抗侧移能力与内柱相比较弱，因此确定内柱为此类屋盖结构体系的一个抗震薄弱环节。

第六章 主站房钢结构抗火验算研究

第一节 主要工作及验算依据

一、主要工作

（1）房屋屋面钢结构在给定最不利火灾场景下的钢结构构件的升温过程分析。

（2）南站房屋屋面钢结构在最不利火灾场景下的结构反应全过程分析及关键构件的抗火承载力验算。

（3）南站房屋屋面钢结构在火灾下的安全性能评估。

（4）南站房屋屋面钢结构防火保护措施建议。

二、主要依据

（1）设计单位提供的房屋屋面钢结构 ANSYS 分析模型。

（2）设计单位提供的恒载、活荷载及风荷载标准值。

（3）指挥部提供的《上海铁路南站站屋火灾安全评估》报告。

（4）CSIRO 与公安部上海消防研究所提供的"设计火灾2"温度场。

（5）上海市工程建设规范《建筑钢结构防火技术规程》（DG/TJ08 – 008 – 2000）。

（6）中华人民共和国国家标准《建筑设计防火规范》（GBJ16 – 87）（2001 修订版）。

（7）中华人民共和国国家标准《钢结构设计规范》（GB50017 – 2003）。

第二节 火灾场景

一、确定可能的火灾场景

根据南站的建筑平面功能设计，对可能发生火灾的位置，燃料密度及火灾的危险性进行定性分析，确定可能的最不利火灾场景和可能发生的火灾场景。

大厅主要使用功能是候车室和商店。因此燃料分布也是随候车室中人员的行李、候车座椅、商店货物而确定。这里考虑比较集中的火源为商店，每个商店的面积为 $100m^2$。

整个大厅是开放楼面，火灾中氧气的供给非常充足，火灾确定为燃烧控制型。

二、验算采用的火灾场景及对应的空气温度场

在非正常情况下，喷淋系统可能无法启动或不能有效地控制火灾，火灾将一直发展到商店里燃料供给速度所能维持的最大极限。同时，由于商店的墙和屋顶是非防火材料，在火灾中没有喷淋系统控制的超快速发展火灾在商店里形成的快速升温热烟气层很快会将商店的墙和顶烧坏，实际上，火灾处于燃料控制状态。根据 Morgan 等人 1999 年的研究成果，零售商店里燃料可供给热量大约是 $280 \sim 650 kW/m^2$，火灾荷载密度 $1840 \sim 3680 MJ/m^2$。根据零售商店的布置位置，分为火源远离钢柱和位于钢柱位置两种火灾场景。

（一）第一种火灾场景

对应于《上海铁路南站站屋火灾安全评估》中的"设计火灾2"，火灾发生在零售商店，商店面积100m²，火床面积64m²，为无喷淋控制火灾，钢柱位于零售商店外，商店边界离开钢柱最近距离不小于5.5m。该火灾场景温度场由火灾安全评估单位–CSIRO和上海消防研究所提供，为火灾安全评估时的最危险火灾场景。大厅空气温度分布如图6-2-1和图6-2-2所示，梁底空气温度如图6-2-3（局部最高温度450℃）所示。

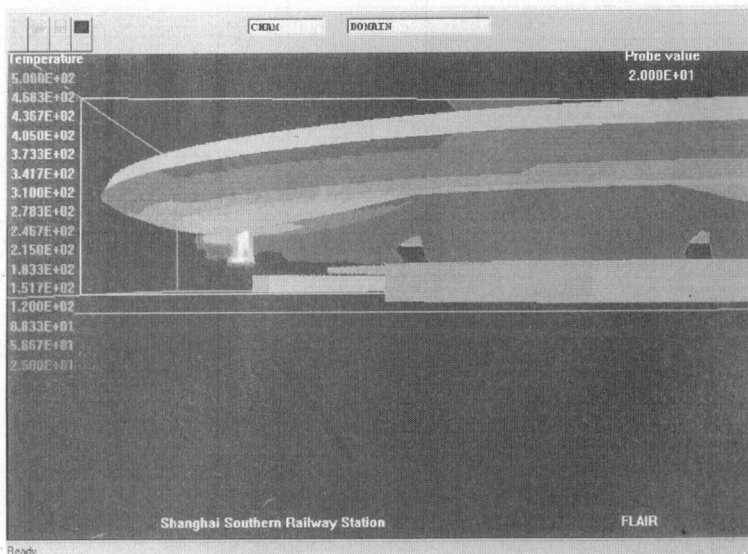

图6-2-1　第一种火灾场景下火灾发生30min时通过大厅中心剖面的温度分布—从东南面看剖面（由火灾安全性能化评估单位提供）

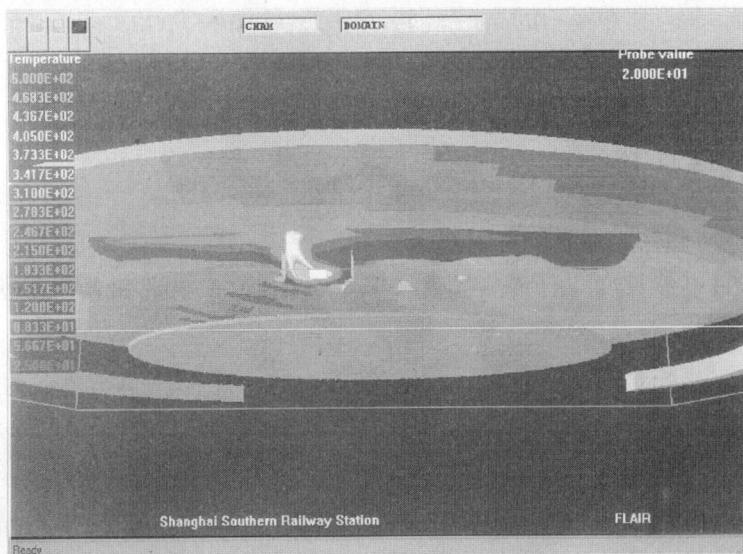

图6-2-2　第一种火灾场景下火灾发生30min时通过商店中心剖面的温度分布—从西南面看剖面（由火灾安全性能化评估单位提供）

（二）第二种火灾场景

假设零售商店将钢柱包围，火灾发生在该零售商店，火灾温度场由 FDS 火灾模拟软件计算得出。分析时，火灾荷载密度取 $3000MJ/m^2$，火源（商店，面积 $100m^2$）火床面积 $64m^2$，火源功率为 32.5MW，为无喷淋控制火灾。火灾持续时间为：$3000 \times 50/32.5 = 4615(s)$，约77min。模拟得到的火源正上方10m处的空气温度如图6-2-4所示。

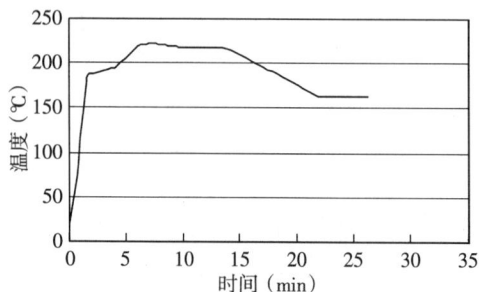

图6-2-3 第一种火灾场景下梁位置处空气温度-时间曲线（由火灾安全性能化评估单位提供）

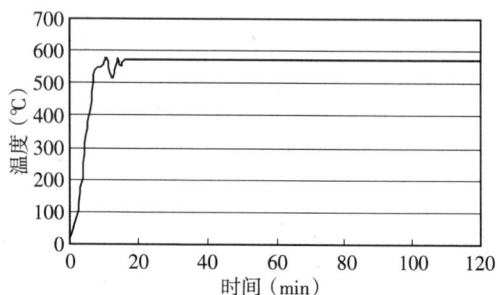

图6-2-4 第二种火灾场景下火源正上方10m处空气温度-时间曲线

第三节 屋面钢构件温度计算

火灾作用下，构件周围环境的空气温度升高，构件温度也随之升高，构件温度随时间的变化根据传热学原理按上海市工程建设规范《建筑钢结构防火技术规程》（DG/TJ08-008-2000）给定的方法计算。

根据《建筑钢结构防火技术规程》（DG/TJ08-008-2000）6.2.2条，火灾下无保护层钢构件的内部升温公式为：

$$T_s(t + \Delta t) = \frac{B}{\rho_s C_s} [T_g(t) - T_s(t)] \Delta t + T_s(t) \qquad (6-3-1)$$

式中 t——升温时间（s）；

Δt——时间增量（s）；

T_s——钢构件内部温度（℃）；

T_g——火灾时钢构件周围空气温度（℃）；

B——构件单位长度综合传热系数（$W/(m^3 \cdot K)$），构件无防火保护层，按下式计算：

$$B = (\alpha_c + \alpha_r) \cdot \frac{F}{V} \qquad (6-3-2)$$

式中 F——构件单位长度的受火表面积（m^2/m）；

V——构件单位长度的体积（m^3/m）；

α_c——以对流方式由空气向构件表面传热的传热系数，$\alpha_c = 25$（$W/(m^2 \cdot K)$）；

α_r——以辐射方式由空气向构件表面传热的传热系数，可按下式计算：

$$\alpha_r = \frac{2.885}{T_g - T_s} \left[\left(\frac{T_g + 273}{100} \right)^4 - \left(\frac{T_s + 273}{100} \right)^4 \right] \quad (W/(m^2 \cdot K)) \qquad (6-3-3)$$

构件温度计算时，有关参数取值为：钢材密度 $\rho_s = 7850 \mathrm{kg/m^3}$，比热 $c_s = 600$ J/（kg·K）。

采用第二节中第一种火灾场景和第二种火灾场景模拟分析得到的温度场确定空气温度，作为计算构件温度时构件周围环境空气温度输入值。

第四节　结构反应分析

一、所采用的结构分析软件

火灾下的结构反应采用 ANSYS 有限元软件进行分析。

二、结构分析模型及材料特性

结构整体模型如图 6-4-1 所示。模型中梁柱采用 Beam44 单元，索采用 Link10 单元，梁柱节点处的滑动支座采用 Combin14 单元。

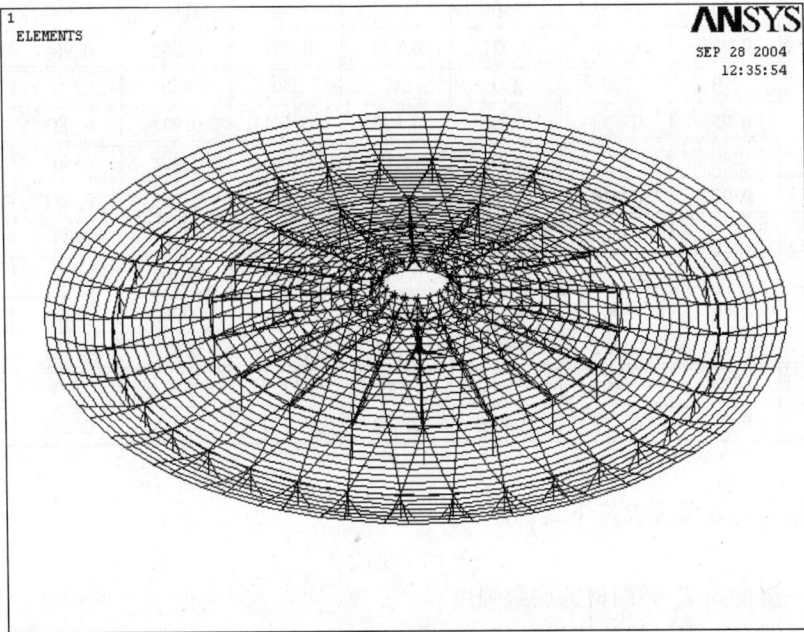

图 6-4-1　结构分析模型

根据结构设计，结构构件采用材料为 Q345 钢，常温下的弹性模量为 $2.06 \times 10^5 \mathrm{MPa}$，设计强度为 295MPa，泊松比为 0.3。热膨胀系数为 1.4×10^{-5}，密度为 7850kg/m³。

高温下钢材的应力应变关系采用分段折线模型（图 6-4-2）。材料强度及初始弹性模量随温度的变化根据《建筑钢结构防火技术规程》（DG/TJ08—008—2000）确定。高温下钢材的初始弹性模量按下式确定：

$$E_T = \chi_T E \qquad\qquad (6-4-1)$$

式中　E_T——温度为 T_s 时钢材的弹性模量；

　　　E——常温下钢材的弹性模量；

χ_T——高温下钢材弹性模量折减系数，按表 6-4-1 采用。

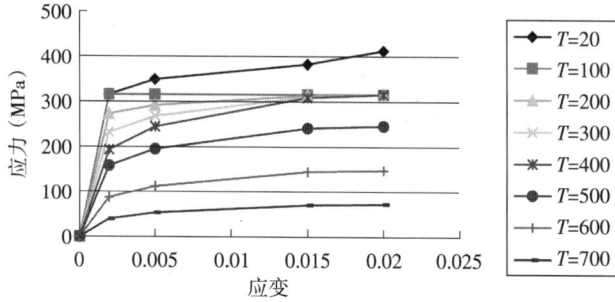

图 6-4-2　钢材高温下的应力—应变曲线

高温下钢材弹性模量折减系数 χ_T　　　　　　　　表 6-4-1

T_s（℃）	120	140	150	160	170	180	190	200
χ_T	0.986	0.980	0.977	0.974	0.971	0.968	0.964	0.961
T_s（℃）	210	220	230	240	250	260	270	280
χ_T	0.957	0.953	0.950	0.945	0.941	0.937	0.932	0.927
T_s（℃）	290	300	310	320	330	340	350	360
χ_T	0.922	0.916	0.910	0.904	0.897	0.889	0.881	0.872
T_s（℃）	370	380	390	400	410	420	430	440
χ_T	0.862	0.851	0.839	0.826	0.812	0.797	0.781	0.763
T_s（℃）	450	460	470	480	490	500	510	520
χ_T	0.743	0.722	0.698	0.673	0.646	0.617	0.585	0.551
T_s（℃）	530	540	550	560	570	580	590	600
χ_T	0.515	0.475	0.433	0.388	0.339	0.288	0.232	0.173

高温下钢材的屈服强度按下式确定：

$$f_{yT} = \eta_T \cdot \gamma_R \cdot f \qquad (6-4-2)$$

式中　f_{yT}——温度为 T_s 时钢材的屈服强度；

　　　f——常温下钢材的强度设计值；

　　　γ_R——钢材抗力分项系数，取 $\gamma_R = 1.1$；

　　　η_T——高温下钢材强度折减系数，按表 6-4-2 采用。

高温下钢材强度折减系数 η_T　　　　　　　　表 6-4-2

T_s（℃）	120	140	150	160	170	180	190	200
η_T	0.942	0.928	0.920	0.913	0.905	0.897	0.888	0.880
T_s（℃）	210	220	230	240	250	260	270	280
η_T	0.871	0.862	0.852	0.842	0.832	0.822	0.812	0.801
T_s（℃）	290	300	310	320	330	340	350	360
η_T	0.790	0.778	0.766	0.754	0.742	0.729	0.716	0.703

T_s（℃）	370	380	390	400	410	420	430	440
η_T	0.690	0.676	0.661	0.647	0.632	0.616	0.600	0.584
T_s（℃）	450	460	470	480	490	500	510	520
η_T	0.568	0.551	0.534	0.516	0.498	0.480	0.461	0.441
T_s（℃）	530	540	550	560	570	580	590	600
η_T	0.422	0.401	0.380	0.359	0.337	0.315	0.292	0.269

三、荷载组合

根据《建筑钢结构防火技术规程》（DG/TJ08-008-2000）7.1.2条，抗火计算时荷载效应组合如下：

$$S = \gamma_G C_G G_k + \sum_i \gamma_{Qi} C_{Qi} Q_{ki} + \gamma_W C_W W_k + \gamma_F C_F(\Delta T) \qquad (6-4-3)$$

式中　　　　　S——荷载组合效应；

G_k——永久荷载标准值；

Q_{ki}——楼面或屋面活载（不考虑屋面雪载）标准值；

W_k——风载标准值；

ΔT——构件或结构的温度变化（考虑温度效应）；

γ_G——永久荷载分项系数，取1.0；

γ_{Qi}——楼面或屋面活载分项系数，取0.7；

γ_W——风载分项系数，取0或0.3，选不利情况；

γ_F——温度效应的分项系数，取1.0；

C_G、C_{Qi}、C_W、C_F——分别为永久荷载、楼面或屋面活载、风载和温度影响的效应系数。

本工程抗火计算时考虑两种可能的荷载组合，即：

第一种工况：$q = 1.0 \times G_k + 0.7 \times Q_k + 1.0 \times \Delta T$

第二种工况：$q = 1.0 \times G_k + 0.7 \times Q_k + 0.3 W_k + 1.0 \times \Delta T$

第五节　分析结果

一、第一种火灾场景

（一）构件温度计算

根据空气温度计算构件升温，火灾温度影响范围内的屋面梁的温度可按图6-5-1所示分为8个代表区域。第一火灾场景中，各区域的温度变化如图6-5-2所示。假设温度沿构件截面均匀分布。

根据空气温度计算构件升温，火灾温度影响范围内柱的温度可根据柱的位置按图6-5-3所示分为3个代表区域。各区域的温度变化如图6-5-4所示，温度沿构件截面均匀分布。由于在80min以后构件温度保持不变，在结构分析中80~180min的温度即为80min时的温度。

（二）结构分析结果

两种工况下各类构件的最大应力见表6-5-1。

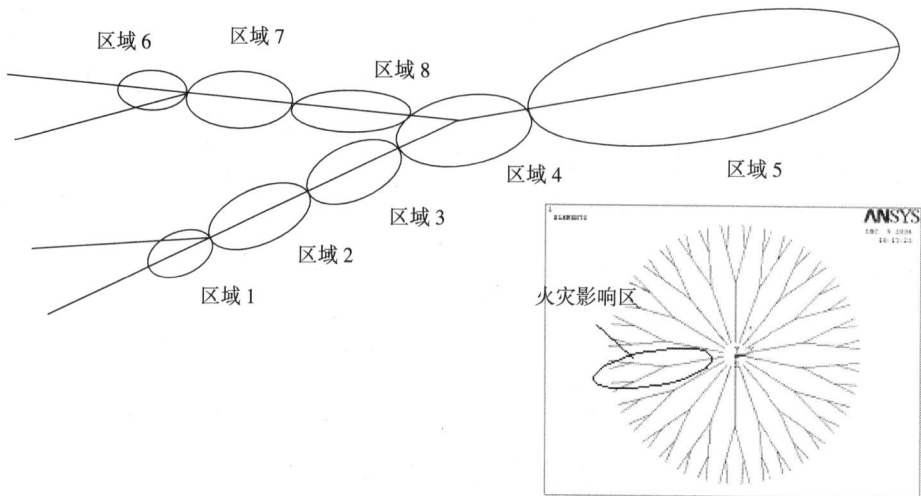

图6-5-1 屋面火灾影响区及钢梁温度分区图

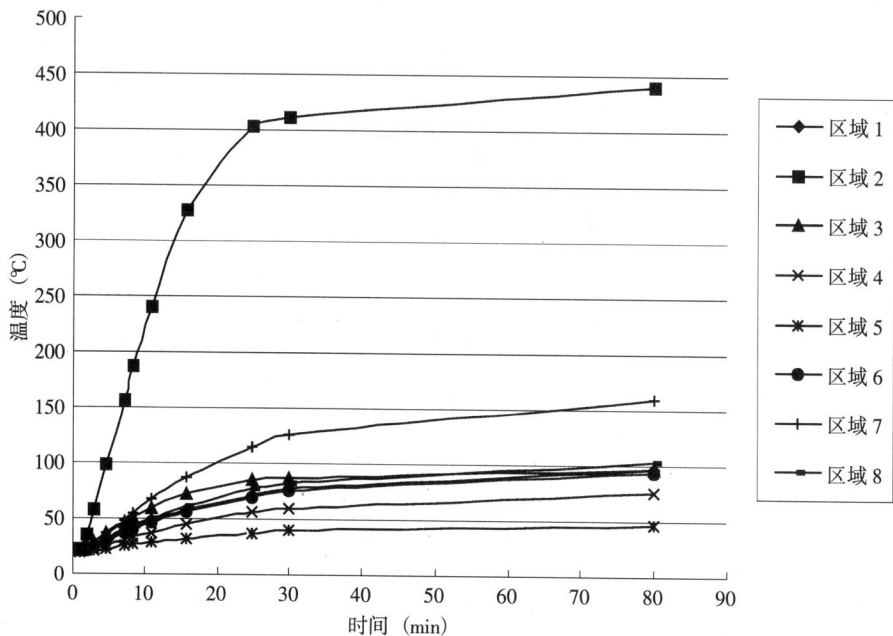

图6-5-2 屋面梁温度随时间的变化

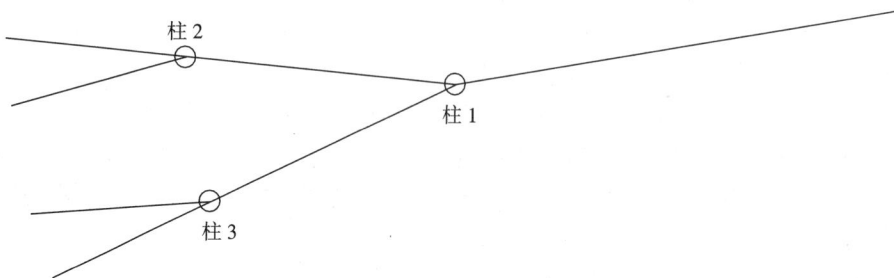

图6-5-3 柱位编号图

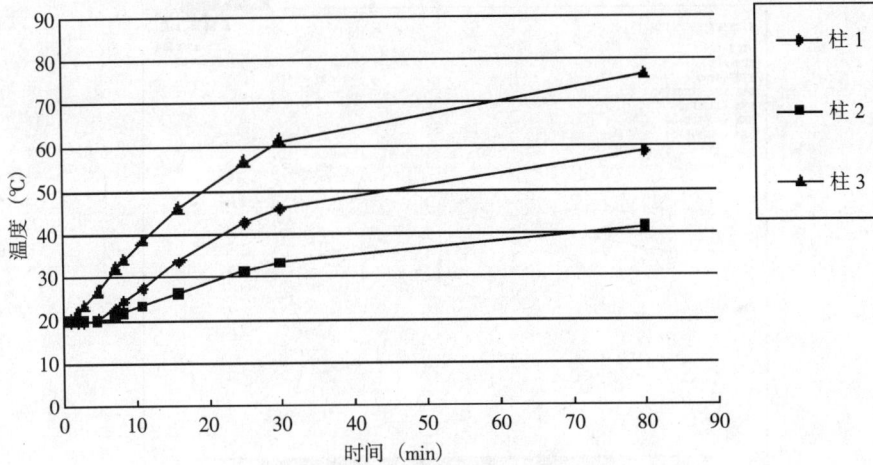

图 6 - 5 - 4 柱温度随时间变化曲线

两种工况下各类构件的最大应力   表 6 - 5 - 1

工况	时间（min）	构件最大应力（MPa）			
		外层柱	内层柱	主梁	檩条
第一种工况	0	130	163	47.7	151
	80	310	165	62	195
第二种工况	0	136	166	46	149
	80	313	167	61	177

由表 6 - 5 - 1 可知，柱的控制工况为第二种工况，主梁和檩条的控制工况为第一种工况。由于在 80min 以后构件温度保持不变，在结构分析中 80min 时的最大应力即为 80 ~ 180min 时的最大应力。

常温及第一种火灾最高温度下梁的最大应力分布分别如图 6 - 5 - 5、图 6 - 5 - 6 所示，温度最高区域梁的变形如图 6 - 5 - 7 所示。

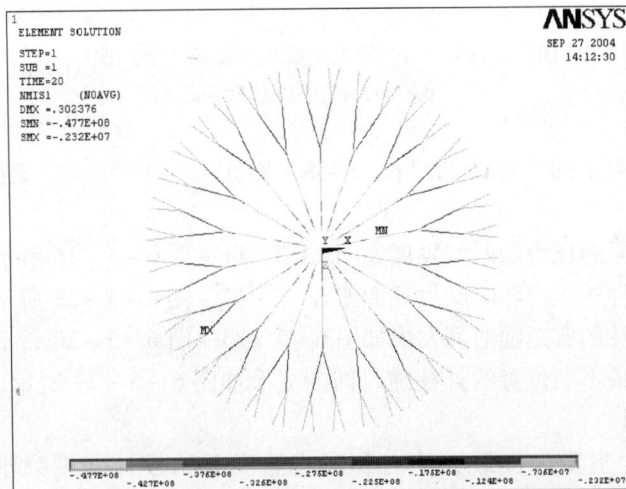

图 6 - 5 - 5 第一种工况常温下梁的最大应力分布（最大值：47.7MPa）

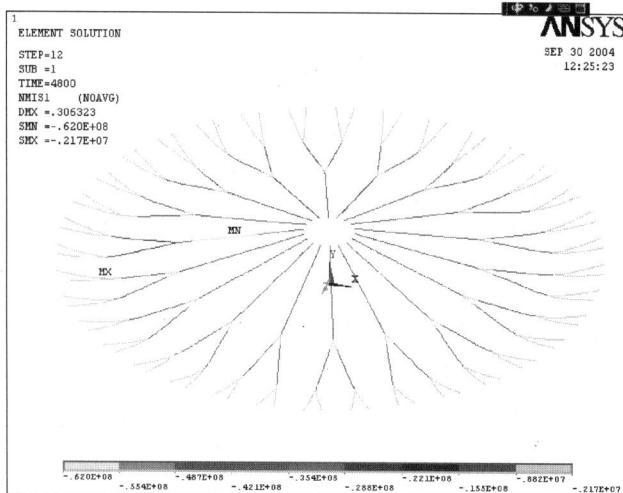

图 6 - 5 - 6　第一种工况火灾最高温度下梁的最大应力分布（最大值：64.7MPa）

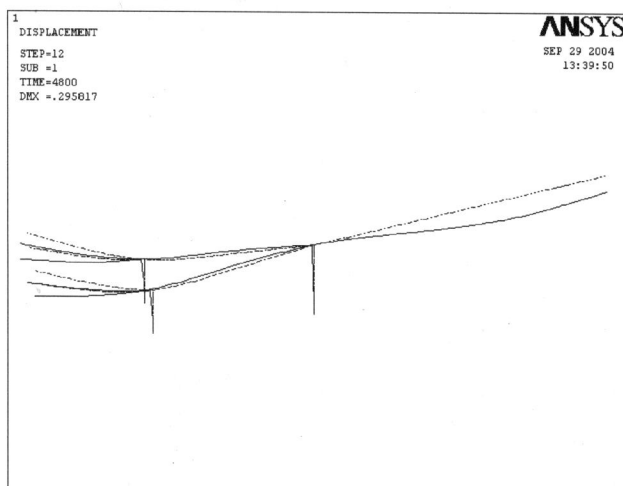

图 6 - 5 - 7　第一种工况温度达最高时梁变形图
（单位 m，最大值 0.2958m）

第二种工况常温下的弯矩图如图 6 - 5 - 8 ~ 图 6 - 5 - 10 所示，梁的弯矩随时间变化不大。

第二种工况下梁的压力随时间发展如图 6 - 5 - 11 ~ 图 6 - 5 - 16 所示。

第二种工况下柱的压力随时间发展如图 6 - 5 - 17 ~ 图 6 - 5 - 22 所示。

第二种工况下柱的弯矩随时间发展如图 6 - 5 - 23 ~ 图 6 - 5 - 28 所示。

第二种工况下最不利位置的外柱随时间的变形如图 6 - 5 - 29 所示，柱内的应力发展如图 6 - 5 - 30 所示。

火灾不同时刻主要构件最大应力和对应温度下的设计强度列于表 6 - 5 - 2 ~ 表 6 - 5 - 8 中。

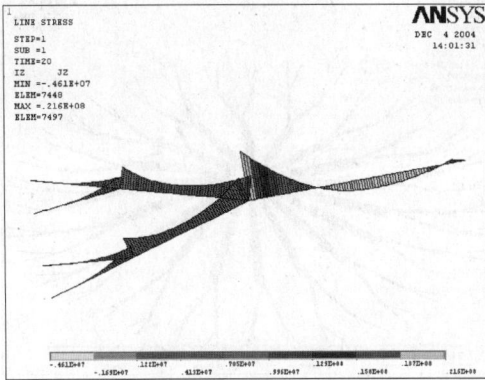

图6－5－8　火灾影响区主梁在常温下的
弯矩图（最大值21600kN·m）

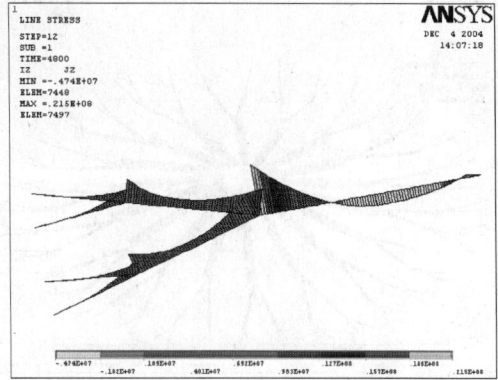

图6－5－9　火灾影响区主梁在 $t=4800$ s 时的
弯矩图（最大值21500kN·m）

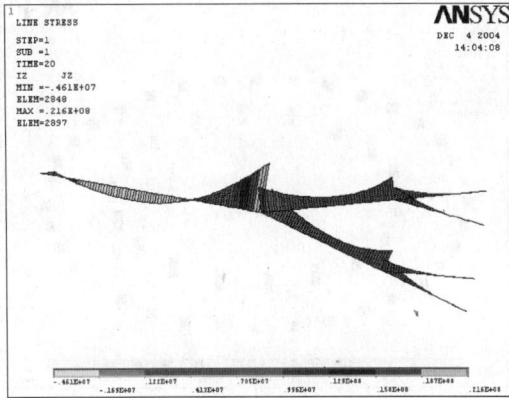

图6－5－10　其他区域主梁的弯矩图
（最大值21600kN·m）

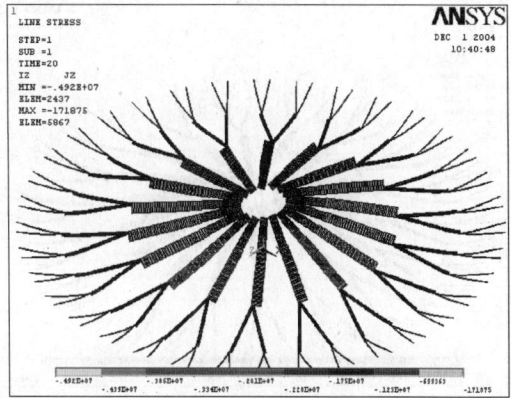

图6－5－11　时间 $t=0$ s 时梁的压力
（最大值4920kN）

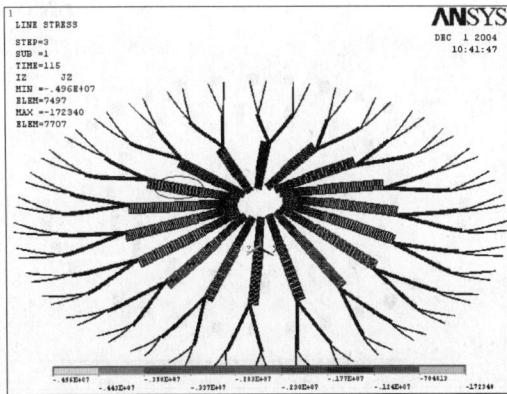

图6－5－12　时间 $t=115$ s 时梁的压力
（最大值4960kN）

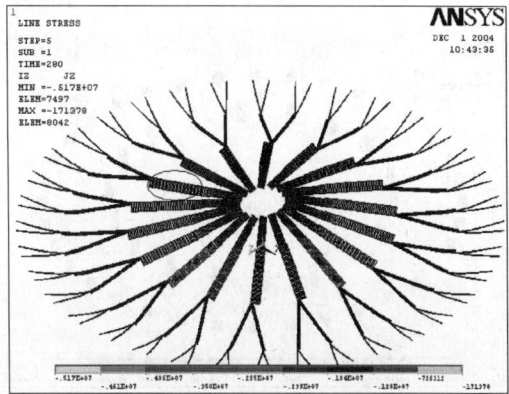

图6－5－13　时间 $t=280$ s 时梁的压力
（最大值5170kN）

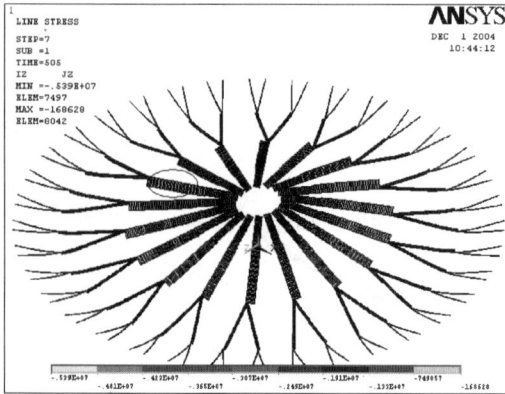

图 6 - 5 - 14 时间 $t = 505$s 梁的压力

（最大值 5390kN）

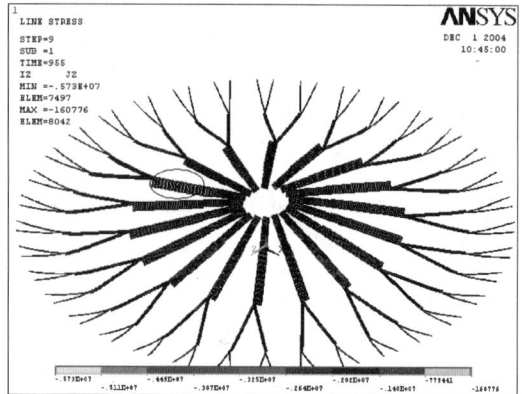

图 6 - 5 - 15 时间 $t = 955$s 梁的压力

（最大值 5730kN）

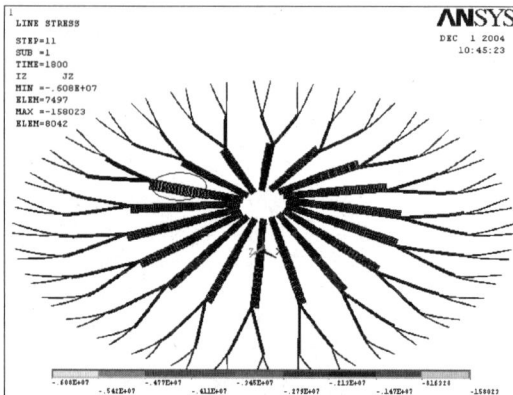

图 6 - 5 - 16 时间 $t = 4800$s 梁的压力

（最大值 6080kN）

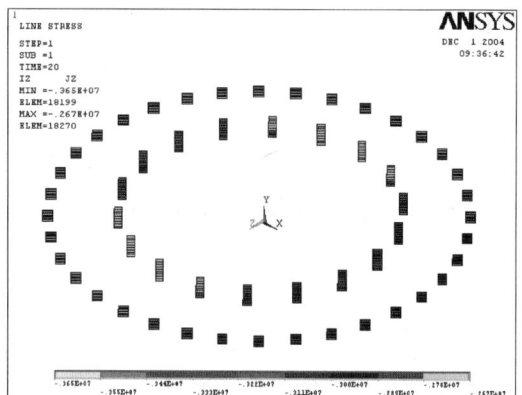

图 6 - 5 - 17 时间 $t = 0$ 柱的压力

（最大值 3650kN）

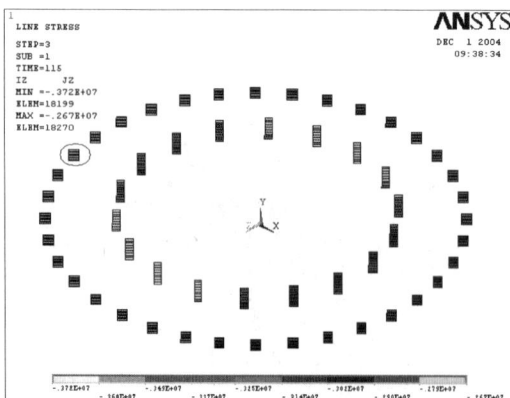

图 6 - 5 - 18 时间 $t = 115$s 柱的压力

（最大值 3720kN）

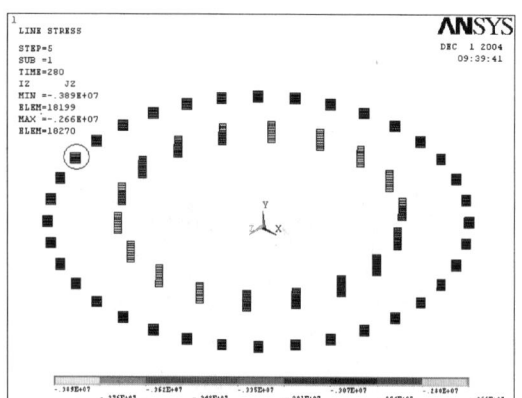

图 6 - 5 - 19 时间 $t = 280$s 柱的压力

（最大值 3890kN）

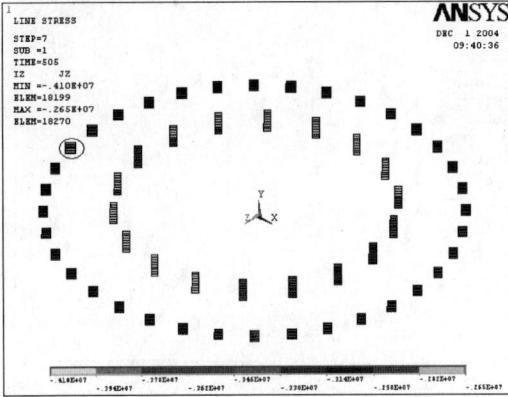

图 6 – 5 – 20　时间 $t = 505$s 柱的压力

（最大值 4100kN）

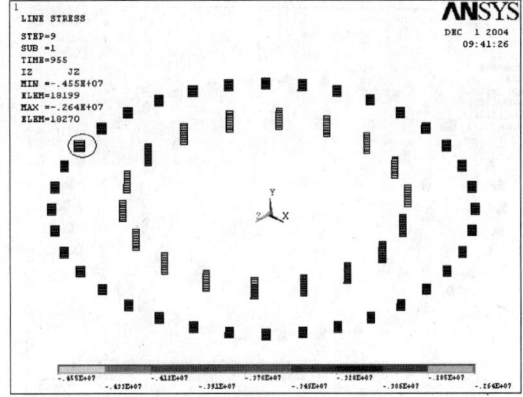

图 6 – 5 – 21　时间 $t = 955$s 柱的压力

（最大值 4550kN）

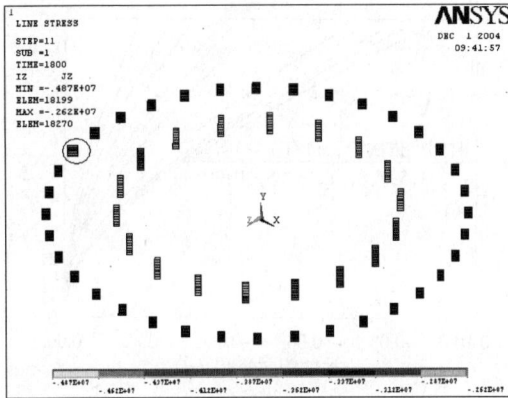

图 6 – 5 – 22　时间 $t = 4800$s 柱的压力

（最大值 4870kN）

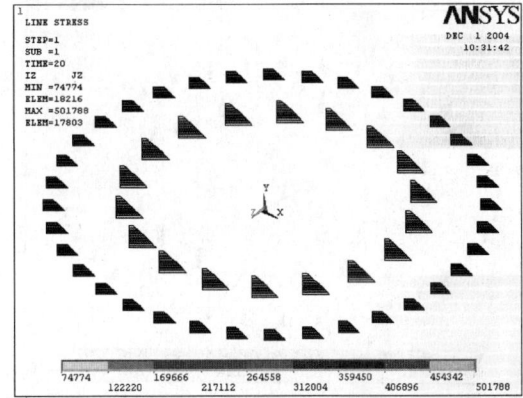

图 6 – 5 – 23　时间 $t = 0$s 柱的弯矩图

（最大值 501788N·m）

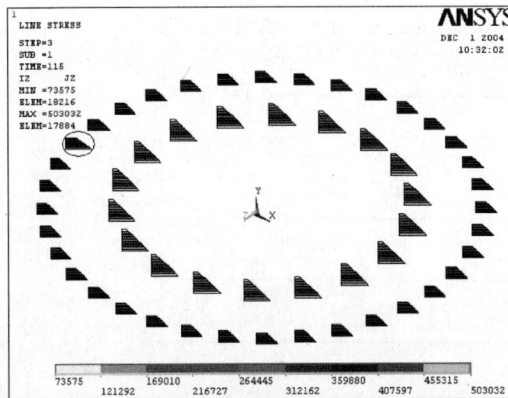

图 6 – 5 – 24　时间 $t = 115$s 柱的弯矩图

（最大值 503032N·m）

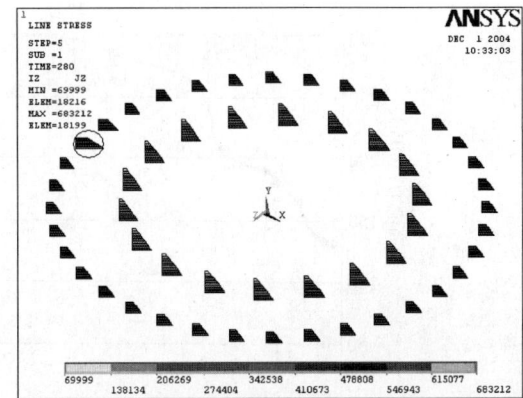

图 6 – 5 – 25　时间 $t = 280$s 柱的弯矩图

（最大值 683212N·m）

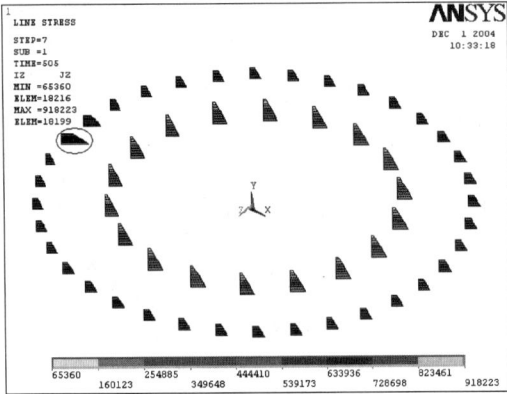

图 6-5-26　时间 $t=505s$ 柱的弯矩图
（最大值 918223N·m）

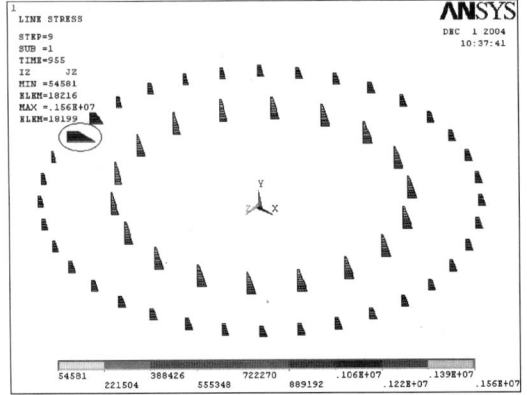

图 6-5-27　时间 $t=955s$ 柱的弯矩图
（最大值 1560000N·m）

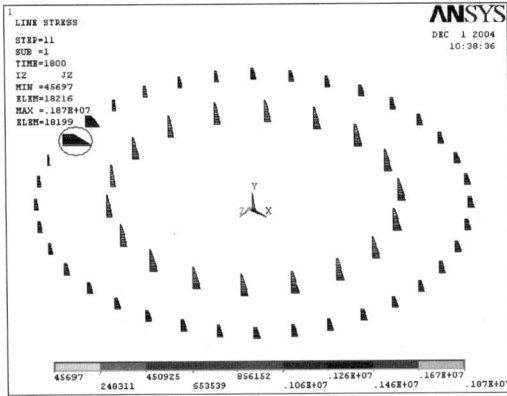

图 6-5-28　时间 $t=4800s$ 柱的弯矩图
（最大值 1870000N·m）

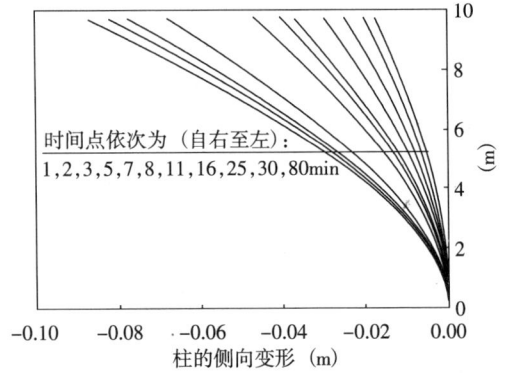

时间点依次为（自右至左）：
1，2，3，5，7，8，11，16，25，30，80min

柱的侧向变形（m）

图 6-5-29　第二种工况下最不利位置柱
随时间的变形

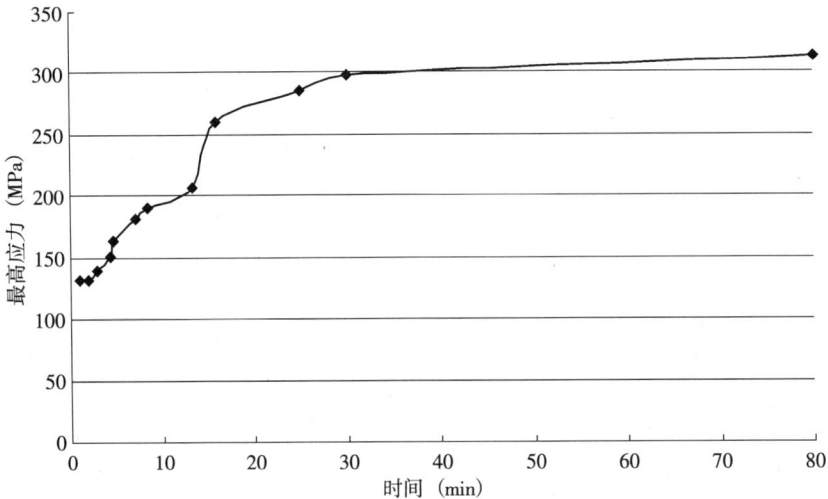

图 6-5-30　第二种工况下最不利位置柱最大应力随时间的发展

最不利位置柱（即图 6-5-3 所示柱 3）在不同时刻最大应力
与对应温度下的设计强度   表 6-5-2

时间（s）	0	115	280	505	955	4800
温度（℃）	20	22	27	34.4	46.4	76.7
最大应力（MPa）	130	138	162	189	258	313
设计强度（MPa）	324.5	324.5	324.5	324.5	324.5	324.5

柱 2 在不同时刻最大应力与对应温度下的设计强度   表 6-5-3

时间（s）	0	115	280	505	955	4800
温度（℃）	20	20	20.1	24.2	26	41.4
最大应力（MPa）	130	132.8	143.5	157.5	181	234
设计强度（MPa）	324.5	324.5	324.5	324.5	324.5	324.5

柱 1 在不同时刻最大应力与对应温度下的设计强度   表 6-5-4

时间（s）	0	115	280	505	955	4800
温度（℃）	20	20	20.1	24.2	33.5	58.7
最大应力（MPa）	72	72	72	72	72	75
设计强度（MPa）	324.5	324.5	324.5	324.5	324.5	324.5

一般位置柱在不同时刻最大应力与对应温度下的设计强度   表 6-5-5

时间（s）	0	115	280	505	955	4800
温度（℃）	20	20	20	20	20	20
一般位置柱 1 应力	130	130	130	131	132	134
一般位置柱 2 应力	130	130	131	131	132.5	135
一般位置柱 3 应力	130	130	130	131	132	134
设计强度（MPa）	324.5	324.5	324.5	324.5	324.5	324.5

火灾影响区域 3 梁在不同时刻最大应力与
对应温度下的设计强度   表 6-5-6

时间（s）	0	115	280	505	955	4800
温度（℃）	20	60	96	182	335	440
最大应力（MPa）	46	49.1	51	53.3	56.6	62
设计强度（MPa）	324.5	324.5	324.5	291	238.5	172

表 6-5-7

时间（s）	0	115	280	505	955	4800
温度（℃）	20	60	96	182	335	440
最大应力（MPa）	66.5	68.7	73.5	78.2	92.2	107.1
设计强度（MPa）	324.5	324.5	324.5	291	238.5	172

非火灾影响区应力最大的檩条在不同时刻最大应力与

对应温度下的设计强度

表 6-5-8

时间（s）	0	115	280	505	955	4800
温度（℃）	20	20	20	20	20	20
最大应力（MPa）	151	148	142	138	153	195
设计强度（MPa）	324.5	324.5	324.5	324.5	324.5	324.5

在第一种工况下，梁的最高应力为 62MPa，最大位移为 295.8mm，梁最高温度为 440℃，此温度下钢材的设计强度为 172MPa。火灾最不利位置的外柱柱顶最大位移为 52mm，最大应力为 313MPa，柱最高温度为 76℃，此温度下的钢材的设计强度为 $\gamma_R f = 1.1 \times 295 = 324.5$ MPa。檩条最高温度 440℃，此时的最大应力为 195MPa，设计强度为 202MPa。结构构件中的应力均低于钢材在相应温度下的屈服应力，因此结构在第一种火灾场景下强度能满足抗火要求。

（三）高温下柱的整体稳定验算

火灾下最不利位置的柱为外层柱，长细比为 42.7。根据《建筑钢结构防火技术规程》（DG/TJ08-008-2000）7.2.4 条进行抗火承载力验算。

第二种工况下柱底承受轴向压力 N 为 4870kN，弯矩 2313kN·m，柱顶弯矩为 0。

柱截面 $\phi 700$mm×30mm，柱最高温度为 76℃。在此温度下，钢材的弹性模量和强度折减系数均为 1.0。高温下弯矩作用平面内的欧拉临界力：

$$N_{EXT} = \frac{\pi^2 E_T}{\lambda^2} A = 70410 \text{（kN）} \tag{6-5-1}$$

柱的轴心受压稳定系数 $\varphi_{xT} = 0.913$，等效弯矩系数为 $\beta_m = 0.65$，截面塑性发展系数 $\gamma_x = 1.15$，$\gamma_R = 1.1$。根据《建筑钢结构防火技术规程》（DG/TJ08—008—2000）中公式 7.2.4-1：

$$\frac{N}{\varphi_{xT} A} + \frac{\beta_m M_x}{\gamma_x W_x (1 - 0.8 N/N_{EXT})} \leq \eta_T \gamma_R f \tag{6-5-2}$$

公式左端 = 224MPa < 右端 324.5MPa。

因此，柱的稳定满足要求。

二、第二种火灾场景

（一）构件温度分析

在第二种火灾场景下，火灾仅影响一根外层柱及其上小范围的梁。

第二种工况下最不利位置柱的温度随时间变化的曲线如图 6-5-31 所示。假设温度沿构件截面均匀分布。

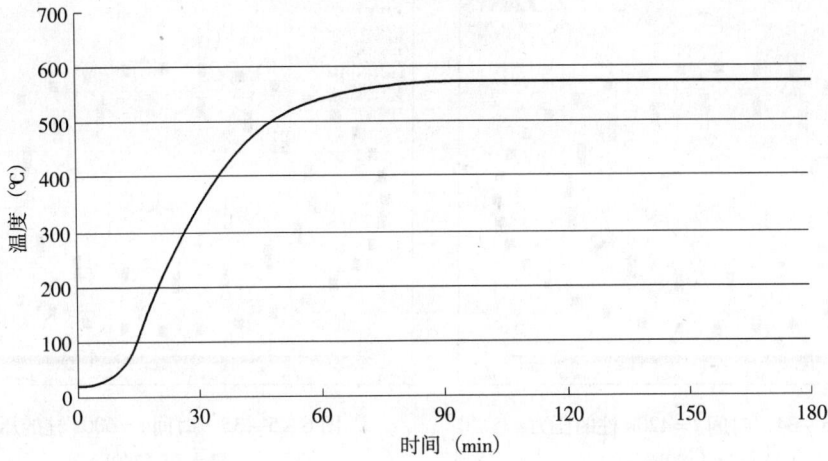

图 6 - 5 - 31　第二种工况下最不利位置柱的温度变化曲线

（二）结构分析结果

两种工况下各类构件的最大应力见表 6 - 5 - 9。

两种工况下各类构件的最大应力 表 6 - 5 - 9

工况	时间（min）	构件最大应力（MPa）			
		外层柱	内层柱	主梁	檩条
第一种工况	0	130	163	47.7	151
	90	190	165	67	155
第二种工况	0	136	166	46	149
	90	192	167	64.7	153

由表 6 - 5 - 9 可知，柱的控制工况为第二种工况，主梁和檩条的控制工况为第一种工况。由于在 90min 以后构件温度保持不变，在结构分析中 90min 时的最大应力即为 90 ~ 180min 时的最大应力。

柱的压力随时间发展如图 6 - 5 - 32 ~ 图 6 - 5 - 40 所示。

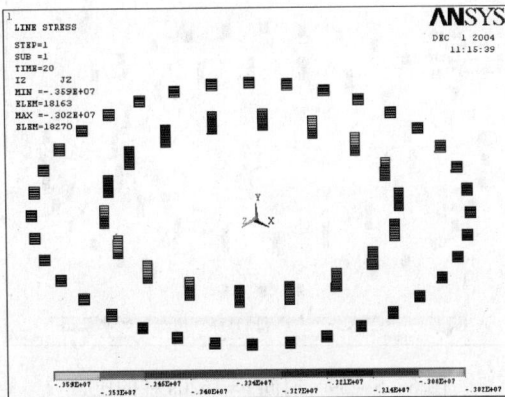

图 6 - 5 - 32　时间 $t=0s$ 柱的压力
（最大值 3590kN）

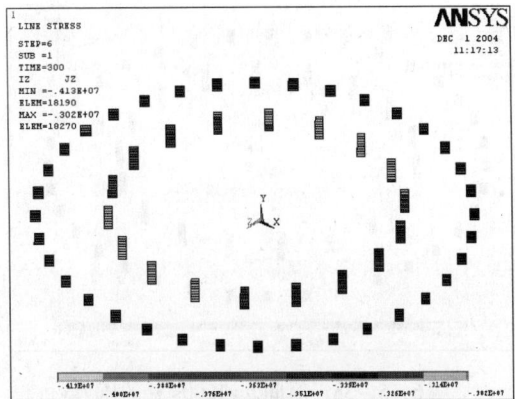

图 6 - 5 - 33　时间 $t=300s$ 柱的压力
（最大值 4130kN）

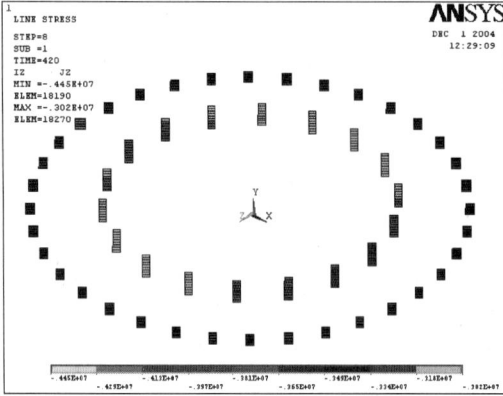

图 6 - 5 - 34　时间 $t = 420s$ 柱的压力
（最大值 4450kN）

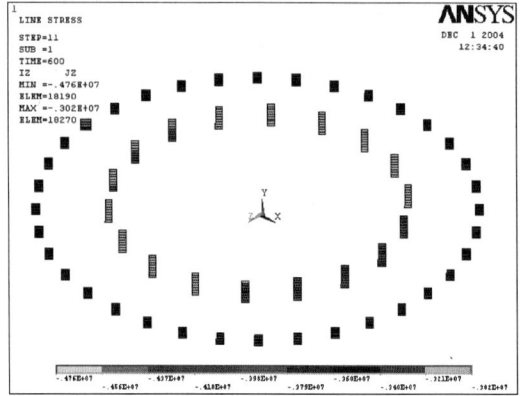

图 6 - 5 - 35　时间 $t = 600s$ 柱的压力
（最大值 4760kN）

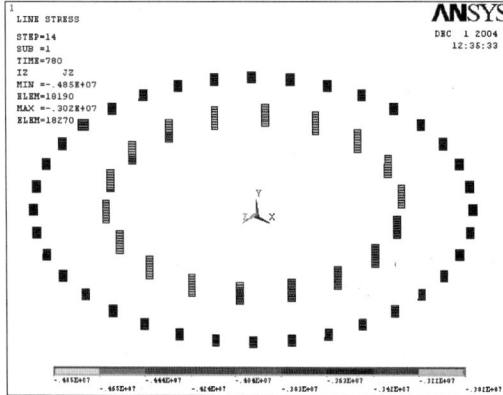

图 6 - 5 - 36　时间 $t = 780s$ 柱的压力
（最大值 4850kN）

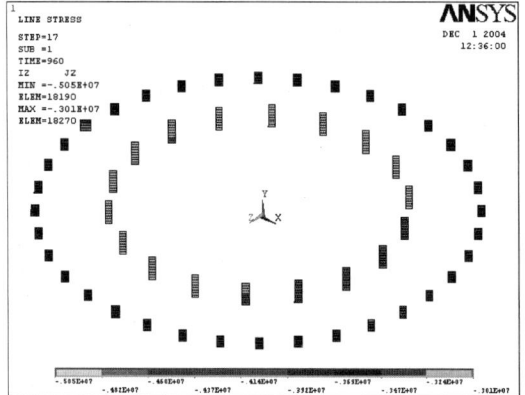

图 6 - 5 - 37　时间 $t = 960s$ 柱的压力
（最大值 5050kN）

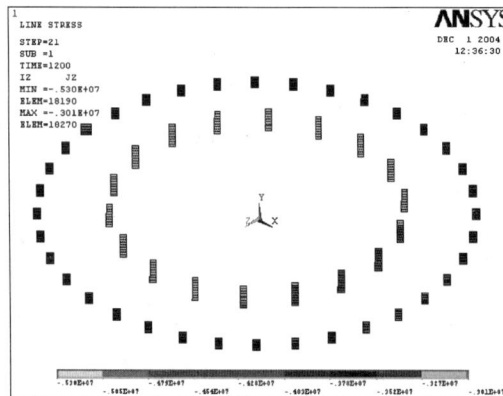

图 6 - 5 - 38　时间 $t = 1200s$ 柱的压力
（最大值 5300kN）

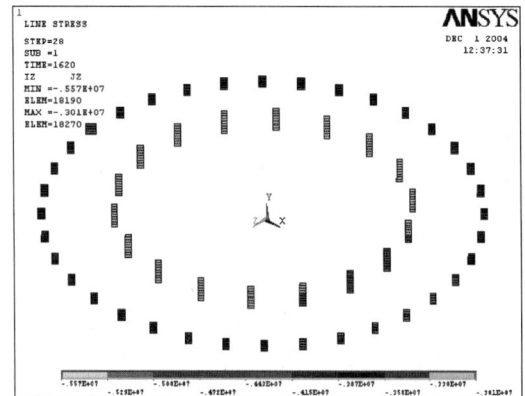

图 6 - 5 - 39　时间 $t = 1620s$ 柱的压力
（最大值 5570kN）

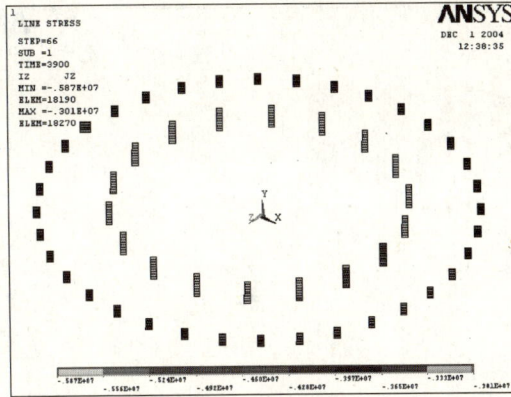

图 6-5-40   时间 $t = 3900s$ 柱的压力（最大值 5870kN）

火灾不同时刻、不同区域构件的最大应力与对应温度下的设计强度见表 6-5-10 ~ 表 6-5-12。

火灾影响区的梁在不同时刻最大应力与对应温度下的设计强度   表 6-5-10

时间（s）	0	300	420	600	780	960	1200	1620	3900
温度（℃）	20	64.5	96	126.2	311.8	386.8	461	531.1	572
最大应力（MPa）	47.7	49	50.4	51.4	57	60	63	65.5	67
设计强度（MPa）	324.5	324.5	324.5	304.4	246.2	217.4	178.8	137	109.4

火灾影响区的檩条在不同时刻最大应力与对应温度下的设计强度   表 6-5-11

时间（s）	0	300	420	600	780	960	1200	1620	3900
温度（℃）	20	64.5	96	126.2	311.8	386.8	461	531.1	572
最大应力（MPa）	64.9	65.5	65.9	66.2	68.4	69.3	70	71	71.4
设计强度（MPa）	324.5	324.5	324.5	304.4	246.2	217.4	178.8	137	109.4

非火灾影响区应力最大的檩条在不同时刻最大应力与
对应温度下的设计强度   表 6-5-12

时间（s）	0	300	420	600	780	960	1200	1620	3900
温度（℃）	20	20	20	20	20	20	20	20	20
最大应力（MPa）	151	151.4	151.6	152.4	153	153.6	154.2	154.8	155
设计强度（MPa）	324.5	324.5	324.5	324.5	324.5	324.5	324.5	324.5	324.5

主梁的最高温度 572℃，最大应力 67MPa，小于此温度下的设计强度 109.4MPa。火灾影响区檩条的局部最高温度 572℃，最大应力 71.4MPa，小于此温度下的设计强度 109.4MPa。因此梁及檩条在第二种火灾场景下的强度满足要求。

第二种工况下外层柱的应力分布如图 6-5-41 所示。

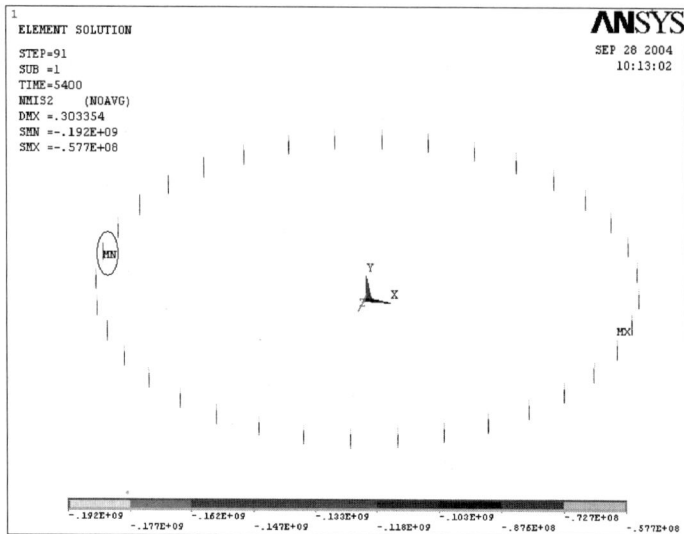

图 6-5-41　外层柱的应力分布（最大值192MPa）

由于火灾下构件最高温度达570℃，钢材随温度升高屈服强度会降低很多。而且，最不利位置的柱还会因为升温很高而产生膨胀，从而引起很大的温度应力。由图6-5-41可知，火灾最不利位置的柱的最高应力可达192MPa。

第二种工况下柱顶点的竖向变形如图6-5-42所示。

第二种工况下柱底节点应力和钢材屈服应力随时间的变化如图6-5-43所示。

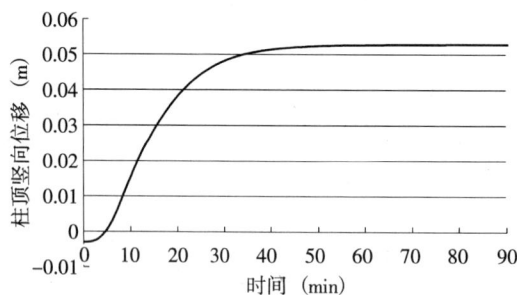

图6-5-42　柱顶点的竖向变形

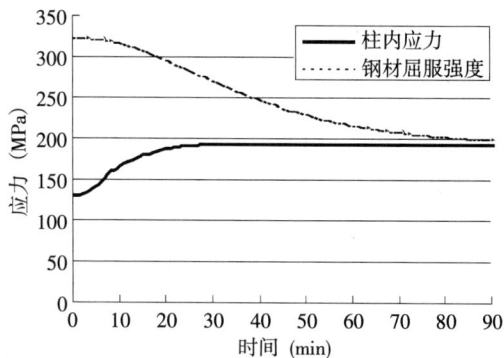

图6-5-43　柱底节点应力和钢材屈服应力
随时间的变化

第二种工况下柱中节点应力和钢材屈服应力随时间的变化如图6-5-44所示。

第二种工况下柱顶节点应力和钢材屈服应力随时间的变化如图6-5-45所示。

由以上分析可知，在第二种火灾场景下，柱在任何时间的最大应力均低于相应温度下的钢材屈服强度。

（三）高温下柱的整体稳定性验算

火灾下最不利位置的柱为外层柱，长细比为42.7。根据《建筑钢结构防火技术规程》

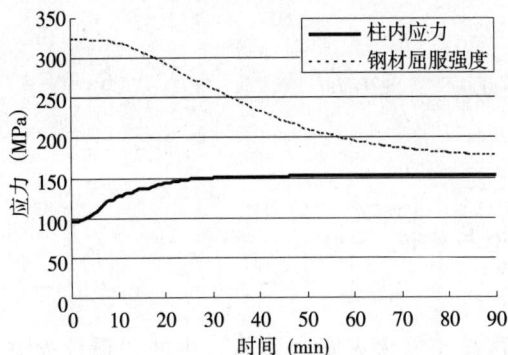

| 图6-5-44 柱中间节点应力和钢材屈服应力 | 图6-5-45 柱顶节点应力和钢材屈服应力 |
| 随时间的变化 | 随时间的变化 |

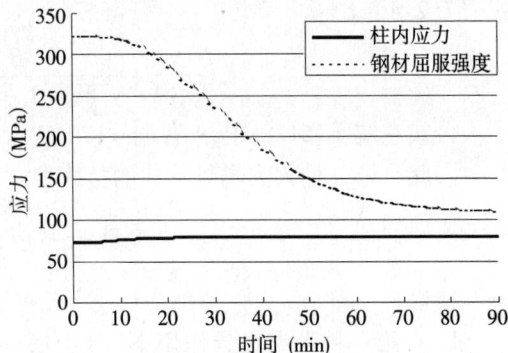

（DG/TJ08—008—2000）7.2.4条验算柱的整体稳定性。

在180min时，最不利位置柱温度沿高度的分布如图6-5-46所示。验算柱的稳定性时，柱的温度可以偏于安全的取柱的平均温度474.3℃。

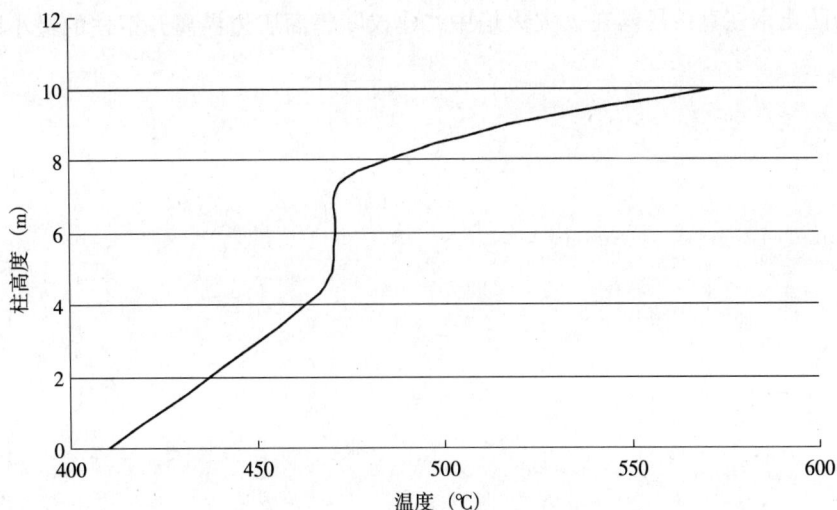

图6-5-46 最不利位置柱温度沿高度的分布图

柱截面 $\phi700\text{mm}\times30\text{mm}$，第二种工况下柱底承受轴向压力 N 为 5870.5kN，弯矩 967.8kN·m。

在此温度下，钢材的弹性模量折减系数为0.686，强度折减系数为0.525。高温下弯矩作用平面内的欧拉临界力：

$$N_{EXT} = \frac{\pi^2 E_T}{\lambda^2} A = 48230\text{kN} \qquad (6-5-3)$$

柱的轴心受压稳定系数 $\varphi_{xT} = 0.913$，等效弯矩系数取 $\beta_m = 0.65$，截面塑性发展系数 $\gamma_x = 1.15$，$\gamma_R = 1.1$。根据《建筑钢结构防火技术规程》（DG/TJ08—008—2000）中公

式（7.2.4－1）：

$$\frac{N}{\varphi_{xT}A} + \frac{\beta_m M_x}{\gamma_x W_x\ (1-0.8N/N_{EXT})} \leqslant \eta_T \gamma_R f \qquad (6-5-4)$$

公式左端＝161.8MPa＜右端＝170MPa。

因此，第二种火灾场景下柱的整体稳定满足要求。

第六节　结论与建议

一、结论

1. 在第一种火灾场景作用下（《上海铁路南站站屋火灾安全评估》中的"设计火灾2"，火源（商店）边界离开钢柱5.5m以上），无防火保护层的房屋屋面钢结构在火灾中能满足承载力要求，结构整体耐火时间不小于3h。

2. 在第二种火灾场景作用下（火源（零售商店）将钢柱包围），无防火保护层的房屋屋面钢结构在火灾中能满足承载力要求，结构整体耐火时间不小于3h。

二、建议

1. 严格控制零售商店的面积，使其不超过100m²。

2. 为防止钢柱直接暴露在火灾火焰中，建议零售商店边界离开钢柱的最小距离不小于5.5m。

第七章　主站屋消防仿真分析

上海铁路南站是规划中上海铁路枢纽的南大门，是上海城市建设和铁路跨越式发展的标志性建筑。南站的总体设计融入了国际先进理念，充分体现了当今铁路客运站的先进性、合理性。然而，由于站台和大厅采用超大空间的建筑结构布局，突破了中国国内现有的指令性规范，增加了在可能发生火灾情况下人员安全疏散的潜在危险性。为此，需要对南站的火灾安全进行性能化评估。目的是通过对南站的火灾安全性能化评估，提出优化的防火设计方案，从而确保南站在发生火灾时人员安全疏散的可靠性。南站的火灾安全工程评估是与澳大利亚 CSIRO 共同完成。本章将对大厅和站台在可能发生火灾情况下的烟气扩散进行模拟试验；对屋顶钢架结构的耐火性能及人员的安全疏散进行评估。

第一节　评估内容及目标

一、评估内容

根据工程情况，对下列设计方案进行评估：

（1）大厅和站台设置的自然排烟系统。

（2）大厅中的超长疏散距离。

（3）最高两层所采用的钢结构框架。

二、评估目标

（1）用 CFD 模型模拟在火灾情况下大厅中的烟气浓度，以评估 7.500m 标高楼面以上 2.1m 处的温度和烟气浓度是否能在整个模拟时间内保证人身安全。

（2）用 CFD 模型模拟在火灾情况下的烟气浓度，以评估 9.900m 标高楼面以上 2.1m 处的温度和烟气浓度是否能在整个模拟时间内保证人身安全。

（3）用 CFD 模型评估自然通风能否满足站台上发生摊位火灾及火车车厢火灾时的烟气扩散之要求。

（4）评估大厅在可能发生火灾时人员紧急疏散的安全性。

（5）用 CFD 模型模拟在大厅 9.900m 标高楼面，当喷淋完全失效的火灾情况下，保证屋顶钢结构框架的耐火性能。

第二节　评估方法

一、满足性能要求

根据澳大利亚建筑规范 BCA 相关规定，本章将对设计方案是否符合该规范的性能要求进行评估。

澳大利亚建筑规范 BCA 中相关的性能要求是：

（一）DP1

建筑物必须有满足一定要求的设置能保证建筑结构的稳固，其设置应考虑：

（1）建筑物的功能和用途。

（2）火灾的荷载。

（3）可能的火灾强度。

（4）火灾危险性。

（5）建筑物的高度。

（6）相邻财物的距离。

（7）建筑中安装的主动防火系统。

（8）防火分区的大小。

（9）消防队介入。

（10）由该建筑物支撑的其他建筑构件。

（11）疏散所需要的时间。

（二）DP4

建筑物的安全出口的数量和尺寸应能满足安全疏散的要求，其设置应考虑：

（1）步行距离。

（2）人数、行动能力和其他特征。

（3）建筑物的功能和用途。

（4）建筑物的高度。

（5）安全出口在地上还是地下。

（三）EP2.2

1. 发生火灾时建筑物中所有疏散通道在人们从该部分撤离所需要的时间内必须保持满足以下要求的条件：

（1）温度不威胁生命安全。

（2）可视度不妨碍人们确定疏散方向。

（3）毒性不威胁生命安全。

2. 1. 中所指的疏散时间应适应于：

（1）人数、行动能力和其他特征。

（2）建筑物的功能和用途。

（3）步行距离和建筑的其他特征。

（4）火灾荷载。

（5）可能的火灾强度。

（6）火灾危险性。

（7）建筑中安装的主动防火系统。

（8）消防队介入。

二、评估手段

（一）采用软件

本评估采用目前国际上在性能化设计和评估领域中所认同的具有先进性、可靠性的模拟软件，如 PHEONICS，SIMULEX，以及由 CSIRO 独立研发并为国际同行所认同的单项计算软件。

（二）软件介绍

1. CFD 软件

Pheonics，由英国软件公司开发和发行，中文翻译为凤凰软件，是五大计算流体软件之一，广泛用于与流体力学、燃烧学、传热传质学有关的学术研究和科技咨询。该软件应用的领域很广泛，包括航空航天、化工处理、暖通空调、建筑安全、环境工程、电子工程等等。该软件可用于模拟由浮力引起的烟气流动，我们选用该软件的主要原因是为了反映站屋独特的造型。该软件的主要特点包括：

（1）可模拟稳态及非稳态流动。

（2）可模拟一维、二维和三维流体的流动情况。

（3）可采用直角坐标或贴体坐标。

（4）具有局部网格细化功能。

（5）可模拟线性流动和湍流。

（6）可模拟自由、强迫和混合对流。

（7）包含多个湍流模型。

2. 疏散软件

Simulex，由英国 IES 发行，用于火灾安全工程的教学和咨询。该软件基于坐标系统计算个体移动，可以模拟多层建筑中的人员疏散。可调用 CAD 平面图并使用软件自带的楼梯设置功能构造三维多层建筑。用户可以单个或成组添加人员负荷及设定人员特征。计算机理考虑真实因素，可模拟人的移动、超越、拥堵、侧行、移动速度调整等。Simulex 经过试验证明能够较为真实地反映复杂通道的人流速度和疏散时间。

3. 单项计算软件

采用 FIREWIND 火灾计算软件包。该软件原由 CSIRO 开发。FIREWIND 包含 18 个计算程序，可以进行单个及两个房间的烟气流动模型（区域模型），热辐射计算、烟羽温度计算、喷淋启动计算、疏散计算等。

（三）试验手段

本评估运用火灾安全工程学理论和方法，通过标准试件火灾试验，锥型量热计，房间防火测试设备，烟雾及热量排放出口等试验，为评估提供了可靠、科学的数据。

三、评估准则

本评估验证方法是将现有的设计方案和规范所要求的性能要求加以对照，包括：

（1）参考澳大利亚火灾工程指南（2001）确定评估准则；

（2）评估钢结构框架屋顶的稳固性；

（3）计算大厅和站台的可保障疏散时间（ASET）；

（4）分析人员特征，计算现有设计情况下的必要疏散时间（RSET）；

（5）ASET 和 RSET 的分析比较，如计算得出的 RSET 乘以 1.2 的安全系数小于或等于 ASET 则认为设计方案可以接受；

（6）总结出一个能够在适当程度上保障建筑内人员生命安全的有效的解决方案。

（一）烟气及温度评估准则

根据澳大利亚火灾工程指南（2001），当烟气光学密度不超过 $0.1m^{-1}$，即 10m 能见度时，人员处于火灾燃烧产物环境 30min 内将不会超出确保人身安全的极限。所以在人员疏散阶段，烟气光学密度不超过 $0.1m^{-1}$ 的环境是可以接受的。当考虑到烟气温度时，疏散阶段保证人身安全的定量标准是：高于地面 2.1m 的烟气平均温度不大于 $180\sim200℃$ 和低于地面 2.1m 的烟气平均温度不大于 $100℃$。

（二）人员疏散时间评估准则

疏散时间由三部分组成：（1）感知时间。（2）人员反应时间。（3）移动时间。

1. 感知时间

感知时间即建筑内人员得知火发生的时间。建筑内的人员将会有几个感知途径：最早的将是离火源较近的人员通过嗅觉和视觉等感知火和烟气，这些离火源较近的人员将会立即作出反应。离火源较近人员的紧急疏散将会给离火源较远的人员以足够的感知。离火源较远的人员会有一个相对较长的感知时间，他们将依赖于火灾自动报警系统，火灾自动探测报警系统可以和自动喷水灭火系统联动，或由控制中心手动，后者将会比嗅觉和视觉等感知火和烟气的时间更晚。根据大厅商店内喷淋头启动计算，最大的喷淋系统启动时间是136s，所以在本模拟中以 136s 作为感知时间。在该时间应有足够的人员得知火灾紧急情况的发生。对于没有喷淋系统控制的火灾场景，我们将假设通过控制中心手动报警，用 300s 作为一个保守的感知时间。

2. 人员反应时间

建筑内人员反应时间是建筑内人员意识到或接到工作人员通知有必要撤出该建筑物并决定行动方向所需要的时间。在火警铃报警，室内人员不由工作人员帮助引路，以家庭为单位和搜集随带物品等情况下，根据防火工程指南，采用 240s 的人员反应时间。离火源较近的人员将立即感知火和烟气，其反应时间会早于 240s。

3. 人数

按照铁路系统相关设计规划，南站广厅与候车厅的人数分别为 4000 人与 3200 人，本评估考虑保守因素，在评估计算时，将人数定为 5000 人与 4000 人。即：（1）9.900m（广厅）5000 人。（2）7.500m（候车厅）4000 人。

4. 移动时间计算

移动时间是所有人员移动到安全地带所需的时间。安全地带可以是室外空间或逃生楼梯间。移动时间又包括步行时间和在出口或逃生通道瓶颈等候的时间。我们采用计算机火灾模型 Simulex（2001）程序计算移动时间。

Simulex 利用一系列 CAD 设计的用楼梯连接的平面图，使用者可以建立三维的建筑模型。人员可以一个一个地，或一群一群地分布在建筑内，使用者只需确定那些"最终"的出口，Simulex 将会自动计算在建筑里的移动距离，当确定了建筑内的人数，计算了移动距离，一个模拟就可以被计算出来。

每一个人员移动的计算根据实际人的移动的测量的计算机数据库。这计算程序给出了人通过不同的通道和门的可靠的移动参数。Simulex 能精确地模拟每一个人的形态和移动，侧走和赶超的途径，移动速度的改变，等候排队的情况和采用自动途径评估选定不同出口的情况，移动速度的改变的模拟是根据人与人的间距和步行速度。Simulex 对复杂的走廊连接处模拟得出的人流量和疏散时间用实测数据验证证明是可靠（Olsson，Thomson，1998）的。Simulex 被用于防火工程的咨询和许多大学的教学材料。

（三）屋顶钢结构构件耐火性能的评估准则

温度对没有防护的钢结构的影响。

澳大利亚标准 AS1170.1 条款 2.5（Standards Australia 1989）中的荷载条例指出在火灾极限状态下，综合荷载应是：$1.1G + \psi Q$，其中对于人可在上面行走的屋顶，$\psi = 0.4$。这提供了在火灾时的荷载计算。

与结构设计必须满足的常规设计荷载引起的综合荷载 $1.25G + 1.5Q$ 相比，可以看出，火灾极限状态下的荷载比常规荷载要小得多。中国的结构工程师必须论证确认"钢结构屋顶的设计应力和屈服应力的比值的最大值"。澳大利亚标准 AS1170.1 条款 12.4.1（Standards Australia 1989）提供了钢结构屈服应力与温度的关系式为：

$$\frac{f_y \ (T)}{f_y \ (20)} = 1.0 \qquad (0℃ < T ≤ 215℃) \tag{7-2-1}$$

$$\frac{f_y \ (T)}{f_y \ (20)} = \frac{905 - T}{690} \qquad (215℃ < T ≤ 905℃) \tag{7-2-2}$$

四、大厅商店内喷淋头启动计算

对大厅商店内喷淋头启动时间进行计算分析。采用专用软件（Program Sprinkler）。计算参数：燃烧物距天花板 3m，喷淋头与火焰水平距离 3.6m，火焰传导速度 1m/s，室内正常温度 20℃，喷淋头启动温度 68℃。计算结果如下：（a）当采用 $200 m^{-1/2} s^{-1/2}$ RTI 时，喷淋头启动时间为 136s，最小火焰强度为 3.5MW；（b）当采用 $100 m^{-1/2} s^{-1/2}$ RTI 时，喷淋头启动时间为 109s，最小火焰强度为 2.2MW。

第三节　火灾场景

一、确定合理的火灾场景

通过对南站可能的火灾场景的分析即对可能发生火灾的位置、燃料情况及火灾的危险性的定性对比分析，确定具合理可能性的最不利场景或最可能发生的火灾场景。

为模拟站台上及大厅中 7.500m 标高候车室和 9.900m 标高广厅的火灾和烟气扩散，我们首先必须确定火灾场景。

二、大厅中火灾场景

在大厅中，火灾可能在商店或候车室发生。

对于商店发生的火灾，超快速发展的火灾是一个保守的假设。火势的发展将由喷淋系统的启动得到控制，或者如果喷淋系统故障，火势的发展将由燃料或氧气的供给速度控制。

大厅中的花岗岩楼板是不可燃的，所以在大厅的开放楼面上火灾最有可能是由行李引起并蔓延到坐椅。这样的火灾可以用一个快速发展的火灾来模拟。因为水喷淋系统的反应及灭火能力对高屋顶的大厅来说都极有限，所以大厅的开放楼面处不设置水喷淋系统。氧气的供给在大厅的巨大空间里是非常充足的，所以火势将由燃料的供给速度控制。

根据以上的分析，我们认为在大厅中有三个代表性的火灾场景：

（1）商店里有喷淋系统控制的火灾。

（2）商店里没有喷淋系统控制的火灾。

（3）开放楼面上没有喷淋系统控制的火灾。

（一）商店里有喷淋系统控制的火灾

商店里配置了烟气探测和水喷淋系统，在多数情况下，火灾将由喷淋系统的启动控制到一个适当的大小。为了预测喷淋系统启动时的火势大小，我们假定以下影响参数：

1. 配置的将是常规水喷淋头，RTI 是 $200m^{-1/2}s^{-1/2}$，启动温度是 68℃。

2. 相邻水喷淋头的水平间距是 3.6m。考虑一个重复系数认为火源正上方的喷淋头无法启动，那么从火源至第一个被启动的水喷淋头的最大水平距离是 3.6m。

一个超快速发展的火灾，水喷淋系统将在 136s 被启动，此时火灾强度将是 3.5MW。

如果采用更敏感的水喷淋头，比如 RTI 是 $100m^{-1/2}s^{-1/2}$，那么水喷淋系统将在 109s 被启动，此时火灾强度将是 2.2MW。

水喷淋系统启动点的计算请参考大厅商店内喷淋头启动计算。

（二）商店里没有喷淋系统控制的火灾

喷淋系统是非常可靠的，据统计其减轻或控制火灾的成功率是 95%。

表 7-3-1 所列探测器与火灾抑制系统动作概率可作为风险评估模型中的输入数据。

探测器/喷淋动作的成功概率 表 7-3-1

探测器	成功启动的概率		
	阴燃火灾	非爆燃火灾	爆燃火灾
感温探测器	0	0.9	0.95
喷头	0.5	0.95	0.99
感烟探测器			
－感烟报警	0.65	0.75	0.74
－AS1630.2	0.70	0.80	0.85
－空气抽样	0.90	0.95	0.95

新安装的喷头的失败率大约为 3.1×10^{-2}，旧的喷头动作失败率约为 5.1×10^{-2}（Nash and Yound 1991）。在办公建筑内的喷淋系统失败率估计约为 0.0184（Thomas etal.1992）。

烟感探测器故障率约为 1.2×10^{-5}/h（Steciak and Zalosh 1992）。在英格兰和威尔士国内统计烟感安装后 18 个月，约有 7% 发生故障，而在 36 个月后上升至 11%。

1. 烟感探测器的灵敏度

表 7-3-2 是 AS1603.2 要求的 3 种灵敏等级的探测器的最低灵敏度标准。

灵敏度等级	探测器类型		
	光电感烟探测器		离子感烟探测器
	%/m	O. D. （db/m）	MICx
常规	12~20	0.55~0.97	0.35~0.55
高	3~12	0.13~0.55	0.1~0.35
很高	0~3	0~0.13	0~0.1

上述的数据都是在阴燃火灾下得出的，相似的界限数据也能运用在光电感烟探测器有焰火灾中。

离子感烟的MICx数据很难与火灾模型得出的数据关联。对于无焰火灾，0.55MICx相当于2.2db/m的光密度。0.35MICx相当于0.97db/m光密度。

对于有焰火灾，在不保守设计的情况下，通常离子感烟探测器会比光电感烟探测器先动作。表中各等级的光电感应的数值能运用于预测探测器的动作时间。

其他测试探测器的方法得出的结果不一定与AS1603.2的数据相同。表7-3-2仅运用于AS1603.2内容中。

2. 自动火灾抑制系统启动概率

此资料是来自BHP（Thomas et al 1992）的喷淋系统故障的分析。

成功控制火灾的资料来自Marryatt（1988），他总结出在有喷淋系统的建筑中，能控制火灾可能性大于99%，表7-3-3所列统计资料显示了火灾被一个或多个喷头动作控制的概率。

火灾被一个或多个喷头控制的百分率（Marryatt 1998）　　　　　表7-3-3

控制火灾需要的喷头数	百分率
1	65%
2~5	27%
6~10	4.3%
>10	3.7%

此处控制的定义为喷头动作能使火熄灭或在无消防队员干预下扑灭火灾。建筑内有喷头，但未动作或管道内无水情况下的火灾未包括在内。

偶尔情况下，喷淋系统可能无法启动或不能有效地控制火灾，因为危险等级＝事件发生的可能性×后果，后果严重的小概率事件可能造成较高的危险等级。商店里没有喷淋系统控制的火灾可以认为是大厅最坏的火灾场景。尽管很难将排烟系统设计到足以满足这样的大火灾，但是它应该用于评估大厅的钢架结构，因为大厅钢架结构的倒塌将会造成巨大的人员和财产损失。

如果商店的周界没被烧漏，商店中火灾的大小将由氧气的供给速度控制，但是商店的墙和顶并不是用防火的材料建造，一个没有喷淋系统控制的超快速发展的火灾将在商店里造成一个快速升温的热烟气层很快将商店的墙或顶烧坏。一旦商店的周界被烧漏，氧气供给到火床的速度将不受到限制，此时火灾的大小将不由通风条件控制，而依赖于燃料的供给速度。商店里一个没有喷淋所能维持的最大极限阶段。

系统控制的火灾可能有三个阶段：（1）超快速发展阶段；（2）通风条件控制阶段；（3）火灾发展到燃料供给阶段。如果商店的周界在火势较小时被烧漏，那么第二阶段可能不会出现，鉴于商店的墙和顶并不是用防火的材料，较保险的是假定商店的周界在爆燃时，即商店内烟气温度为 500℃ 时，被烧漏。按预测"爆燃"的程序 FIREWIND（Fire Modelling andComputing，1999），对一个有 2m 宽 2m 高门的 $100m^2$ 的商店，爆燃在 4.6MW 火灾热释放量时发生。

通风条件控制的燃料用量是：

$$m = 0.1A \sqrt{H} \qquad\qquad (7-3-1)$$

式中　A——门的面积（m^2）；

　　　H——门的高度（m）。

假定燃料的燃烧值是 20MJ/kg，相对应的火灾强度是 11.4MW。

所以在本火灾场景，通风条件控制阶段将不会出现。火灾将一直发展到商店里燃料供给速度所能维持的最大极限。根据模拟不同货物布置，零售商店里燃料可供给热量大约是 $280 \sim 650kW/m^2$（Morgan et al.，1999）。假定商店地板面积的 60% 被货物覆盖；当商店的周界被烧漏时，由于烟灰的覆盖，可燃烧的面积减小到地板面积的 50%，对一个 $100m^2$ 的商店，最大的火灾将是 32.5MW。这个火灾大小与一个有两个布玩具货架的玩具店现场火灾测试时所得的 25MW 最高热量是相符的（Bennetts et al，1997），如果燃料没烧完的话（实际情况会是这样），最高热量将更高。

作为小结：商店里没有喷淋系统控制的火灾以超快速发展到 32.5MW 后一直维持在这一火灾大小，火床的面积是 $50m^2$，火焰高度是 5.9m。

（三）开放楼面上没有喷淋系统控制的火灾

大厅的开放楼面上火灾最有可能由行李引起，可燃烧的物品可以是行李和坐椅。由于行李是私人物品，一旦一件行李着火，其他行李将被移走，所以行李不可能提供很多燃料以维持火灾。假定一件 20kg 的行李覆盖 1m（沿坐椅前后排列方向）× 0.5m（沿坐椅左右排列方向）× 1m（高）的地面，仅由行李引起的火灾大小约是 500kW，这个火灾远小于商店里有喷淋系统控制的火灾，所以将不再评估。

如果坐椅被点燃，那么火灾会更大，也持续更长时间，而这是很危险的。但是根据顾客提供的设计报告，大厅的开放楼面上坐椅是不可燃烧的。

由于在大厅的开放楼面上，除了行李，几乎没有其他可燃物品。所以在大厅的开放楼面上发生的火灾将小于商店里有喷淋系统控制的火灾，将不再模拟。

三、站台上火灾场景

站台上火灾可以是站台上的行李或摊位火灾，或火车火灾，上节已阐明，行李仅造成小火灾。站台上的摊位火灾可能会置旅客于危险的烟气中；而火车火灾是最坏的火灾场景，由于火车轨道被上面的大厅所覆盖，火车火灾产生的大量的热量和烟气可能影响站台上的人的安全。

（一）摊位火灾

站台上可能有出售食品或纪念品的摊位，由于不能影响旅客的流动，这些摊位的占地面积会较小，所以我们假设一个摊位的最大占地面积 10m²。摊位上的可燃物品包括食品和包装、纪念品以及摊用用具，如果遵循以下的建议，这样一个摊位所造成的火灾将不大于 5MW：

（1）不使用有坐垫的椅子；

（2）维持清洁，如每天清理垃圾、包装品和不堆放可燃物品。

这一火灾的发展将不会更快，因此摊位火灾可认为是一个快速发展、并维持在最大 5MW 的火灾，其火床面积和高度分别是 10m² 和 3m。

（二）火车火灾

防火工作者对交通设施如隧道进行过许多现场火灾测试。其中由多个欧洲国家参与的一个较大的合作项目是 EUREKA EU 499 Firetun。在这一项目中，对一辆客运火车、一辆校车和一个地铁休息厅的火灾热量释放进行了测试。

图 7-3-1（a）所示是一辆客运火车的火灾热量释放情况（Ingason，1994），最高热量释放是 13MW，但在大多数时间里，其热量释放低于 10MW。火灾在 5MW 以上持续了 2h。火灾在开始的 5min 内发展到 2.5MW，如果按快速火灾估算，其特征时间是 195s（火灾从开始发展到 IBTU/s，或 1054kW）；这一火灾发展速度介于中速到快速之间。

图 7-3-1（b）所示是对一辆与客运火车几何尺寸相似、但有软座的地铁车厢的测试，发现其火灾发展速度要快得多，特征时间是 105s，介于快速到超快速之间，并达到更高的火灾热量释放（35MW），但火灾在 5MW 只持续了 40min。

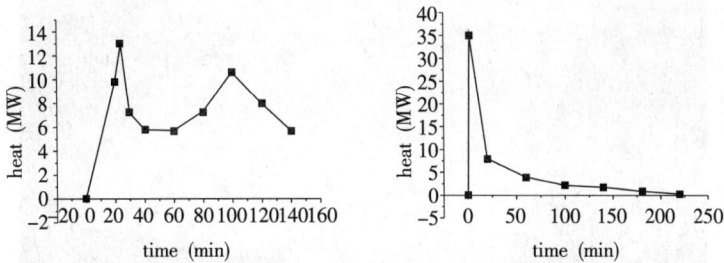

图 7-3-1 客运火车现场火灾热量释放测试结果

根据以上两例火灾测试结果，我们取中间值作为站台上的最坏情况下的火车火灾，认为是一个快速发展，并维持在 20MW 的火灾。

四、设计火灾

除了火灾的发展速度及火灾大小，还应选择火灾在最不利的地点发生，比如在大厅里为了评估烟气疏散，7.500m 标高楼板上的商店火灾将产生更多的烟气，所以比 9.900m 标高楼板上的商店火灾更不利；尽管很难将排烟系统设计到足以满足这样的大火灾，但是用于评估大厅钢架结构的没有喷淋系统控制的火灾应该位于 9.900m 标高楼板上的商店里，并且靠近墙和屋顶的结构，这样更多的热量会传到这些结构。

表 7 - 3 - 4 列出了这些设计火灾。

火灾和烟气扩散模拟的设计火灾   表 7 - 3 - 4

设计火灾编号	描述	火灾位置	发展速度	最高热量	目的
1	商店里有喷淋系统控制的火灾;	7.500m 楼板上大厅中间	超快速	2.2MW	大厅烟气疏散
2	商店里没有喷淋系统控制的火灾	9.900m 楼板上靠近大厅墙	超快速	31.5MW	评估钢架结构
3	摊位火灾	站台上站屋中间	快速	5MW	站台烟气疏散
4	火车火灾	轨道上站屋中间	快速	20MW	站台烟气疏散

（一）设计火灾 1——7.500m 楼板上大厅中间的商店里有喷淋系统控制的火灾

设计火灾 1 位于大厅 7.500m 楼板的商店中间，火灾位置如图 7 - 3 - 2 所示。该设计火灾以超快速发展到、并维持在最大 2.2 MW，火灾的体积保持在 2.1m × 2.1m × 0.8m（高），商店的左墙有一个 2m × 2m 的门（图 7 - 3 - 2），在火灾过程中商店的墙和顶不会被烧漏。在本 CFD 模拟中，考虑到大厅中人员疏散时间会少于 15min，CFD 模拟的时间是 15min。

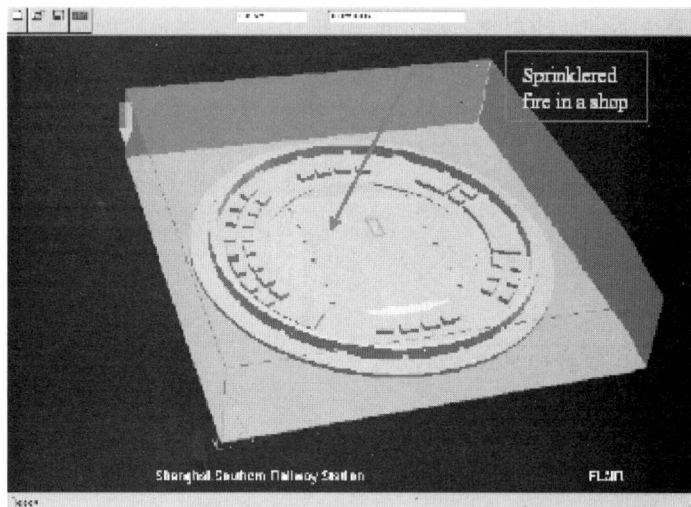

图 7 - 3 - 2　上海铁路南站 CFD 烟气模拟设计火灾 1 位置俯视图

（二）设计火灾 2——9.900m 楼板上大厅中间的商店里有喷淋系统控制的火灾

设计火灾 2 位于大厅 9.900m 楼板的商店中间，火灾位置如图 7 - 3 - 3 所示。本设计火灾以超快速发展到、并维持在最大 31.5 MW，在发生爆燃（在 4.6 MW）之前，火灾的体积保持在 3m × 3m × 1m（高）；在发生爆燃（在 4.6 MW）后，火灾的体积保持 8m × 8m × 2m（高）。在火灾过程中商店的顶会被烧塌，但商店的墙不会被烧漏。为了评估火灾对钢架结构的影响，本 CFD 模拟的时间是 30min。

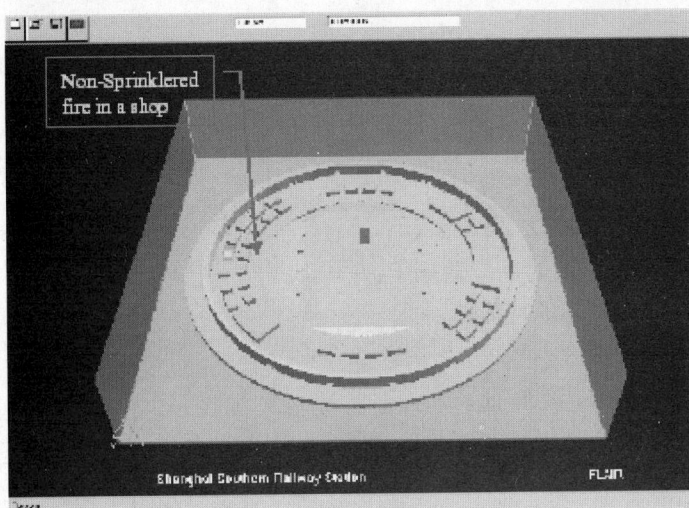

图 7 - 3 - 3　上海铁路南站 CFD 烟气模拟设计火灾 2 位置俯视图

（三）设计火灾 3——站台上的摊位火灾

设计火灾 3 位于站屋中间的 -0.600m 的站台上，火灾位置如图 7-3-4 所示。本设计火灾以快速发展到、并维持在最大 5 MW，火灾的体积保持在 5m×2m×1m（高），在本 CFD 模拟中，考虑到站台上人员疏散时间会少于 15min，CFD 模拟的时间是 15min。

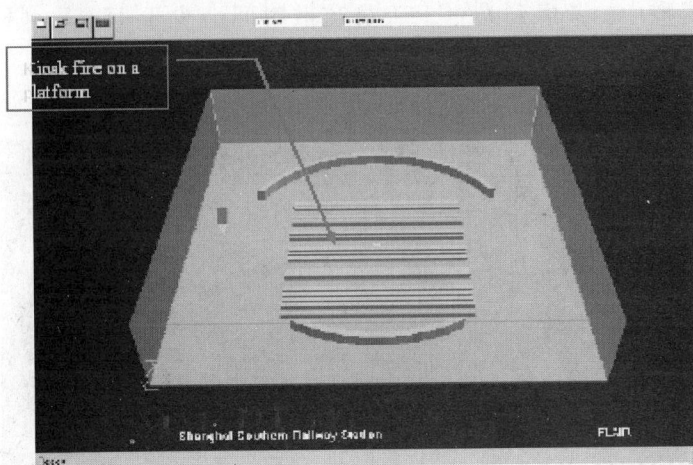

图 7 - 3 - 4　上海铁路南站 CFD 烟气模拟设计火灾 3 位置俯视图

1. DP4 建筑物的安全出口的数量和尺寸应能满足安全疏散的要求，其设置应考虑：

（1）步行距离；

（2）人数、行动能力和其他特征；

（3）建筑物的功能和用途；

（4）建筑物的高度；

（5）安全出口在地上还是地下。

2．EP2.2

（1）发生火灾时建筑物中所有疏散通道在人们从该部分撤离所需要的时间内必须保持满足以下要求的条件：

①温度不威胁生命安全；

②可视度不妨碍人们确定疏散方向；

③毒性不威胁生命安全。

（2）（1）中所指的疏散时间应适应于：

①人数、行动能力和其他特征；

②建筑物的功能和用途；

③步行距离和建筑的其他特征；

④火灾荷载；

⑤可能的火灾强度；

⑥火灾危险性；

⑦建筑中安装的主动防火系统；

⑧消防队介入。

（四）设计火灾4——火车火灾

设计火灾4轨道上的火车火灾，位于站屋中间，如图7-3-5所示。本设计火灾以快速发展到并维持在最大20MW，火灾的体积保持在14.3m×3.5m×1.2m（高）。模拟中假设在火车车厢墙上有一排0.6m高的窗，这些窗会在火灾中破裂，但是车厢的墙和顶不会烧漏。本CFD模拟中，考虑到站台上人员疏散时间会少于15min，CFD模拟的时间是15min。

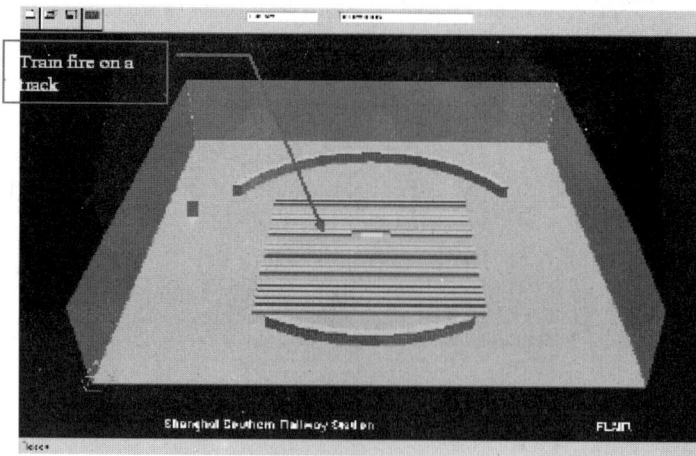

图7-3-5 上海铁路南站CFD烟气模拟设计火灾4位置俯视图

第四节 上海铁路南站的CFD模型

一、总体模型

本文烟气扩散的计算流体动力学（CFD）模拟采用PHOENICS 3.4版（CHAM2001）。

CFD 模型的几何形状尽可能接近于上海铁路南站的设计，在前文中已指出，空气将由大厅通往站外及大厅通往站台的门进入，八个总面积为 390m² 的天窗设置在离屋顶中心 35m 的半径以内，天窗的位置参见上海铁路南站 CFD 模型的平面图 7 - 4 - 1 和三维图 7 - 4 - 2（从东南面看）。

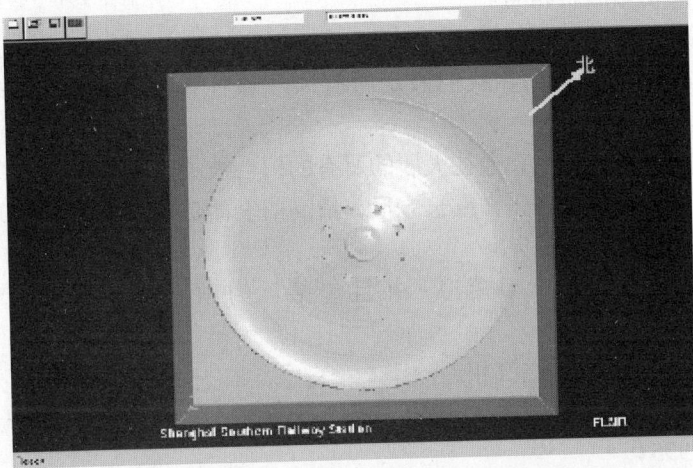

图 7 - 4 - 1　上海铁路南站 CFD 模型的平面图

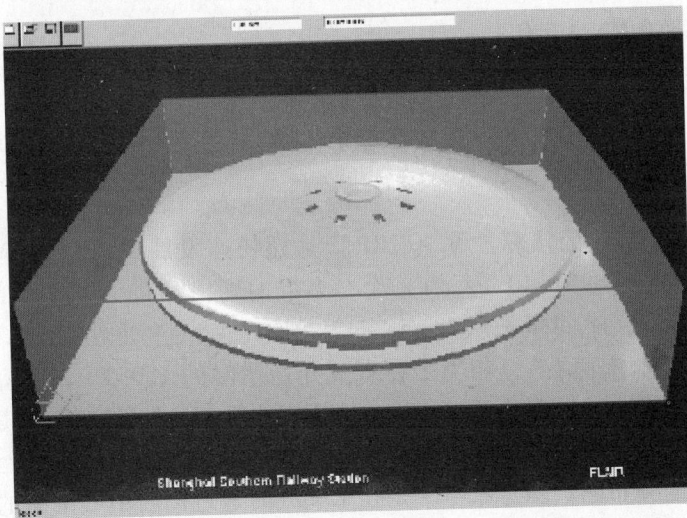

图 7 - 4 - 2　上海铁路南站 CFD 模型的三维图（从东南面看）

二、CFD 模拟的假设条件

本 CFD 模拟中的主要假设条件包括：

1. 四个火灾场景

（1）大厅 7.500m 楼板上的 2.2MW 超快速发展火灾。

（2）大厅 9.900m 楼板上的 31.5 MW 超快速发展火灾。

（3）站台上 5MW 快速发展火灾。

（4）火车车厢 20MW 快速发展火灾。

2. 火灾位置已给定（参见第三节）。

3. 环境空气温度 20℃。

4. 环境气压 $1 \times 10^5 \mathrm{Pa}$。

5. 客站内外的初始温度相同。

6. 环境无风。

7. 一旦大厅探测到火灾后，我们假定所有大厅通往站外及大厅通往站台的门会被打开。

8. 一旦站台探测到火灾后，通往大厅的所有的门会被关闭。

9. 设计火灾火床的形状是正方或长方形，最高的表面热量释放值是 $500 \mathrm{kW/m^2}$。

10. 本模拟不包括热辐射。

11. 湍流由标准 $k - \varepsilon$ 模型模拟，并且包括浮力项（Launder and Spalding1974），（CHAM 2001）。

12. 烟气的热力学性质与空气相近。

13. 能见度可由 $V = 8/k$ 计算，其中 k 是灭火系数，V 是在有荧光指示时的能见度（DiNenno et al, 1995）。

14. 为了确定烟气浓度及能见度，火灾中燃料的参数是：

（1）燃烧值，$H = 20 \mathrm{MJ/kg}$。

（2）烟气转换系数，$s_e = 0.1$。

（3）比灭火系数，$k_m = 7.6 \times 10^3 \mathrm{m^2/kg}$。

第五节　CFD 模拟结果

一、设计火灾 1

对设计火灾 1，火灾的热释放率（HRR）是超快速发展到最高 2.2MW。整个 CFD 模拟区域的网格是 $93 \times 95 \times 40$（垂直）个，多数的网格分布于火灾及商店周围。CFD 模拟的时间是 15min，时间步长从 1~5s 不等。图 7-5-1 是在 15min 时的一个三维 10m 等能见度面（从南面看），相当于在有荧光指示时的 $1.053 \times 10^{-4} \mathrm{kg/m^3}$ 的烟气浓度。图 7-5-2 是在 15min 时大厅 7.500m 楼板以上 2.1m 处的二维烟气浓度分布（平面图）。图 7-5-3、图 7-5-4 分别是在 15min 时大厅 9.900m 楼板以上 2.1m 及 6.1m 处的二维烟气浓度分布图。图 7-5-5 是在 15min 时通过商店中心剖面的烟气浓度分布图（从东南面看剖面）。图 7-5-6 是在 15min 时通过大厅中心剖面的烟气浓度分布图（从东南面看剖面）。图 7-5-7 是在 15min 时通过商店中心剖面的温度分布图（从东南面看剖面）。图 7-5-8 是在 15min 时通过大厅中心剖面的温度分布图（从东南面看剖面）。图 7-5-9 是在 15min 时大厅 7.500m 楼板以上 16.5m 处的二维温度分布（平面图）。

图 7-5-1　大厅设计火灾 1 发生 15min 时的
10m 等能见度面（从南面看）

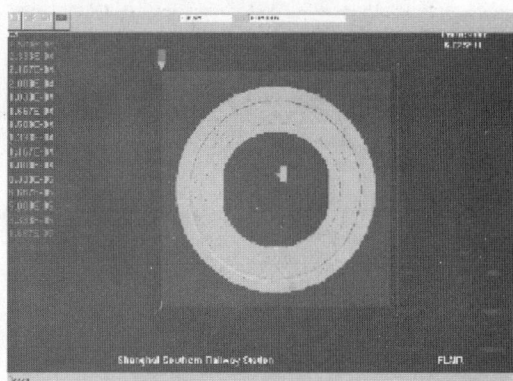

图 7-5-2　大厅设计火灾 1 发生 15min 时，
7.500m 楼板以上 2.1m 处的二维烟气
浓度分布平面图

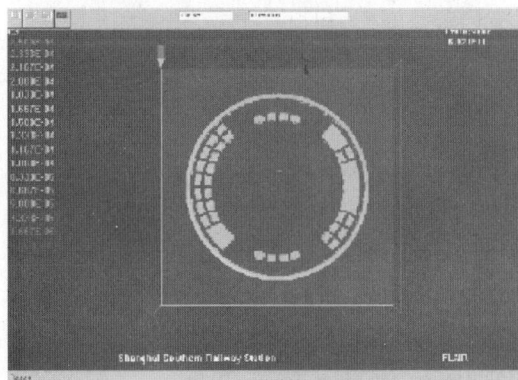

图 7-5-3　大厅设计火灾 1 发生 15min 时，
9.900m 楼板以上 2.1m 处的二维烟气
浓度分布平面图

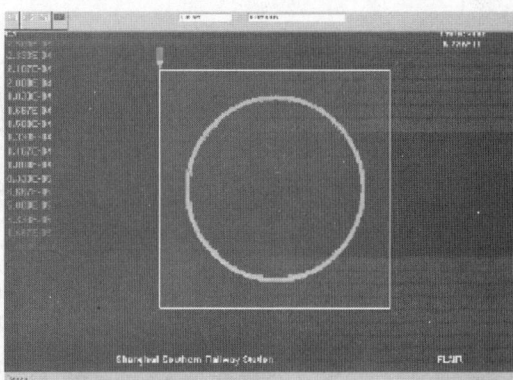

图 7-5-4　大厅设计火灾 1 发生 15min 时，
9.900m 楼板以上 6.1m 处的二维烟气
浓度分布平面图

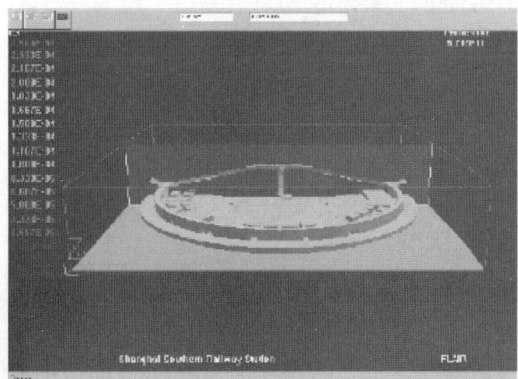

图 7-5-5　大厅设计火灾 1 发生 15min
时通过商店中心剖面的烟气浓度
分布图（从东南面看剖面）

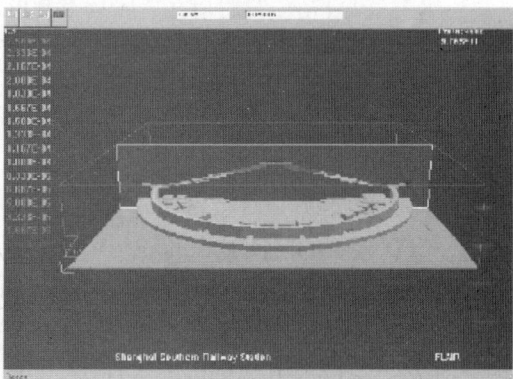

图 7-5-6　大厅设计火灾 1 发生 15min
时通过大厅中心剖面的烟气浓度
分布图（从东南面看剖面）

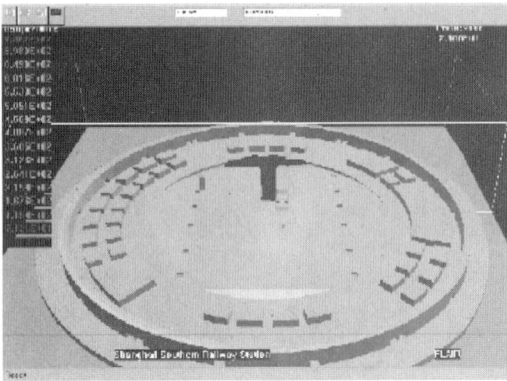

图 7 – 5 – 7　大厅设计火灾 1 发生 15min
时通过商店中心剖面的温度
分布图（从东南面看剖面）

图 7 – 5 – 8　大厅设计火灾 1 发生 15min 时
通过大厅中心剖面的温度
分布图（从东南面看剖面）

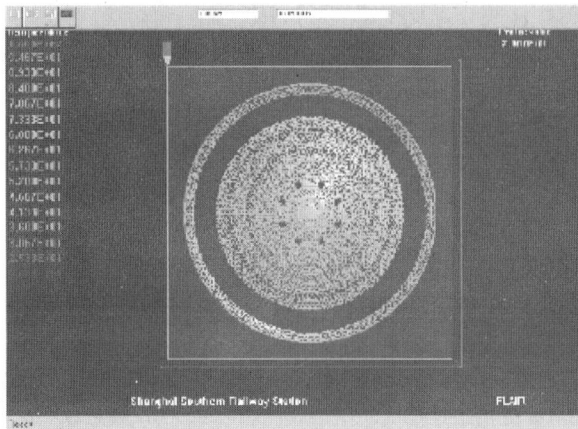

图 7 – 5 – 9　大厅设计火灾 1 发生 15min 时，
7.500m 楼板以上 16.5m 处的二维
温度分布平面图

二、设计火灾 2

对设计火灾 2，火灾的热释放率（HRR）是超快速发展到最高 31.5MW。整个 CFD 模拟区域的网格是 96×98×38（垂直）个，多数的网格分布于火灾及商店周围。为了评估结构，CFD 模拟的时间是 30min，时间步长从 1~5s 不等。

图 7 – 5 – 10、图 7 – 5 – 11 是在 30min 时的一个三维 10m 等能见度面，相当于在有荧光指示时的 $1.053 \times 10^{-4} kg/m^3$ 的烟气浓度。

图 7 – 5 – 12 是在 30min 时大厅 7.500m 楼板以上 2.1m 处的二维烟气浓度分布（平面图），图 7 – 5 – 13、图 7 – 5 – 14 分别是在 30min 时大厅 9.900m 楼板以上 2.1m 及 6.1m 处的二维烟气浓度分布图。

238

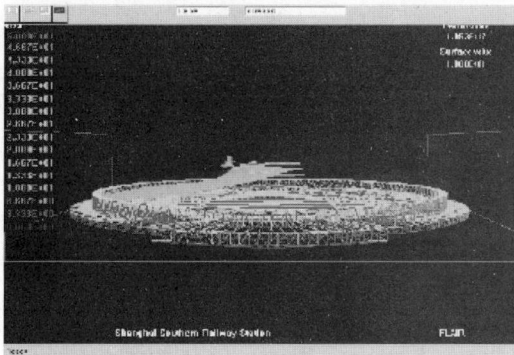

图 7 – 5 – 10　大厅设计火灾 2 发生 30min
时的 10m 等能见度面（从东南面看）

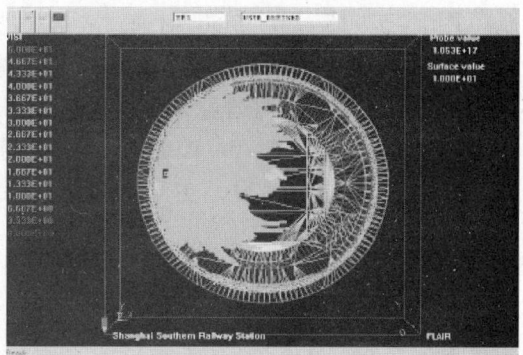

图 7 – 5 – 11　大厅设计火灾 2 发生 30min 时的
10m 等能见度面俯视图

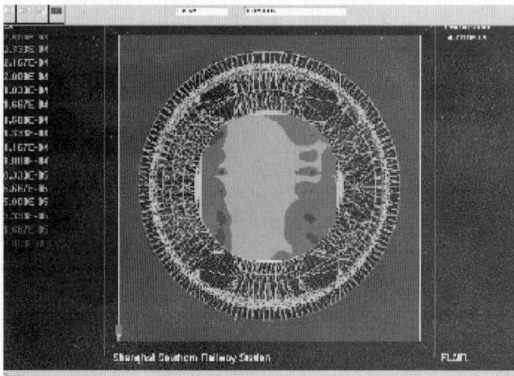

图 7 – 5 – 12　大厅设计火灾 2 发生 30min 时，
7.500m 楼板以上 2.1m 处的二维烟
浓度分布平面图

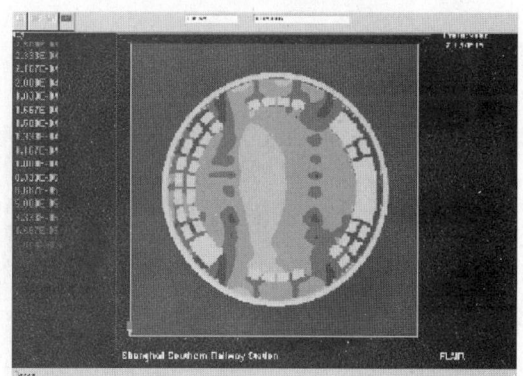

图 7 – 5 – 13　大厅设计火灾 2 发生 30min 时，
9.900m 楼板以上 2.1m 处的二维烟
气浓度分布平面图

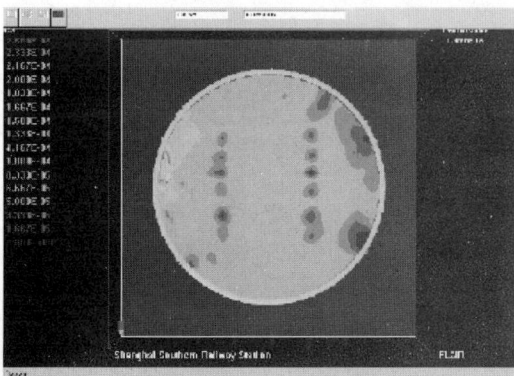

图 7 – 5 – 14　大厅设计火灾 2 发生 30min 时，
9.900m 楼板以上 6.1m 处的二维烟气
浓度分布平面图

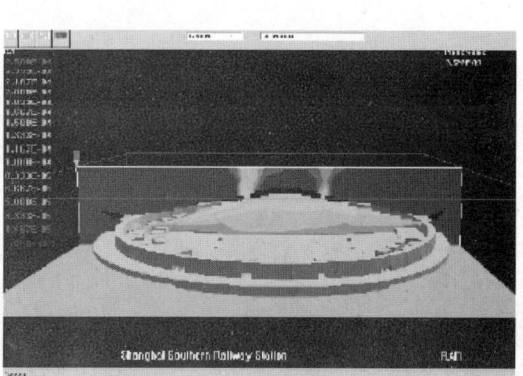

图 7 – 5 – 15　大厅设计火灾 2 发生 30min 时
通过商店中心剖面的烟气浓度分布图
（从东南面看剖面）

图 7-5-15 是在 30min 时通过商店中心剖面的烟气浓度分布图（从东南面看剖面）。图 7-5-16 是在 30min 时通过商店中心剖面的烟气浓度分布图（从东面看剖面）。图 7-5-17 是在 30min 时通过大厅中心剖面的烟气浓度分布图（从东面看剖面）。

图 7-5-18、图 7-5-19 是在 30min 时通过商店中心剖面的温度分布图分别从东南面和西南面看剖面。图 7-5-20 是在 30min 时通过大厅中心剖面的温度分布图（从东面看剖面）。

三、设计火灾 3

对设计火灾 3，火灾的热释放率（HRR）是快速发展到最高 5MW。整个 CFD 模拟区域的网格是 99×98×38（垂直）个，多数的网格分布于火灾周围。CFD 模拟的时间是 15min，时间步长从 1~5s 不等。

图 7-5-21 是在火灾发生 15min 时的一个三维 10m 等能见度面，相当于在有荧光指示时的 $1.053 \times 10^{-4} kg/m^3$ 的烟气浓度。

图 7-5-16　大厅设计火灾 2 发生 30min 时
通过商店中心剖面的烟气浓度
分布图（从东面看剖面）

图 7-5-17　大厅设计火灾 2 发生 30min 时
通过大厅中心剖面的烟气浓度
分布图（从东面看剖面）

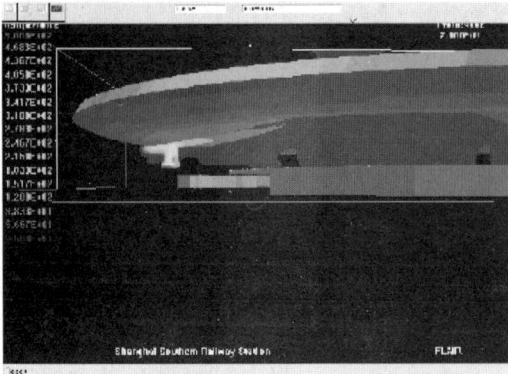

图 7-5-18　大厅设计火灾 2 发生 30min 时
通过大厅中心剖面的温度分布图
（从东南面看剖面）

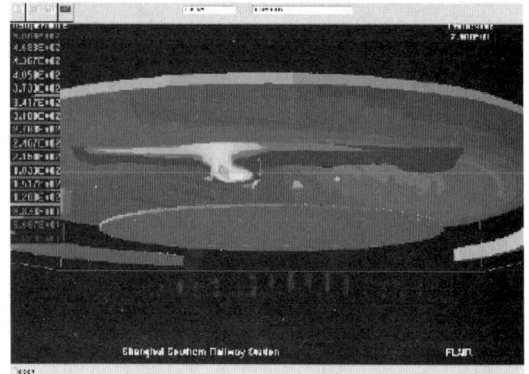

图 7-5-19　大厅设计火灾 2 发生 30min 时
通过商店中心剖面的温度分布图
（从西南面看剖面）

图7-5-20 大厅设计火灾2发生30min时
通过商店中心剖面的温度分布图
（从东面看剖面）

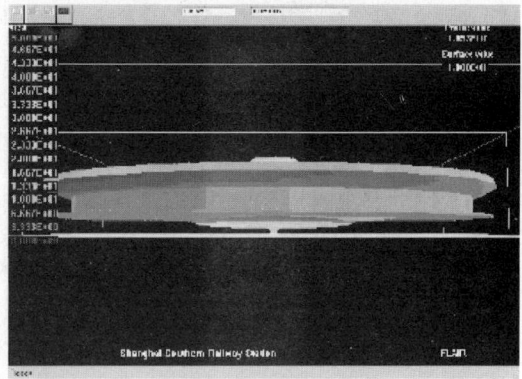

图7-5-21 站台设计火灾3发生15min时的
站台上10m等能见度面（从东南面看）

图7-5-22是15min时-0.600m站台以上2.1m处的二维烟气浓度分布（平面图），图7-5-23、图7-5-24分别是在15min时0.000m站台以上2.1m及3m处的二维烟气浓度分布图。

图7-5-25是在15min时通过摊位火灾中心剖面的烟气浓度分布图（从东南面看剖面）。图7-5-26是在15min时通过摊位火灾中心剖面的烟气浓度分布图（从东北面看剖面）。

图7-5-27、图7-5-28是在15min时通过摊位火灾中心剖面分别从东南面和东北面看的温度分布图剖面。图7-5-29、图7-5-30分别是在15min时0.000m站台以上2.1m及6.4m处的二维温度分布图。

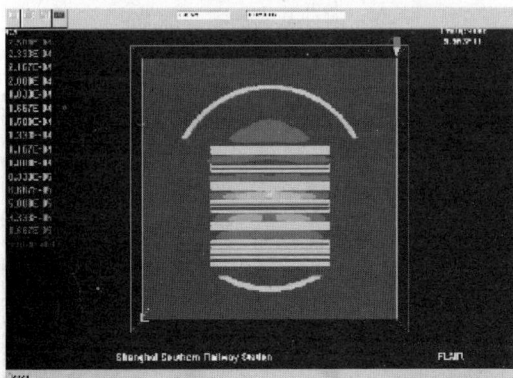

图7-5-22 站台设计火灾3发生15min时，
-0.600m站台以上2.1m处的二维烟气
浓度分布平面图

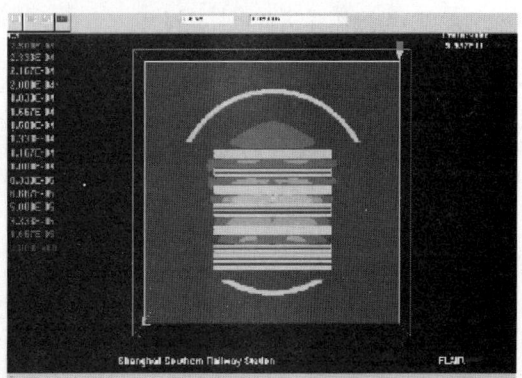

图7-5-23 站台设计火灾3发生15min时，
0.000m站台以上2.1m处的二维烟气
浓度分布平面图

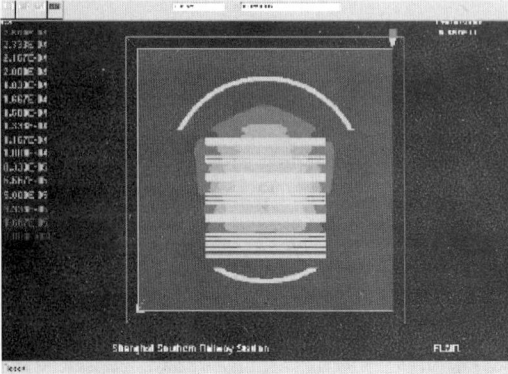

图 7 - 5 - 24　站台设计火灾 3 发生 15min 时，
0.000m 站台以上 3m 处的二维烟气
浓度分布平面图

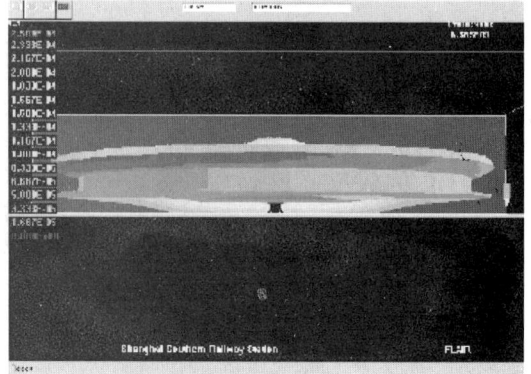

图 7 - 5 - 25　设计火灾 3 发生 15min 时
通过火灾中心剖面的烟气浓度
分布图（从东南面看剖面）

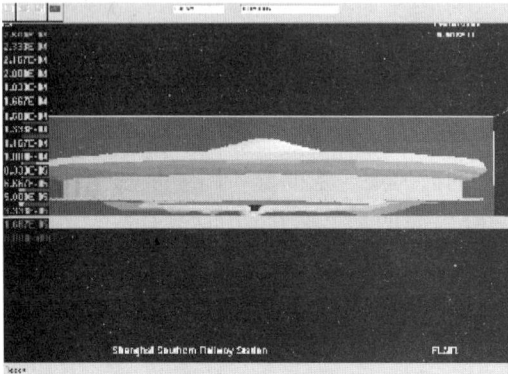

图 7 - 5 - 26　设计火灾 3 发生 15min 时
通过火灾中心剖面的烟气浓度
分布图（从东北面看剖面）

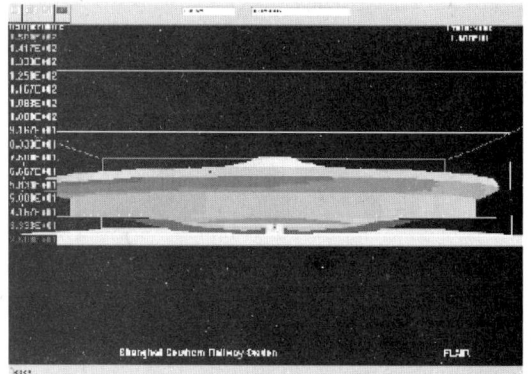

图 7 - 5 - 27　设计火灾 3 发生 15min 时
通过火灾中心剖面的温度
分布图（从东南面看剖面）

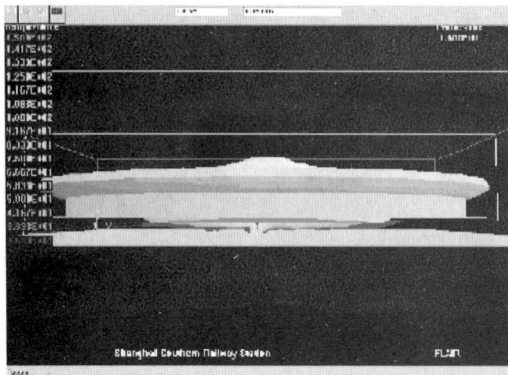

图 7 - 5 - 28　设计火灾 3 发生 15min 时
通过火灾中心剖面的温度
分布图（从东北面看剖面）

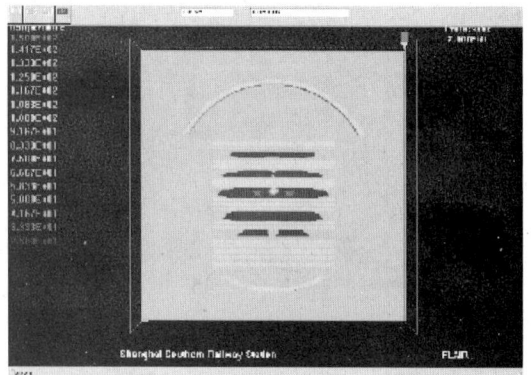

图 7 - 5 - 29　设计火灾 3 发生 15min 时，
0.000m 站台以上 2.1m 处的二维
温度分布平面图

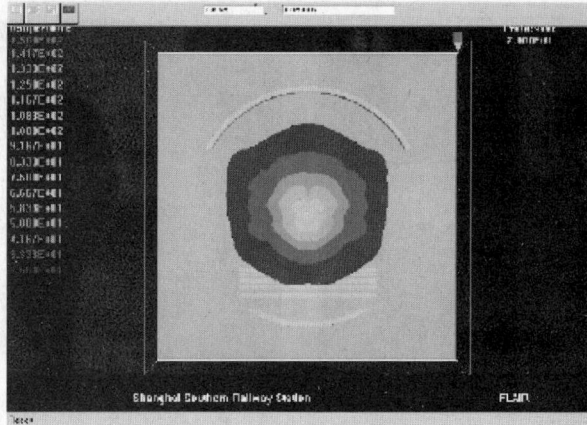

图 7-5-30　设计火灾 3 发生 15min 时，
0.000m 站台以上 6.4m 处的二维温度分布平面图

四、设计火灾 4

对设计火灾 4，火灾的热释放率（HRR）是快速发展到最高 20MW。整个 CFD 模拟区域的网格是 98×98×43（垂直）个，多数的网格分布于火灾和火车周围。CFD 模拟的时间是 15min，时间步长从 1~5s 不等。

图 7-5-31 是在火灾发生 15min 时的一个三维 10m 等能见度面，相当于在有荧光指示时的 $1.053×10^{-4}kg/m^3$ 的烟气浓度。

图 7-5-32 是 15min 时 -0.600m 站台以上 2.1m 处的二维烟气浓度分布（平面图），图 7-5-33、图 7-5-34 分别是在 15min 时 0.000m 站台以上 2.1m 及 3.0m 处的二维烟气浓度分布图。

图 7-5-35 是在 15min 时通过火车火灾中心剖面的烟气浓度分布图（从东南面看剖面）。图 7-5-36 是在 15min 时通过火车火灾中心剖面的烟气浓度分布图（从东北面看剖面）。

图 7-5-37、图 7-5-38 是在 15min 时通过摊位火灾中心剖面分别从东南面和东北面看的温度分布图剖面。图 7-5-39、图 7-5-40 分别是在 15min 时 0.000m 站台以上 2.1m 及 6.4m 处的二维温度分布图。

图 7-5-41 是在火灾发生 10min 时的一个三维 10m 等能见度面，相当于在有荧光指示时的 $1.053×10^{-4}kg/m^3$ 的烟气浓度。

图 7-5-42 是 10min 时 -0.600m 站台以上 2.1m 处的二维烟气浓度分布（平面图），图 7-5-43、图 7-5-44 分别是在 10min 时 0.000m 站台以上 2.1m 及 3.0m 处的二维烟气浓度分布图。图 7-5-45 是在 10min 时通过火车火灾中心剖面的烟气浓度分布图（从东南面看剖面）。图 7-5-46 是在 10min 时通过火车火灾中心剖面的烟气浓度分布图（从东北面看剖面）。

图 7-5-47、图 7-5-48 是在 10min 时通过摊位火灾中心剖面分别从东南面和东北面看的温度分布图剖面。图 7-5-49、图 7-5-50 分别是在 10min 时 0.000m 站台以上 2.1m 及 6.4m 处的二维温度分布图。

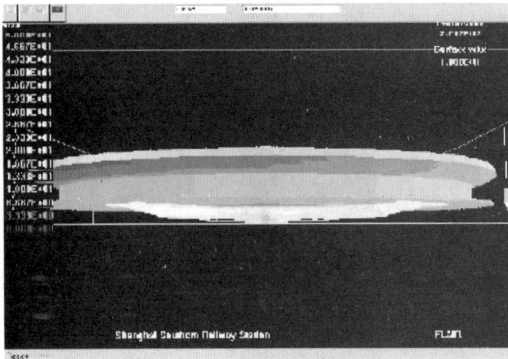

图 7 - 5 - 31 设计火灾 4 发生 15min 时的
站台上 10m 等能见度面
（从东南面看）

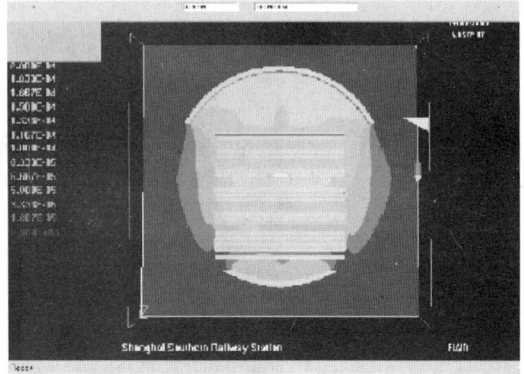

图 7 - 5 - 32 设计火灾 4 发生 15min 时，
- 0.600m 站台以上 2.1m 处的二维烟气
浓度分布平面图

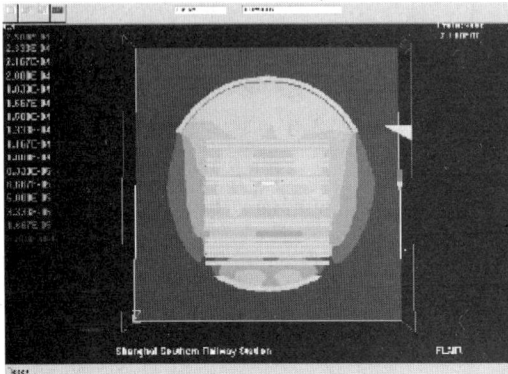

图 7 - 5 - 33 设计火灾 4 发生 15min 时，
0.000m 站台以上 2.1m 处的二维烟气
浓度分布平面图

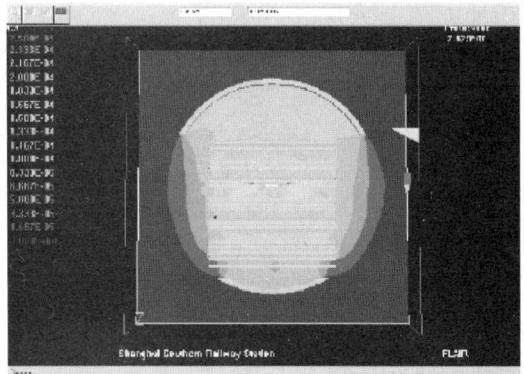

图 7 - 5 - 34 设计火灾 4 发生 15min 时，
0.000m 站台以上 3m 处的二维烟气
浓度分布平面图

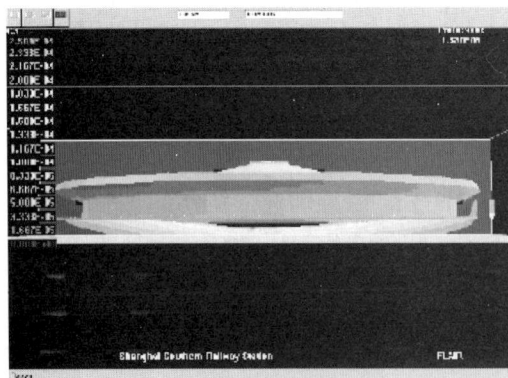

图 7 - 5 - 35 设计火灾 4 发生 15min 时通过
火灾中心剖面的烟气浓度分布图
（从东南面看剖面）

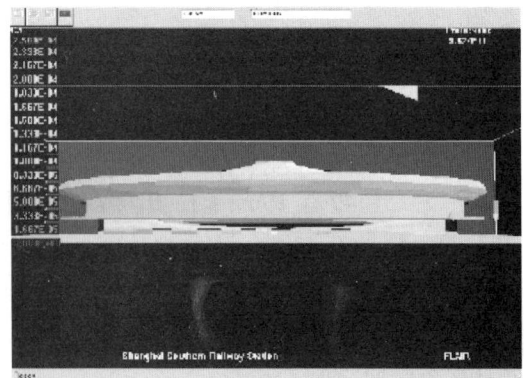

图 7 - 5 - 36 设计火灾 4 发生 15min 时通过
火灾中心剖面的烟气浓度分布图
（从东北面看剖面）

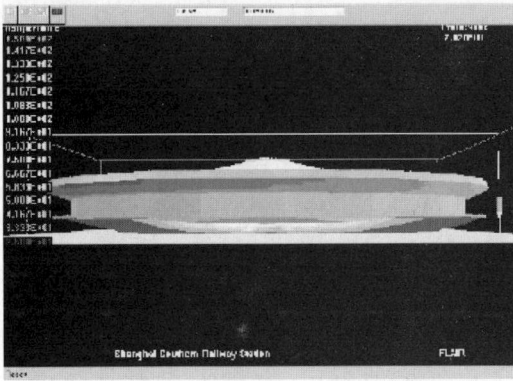

图 7-5-37 设计火灾 4 发生 15min 时通过
火灾中心剖面的温度分布图
（从东南面看剖面）

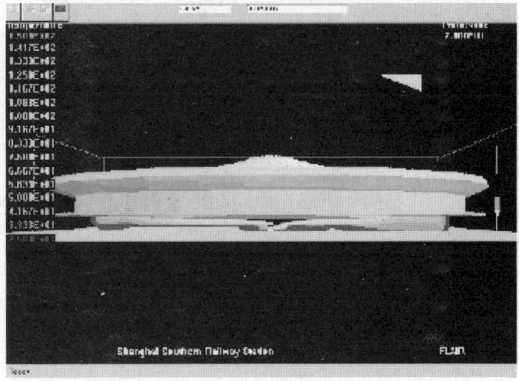

图 7-5-38 设计火灾 4 发生 15min 时通过
火灾中心剖面的温度分布图
（从东北面看剖面）

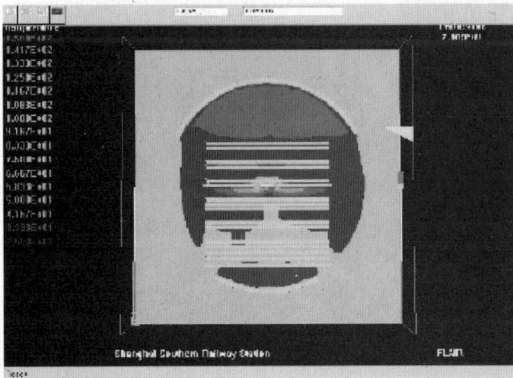

图 7-5-39 设计火灾 4 发生 15min 时，
0.000m 站台以上 2.1m 处的二维温度
分布平面图

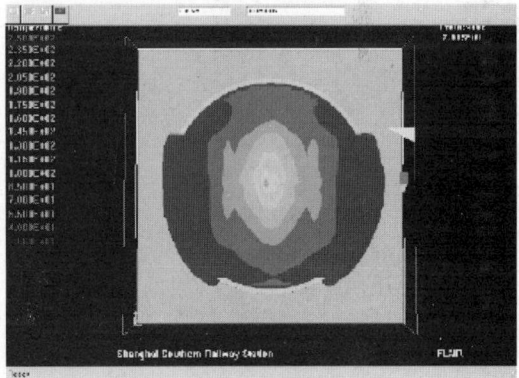

图 7-5-40 设计火灾 4 发生 15min 时，
0.000m 站台以上 6.4m 处的二维温度
分布平面图

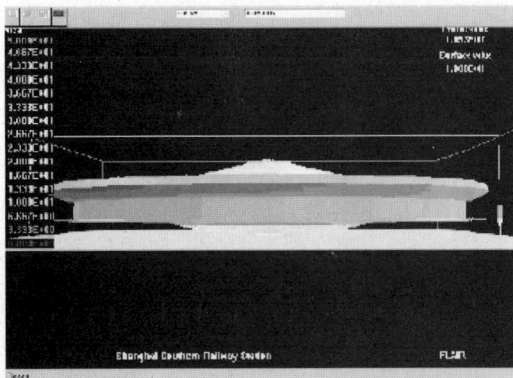

图 7-5-41 设计火灾 4 发生 10min 时的
站台上 10m 等能见度面
（从东南面看）

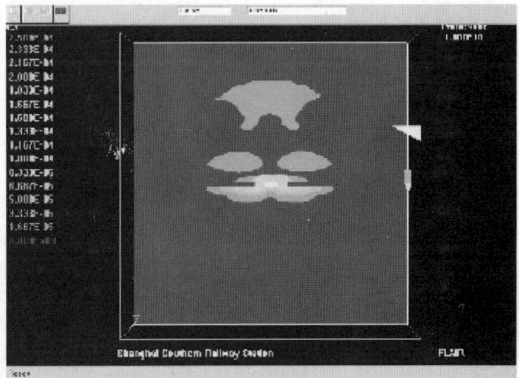

图 7-5-42 设计火灾 4 发生 10min 时，
-0.600m 站台以上 2.1m 处的二维烟气
浓度分布平面图

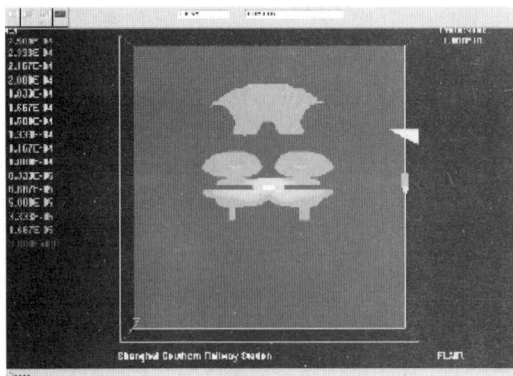

图 7 – 5 – 43　设计火灾 4 发生 10min 时，
0.000m 站台以上 2.1m 处的二维烟气
浓度分布平面图

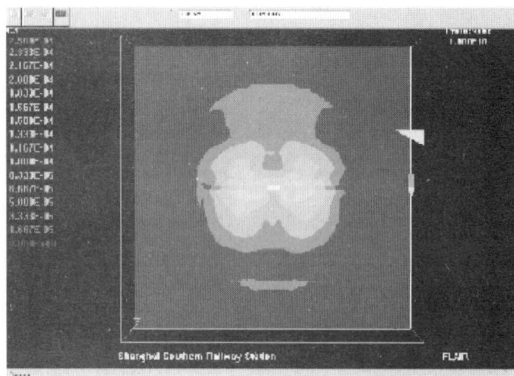

图 7 – 5 – 44　设计火灾 4 发生 10min 时，
0.000m 站台以上 3m 处的二维烟气
浓度分布平面图

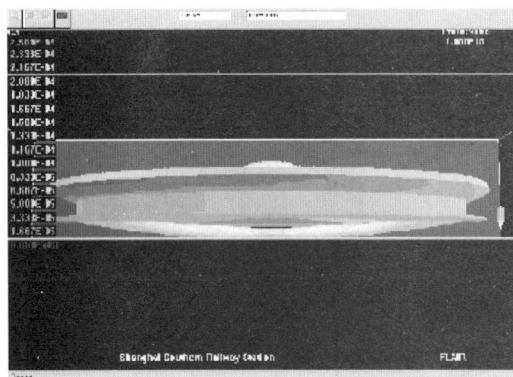

图 7 – 5 – 45　设计火灾 4 发生 10min 时通过
火灾中心剖面的烟气浓度分布图
（从东南面看剖面）

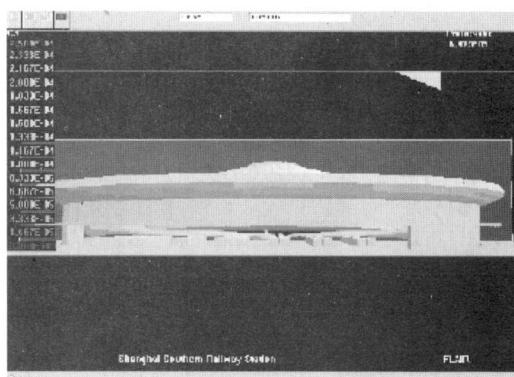

图 7 – 5 – 46　设计火灾 4 发生 10min 时通过
火灾中心剖面的烟气浓度分布图
（从东北面看剖面）

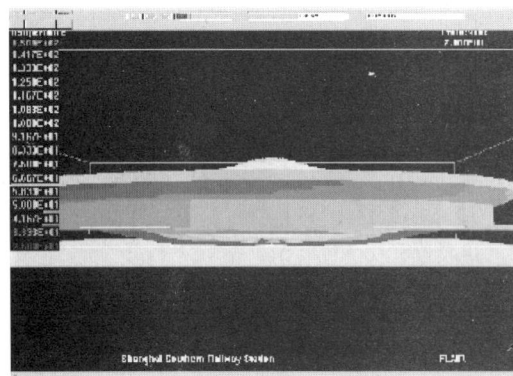

图 7 – 5 – 47　设计火灾 4 发生 10min 时通过
火灾中心剖面的温度分布图
（从东南面看剖面）

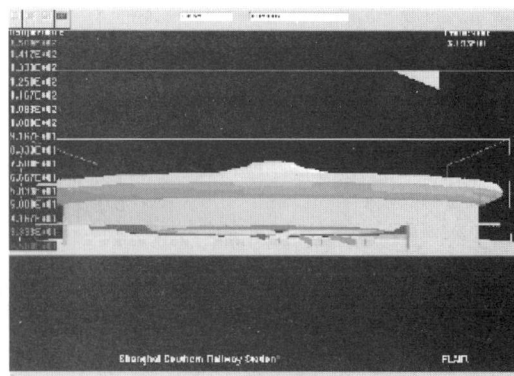

图 7 – 5 – 48　设计火灾 4 发生 10min 时通过
火灾中心剖面的温度分布图
（从东北面看剖面）

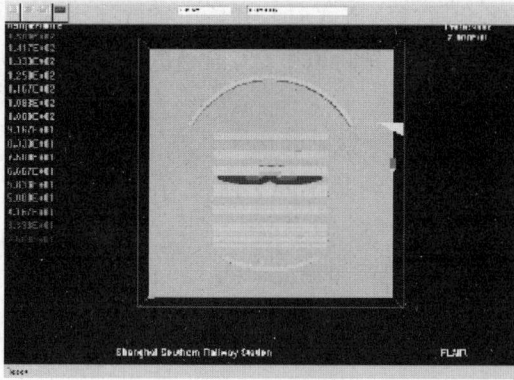

图 7 - 5 - 49 设计火灾 4 发生 10min 时，
0.000m 站台以上 2.1m 处的二维
温度分布平面图

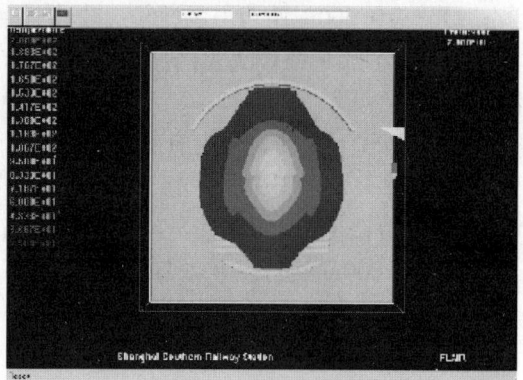

图 7 - 5 - 50 设计火灾 4 发生 10min 时，
0.000m 站台以上 6.4m 处的二维
温度分布平面图

第六节 CFD 模拟结果讨论

一、设计火灾 1

设计火灾 1 的 CFD 模拟结果发现：

（1）7.500m 楼板上大厅中间的商店火灾产生的烟气会通过屋顶天窗由烟气浮力疏散到站外，除了靠近商店火灾的区域，大厅里的能见度都超过 10m。

（2）大厅里有一个明确的烟气层，烟气层最少离 9.900m 楼板 10m 高。

（3）9.900m 楼板以上 2.1m 处的烟气温度低于 25℃（环境参考温度 20℃）。在大厅屋顶高度，烟气温度低于 50℃。

因此大厅内的 7.500m 楼板和 9.900m 楼板以上在火灾发生 15min 之内满足安全疏散要求。

二、设计火灾 2

设计火灾 2 的 CFD 模拟结果发现：

（1）9.900m 楼板上大厅中间的商店火灾产生的烟气会通过屋顶天窗由烟气浮力疏散到站外，除了靠近商店火灾的区域，大厅里 9.900m 楼板以上 6.1m 处的能见度超过 10m。

（2）烟气下降到大厅的地板高度，在大厅里不存在一个明确的烟气层。

（3）9.900m 楼板以上 2.1m 处的烟气温度低于 25℃（环境参考温度 20℃）。

（4）9.900m 楼板以上 2.1m 处的能见度远超过 10m。

（5）在大厅屋顶高度，除了靠近商店火灾的区域，烟气温度低于 60℃。

（6）在大厅屋顶高度，靠近商店火灾的区域的烟气最高温度在 400～450℃ 之间。

因此大厅内的 7.500m 楼板和 9.900m 楼板以上在火灾发生 30min 之内满足安全疏散要求。

三、设计火灾 3

设计火灾 3 的 CFD 模拟结果发现：

（1） -0.600m 站台上的摊位火灾产生的烟气会通过轨道方向的开口由烟气浮力疏散到站外，除了靠近摊位火灾的区域， -0.600m 和 0.000m 站台以上 2.1m 处的能见度都超过 10m。

（2） 烟气下降到站台的地面高度，在站台上不存在一个明确的烟气层。

（3） 有火灾的 0.000m 站台以上 3m 处的能见度大约是 10m，而没有火灾的所有 0.000m 站台以上 3m 处的能见度都超过 10m。

（4） 0.000m 站台以上 2.1m 处的温度低于 40℃ （环境参考温度 20℃）。

（5） 在站台天花板高度，除了靠近摊位火灾的区域，烟气温度低于 100℃。

四、设计火灾 4

设计火灾 4 的 CFD 模拟结果发现：

（1） 火车火灾产生的烟气会通过轨道方向的开口由烟气浮力疏散到站外。

（2） 在火灾发生 10min 后，除了靠近火车火灾的区域， -0.600m 和 0.000m 站台以上 2.1m 处的能见度都超过 10m。

（3） 在火灾发生 15min 后，靠近火车火灾的 -0.600m 和 0.000m 站台以上 2.1m 处的能见度都低于 10m，能见度低于 10m 的区域是在大厅 7.500m 楼板及 7.500m 楼板和 9.900m 楼板过渡段以下，其余站台以上 2.1m 处的能见度都超过 10m。

（4） 烟气下降到站台的地面高度，在站台上不存在一个明确的烟气层。

（5） 在火灾发生 10min 和 15min 后，0.000m 站台以上 2.1m 处的温度分别低于 50℃ 和 60℃ （环境参考温度 20℃）。

（6） 在站台天花板高度，除了靠近火车火灾的区域，烟气温度分别低于 170℃ 和 200℃。

第七节　紧急疏散

一、与规范不符之处

大厅中 7.500m 候车厅到出口的步行距离超过 40m。

二、疏散时间

疏散时间由三部分组成：

（1） 感知时间。

（2） 人员反应时间。

（3） 移动时间。

本文对 7.500m 候车厅和 9.900m 广厅在表 7-7-1 所列的疏散场景进行了模拟：

移 动 时 间　　　　　　　　　　　　表 7-7-1

设计火灾场景	疏散路径	移动时间（s）		
		从 9.900m 广厅疏散	从 7.500m 候车厅疏散	总移动时间
设计火灾 1：大厅中间 7.500m 楼板上的商店里有喷淋系统控制的火灾	通过 9.900m 广厅和站台疏散	60	358	358

248

设计火灾场景	移动时间（s）			
	疏散路径	从 9.900m 广厅疏散	从 7.500m 候车厅疏散	总移动时间
设计火灾 2：9.900m 楼板的商店里没有喷淋系统控制的火灾	仅通过站台疏散	60	137	137
设计火灾 3：站台上的摊位火灾	仅通过 9.900m 广厅疏散	60	593	593
设计火灾 4：火车火灾	仅通过 9.900m 广厅疏散	60	593	593

考虑到南站的对称性，在分析中仅模拟了南站的四分之一。

本评估仅考虑大厅在可能发生火灾情况下的人员的紧急疏散，站台上的人员的紧急疏散不在本评估以内。

三、全部疏散时间

全部疏散时间即必要疏散时间 RSET，是感知时间、反应时间和移动时间之和，即：
RSET = 感知时间 + 反应时间 + 移动时间，表 7 − 7 − 2 列出了总疏散时间。

总疏散时间 表 7 − 7 − 2

设计火灾场景	自候车厅疏散的人员	感知时间（s）	反应时间（s）	移动时间（s）	RSET 时间（s）
设计火灾 1：大厅中间 7.500m 楼板上的商店里有喷淋系统控制的火灾	通过 9.900m 广厅和站台疏散	136	240	358	734
设计火灾 2：9.900m 楼板的商店里没有喷淋系统控制的火灾	仅通过站台疏散	300	240	137	677
设计火灾 3：站台上的摊位火灾	仅通过 9.900m 广厅疏散	136	240	593	969
设计火灾 4：火车火灾	仅通过 9.900m 广厅疏散	136	240	593	969

四、比较 ASET 和 RSET（表 7 − 7 − 3）

根据火灾工程指南，考虑安全系数，所有区域内的 ASET 必须不小于必要疏散时间 RSET 的 1.2 倍。ASET 是由 CFD 模拟根据安全疏散的要求所得的可保障疏散时间。

ASET 和 RSET 分析 表 7 − 7 − 3

设计火灾场景	疏散路径	RSET 时间（s）	ASET 时间（s）	ASET/RSET
设计火灾 1：大厅中间 7.500m 楼板上的商店里有喷淋系统控制的火灾	通过 9.900m 广厅和站台疏散	734	900	>1.23
设计火灾 2：9.900m 楼板的商店里没有喷淋系统控制的火灾	仅通过站台疏散	677	1800	>2.65
设计火灾 3：站台上的摊位火灾	仅通过 9.900m 广厅疏散	969	无数据	无数据
设计火灾 4：火车火灾	仅通过 9.900m 广厅疏散	969	无数据	无数据

紧急疏散模拟结果表明，对设计火灾 1 和 2，ASET/RSET 比值都大于 1.2，所以当前设计能够满足澳大利亚建筑规范的性能要求。

值得注意的是尽管在 7.500m 候车厅里的人员必须通过 9.900m 广厅疏散，但因为从 7.500m 候车厅到站台的通道将自动关闭，7.500m 候车厅里的人员不会受到站台上火灾的影响。在这里，我们假设站台上的人员能够在设计火灾 3 和 4 的可保障疏散时间内疏散到安全地带。

第八节　屋面钢架结构的评估

对屋面钢架结构的评估主要是评估温度对没有防护的钢结构的影响

本建筑的钢结构在屋顶的下面，并至少高于楼板面 13m 以上，所以不太可能直接接触火焰。根据 CFD 预测结果，在设计火灾时钢结构会有的温度，这里我们用预测的平均温度来分析钢结构。预测的最高的温度只限制在屋顶下的一小面积范围内。考虑到钢结构的导热较好，用平均温度来分析较合适。计算得到的最高的钢结构周围的烟气平均温度是 440°C，此时钢结构的强度仍是常温下的 67%。考虑到火灾极限状态下的荷载是常规设计荷载的 60%，所以烟气温度还不会过高以至于使该屋顶钢结构倒塌。

结构工程师必须论证钢结构屋顶的荷载能力以确认"该结构的设计应力和屈服应力的比值"的最大值是 65%。

第九节　建　议

一、建筑大厅内的消防措施

根据楼板以上 2.1m 处的能见度不低于 10m 的安全准则，CFD 模拟结果显示建筑设计符合这一安全准则。如果采取以下的措施，大厅自然通风也能满足火灾时的排烟需要。

考虑到屋顶的烟气温度会低于 60 ℃，大厅里必须安装有效、敏感的烟气探测和警报系统，能及早地给予火灾警报。探测系统必须与火灾警报控制台（FIP）相连，并自动通知当地消防队。

气体采样探测器和光板式探测器同为不同类型的感烟探测器，前者探测空气中的烟气浓度，后者探测空气的减光系数。如系统设计安装适当，两者都可适用于大空间建筑。气体采样探测器的灵敏度可以调节和分级，能够探测到很稀薄的烟气，因此在顶棚很高的大空间建筑中，虽然烟气到达探测器位置时已稀释了很多，气体采样探测系统仍可较早给出烟气发生的信号。光板式探测器的灵敏度不如气体采样式探测器，但可安装在远低于顶棚的位置，在烟羽上升途中探测到烟气的存在，适用于中厅类平面面积较小而高度较高的空间；用在站屋这样的大空间时设计要特别考虑探测器的布置必须覆盖（开放楼面）所有可能发生火灾的位置；并不能有任何障碍物遮挡光束。

探测器启动时间的计算影响因素较多，探测器的灵敏度差别很大，不像喷淋一般都是在 68 ℃启动；另上面两种探测系统的启动时间都与系统设计密切相关，系统供应商应可根据系统设计和产品特性参数计算探测时间。封闭空间普通烟感探测器的探测时间应远小于喷淋启动时间，用喷淋启动时间作为感知时间是趋于保守的。对于大厅开放楼面火灾，如系统设计合理，探测时间小于报告中所允许的 300s 感知时间。

为了缩短必要疏散时间，喷淋系统建议与警报系统联动，警报系统可以是自动播放录音或是一个现场指挥给予离火灾较远的人员的疏散方向指示。

大厅里，任何地方必须能清楚地看到荧光紧急出口标识和疏散方向指示。

一旦探测到火灾发生，建筑的出口和通道必须打开。

一旦探测到火灾发生，所有的付费的和不付费的检票口（如在 9.900m 广厅和 7.500m 候车厅上的）必须自动打开以便于人员从候车厅的紧急安全疏散。

二、车站站台的消防措施

根据楼板以上 2.1m 处的能见度不低于 10m 的安全准则，CFD 模拟结果显示站台上发生摊位火灾时符合这一安全准则。因此如果能保证执行以下的措施，站台自然通风能满足火灾时的排烟需要：

（1）站台上必须安装有效、敏感的烟气探测和警报系统，能及时地给予火灾警报。

（2）站台上任何地方必须能清楚地看到荧光紧急出口标识和疏散方向指示。

（3）除了轨道上的火车，在轨道和站台天花板之间没有其他障碍物阻碍烟气的疏散。

三、车站站台火车的消防措施

根据楼板以上 2.1m 处的能见度不低于 10m 的安全准则，CFD 模拟结果显示站台上发生火车火灾后 10min 内，符合这一安全准则。但是发生火车火灾后 10min 后，站台上不再符合这一安全准则。因此站台自然通风不能满足火车火灾时的排烟需要。以下的措施可以解决这一问题：

（1）在火车火灾发生 7min 内将站台上所有的人疏散至安全地带或至少疏散至大厅 9.900m 楼板以下的站台上。

（2）站台上必须安装有效、敏感的烟气探测和警报系统，能及时地给予火灾警报。

（3）站台上任何地方必须能清楚地看到荧光紧急出口标识和疏散方向指示。

（4）除了轨道上的火车，在轨道和站台天花板之间没有其他障碍物阻碍烟气的疏散。

四、防火安全管理措施

（1）所有防火系统必需按照相关标准的要求定期检查、维护，保证发生火灾时能够正常运行。

（2）站屋开放楼面不得设置零散摊位。

（3）站屋内发生火灾时必须开放所有检票口作为疏散通道。

（4）站台发生火灾时必须关闭所有通向站台的通道，引导站屋内的人员通过广厅疏散。

（5）所有员工必须接受消防培训，熟悉消防应急步骤。

（6）发生火灾时使用广播系统引导疏散。

以上建议是基于对本文中的设计火灾场景的烟气扩散的评估。

第十节　结　　论

本章采用 CFD 模拟分析上海铁路南站的四个设计火灾场景。设计火灾 1 是一个超快速发展到 2.2MW 大厅 7.500m 楼板商店里发生的火灾，CFD 模拟了 15min；设计火灾 2 是一个超快速发展到31.5MW 大厅9.900m 楼板商店里发生的火灾，CFD 模拟了30min；设计火灾3 是一个快速发展到5MW 的站台上发生的摊位火灾，CFD 模拟了15min；设计火灾4 是一个快速发展到20MW 轨道上发生的火车火灾，CFD 模拟了15min。

根据CFD 模拟结果，设计火灾1 和2 情况下，楼面上2.1m 处能见度超过10m，温度小于30℃，当采取一定措施，大厅自然通风能满足火灾时的排烟需要。

根据CFD 模拟结果，设计火灾3 设计火灾1 和2 情况下，站台上2.1m 处能见度超过10m，温度小于40℃，采取适当措施后，站台自然通风能满足摊位火灾时的排烟需要。

根据CFD 模拟结果，设计火灾4 情况下，站台上2.1m 处能见度超过10m，温度小于50℃，采取适当措施后，站台自然通风能满足火灾时的排烟需要。

站屋大厅内只有封闭的商店，没有零星摊位，而商店的位置在设计图中已给出。据9.900m 平面图，商店据外环钢柱最小距离为6.5m，据内环钢柱最小距离8.2m，可以保证即使在设计火灾2（喷淋失效）的情况下火焰辐射也不致引起钢柱丧失稳定性。商店相对于风口的位置没有特别要求。

商店和软席候车室等封闭区间有喷淋保护，根据开放楼面火灾场景分析，由于座椅为不燃材料，开放楼面的火灾荷载主要是旅客行李，而行李即使没有水炮保护也不会引起严重的后果。

根据以上分析，采用现有的设计方案，上海铁路南站的防火安全等级能符合BCA（修正版）中13、CP1、CP4 和EP2.2 的安全性能要求。

结构工程师必须论证钢结构屋顶的荷载能力以确认"该结构的设计应力和屈服应力的比值"的最大值是65%。

第八章 主站房铸钢节点试验研究

第一节 工程概况与试验目的

一、工程概况

上海铁路南站是国内外第一座圆形建筑的火车站。该车站站屋的主要受力构件为二次分岔的 Y 形主梁和内、外两圈柱，如图 8-1-1 和图 8-1-2 所示。

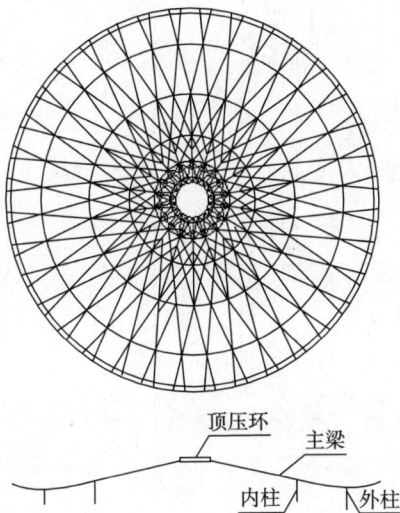

图 8-1-1 站屋结构平面图和立剖面图

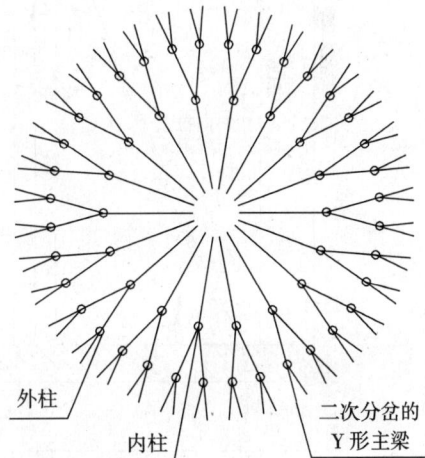

图 8-1-2 站屋结构主梁和柱布置示意图

站屋钢结构屋盖平面形状为圆形，直径约 270m。结构立面由三部分曲面组成，即直径为 32m 的中央顶压环，外柱与顶压环之间区域的扁圆锥曲面，以及外柱以外悬挑的上翘圆环曲面。站屋结构共设两圈柱，内圈柱分布在直径为 152m 的圆周上，共 18 根 φ650mm 的钢管混凝土柱；外柱分布在直径为 224m 的圆周上，共 36 根 φ800mm 的钢管混凝土柱；每个外柱两侧均设有沿圆周向的从柱顶到地面的斜向拉索，以保证外柱的侧向稳定（图 8-1-3）。

屋盖设置 18 根主梁，主梁沿屋面径向均匀布置。梁平面形状为二次分岔的 Y 形梁，分岔点分别位于内、外柱支点处。每个主梁内柱以内部分均设有下弦预应力钢棒和刚性撑杆，以提高单根梁的整体性能。同时，与梁间 X 形预应力钢棒一起，将整个钢结构屋盖形成一个整体。

站屋工程中，Y 形主梁与内外柱相交节点处杆件较多，杆件间夹角较小且受力复杂，难以采用常规的焊接或螺栓节点连接方式，故工程中选用了大尺度的铸钢节点。该节点在最大荷载作用下能否确保安全，是整个站屋工程结构安全性的关键环节之一。为此进行外柱铸钢节点（图8-1-3）的足尺试件加载试验，以检验该节点在最大设计荷载作用下的安全性。

外柱立面图及铸钢节点位置如图8-1-3所示。

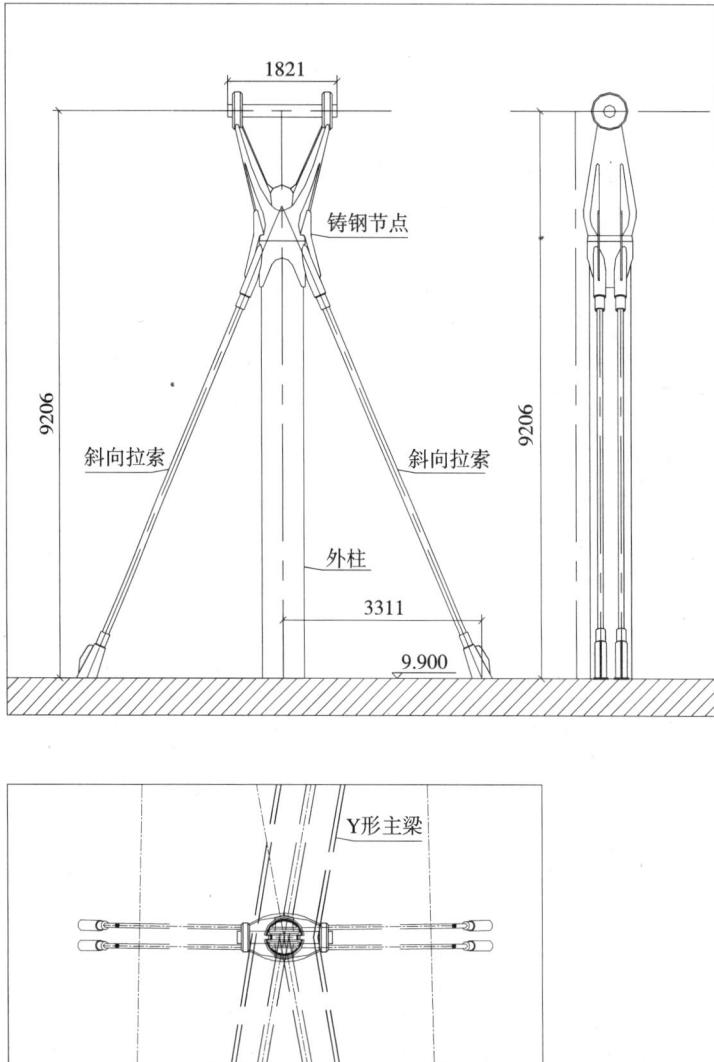

图8-1-3　外柱立面及铸钢节点位置图

二、试验目的

（一）试验目的

1. 模拟上海南站站屋工程外柱典型铸钢节点的工程受力情况，考察铸钢节点的应力相对设计强度的安全余度。

2. 用实验数据对比和验证有限元模型的适用性和计算结果的可靠性。

（二）试验要求

1. 试件数量

外柱铸钢节点一件，由北京机电院高技术股份有限公司按工程结构施工图制作。

2. 加载要求

试验最大加载值根据设计单位要求，在设计荷载值的基础上放大 1.3 倍。

外柱铸钢节点的基本几何信息和试验中受力情况如图 8 - 1 - 4 所示。节点顶肢承受由主梁传来的不对称的竖向力 N_1 和 N_2，其最大值分别为 1573kN 和 2236kN。节点底肢承受四根拉索传来的拉力 T_1 和 T_2，其最大值均为 800kN。

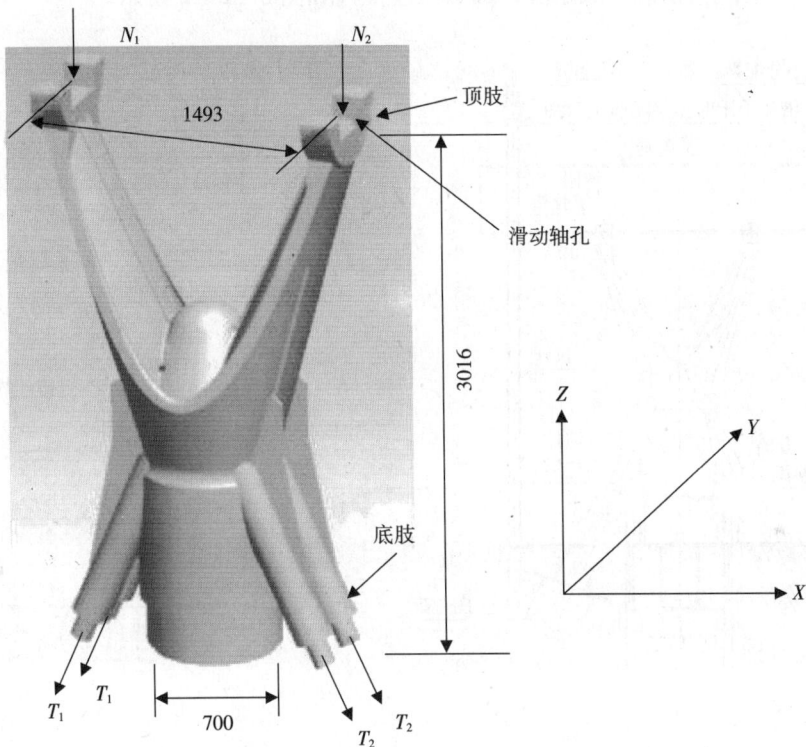

图 8 - 1 - 4　外柱节点受力示意图

三、研究技术路线

上海南站站屋外柱铸钢节点的承载安全性包括：节点内的荷载效应（应力）应低于钢材设计强度，节点与外柱、拉索的连接不发生破坏。本工程铸钢节点不能简单近似为薄壁壳体，应作为三维实体结构处理。但试验中只能测取到试件表面有限点处的应变状态，经计算后得到转换应力测试值，对铸件内部的应力状况则无法直接测得。为此，确定如下技术路线，以对铸钢节点的承载安全性做出判断：

1. 对典型外柱铸钢节点进行加载，测取其内外表面若干点处的应变，并经换算得到相应的应力测试值。

2. 利用有限元分析，得到试验测点处的应力分析值，通过与应力测试值的对比，验证有限元分析模型的正确性，并以此计算和推断整个铸钢节点各处的应力状况。

3. 结合试验和分析，对铸钢节点的承载安全性作出判断。

第二节　试验方案

一、加载系统设计

由于试件本身较高，且在试件两端均需施加荷载，进一步加大了试验装置的高度；将试件竖立加载需要较大的试验装置高度，增加了试验难度。考虑到试件本身的重力与施加的荷载相比很小。将试件水平放置进行加载，不会影响试验结果，经与设计方协商，采用如图 8-2-1（a）所示的加载系统，加载系统照片如图 8-2-2 所示。

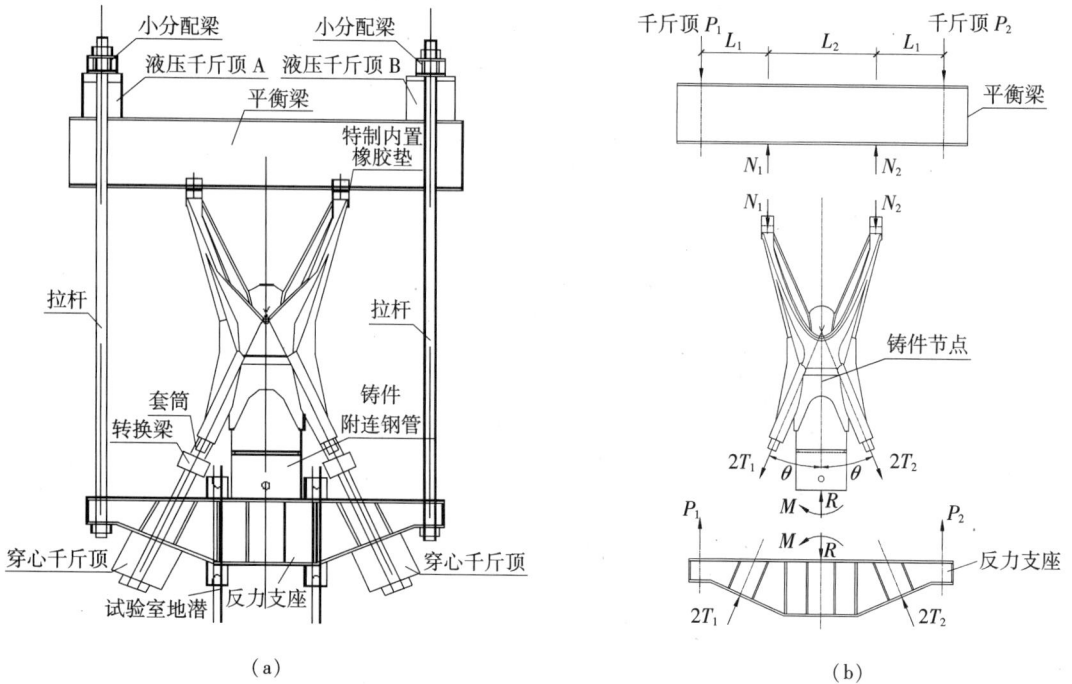

（a）　　　　　　　　　　　　　　　　　（b）

图 8-2-1　加载系统分解图

所设计的加载系统要点如下：由平衡梁－拉杆（小分配梁）－反力支座构成平衡框。铸钢件下部焊一附连钢管段（500mm 长），钢管另一端焊接在反力支座上；铸钢件顶肢处滑动轴孔内放置平衡梁，平衡梁两端设置千斤顶，千斤顶的反力 P_1、P_2 通过拉杆传至反力支座，平衡梁与顶肢的接触压力分别为 N_1、N_2。对应试验加载中的 N_1 和 N_2 最大值，平衡梁两端由液压千斤顶所施加的最大作用力分别为 1756kN 和 2053kN。

铸钢件底肢处的同侧的一对拉力距离很近（仅 345mm），没有空间分别用千斤顶施加拉力，故采用一个转换梁把两个拉力转化为一个合力后再用穿心千斤顶进行加载，四个（左右各一对）拉力需用两个穿心千斤顶来施加荷载。将左右两边套筒焊接在转换梁的上翼缘上，千斤顶拉杆的一端焊接在转换梁下翼缘处，通过千斤顶对该拉杆施加荷载。

加载系统分解图如图 8-2-1（b）所示。图中表示了加载系统的荷载传递途径。其中，铸钢节点上的 $2T_1$、$2T_2$ 和平衡梁上的千斤顶 P_1、P_2 为主动力，根据平面力系平衡，可以由下列式子求得在铸钢节点上的最终作用力：

$$N_1 = \frac{P_1 \ (L_1 + L_2) - P_2 L_1}{L_2} \quad\quad (8-2-1)$$

$$N_2 = \frac{P_2 \ (L_1 + L_2) - P_1 L_1}{L_2} \quad\quad (8-2-2)$$

$$R = P_1 + P_2 + 2 \ (T_1 + T_2) \ \cos\theta \quad\quad (8-2-3)$$

$$M = \ (P_1 - P_2) \ \left(L_1 + \frac{L_2}{2}\right) \quad\quad (8-2-4)$$

用竖向锚杆将反力支座与试验台座相连，而在平衡梁下放置滚动支撑，以保证整个加载装置在水平方向是一个自平衡力系，且不发生旋转，从而确保施加在试件上的力系和预定要施加的力系相同。

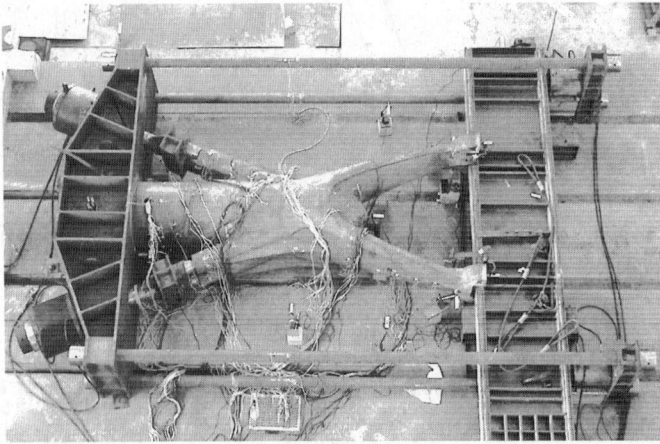

图 8-2-2　加载系统照片

二、试件

（一）尺寸规格

（二）铸钢件打磨

试验中，为了试验数据的准确，要保证应变片与测点的紧密接触，铸钢件表面需进行必要的打磨工作。打磨部位和要求为：

1. 铸钢件外表面均需打磨光滑。

2. 铸钢件内表面距离底部开口592mm 处，即内部加劲肋的最下端，在此处沿内径打磨30mm 宽。打磨具体位置如图 8-2-4 所示。

三、加载设备规格

（1）液压千斤顶2 个，其中液压千斤顶 A 为2000kN，液压千斤顶 B 为3200kN；

（2）穿心千斤顶2 个，考虑到锚杆类型等因素，拟采用两个6000kN 穿心千斤顶；

（3）液压千斤顶由实验室提供，穿心千斤顶由配合单位提供。

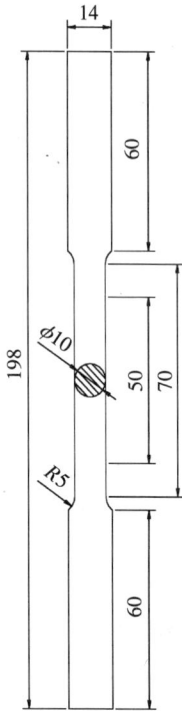

图 8 - 2 - 3 铸钢件材质测试
试件尺寸（长度单位：mm）

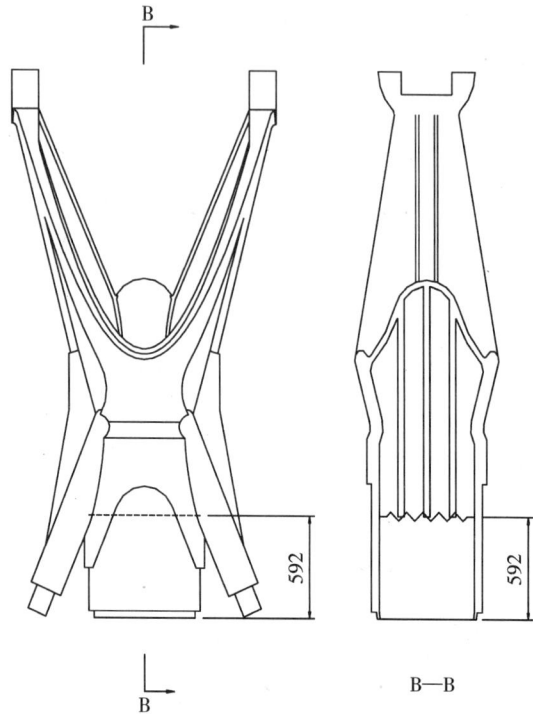

图 8 - 2 - 4 铸钢件内表面打磨位置
（长度单位：mm）

其中加载装置（反力支座 1 件，小分配梁 2 根，转换梁 2 根，工字形平衡梁 1 根，ϕ180mm 的穿心千斤顶拉杆 2 根，5697mm 长的 ϕ115mm 标准拉杆 4 根，螺母 8 个）由同济大学设计，江南重工集团制作。加载设备包括 2 个 3200kN 的液压千斤顶，2 个 6000kN 的穿心千斤顶。

四、加载方案

外柱铸钢节点受力过程中，其顶肢将发生侧向位移，但当侧向位移大于 2mm 时，有侧向约束控制，即顶肢侧向位移不超过 2mm。根据最大程度上模拟铸钢节点受力安全性的原则，试验中进行了顶肢无侧向限位和顶肢完全侧向限位两种理想工况，实际节点受力状况应处于此两种理想工况之间。同时，还进行了仅对底肢施加拉力的试验工况，以检验底肢拉力单独作用下的铸钢节点性能。

综上所述，本次试验共考虑三种加载情况。

（一）工况 1：仅底肢受拉

本工况的目的是考察铸钢节点在仅有底肢拉力作用下的受力性能。

本工况中，铸钢节点顶肢不施加荷载，仅在底肢处通过穿心千斤顶拉杆施加张拉力至 1600kN。即：$N_1 = 0kN$，$N_2 = 0kN$，$T_{1max} = 800kN$，$T_{2max} = 800kN$。共分 10 级加至最大荷载。

本工况的荷载分级和加载步骤如表 8 - 2 - 1 所列。

加载序号	加载阶段	加载级数	加载力至（kN）		
			穿心千斤顶	液压千斤顶 A	液压千斤顶 B
1	调零		0	0	0
2	预加载	第 1 级	160	0	0
3		第 2 级	320	0	0
4		第 3 级	480	0	0
5		第 4 级	640	0	0
6	正式加载	第 1 级	160	0	0
7		第 2 级	320	0	0
8		第 3 级	480	0	0
9		第 4 级	640	0	0
10		第 5 级	800	0	0
11		第 6 级	960	0	0
12		第 7 级	1120	0	0
13		第 8 级	1280	0	0
14		第 9 级	1440	0	0
15		第 10 级	1600	0	0
16	卸载	第 1 级	1200	0	0
17		第 2 级	800	0	0
18		第 3 级	400	0	0
19		第 4 级	0	0	0

注：预加载后卸载至零，再进行正式加载。表 8 - 2 - 2、表 8 - 2 - 3 同。

（二）工况 2：顶肢无侧向限位

本工况的目的是考察铸钢节点顶肢无侧向约束，且在顶肢和底肢处均施加荷载时的受力性能。

本工况中，铸件顶肢的滑动轴孔内放置剪切刚度很小的橡胶支座以使顶肢沿 X 向能发生侧移变形，并在顶肢处、底肢处均施加荷载至设计荷载，即：$N_{1max} = 1210kN$，$N_{2max} = 1720kN$，$T_{1max} = 615kN$，$T_{2max} = 615kN$。共分为 8 级加载至设计荷载。考虑到顶肢无侧向限位时，顶肢的肢底处将产生大于实际工况的应力，故本工况未加载至设计荷载的 1.3 倍。

实际加载过程中，为了便于与工况 3 比较，将 8 级加载的加载值分别对应于工况 3 的前 8 级加载值。第 8 级穿心千斤顶张拉至 1280kN，液压千斤顶 A 压力为 1405kN，液压千斤顶 B 压力为 1642kN。这样，工况 2 实际加载至设计荷载的 1.04 倍，即 $N_{1max} = 1259kN$，$N_{2max} = 1788kN$，$T_{1max} = T_{2max} = 640kN$。

本工况的荷载分级和加载步骤如表 8 - 2 - 2 所列。

加载序号	加载阶段	加载级数	加载力至（kN）		
			穿心千斤顶	液压千斤顶 A	液压千斤顶 B
1	调零		0	0	0
2	预加载	第 1 级	160	176	205
3		第 2 级	320	351	411
4		第 3 级	480	527	616
5		第 4 级	640	702	821
6	正式加载	第 1 级	160	176	205
7		第 2 级	320	351	411
8		第 3 级	480	527	616
9		第 4 级	640	702	821
10		第 5 级	800	878	1027
11		第 6 级	960	1054	1232
12		第 7 级	1120	1229	1437
13		第 8 级	1280	1405	1642
14	卸载	第 1 级	800	878	1027
15		第 2 级	400	439	513
16		第 3 级	0	0	0

（三）工况 3：顶肢完全侧向限位

本工况的目的是考察铸钢节点顶肢完全侧向约束，且在顶肢和底肢处均施加荷载时的节点性能。

本工况中，平衡梁直接置于铸件顶肢的滑动轴孔内，通过平衡梁与滑动轴孔间的强大摩擦力实现侧向约束。同时在顶肢处、底肢处均施加荷载至最大荷载，即：$N_{1max} = 1573kN$，$N_{2max} = 2236kN$，$T_{1max} = 800kN$，$T_{2max} = 800kN$。共分为 10 级加载至最大荷载。

本工况的荷载分级和加载步骤如表 8－2－3 所列。

工况 3 加载分级方案　　　　　　　　　表 8－2－3

加载序号	加载阶段	加载级数	加载力至（kN）		
			穿心千斤顶	液压千斤顶 A	液压千斤顶 B
1	调零		0	0	0
2	预加载	第 1 级	160	176	205
3		第 2 级	320	351	411
4		第 3 级	480	527	616
5		第 4 级	640	702	821

加载序号	加载阶段	加载级数	加载力至（kN）		
			穿心千斤顶	液压千斤顶 A	液压千斤顶 B
6	正式加载	第 1 级	160	176	205
7		第 2 级	320	351	411
8		第 3 级	480	527	616
9		第 4 级	640	702	821
10		第 5 级	800	878	1027
11		第 6 级	960	1054	1232
12		第 7 级	1120	1229	1437
13		第 8 级	1280	1405	1642
14		第 9 级	1440	1580	1848
15		第 10 级	1600	1756	2053
16	卸载	第 1 级	1200	1317	1540
17		第 2 级	800	878	1027
18		第 3 级	400	439	513
19		第 4 级	0	0	0

五、测试方案

（一）单向应变片布置

为检验四个千斤顶施加荷载的准确性，在试验的加载传力装置上布置单向应变片，包括在 2 个穿心千斤顶的对应拉杆，以及液压千斤顶的 4 根传力拉杆，共 6 根拉杆上，每根各布置 3 片单向应变片，绕杆件截面外周以 120°等间距布置。

为得到铸钢件的支反力，在铸钢件下的附连钢管上布置 8 片单向应变片。应变片绕附连钢管外径圆周以 45°等间距布置。

单向应变片共布置 26 片。测点布置如图 8 - 2 - 5 所示。

（二）三向应变片布置

铸钢件底部腔内 8 个测点；四根底肢近连接套筒处，每根肢杆各 3 个测点，绕肢杆圆周以 120°等间距布置；四根底肢与铸钢件主体相连处，每个腋角处各 2 个测点；顶肢环绕肢底处角侧各 8 个测点；肢底分叉处，两侧各 2 个测点；承受较大压力的顶肢肢身内侧 6 个测点，肢身外侧 4 个测点。

三向应变片共布置 58 个测点，合计 174 片。测点布置如图 8 - 2 - 6 所示。

（三）位移计布置

位移计 1、2 位于平衡梁两侧，测向为 X，用于监控平衡梁在加载过程中是否有侧向滑移；位移计 3、4 位于铸钢件两个顶肢的滑动轴孔处，测向为 X，用于测试顶肢的 X 向绝对位移；位移计 5、6 位于两个顶肢的肢中点处，测向为 X，用于测试顶肢中点的 X 向绝对位移；位移计 7 位于铸钢件中部顶端处，测向为 Z，用于监控此点处的纵向位移；位移计 8 位于铸钢件中部肋板处，测向为 X，用于测试试件中部的侧向位移；位移计 9、10

位于反力支座上与附连钢管连接处两侧，测向为 Z，用于监控反力支座的位移及其对其他测点的影响；位移计 11 位于附连钢管底端，测向为 X，用于监控支座处的侧向位移；位移计 12、13 位于铸钢件每个顶肢的滑动轴孔处，测向为 Z，用于监控相应点处的纵向位移。

位移计共布置 13 个测点。位移计布置如图 8-2-5 所示。

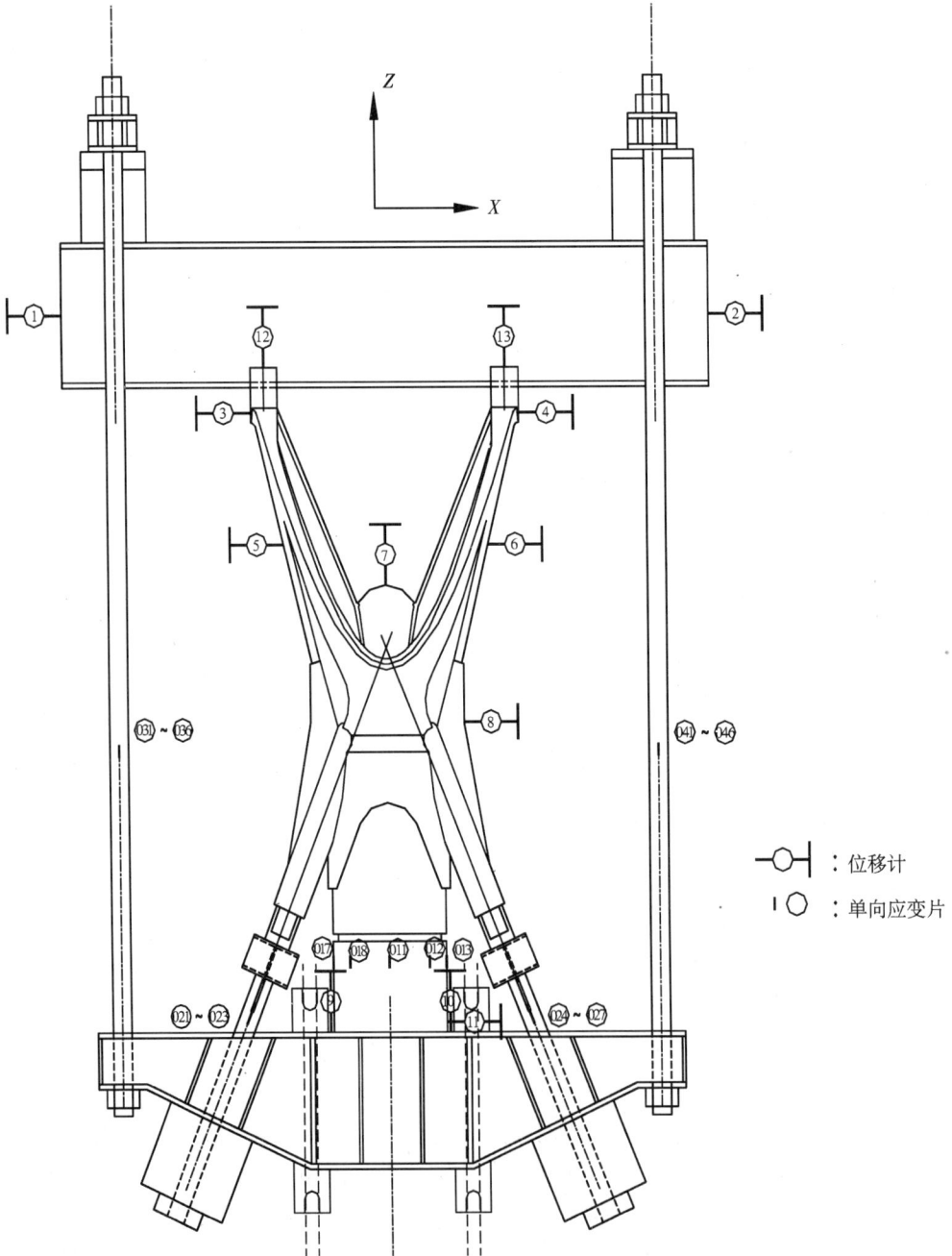

图 8-2-5　单向应变及位移计布置图

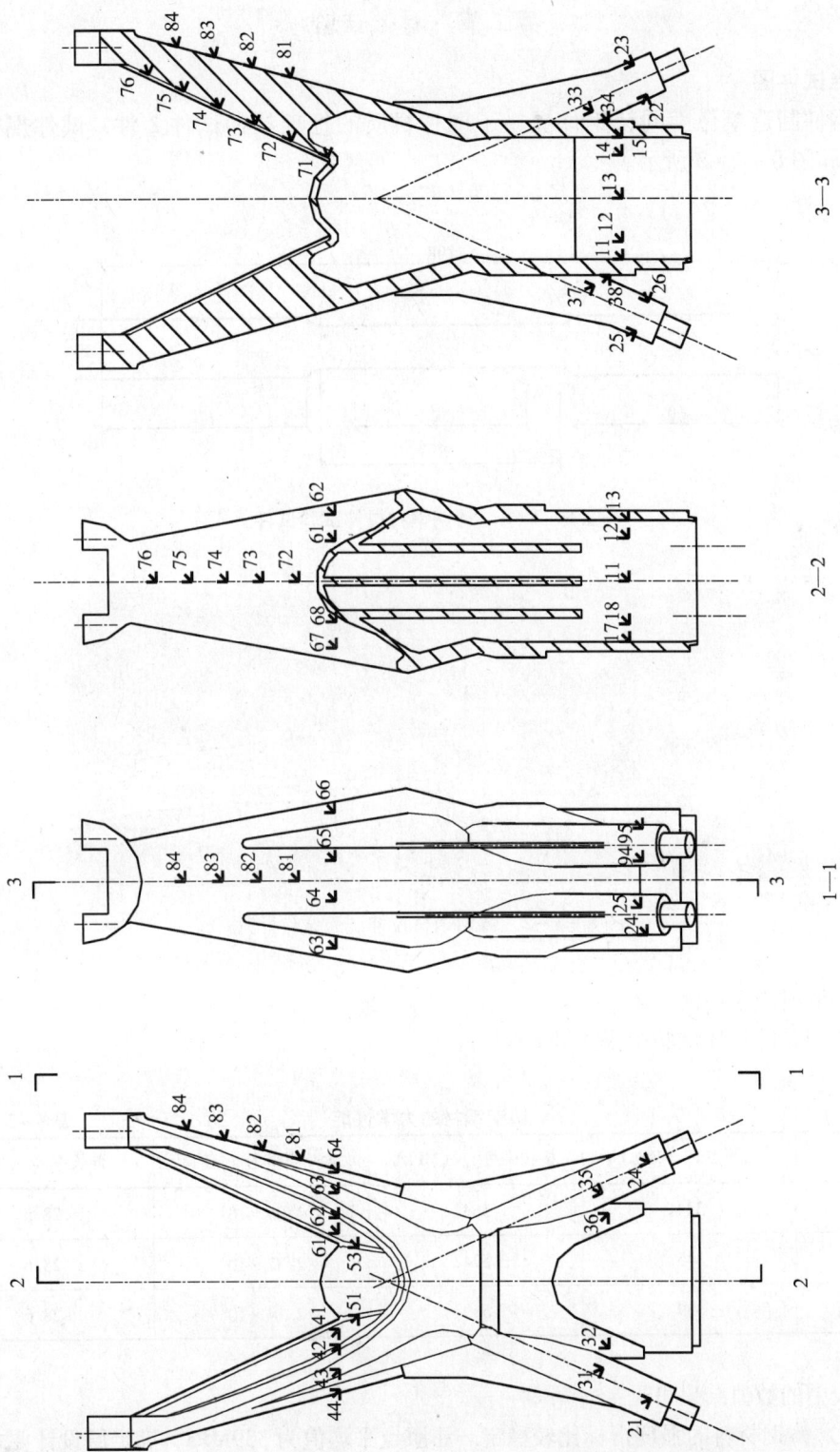

图 8-2-6　三向应变片布置图

第三节　材性试验

一、标准试件图

铸钢件制造单位随同铸钢件提供了同种材质的标准拉伸试件 2 件，试件规格如图 8 - 3 - 1 和图 8 - 3 - 2 所示。

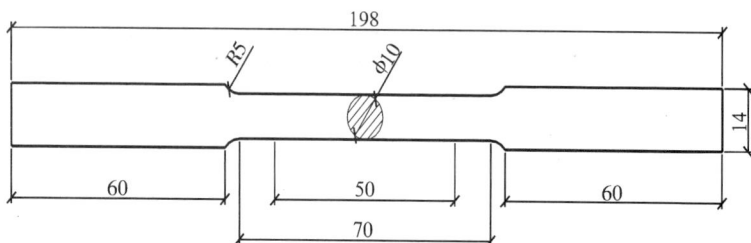

图 8 - 3 - 1　铸钢钢材拉伸试验试件

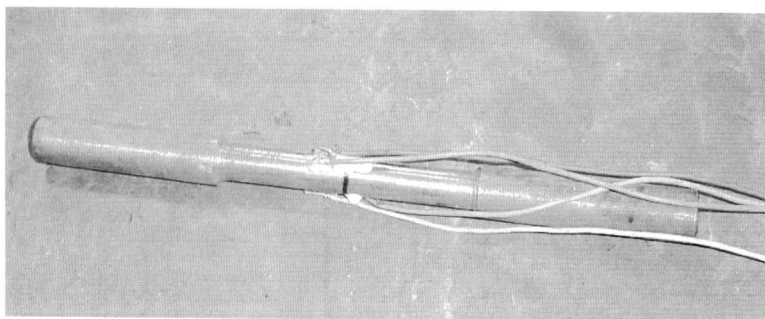

图 8 - 3 - 2　铸钢钢材拉伸试验试件照片

二、铸钢钢材力学性能

铸钢钢材的拉伸试验结果见表 8 - 3 - 1。

铸钢钢材的力学性能　　　　　　　　　　　　　　　　　　表 8 - 3 - 1

试件号	屈服点 f_y（MPa）	抗拉强度 f_u（MPa）	弹性模量 E（MPa）	伸长率 δ_5（%）
1	334	563	1.95×10^5	28.5
2	345	574	2.32×10^5	28.6
平均值	339	569	2.14×10^5	28.6

由表中的数值结果可见：

（一）铸钢材料的强度指标比较稳定。屈服点平均值为 339MPa，满足原设计要求。

（二）钢材伸长率达到 28% 以上，钢材具有良好的塑性。

第四节　主要试验测试结果

如无特殊说明，本章图表中的符号含义如下：

n——加载级别，单位：级；

N_A——液压千斤顶 A 的实测加载值（kN）；

N_B——液压千斤顶 B 的实测加载值（kN）；

N_{AE}——液压千斤顶 A 的预期加载值（kN）；

N_{BE}—— 液压千斤顶 B 的预期加载值（kN）；

T_A——和液压千斤顶 A 同侧的穿心千斤顶的实测加载值（kN）；

T_B——和液压千斤顶 B 同侧的穿心千斤顶的实测加载值（kN）；

T_E——穿心千斤顶的预期加载值（kN）；

δ_i——测点实测位移，i 表示测点号（mm）；

σ——应力（MPa）；

$\mu\varepsilon$——微应变。

同一图表中表示某一测点的多种应力值或应变值时，用不同的线型来区分其应力或应变种类。一般情况下，在反映应力变化的图中，实线表示米赛斯（Mises）应力，虚线表示最大主应力，点划线表示最小主应力；在反映应变变化的图中，虚线表示最大主应变，点划线表示最小主应变。

需要指出的是，这里的 N_{AE}、N_{BE}、T_E 和前几节中出现的 N_1、N_2、T_1、T_2 表示的含义不同。N_{AE}、N_{BE}、T_E 表示的是加载装置中各个千斤顶的值；而 N_1、N_2、T_1、T_2 是指经过平衡关系换算后作用在铸钢节点上的力值。

由数据整理发现，铸钢节点所有测点的应力都保持在弹性范围内，因此可根据弹性理论将测得的应变换算成应力。在计算过程中，弹性模量取为 2.06×10^5 MPa，泊松比取为 0.3。测点的计算应力根据平面应变值换算求得。

一、工况 1 测试结果

（一）荷载校核情况

工况 1 中仅在两侧底肢处施加相等的拉力，图 8 - 4 - 1 中给出了底部两个穿心千斤顶的实测加载值和预期加载值的比较。

由图 8 - 4 - 1 可见，两个穿心千斤顶的实际加载值均线性递增，穿心千斤顶 A 与预期加载值吻合非常好，穿心千斤顶 B 的实测加载值比预期值略小。这可能是由于实测加载值由张拉杆上应变推算所得，而有一应变片由于过于靠近加劲板及其焊缝热影响区而导致测值不准确而产生。尽管如此，试验中实际超张拉一级，确保两个穿心千斤顶施加的实际荷载均达到或超过预期加载值。

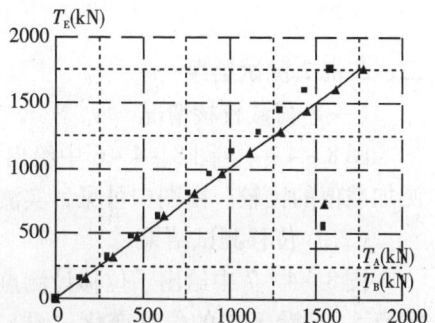

图 8 - 4 - 1　穿心千斤顶预期加载值—实测加载值的比较

（二）位移测试结果

本工况中的实测位移值非常小，节点变形很小，考虑到测试设备自身的误差影响，这里未列出试验结果。

（三）应变测试结果

实测结果表明，仅在底肢处施加拉力时，四根底肢与铸钢件主体连接的腋处产生最大应力。图 8-4-2 和图 8-4-3 分别给出了应变较大的测点 31、测点 35 的荷载—应变和荷载—应力变化曲线。测点位置见图 8-2-6。

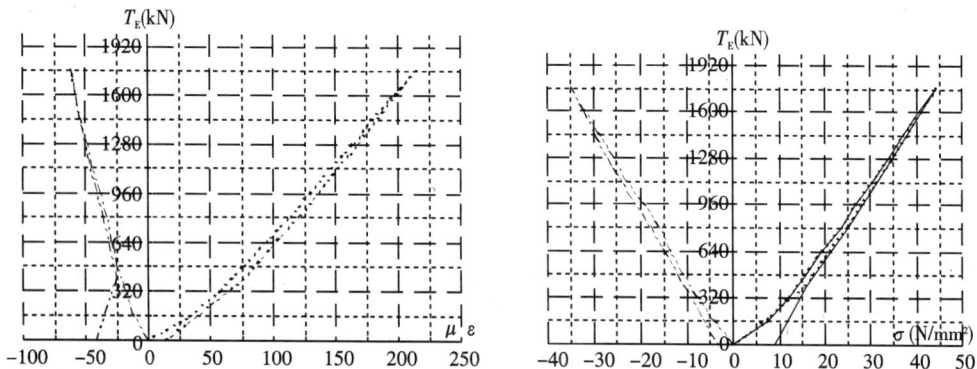

图 8-4-2　测点 31 反应曲线

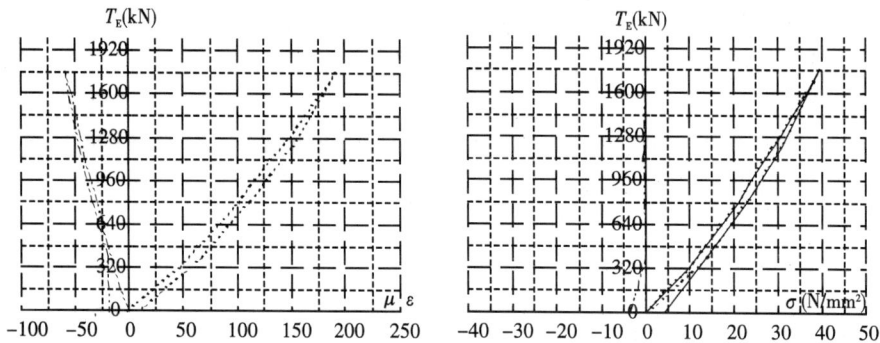

图 8-4-3　测点 35 反应曲线

二、工况 2 测试结果

（一）荷载校核情况

图 8-4-4～图 8-4-6 中给出了穿心千斤顶、液压千斤顶 A 和 B 的预期加载值和实测加载值的比较。由图中可见，实测加载值与预期加载值吻合良好。

（二）位移测试结果

图 8-4-7 中给出了位移计测点 3、4 沿 X 向的位移变化。图 8-4-8 给出了位移计测点 5、6 沿 X 向的位移变化。图 8-4-9 中给出了位移计测点 12、13 沿 Z 向的位移变化。图 8-4-10 中给出了测点 3、4 在消除铸钢节点整体转动影响后的相对位移（$\delta_{3,修}$、$\delta_{4,修}$），以及测点 5、6 的相对位移（$\delta_{5,修}$、$\delta_{6,修}$）。

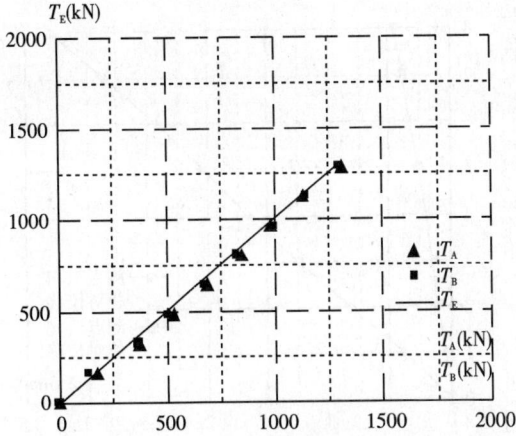

图 8 - 4 - 4　穿心千斤顶预期加载值—
实测加载值的比较

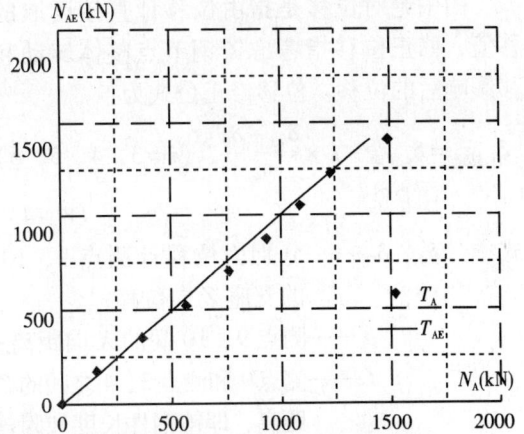

图 8 - 4 - 5　液压千斤顶 A 预期加载值—
实测加载值的比较

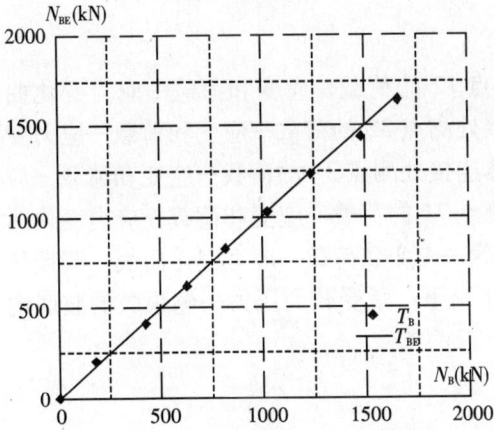

图 8 - 4 - 6　液压千斤顶 B 预期加载值—
实测加载值的比较

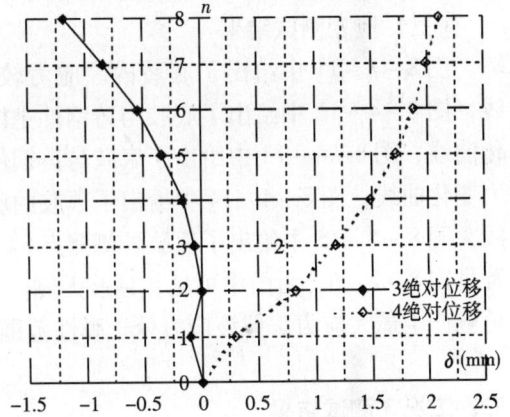

图 8 - 4 - 7　测点 3、4 荷载—位移曲线

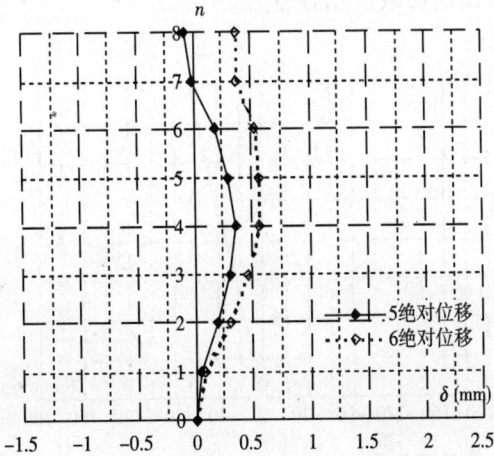

图 8 - 4 - 8　测点 5、6 荷载—位移曲线

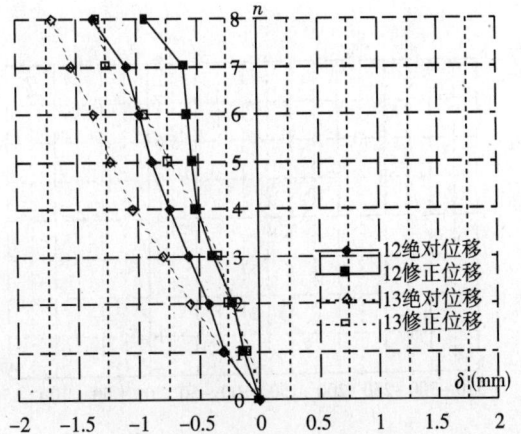

图 8 - 4 - 9　测点 12、13 荷载—位移曲线

图中绝对位移是指由位移计直接读取的位移值，修正位移指考虑铸钢节点整体转动和平移影响后的位移。位移修正公式为：

$$\delta_{i,\text{修正}} = \delta_{i,\text{绝对}} - L \times \frac{\delta_{10} - \delta_9}{a}, \quad (i = 3, 4, 5, 6)_\circ$$

$$(8-4-1)$$

式中　δ_9、δ_{10}——分别为位移计测点 9、10 处的支座 Z 向位移；

　　　a——测点 9、10 间的 X 向距离；

　　　L——测点 9 和测点 3、4 之间的 Z 向距离，即铸钢件长度和附连钢管长度之和。

由图 8-4-10 可见，荷载—位移变化曲线呈线性变化，节点整体处于弹性变形状态。

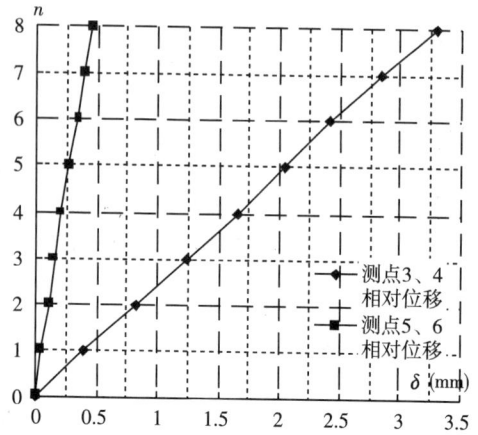

图 8-4-10　顶肢间相对水平位移

（三）应变测试结果

图 8-4-11 中给出了底肢内腔应力较大测点 12 的荷载—应变和荷载—应力变化曲线，图 8-4-12 中给出了底肢与铸钢件主体连接处测点 32 的荷载—应变和荷载—应力变化曲线，图 8-4-13 中给出了底肢与铸钢件主体连接处测点 36 的荷载—应变和荷载—应力变化曲线，图 8-4-14 中给出了顶肢的底部测点 71 的荷载—应变和荷载—应力变化曲线，图 8-4-15 中给出了顶肢外侧测点 84 的荷载—应变和荷载—应力变化曲线。测点位置见图 8-2-6。由图中可见，顶肢无侧向限位工况下，承受较大压力一侧顶肢的肢底内角侧产生最大应力。但该应力处于弹性范围内。

三、工况 3 测试结果

（一）荷载校核情况

图 8-4-16 ~ 图 8-4-18 中给出了穿心千斤顶、液压千斤顶 A 和 B 的预期加载值和实测加载值的比较。由图中可见，实测加载值与预期加载值吻合良好。

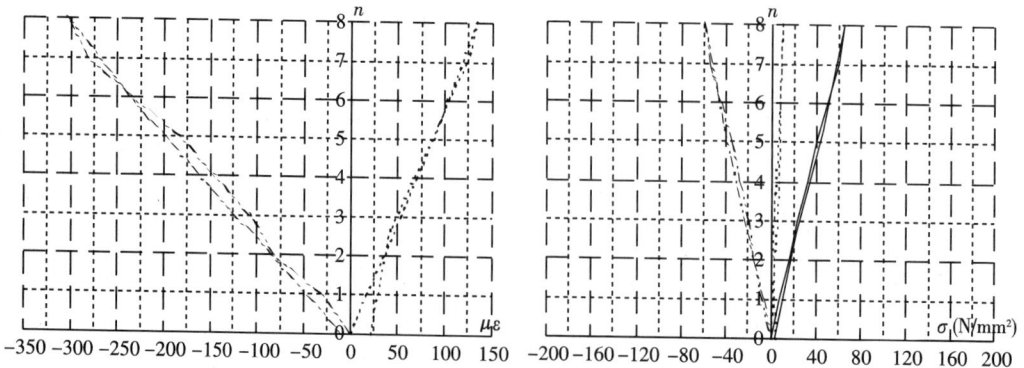

图 8-4-11　测点 12 反应曲线

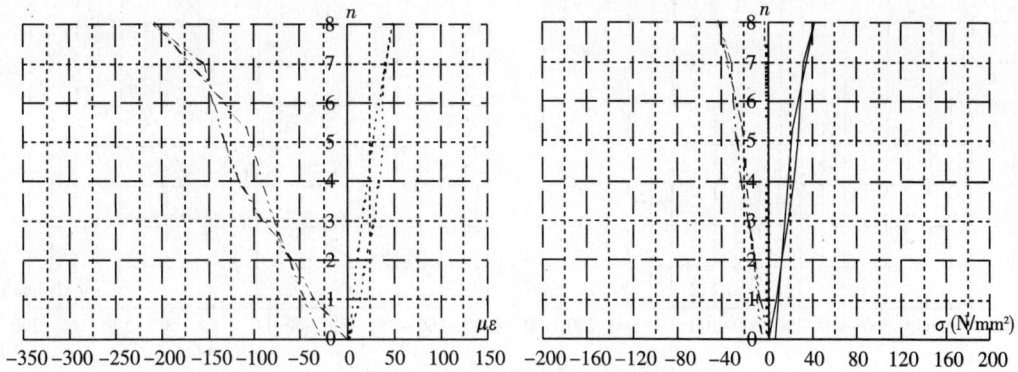

图 8 - 4 - 12　测点 32 反应曲线

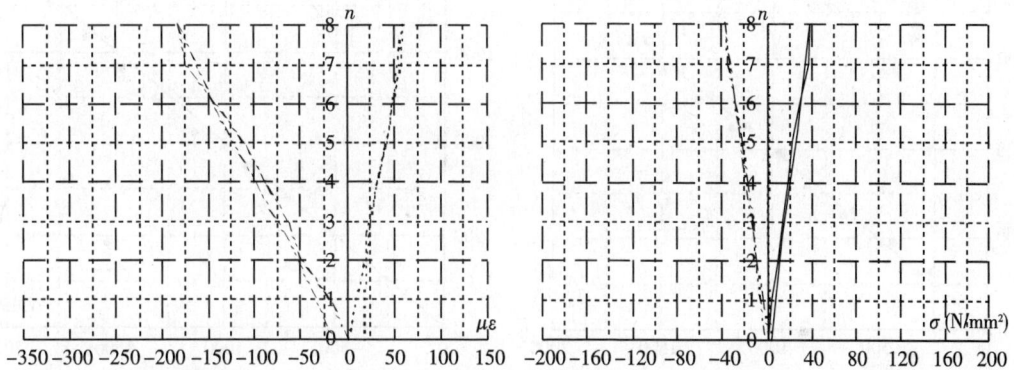

图 8 - 4 - 13　测点 36 反应曲线

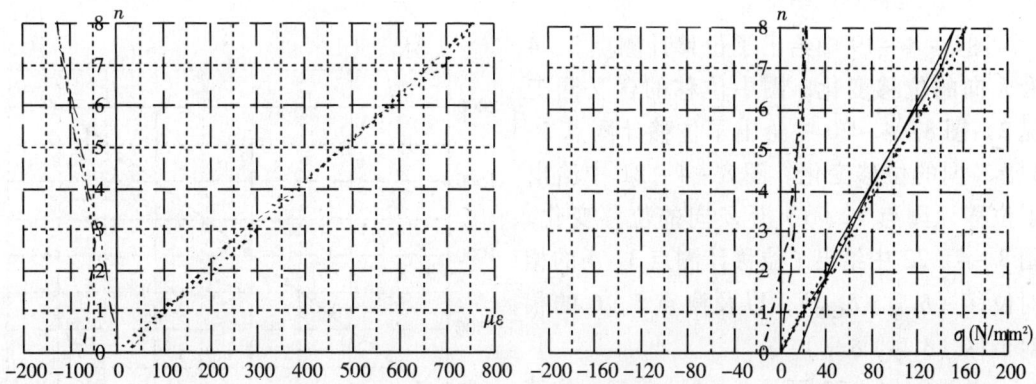

图 8 - 4 - 14　测点 71 反应曲线

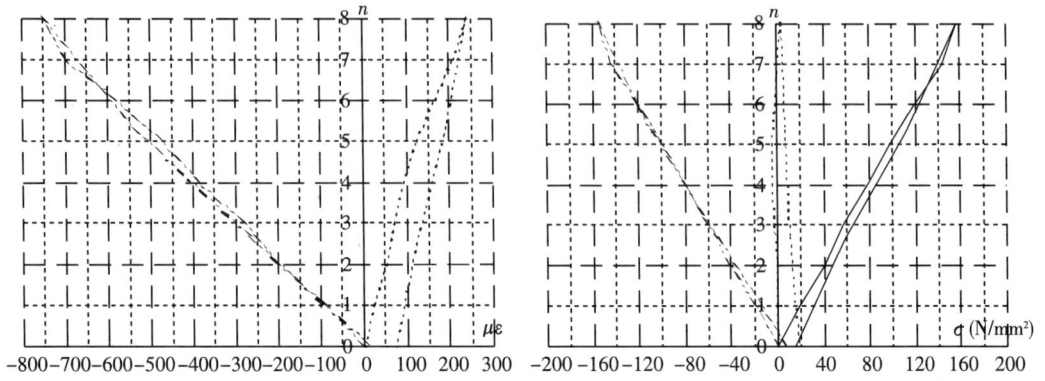

图 8 - 4 - 15 测点 84 反应曲线

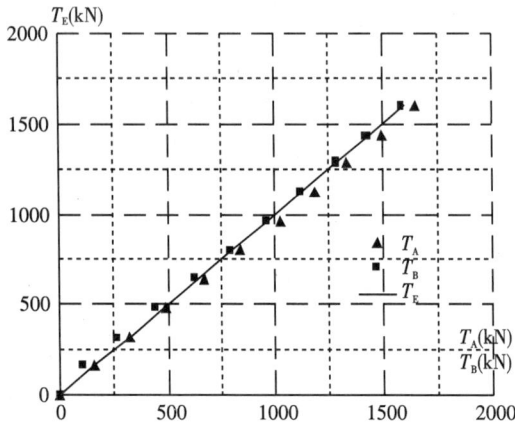

图 8 - 4 - 16 穿心千斤顶预期加载值—
实测加载值的比较

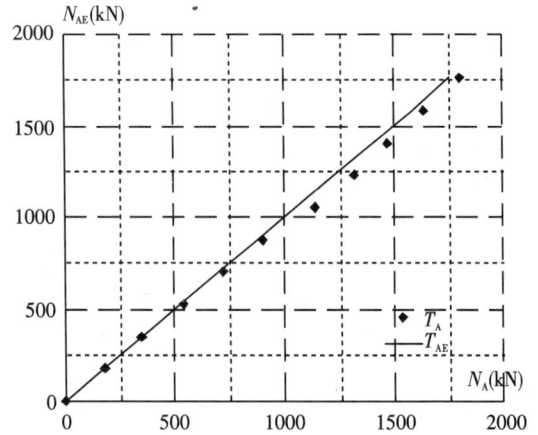

图 8 - 4 - 17 液压千斤顶 A 预期加载值—
实测加载值的比较图

（二）位移测试结果

图 8 - 4 - 19 中给出了位移计测点 3、4 沿 X 向的位移变化，图中位移的含义同工况 2。图 8 - 4 - 20 中给出了位移计测点 5、6 沿 X 向的位移变化。图 8 - 4 - 21 中给出了位移计测点 12、13 沿 Z 向的位移变化。图 8 - 4 - 22 中给出了位移计测点 3、4 的相对位移（$\delta_{3,修}$、$\delta_{4,修}$），以及测点 5、6 的相对位移（$\delta_{5,修}$、$\delta_{6,修}$）。

由图 8 - 4 - 22 可见：（1）荷载—位移曲线在第三级荷载处斜率发生变化，但这时施加的荷载还很小，节点处于弹性状态，这种现象是由于顶肢约束由摩擦力提供，在加

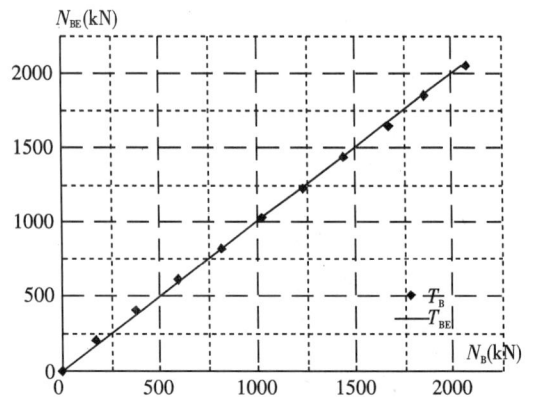

图 8 - 4 - 18 液压千斤顶 B 预期加载值—
实测加载值的比较图

载过程中的扰动导致摩擦力的释放，约束作用减弱，从而使位移变化率增大。但整个加载过程中，节点整体还处于弹性变形状态。（2）测点 3、4 间的相对位移并不为零，摩擦力未起到"完全"侧向限位的作用，但位移值很小，远小于工况 2 中时相对位移，且远小于 $2 \times 2mm = 4mm$ 的相对位移限位，基本达到预定功能。

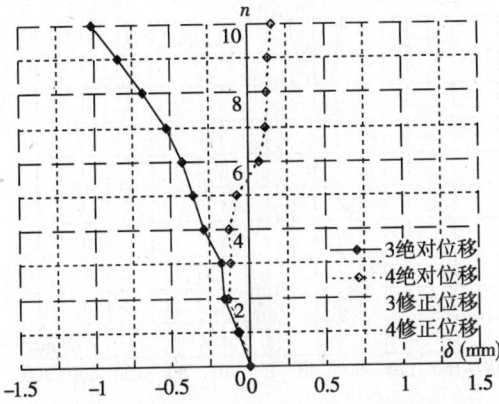

图 8 - 4 - 19　测点 3、4 荷载—位移曲线

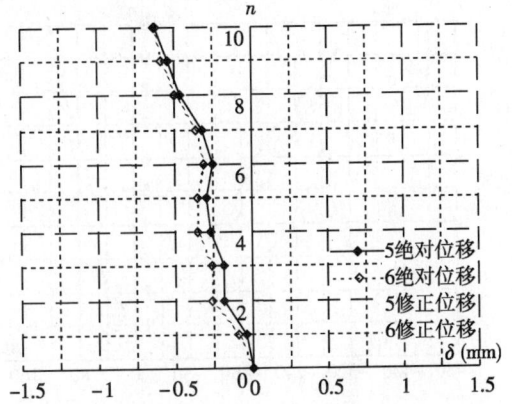

图 8 - 4 - 20　测点 5、6 荷载—位移曲线

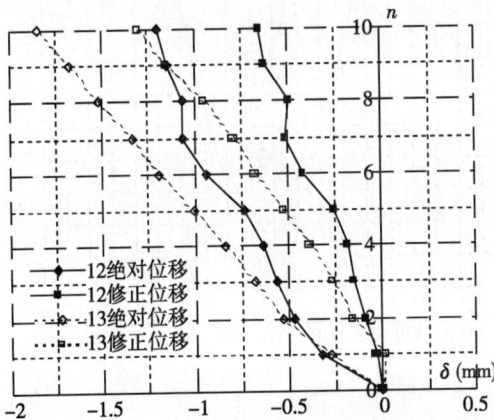

图 8 - 4 - 21　测点 12、13 荷载—位移曲线

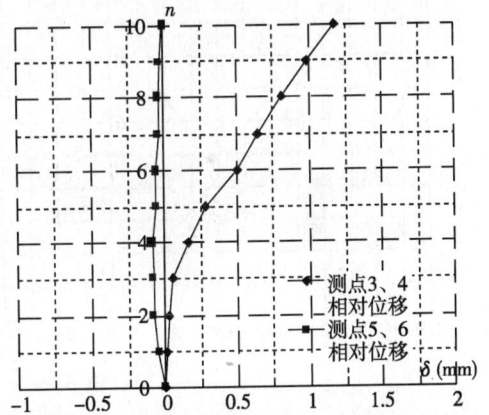

图 8 - 4 - 22　顶肢间相对水平位移

（三）应变测试结果

图 8 - 4 - 23、图 8 - 4 - 24 中给出了底肢内腔应力较大测点 11、12 的荷载—应变和荷载—应力变化曲线，图 8 - 4 - 25 中给出了底肢与铸钢件主体连接处测点 32 的荷载—应变和荷载—应力变化曲线，图 8 - 4 - 26 中给出了底肢与铸钢件主体连接处测点 36 的荷载—应变和荷载—应力变化曲线，图 8 - 4 - 27 中给出了承受较大压力一侧顶肢的内侧面测点 71、73、74、75 的荷载—应变和荷载—应力变化曲线，图 8 - 4 - 28 中给出了承受较大压力一侧顶肢的外侧面测点 81 ~ 84 的荷载—应变和荷载—应力变化曲线。测点位置见图 8 - 2 - 6。由图 8 - 4 - 27 中可以看出，测点处应变、应力斜率在第三级荷载处发生变化，这种现象和位移测试结果中测点 3、4 的位移斜率变化是一致的，也是由于在加载过

271

程中的扰动导致摩擦力的释放，约束作用减弱，使位移变化率增大，最终使得顶肢受拉一侧的应变斜率发生变化。但整个加载过程中，节点整体还处于弹性变形状态。由图中可见，顶肢由摩擦力侧向限位的工况下，承受较大压力一侧顶肢外侧靠近滑动轴孔处产生最大应力，但该应力处于弹性范围内。

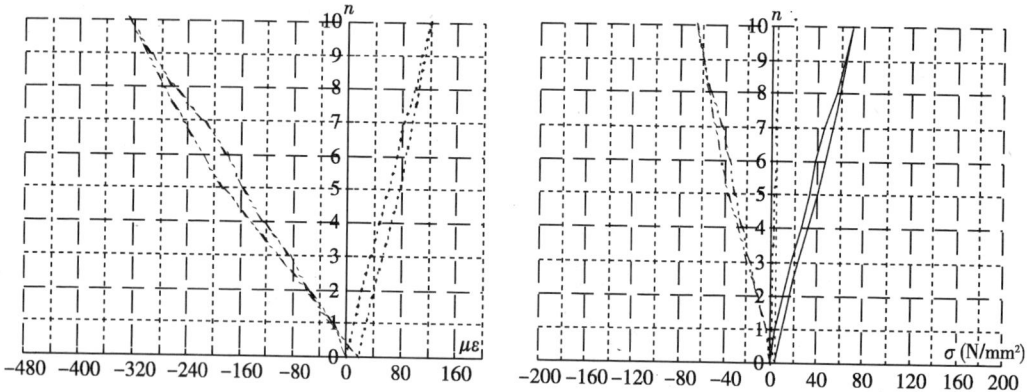

图 8-4-23　测点 11 反应曲线

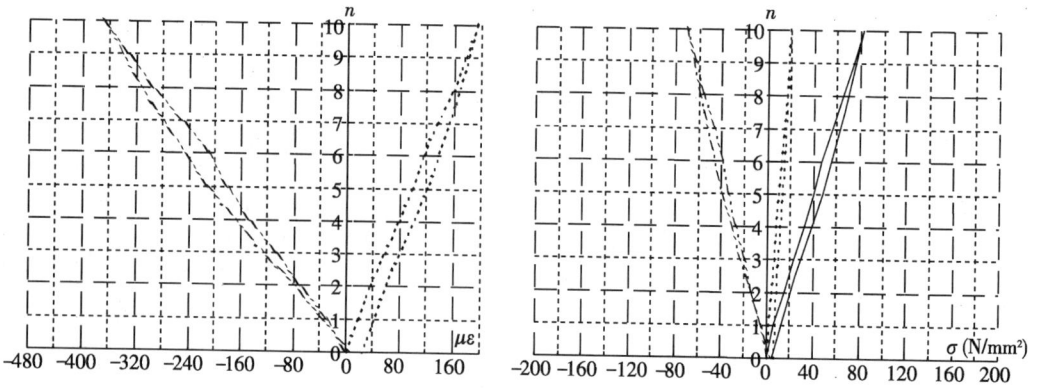

图 8-4-24　测点 12 反应曲线

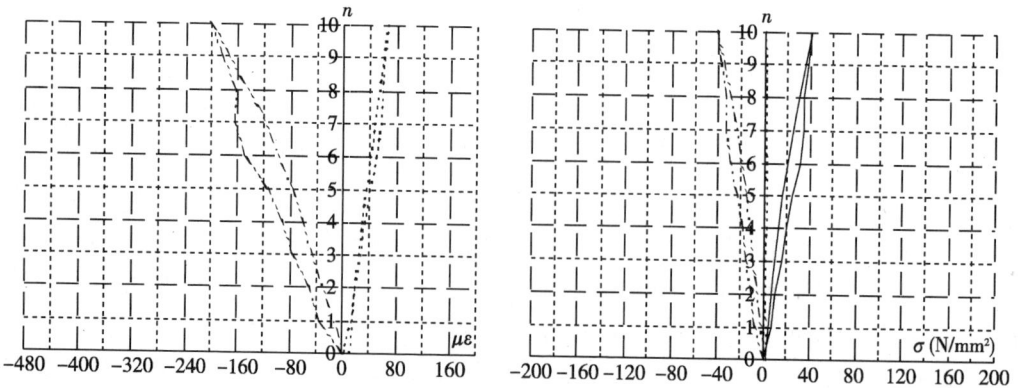

图 8-4-25　测点 32 反应曲线

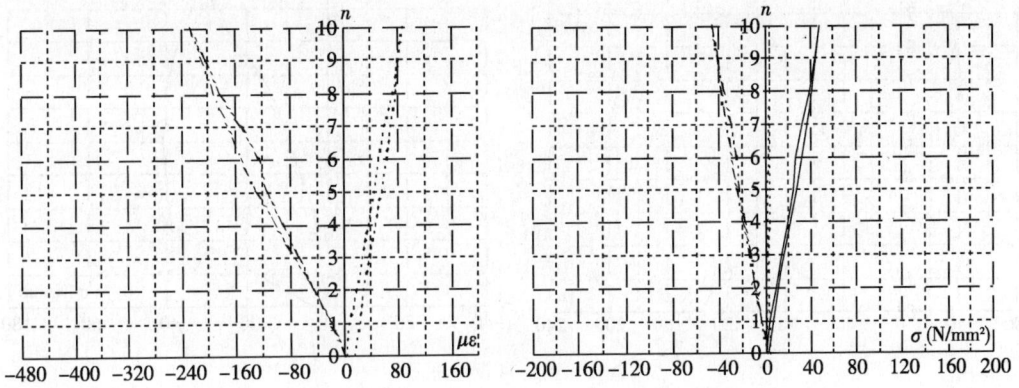

图 8-4-26　测点 36 反应曲线

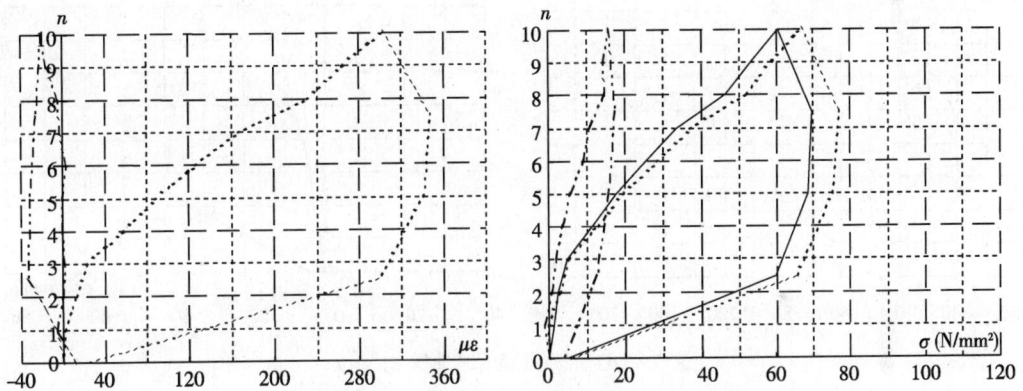

（a）　测点 71 反应曲线

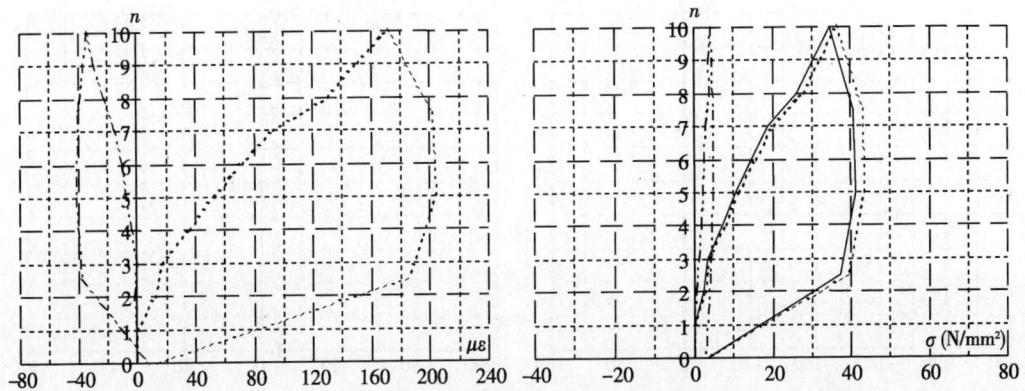

（b）　测点 73 反应曲线

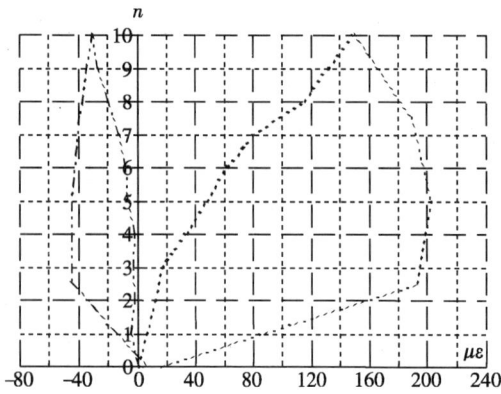

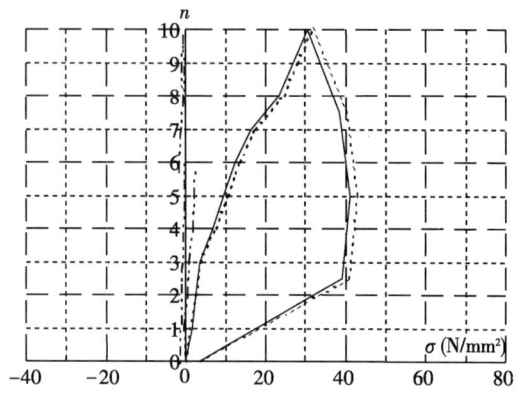

（c）　测点 74 反应曲线

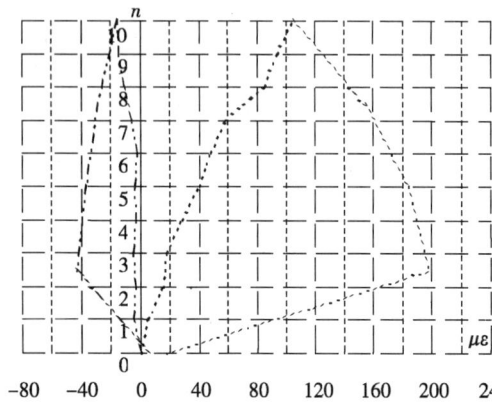

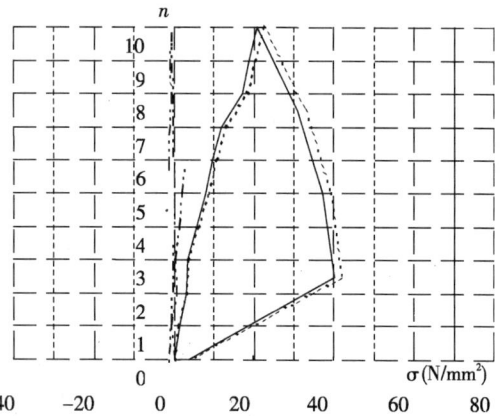

（d）　测点 75 反应曲线

图 8 - 4 - 27　测点 71、73、74、75 反应曲线

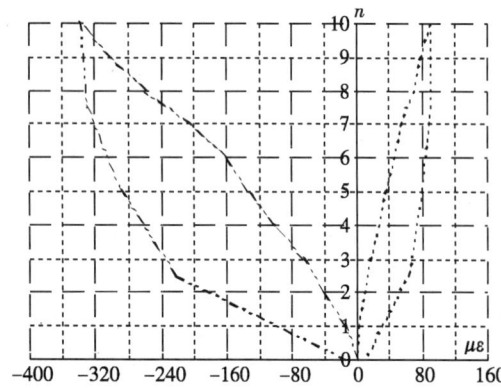

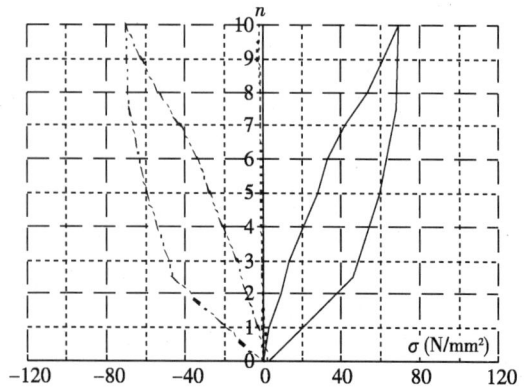

（a）　测点 81 反应曲线

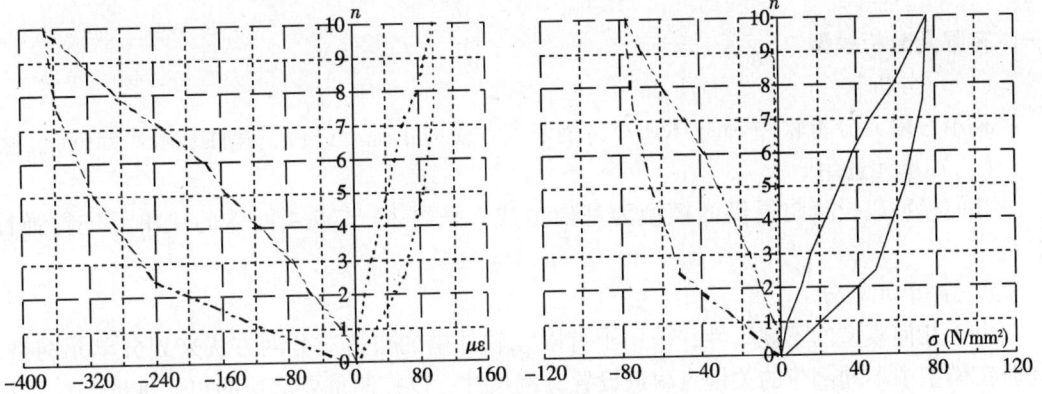

（b）　测点 82 反应曲线

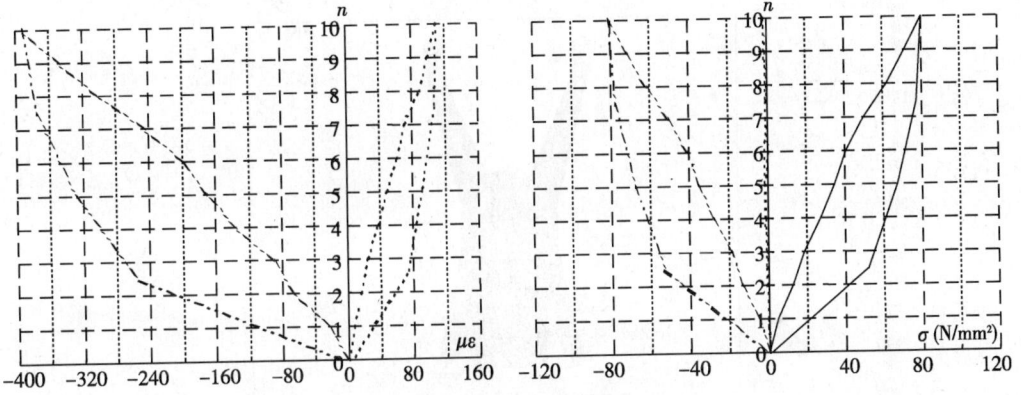

（c）　测点 83 反应曲线

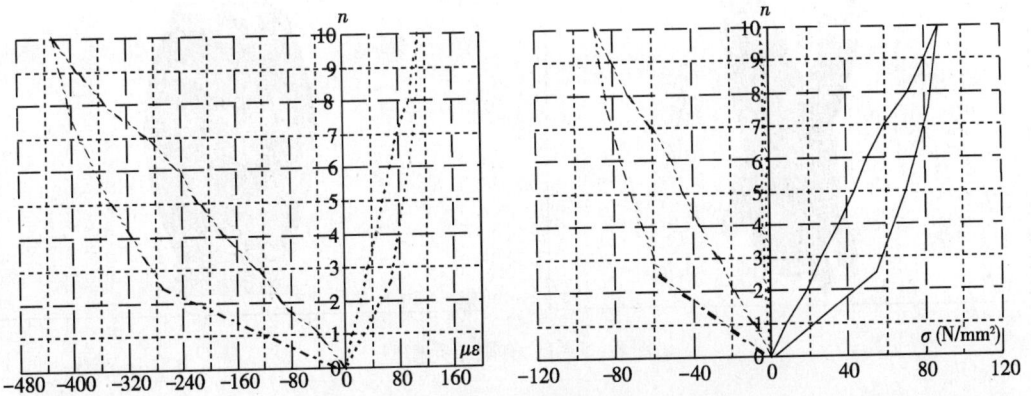

（d）　测点 84 反应曲线

图 8 - 4 - 28　测点 81 ～ 84 反应曲线

第五节 有限元分析与试验结果的对比

一、有限元分析模型

（一）分析软件

采用有限元分析软件 Ansys7.0 对铸钢节点各受力工况下进行了弹性有限元分析。

（二）单元选用

几何模型以设计院提供的模型为基础生成，采用 10 节点 4 面体的块单元进行弹性分析。

（三）单元划分

由于几何模型的不规则性，采用了有限元软件中的自适应分网方法来划分单元网格，同时在模型中不同部位的关键点附近设置分网尺寸，以控制重要部位的单元细度和计算精度。图 8-5-1 从不同角度给出了所生成的有限元模型。可见，在顶肢及底肢与铸钢节点连接的部位，单元明显加密。这从一定程度上确保了计算的精度。

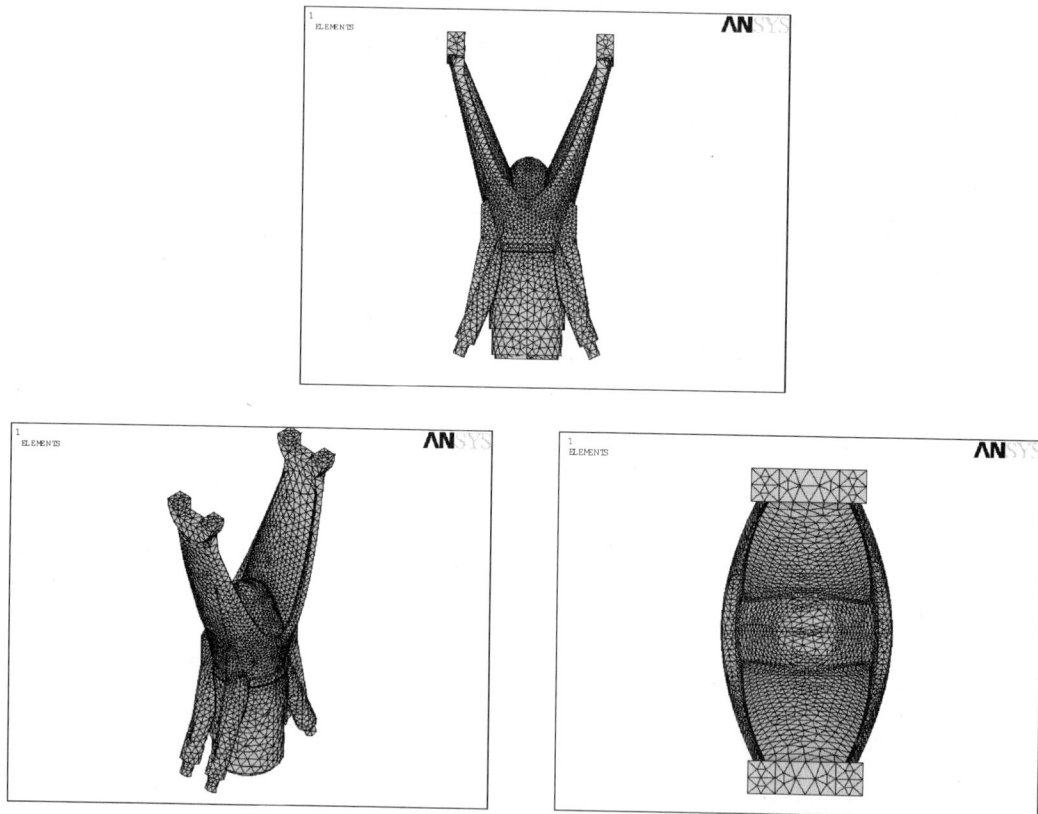

图 8-5-1 有限单元模型

（四）边界与荷载

不同工况的分析中，均在铸钢件的底部平面上施加固定约束。第三种工况中，还在铸钢件顶肢两侧平面施加 X 向约束。分级荷载取值见表 8-2-1~表 8-2-3。

（五）材料参数

钢材的弹性模量 E 取 $2.06 \times 10^5 MPa$，泊松比 ν 取 0.3。

二、计算米赛斯（Mises）应力

对于三维对象，确定空间一点应力或应变状态，必须根据其 6 个分量。试验中只能在铸件内外表面布置三向应变片，亦即只能测得测点切平面内的三个应变分量，另外三个应变分量无法测得。

为了对试验测试数据的可靠性进行精细的分析和评价，同时对铸件的空间应力分布加以全面了解，采用如下处理方法：

（1）从与实际测点对应的部位抽取有限元结果，将其中按 3 个表面应变分量计算的应力称为"表面应力"，并按 Mises 准则表达式得到对应的折算应力 σ_{m3}；按 6 个全应变分量计算的应力称为"空间应力"，按 Mises 准则表达式得到对应的折算应力 σ_{m6}。表 8-5-1 是两者的计算值和比较结果，表中第一列给出了所选取的用于对比的位于有限元模型表面的单元点号，第二列给出了这些有限单元节点附近的实际测点点号，其中 $i-$（$i=1$，2，3）表示加载工况号。表 8-5-1 表明，σ_{m3} 和 σ_{m6} 两者存在一定差别，但差别不很大，在对应的测点中，最大差别约 27.2%（测点 2-16）。

（2）有限元分析与试验结果对比时，为使二者的对比条件一致，本应采用 σ_{m3}；但由表 8-5-1 可知，σ_{m3} 与 σ_{m6} 相差不大，为方便计，采用 σ_{m6} 与试验结果进行对比。

（3）在对铸钢节点的应力分布状况和强度安全性作评价时，采用 σ_{m6}。

按表面应力和空间应力计算的 Mises 应力对比 　　　　　　　　　表 8-5-1

有限元模型节点号	附近实际测点号	σ_{m3}	σ_{m6}	σ_{m3}/σ_{m6}
9611	1-11	13.03	14.22	0.916
10809	1-12	14.83	18.04	0.822
10137	1-13	14.30	14.89	0.960
10608	1-14	16.41	18.87	0.869
9997	1-15	13.22	14.74	0.897
9904	1-16	16.14	18.96	0.851
10704	1-17	15.28	15.34	0.996
9548	1-18	16.82	19.58	0.859
4804	1-31	25.14	26.22	0.959
4927	1-21	21.59	21.12	1.022
4928	1-23	20.47	20.59	0.995
10809	2-12	37.68	46.01	0.819
10137	2-13	35.90	35.79	1.003
10608	2-14	19.65	23.75	0.827
9997	2-15	15.75	19.51	0.807
9904	2-16	23.50	32.30	0.728
10704	2-17	30.60	30.59	1.001
9548	2-18	40.25	46.76	0.861

有限元模型节点号	附近实际测点号	σ_{m3}	σ_{m6}	σ_{m3}/σ_{m6}
1051	2-72	78.01	78.17	0.998
1056	2-73	77.59	77.48	1.001
1102	2-74	71.43	71.00	1.006
1115	2-75	49.89	49.73	1.003
4558	2-81	99.41	98.34	1.011
4445	2-82	92.55	91.91	1.007
4602	2-83	93.29	91.76	1.017
4616	2-84	80.06	79.84	1.003
9611	3-11	31.99	36.40	0.879
10809	3-12	37.94	48.26	0.786
10137	3-13	42.82	42.54	1.007
10608	3-14	39.78	46.21	0.861
9997	3-15	34.44	40.20	0.858
9904	3-16	41.96	52.36	0.801
10704	3-17	43.60	43.71	0.998
9548	3-18	39.15	46.19	0.848
456	3-71	11.87	15.17	0.782
1051	3-72	9.81	9.80	1.001
1056	3-73	15.55	15.58	0.999
1102	3-74	22.25	22.24	1.000
1115	3-75	32.24	32.33	0.997
1084	3-76	44.24	43.78	1.011
4558	3-81	19.07	19.02	1.002
4445	3-82	21.16	21.16	1.000
4602	3-83	23.33	23.40	0.997
4616	3-84	27.81	27.84	0.999

三、各工况下实测值与计算值的比较

（一）工况1加载至最大荷载时

图8-5-2给出了不同视角下铸钢节点加载至最大荷载时的 Mises 应力云图。图8-5-3给出了应力较大的铸钢件底部内腔表面和底肢与铸钢主体相连处的两组测点的实测 Mises 应力和有限元分析所得的 Mises 应力的比较。由图中可见，有限元计算结果和实测结果吻合较好。

由图8-5-2的有限元分析结果可知，当仅在底肢施加张拉力至1760kN时，铸钢节点的最大 Mises 应力为89.3MPa，位于底肢和铸钢件主体相连部分的腋下，但除此较小应力集中区域外，其他部分的 Mises 应力远小于该最大应力值。节点处于弹性状态，最大应力小于钢材强度设计值，节点是安全的。

（二）工况2加载至最大荷载时

图8-5-4给出了本工况中铸钢节点加载至最大荷载时的 Mises 应力云图。图8-5-5

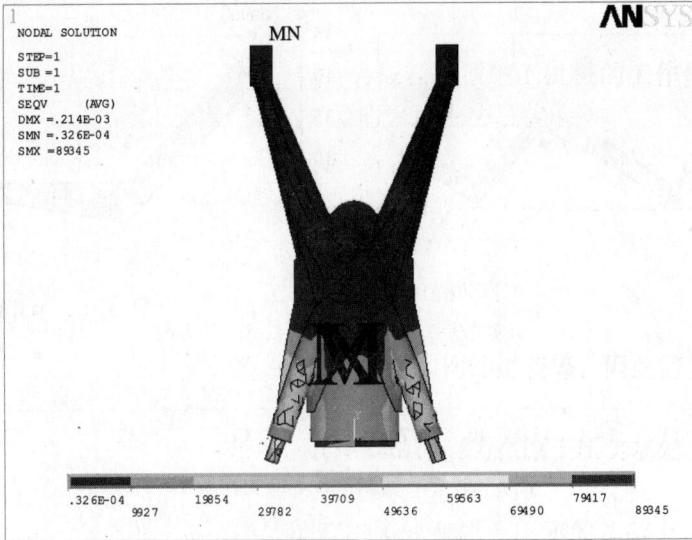

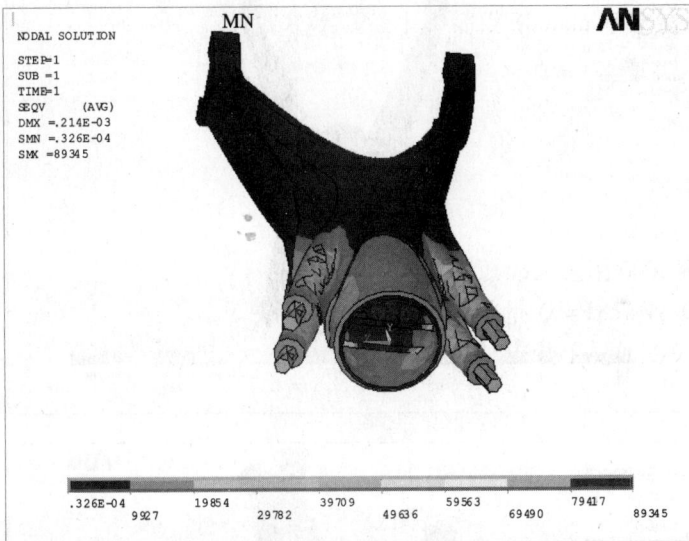

图 8-5-2 工况 1 有限元分析 Mises 应力云图

中给出了铸钢件底部内腔表面，承受压力较大一侧顶肢的内侧表面和外测表面处的三组测点的实测 Mises 应力和有限元分析所得的 Mises 应力的比较。由图中可见，铸钢件底部内腔表面处的实测结果和有限元分析的结果吻合较好；但顶肢靠近滑动轴孔处的测点的实测应力比有限元计算结果要大，尤其在顶肢外测部位。这主要是有限元分析中假定顶肢承压处沿侧向可自由滑动，顶肢呈悬臂受弯状态，承压点附近不会出现比较大的压力；但试验过程中，橡胶支座还不能使得滑动轴孔沿侧向完全无约束地自由滑动，橡胶支座仍有一定的约束作用。这种约束作用使得顶肢滑动轴孔处产生轴压受力作用。因此，顶肢靠近滑动轴孔处实测应力与计算值有一定差别，但起控制作用的顶肢的肢底处的实测应力与计算值吻合得很好。

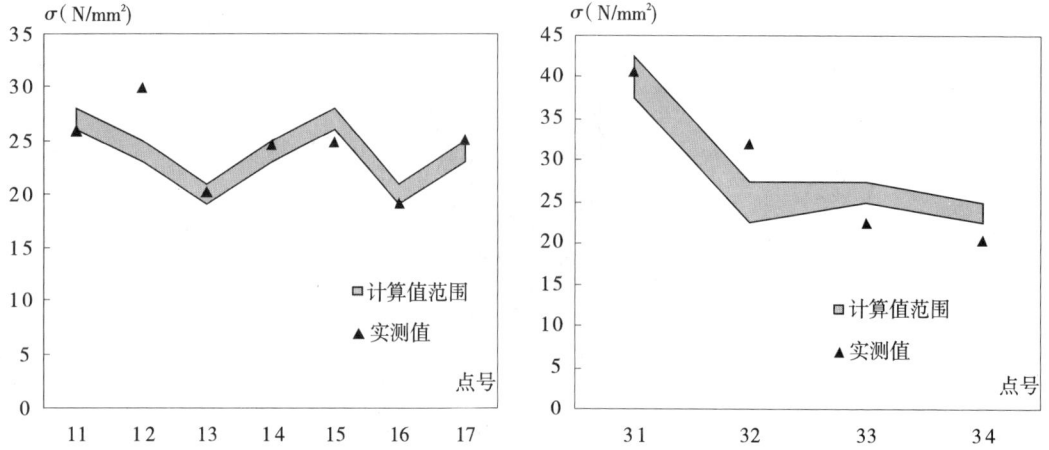

図 8 - 5 - 3 実測—計算応力比較図

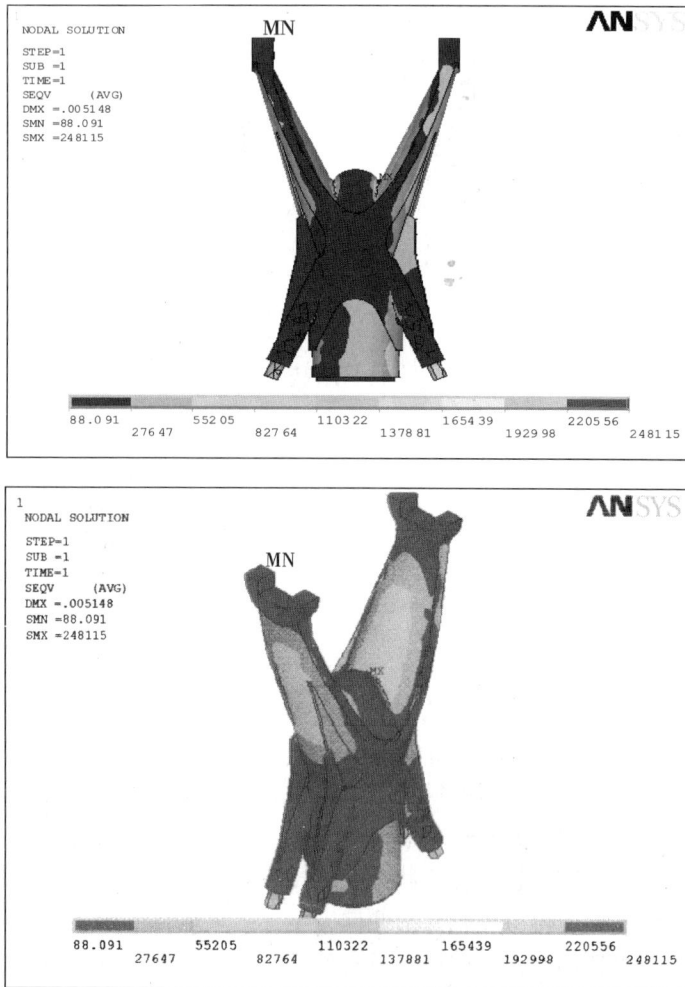

図 8 - 5 - 4 工况 2 有限元分析 Mises 应力云图

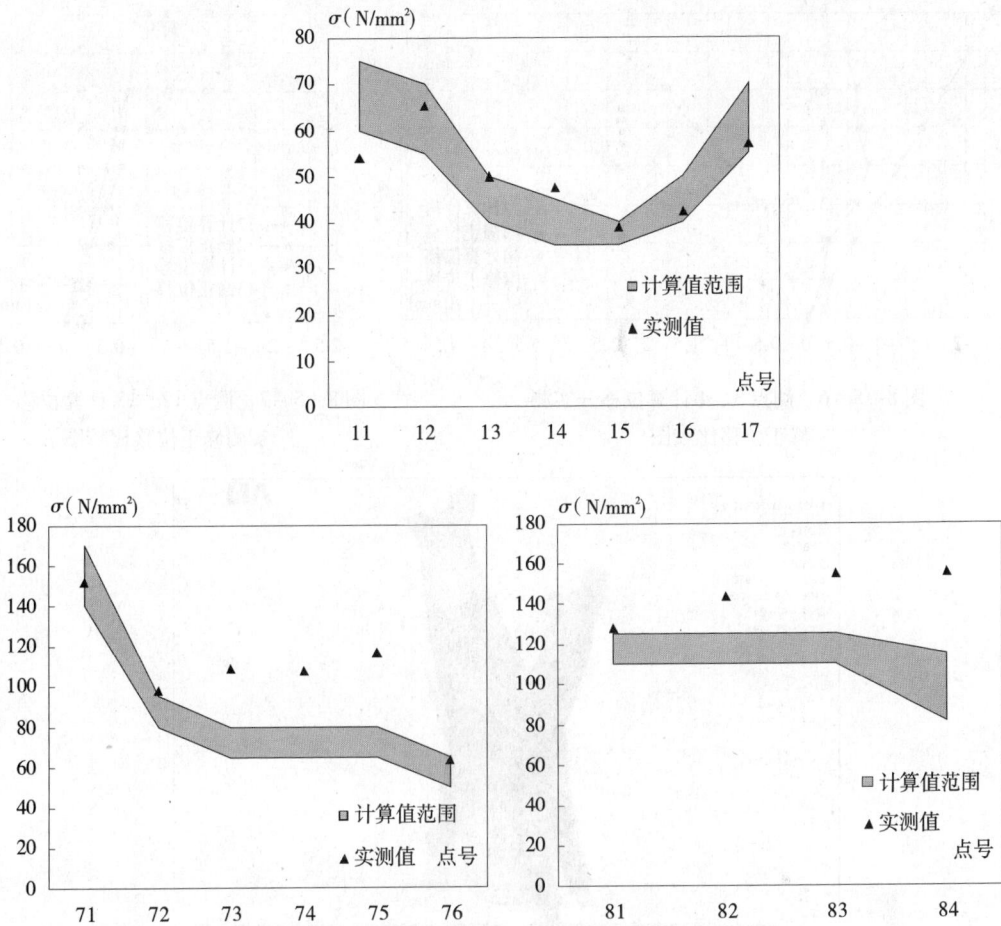

图 8 – 5 – 5　实测—计算应力比较图

图 8 – 5 – 5 的有限元分析结果表明，当顶肢无侧向限位且加载至最大值时，铸钢节点的最大 Mises 应力为 248.1MPa，位于承受较大压力一侧顶肢的肢底内角侧；但除此小部分区域外，其他部分的 Mises 应力远小于该最大应力值。节点位于弹性状态，最大应力小于钢材强度设计值，节点是安全的。

图 8 – 5 – 6 给出了铸钢件位移计测点 3、4 的计算位移和实测位移的修正值之间的对比结果，图 8 – 5 – 7 给出了位移计测点 12、13 的计算位移和实测位移的修正值之间的对比结果。由图中可见，位移计测点 3、4 实测中的修正位移比有限元分析的计算值要小，说明试验过程中，橡胶支座还不能使得滑动轴孔沿侧向完全无约束地自由滑动，橡胶支座仍由一定的约束作用。而位移计测点 12、13 的计算值和实测修正值比较接近。

（三）工况 3 加载至最大荷载时

图 8 – 5 – 8 给出了工况 3 中加载至最大荷载时的 Mises 应力云图。图 8 – 5 – 9 中给出了铸钢件底部内腔表面，承受较大压力一侧顶肢的内侧表面处的二组测点的实测 Mises 应力和有限元分析所得的 Mises 应力的比较。由图中可见，有限元计算结果和实测结果基本吻合，有限元分析结果是正确的。

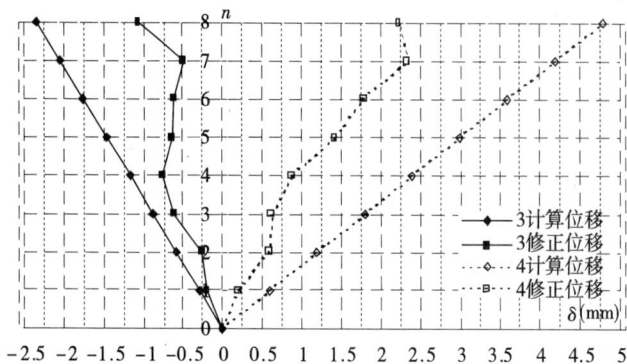

图 8 - 5 - 6　测点 3、4 计算位移—实测
修正位移比较图

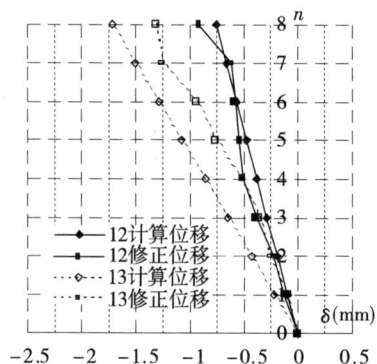

图 8 - 5 - 7　测点 12、13 计算位移—
实测修正位移比较图

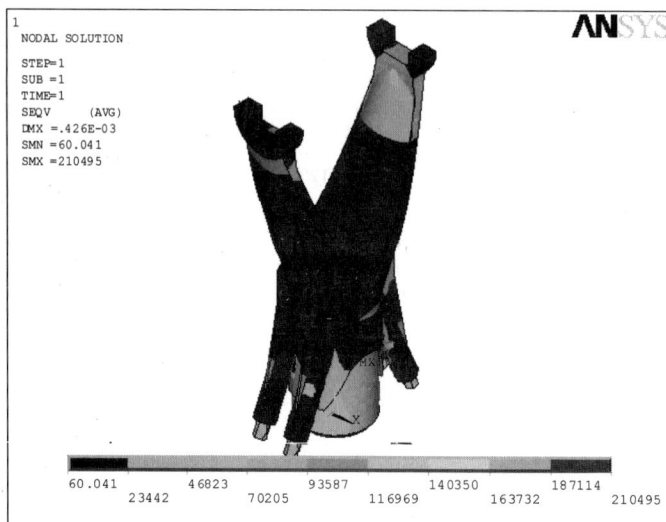

（a）

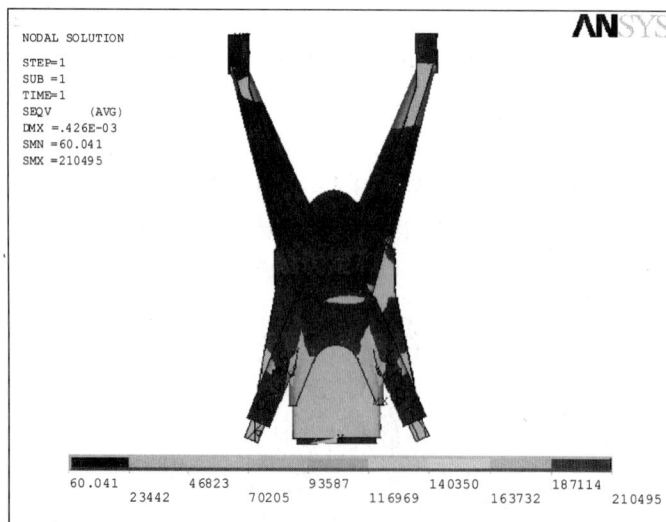

（b）

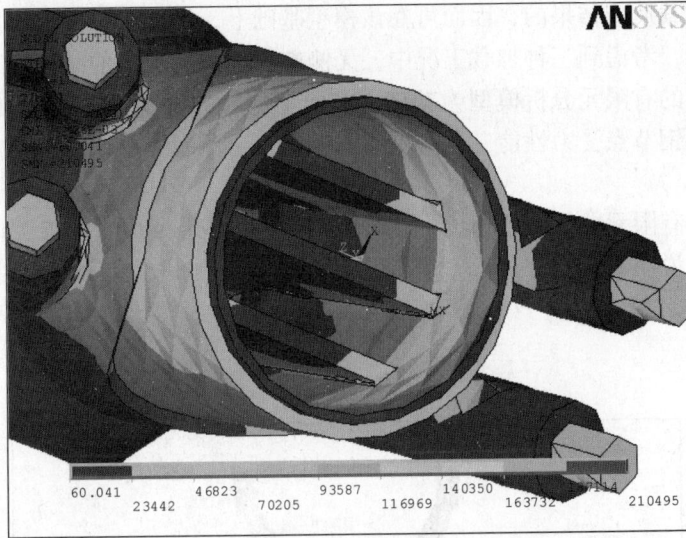

（c）

图 8-5-8　工况 3 有限元分析 Mises 应力云图

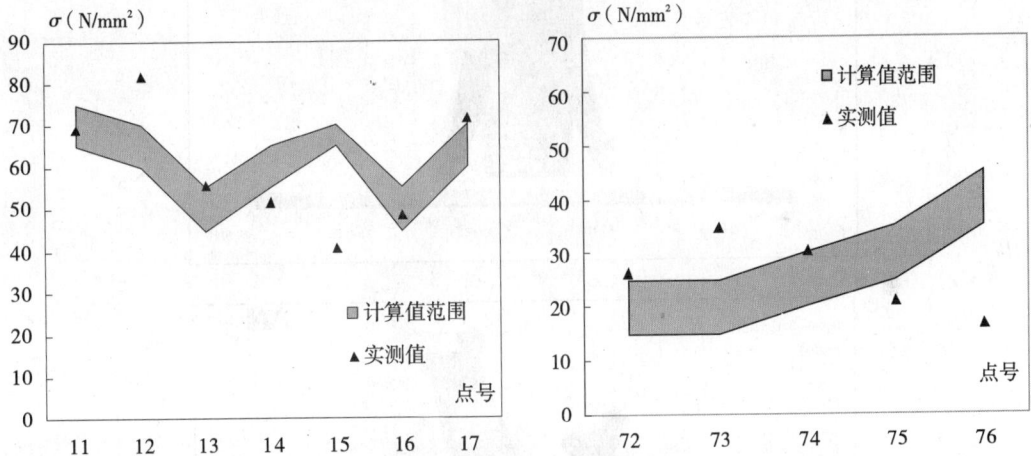

图 8-5-9　实测—计算应力比较图

图 8-5-8 中的有限元分析结果表明，当顶肢完全限位且加载至最大值时，铸钢节点的最大 Mises 应力为 210.5MPa，位于承受较大压力一侧的铸件底部内腔中层肋板与铸钢件内壁的相交角点处。除此应力集中区域外，其他部分的 Mises 应力远小于该最大应力值。由于铸件顶肢滑动轴孔处未被完全侧向限位，顶肢以受压为主，受弯为辅，故该处未产生最大应力。节点处于弹性状态，最大应力小于钢材强度设计值，节点是安全的。

（四）考虑铸钢节点的平面外作用力

如图 8-1-4 所示，实际结构中的铸钢节点顶肢处还有 Y 向的水平推力作用。考虑到该水平推力仅有 70kN，与其他荷载相比很小，且精确加载不易实现，故在试验过程中均未施加该水平推力。上述有限元分析结果和实测结果对比表明，有限元分析模型和分析结果是能够反映加载反应结果的，因而可在该模型基础上，增加水平推力以反映结构的真实受力状态。同时，考虑到三种加载工况中，无侧向限位的工况二的结构性态最为不利，所以这里以工况二的有限元分析模型为基础，在两个顶肢的滑动轴孔处添加 Y 向水平推力，以考虑此时的铸钢节点受力性能。图 8 - 5 - 10 给出了有限元分析所得到的铸钢节点的 Mises 应力云图。

和工况二的有限元分析结果相比，此时铸钢节点的 Mises 应力的最大值以及应力分布情况基本相同，说明 Y 向水平推力对铸钢节点的性能影响非常小，试验中未予考虑是可行的。

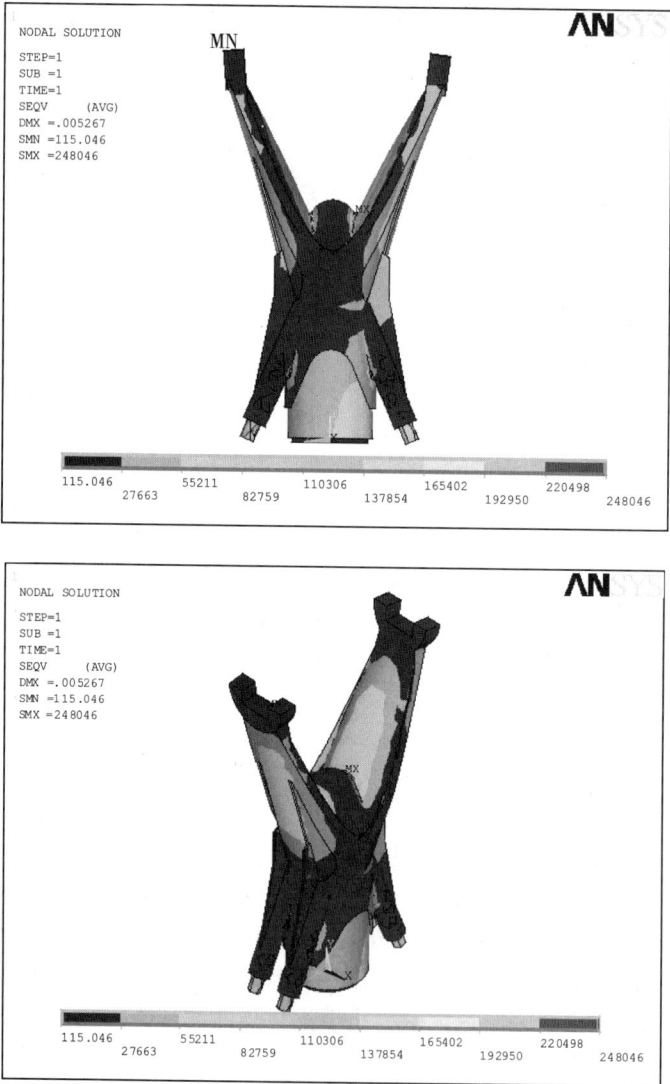

图 8 - 5 - 10　有限元分析 Mises 应力云图

第六节 结 论

针对上海南站站屋工程的外柱铸钢节点进行了足尺静力试验和有限元分析，得到如下结论和建议：

（1）试验加载的方式涵盖了实际结构的受力状况，加载准确，实际加载均已达到或超过预期的设计荷载值。

（2）在三种工况下实测应变换算的最大 Mises 应力均未超过材料屈服点。加载全过程中，荷载—应变关系呈线性，表明该铸钢节点在试验最大荷载作用下仍处于弹性范围，节点是安全的。

（3）铸钢节点的有限元数值分析结果与实测结果基本符合。作为对试验数据的补充，有限元分析对铸钢节点的受力性能作出了更全面的评估。

（4）有限元分析结果表明，实际结构中的铸钢节点的最大应力发生在承受较大压力一侧顶肢与铸钢节点主体连接角点处。实际铸钢节点在这些连接部位，被铸造成圆弧过渡是降低应力集中的有效措施。

（5）足尺试验和有限元分析结果表明，上海南站站屋工程外柱的铸钢节点在设计荷载作用下是安全的。

（6）建议铸造过程中确保铸件实体内部材料的连续性，改善内外表面的粗糙度、各肢连接处的光滑过渡、以及管壁厚度不均匀性等，从而使铸钢节点的安全性有可靠保障。

第九章 主站房钢结构吊装施工技术研究

第一节 概 述

一、工程概况

上海铁路南站主站屋采用较先进的钢结构系统。站屋钢结构系直径达 270m 的圆形建筑，由中心内压环、钢柱、分叉钢梁、钢檩条和钢棒等组成。屋盖钢结构通过 18 根内柱和 36 根外柱支承在 9.900m 标高的环形混凝土结构平台上。钢屋盖顶标高 42m，钢结构屋盖安装总面积约 6 万 m²，钢结构安装总重量约 8000t。站屋钢结构平、剖面如图 9 - 1 - 1 所示。

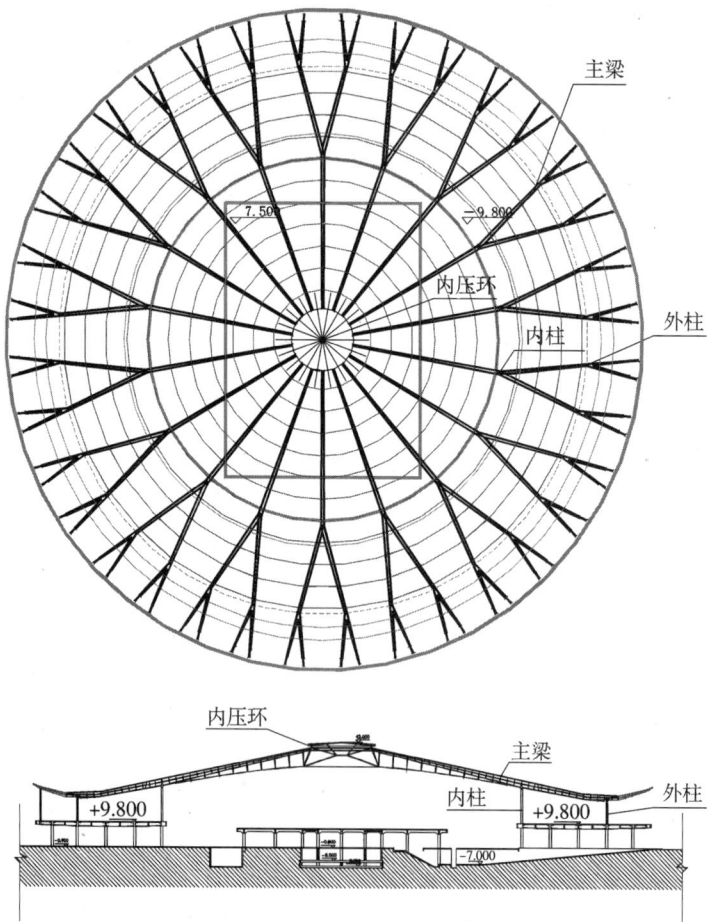

图 9 - 1 - 1 站屋钢结构平、剖面示意图

二、工程施工特点

（一）设计新颖造型别致

如此超大直径钢结构屋盖，且结构新颖造型别致，径向分布的分叉式钢主梁为国内鲜见，无类似工程实例可以借鉴。

（二）结构特殊

和一般钢结构不同的是：钢屋盖承重钢柱全部支承在钢筋混凝土楼层平台上，而不是承重在地基基础上；18 根 100 多米长棱子型径向钢梁与中心压力环相连，其下弦设置两根 $\phi100\text{mm}$ 钢棒，通过椎形钢管撑杆、铸钢件进行连接；本工程共有几百根预应力钢棒，特别是屋面钢棒的预应力张拉，大大增加了安装施工的难度。

（三）现场环境复杂

在本钢结构工程施工安装阶段，钢结构屋盖内侧 9.900m 环状钢筋混凝土平台和 7.500m 矩形平台钢筋混凝土结构已经完成，因此大型起重机械无法入内进行钢结构的安装施工；外侧除了西面有一部分施工场地外（还要考虑沪杭铁路线施工阶段的翻交），南北广场和东侧场地均有地下结构遍布；在站屋钢结构东、南、北三面均没有可供施工的场地，给钢结构安装增加了相当大的困难。

（四）工作量大，工期紧

本工程钢构件达千余件，钢结构总吨位达 8000t，而安装工期仅为 75 个日历天（结构卸载和机械拆除工作除外）。

（五）施工难度大

由于结构和环境的特殊性，以及构件单件重，起重作业半径大，没有现成特大型施工机械可以胜任本工程的钢结构安装，需要自行研究、攻关、设计；屋面结构在整个结构尚未形成前系不稳定体系，必须设置可靠的施工支撑体系，确保钢结构安装阶段的结构稳定；大量屋面和钢柱钢棒的安装和预应力张拉，也是本工程施工的难点之一。

三、主要施工机械的选择

（一）50t+50t 旋转龙门吊（图 9-1-2）

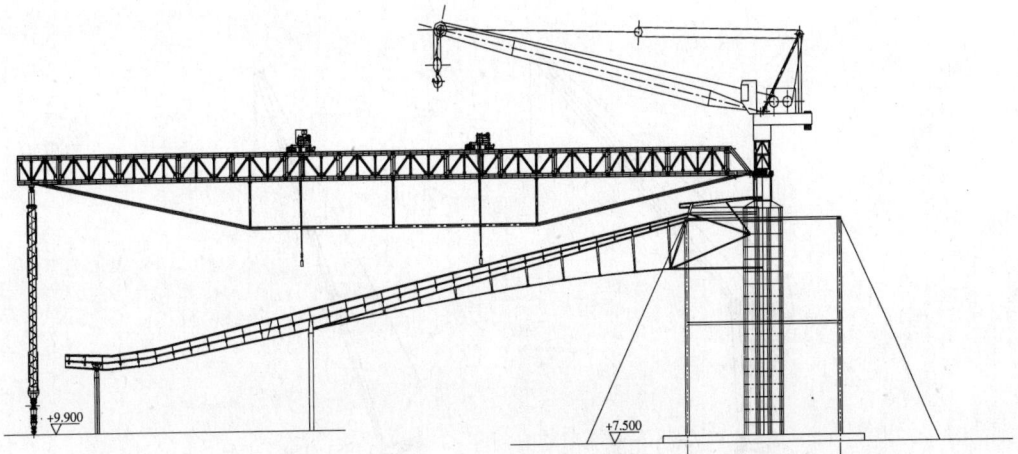

图 9-1-2　旋转龙门吊

根据现场施工条件，经过充分的研究和分析，决定自行设计超大跨旋转式龙门吊。龙门吊跨度123m，上设两台50t起重小车，由于本工程钢构件最大单体质量为75.5t，因此可以满足123m半径范围内钢结构吊装。

龙门吊外圈行走部分荷载支承在9.900m平台C1轴线结构承重梁上，施工阶段荷载不大于原有设计允许荷载；中心回转部分支承在结构中心、从7.500m钢筋混凝土平台上搭设的由钢梁、桁架及钢管等组成的中心支撑系统，施工荷载通过承重系统底部钢平台转换层传递到7.500m平台结构承重柱上。

龙门吊承担结构内外钢柱、主梁主要吊装单元（除123m半径外悬挑段主梁），包括部分檩条和钢棒。

（二）M440D（600t·m）塔吊

为减少超大型旋转龙门吊的工作量，满足工程施工进度的要求，在中心支撑顶部设置一台M440D塔吊（600t·m）。M440D塔吊可以承担65m半径内檩条、钢棒等小构件的安装工作；在异地组装后，承担部分龙门吊中心处主梁的拆除和中心支撑的拆除。其主要性能见表9-1-1。

M440D 塔吊 68.8m 扒杆起重性能 表9-1-1

半径（m）	6.0	11.8	15	20	30	35	40	45	50	55	60	65
起重量（kN）	250	250	225	195	150	126	102	83	69	55	43	27
扒杆水平仰角（°）	85.6	80.8	78	73.7	64.8	60.1	55.2	49.9	44.2	37.8	30.6	20.6

（三）CC2800 履带吊（600t）

本工程选用德国一台马克公司生产的CC2800履带吊（600t），并分三个阶段配合本工程钢结构安装施工：

1. 第一阶段为设备组装阶段，先选用主付臂组装工况（SW），承担中心支撑系统及M440D塔吊的安装；然后改装主臂带超起工况（SSL），进行龙门吊的安装施工。

2. 第二阶段配合构件卸车、拼装和吊装就位。

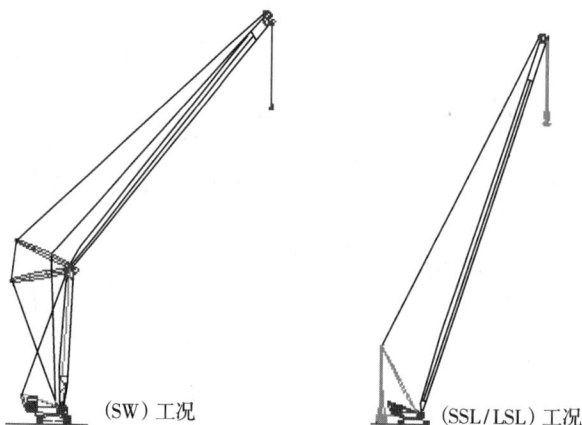

图9-1-3　CC2800履带吊（600t）

3. 第三阶段为吊装机械拆除阶段，进行 M440D 塔吊地面组装和拆除，同时配合龙门吊拆除工作。

第二、第三施工阶段 600t 履带吊组装带超起工况（SSL/LSL），接 120m 主臂，超起压铁 325t，支承在地面专用路基轨道上。

CC2800 履带吊（600t）技术性能表　　　　　　　　　　表 9 - 1 - 2

技术性能	L（主臂）（m）	L（付臂）（m）	R（半径）（m）	Q 起重量（kN）	SL(t)	备 注
SW（180t + 60tZB）	30	78	34 ~ 78	550 ~ 130		中心支撑系统、M440D 塔吊安装（使用 50t 吊钩）
SSL（180t + 60tZB）	84		21	1840	100	第一施工阶段龙门吊 123m 大梁就位（使用 300t 吊钩）
SSL（180t + 60tZB）	84		14 ~ 98	1290 ~ 410	0	第一施工阶段龙门吊 123m 大梁安装（使用 300t 吊钩）
SSL/LSL（180t + 60tZB）	120		14 ~ 106	1220 ~ 340	325	第二、三施工阶段（使用 300t 吊钩）

注：表中的 Q 为起重量，包含起重吊钩的重量。

（四）KH700（150t）履带吊

选用 KH700（150t）履带吊，承担 600t 履带吊组装、拆除；配合龙门吊主梁的试验；部分构件的卸载、就位等。

KH700（150t）履带吊技术性能表　　　　　　　　　　表 9 - 1 - 3

	L（主臂）（m）	R（半径）（m）	Q 起重量（kN）	H 有效高度（m）	备 注
KH700 - 2	30	6.9 ~ 27.5	929 ~ 160	29 ~ 17	装拆龙门吊柔性腿外
KH700 - 2	60	12.5 ~ 30	381 ~ 130	58 ~ 52	装拆龙门吊柔性腿

注：表中的 Q 为起重量，包含起重吊钩的重量。

（五）GT160 改塔

GT160 改塔为本公司自行改造研制的特殊塔吊，它相当于 160t · m 塔吊，大臂可以变幅，但是不能进行回转（在浦东国际机场和沪闵二期高架桥等工程施工中已经多次使用）。本工程施工中，承担中心支撑顶部的 M440D 塔吊部分部件的拆除工作。

技术性能：$R = 4 ~ 6m$，$Q = 40 ~ 20t$。

主要起重机械选用一览表　　　　　　　　　　表 9 - 1 - 4

序 号	机械名称	型号规格	台	备 注
1	龙门吊	50t × 2	1	钢结构吊装
2	塔吊	M440D（600t · m）	1	吊装及拆除龙门吊
3	履带吊	CC2800（600t）	1	设备装、拆，构件拼装就位
4	履带吊	KH700（150t）	1	设备装、拆，构件拼装就位等
5	汽车吊	40 或 50t	2	主梁悬挑段、小构件吊装等
6	改塔	GT160（160t · m）	1	拆除 M440D

四、施工流程

结合钢结构本身特点，设备的合理使用，结构安装流程如下：

内压环→内、外钢柱（外柱侧面钢棒初张拉）→环梁加强圈→26m 主梁→44m 主梁→37m 主梁×2→26m 主梁→44m 主梁→37m 主梁×2→主梁已安装区域檩条、钢棒→26m 主梁→44m 主梁→37m 主梁×2→主梁已安装区域檩条、钢棒（如此重复，直至龙门吊范围钢构件吊装完毕）→外围主梁等→吊装机械拆除→部分构件补缺→结构卸载→钢棒预应力张拉。

钢结构吊装总体流程详见图 9－1－4 所示。

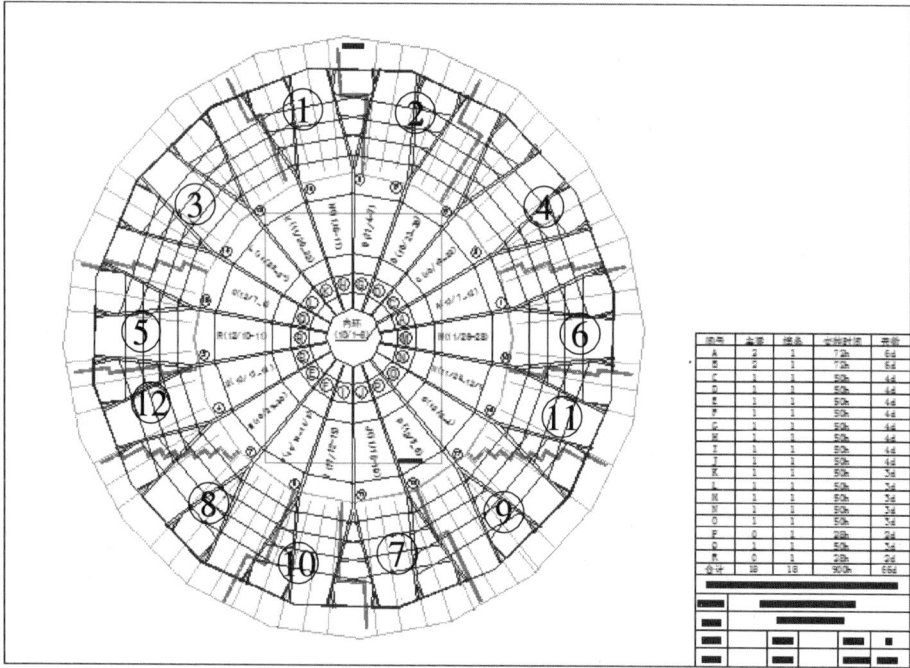

图 9－1－4 总体流程图

第二节 施工工艺

一、拼装工艺

（一）主梁分段要求

本工程的主梁为梭子形异型梁，超长、超高和超重，受运输车辆、运输道路等条件的限制。127m（径向）长度的主梁在制作时分成 12 段（1m、26m、25.5m、18.5m、18.5m×4、17m×4）。吊装阶段为减少高空的拼装节点、加快施工进度和确保工程质量，在吊装机械技术性能允许范围下，在地面进行主梁的扩大拼装，以减少吊装阶段的构件数量。

主梁在吊装时分为 8 段：26m、44m、37m×2 和 17m×4，1m 段主梁在加工厂即与内压环连成一体，和内压环一起吊装，因此不考虑在内。26m 段到现场后，需要拼装下弦椎管、铸钢件和 ϕ100mm 钢棒。44m 段由 25.5m 和 18.5m 两段主梁在地面拼成,也需要拼装下弦椎管、铸钢件和 ϕ100mm 钢棒。37m 段由 2 个 18.5m 段拼接而成。组拼后的 44m 段和 37m 段分别为 75.5t 和 48t,完全在龙门吊允许起吊重量范围之内。

(二)胎架搭设的类型

1. 主梁 26m 段拼装胎架

主梁 26m 段由工厂制作后整段运输到现场。胎架上拼装工作为:主梁下弦撑管、铸钢件和下弦钢棒等结构拼装、焊接。

拼装胎架搭设 2 只(是否需要增加视工程进度而定),直接设置在结构西侧 9.900m 平台上,龙门吊可以直接吊装就位。

2. 主梁 44m 段拼装胎架

该段主梁由工厂分两段制作、运输到现场。拼装内容需要进行两段梭子形结构梁的拼装和焊接,同样需要拼装、焊接锥形撑管、铸钢件和下弦拉棒等结构。

拼装胎架搭设 2 只(是否需要增加视工程进度而定),设置在结构西侧地面拼装场地上。

3. 主梁 37m 段拼装胎架

该段主梁由工厂分两段制作、运输到现场,拼装内容需要进行两段梭子形结构梁的拼装和焊接。

拼装胎架搭设 4 只(是否要增加视工程进度而定),设置在结构西侧地面拼装场地上。

地面拼装主梁 44m 和 37m 段,由带超起固定式 600t 履带吊就位到 9.900m 平台支架上,再由龙门吊安装就位。

(三)胎架的搭设要求

胎架需搭设在平整坚实的地基(或平台)上(80kN/m²),承重支架支承在路基箱或厚钢板上,以扩散对地基的压力。支架上加接配套的平台,平台间设置主梁搁置的型钢,每小段主梁下面设置两个支承点,按要求设置登高脚手和操作平台。

(四)主梁拼装

1. 主梁按照永久姿态正造方式进行搁置、对接;

2. 拼装下弦椎形钢管;

3. 拼装下弦铸钢件和钢棒;

4. 校正后焊接固定(过程中加强观察);

5. 对下弦钢棒挠度进行观察,必要时中间增加拉索;

6. 按要求进行检测,合格后方可吊装。

二、钢构件安装工艺

(一)内压环安装

1. 安装前准备

根据土建提供的结构中心、标高控制点和控制轴线在 7.500m 平台上进行放样,将支承内压环的 18 根 ϕ609mm 钢管安放到规定位置。通过刚性和柔性连接,分别与中心支撑 8 根 ϕ609 钢管、7.500m 平台上预埋吊耳连成整体;每个支撑点还必须控制好相应的平面位置和标高。

2. 环梁分段

内压环直径26m，重量约50t，其截面为由钢管和钢板组成的三角形箱形截面，截面高度约3.5m。内压环共分为六段制作，每段内压环连有三段1m长的主梁，出厂前须进行预拼装。

3. 环梁安装

分段环梁运输到现场，通过600t履带吊、龙门吊就位至M440D塔吊吊装性能范围内，再安装到位。

分段环梁吊装到位后，用轴销与φ609mm钢管相连形成整体，校正、测量无误后方可进行焊接（图9-2-1）。

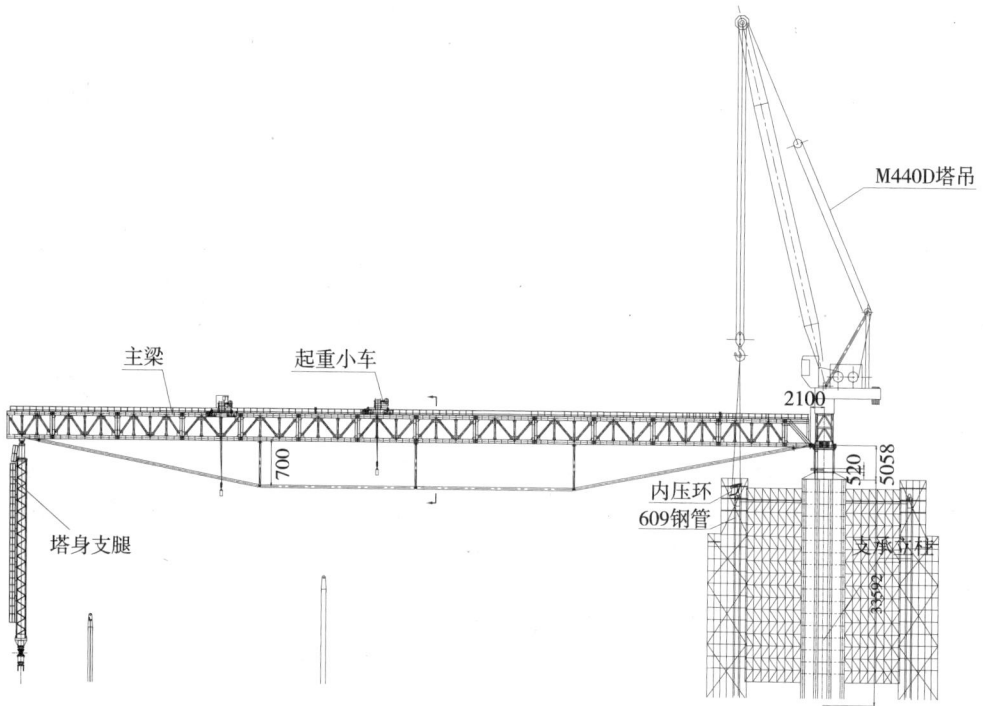

图9-2-1　内压环吊装示意图

（二）内压环加强圈安装

内压环安装完毕后，安装环梁外侧的加强圈，以加强中心环梁的结构刚度。连接加强圈的铸钢件，需事先安放在加强梁的承重脚手架平台上，调整位置和水平标高。安装铸钢件之间以及铸钢件与内压环间的连接钢棒，形成整体后须再进行检测，以控制施工安装质量。

（三）内、外柱安装

本工程共有钢柱54根，钢柱和其顶部铸钢件焊接成整体后运输到现场。其中内柱18根，长14.5m，重130kN，外柱36根，长9.5m，重110kN，由龙门吊直接安装到位。

外柱两侧各有两根直径为115mm平行的拉杆（钢棒），为方便安装，两侧拉杆可以先与钢柱连成整体（组合重量约130kN），由龙门吊直接安装到位。

钢柱安装时必须控制其平面位置和标高，钢柱底部约有50mm的高度调节间隙，局部（4处左右）用钢板垫实、顶紧（小钢楔），然后拧紧柱脚螺栓。柱底间隙采用≥C40无收缩细石混凝土或铁屑砂浆进行压力灌浆。

由于钢屋盖卸载后，结构会有一定幅度的下降，钢柱将向中心外侧径向偏移，从而造成偏差超过验收规范要求，因此在钢柱安装阶段考虑此因素，预先向内适当倾斜一些。根据计算，钢柱将向外侧移位约30mm，所以将该预倾值初定为20mm，方向指向圆心。

（四）主梁分段吊装

1. 主梁26m段吊装

主梁26m段重约220kN，由龙门吊从西侧9.900m拼装台上吊起，然后直接安装到位。26m段一端与主梁1m段（环梁上）对接，另一端搁置在事先定位安装好的临时钢支墩（塔吊四方架）上；然后安装与加强圈上铸钢件上的连接撑管、钢棒；位置及标高等调整到位后进行焊接，定位焊接牢固后方可松钩。

2. 主梁44m段吊装

拼装好的主梁44m段重755kN，先用600t履带吊（带超起）从胎架上就位至9.900m平台临时支架上，再由龙门吊接力吊装到位；主梁44m段一端搁置在四方架上，与主梁26m段对接，另一端将梁上销子搁置在内钢柱顶部铸钢件上。安装过程中应注意柱顶的偏差值。

3. 主梁37m段吊装

在胎架上拼装后的主梁37m重480kN，用600t履带吊就位到9.900m平台西侧专用搁置支架上，再由旋转式龙门吊安装到位。37m段一端与44m段对接，另一端将钢销子搁置在外柱顶部支撑环上，经调整后进行焊接固定，如图9-2-2所示。

由于两侧主梁37m段焊接固定后，方可拆除临时钢支墩，所以必须准备一定数量的临时钢墩，以便满足吊装阶段使用要求。

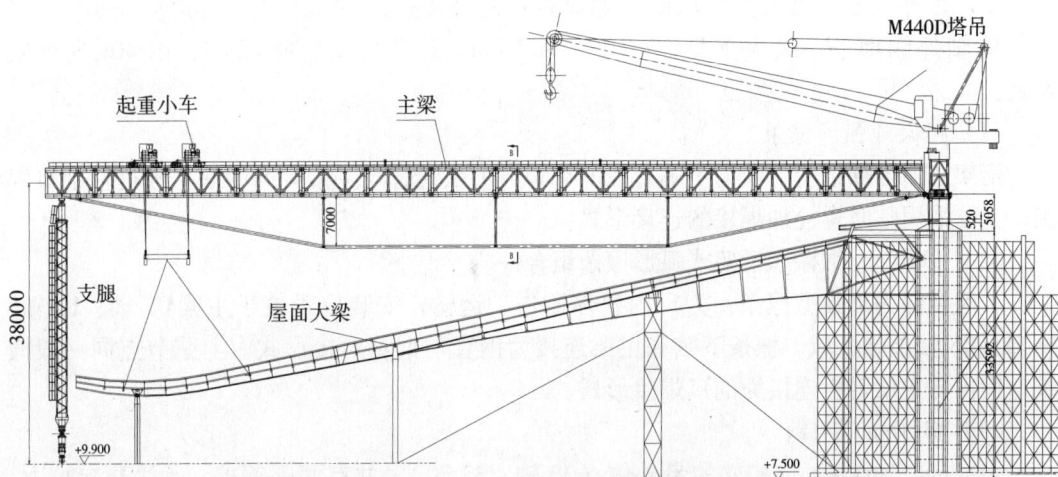

图9-2-2　主梁37m段吊装示意图

4. 主梁 17m 段

主梁 17m 段重 122kN，由于处于旋转式龙门吊覆盖范围以外，因此只能进行最后补缺吊装；选用 40 ～ 50t 汽车吊在 9.900m 平台上（仅 C1 轴线外侧和 C1、C2 轴线之间楼层平台）进行安装；主梁 17m 段为悬挑构件，因此需及时加好支撑，如图 9 - 2 - 3 所示。

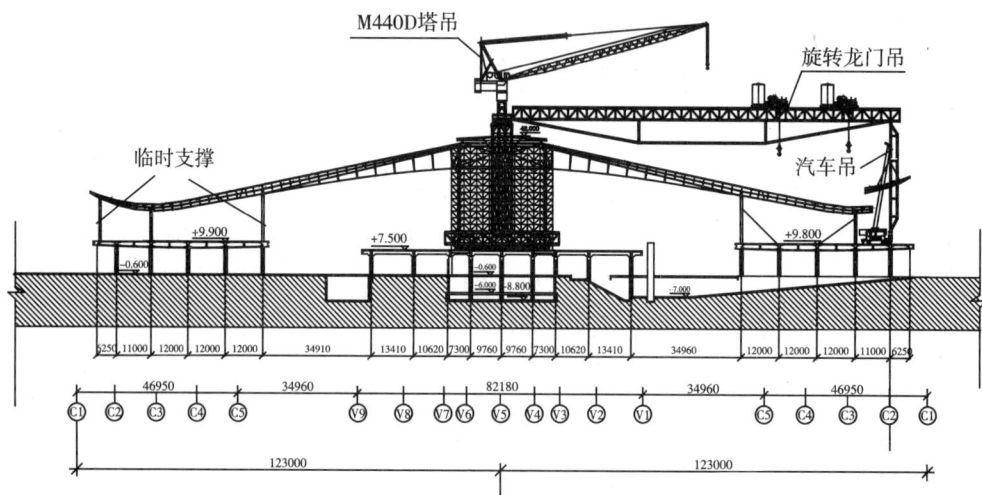

图 9 - 2 - 3　主梁 17m 段吊装示意图

5. 环向构件安装

环向构件分三种，一种为桁架式弧形檩条，一种为 $\phi 50$mm 钢棒与弧形檩条组合件，另一种为 $\phi 150$mm 钢棒。

02 ～ 13 轴檩条，最大重量 54.2kN，最大回转半径 58m，由设置在结构中心的 M440D 600t · m 塔吊安装。

13 ～ 28 轴檩条，最大重量 87kN，由旋转式龙门吊安装。

28 轴外侧檩条，最大重量 35.3kN；$\phi 150$mm 钢棒最大重量 22kN，由 40t 汽车吊安装。

（1）桁架式弧形檩条

桁架式弧形檩条上下弦为不等直径的钢管，下弦钢管与主梁侧面的法兰板进行剖口焊接，上弦采用临时螺栓加焊接的连接形式。

（2）$\phi 150$mm 钢棒和桁架式弧形檩条组合件

本组合件为加强型檩条，为厂内整体制作、运输，安装位置位于主梁 05 轴、10 轴、18 轴、28 轴加强区域。檩条下弦和主梁连接为钢管与钢管对接形式。上弦节点同一般檩条，钢棒与主梁钢板连接为剖口焊接形式。

（3）$\phi 150$mm 钢棒

$\phi 150$mm 钢棒在环向构件的最外侧（32 轴、33 轴），共有两圈钢棒，承受环向拉力。在较短的分段区间为整根拉棒，而在较长分段区间，钢棒分段制作，中部设置连接装置。为克服钢棒施工阶段的挠度，应采用多支点的吊装和搁置方式。

6. $\phi 50mm$ 抗扭钢棒的安装

由于 $\phi 50mm$ 抗扭钢棒数量多、重量轻，为减轻大型施工机械的工作量，加快施工进度，钢棒尽可能和相关的檩条一起吊装，必要时采用土法吊装。

7. 结构对称安装要求

根据设计要求，结构安装需对称进行，同时按土建施工的进度和流程，对主梁及节间安装先后顺序作了规定，详见图9-2-4所示。

三、施工场地路基处理

现场路基分为运输道路、构件堆放、机械施工和构件拼装等，因此需要根据不同的作业工况，分别进行处理。

现场运输道路需要与总体道路相连，其地基结构层为在原土压实基础上，铺设100mm厚道渣，再浇捣100mm厚混凝土路面，地耐力 $\geqslant 120kN/m^2$。

构件堆放、拼装场地和龙门吊主梁试验用场地在原土压实的基础上，再铺设100mm厚道渣找平压实，地耐力 $\geqslant 80kN/m^2$。

600t履带吊施工路基结构，在原土压实基础上，铺设300mm厚建筑垃圾，压实后用100mm厚道渣找平，地耐力 $\geqslant 160kN/m^2$。

四、主要起重设备组装和拆除工艺

（一）设备组装

1. M440D塔吊组装

M440D塔吊最大部件质量13.8t，安装在中心支撑顶部，选用600t履带吊接30m主臂、78m副臂安装M440D塔吊，回转半径 $R=63m$，起重量 $Q=185kN$；600t履带吊停机于西侧9.900m和7.500m混凝土平台间的月牙形场地上，安装工况如图9-2-4所示。

2. 龙门吊组装

（1）主梁试验

龙门吊主梁横截面 $4m \times 3.5m$（轴线尺寸），下设直径85mm钢丝绳拉索。为确保施工安全，在龙门吊正式安装前必须对主梁进行荷载试验。

龙门吊主梁按要求在规定位置组拼后，在上面安装2台额定起重量为50t的小车，并按要求进行加载试验（详见龙门吊主梁试验方案）。

（2）主梁现场拼装

主梁通过试验，并确认安全可靠后，按要求分段拆除，由150t履带吊（停机于结构外侧）和600t履带吊（停机于结构内月牙形场地）将主梁（分段）就位到9.900m平台，按图示位置拼接成整体。再用600t履带吊（84m主臂、加超起）将其搁置到大梁组拼支架上，以安装下弦钢索。

（3）龙门吊轨道铺设

龙门吊轨道直接安装在9.900m平台C1轴线上，在该轴线位置面上已经埋设固定轨道的埋件，轨道铺设具体要求见本龙门吊安装验收标准。

铁路钢轨应按要求每500mm距离焊接轨道两侧固定钢板，轨道高差空隙须用合适厚度钢板垫实（最终铺设要求按今后有关操作细则或有关要领书）。

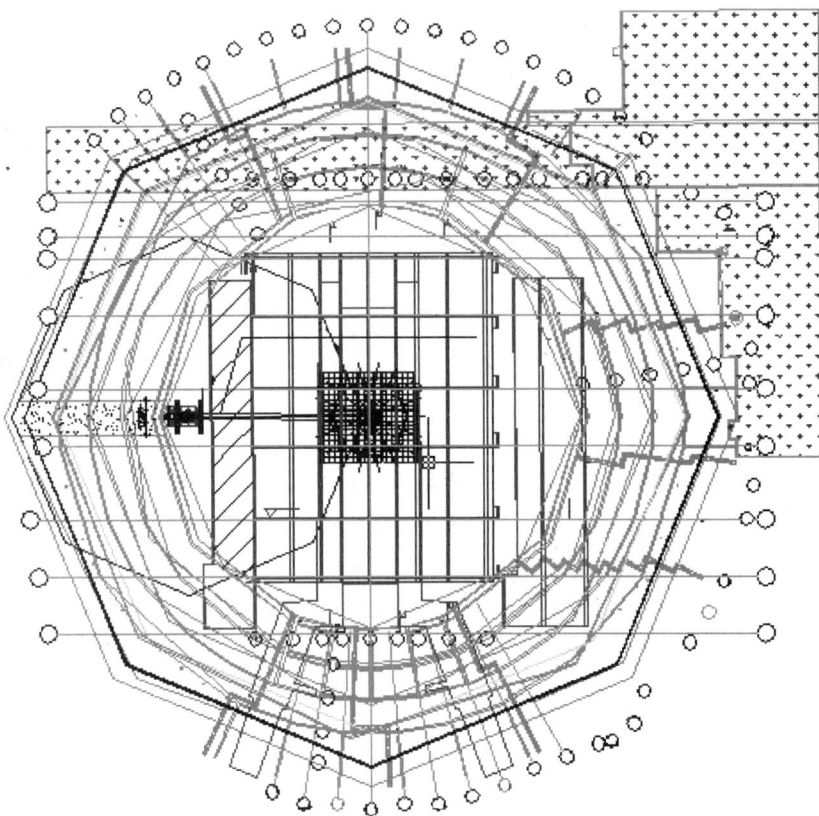

图 9 - 2 - 4 M440D 塔吊安装平面图

（4）龙门吊柔性腿安装

150t 履带吊停机于西侧场地，从下到上依次安装四台行走小车（该区域钢轨先行铺设）、8m 横梁、16m 横梁、高脚架等。并用临时拉索稳定。

龙门吊柔性腿安装

表 9 - 2 - 1

部件号	规格	单位	数量	质量（t）	备注
1	行走小车	台	4	8.4	
2	8m 横梁	根	2	11.1	
3	16m 横梁	根	1	12.8	

（5）龙门吊主梁吊装

龙门吊安装之前，中心支撑系统（包括龙门吊回转轴承等）、M440D 塔吊必须安装完毕；龙门吊主梁采用 600t 履带吊 84m 主臂（加超起）整体吊装到位；主梁桁架中心离 9.900m 平台高度为 38m。

（6）龙门吊验收

龙门吊安装、调试完毕后，必须按规定进行设备验收，合格挂牌后方可正式使用，同

296

时必须严格遵照龙门吊有关具体规定进行操作。

（7）600t 履带吊组装

选用 KH700 -2（150t 履带吊）接 30m 主臂装拆 600t 履带吊。

（二）设备拆除

1. M440D 塔吊拆除（图 9 -2 -5）

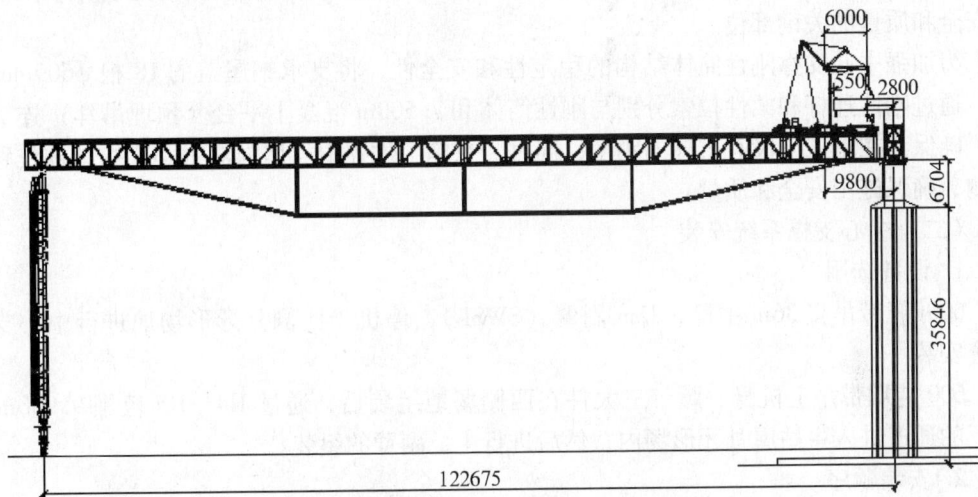

图 9 -2 -5　M440D 塔吊拆除立面示意图

（1）塔吊大臂

将大臂投影回转到与龙门吊主梁重合，然后向下扑平，搁在事先设置在龙门吊主梁上的两辆小车上，拆除根部轴销后，两辆小车同步向外行走，直至到达站屋外侧 600t 履带吊的起重范围内，由 600t 履带吊吊装至地面；

（2）将 GT160 改塔（轨距为 4m）安装到龙门吊主梁上，起吊半径 6m，起重量为 200kN，满足拆除 M440D 最重部件不大于 140kN 的要求；将拆除部件放到预先设置在前端的小车上（另行设计），GT160 改塔和带载小车同步或分别沿径向外侧开行，直至 600t 起吊半径范围以内（图 9 -2 -5）。

（3）地面 M440D 塔吊的组装和拆除，均采用 600t 履带吊。

2. 龙门吊拆除

（1）M440D 塔吊拆除后组装到地面（西旅客通道的位置上方），并用四根钢梁（原磁浮工程高空移位用）在西旅客通道上部架设，作为龙门吊拆除机械；由塔吊完成 600t 履带吊跨外无法拆除的龙门吊、中心支撑部分的工作。

（2）龙门吊主梁、支腿按图示要求设置垂直支撑，并设置缆风钢丝绳，以满足龙门吊分段拆除的安全要求；

（3）600t 履带吊停机在跨外，在其技术性能条件下拆除部分主梁及龙门吊柔性支腿。

五、中心支撑系统的设计和施工

（一）中心支撑系统的设计

在满足设计对 7.500m 平台中心 10 根加强柱承载力不大于 3500kN 的前提下，专门设计了由桁架、钢梁、φ609mm 钢管和连接型钢组成的中心支撑系统，即由桁架和钢梁组成一个钢平台转换层，荷载直接传递到 7.500m 平台 10 根钢筋混凝土立柱上。通过计算，中心混凝土立柱最大承载力为 3300kN，满足设计不大于 3500kN 的要求。

8 根 φ609mm 钢管和型钢组成中心支撑刚性筒体结构，该结构既为龙门吊旋转的中心支撑点，同时在其顶部还安装了一台 M440D 塔吊，因此该刚性筒体结构是确保本工程施工安全和质量的关键部位。

为加强中心支撑刚性筒体结构的稳定性和安全性，将支承钢屋盖的 18 根 φ609mm 钢管，通过刚性连杆和柔性拉索分别与刚性筒体和 7.500m 混凝土平台（预埋吊耳）连成整体，确保其在施工阶段有足够的刚度；同时，在施工过程中须加强对中心支撑结构位移的监测，确保施工安全和质量。

（二）中心支撑系统安装

1. 设备选用

600t 履带吊接 36m 主臂、72m 副臂（SWSL），停机于西侧月牙形场地进行中心支撑系统安装。

600 吨履带吊上机身、履带三大件在西侧场地组装后，通过 H4、H5 范围 9.900m 平台下的通道进入主站屋月牙形场内，然后进行主、副臂的组装。

2. 安装顺序

中心支撑钢平台体系→中心支撑钢筒体体系→刚性底座→转盘总成→M440D 塔吊。

中心支撑系统中的 8 根 φ609mm 钢管须与支承钢主梁的 18 根 φ609mm 钢管通过型钢连成一体。18 根 φ609mm 钢管与 7.500m 平台上的预埋吊耳通过钢索连成整体。从而形成一个较强大的中心支撑系统，为超大型施工机械的施工，提供了足够的安全保证体系。

（三）中心支撑拆除

M440D 塔吊在中心支撑顶部拆除后，组装到地面，作为中心支撑的拆卸机械。

六、结构卸载工艺

由于在安装施工阶段，部分屋面结构荷载支承在 18 根 φ609mm 钢管支撑上，而最终的结构荷载均需传递到结构钢柱上，因此必须按要求进行卸载。

（一）卸载前提

1. 结构体系有关构件已经安装完毕；

2. 所有焊缝已经验收合格；

3. 外柱两侧钢棒已经初张拉；

4. 卸载前的结构测量关键点坐标已经确定和记录。

（二）卸载形式

在 18 根 φ609mm 钢管设置液压千斤顶，采用多次循环卸载，直至结构完全脱离 18 根 φ609mm 钢管。

（三）卸载目标

1. 整个卸载过程中，主体结构和支撑系统处在安全可靠的状态下；

2. 使支撑处的荷载能够平稳地转移到主体结构中；

3. 主体结构在卸载过程中的变形能够协调平稳地过渡至最终状态。

第三节 测量校正

本工程结构特殊、复杂，屋盖跨度特别大，对控制网的测设、测量控制点的布置、结构安装空间定位、温度对测量的影响等，都给正确测量带来相当大的麻烦，同时也对该超大跨度钢结构的安装测量提出了新要求。

一、测量仪器的选择和配备

为了满足测量控制网的测设精度以及安装过程中构件的定位精度，选用表9－3－1所列主要测量仪器和器具，所有测量仪器均应按计量要求检定合格。

主要测量器具 　　　　　　　　　　　　　　　　　表9－3－1

序号	名称	型号规格	数量	用途
1	全站仪	TC2000 TCA2003	2	定位测量
2	经纬仪	J2	4	垂直度、轴线测量
3	精密水准仪器	NA2	1	高程测量
4	铟钢尺		1套	
5	尺垫		2	
6	水准仪	NA2.4	2	
7	垂准仪	ZL	2	安装定位用
8	铝合金标尺		3	配套高程测量
9	钢卷尺	100m	3	长度测校
10	钢卷尺	50m	3	长度测校
11	测力器	15kg	2套	配套测量
12	对讲机		10	联络
13	焊缝卡板		6	

二、平面测量控制网和高程基准点的布置

根据结构的径向和环向轴线的布置，以结构中心为圆心，布置平面测量控制网，控制网测设于7.500m平台和9.800m平台的混凝土结构面上。测量时以全站仪为主，附以经纬仪和钢尺进行校核。测量精度为2mm，经闭合测量并调整后形成测量成果，报监理验收后方可使用。

在场内能在互相通视的混凝土结构的适当部位，建立不少于三个高程基准点，作为引测结构安装高程的依据。基准点应定期复测，以消除可能引起的误差。

三、测量控制点的布置

以内外立柱销轴处及结构安装单元分段节点处作为安装测量的控制点。根据平面测量

控制网，将各控制点垂直投影至混凝土结构上或中心支撑的支架上，通过垂准仪或经纬仪进行对位校正。

分段控制点的标高由全站仪正倒镜测量，但全站仪的测量仰角不得大于30°。

四、测量的其他准备工作

对于内压环，在工厂整体预拼装时应标明安装定位标志；而主梁单元，则在吊离组拼胎架时，在分段对应部位设置定位标志。

五、温度对测量的影响

由于本工程的结构跨度很大，阳光偏差和室外温差对安装精度有很大影响，根据以往经验，结构变形可达几十毫米，因此应加强结构变形的观测，摸索温度与变形的规律，必要时采用傍晚至清晨时段进行测量，同时每记录一次测量值，须同时记录温度情况，以减少阳光对测量精度的影响。

六、工程预埋件的检测

（一）内、外柱埋件

根据本工程控制点和控制轴线，在内外钢柱吊装之前，对内、外柱底埋件进行检测，根据测量结果设置相应的标高调整块（每根钢柱下设置3点），以统一钢柱的底部标高。对影响钢柱安装的预埋螺杆的偏差，应及时向有关部门提出，采取相应措施后方可进行钢柱安装。

（二）7.500m平台H4、H5中心10根承重柱顶埋件

本埋件承受中心支撑刚性平台上传下的施工荷载，为使受力基本明确，根据测量结果架设相应高度的承重钢墩。钢墩最终标高统一，且确保钢平台受力变形后不会支承到混凝土平台上。

（三）其他埋件

本工程设有旋转式龙门吊柔性支腿行走钢轨铺设用埋件，钢轨铺设前须先将埋件上混凝土清除，检查是否影响钢轨的正确铺设。

七、验收标准

（一）定位轴线、支承面、地脚螺栓位置的允许偏差

定位轴线、支承面、地脚螺栓允许偏差 表9－3－2

项目		允许偏差（mm）
基础上柱的定位轴线	偏移	1.0
支承面	标高	±3.0
	水平度	$L/1000$
地脚螺栓	螺栓中心偏移	5.0

（二）柱子安装允许偏差

柱子安装允许偏差 表 9 – 3 – 3

项目		允许偏差（mm）	检验方法
柱脚底部中心线对定位轴线的偏移		5.0	用吊线和钢尺检查
柱基准点标高		+5.0 −8.0	用水准仪检查
弯曲矢高		$H/1200$，且不应大于 15.0	用经纬仪或拉线和钢尺检查
柱轴线垂直度	$H≤10m$	$H/1000$	用经纬仪或吊线和钢尺检查
	$H>10m$	$H/1000$，且不应大于 25.0	

（三）钢主梁、钢檩条安装允许偏差

钢主梁、钢檩条安装允许偏差 表 9 – 3 – 4

项目		允许偏差（mm）
跨中的垂直度		$H/250$，且不应大于 15.0
侧向弯曲矢高 f	$H≤10m$	$L/1000$，且不应大于 10.0
	$30m<L≤10m$	$L/1000$ 且不应大于 30.0
	$L>60m$	$L/1000$，且不应大于 50.0

注：表中未注明事宜，详见《钢结构工程施工质量验收规范》（GB50205—2001）。

第四节　焊接工艺

一、准备工作

1. 装配质量的好坏直接影响焊接质量，因此在构件安装时，要严格控制焊接处的间隙、错边等误差，经安装装配后的焊接节点需经专人检查合格后才能交焊工施焊。

2. 检查焊接操作条件：操作平台、脚手、防风设施等都安装到位并验收合格，保证必要的操作条件。

3. 焊条、垫板和引弧板：焊条保管要妥当，仓库内保持干燥；焊条的药皮如有剥落、变质、污垢、受潮生锈等都不得使用；衬板和引弧板应按规定的规格制作加工，保证其尺寸、剖口要符合标准。

4. 检查工具、设备和电源：焊机型号符合要求，焊机要完好，必要的工具应配备齐全；设备平台上的设备应安置稳妥，防止滑移，排列应符合安全规定；电源线路要合理和安全可靠，必要时要装置稳压器；设备平台布置应合理，确保能焊接所有部位。

5. 焊条应预热烘干，严禁使用湿焊条：焊条使用前应在烘箱内烘焙，然后恒温保存；焊接时从烘箱内取出焊条应放在特制的具有 120℃ 保温的手提式保温桶内携带到焊接部位，随用随取，在 4h 内用完，超过 4h 或当天用不完的焊条应重新烘焙后用。

6. 在焊接前，将剖口表面、剖口边缘内外侧 30 ~ 50mm 范围内的油污、铁锈等杂物清除干净，露出金属光泽。

二、焊接工作

1. 根据规范对焊接钢板厚度、焊接环境温度的有关规定，对焊接部位预热（按要求的温度在焊点或焊缝四周 100mm 范围内预热）。焊接前应在焊点或焊缝外不少于 75mm 范围内实测预热温度，确保其温度达到或超过所要求的最低加热温度。预热可采用氧乙炔火焰，温度测定可用测温器或测温笔。

2. 剖口焊均采用垫板和引弧板，目的是使底层焊透，保证质量。引弧板能保证正式焊缝的质量，避免起弧和收弧时对焊接件增加初应力和导致缺陷。垫板和引弧板均用低碳钢板制作。

3. 施焊时宜分层焊接，打底焊应由专人负责进行。

4. 焊接过程中逐道焊缝清渣，除飞溅物，发现缺陷及时用角向砂轮打磨，除去缺陷。

5. 每条焊缝一经施焊原则上要求连续操作一次完成。大于 4h 焊接量的焊缝，其焊缝必须完成 2/3 以上才能停焊，然后再二次施焊完成。间歇后的焊缝应注意预热，开始工作后中途不得停止。

6. 要保证焊接操作条件，气候对焊接关系大，雨雪天应采取相应措施。风速超过 10m/s 以上、无法采取挡风措施的不准焊接。

7. 焊接工作结束，将焊缝区及焊接工作位置场地清理干净，转移到下一焊接节点。

三、焊后检查

1. 焊接结束后，应对焊缝进行外观检查。焊缝焊波应均匀，不得有裂纹、未熔合、夹渣、焊瘤、咬边、弧坑和针状气孔等缺陷，焊接区无飞溅残留物，焊缝位置、外形尺寸必须符合《建筑钢结构焊接技术规程》（JGJ81—2002）、《钢结构工程施工质量验收规范》（GB50205—2001）。

2. 在焊接 24h 后对焊缝（熔透焊缝）进行超声波探伤检查。对全焊透焊缝（Ⅰ级），进行 100% 超声波探伤；对相贯焊缝（Ⅱ级），进行 20% 超声波探伤。

四、工艺评定

对首次采用的钢材、焊接材料、焊接方法等，应进行焊接工艺评定，并应根据评定报告确定焊接工艺。焊接工艺评定应按《钢制压力容器焊接工艺评定》JB4708 的规定进行。

五、主要焊接形式

本工程主梁、柱子、内压环等构件的材质为 Q345C；檩条及其他构件（包括型钢和板材）的材质为 Q345B；内压环挡水板及管口封板材料的材质为 Q235B；除了普通檩条内部钢棒的材质为 Q235B 外，主檩条下弦及其余钢棒的材质均为 20Cr。

（一）钢主梁梭子形结构部分的焊接

钢主梁梭子形结构上弦顶部为 φ139.7mm×10mm 钢管，钢管下面为倒 T 形型钢，其中水平钢板厚度 40mm，中间腹板厚 20mm；梭子形结构下弦底部为 V 形钢板，厚 25mm，嵌在 V 形钢板间的水平钢板厚度 40mm。该部分对接焊接要求均为一级全熔透焊缝；连接主梁上下弦的弧形侧腹板壁厚有 10mm（加强区域）和 8mm 两种，主梁梭子形结构截面最大高度达 3.7m。焊接具体要求详见有关设计图纸。

（二）主梁锥形撑管焊接

锥形撑管上下连接处均进行开槽，分别插入梭子形结构下部和铸钢件顶部的连接钢板，焊接形式为贴角焊，具体要求详见有关设计详图。

（三）外柱底斜拉杆支座焊接

外柱底斜拉杆支座与预埋钢板焊接主要为 4 块厚度为 40mm 的连接钢板，为单面坡口、全熔透一级焊缝。

为确保焊接质量，必须制定相应的焊接流程和焊接要求，以确保焊接质量和减少焊接变形。

（四）檩条焊接

弧形檩条分为一般檩条和加强檩条，加强檩条位于 5、10、18、28 等轴线处，檩条上部连接采用临时螺栓加焊接（贴角焊缝）形式。一般檩条下部钢管与主梁上的垂直钢板（圆形钢板）进行剖口焊接（加内衬管）；加强檩条下部钢管与主梁上的钢管进行剖口焊接（加内衬管），另外还增加一道 $\phi150mm$ 钢棒，钢棒与相应开槽的连接钢板进行焊接。

六、工艺流程（图 9 - 4 - 1）

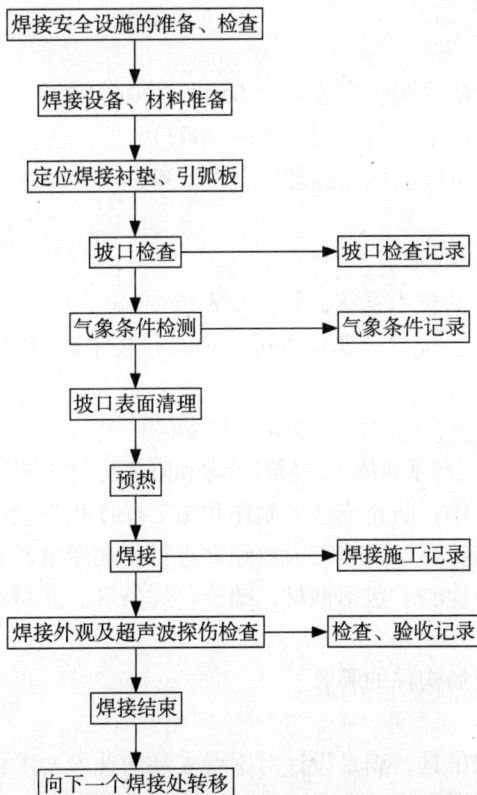

图 9 - 4 - 1　焊接工艺流程

第五节　质量措施

一、质量保证体系（图9-5-1）

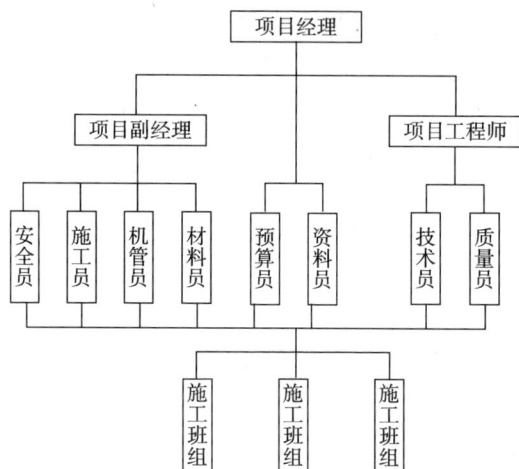

图9-5-1　质量保证体系

二、质量标准

1. 《钢结构工程施工质量验收规范》（GB50205—2001）。
2. 《建筑钢结构焊接技术规程》（JGJ 81—2002）。
3. 《建筑工程施工质量验收统一标准》（GB50300—2001）。

三、质量保证措施

1. 加强水准点、轴线的技术复核，并设专人负责。

2. 认真做好施工记录，按"沪建集机司（2003）技字第58号《施工技术资料管理办法》"规定，完成有关表式的填写。

3. 质量管理措施：

（1）实行公司、分公司与项目体三级质量管理和监督及三检制度（自检、互检、专检）；

（2）加强工程预检工作，防止或减少制作和施工操作积累误差；

（3）针对本工程结构特点，对施工人员经常进行全面质量教育，强化质量意识；

（4）对采购的原材料检验。包括钢材、螺栓、焊条等。原材料的质量控制以质保书形式表达；

（5）加强对运输到现场构件的验收。

4. 安装阶段：

（1）合理选择吊点和吊具，满足设计对钢梁安装的技术要求；

（2）合理选择安装顺序和施工方法；

（3）主梁在起吊、带载行走、下放过程中，吊车要轻吊轻放，缓慢进挡，避免梁体受到冲击或碰撞。

第六节 安全技术措施

一、安全保证体系（图9-6-1）

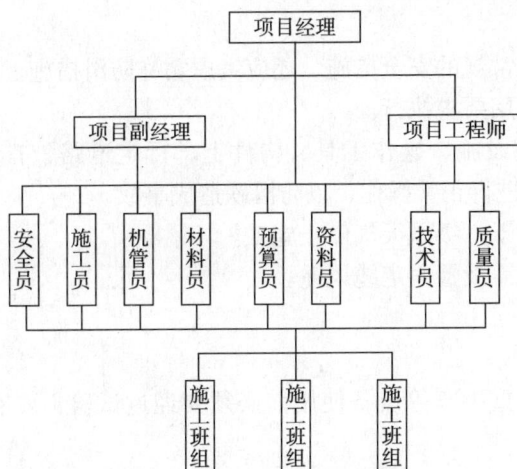

图9-6-1 安全保证体系

二、主要安全措施

（一）登高设施

应采用符合行业标准的环式登高脚手攀登（标高低、能用竹梯直接到达的除外）。

（二）脚手架

1. 钢管材料要求

钢管脚手架的钢管应符合Q235钢的技术要求，外径不小于48mm，壁厚不小于3.5mm，扣件、螺栓等金属配件质量应符合有关标准要求。

2. 脚手架搭设

脚手架应与建筑物拉接，小横杆应与建筑物顶紧。

大横杆之间均匀设置两根搁栅，施工操作层的通道应满铺竹底笆，竹底笆与大横杆用铅丝四点绑轧固定。

立杆的纵距不得大于1.8m；立杆的横距一般为1m；立杆的步距为1.8m。

3. 高空行走通道

由于本工程施工投影面积达6万m² 之多，钢结构屋盖平均高度在30m以上，如果采用满堂脚手架进行安装施工，将消耗巨大的人力和物力，因此决定在利用原有结构的基础上，采用型钢和传统的脚手管组合而成的通道。

在9.900m平台处，由于钢结构离楼层高度较低（12m左右），故可以采用移动式脚手。

高空通道搭设位置：径向，沿18根主梁顶部搭设；纬向，位于加强檩条位置。

（三）操作平台

操作平台操作面应满铺竹笆（由于竹笆易着火，有条件可采用铝合金或钢筋网片铺设），并设置两道防护栏杆和18cm踢脚板，操作平台横杆搁栅纵横交叉的每只节点均应用扣件扣紧，脚手架整体必须用绿网封闭。

（四）施工区域的警戒设置

施工区域必须拉警戒线，夜间施工须加强监控。

三、季节性施工措施

1. 严寒季节除注意常规的安全措施，还应考虑霜冻防滑措施。

2. 设备需按季节使用要求执行。

3. 霜雪之后，登高设施、操作工具、构件上、行走道路、有关设备等施工范围内，应将霜雪清扫干净后再进行正常操作，以防滑跌造成事故。

4. 雷雨、大雾和大于六级风天气停止施工。

5. 台风季节龙门吊需设置固定缆风绳。

四、设备安全保证措施

1. 龙门吊主梁、起重小车等设备使用前必须要经过试验，要有试验方案，现场焊缝派专人检验。

2. 对特殊设备的操作人员，必须进行专门培训，做好技术交底工作。

五、防火安全措施

（一）防火安全保证体系（图 9-6-2）

（二）防火措施

1. 施工平面图上应标明重点防火部位。

2. 对易燃、易爆、危险物品（氧气、乙炔、液化石油气、汽油、柴油、香蕉水、油漆等）要有安全管理措施：

（1）氧气、乙炔、液化石油气储存仓库（或其他储存设施），应采用阻燃材料搭建，库顶部采用轻型材料（瓦楞板），仓库必须通风。设置部位应远离办公生活区，与办公生活区间距 25m 以上，间距达不到可采用非燃烧体防火实体墙。

图 9-6-2　防火安全保证体系

（2）氧气、乙炔瓶库（或其他储存设施），二库之间设置间距不得少于 2m；使用时氧气、乙炔二瓶间距不得少于 5m；与明火作业点间距不得少于 10m。夏季高温对氧气、乙炔瓶（库）采取遮阳措施，防止太阳晒。

（3）油库设置部位应远离办公生活区，与办公生活区间距 25m 以上，周围应设置非燃烧体防火实体墙，其高度不得低于 2m，库内电气设备应配上安全保险装置，并落实避雷措施。

（4）油漆、香蕉水等危险品仓库（或其他储存设施）采用阻燃材料搭建，仓库必须透气，通风良好，库内电气设备应配上安全保险装置。

（三）焊、割作业防火安全

1. 施工现场焊、割作业必须符合防火要求，严格执行"十不烧"规定。

2. 焊、割作业严格执行动用明火审批制度，做到"二证，一机，一监护"，即：焊工操作证、动用明火许可证，灭火器到位，监护人落实。

3. 焊、割作业前清除周边、下方易燃易爆危险品和其他可燃杂物；高层、临边焊割设置火花接收器，防止火星坠落引起火灾事故。

4. 立体交叉施工，焊、割作业应做好协调工作，避开与明火作业相抵触的其他施工作业（如防火喷涂、喷漆等）。

（四）消防设施

根据施工现场防火要求和施工进度，按《建筑灭火器配置设计规范》GBJ140-90合理配置灭火器。一般临时设施区、施工区域每 $100m^2$ 配置两个灭火器；油库、危险品库应配备足够数量、种类合适的灭火器。重点防火部位设置防火警示标志。

六、文明施工主要措施

1. 所有参加本施工人员都必须严格执行国家和有关部门颁布的安全生产规章制度，切实做好安全自身保护工作。进场施工之前，都必须经过专业安全培训或专业安全教育，持证上岗。

2. 高空施工严禁向下抛掷物体，施工人员必须携带工具袋，将施工小工具放入工具袋内。

3. 所有沿边应设临时防护栏杆。

4. 所有安全操作脚手必须验收合格挂牌后方可使用。

5. 各作业施工区域必须设置安全监控人员。

6. 做好现场落手清工作。

<h2 style="text-align:center">第七节　安全用电措施</h2>

一、建立安全用电制度

应派合适的电工进驻现场进行用电操作，此类专业人员应熟练掌握用电基本知识和技能，做好各项本职工作。施工现场应建立安全用电管理制度，各类人员必须认真执行。

二、用电设备使用要求

选用符合相应的国家标准、专业标准，并且有产品合格证和使用说明书的各类电动工具和设备，此类工具和设备以及用电线路应按规范规定做好保护接零接地工作，其接地电阻亦应符合规范。所有用电设备必须在设备负荷线的首端处设置漏电保护装置。

三、设备防雷装置设置

施工现场的龙门吊起重机应设置防雷装置。它除了做保护接零外，还必须做重复接地。对于施工塔吊还应在现场做接地电阻值的数据测试，超出标准应立即采取措施纠正。

四、电源、电箱、电闸设置要求

所有大容量电气设备（≥15kW）均必须单独设置配电箱，一机一闸或单独配置电源，防止过载。

第十章 屋面钢结构预应力张拉技术研究

第一节 屋面钢结构体系

一、结构布置形式

上海铁路南站的钢结构屋盖平面形状为圆形，直径达 270m。屋盖由三部分曲面组成，外柱和顶压环之间区域为扁圆锥曲面，外径 224m，内径 152m，矢高（相对于外柱柱顶）19.18m。中央顶压环直径 32m，位于该圆锥曲面中心部分，顶压环在主梁内端处升高 2.60m，形成一突出的圆锥顶屋面，顶压环处矢高（相对于外柱柱顶）24.28m。外柱以外边缘悬挑 23m，形成边缘上翘的圆环曲面（图 10-1-1）。

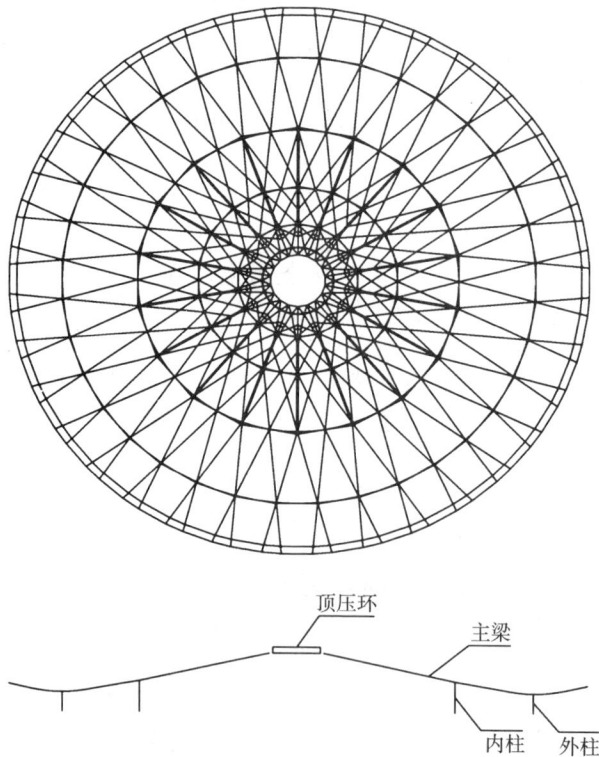

图 10-1-1 屋盖平面和立面结构示意图

该屋盖结构共设两圈柱，内圈柱分布在直径为 152m 的圆周上，共 18 根 φ650mm 的钢管柱。外柱分布在直径为 224m 的圆周上，共 36 根 φ600～φ1000mm 的变截面钢管混凝土柱，每个外柱沿圆周向两侧均设有从柱顶到地面的斜向拉索，以保证外柱的侧向稳定。

屋盖钢结构主梁共18根，沿结构平面射线方向（径向）均匀对称布置（图10-1-2）。梁的外形（平面形状）为二次分岔的Y形梁（图10-1-3），分岔点均位于内、外柱支点处。梁的截面形式为沿轴线变截面（变截面尺寸但不变形状）的橄榄形薄壁闭口截面，在上下翼缘处分别用钢管和钢板加强（图10-1-4）。同时每个主梁在内柱以内部分均设有下弦预应力钢棒和刚性撑杆，预应力钢棒在梁端处分叉为Y形，分别与相邻梁端同样方式分叉的预应力钢棒在顶压环处相连，以提高单个梁的整体性能，同时，将所有梁端与顶压环连接在一起，并与梁间X形预应力钢棒一起，使整个钢结构形成一个整体。

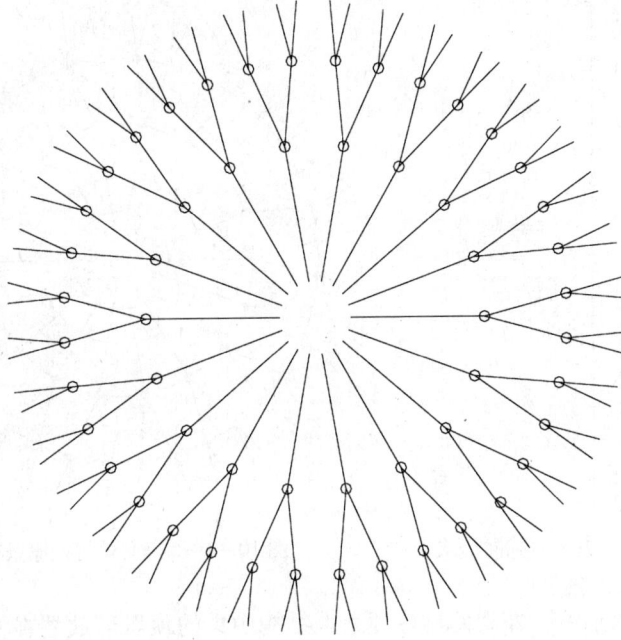

图10-1-2　主梁、柱布置

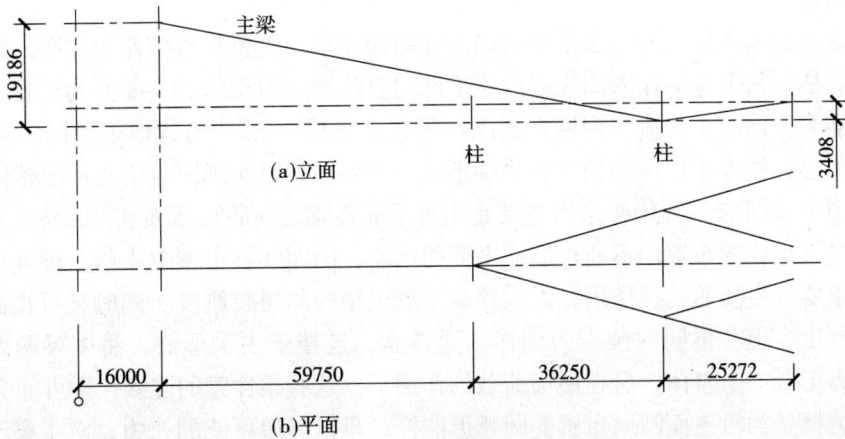

图10-1-3　主梁的几何形式

屋面檩条为圆弧曲杆钢管杆件，连接于橄榄形主梁截面的中线上，檩条间距约3.832m。除环向弧形钢管檩条外，为了传递圆周向拉力，分别在圆周半径为28m、52m、76m（内柱处）和112m（外柱处）位置处的圆弧檩条旁增设4道直杆钢管檩条，称之为主檩条（图10-1-5）。另外，除中央第2、3、4道和边缘第34、35道檩条为单层通过主梁截面中心的檩条外，其余檩条均为上下弦双层，下弦位于主梁截面形心平面，上弦位于主梁加强上翼缘平面。

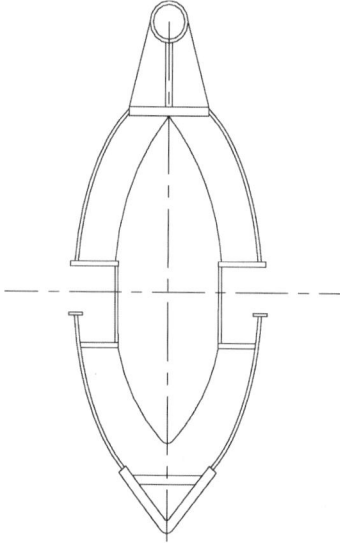

图10-1-4 主梁的截面形式

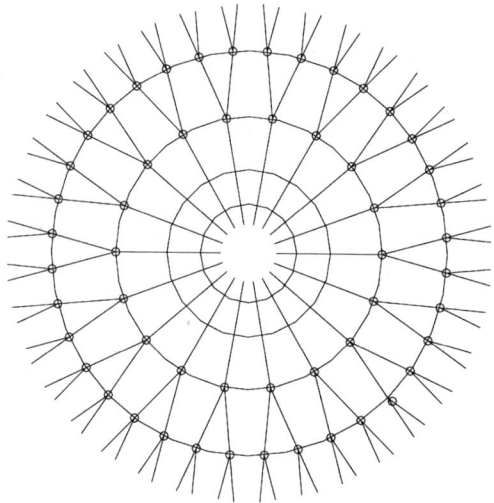

图10-1-5 主梁与主檩条布置

所有主梁均支承于内、外圈两排柱顶上，结构中央的顶压环放置在主梁的内端，将主梁梁端连接在一起。

二、结构特点

该屋盖结构基本形式为一主梁承重的刚性结构体系，主要受力构件为二次分岔的Y形主梁和两圈柱。每个主梁在内圈柱以内段下部增设的预应力钢棒，主要是为了提高梁的刚度及承载能力，同时该预应力钢棒在顶压环附近分岔成Y形并与其他梁下同样的Y形预应力钢棒相连，使连于顶压环的所有梁端形成一个整体，以实现屋盖中心环的整体性。

体系中主梁间的X形钢棒索组主要是用来形成各梁之间的联系或连接，将屋盖形成一个整体，这类钢棒的布置均不通过屋盖平面的圆心，因而在整个屋盖中将主梁连为一个整体，起着重要且主要的抗扭作用，大大提高了屋盖结构的扭转刚度。同时又可提高主梁的侧向弯曲刚度。但主梁间的预应力钢棒为柔性索，连接于主梁形心，将主梁两两相互连接，使屋盖形成一个整体。但在屋面荷载的作用下，这些柔性索的连接作用可能会减弱。

屋盖的檩条为沿屋面圆周布置的圆弧形曲杆，难以传递可能的拉力，对主梁不能形成足够有效的抗侧力支撑。而屋盖的主檩条和X形预应力索可传递拉力，形成一个完整和完备的抗扭、抗侧体系。

屋盖的顶压环将所有主梁的悬臂端连接在一起，顶环的刚度直接影响到屋盖结构的整体性。

结构的节点形式复杂，且部分节点杆件多、杆件间夹角小，难以直接采用常规的焊接或螺栓节点连接方式，本结构采用异型且尺度较大的铸钢节点。

三、屋盖索系

屋盖主梁间除檩条外，另设有 4 道 X 形预应力钢棒索将相邻主梁相互连接，X 形预应力钢棒索的布置范围为顶压环外半径为 22.275m 的圆和第 4 道主檩条（半径 112.000m）之间区域，梁间的预应力钢棒索既不平行于主梁，也不平行于檩条。均为 Y 形主梁分岔点处分支梁的反向延伸（图 10-1-6）。

四、外柱斜拉索

为了平衡由于主梁分叉而产生的柱内弯矩，且提高外柱的整体刚度，在圆周方向外柱两侧各设两根索，并施加预应力。其中单个外柱和预应力索的布置示意如图 10-1-7 所示。

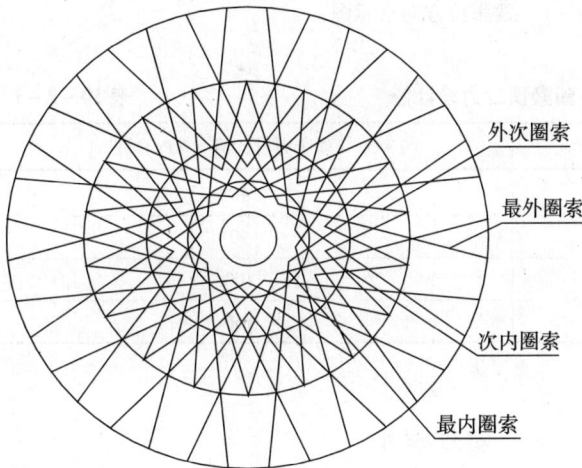

图 10-1-6 索、主檩条、顶压环布置

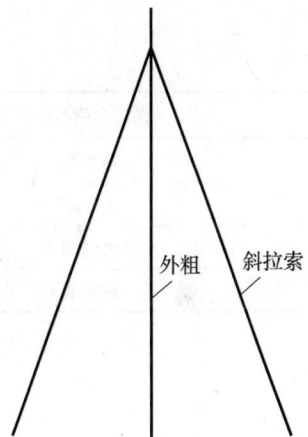

图 10-1-7 外柱和斜拉索布置

第二节 施工方案

分别研究了工程施工中采用由内圈到外圈逆时针非对称张拉施工方案、从外到内逆时针非对称张拉方案、从内到外对称张拉方案和从外到内对称张拉方案等四种张拉方案。在每圈施工中，逆时针依次张拉，直到本圈张拉结束，然后进行下一圈（内圈）索张拉。其施工方向示意图如图 10-2-1 所示。

预应力索均为 $\phi70$mm 的钢棒索。在四圈索中，每圈索的设计预应力不同。根据设计结果，最外圈索的设计预应力为 40MPa，次外圈索的设计预应力为 90MPa，次内圈索的设计预应力为 100MPa，最内圈索的设计预应力为 160MPa。各圈索的设计预应力值见表 10-2-1。

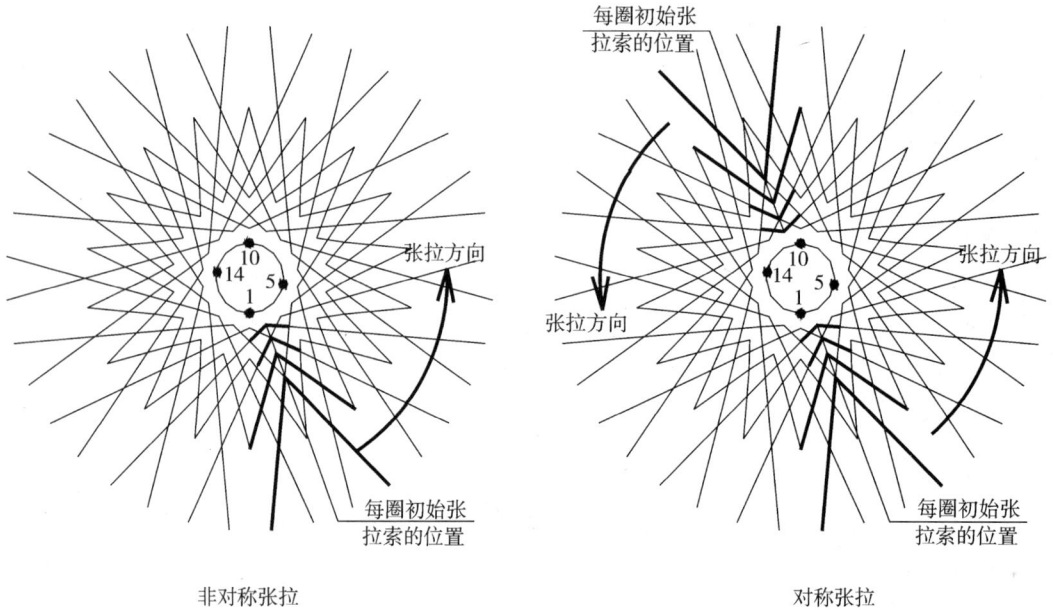

非对称张拉   对称张拉

图 10 - 2 - 1 索张拉方向示意图

各圈索预应力设计值   表 10 - 2 - 1

预应力钢棒索	预应力设计值（MPa）
最外圈	40
次外圈	90
次内圈	100
最内圈	160

第三节　分析验算

一、计算模型

采用的计算模型：

1. 所有梁单元均为空间梁单元，由于梁截面为橄榄形，在模型中只输入梁截面的特性参数。

2. 所有柱单元均为空间梁单元。

3. 所有索单元均为空间的拉杆单元，只能承受拉力，在压力作用下索单元失效。

4. 不考虑次檩条的作用。

二、计算内容

主要计算内容如下：

1. 在自重作用下结构的变形和梁、柱的最大内力。

2. 预应力钢棒索在施工过程中索内力的变化。

3. 梁和柱在索张拉施工过程中内力的变化和施工过程中柱顶位移的变化。

4. 施工过程中顶压环位移的变化。

三、在自重作用下结构的变形以及梁、柱的最大内力分析

在钢棒索没有施工前，南站屋盖结构的主体部分钢梁、柱均已经施工完成，且檩条安装完毕。在自重作用下结构发生变形，产生内力。其中的最大内力和位移列于表10-3-1中。

自重作用下结构的变形和内力　　　　　　　表10-3-1

项　目	数　值	单　位
索中的最大应力	0	MPa
索中的最小应力	0	MPa
柱中的最大应力	31.22	MPa
梁中的最大弯矩	635.29	kN · m
梁中的最大应力	2.41	MPa
内柱柱顶的最大位移	0.0100	m
外柱柱顶的最大位移	0.0096	m
顶压环中环节点 Y 向竖向位移	-0.0845	m
顶压环中环节点总位移	0.0845	m

第四节　方案分析

一、从内向外逆时针非对称张拉方案

（一）施工张拉顺序示意图

共有72组索，分72步张拉，如图10-4-1所示。

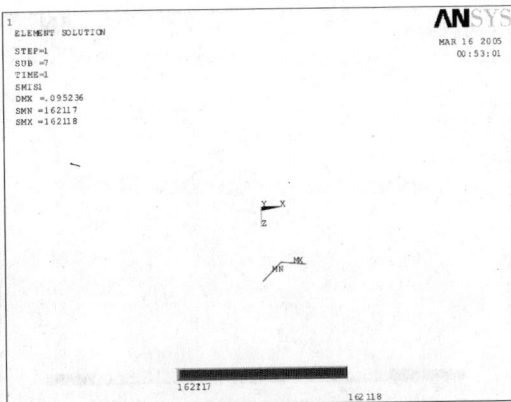

第1组索张拉施工图　　　　　　　　　　第2组索张拉施工图

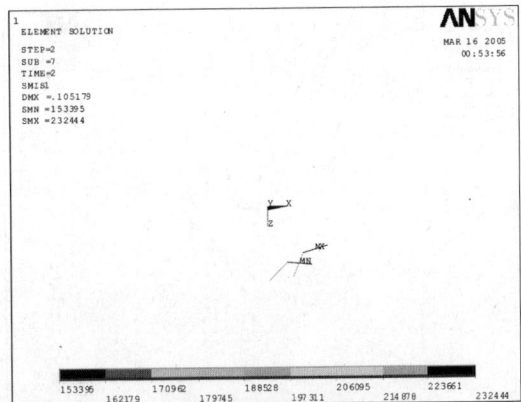

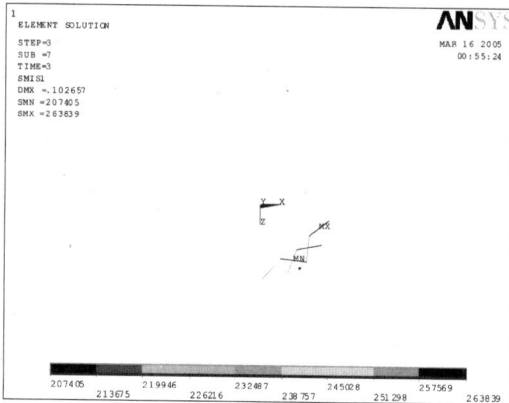

第 3 组索张拉施工图

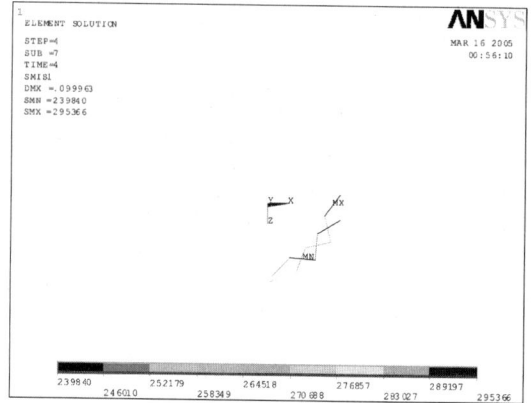

第 4 组索张拉施工图

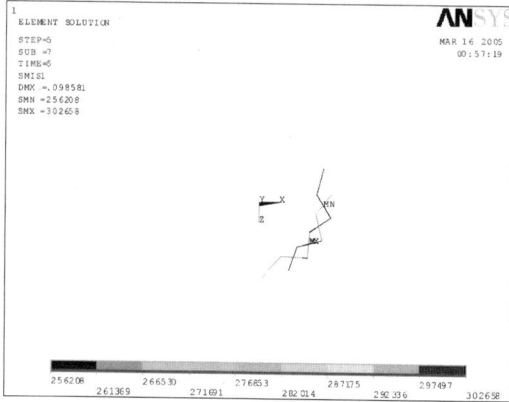

第 5 组索张拉施工图

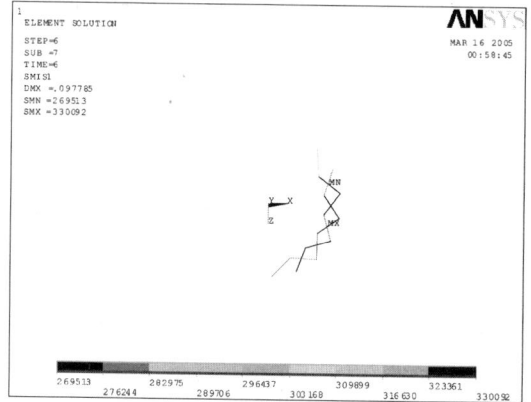

第 6 组索张拉施工图

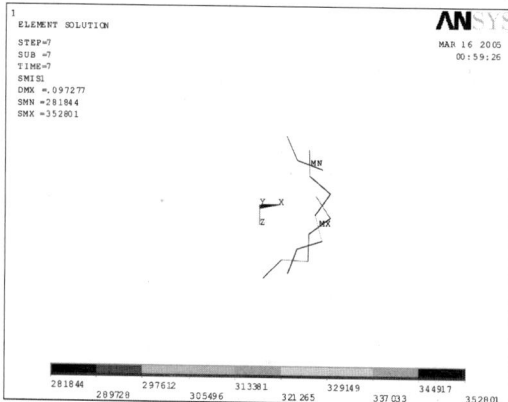

第 7 组索张拉施工图

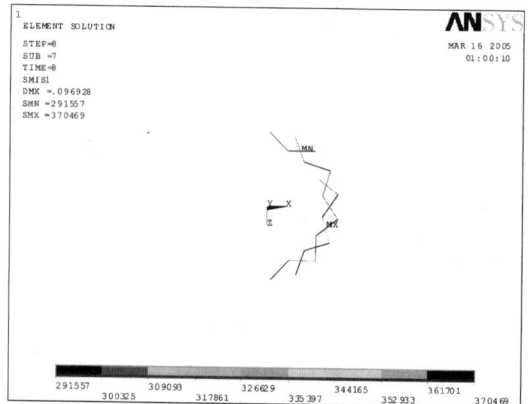

第 8 组索张拉施工图

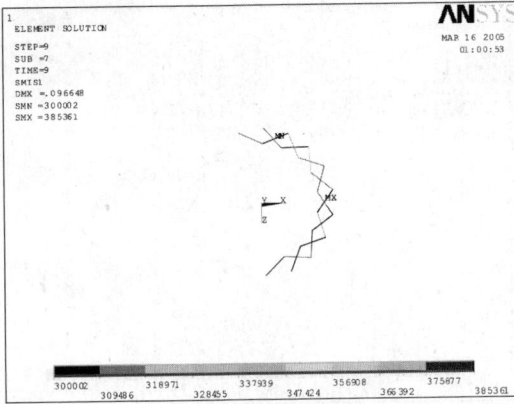

第 9 组索张拉施工图

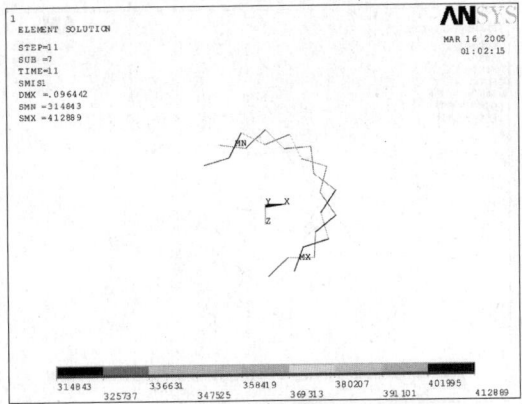

第 10 组索张拉施工图

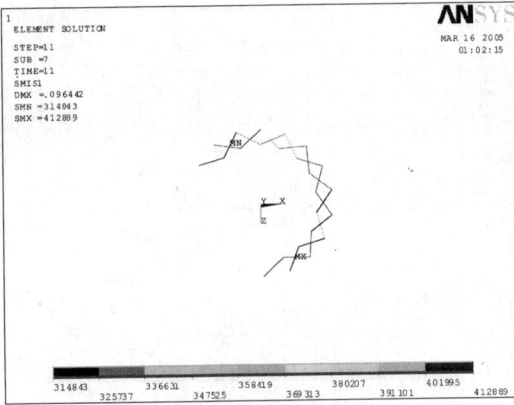

第 11 组索张拉施工图

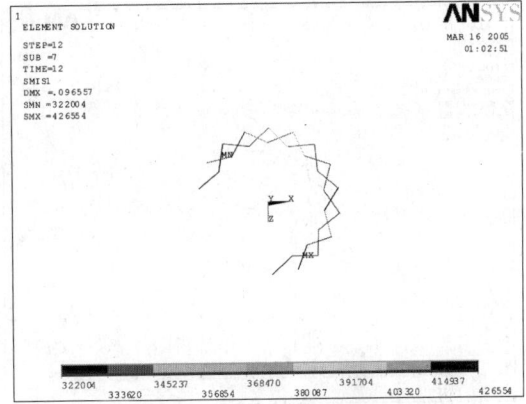

第 12 组索张拉施工图

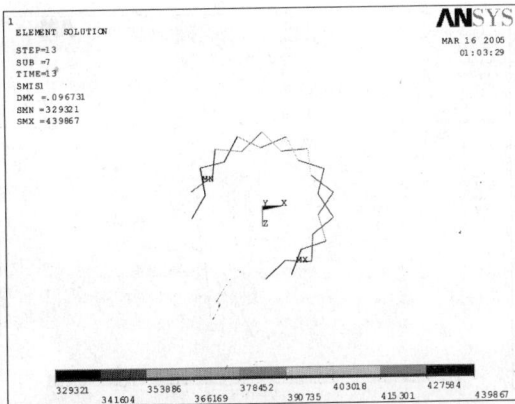

第 13 组索张拉施工图

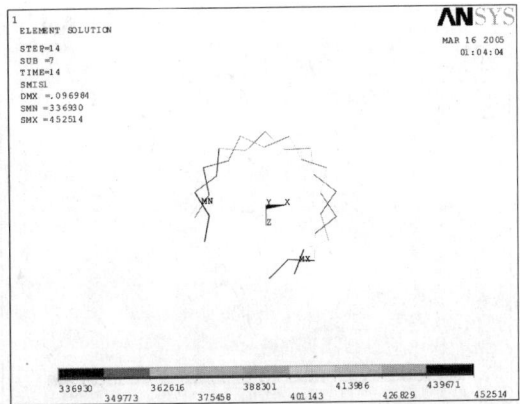

第 14 组索张拉施工图

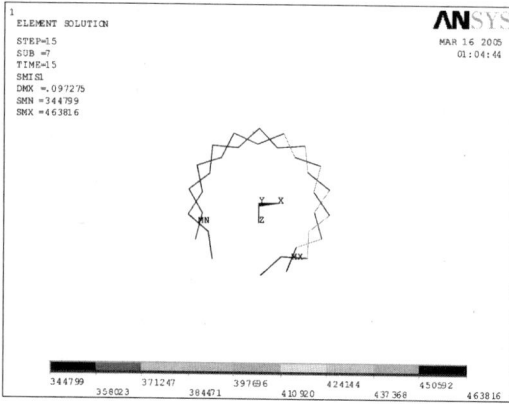

第 15 组索张拉施工图

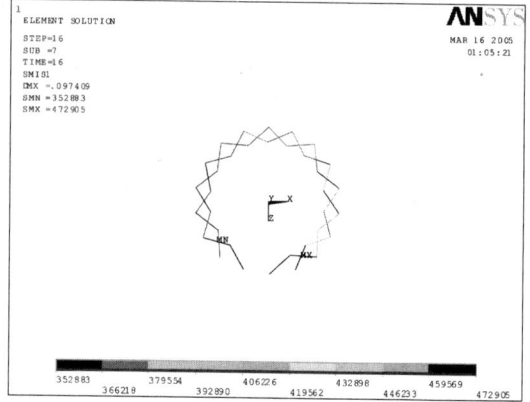

第 16 组索张拉施工图

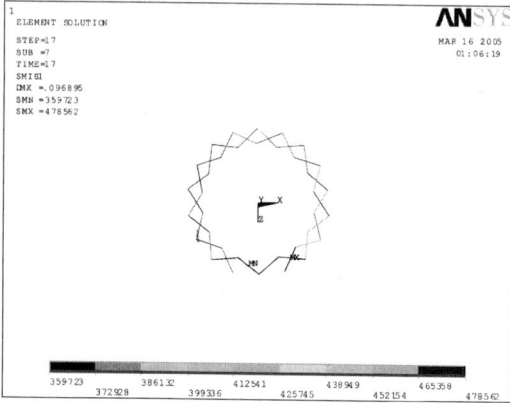

第 17 组索张拉施工图

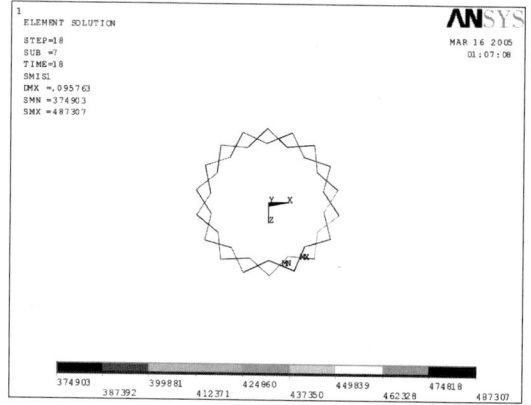

第 18 组索张拉施工图

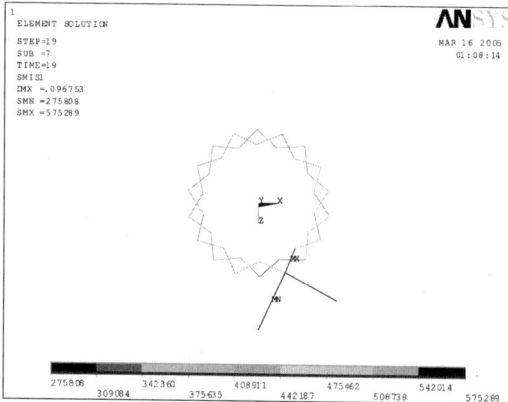

第 19 组索张拉施工图

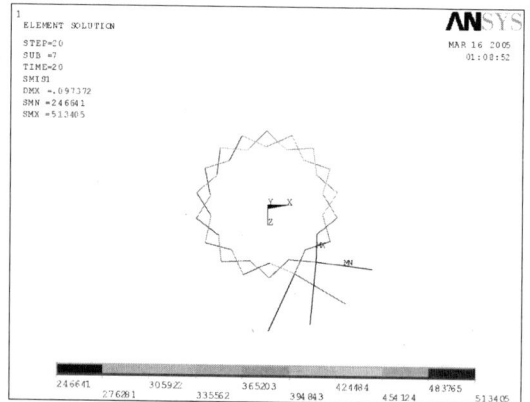

第 20 组索张拉施工图

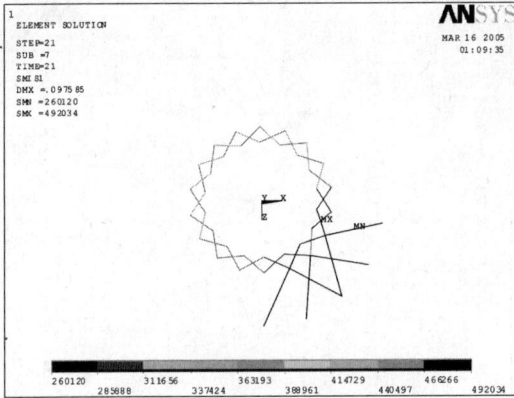
第 21 组索张拉施工图

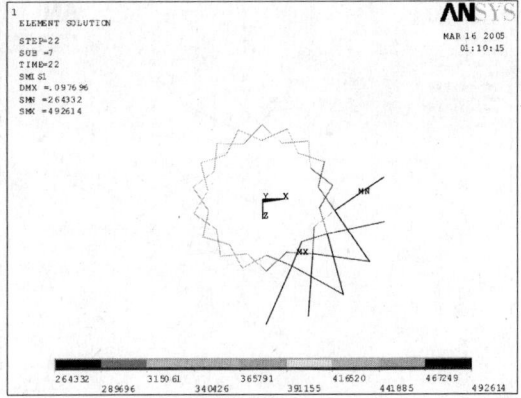
第 22 组索张拉施工图

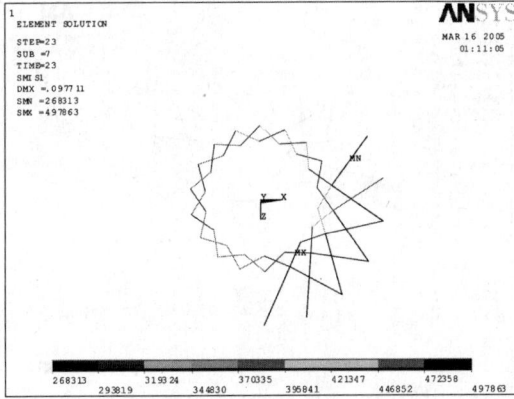
第 23 组索张拉施工图

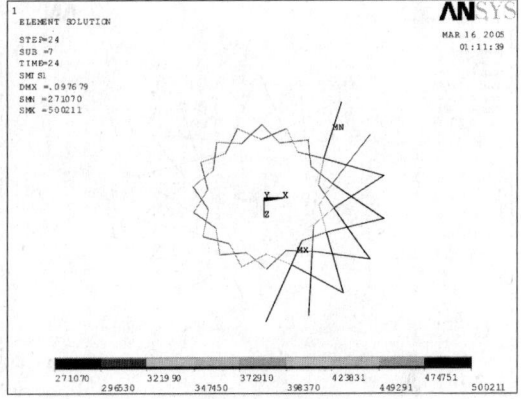
第 24 组索张拉施工图

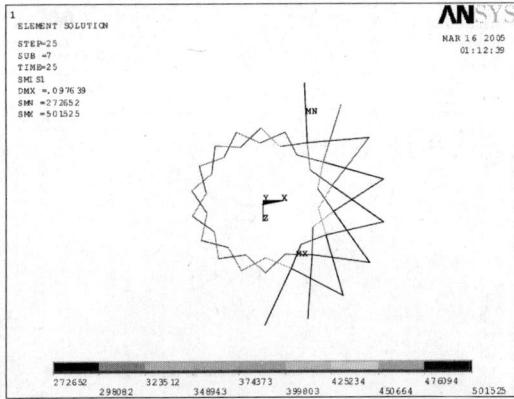
第 25 组索张拉施工图

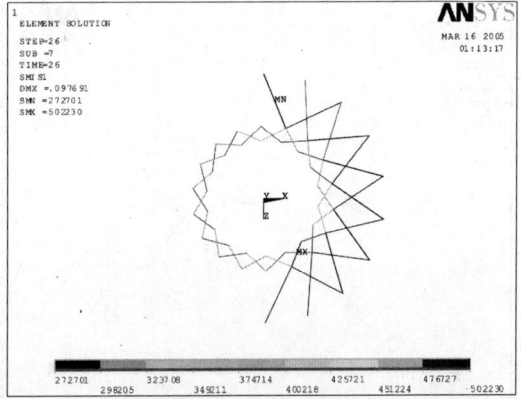
第 26 组索张拉施工图

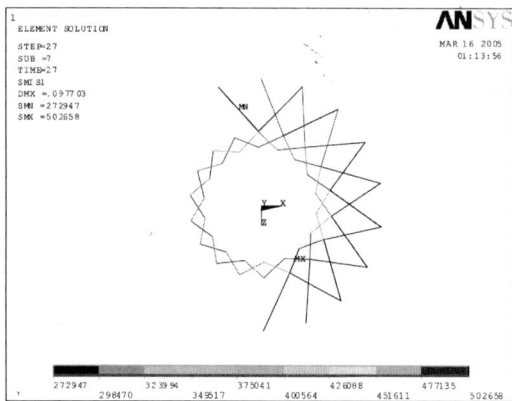

第 27 组索张拉施工图

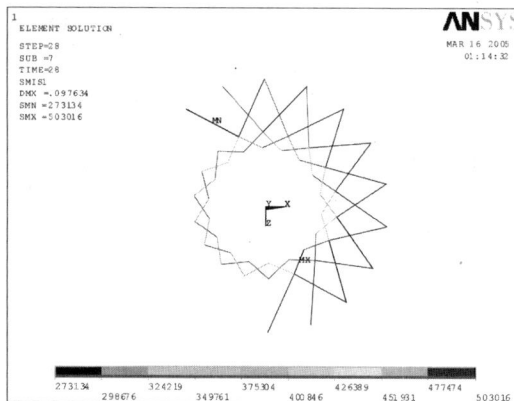

第 28 组索张拉施工图

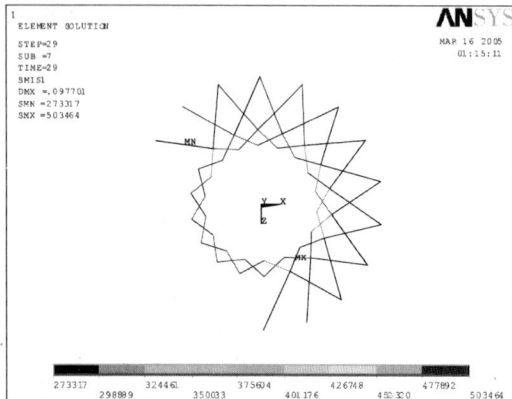

第 29 组索张拉施工图

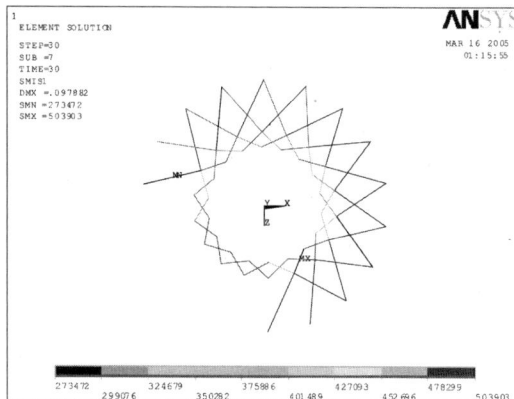

第 30 组索张拉施工图

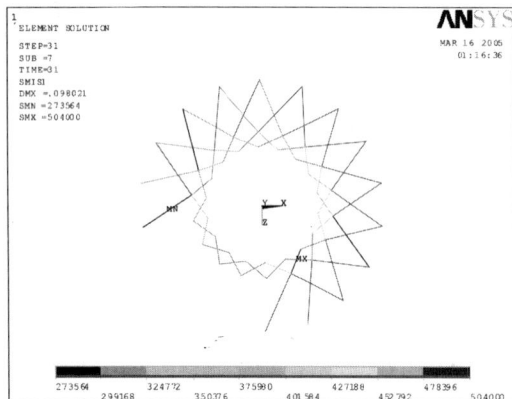

第 31 组索张拉施工图

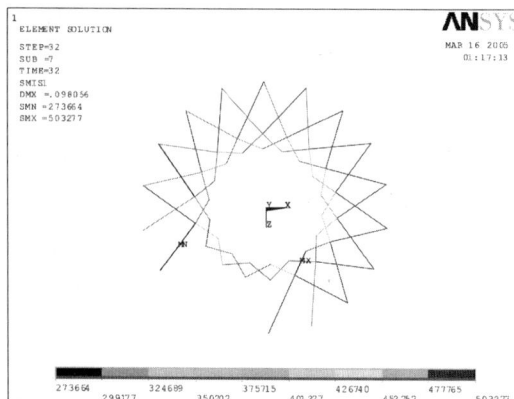

第 32 组索张拉施工图

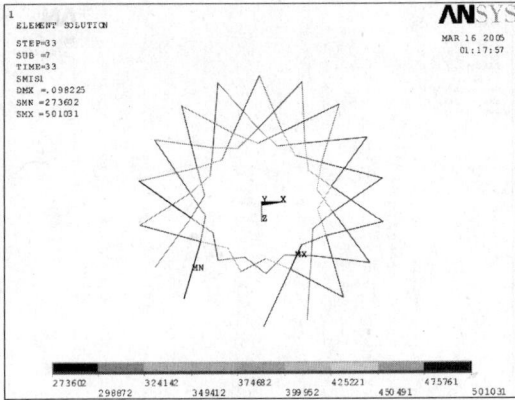

第 33 组索张拉施工图

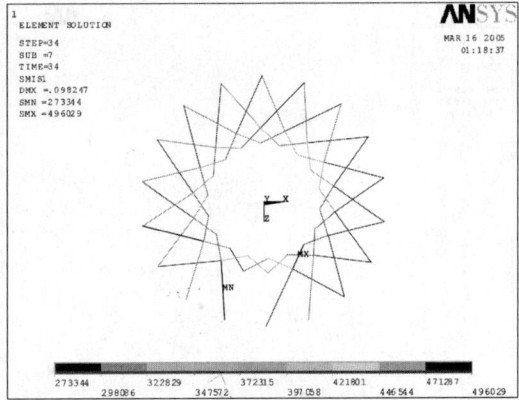

第 34 组索张拉施工图

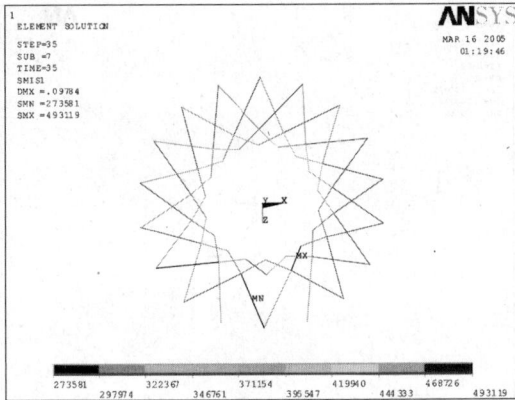

第 35 组索张拉施工图

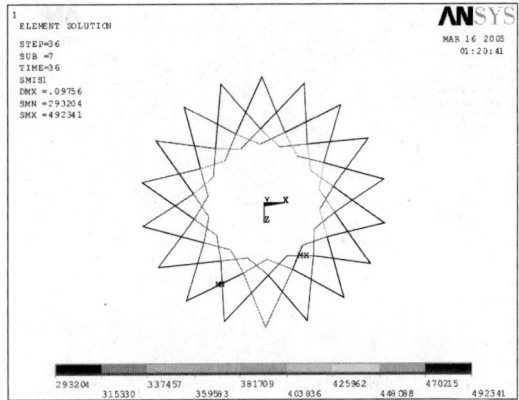

第 36 组索张拉施工图

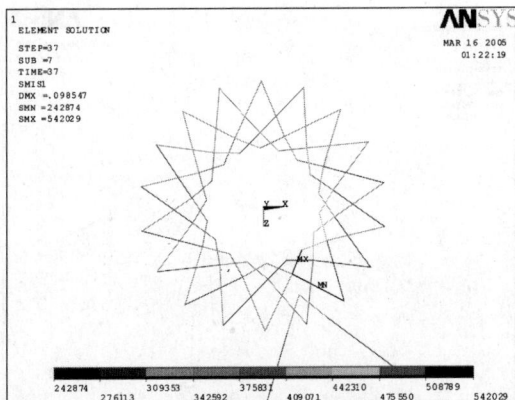

第 37 组索张拉施工图

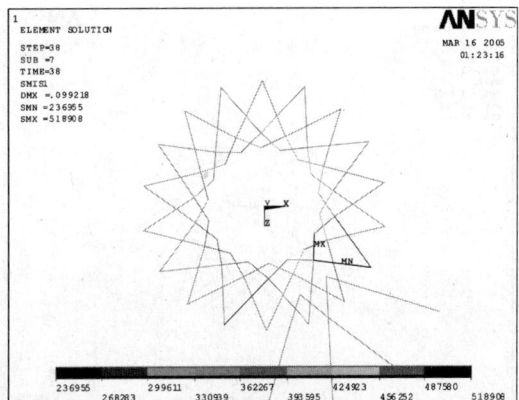

第 38 组索张拉施工图

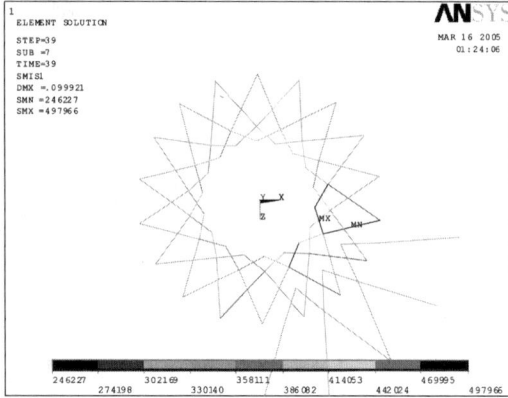

第 39 组索张拉施工图

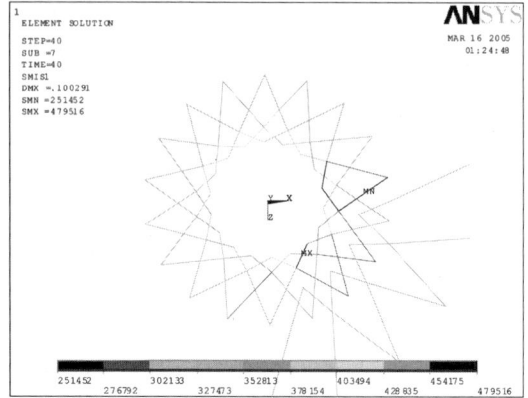

第 40 组索张拉施工图

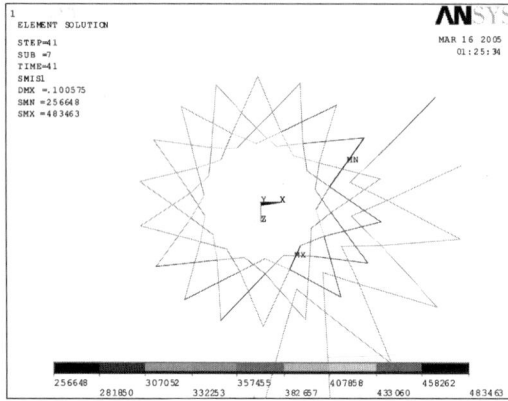

第 41 组索张拉施工图

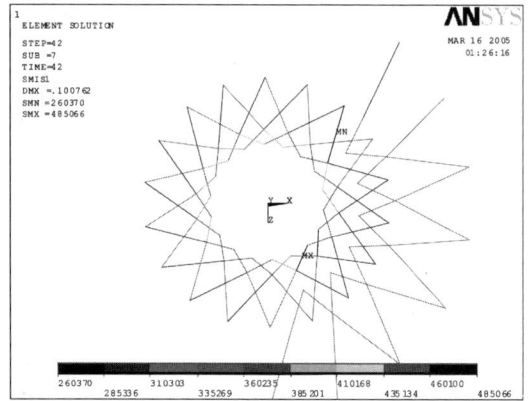

第 42 组索张拉施工图

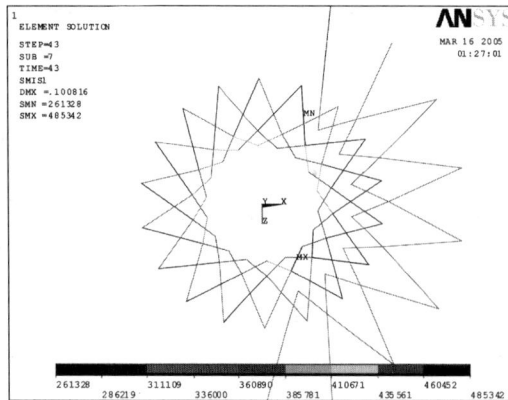

第 43 组索张拉施工图

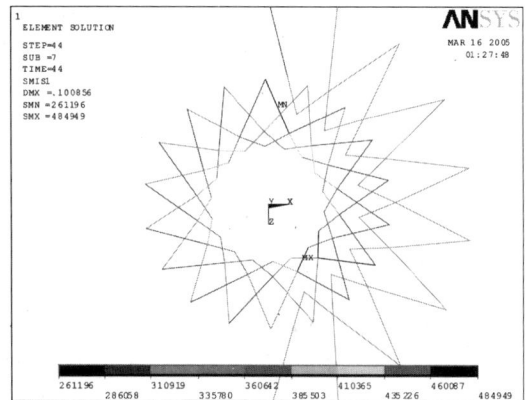

第 44 组索张拉施工图

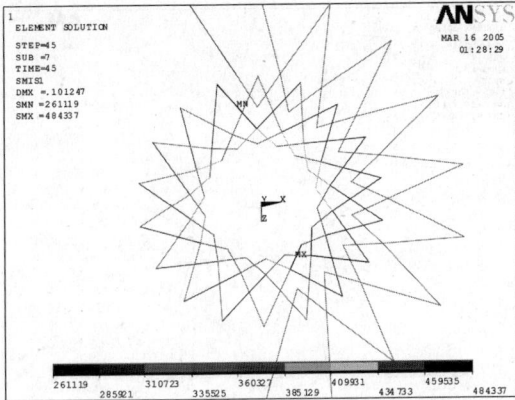

第 45 组索张拉施工图

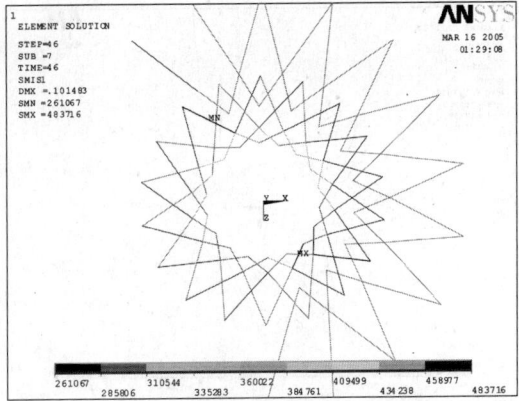

第 46 组索张拉施工图

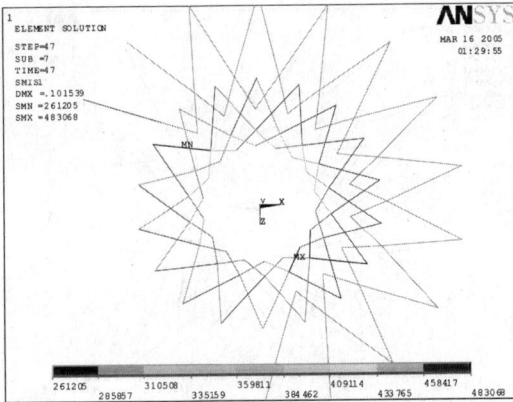

第 47 组索张拉施工图

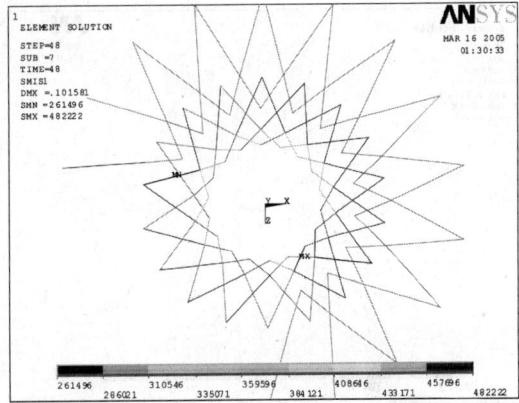

第 48 组索张拉施工图

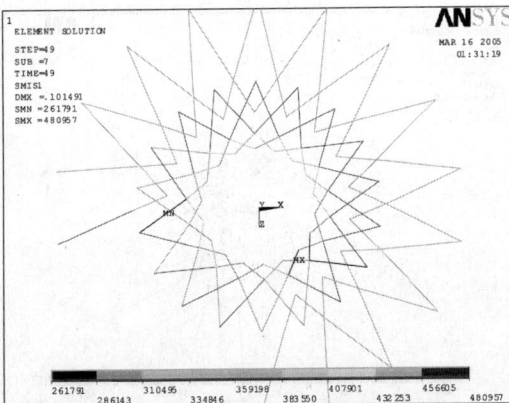

第 49 组索张拉施工图

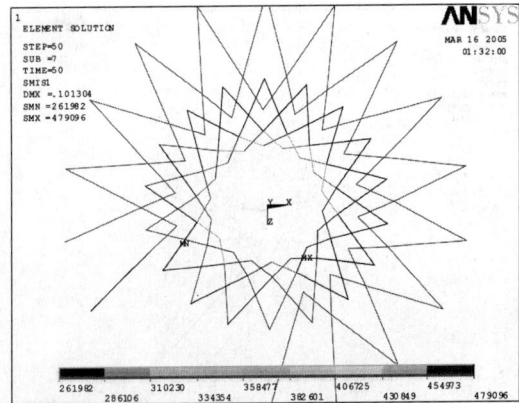

第 50 组索张拉施工图

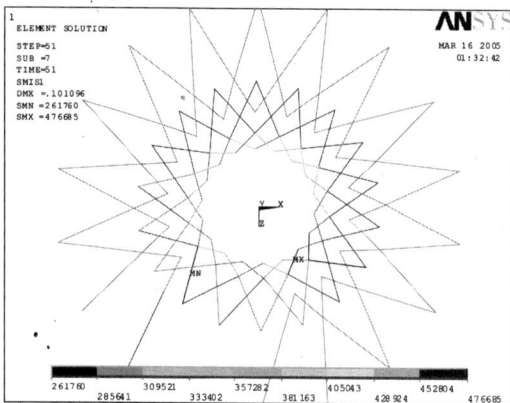

第 51 组索张拉施工图

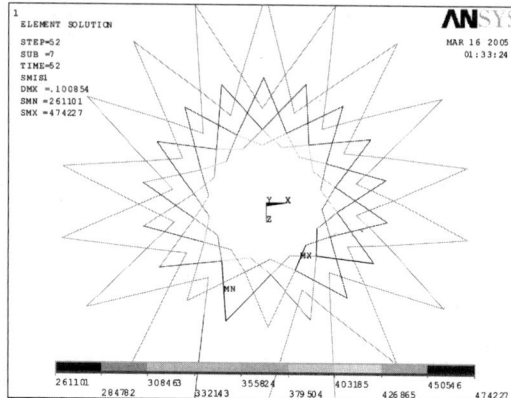

第 52 组索张拉施工图

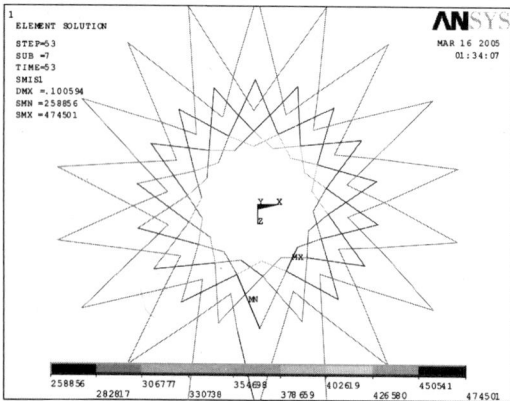

第 53 组索张拉施工图

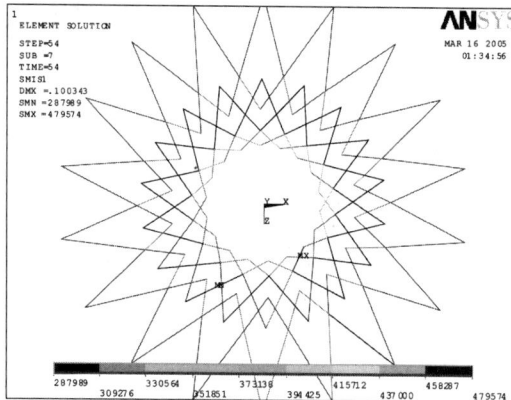

第 54 组索张拉施工图

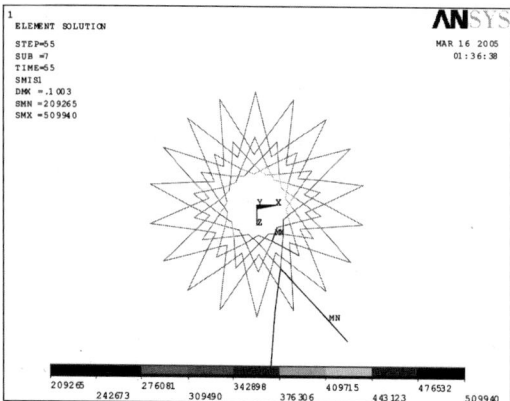

第 55 组索张拉施工图

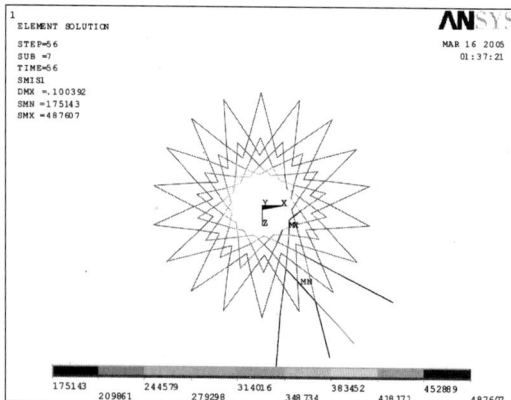

第 56 组索张拉施工图

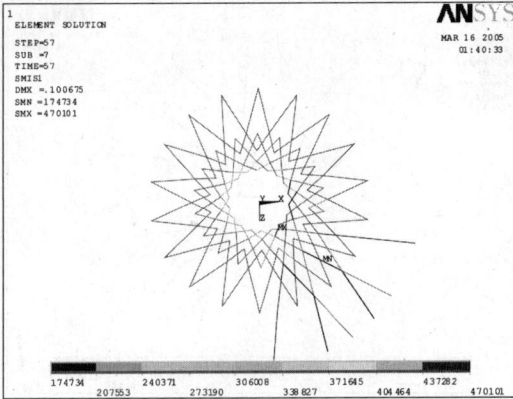
第 57 组索张拉施工图

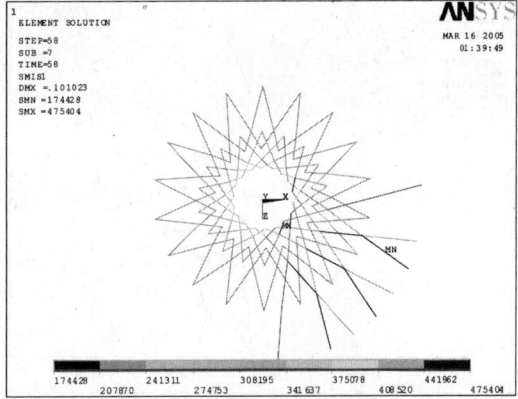
第 58 组索张拉施工图

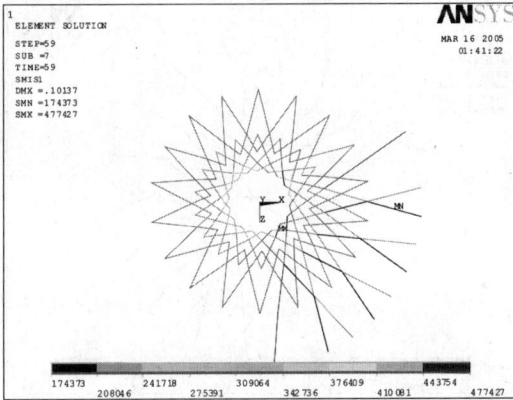
第 59 组索张拉施工图

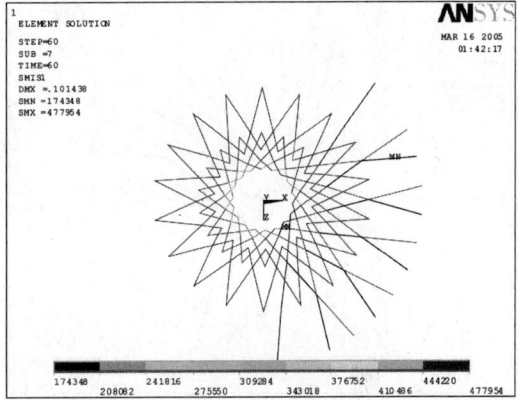
第 60 组索张拉施工图

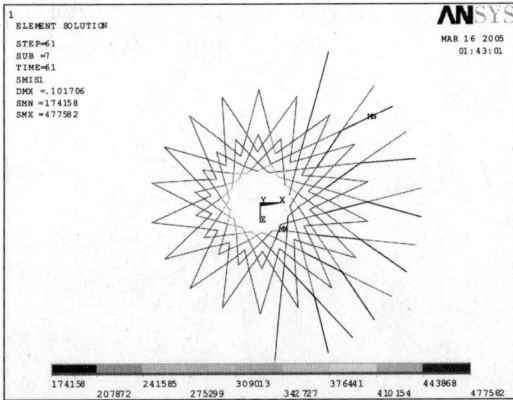
第 61 组索张拉施工图

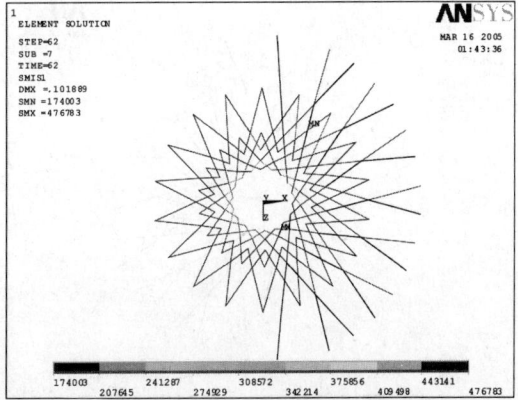
第 62 组索张拉施工图

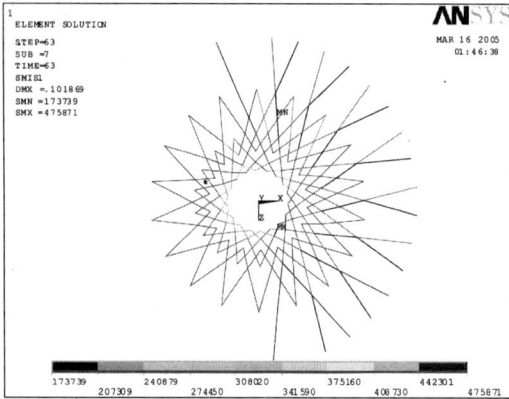

第 63 组索张拉施工图

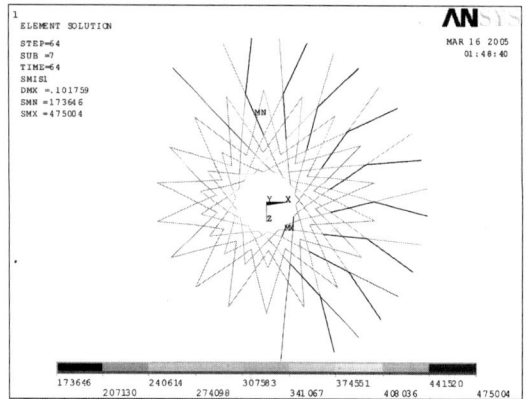

第 64 组索张拉施工图

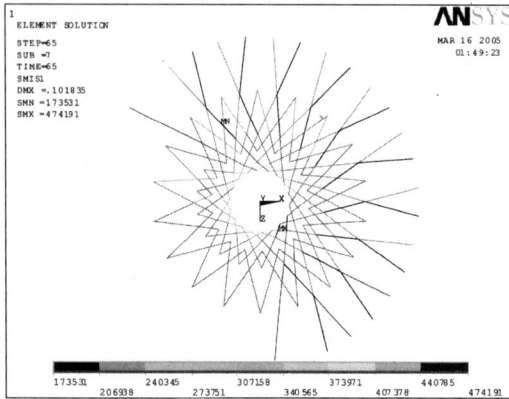

第 65 组索张拉施工图

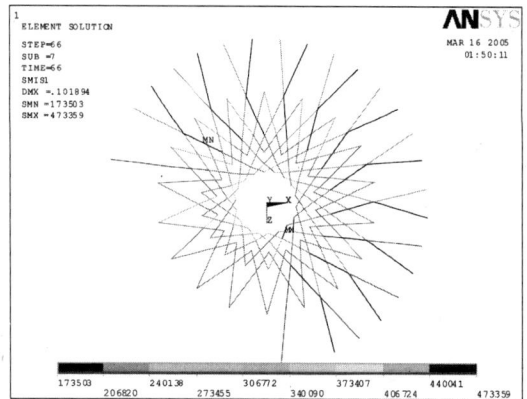

第 66 组索张拉施工图

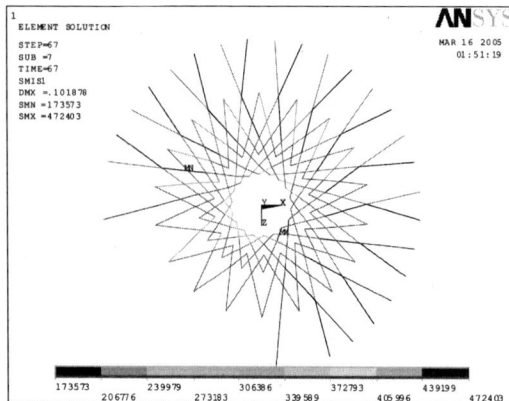

第 67 组索张拉施工图

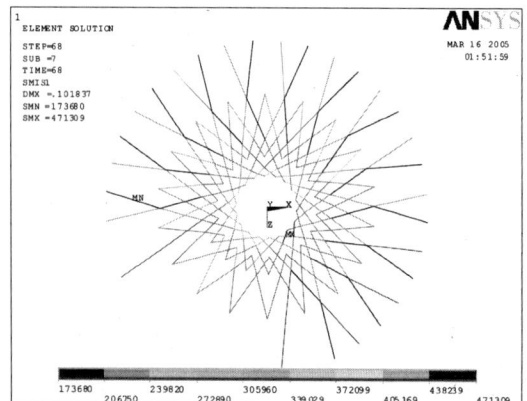

第 68 组索张拉施工图

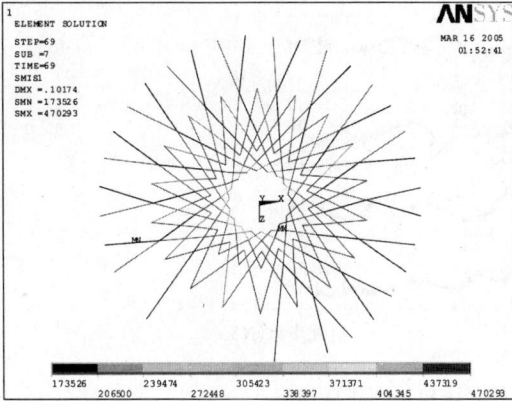

第 69 组索张拉施工图

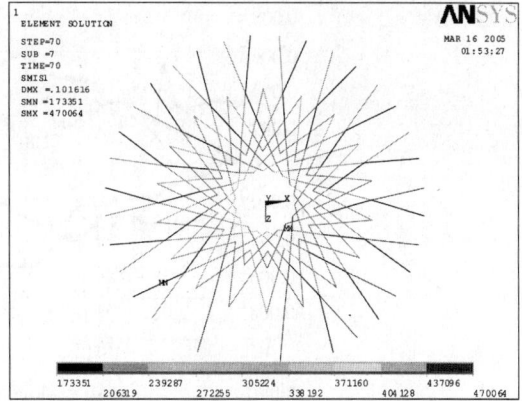

第 70 组索张拉施工图

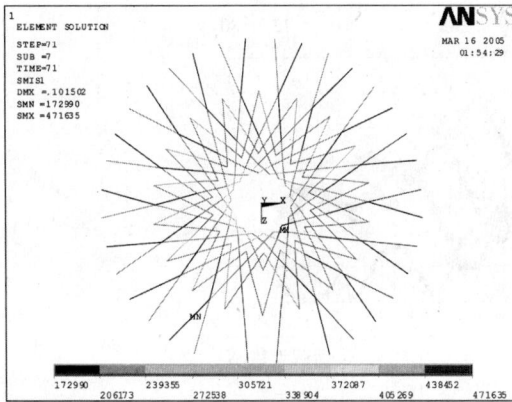

第 71 组索张拉施工图

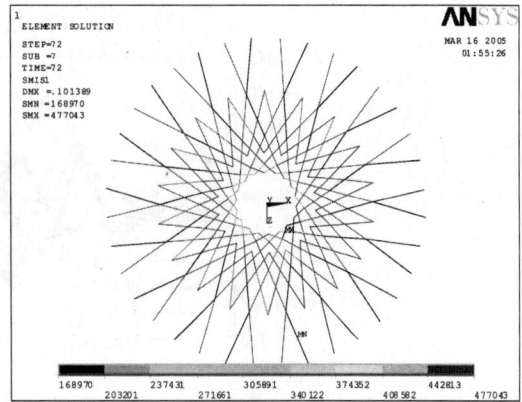

第 72 组索张拉施工图

图 10-4-1 从内向外逆时针非对称张拉顺序（第 1~72 组）

（二）顶压环节点位移分析

顶压环四节点（四节点为节点 1、5、10、14，它们以顶压环的中心为对称中心，沿顶压环内半径圆周方向分布，见图 10-2-1）在 72 步张拉过程中的位移最值见表 10-4-1，位移图如图 10-4-2、图 10-4-3 所示。

顶压环节点位移最值（从内向外逆时针施工张拉）　　　　　表 10-4-1

节点编号	位移最值	X 向位移	Y 向位移	Z 向位移	总位移
节点 1	最小值（cm）	-0.13	-8.25	-0.399	8.27
	最大值（cm）	0.685	-8.48	-0.846	8.58
节点 5	最小值（cm）	-0.171	-8.26	0.0236	8.37
	最大值（cm）	-0.492	-8.60	-0.622	8.63
节点 10	最小值（cm）	0.018	-8.25	0.208	8.27
	最大值（cm）	-0.725	-8.70	0.566	8.74
节点 14	最小值（cm）	0.815	-8.10	0.0577	8.12
	最大值（cm）	0.525	-8.19	0.767	8.50

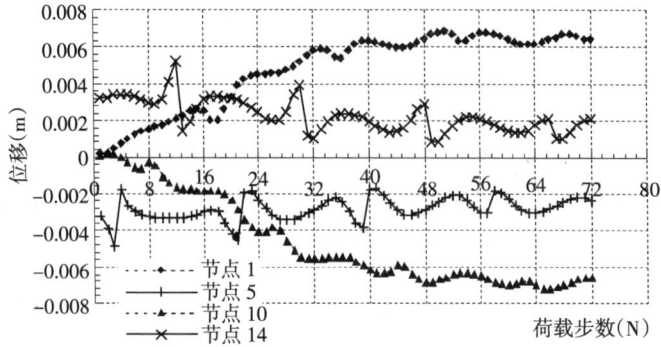

图 10 - 4 - 2　（从内向外逆时针施工张拉）顶压环四节点
（1、5、10、14）X 向位移图

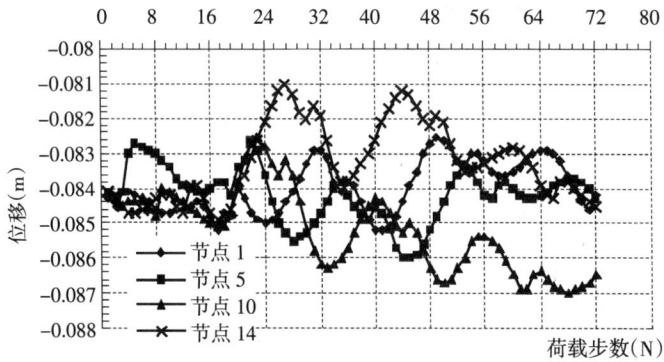

图 10 - 4 - 3　（从内向外逆时针施工张拉）顶压环四节点
（1、5、10、14）Y 向位移图

由表 10 - 4 - 1 和图 10 - 4 - 2、图 10 - 4 - 3 可见：

1. 从节点位移值大小来看，在施工张拉过程中，顶压环的位移主要发生在 Y 向，即竖直方向，最小位移 - 8.7cm，最大位移 - 8.10cm。而相比之下，四节点中 X 向和 Z 位移变化的最大行程只有 0.8cm 左右，其中节点（1）X 向位移在 - 0.13 ~ 0.685cm 之间变动，节点（10）X 向位移在 - 0.725 ~ 0.018cm 之间变动，水平向位移比竖向位移低一个数量级。

2. 从各节点位移变化趋势来看，节点（节点 1 和节点 10，节点 5 和节点 14 以顶压环中心点为中心对称）的 X 向、Y 向和 Z 向位移在每一圈索张拉到节点附近时，节点位移有显著变化（水平向位移 X 向和 Z 向位移最大变化幅度 0.8cm 左右，竖向位移 Y 向位移变化幅度要小一些，最大为 0.45cm），且随着张拉从内向外进行，张拉点位置远离节点，位移变化幅度减小；当张拉点远离节点时，节点位移有所恢复，但总的变化趋势是随着张拉过程的进行，节点位移在增加。

（三）索应力变化分析

采用从内往外逆时针张拉方案，四圈索中，一、二、三、四圈分别为最内圈、次内圈、次外圈和最外圈，在各圈张拉过程中，索应力最小值和最大值变化如图 10 - 4 - 4、图 10 - 4 - 5 所示，数值列于表 10 - 4 - 2、表 10 - 4 - 3。

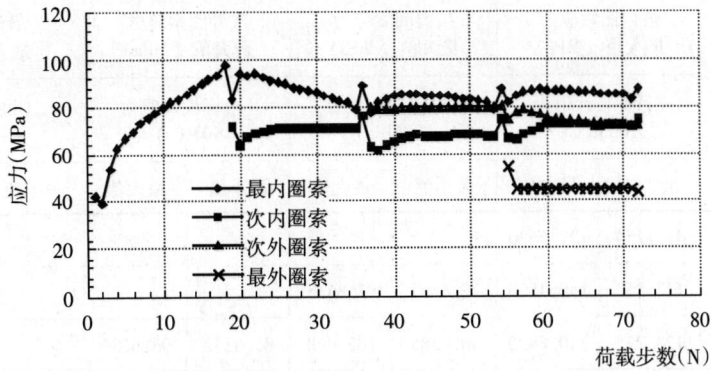

图 10-4-4 （从内圈向外圈逆时针张拉）各圈索中最小应力值图

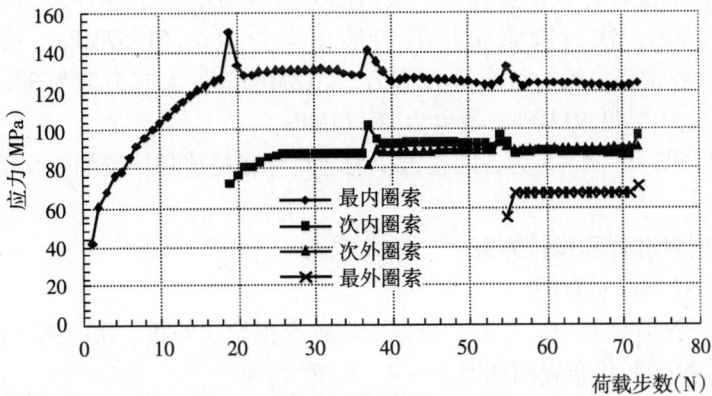

图 10-4-5 （从内圈向外圈逆时针张拉）各圈索中最大应力值图

从内向外张拉方案各圈索应力最小值表　　　　　　表 10-4-2

张拉过程	最内圈索应力最小值（MPa）（目标设计值为160MPa）		次内圈索应力最小值（MPa）（目标设计值为100MPa）		次外圈索应力最小值（MPa）（目标设计值为90MPa）		最外圈索应力最小值（MPa）（目标设计值为40MPa）	
	最小值	最大值	最小值	最大值	最小值	最大值	最小值	最大值
最内圈张拉	39.8588	97.4164						
次内圈张拉	79.1722	94.3159	64.0882	71.5274				
次外圈张拉	77.7966	87.5696	61.5714	74.8323	79.1943	80.2786		
最外圈张拉	82.2152	87.7570	65.7580	74.5657	72.1803	79.3632	43.90587	54.3763

张拉过程	最内圈索应力最大值（MPa）（目标设计值为160MPa）		次内圈索应力最大值（MPa）（目标设计值为100MPa）		次外圈索应力最大值（MPa）（目标设计值为90MPa）		最外圈索应力最大值（MPa）（目标设计值为40MPa）	
	最小值	最大值	最小值	最大值	最小值	最大值	最小值	最大值
最内圈张拉	42.1254	121.5620						
次内圈张拉	127.852	149.4860	72.6787	87.8635				
次外圈张拉	123.225	140.8430	90.9585	102.098	81.6332	93.6686		
最外圈张拉	122.143	132.5050	81.5331	91.5624	88.8480	91.0323	55.13738	70.73011

从内圈向外圈的逆时针张拉过程中，最内圈索张拉后的最小应力为 39.86MPa，最大应力值为 149.49MPa；次内圈索张拉后的最小应力值为 61.57MPa，最大应力值为 102.10MPa；次外圈索张拉后的最小应力值为 72.18MPa，最大应力值为 93.67MPa；最外圈索张拉后最小应力值 43.91MPa，最大为 70.73MPa。

图 10 - 4 - 4、图 10 - 4 - 5 为各圈拉索应力与目标张拉值相比较的变化情况。

二、从外向内逆时针非对称张拉方案

（一）施工张拉顺序示意图

从外圈开始，逆时针张拉。外圈张拉完毕后依次张拉次外圈、次内圈、最内圈。共 72 组索，分 72 步张拉，张拉布置图如图 10 - 4 - 6 所示。

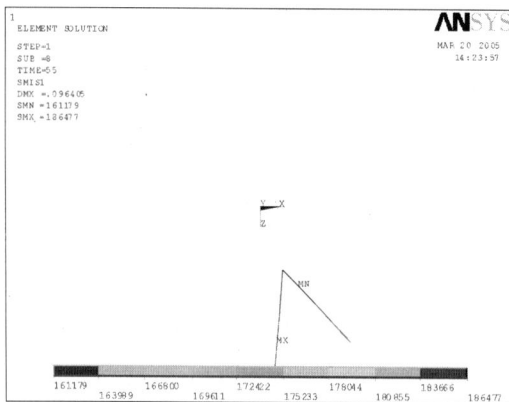

第 1 组索张拉施工图

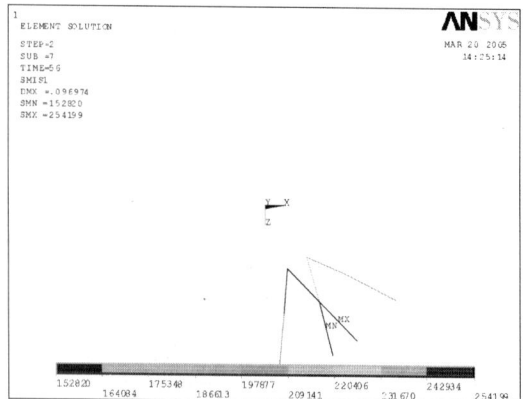

第 2 组索张拉施工图

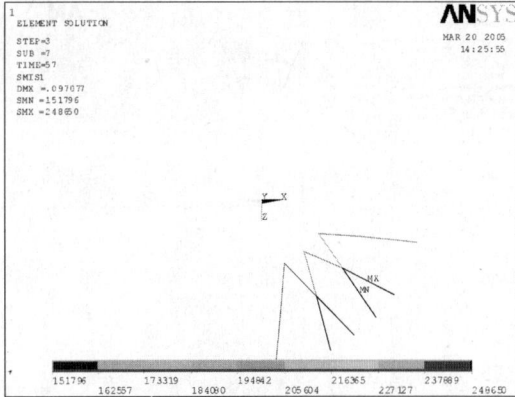
第 3 组索张拉施工图

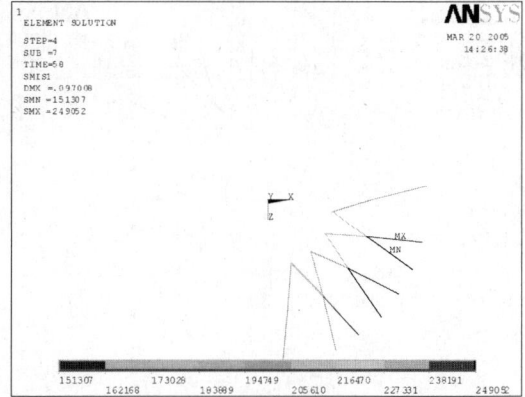
第 4 组索张拉施工图

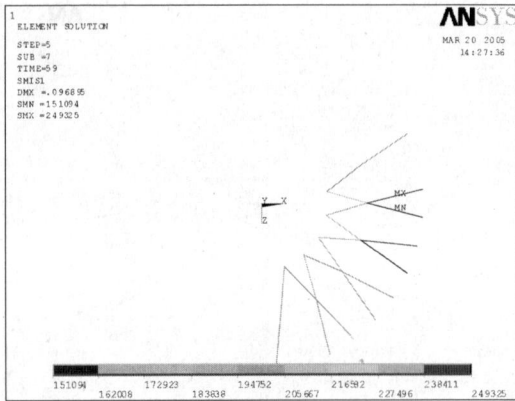
第 5 组索张拉施工图

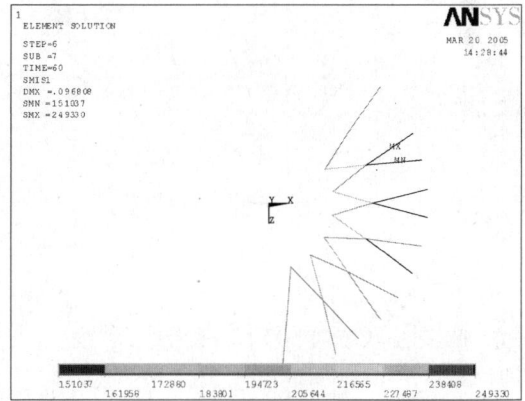
第 6 组索张拉施工图

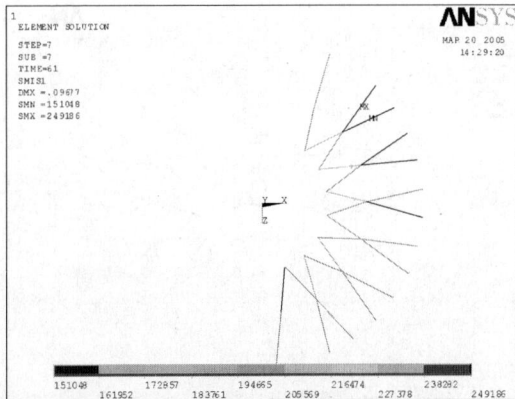
第 7 组索张拉施工图

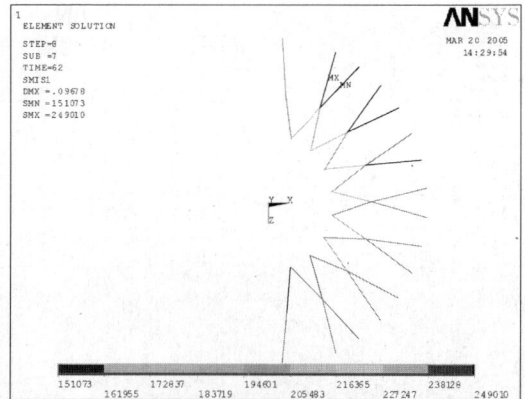
第 8 组索张拉施工图

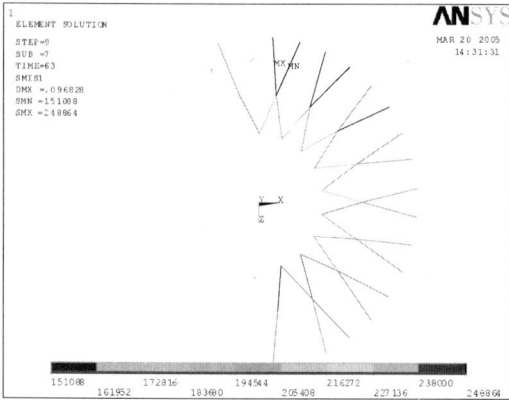

第 9 组索张拉施工图

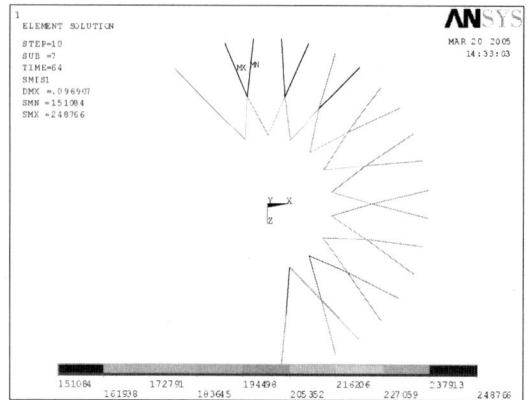

第 10 组索张拉施工图

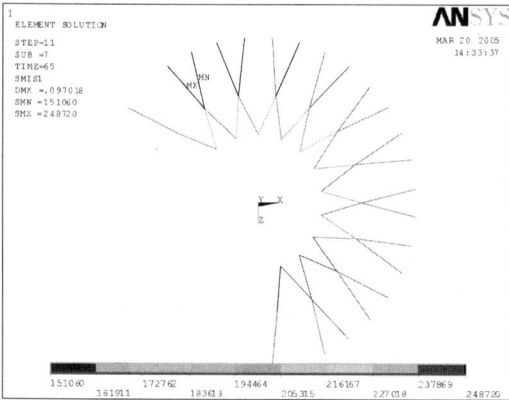

第 11 组索张拉施工图

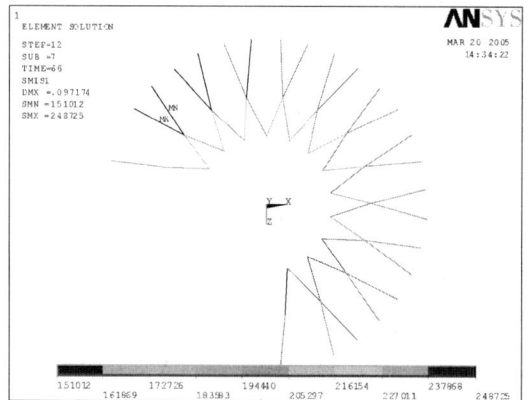

第 12 组索张拉施工图

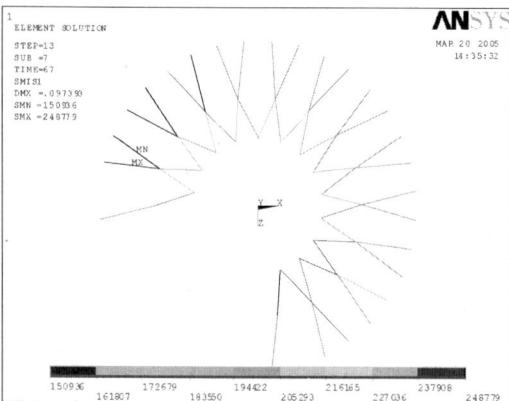

第 13 组索张拉施工图

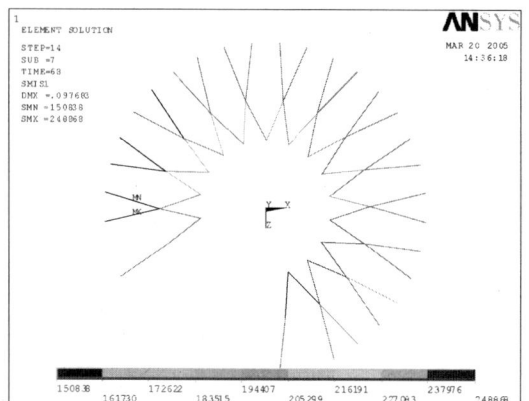

第 14 组索张拉施工图

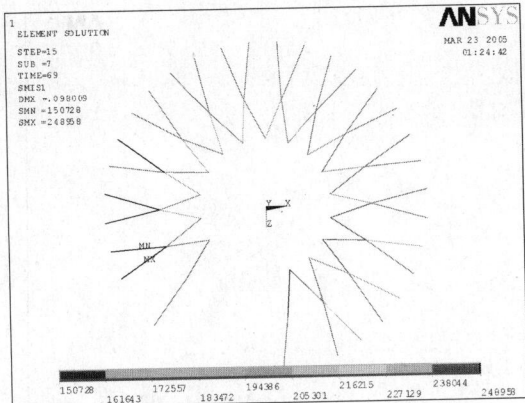

第 15 组索张拉施工图

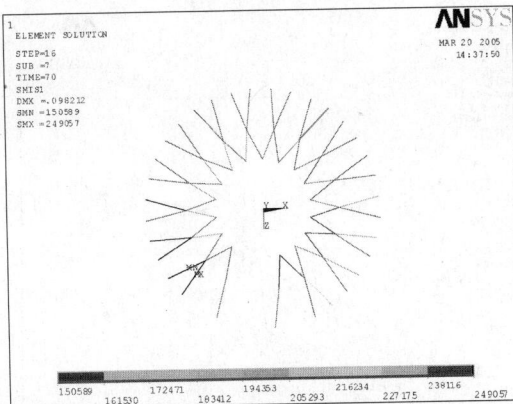

第 16 组索张拉施工图

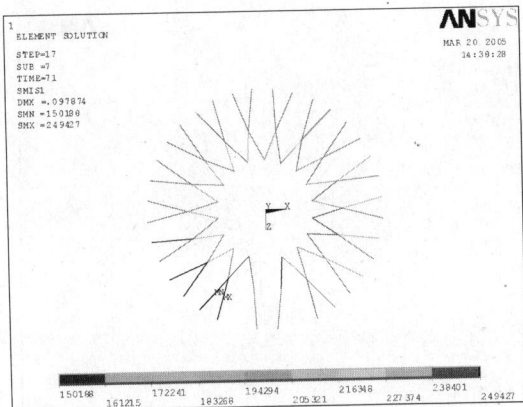

第 17 组索张拉施工图

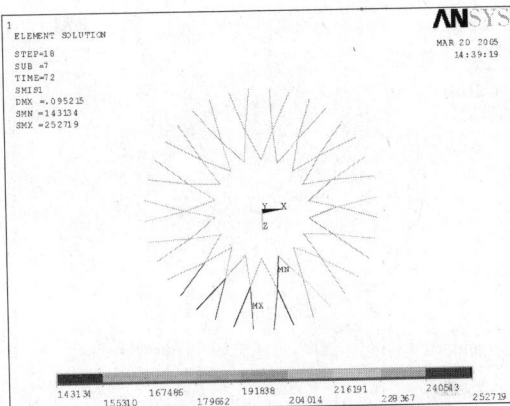

第 18 组索张拉施工图

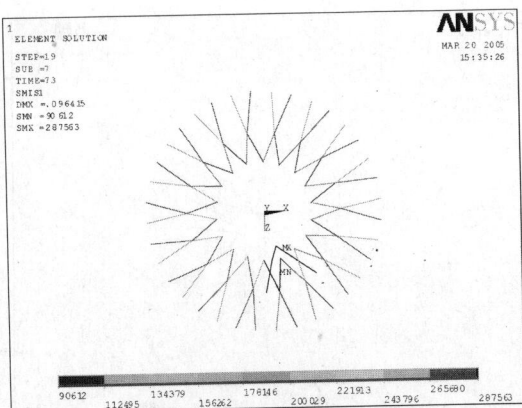

第 19 组索张拉施工图

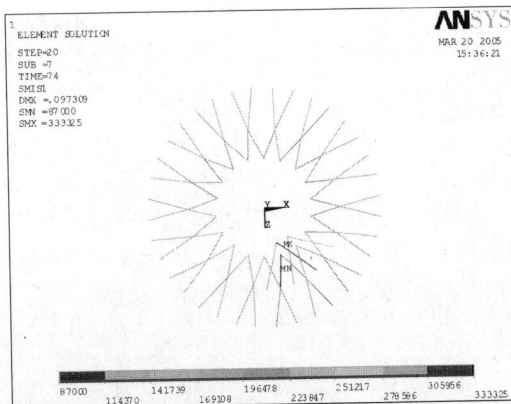

第 20 组索张拉施工图

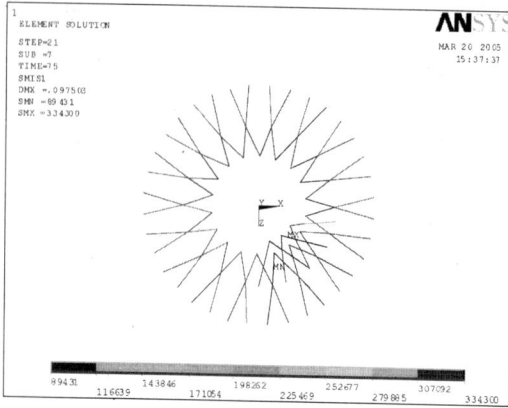

第 21 组索张拉施工图

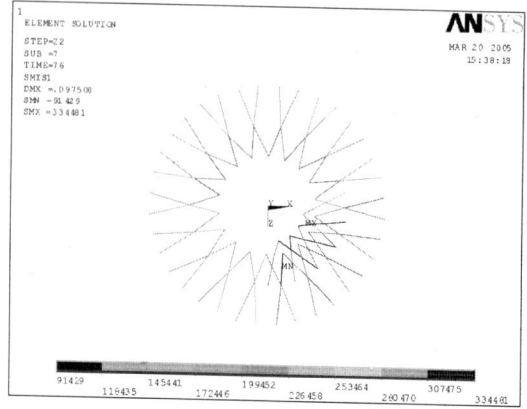

第 22 组索张拉施工图

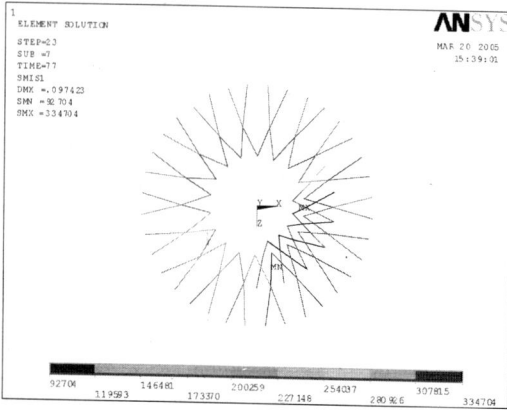

第 23 组索张拉施工图

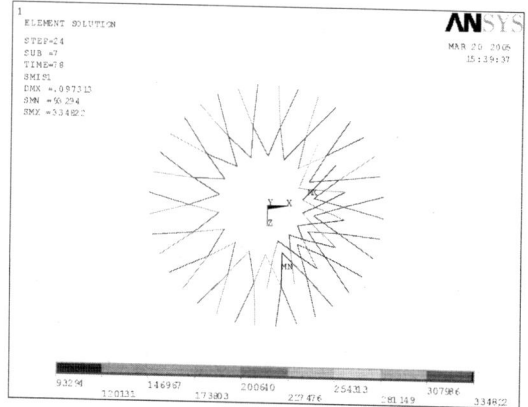

第 24 组索张拉施工图

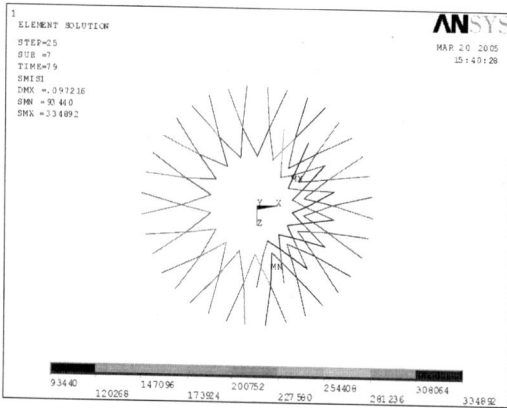

第 25 组索张拉施工图

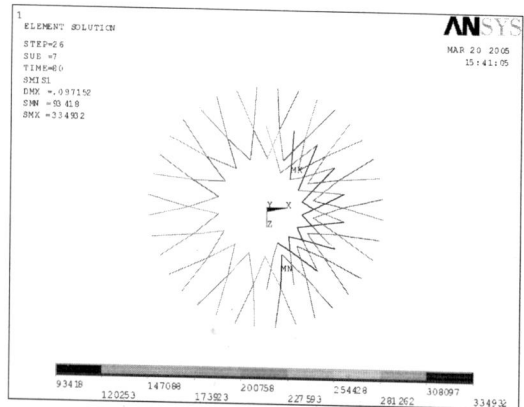

第 26 组索张拉施工图

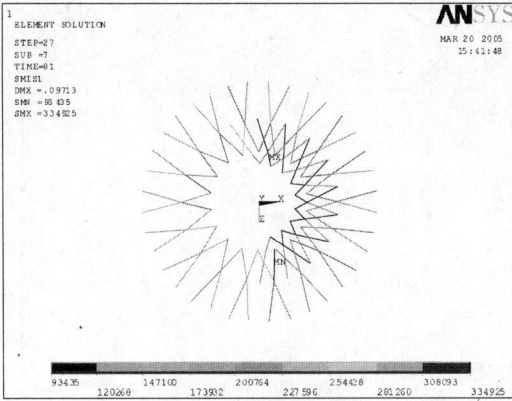

第27组索张拉施工图

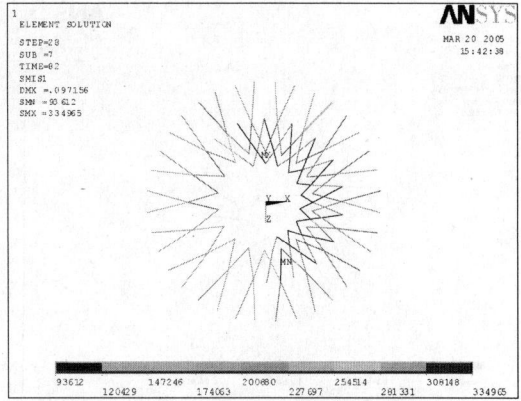

第28组索张拉施工图

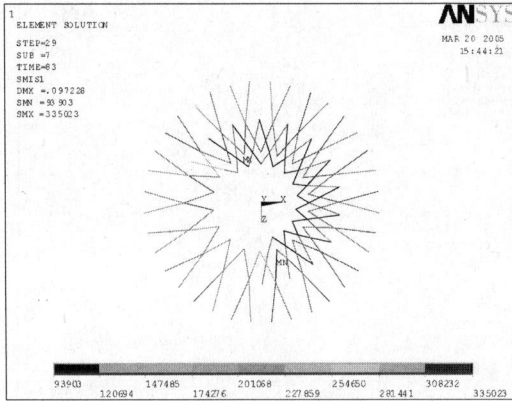

第29组索张拉施工图

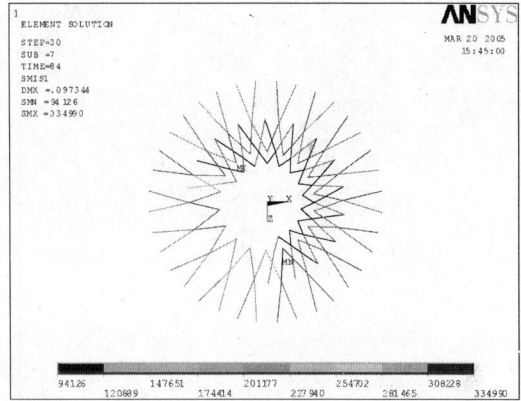

第30组索张拉施工图

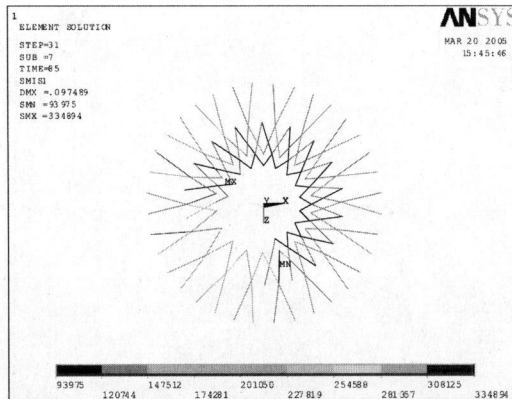

第31组索张拉施工图

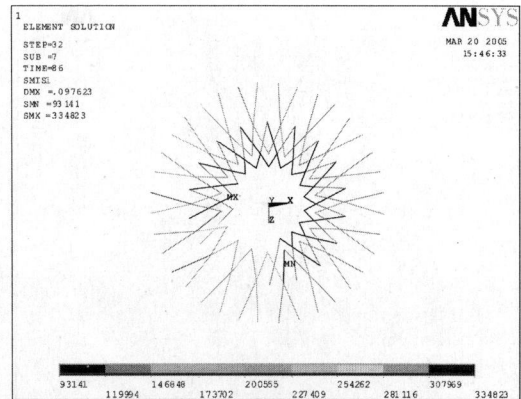

第32组索张拉施工图

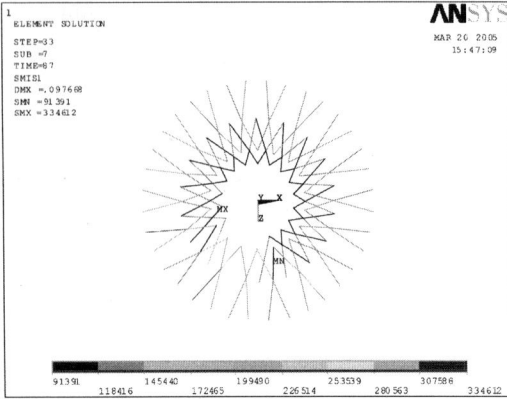

第 33 组索张拉施工图

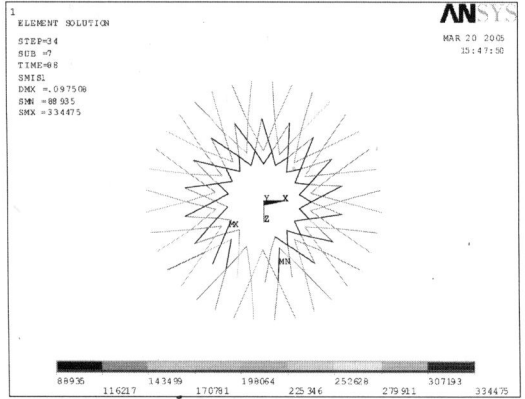

第 34 组索张拉施工图

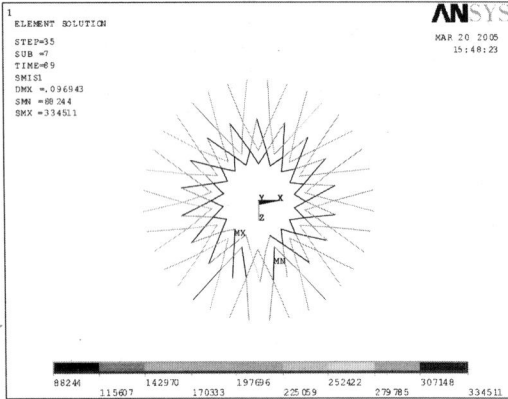

第 35 组索张拉施工图

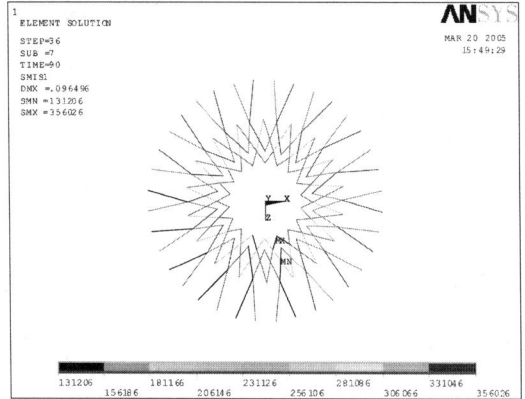

第 36 组索张拉施工图

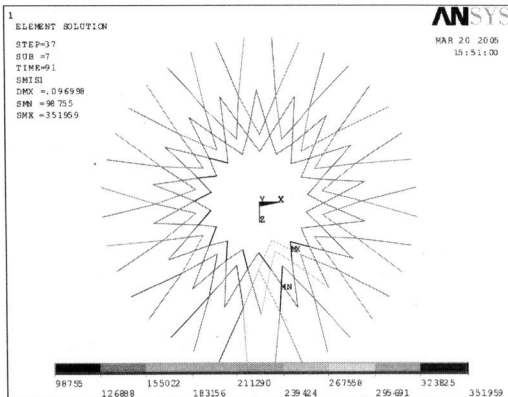

第 37 组索张拉施工图

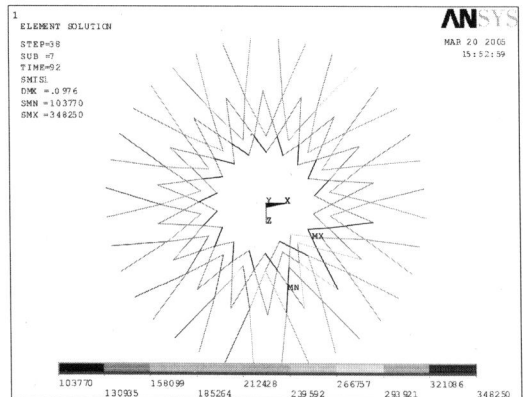

第 38 组索张拉施工图

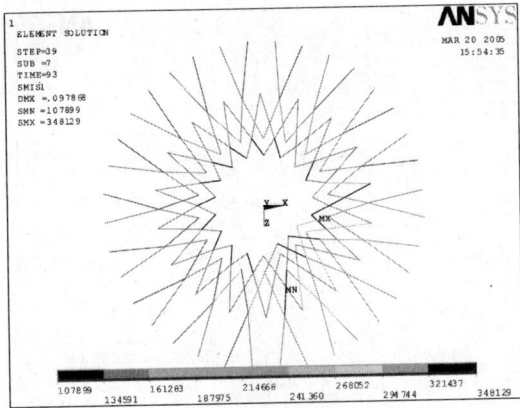

第 39 组索张拉施工图

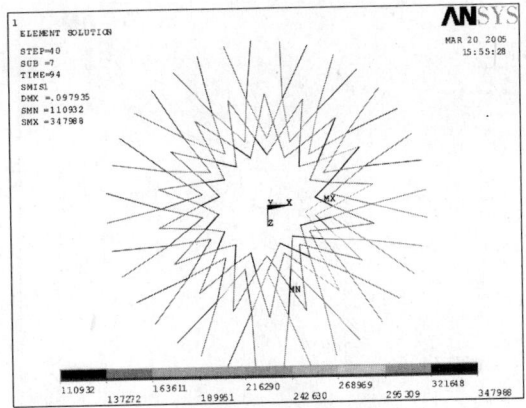

第 40 组索张拉施工图

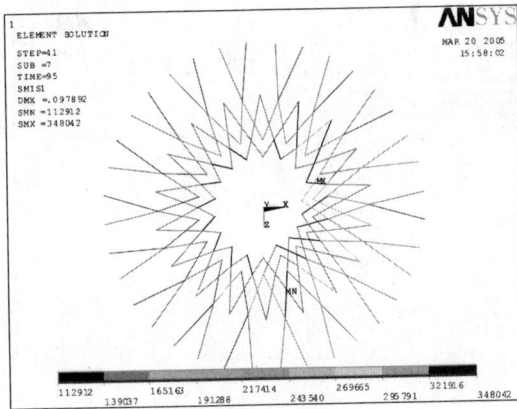

第 41 组索张拉施工图

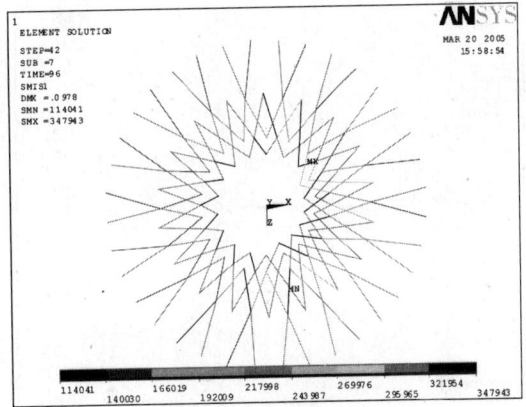

第 42 组索张拉施工图

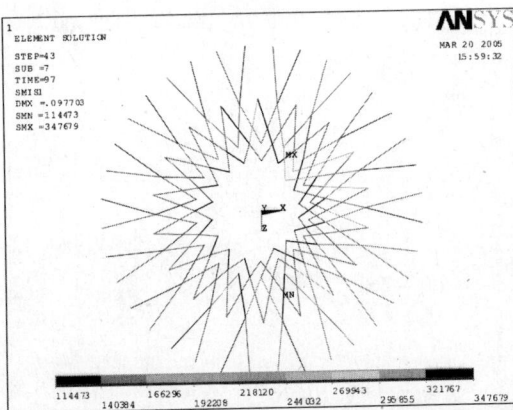

第 43 组索张拉施工图

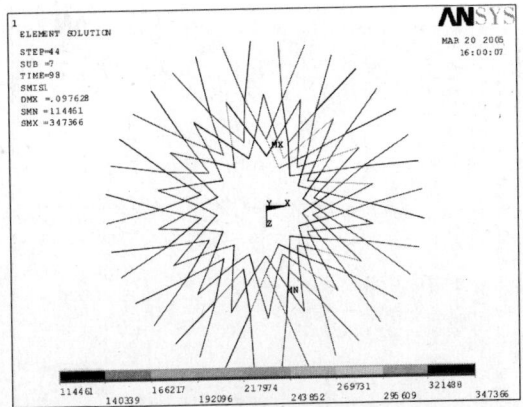

第 44 组索张拉施工图

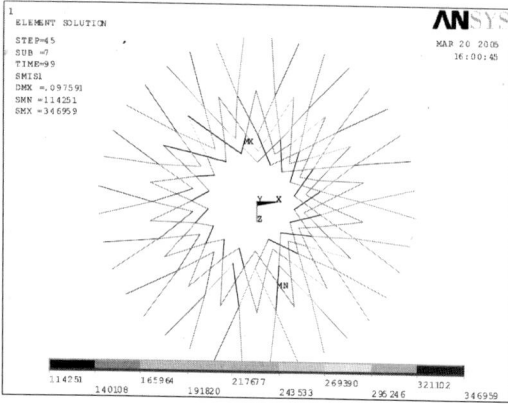

第 45 组索张拉施工图

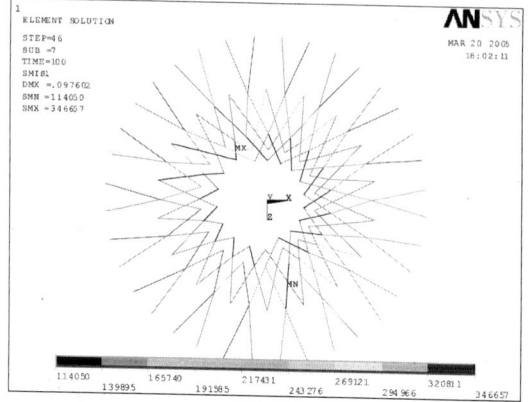

第 46 组索张拉施工图

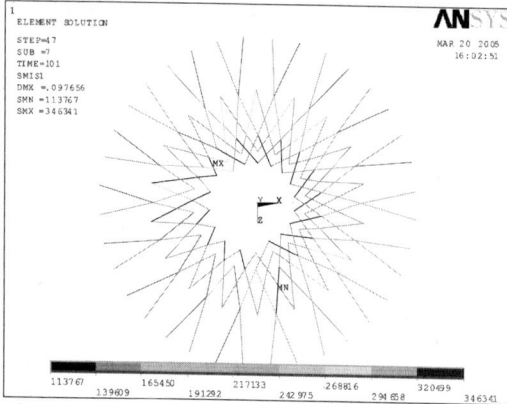

第 47 组索张拉施工图

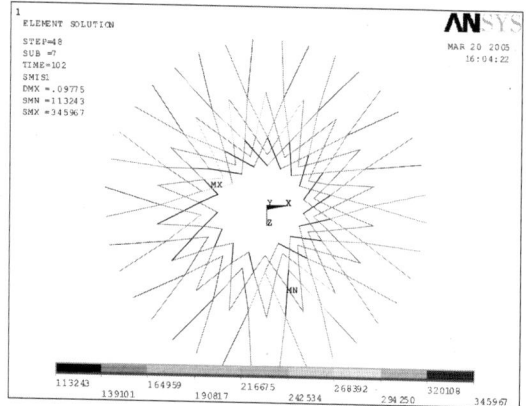

第 48 组索张拉施工图

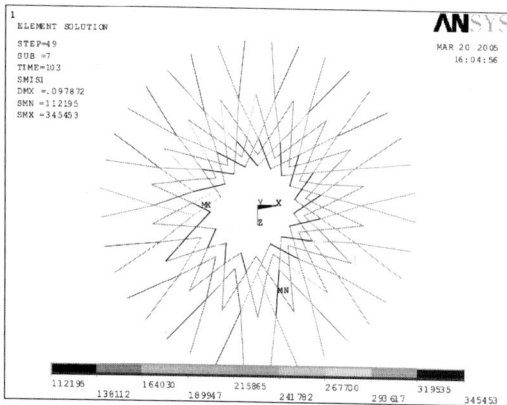

第 49 组索张拉施工图

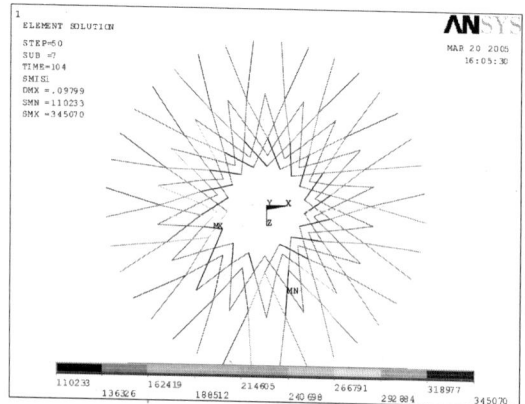

第 50 组索张拉施工图

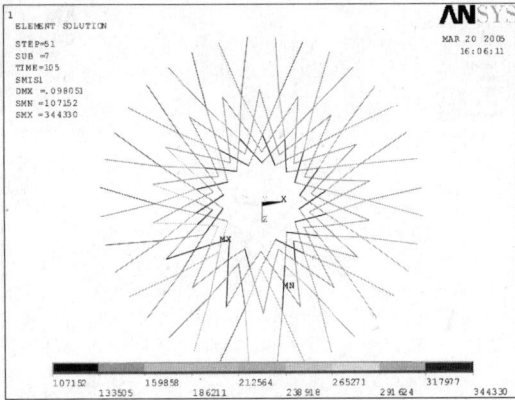

第 51 组索张拉施工图

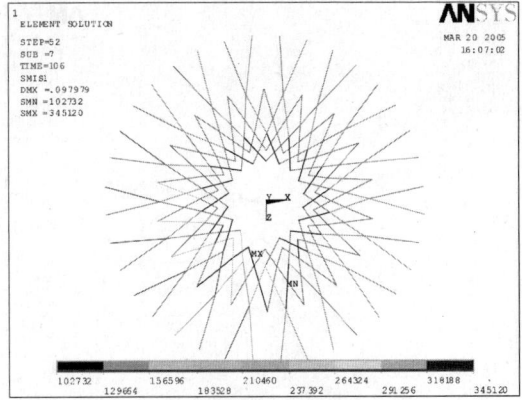

第 52 组索张拉施工图

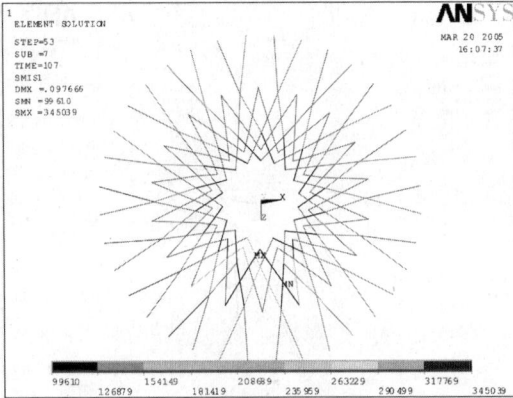

第 53 组索张拉施工图

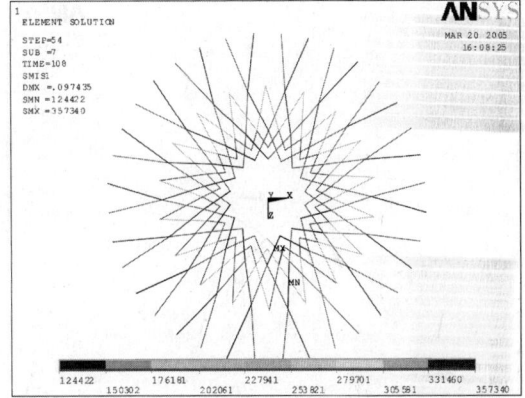

第 54 组索张拉施工图

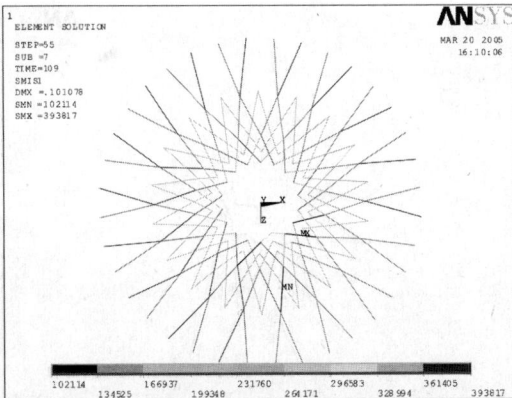

第 55 组索张拉施工图

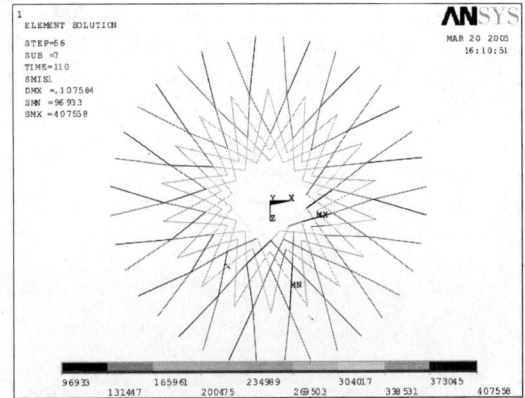

第 56 组索张拉施工图

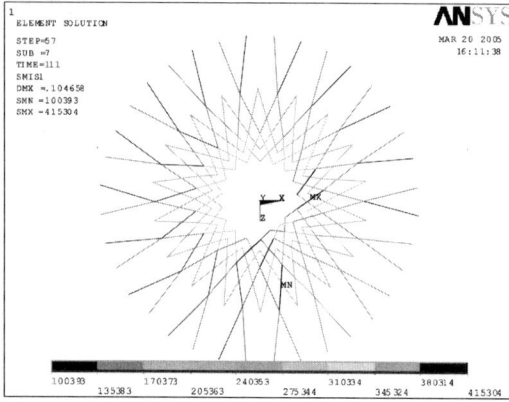

第 57 组索张拉施工图

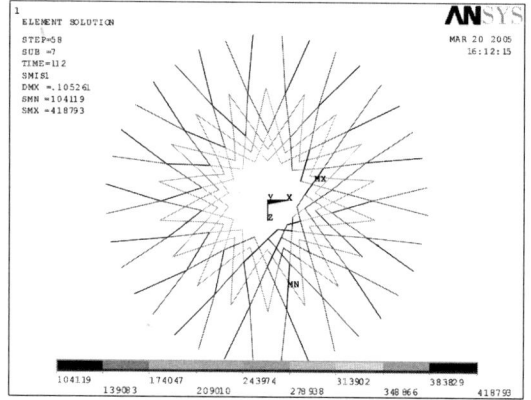

第 58 组索张拉施工图

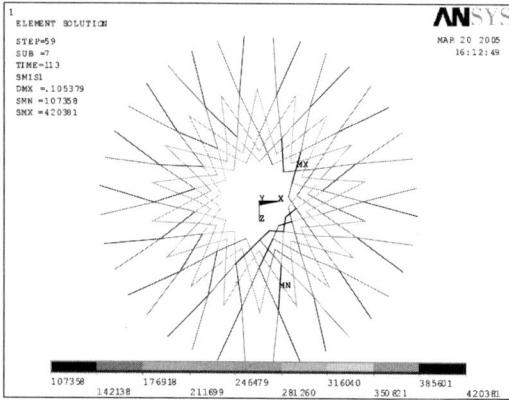

第 59 组索张拉施工图

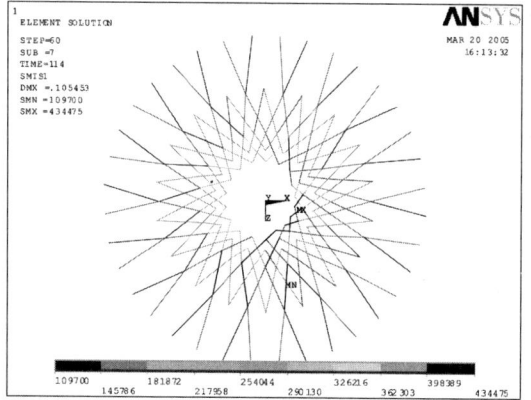

第 60 组索张拉施工图

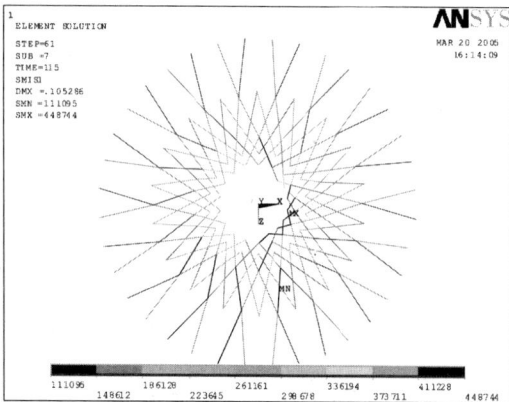

第 61 组索张拉施工图

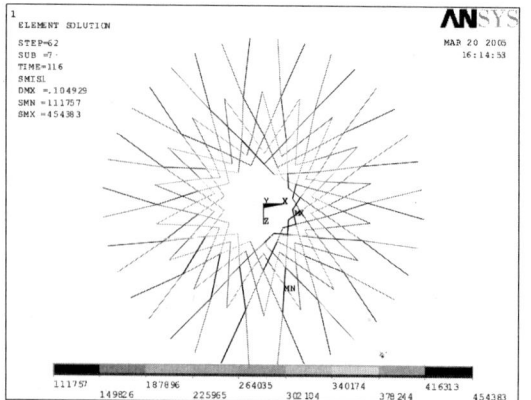

第 62 组索张拉施工图

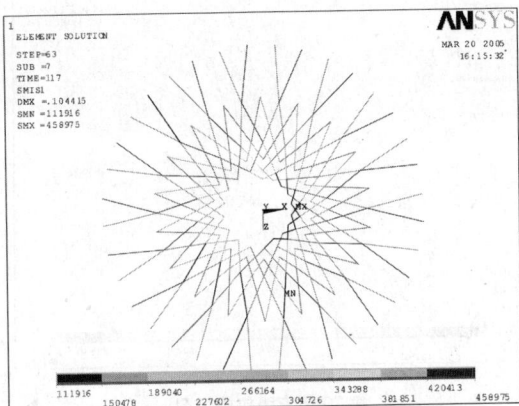

第 63 组索张拉施工图

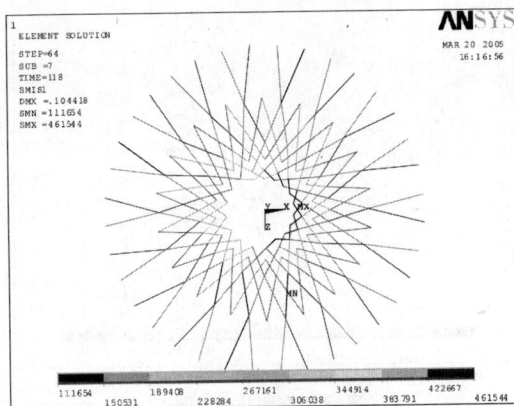

第 64 组索张拉施工图

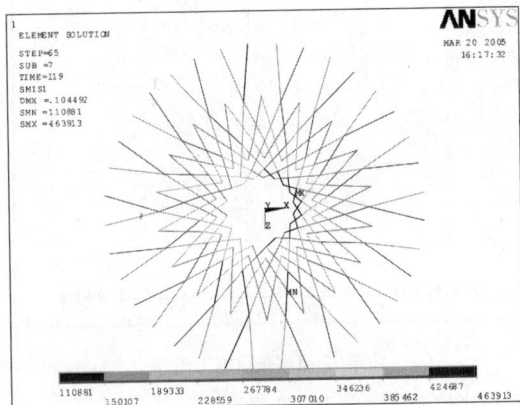

第 65 组索张拉施工图

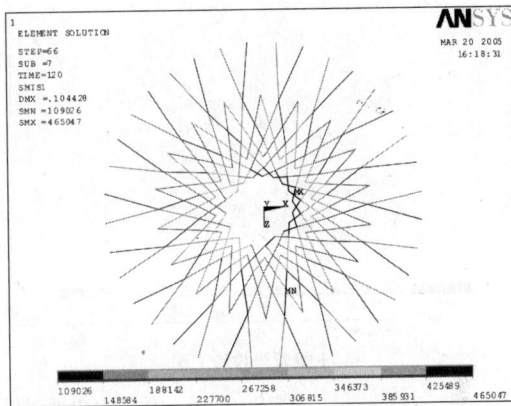

第 66 组索张拉施工图

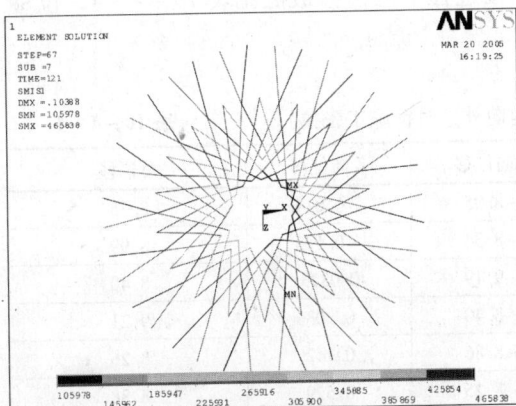

第 67 组索张拉施工图

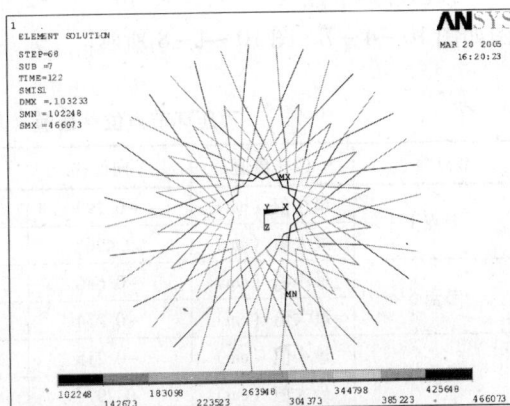

第 68 组索张拉施工图

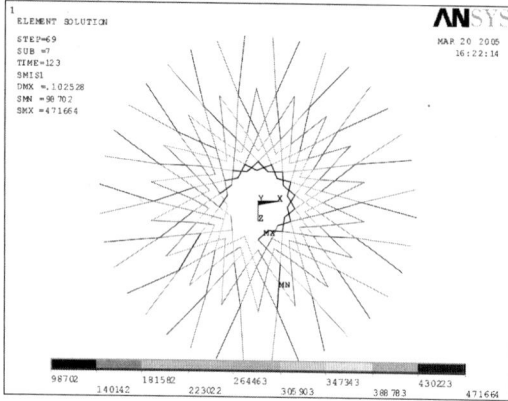

第 69 组索张拉施工图

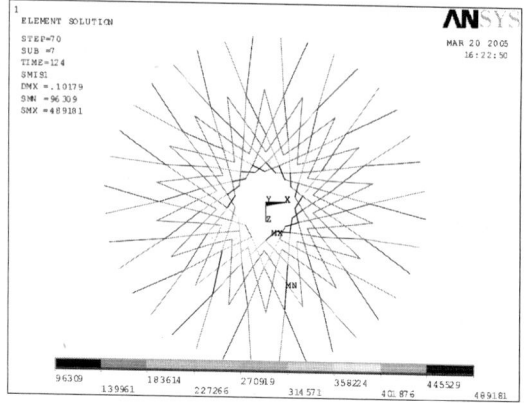

第 70 组索张拉施工图

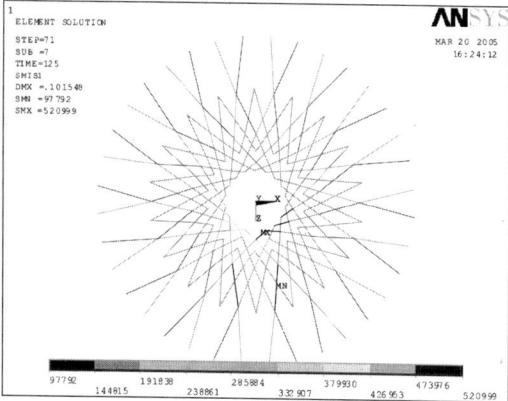

第 71 组索张拉施工图

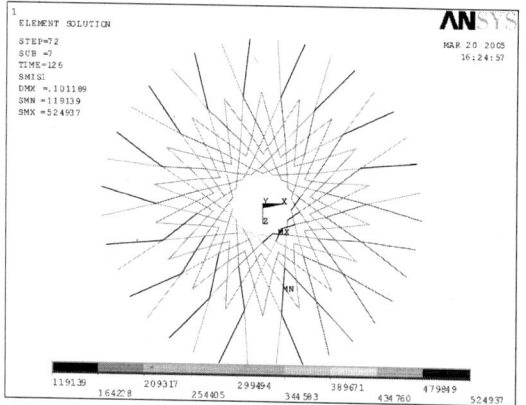

第 72 组索张拉施工图

图 10 - 4 - 6　从外向内逆时针非对称张拉顺序（第 1~72 组）

（二）顶压环节点位移分析

顶压环四节点（1、5、10、14）在 72 步张拉过程中的位移最值见表 10 - 4 - 4，位移图如图 10 - 4 - 7、图 10 - 4 - 8 所示。

顶压环节点位移最值（从内向外逆时针施工张拉）　　　　　　　　表 10 - 4 - 4

节点编号	位移最值	X 向位移	Y 向位移	Z 向位移	总位移
节点 1	最小值（cm）	- 0.299	- 8.95	- 0.814	8.35
	最大值（cm）	0.496	- 8.34	- 0.525	8.99
节点 5	最小值（cm）	- 0.646	- 9.19	0.0823	8.40
	最大值（cm）	- 0.234	- 8.40	0.303	9.21
节点 10	最小值（cm）	- 0.215	- 8.86	0.142	8.26
	最大值（cm）	0.297	- 8.25	0.529	8.88
节点 14	最小值（cm）	0.0459	- 8.61	- 0.295	7.83
	最大值（cm）	0.512	- 7.83	0.114	8.62

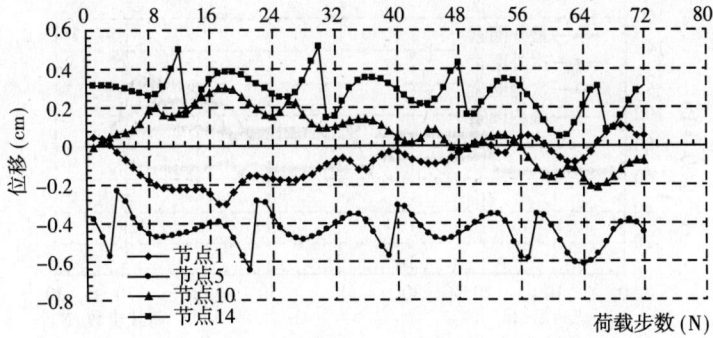

图 10 - 4 - 7 （从内向外逆时针张拉）顶压环四节点
（1、5、10、14）X 向位移图

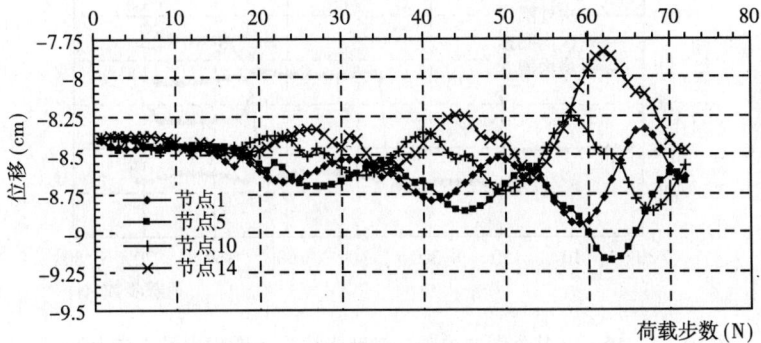

图 10 - 4 - 8 （从内向外逆时针张拉）顶压环四节点
（1、5、10、14）Y 向位移图

由表 10 - 4 - 4 和图 10 - 4 - 7、图 10 - 4 - 8 可见：

从节点位移值大小来看，在施工张拉过程中，顶压环的位移主要发生在 Y 向，即竖直方向，最小位移 -9.19cm，最大位移 -7.83cm；而相比之下，四节点中 X 向和 Z 位移变化的最大行程只有 0.8cm 左右，其中节点（1）X 向位移在 -0.299 ～ 0.496cm 之间变动，节点（10）X 向位移在 -0.215 ～ 0.297cm 之间变动，水平向位移要比竖向位移要低一个数量级。

从各节点位移变化趋势来看，节点的 X 向、Y 向和 Z 向位移在每一圈索张拉到节点附近时，节点位移有显著变化（水平向位移 X 向和 Z 向位移最大变化幅度 0.8cm 左右，竖向位移 Y 向位移变化幅度要比从内向外非对称张拉方案大 0.34cm，最大为 0.79cm）。随着张拉从外向内进行，张拉点位置靠近节点，节点竖向位移（Y 向）变化幅度增大，且总位移也在增加，可见从外向内非对称张拉方案中，张拉向内圈进行时，对节点的竖向位移影响较大。

（三）索应力变化分析

采用从外向内逆时针张拉方案，四圈索中，一、二、三、四圈分别为最外圈、次外圈、次内圈和最内圈，在各圈张拉过程中，索应力最大值、最小值变化如图 10 - 4 - 9、图 10 - 4 - 10 所示，最大值、最小值列于表 10 - 4 - 5 中。

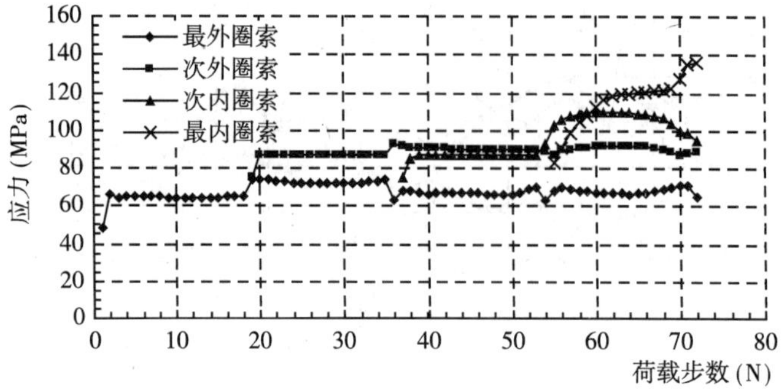

图 10－4－9　(从外圈向内圈逆时针张拉) 各圈索中最大应力值图

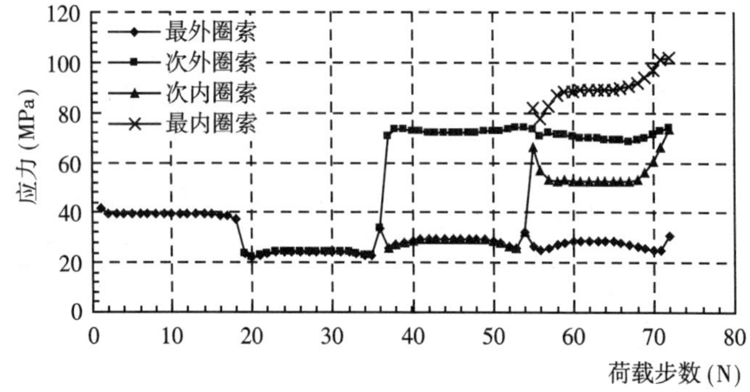

图 10－4－10　(从外圈向内圈逆时针张拉) 各圈索中最小应力值图

从外向内张拉方案各圈索应力最小值表　　表 10－4－5

张拉过程	最外圈索应力最小值(MPa)(目标设计值为160MPa)		次外圈索应力最小值(MPa)(目标设计值为100MPa)		次内圈索应力最小值(MPa)(目标设计值为90MPa)		最内圈索应力最小值(MPa)(目标设计值为40MPa)	
	最小值	最大值	最小值	最大值	最小值	最大值	最小值	最大值
最外圈张拉	37. 19254	41. 88143						
次外圈张拉	22. 60645	34. 09312	22. 60645	34. 09312				
次内圈张拉	25. 66091	32. 33033	70. 70491	74. 19747	25. 66091	32. 33033		
最内圈张拉	25. 02533	30. 95758	68. 59185	73. 85448	52. 27805	73. 57307	77. 32885	102. 3194

从外向内张拉方案各圈索应力最大值表　　表 10－4－6

张拉过程	最外圈索应力最大值(MPa)(目标设计值为160MPa)		次外圈索应力最大值(MPa)(目标设计值为100MPa)		次内圈索应力最大值(MPa)(目标设计值为90MPa)		最内圈索应力最大值(MPa)(目标设计值为40MPa)	
	最小值	最大值	最小值	最大值	最小值	最大值	最小值	最大值
最外圈张拉	48. 45497	66. 05214						
次外圈张拉	62. 83345	74. 33831	74. 72158	92. 51129				
次内圈张拉	63. 11252	70. 50119	89. 00625	91. 4545	75. 076	92. 85273		
最内圈张拉	64. 78747	70. 92759	86. 43925	91. 63432	94. 53236	109. 2954	83. 03867	136. 4018

从外圈向内圈逆时针张拉过程中，最内圈索张拉后的最小应力为 77.33MPa，最大应力值为 136.40MPa；次内圈索张拉后的最小应力值为 25.66MPa，最大应力值为 92.85MPa；次外圈索张拉后的最小应力值为 22.61MPa，最大应力值为 92.51MPa；最外圈索张拉后最小应力值 22.61MPa，最大为 74.34MPa。

图 10-4-9、图 10-4-10 为各圈拉索应力与目标张拉值相比较的变化情况。

三、从内向外对称张拉施工方案

（一）施工张拉顺序示意图

从内向外对称张拉方案，每一组索包括对称的对索，共张拉 36 步，如图 10-4-11 所示。

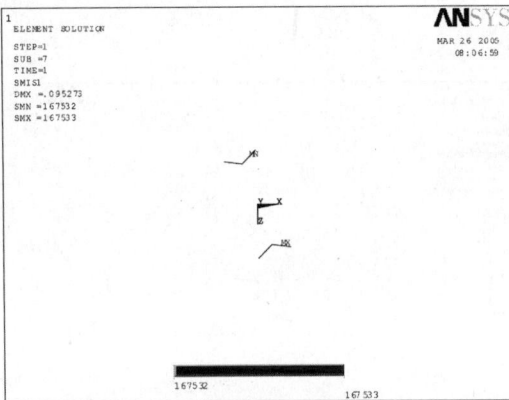

第 1 组索张拉施工图

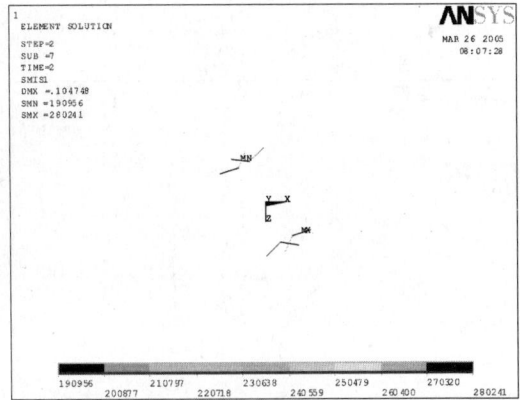

第 2 组索张拉施工图

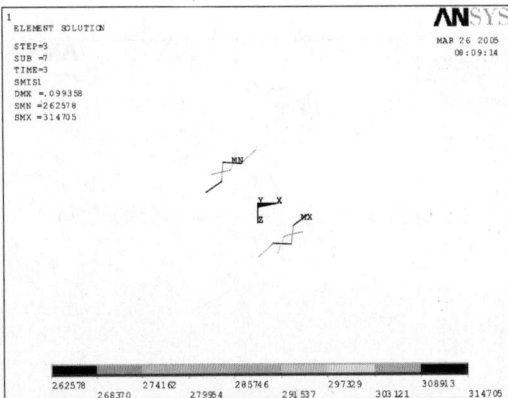

第 3 组索张拉施工图

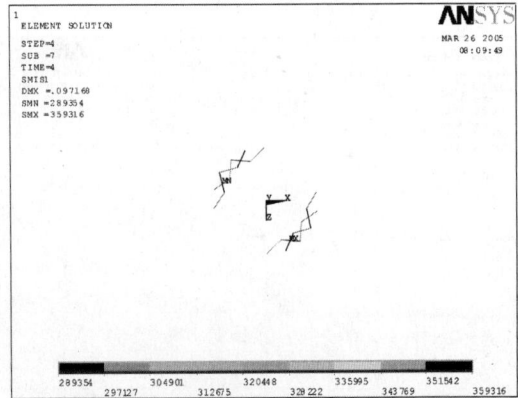

第 4 组索张拉施工图

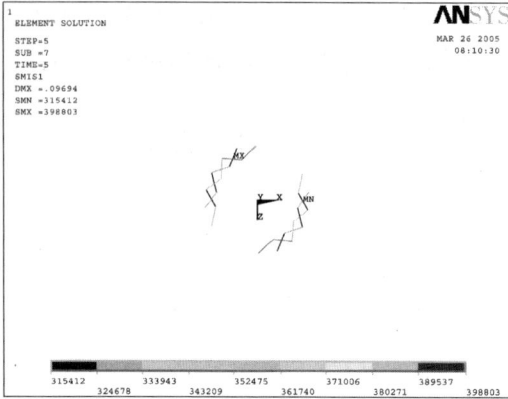

第 5 组索张拉施工图

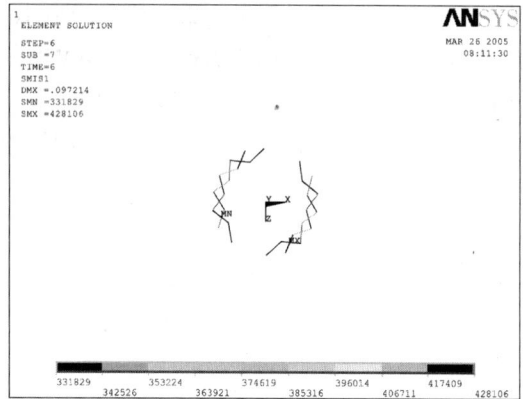

第 6 组索张拉施工图

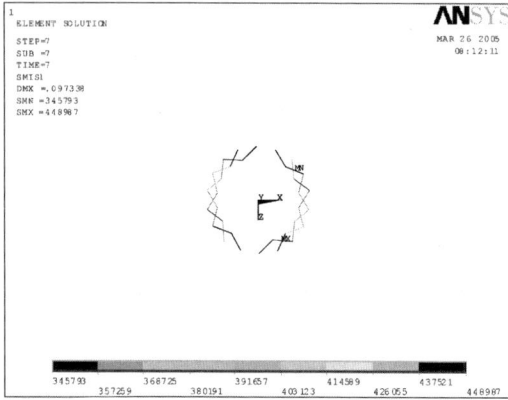

第 7 组索张拉施工图

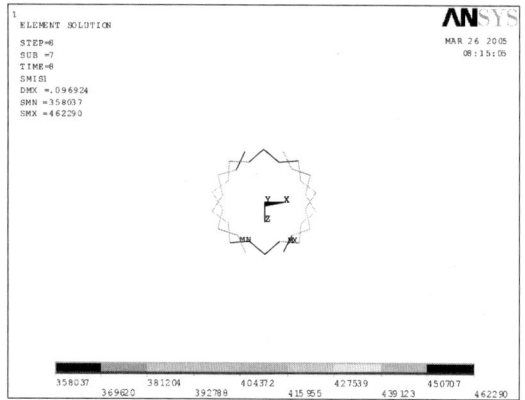

第 8 组索张拉施工图

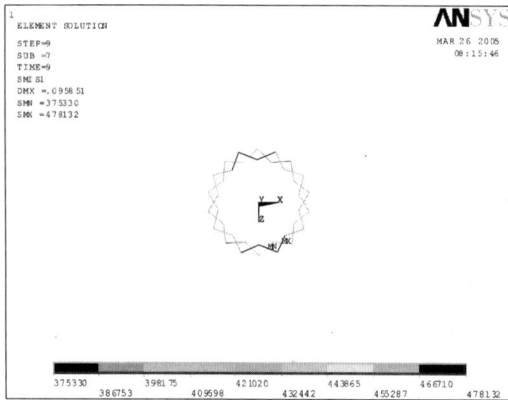

第 9 组索张拉施工图

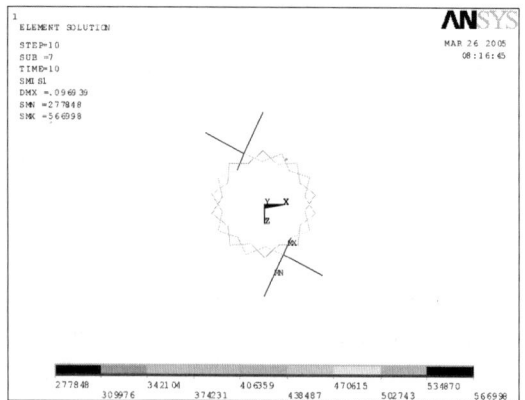

第 10 组索张拉施工图

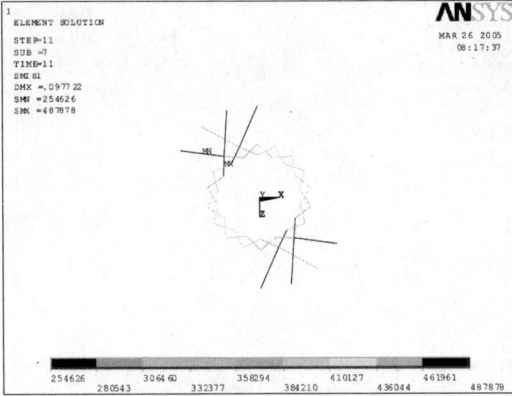

第 11 组索张拉施工图

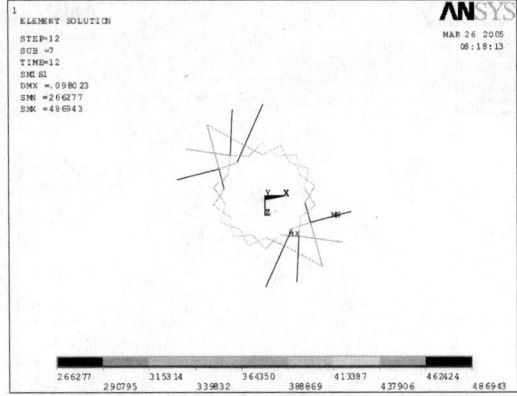

第 12 组索张拉施工图

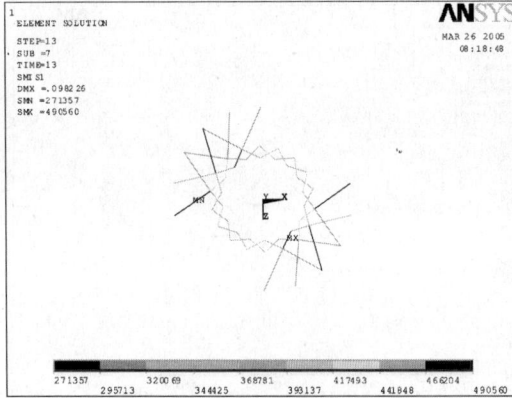

第 13 组索张拉施工图

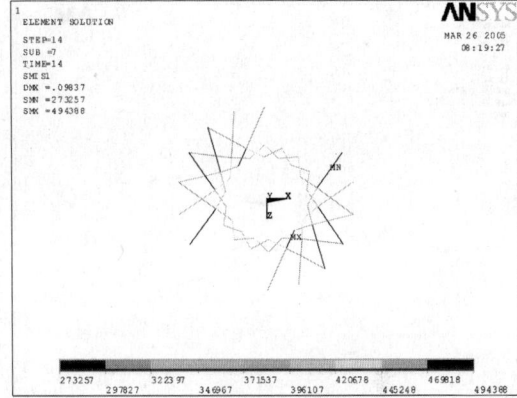

第 14 组索张拉施工图

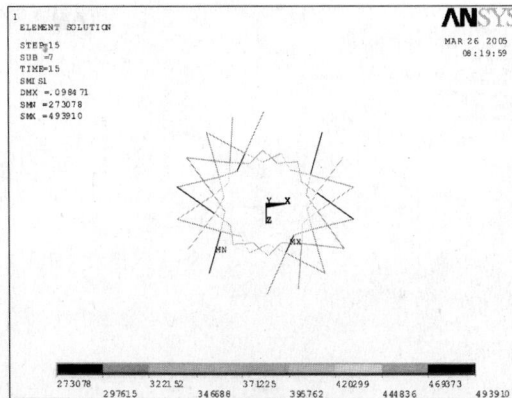

第 15 组索张拉施工图

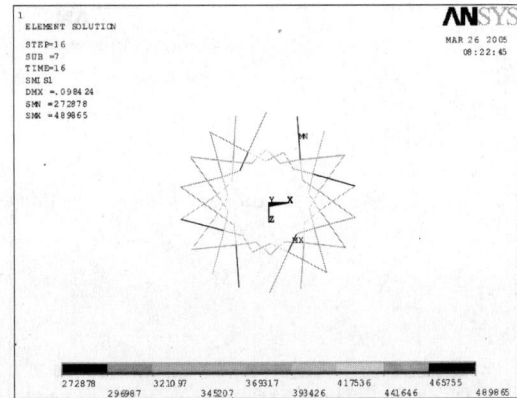

第 16 组索张拉施工图

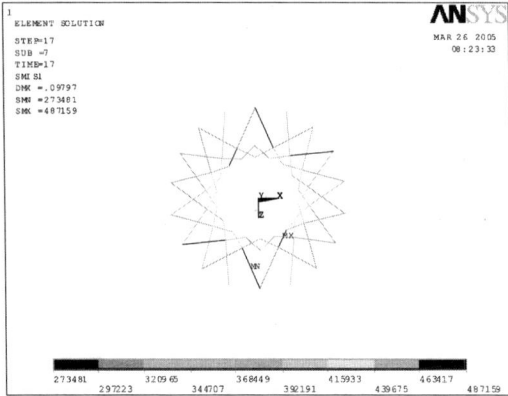

第 17 组索张拉施工图

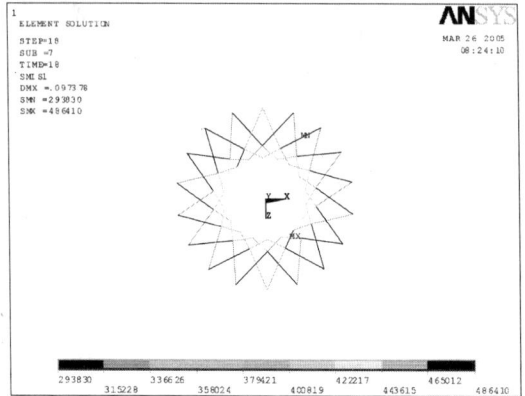

第 18 组索张拉施工图

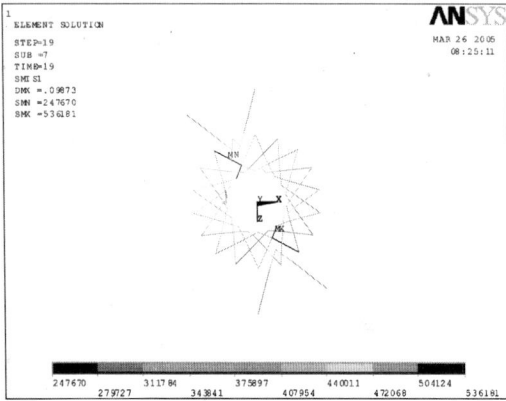

第 19 组索张拉施工图

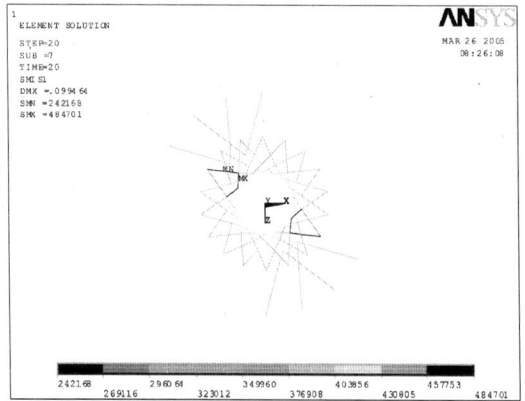

第 20 组索张拉施工图

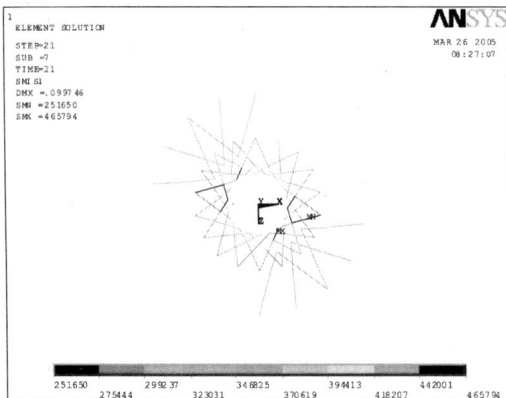

第 21 组索张拉施工图

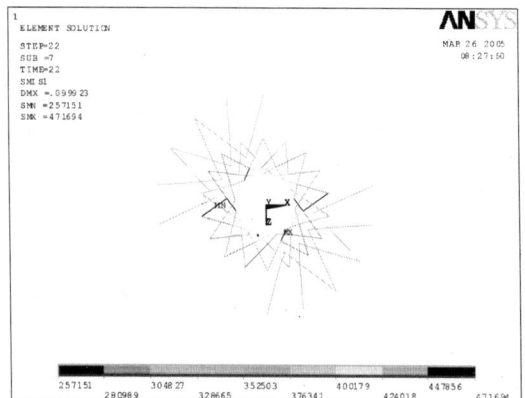

第 22 组索张拉施工图

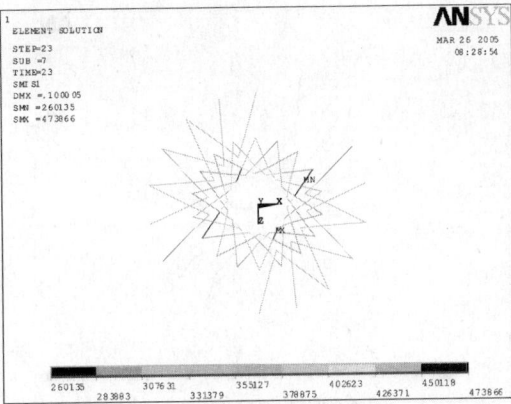

第 23 组索张拉施工图

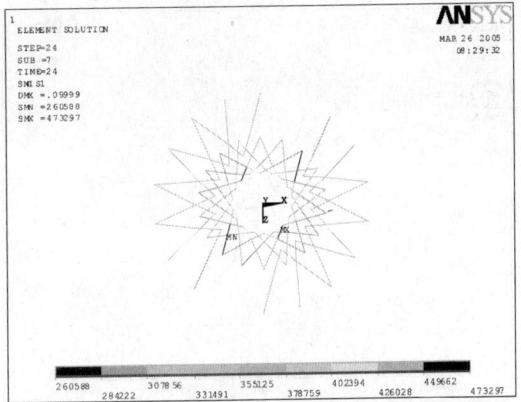

第 24 组索张拉施工图

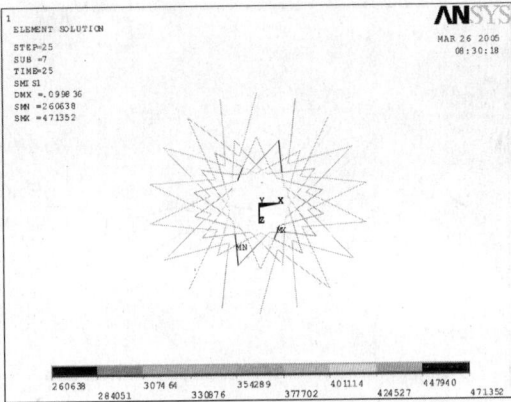

第 25 组索张拉施工图

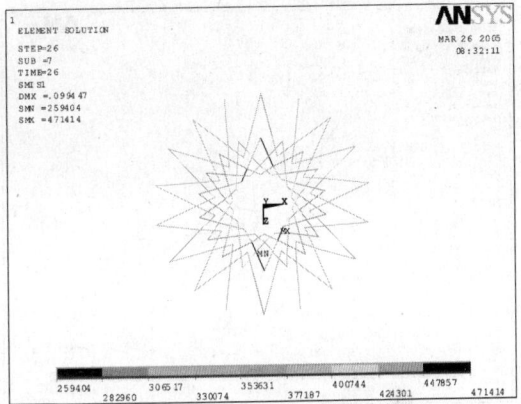

第 26 组索张拉施工图

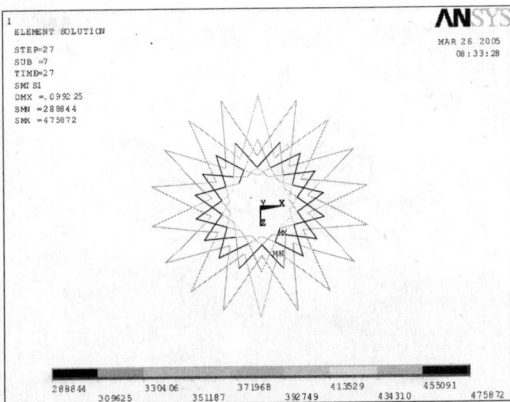

第 27 组索张拉施工图

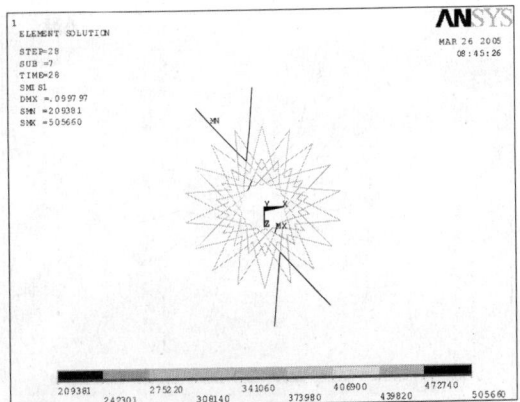

第 28 组索张拉施工图

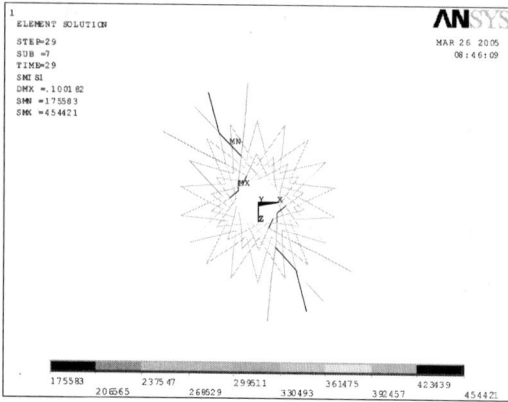
第 29 组索张拉施工图

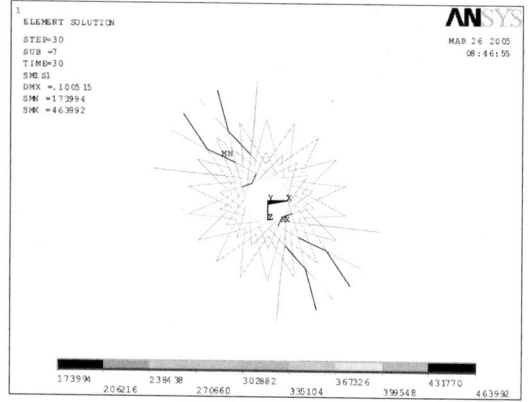
第 30 组索张拉施工图

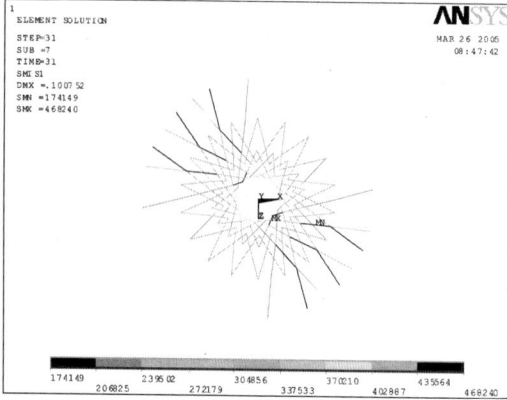
第 31 组索张拉施工图

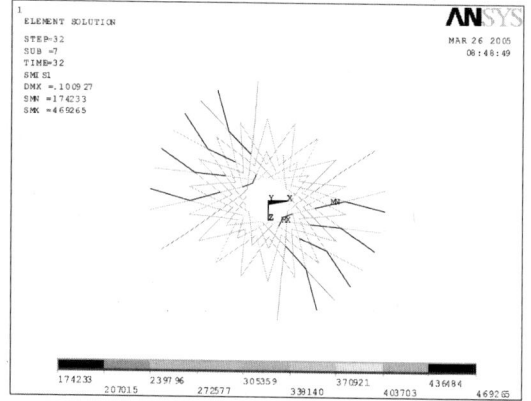
第 32 组索张拉施工图

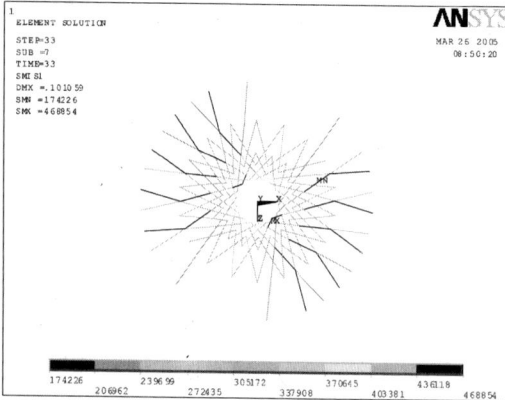
第 33 组索张拉施工图

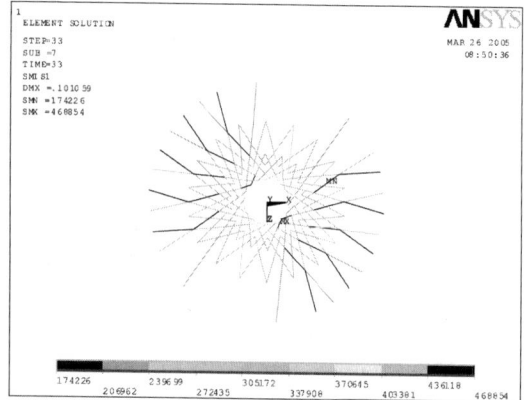
第 34 组索张拉施工图

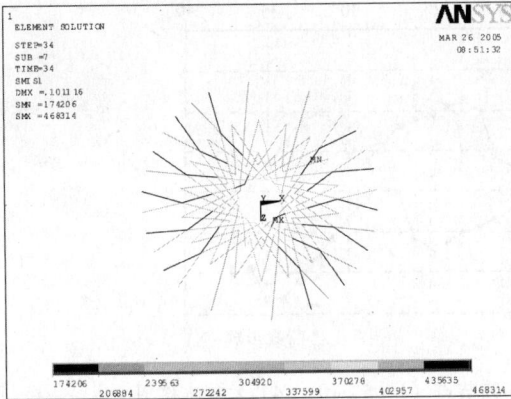

第35组索张拉施工图   第36组索张拉施工图

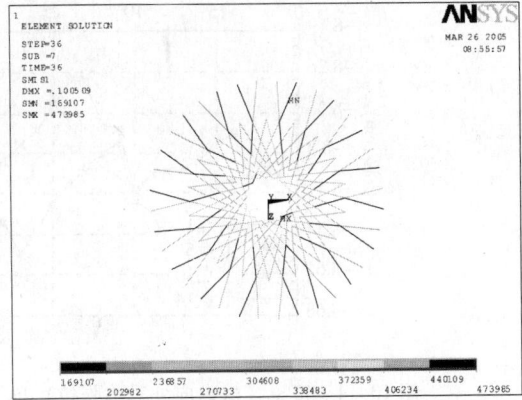

图 10 – 4 – 11   从内向外对称张拉顺序（第 1 ~ 36 组）

（二）顶压环节点位移分析

顶压环四节点（1、5、10、14）在 36 步张拉过程中的位移最值见表 10 – 4 – 7，位移图如图 10 – 4 – 12 ~ 图 10 – 4 – 14 所示。

顶压环节点位移最值   表 10 – 4 – 7

节点位移最值		X 向位移	Y 向位移	Z 向位移	总位移
节点 1	最小值（cm）	0.015	– 8.652	– 0.889	8.404
	最大值（cm）	0.542	– 8.382	– 0.409	8.706
节点 5	最小值（cm）	– 0.539	– 8.462	– 0.448	8.277
	最大值（cm）	– 0.126	– 8.273	0.03	8.475
节点 10	最小值（cm）	– 0.542	– 8.652	0.409	8.404
	最大值（cm）	– 0.015	– 8.382	0.889	8.706
节点 14	最小值（cm）	0.126	– 8.462	– 0.03	8.277
	最大值（cm）	0.539	– 8.273	0.448	8.475

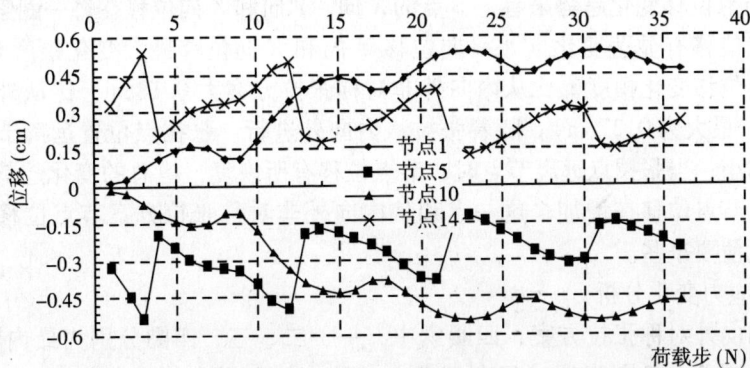

图 10 – 4 – 12   （从内向外对称张拉）顶压环四节点（1、5、10、14）X 向位移图

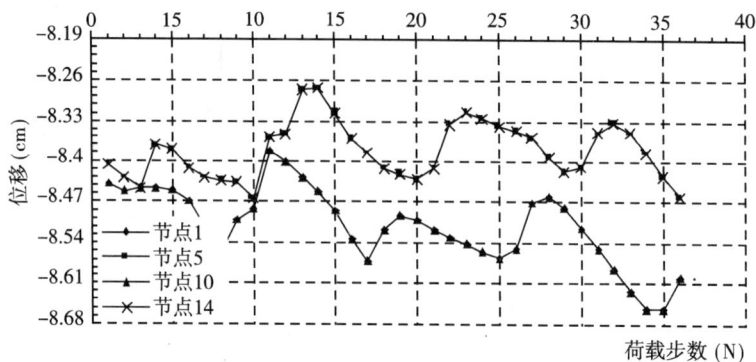

图 10 - 4 - 13　（从内向外对称张拉）顶压环四节点（1、5、10、14）Y 向位移图

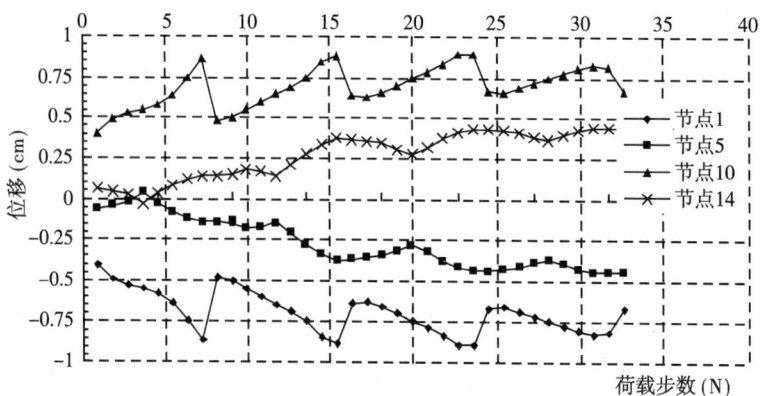

图 10 - 4 - 14　（从内向外对称张拉）顶压环四节点（1、5、10、14）Z 向位移图

由表 10 - 4 - 7 和图 10 - 4 - 12 ~ 图 10 - 4 - 14 可见：

1. 从节点位移值大小来看，在施工张拉过程中，顶压环的位移主要发生在 Y 向，即竖直方向，最小位移 - 8.652cm，最大位移 - 8.273cm；而相比之下，四节点中 X 向和 Z 向位移变化的最大行程只有 0.53cm 左右，其中节点（1）X 向位移在 0.015 ~ 0.542cm 之间变动，节点（10）X 向位移在 - 0.542 ~ - 0.015cm 之间变动，水平向位移要比竖向位移要低一个数量级。

2. 从各节点位移变化趋势来看，节点的 X 向、Y 向和 Z 向位移在每一圈索张拉到节点附近时，节点位移有显著变化（水平向位移 X 向和 Z 向位移最大变化幅度 0.5cm 左右，竖向位移 Y 向位移变化幅度要比从内向外非对称张拉方案大 0.18cm，比从外向内张拉方案小 0.52cm，最大为 0.27cm）。随着张拉从内向外进行，张拉点位置远离节点，节点位移变化幅度减小；当张拉点远离节点时，节点位移有所恢复，但总的变化趋势是随着张拉过程的进行，节点位移在增加，这一点和从内向外非对称张拉方案节点位移变化趋势相同，只是变化值要小些。

（三）索应力变化分析

采用从内向外对称张拉方案，四圈索中，一、二、三、四圈分别为最内圈、次内圈、次外圈和最外圈，在各圈张拉过程中，索应力最小值和最大值变化如图 10 - 4 - 15、图 10 - 4 - 16 所示，数值列于表 10 - 4 - 8 中。

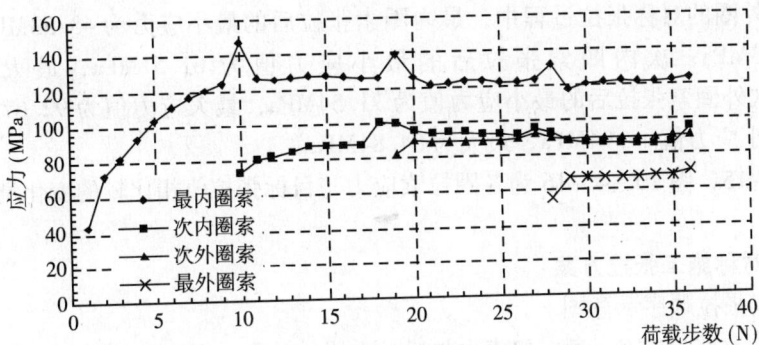

图 10-4-15　（从内圈向外圈对称张拉）各圈索中最大应力值图

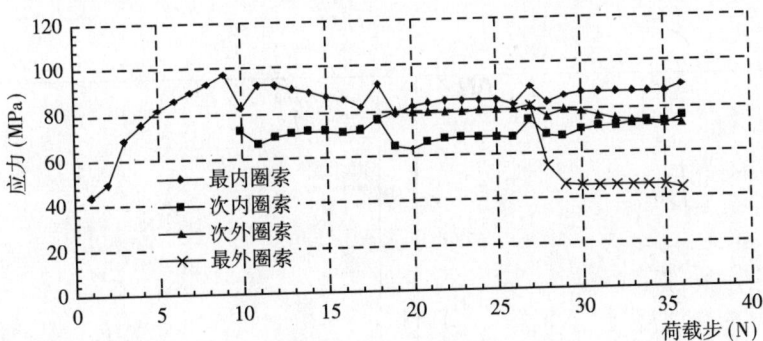

图 10-4-16　（从内圈向外圈对称张拉）各圈索中最小应力值图

从内向外对称张拉方案各圈索应力最小值表　　　　　　　　表 10-4-8

张拉过程	最内圈索应力最小值（MPa）		次内圈索应力最小值（MPa）		次外圈索应力最小值（MPa）		最外圈索应力最小值（MPa）	
	（目标设计值为160MPa）		（目标设计值为100MPa）		（目标设计值为90MPa）		（目标设计值为40MPa）	
	最小值	最大值	最小值	最大值	最小值	最大值	最小值	最大值
最内圈张拉	43.53	97.52						
次内圈张拉	82.23	92.79	61.51	71.54				
次外圈张拉	78.11	89.68	62.92	75.05	71.54	80.84		
最外圈张拉	82.9	89.91	67.19	75.55	72.85	78.77	43.94	70.23

从内向外对称张拉方案各圈索应力最大值表　　　　　　　　表 10-4-9

张拉过程	最内圈索应力最大值（MPa）		次内圈索应力最大值（MPa）		次外圈索应力最大值（MPa）		最外圈索应力最大值（MPa）	
	（目标设计值为160MPa）		（目标设计值为100MPa）		（目标设计值为90MPa）		（目标设计值为40MPa）	
	最小值	最大值	最小值	最大值	最小值	最大值	最小值	最大值
最内圈张拉	43.53	124.23						
次内圈张拉	121.53	147.33	73.01	100.24				
次外圈张拉	121.03	139.32	91.32	100.18	81.6	92.67		
最外圈张拉	118.07	131.39	85.28	94.96	88.82	90.16	55.14	84.84

从内圈向外圈的对称张拉过程中，最内圈索张拉后的最小应力为 43.53MPa，最大应力值为 124.23MPa；次内圈索张拉后的最小应力值为 61.51MPa，最大应力值为 100.24MPa；次外圈索张拉后的最小应力值为 71.54MPa，最大应力值为 92.67MPa；最外圈索张拉后最小应力值 43.94MPa，最大为 84.84MPa。

图 10-4-15、图 10-4-16 为各圈拉索应力与目标张拉值相比较的变化情况。

四、从外向内对称施工张拉方案

（一）施工张拉顺序示意图

从外向内对称张拉方案，每一组索也包括对称的一对索，共张拉 36 步，如图 10-4-17 所示。

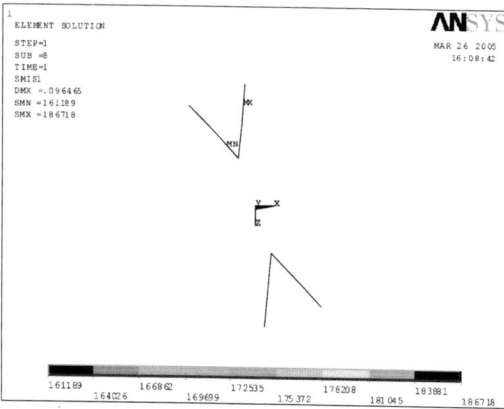

第 1 组索张拉施工图

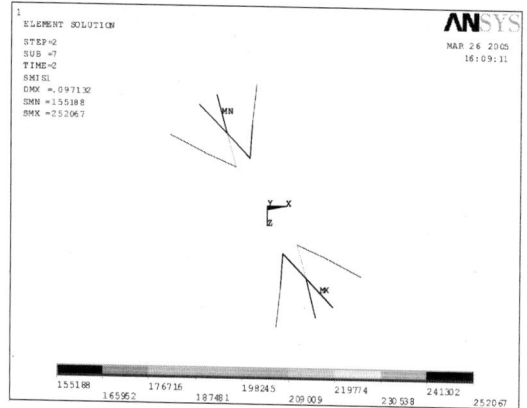

第 2 组索张拉施工图

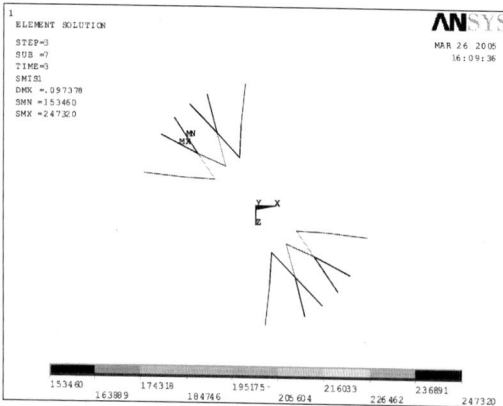

第 3 组索张拉施工图

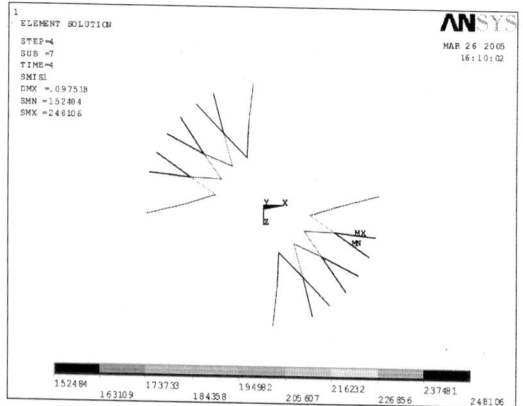

第 4 组索张拉施工图

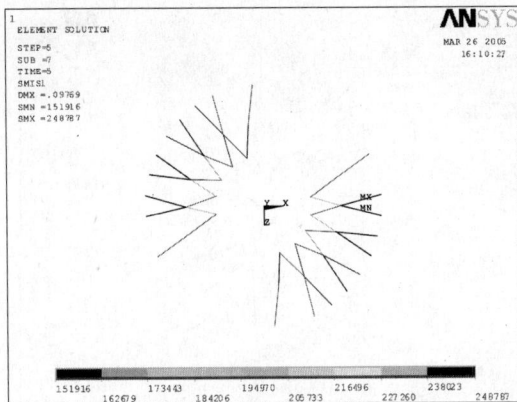

第 5 组索张拉施工图

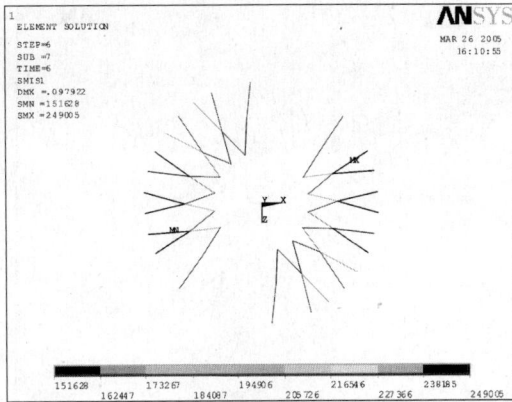

第 6 组索张拉施工图

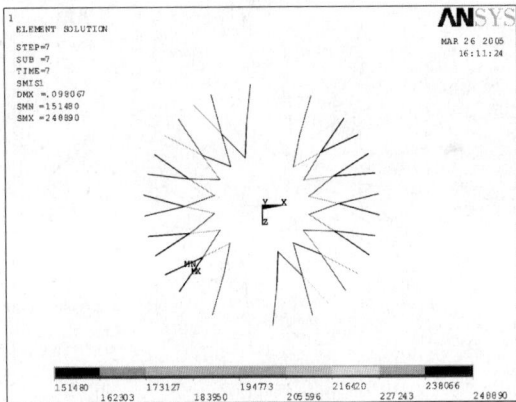

第 7 组索张拉施工图

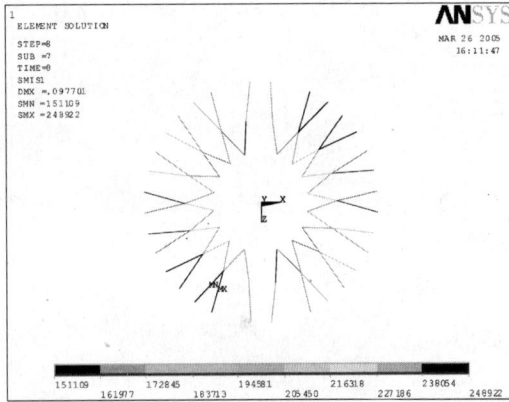

第 8 组索张拉施工图

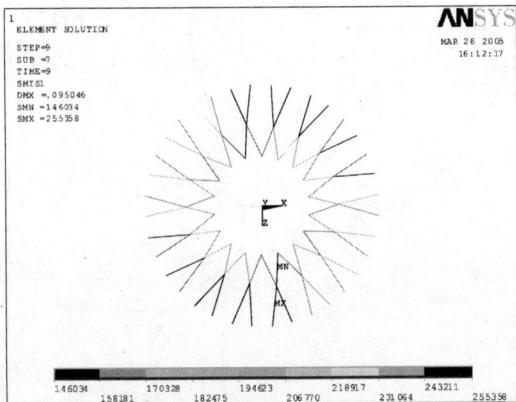

第 9 组索张拉施工图

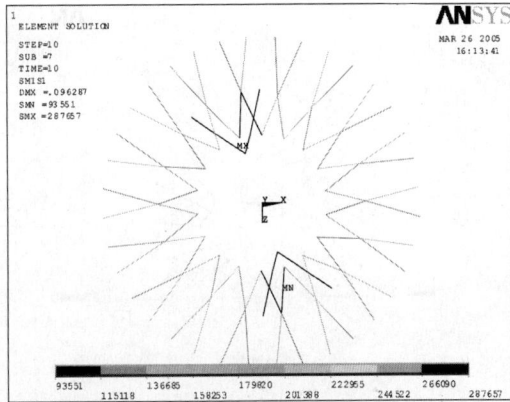

第 10 组索张拉施工图

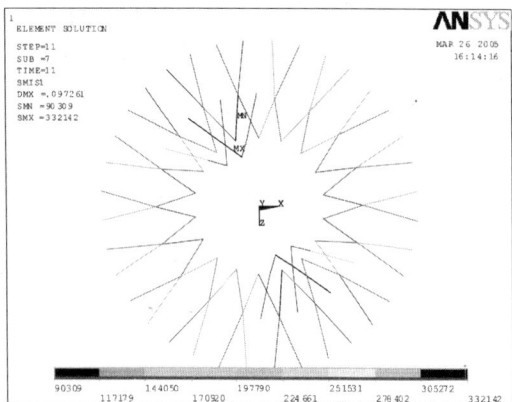
第 11 组索张拉施工图

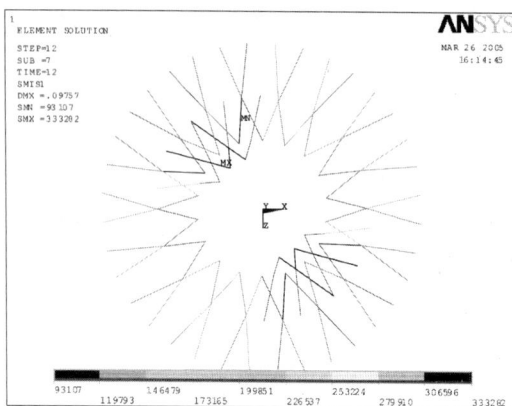
第 12 组索张拉施工图

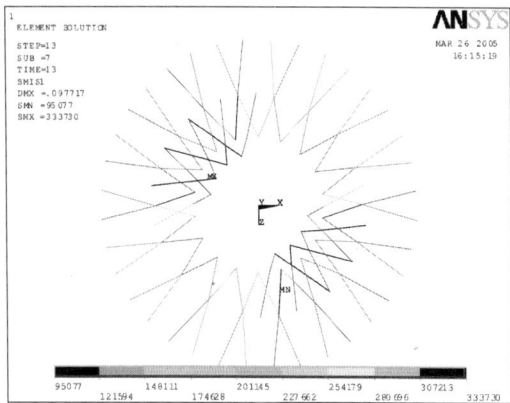
第 13 组索张拉施工图

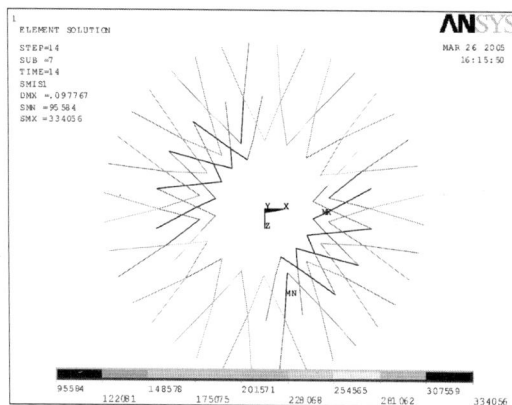
第 14 组索张拉施工图

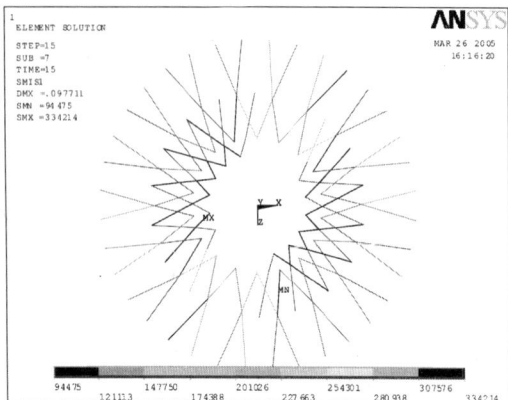
第 15 组索张拉施工图

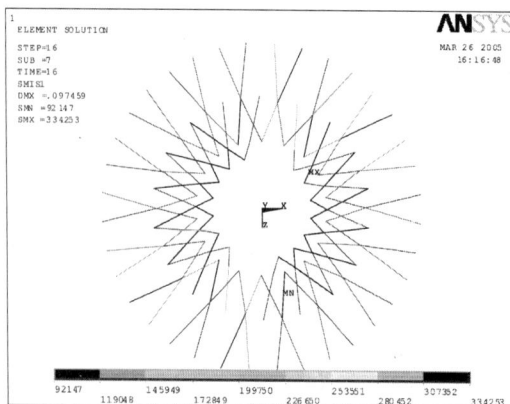
第 16 组索张拉施工图

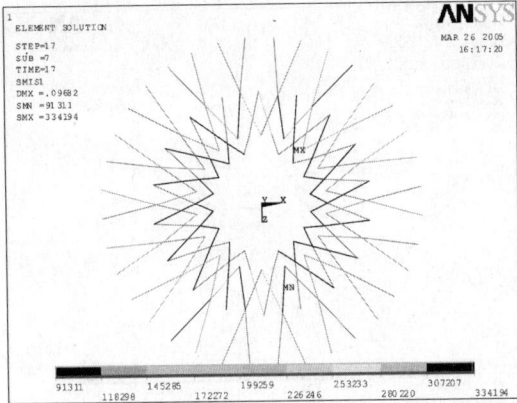

第 17 组索张拉施工图

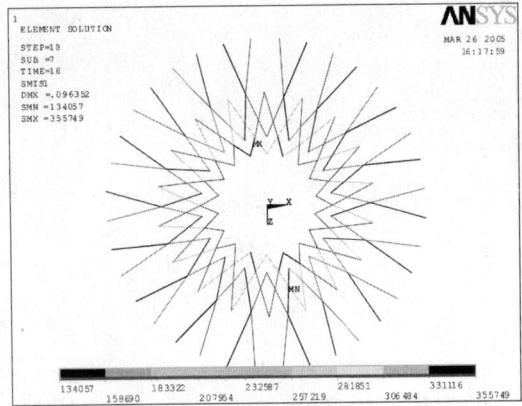

第 18 组索张拉施工图

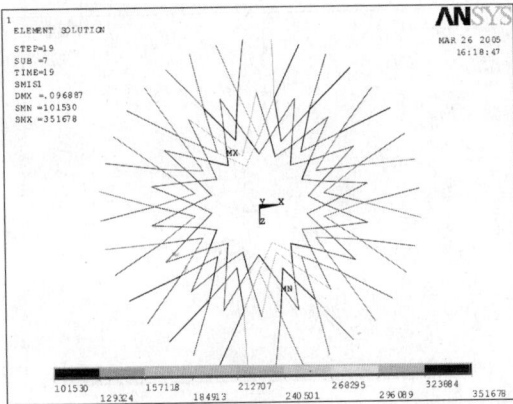

第 19 组索张拉施工图

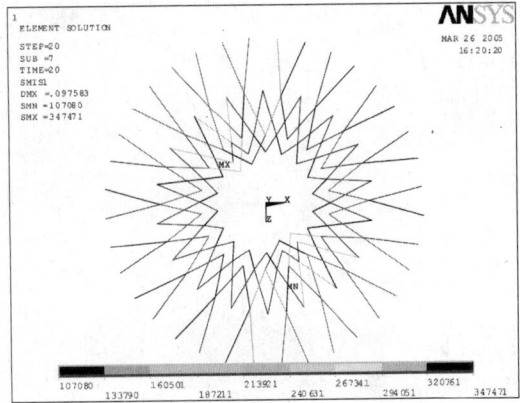

第 20 组索张拉施工图

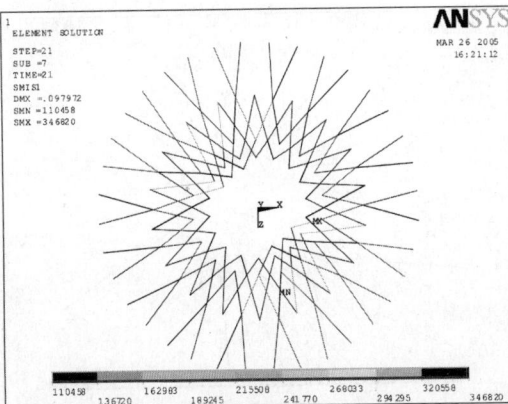

第 21 组索张拉施工图

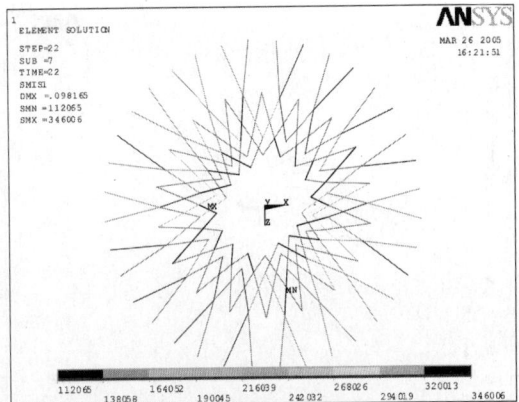

第 22 组索张拉施工图

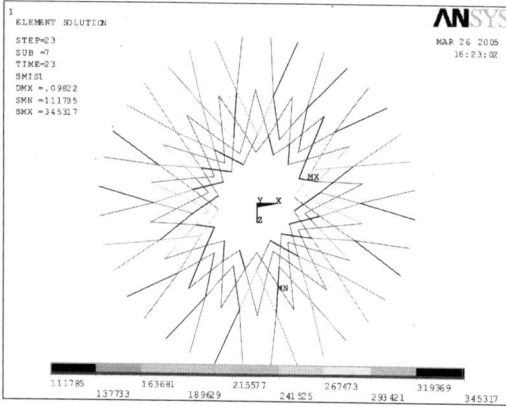

第 23 组索张拉施工图

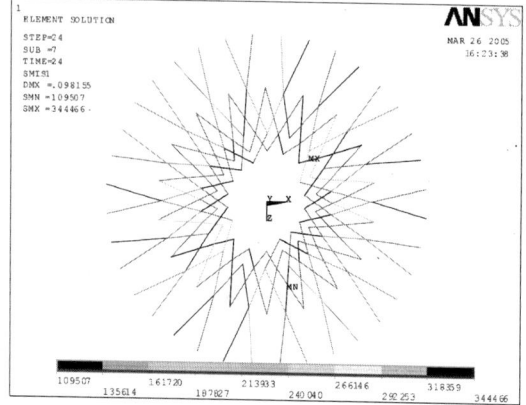

第 24 组索张拉施工图

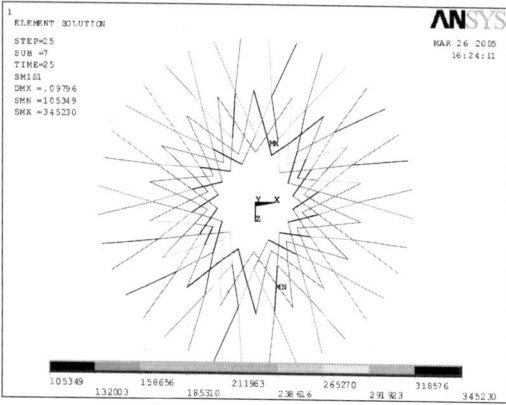

第 25 组索张拉施工图

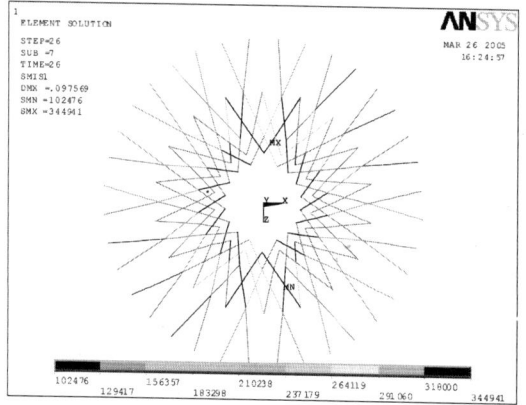

第 26 组索张拉施工图

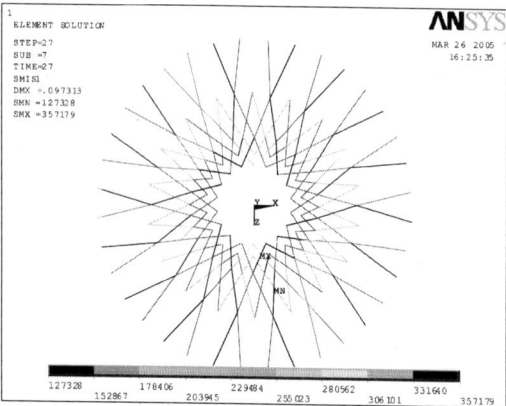

第 27 组索张拉施工图

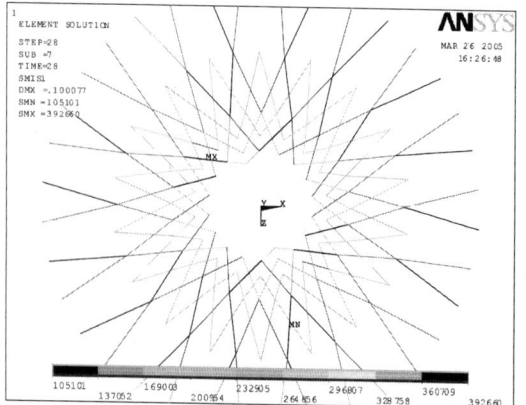

第 28 组索张拉施工图

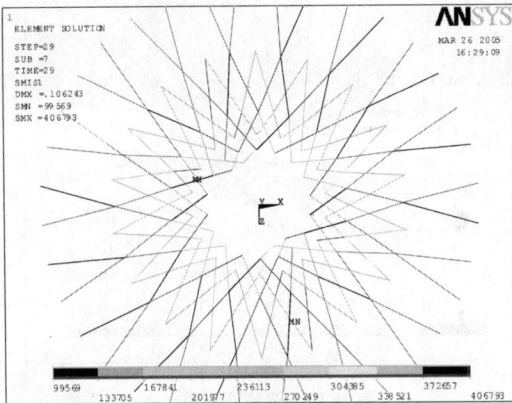

第 29 组索张拉施工图

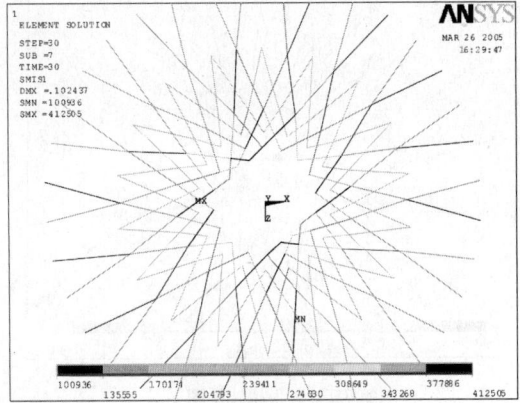

第 30 组索张拉施工图

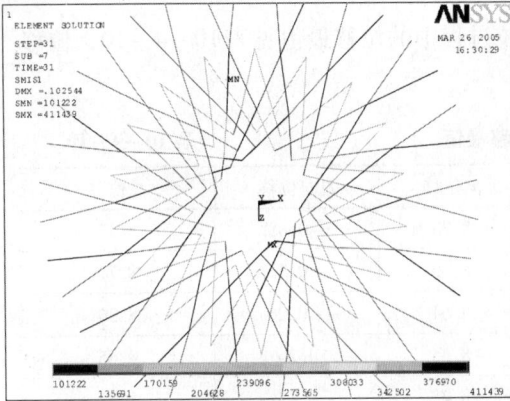

第 31 组索张拉施工图

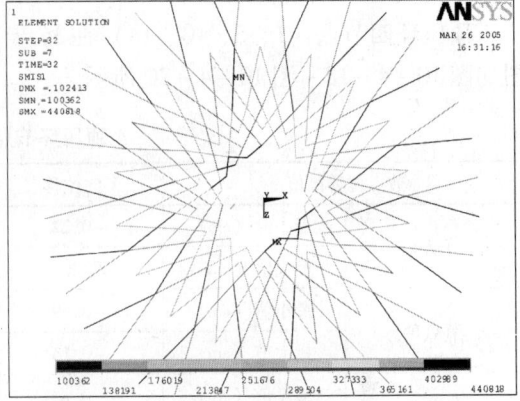

第 32 组索张拉施工图

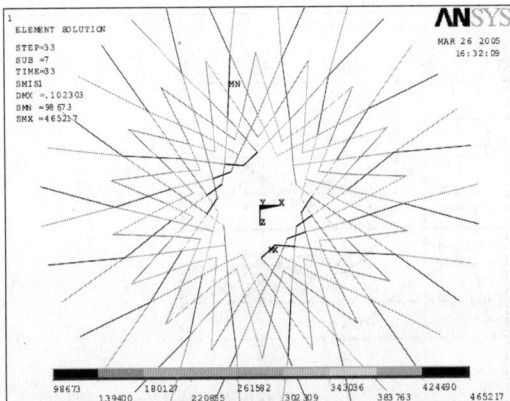

第 33 组索张拉施工图

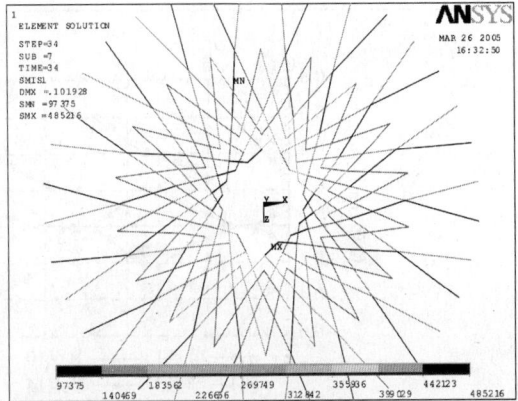

第 34 组索张拉施工图

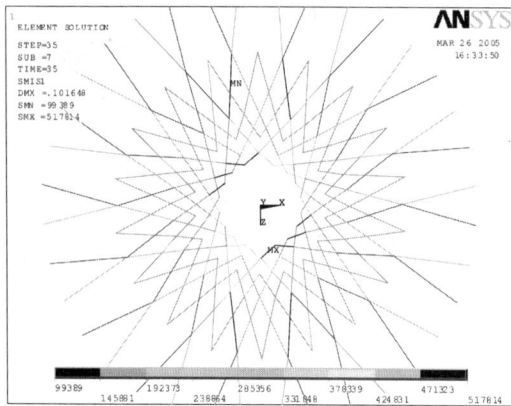

第 35 组索张拉施工图　　　　　　　　　第 36 组索张拉施工图

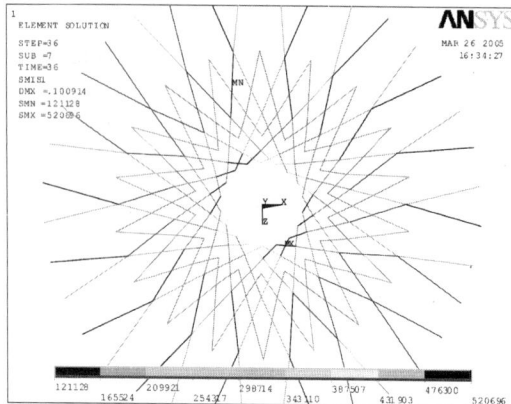

图 10 - 4 - 17　从外向内对称张拉顺序（第 1 ~ 36 组）

（二）顶压环节点位移分析

顶压环四节点（1、5、10、14）在 36 步张拉过程中的位移最值见表 10 - 4 - 10，位移图如图 10 - 4 - 18 ~ 图 10 - 4 - 20 所示。

顶压环节点位移最值　　　　　　　　　　表 10 - 4 - 10

节点位移最值		X 向位移	Y 向位移	Z 向位移	总位移
节点 1	最小值（cm）	- 0.22	- 8.73	- 0.88	8.37
	最大值（cm）	0.26	- 8.36	- 0.33	8.77
节点 5	最小值（cm）	- 0.59	- 8.64	- 0.06	8.36
	最大值（cm）	- 0.14	- 8.35	0.26	8.65
节点 10	最小值（cm）	- 0.26	- 8.73	0.33	8.37
	最大值（cm）	0.22	- 8.36	0.88	8.77
节点 14	最小值（cm）	0.14	- 8.64	- 0.26	8.36
	最大值（cm）	0.59	- 8.35	0.06	8.65

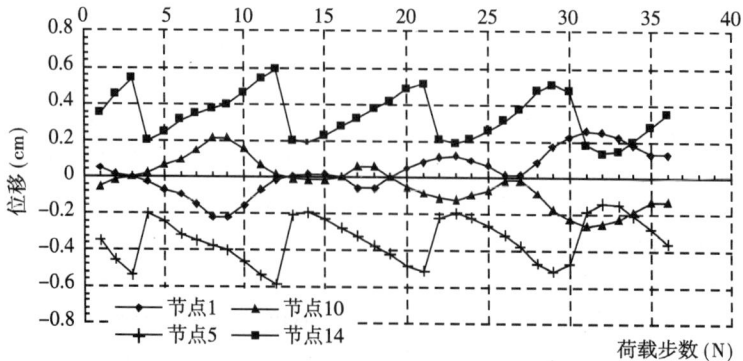

图 10 - 4 - 18　（从外向内对称张拉）顶压环四节点

（1、5、10、14）X 向位移图

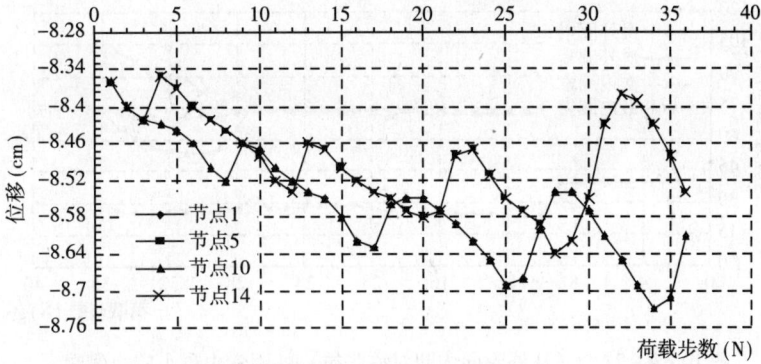

图 10 - 4 - 19　（从外向内对称张拉）顶压环四节点（1、5、10、14）Y 向位移图

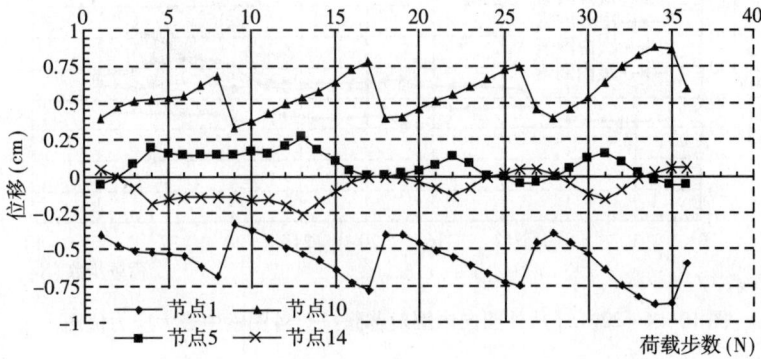

图 10 - 4 - 20　（从外向内对称张拉）顶压环四节点（1、5、10、14）Z 向位移图

由表 10 - 4 - 10 和图 10 - 4 - 18 ~ 图 10 - 4 - 20 可见：

1. 从节点位移值大小来看，在施工张拉过程中，顶压环的位移主要发生在 Y 向，即竖直方向，最小位移 -8.73cm，最大位移 -8.35cm；而相比之下，四节点中 X 向和 Z 位移变化的最大行程只有 0.48cm 左右，其中节点（1）X 向位移在 -0.22 ~ 0.26 cm 之间变动，节点（5）X 向位移在 -0.59 ~ -0.14cm 之间变动，水平向位移要比竖向位移要低一个数量级。

2. 从各节点位移变化趋势来看，节点的 X 向、Y 向和 Z 向位移在每一圈索张拉到节点附近时，节点位移有显著变化，发生一个跳跃（水平向位移 X 向和 Z 向位移最大跳跃幅度 0.3cm 左右，竖向位移 Y 向位移跳跃幅度最大为 0.1cm）。随着张拉从外向内进行，张拉点位置靠近节点，节点竖向位移（Y 向）变化幅度增大，且总位移也在增加，可见从外向内非对称张拉方案中，张拉向内圈进行时，对节点的竖向位移影响较大。

3. 当张拉到节点附近时，节点水平向位移（X 向、Z 向）发生跳跃，并且与节点所处位置有关，当节点、顶压环中心、张拉方向处的梁在一条直线上时，则沿着该直线方向的位移跳跃很大，而与直线垂直方向的位移跳跃没有前者明显。

（三）索应力变化分析

采用从外向内对称张拉方案，四圈索中，一、二、三、四圈分别为最外圈、次外圈、次内圈和最内圈，在各圈张拉过程中，索应力最小值和最大值变化如图 10 - 4 - 21、图 10 - 4 - 22 所示，数值见表 10 - 4 - 10、表 10 - 4 - 11。

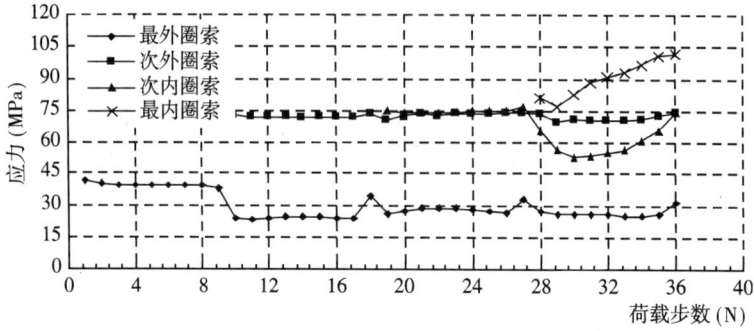

图 10-4-21 （从外圈向内圈对称张拉）各圈索中最小应力值图

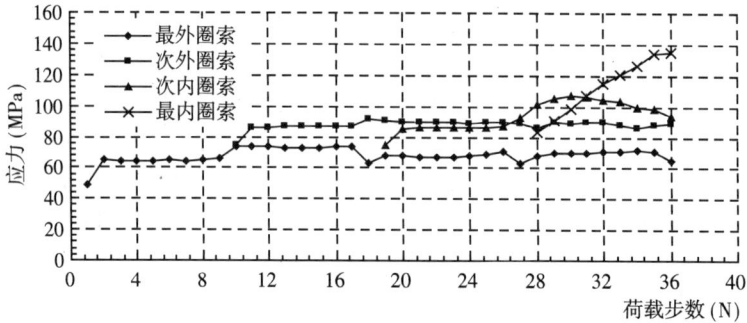

图 10-4-22 （从外圈向内圈对称张拉）各圈索中最大应力值图

从外向内对称张拉方案各圈索应力最小值表　　　　表 10-4-10

张拉过程	最外圈索应力最小值（MPa）（目标设计值为160MPa）		次外圈索应力最小值（MPa）（目标设计值为100MPa）		次内圈索应力最小值（MPa）（目标设计值为90MPa）		最内圈索应力最小值（MPa）（目标设计值为40MPa）	
	最小值	最大值	最小值	最大值	最小值	最大值	最小值	最大值
最外圈张拉	37.94	41.88						
次外圈张拉	23.46	34.83	72.18	73.74				
次内圈张拉	21.54	33.08	70.85	74.25	73.83	77.1		
最内圈张拉	25.3	31.47	69.85	74.03	53.26	74.14	76.59	101.91

从外向内对称张拉方案各圈索应力最大值表　　　　表 10-4-11

张拉过程	最外圈索应力最大值（MPa）（目标设计值为160MPa）		次外圈索应力最大值（MPa）（目标设计值为100MPa）		次内圈索应力最大值（MPa）（目标设计值为90MPa）		最内圈索应力最大值（MPa）（目标设计值为40MPa）	
	最小值	最大值	最小值	最大值	最小值	最大值	最小值	最大值
最外圈张拉	48.51	61.54						
次外圈张拉	62.79	74.2	74.74	92.43				
次内圈张拉	63.12	70.53	88.93	91.38	75.06	92.81		
最内圈张拉	65.13	71.56	81.53	90.09	93.96	107.18	82.89	135.29

从外圈向内圈的对称张拉过程中，最内圈索张拉后的最小应力为76.59MPa，最大应力值为135.29MPa；次内圈索张拉后的最小应力值为53.26MPa，最大应力值为107.18MPa；次外圈索张拉后的最小应力值为69.85MPa，最大应力值为92.43MPa；最外圈索张拉后最小应力值21.54MPa，最大为74.20MPa。

从图10-4-21、图10-4-22为各圈拉索应力与目标张拉值相比较的变化情况。

第五节　方案比较

一、索内力变化比较

（一）所选索单元在屋盖中位置示意图

分别选择每圈张拉的第一组索和最后一组索各为一个单元，在整个屋盖中的位置如图10-5-1所示。每圈初始张拉单元号如下：最外圈所选初始张拉单元号370，次外圈单元号361，次内圈单元号368，最内圈单元号371。每圈最末张拉单元选择如下：最内圈所选最末张拉单元号384，次内圈单元号366，次外圈单元号363，最外圈单元号369。

（二）所选索单元在张拉过程中应力变化图

所选索单元在张拉过程中应力变化分别如图10-5-2～图10-5-9所示。

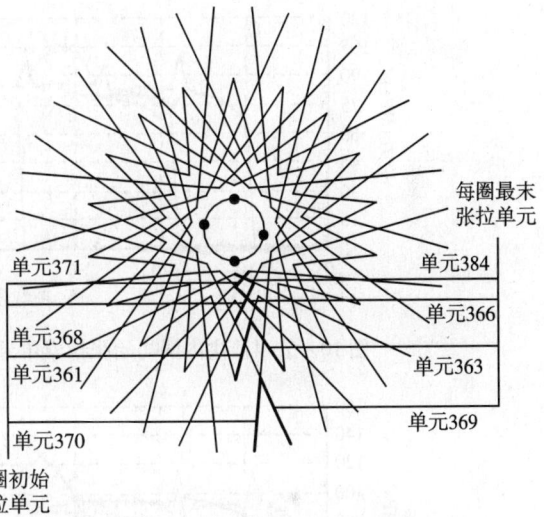

图10-5-1　所选单元在屋盖张拉索中的位置图

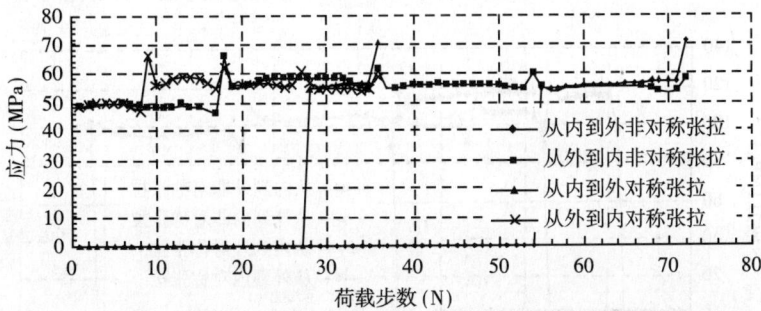

图10-5-2　最外圈初始张拉索单元370在张拉过程中的应力变化图

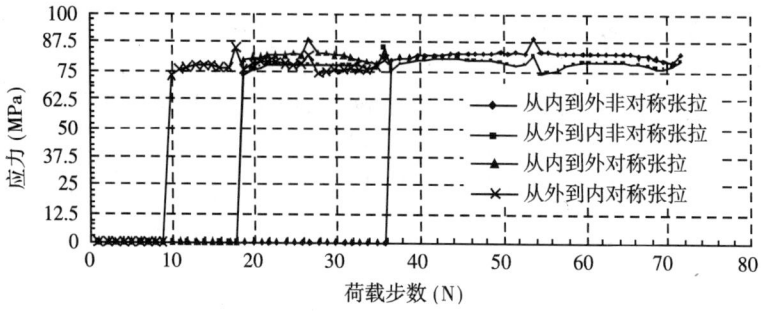

图 10 - 5 - 3　次外圈初始张拉索单元 361 在张拉过程中的应力变化图

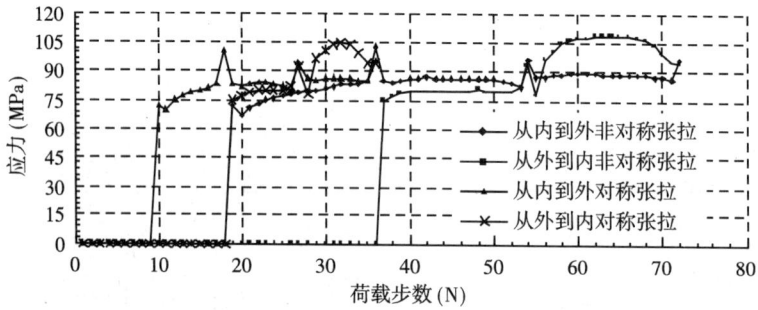

图 10 - 5 - 4　次内圈初始张拉索单元 368 在张拉过程中的应力变化图

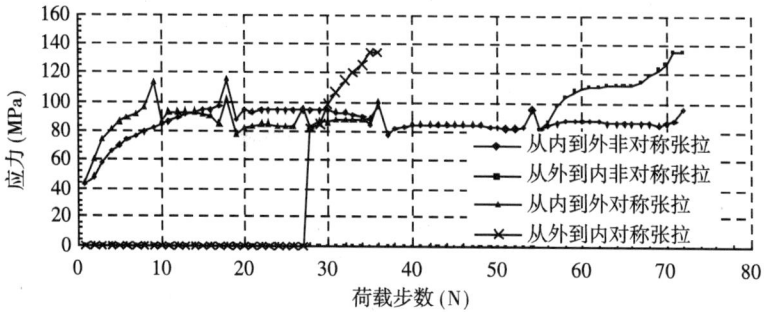

图 10 - 5 - 5　最内圈初始张拉索单元 371 在张拉过程中的应力变化图

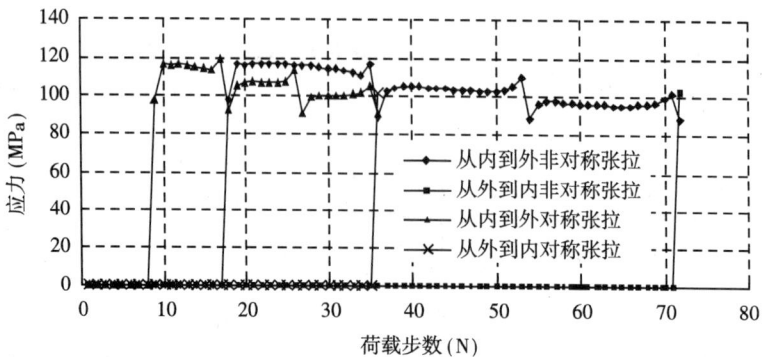

图 10 - 5 - 6　最内圈最末张拉索单元 384 在张拉过程中的应力变化图

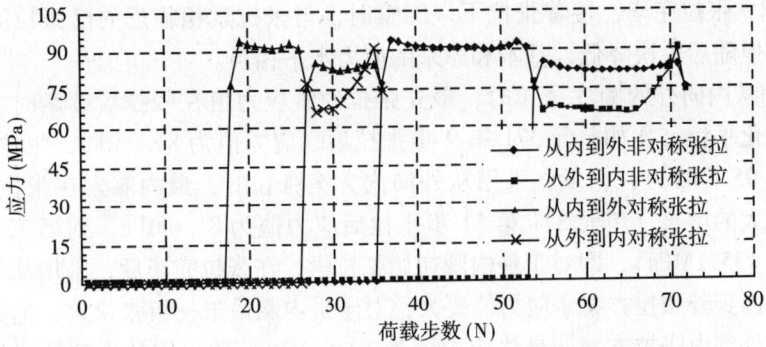

图 10 - 5 - 7　次内圈最末张拉索单元 366 在张拉过程中的应力变化图

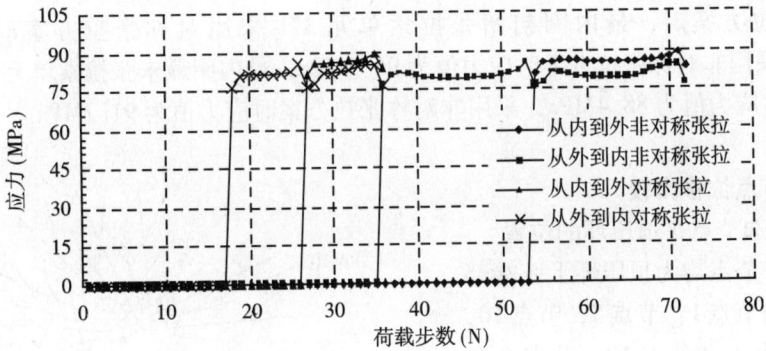

图 10 - 5 - 8　次外圈最末张拉索单元 363 在张拉过程中的应力变化图

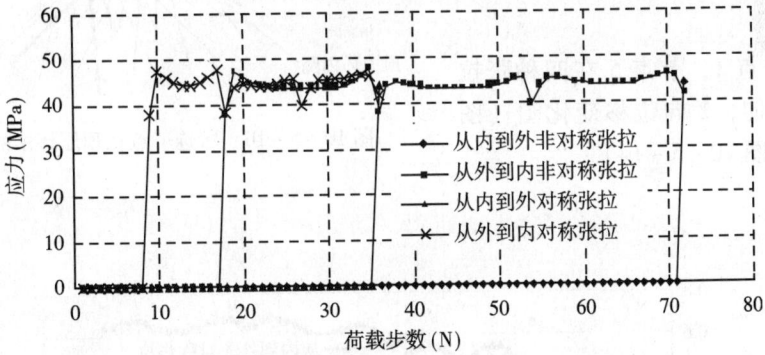

图 10 - 5 - 9　最外圈最末张拉索单元 369 在张拉过程中的应力变化图

（三）结果分析

所选单元计算结果表明：

1. 四种张拉方案中，无论采用哪一种方案张拉，最外圈索应力在张拉后都可以达到目标张拉值，并且要高；次外圈和次内圈索张拉后，索应力值比目标值低 10MPa 左右；最内圈索张拉后应力值比目标值低很多，例如，采用从内向外非对称张拉方案，最内圈索单元 371 应力值仅为 95MPa，比目标应力值（160MPa）低 65MPa。

2. 在每圈索张拉完毕，接着张拉下一圈索时，与张拉索相临近的已张拉完毕的索应力有所提高，但随后很快降低，基本和原来的应力水平相当。

3. 当采用从内向外的顺序张拉时，最先张拉的索应力值在张拉后续索时，应力值略有上升，但变化平稳（比如单元 371 第 9 步张拉后，应力值为 81.9MPa，张拉到第 72 步时应力值变为 95.5MPa）；相反，采用从外向内方案张拉时，最内圈索在张拉后续索时，应力值发生较大的增长（单元 371 第 51 步张拉后应力值为 81.6MPa，到第 72 步张拉后，应力值增加到 135.1MPa），即对于最内圈初始张拉索，在张拉完毕后，采用从外到内张拉方案比采用从内到外张拉方案索应力值要大；对于最内圈最末一组张拉索，也是如此（单元 384 采用从外到内张拉方案，最终应力值为 102.3MPa，比采用从内到外张拉方案的应力值 88.4MPa 大 13.9MPa）。

4. 采用对称张拉方案和采用非对称张拉方案，索应力值变化很小。例如，当都采用从内到外张拉方案时，最内圈初始张拉索单元 371 采用对称张拉方案时应力值为 91.55MPa，采用非对称张拉方案时应力值为 95.5MPa；最内圈最末张拉索单元 384 采用对称张拉方案时应力值为 88.4MPa，采用非对称张拉方案时应力值为 91.2MPa。

二、顶压环节点位移比较

（一）所选节点在顶压环的位置

所选四个节点均为顶压环上弦端部节点，分别为节点 1，节点 5，节点 10，节点 14，节点 1 和节点 10、节点 5 和节点 14 分别以顶压环中心为对称。在顶压环的相对位置如图 10－5－10 所示。

（二）节点 1，节点 5 在四种张拉方案中的 X 向，Y 向位移变化图（图 10－5－11～图 10－5－14）

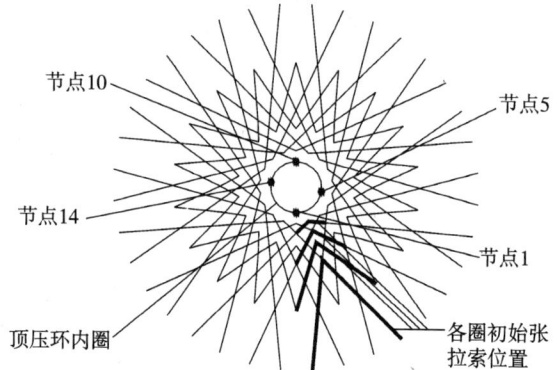

图 10－5－10　所选节点在顶压环中的位置图

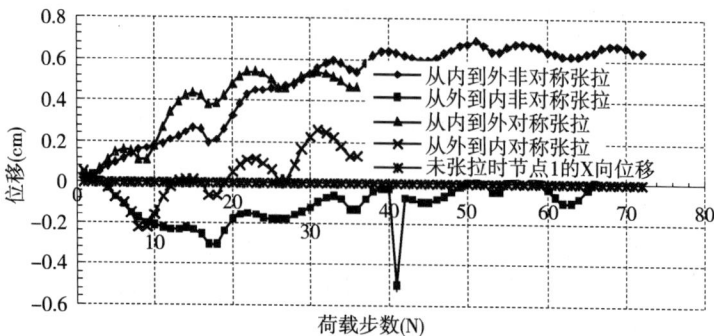

图 10－5－11　节点 1 在四种张拉方案中 X 向位移图

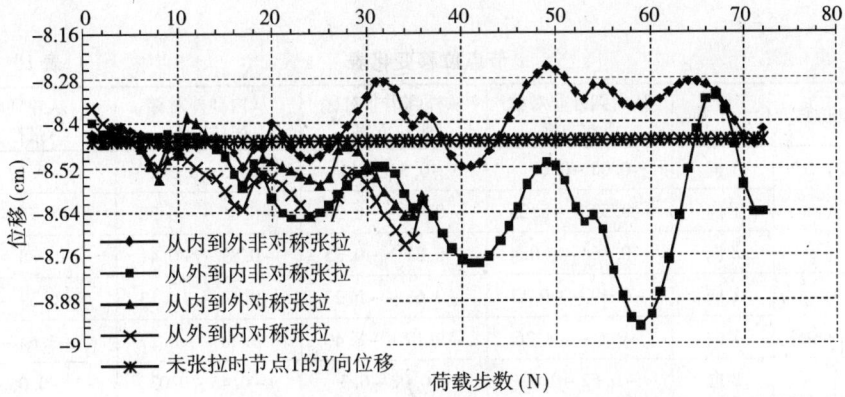

图 10 - 5 - 12　节点 1 在四种张拉方案中 Y 向位移图

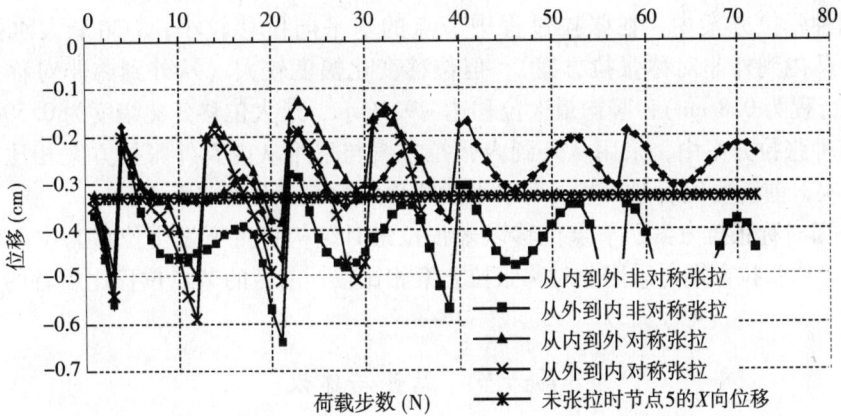

图 10 - 5 - 13　节点 5 在四种张拉方案中 X 向位移图

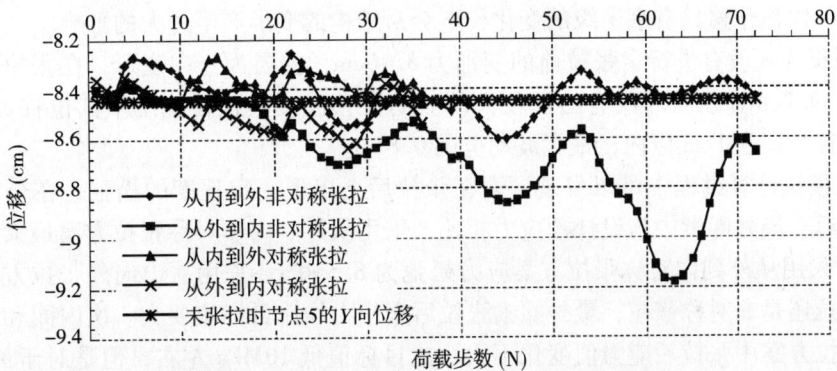

图 10 - 5 - 14　节点 5 在四种张拉方案中 Y 向位移图

（三）四种张拉方案中节点 1，节点 5 位移变化行程表（表 10 – 5 – 1）

节点位移变化表 表 10 – 5 – 1

节点位移变化		从内到外非对称张拉方案	从外到内非对称张拉方案	从内到外对称张拉方案	从外到内对称张拉方案
节点 1 位移（cm）	X 向	0.02 ~ 0.69	– 0.3 ~ 0.11	0.015 ~ 0.542	– 0.22 ~ 0.26
	Y 向	– 8.52 ~ – 8.25	– 8.95 ~ – 8.34	– 8.65 ~ – 8.38	– 8.73 ~ – 8.36
	Z 向	– 0.864 ~ – 0.4	– 0.81 ~ – 0.35	– 0.89 ~ – 0.41	– 0.88 ~ – 0.33
节点 5 位移（cm）	X 向	– 0.49 ~ – 0.17	– 0.65 ~ – 0.23	– 0.54 ~ – 0.13	– 0.59 ~ – 0.14
	Y 向	– 8.6 ~ – 8.26	– 9.19 ~ – 8.40	– 8.46 ~ – 8.27	– 8.64 ~ – 8.35
	Z 向	– 0.62 ~ 0.02	– 0.08 ~ 0.3	– 0.45 ~ 0.03	– 0.06 ~ 0.26

（四）结果分析

从上面图 10 – 5 – 11 ~ 图 10 – 5 – 14 可见：

1. 四种张拉方案中，在张拉过程中节点的水平向位移较小，X 向最大水平位移为 0.69cm（从内到外非对称张拉方案），但位移变化幅度较大（从外到内非对称张拉方案中，位移行程为 0.8 cm）；竖向最大位移达 – 9.19cm，最大位移变化幅度为 0.59cm。

2. 四种张拉方案中，采用从外到内张拉方案与采用从内到外张拉方案相比，对竖向位移的影响，前者要比后者大些，对水平向位移的影响，两者差不多。

3. 采用对称张拉方案，节点位移以未张拉索时结构自重下发生位移为中心轴发生波动；采用对称张拉方案与采用非对称张拉方案相比较，前者的节点位移比后者的节点位移略小。

第六节　结论与建议

1. 通过模拟计算表明，在施工过程中索的张拉对屋面的主梁和结构柱的影响较小。主梁在张拉过程中应力保持在 19 ~ 30MPa 之间，柱的应力基本无变动。

2. 通过对内、外柱柱顶节点位移的计算发现，在张拉过程中柱顶位移与在无索张拉自重作用下柱顶位移只有毫米级的变化，不会对结构的变形产生过大的影响。

3. 顶压环在没有进行索张拉前的变形为 8.46cm，主要为竖向变形；在张拉过程中变形为 8.2 ~ 9.2cm，顶压环没有出现较大的竖向位移波动，且在施工中其位移数值稳定。水平向位移行程在 1cm 以内，最大波动范围 0.8cm。

4. 在模拟计算过程中可以发现，索在张拉后会出现一定程度的松弛。在全部索张拉施工完成后，最外圈索中与设计预应力相比，采用从外到内非对称方案最大的松弛达 9.1MPa，采用从外到内对称张拉方案应力松弛为 8.5MPa；采用从内向外张拉方案，无论是对称张拉还是非对称张拉，最外圈索张拉后索应力均比目标值要大。次内圈和次外圈索在四种张拉方案中张拉后应力值变化不大，比目标值低 10MPa 左右；但是对于最内圈索，在采用从外向内张拉方案时的索应力比采用从内向外张拉方案时的索应力值要大，最大差值可达 35MPa，但是无论采用何种张拉方案，最内圈索应力均比目标值要低。

第十一章　车站无柱雨棚铸钢节点试验研究

第一节　概　况

上海南站无站台柱雨棚为站房配套工程，为了和主站房独特、新颖结构造型相配，钢结构雨棚造型也进行了细节上的处理。

雨棚每根柱（$\phi500\text{mm}\times20\text{mm}$ 钢管）有四根斜撑变径钢管（$\phi(300\sim150)\text{mm}\times12\text{mm}\times4000\text{mm}$）与桁架连接（图 11-1-1），每根斜撑的端头要与桁架的九根杆件连成一个受力节点，该节点造型复杂，若用焊接节点，工艺性、质量可靠性以及建筑效果都难以满足要求。结合近年来铸钢节点在诸多大型钢结构工程的广泛使用，本工程的柱斜撑节点以及与下弦、腹杆连接的节点均采用铸钢节点，如图 11-1-2 所示。

一、柱斜撑端头节点详图（图 11-1-3）

在图 11-1-3 中，标准节点一、二、三、四的角度位置列于表 11-1-1 中。

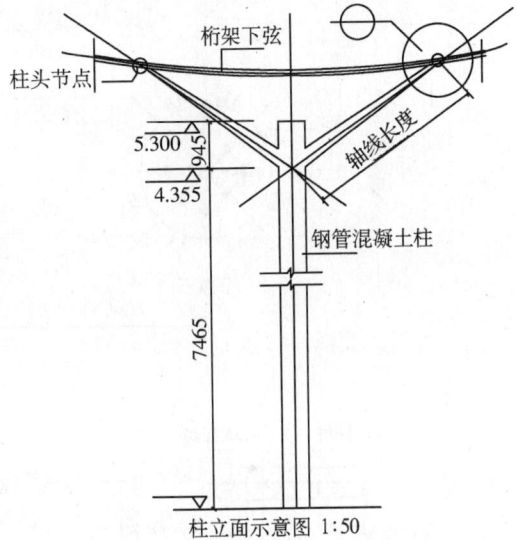

桁架下弦
柱头节点
轴线长度
5.300
945
4.355
钢管混凝土柱
7465
柱立面示意图 1:50

图 11-1-1

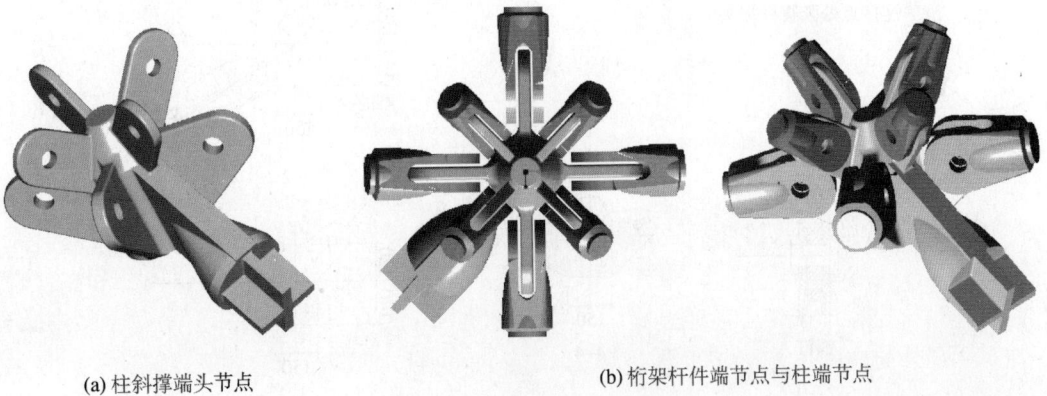

(a) 柱斜撑端头节点　　　　(b) 桁架杆件端节点与柱端节点

图 11-1-2　雨棚柱头的铸钢节点

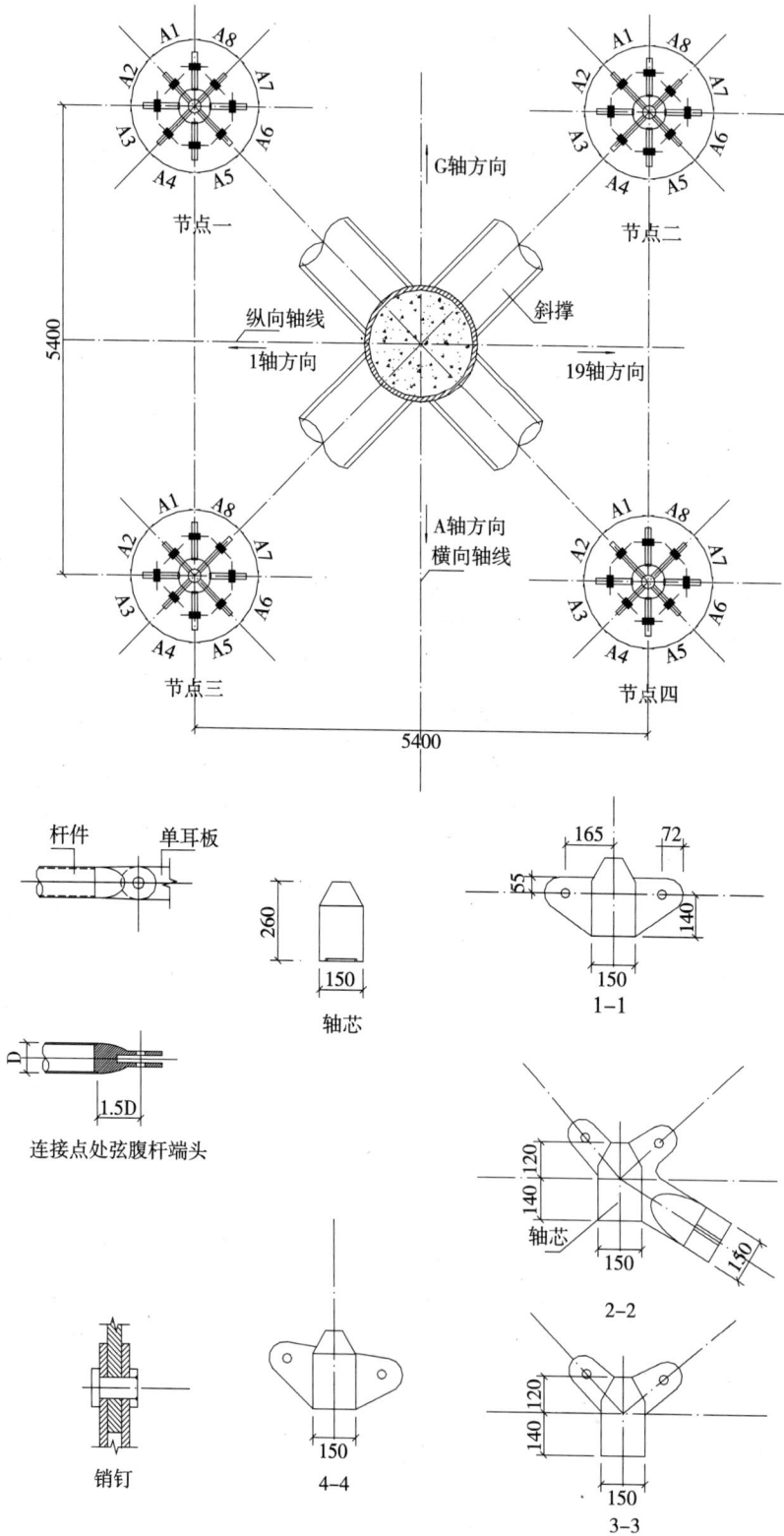

节点一　　　　　　　　　　G轴方向　　　　　　　　　节点二

纵向轴线
1轴方向　　　　　　　斜撑　　　　19轴方向

A轴方向
横向轴线

节点三　　　　　　　　　　　　　　　　　　　　节点四

5400

5400

杆件　　单耳板

260

150

轴芯

165　　72

55

140

150

1-1

连接点处弦腹杆端头

D

1.5D

140 120

轴芯

150

150

2-2

140 120

150

3-3

销钉

150

4-4

图 11-1-3　柱斜撑端头节点

標 准 节 点 表 表 11 - 1 - 1

	节点一、二、三、四											
夹角	A1	A2	A3	A4	A5	A6	A7	A8	B1	B2	B3	B4	B5
角度（°）	45	45	45	45	45	45	45	45	27	43	43	43	43

二、铸钢件材质及性能要求（表 11 - 1 - 2、表 11 - 1 - 3）

铸钢件的材质牌号为 GS - 20Mn5，参照德国标准 DIN17182—1992。

化 学 成 分（%） 表 11 - 1 - 2

钢 号		C≤	Si≤	Mn	P≤	S≤	Cr≤	Mo≤	Ni≤	Ce_q≤
牌号	材料牌号									
GS - 20Mn5	1.1120	0.21	0.60	1.00 ~ 1.50	0.015	0.015	0.30	0.15	0.40	0.42

注：实际碳含量比表中碳上限每减少 0.01%，允许实际锰含量超出表中锰上限 0.04%，但总超出量不得大于 0.2%。

力 学 性 能 表 11 - 1 - 3

钢 号		屈服强度（MPa）	抗拉强度（MPa）	延伸率 δ_5（%）	冲击功（J）
牌号	材料牌号				
GS - 20Mn5	1.1120	≥300	≥500	≥24	≥27

第二节 试验设计

一、试验目的

雨棚铸钢节点（图 11 - 1 - 2）有 9 根杆件相交，节点空间传力、受力复杂，理论计算难以精确反应铸钢节点内力分布，也无法反映材料缺陷和铸造缺陷，为了确定节点在设计荷载下的应力确保节点安全，特进行此试验。

二、试验内容

本次试验进行 3 种抗拉试验：

1. 对与腹杆相连的耳板进行抗拉试验。

2. 对与下弦杆相连的耳板进行抗拉试验。

3. 对与柱支撑相连节点段进行抗拉试验。

三、试验方案

（一）腹杆耳板抗拉试验

最大拉力：305kN

荷载分级：250kN，290kN，300kN，305kN

（二）下弦杆耳板抗拉试验

最大拉力：445kN

荷载分级：350kN，400kN，440kN，445kN

（三）柱支撑节点段抗拉试验

最大拉力：1200kN

荷载分级：1000kN，1100kN，1150kN，1200kN

四、试件设计图

（一）试件

见图 11 - 1 - 3。

截面 1 - 1、截面 2 - 2、截面 3 - 3、截面 4 - 4

（二）腹杆耳板试件

腹杆耳板固定模具如图 11 - 2 - 1 所示。

固定模具顶部连接件各部尺寸如图 11 - 2 - 2 所示。

固定模具底座连接件各部分尺寸如图 11 - 2 - 3 所示。

附加耳板构造尺寸如图 11 - 2 - 4 所示。

（三）下弦杆耳板试件

下弦杆耳板固定模具如图 11 - 2 - 5 所示。

顶部连接件构造尺寸如图 11 - 2 - 6 所示。

底座连接件构造尺寸如图 11 - 2 - 7 所示。

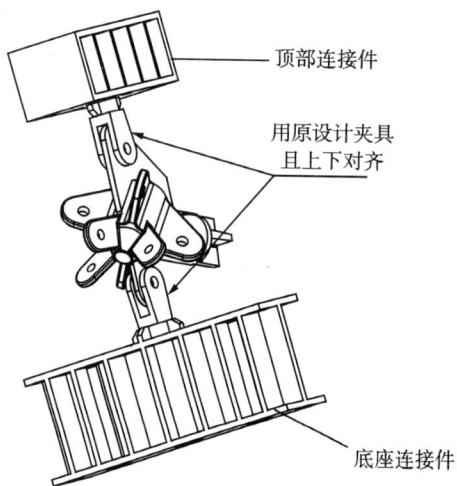

图 11 - 2 - 1 腹杆耳板固定模具示意图

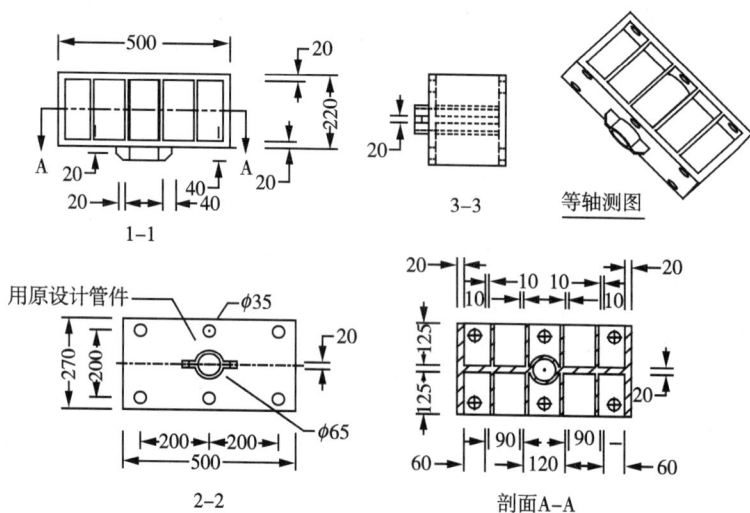

图 11 - 2 - 2 顶部连接件示意图

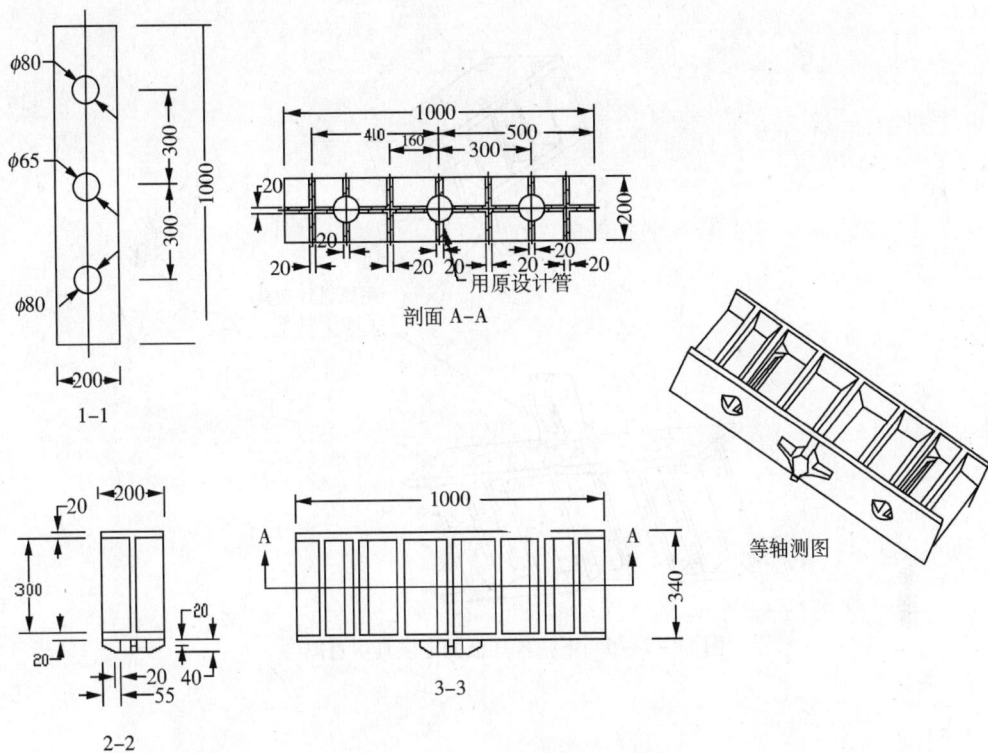

图 11 - 2 - 3　底座连接件示意图

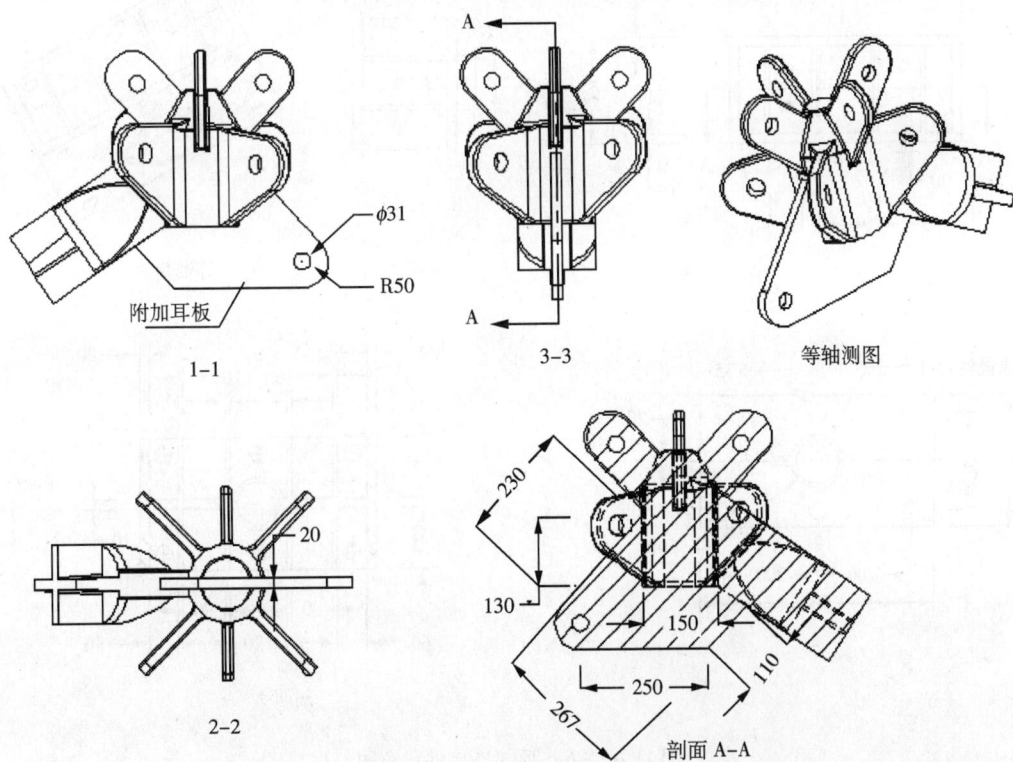

图 11 - 2 - 4　附加耳板示意图

用原设计夹具
且上下对齐

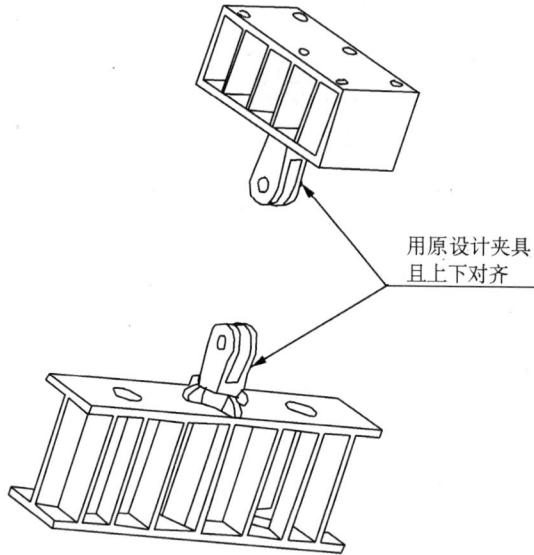

图 11 - 2 - 5　下弦杆耳板固定模具示意图

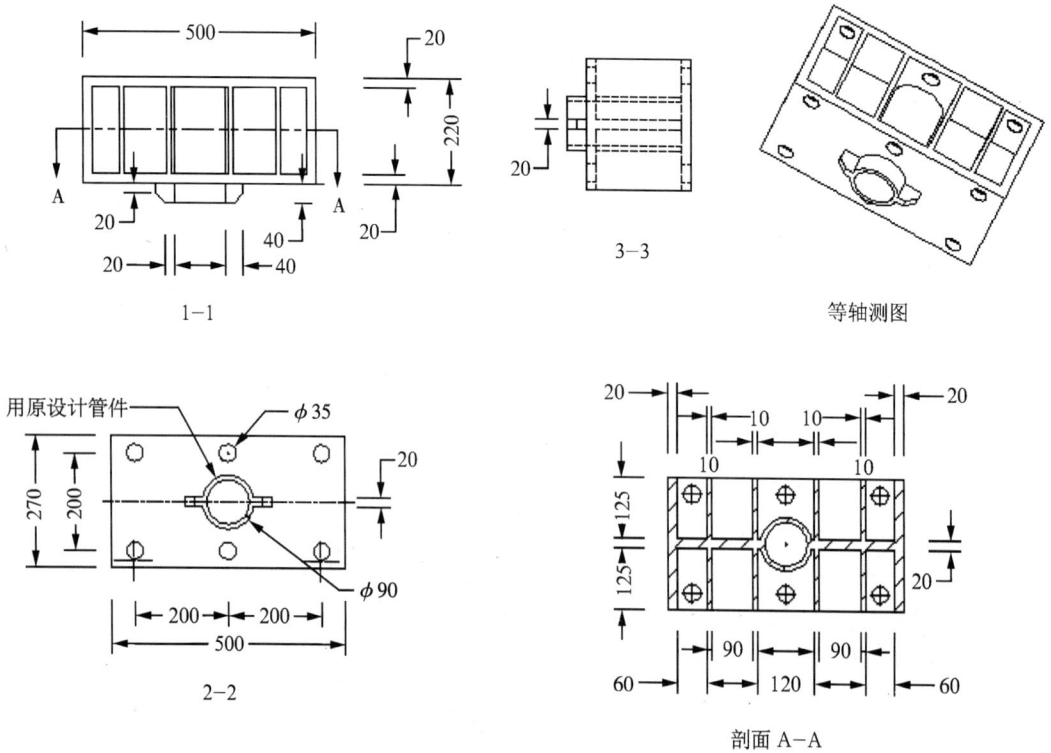

1—1

3—3

等轴测图

用原设计管件

$\phi 35$

$\phi 90$

2—2

剖面 A—A

图 11 - 2 - 6　顶部连接件示意图

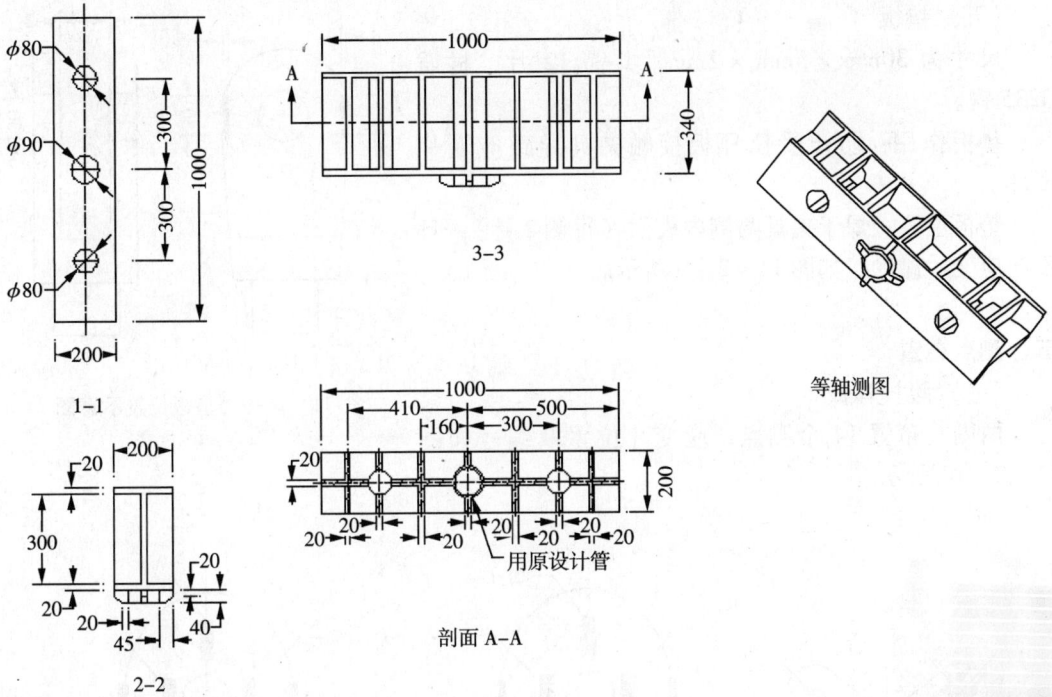

図 11 - 2 - 7 底座连接件示意图

（四）柱支撑节点试件

柱支撑段节点固定模具如图 11 - 2 - 8 所示。

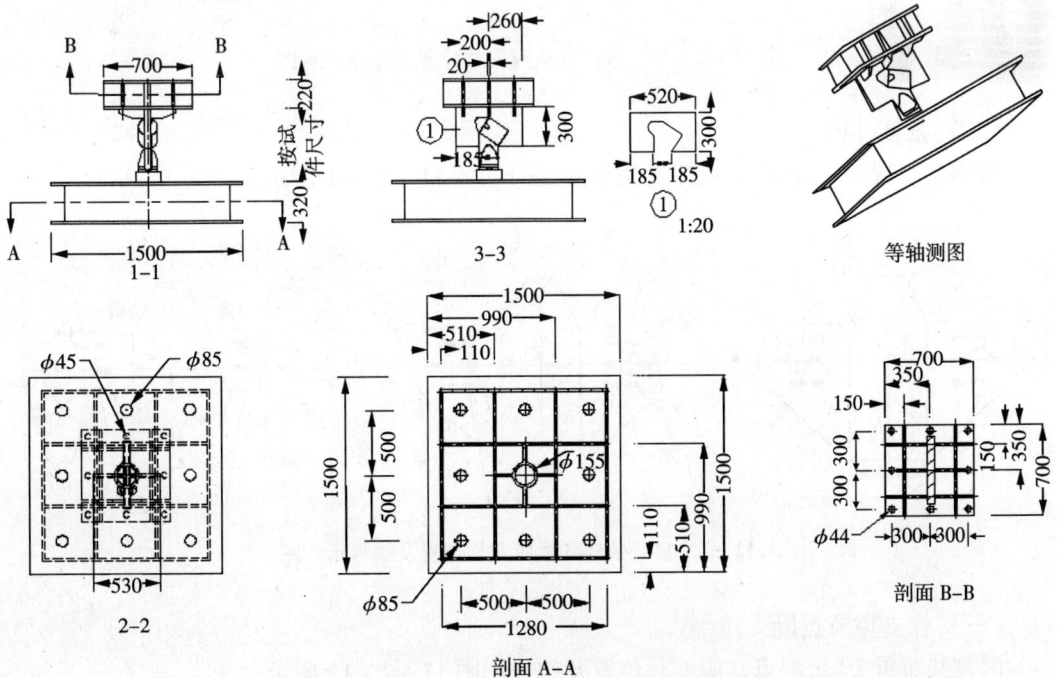

图 11 - 2 - 8 柱支撑段固定模具示意图

（五）垫板

尺寸为 30mm × 5mm × 2mm，共需 12 片，材质 Q235 钢。

垫板作用：防止受拉耳板接触夹具导致应变片损坏。

垫板位置：焊于夹具两侧内表面（每侧 2 片），且不与应变片碰触，如图 11 - 2 - 9 所示。

五、测点布置

（一）腹杆耳板

两侧共布置 14 个测点，应变片位置及编号如图 11 - 2 - 10 所示。

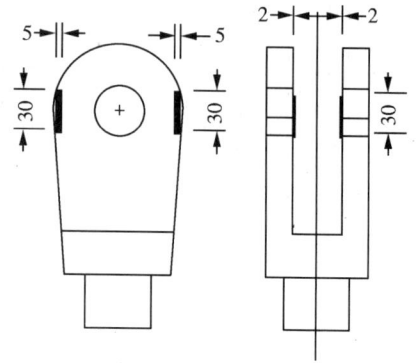

图 11 - 2 - 9　垫板位置示意图

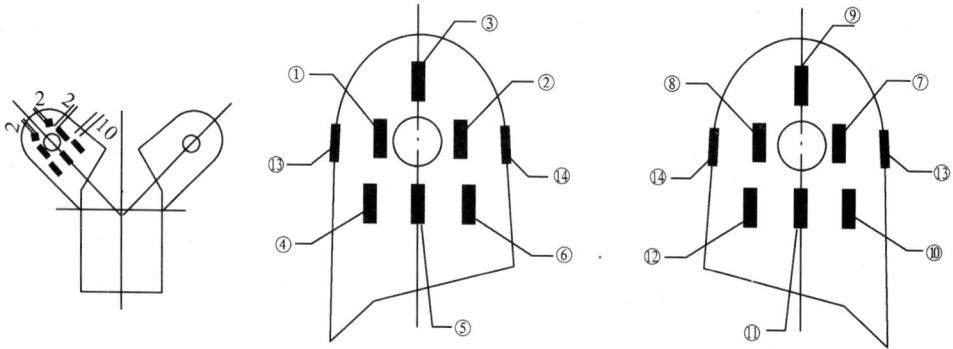

图 11 - 2 - 10　腹杆耳板应变片位置及编号示意图

（二）弦杆耳板

两侧共布置 28 个测点，应变片位置及编号如图 11 - 2 - 11 所示。

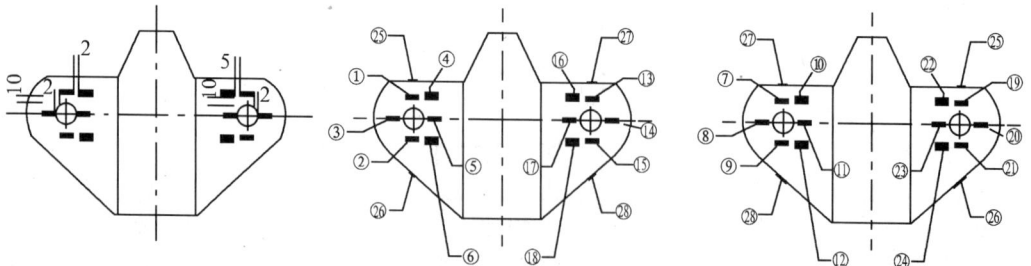

图 11 - 2 - 11　弦杆耳板应变片位置及编号示意图

（三）柱支撑节点段

两侧共布置 10 个测点，应变片位置及编号如图 11 - 2 - 12 所示。

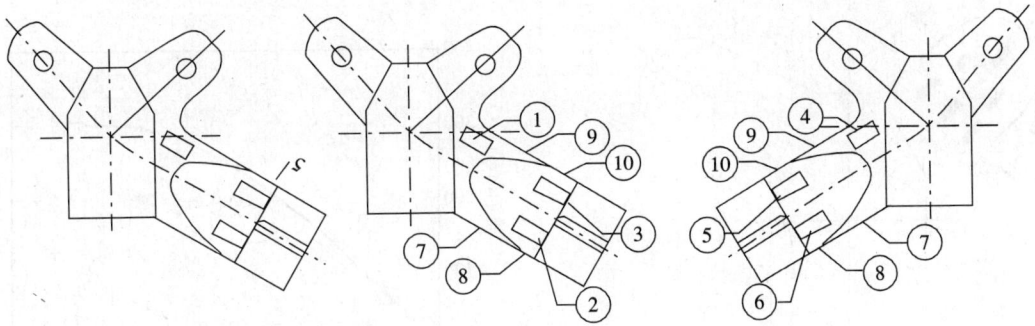

图 11 -2 -12 柱支撑节点段应变片位置及编号示意图

六、试验加载制度

（一）试验前调试

每次试验前应加载至 10kN，并静置 5min，检查仪表、试件等是否正常。

（二）腹杆耳板试验

1. 加载至 250kN，停顿 5min，记录数据。
2. 加载至 290kN，停顿 5min，记录数据。
3. 加载至 300kN，停顿 5min，记录数据。
4. 加载至 305kN，停顿 5min，记录数据。

（三）下弦杆耳板试验

1. 加载至 350kN，停顿 5min，记录数据。
2. 加载至 400kN，停顿 5min，记录数据。
3. 加载至 440kN，停顿 5min，记录数据。
4. 加载至 445kN，停顿 5min，记录数据。

（四）柱支撑节点段试验

1. 加载至 1000kN，停顿 5min，记录数据。
2. 加载至 1100kN，停顿 5min，记录数据。
3. 加载至 1150kN，停顿 5min，记录数据。
4. 加载至 1200kN，停顿 5min，记录数据。

第三节 试验结果

一、腹杆耳板抗拉试验

应变片位置如图 11 -3 -1。

（一）孔边区域

孔边区域平均应变和应力见表 11 -3 -1 和图 11 -3 -2。

孔边平均应变和应力　　　　　　　　　　　　　　　　表 11 -3 -1

加载（kN）	199	250	290	300	305
平均应变（10^{-6}）	1456	2001	2631	3023	3379
平均应力（MPa）	300（屈服点）	屈服	屈服	屈服	屈服

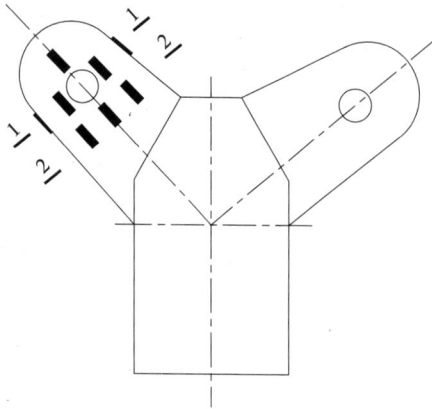

图 11 - 3 - 1　应变片位置示意图

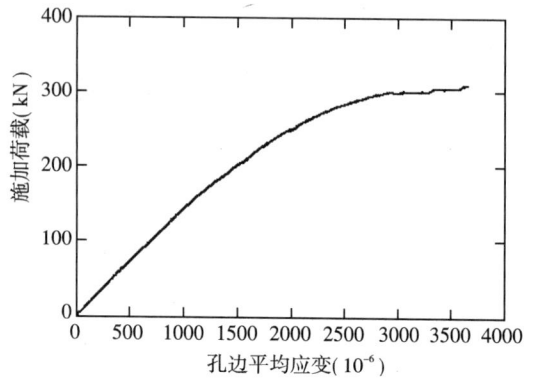

图 11 - 3 - 2　孔边平均应变与荷载关系曲线
（注：加载至 199kN 时该区域屈服）

截面 1 - 1 侧面平均应变和应力见表 11 - 3 - 2 和图 11 - 3 - 3。

截面 1 - 1 侧面平均应变和应力　　　　　　　　　　　表 11 - 3 - 2

加载（kN）	250	290	300	305
平均应变（10^{-6}）	431	691	781	820
平均应力（MPa）	88.9	142.4	160.9	169

（二）截面 2 - 2

截面 2 - 2 平均应变和应力见表 11 - 3 - 3、图 11 - 3 - 4。

截面 2 - 2 平均应变和应力　　　　　　　　　　　表 11 - 3 - 3

加载（kN）	250	290	300	305
平均应变（10^{-6}）	514	558	558	559
平均应力（MPa）	106.1	114.9	114.9	115.1

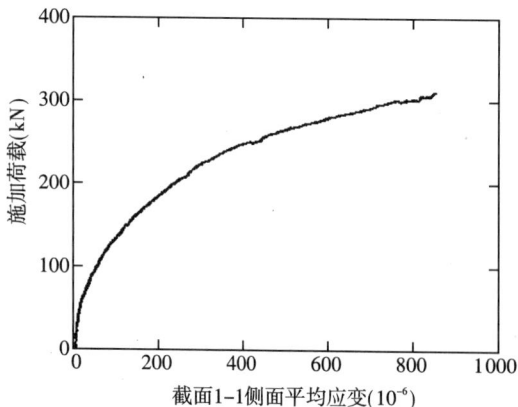

图 11 - 3 - 3　截面 1 - 1 侧面平均
应变与荷载关系曲线
（注：该区域并未达到屈服）

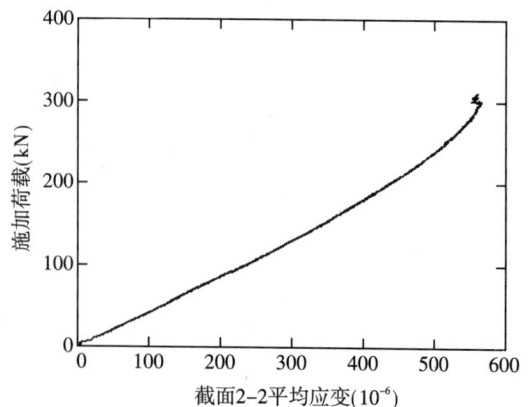

图 11 - 3 - 4　截面 2 - 2 平均应变与
荷载关系曲线
（注：该截面并未达到屈服）

二、下弦杆耳板抗拉试验

应变片位置如图 11 - 3 - 5。

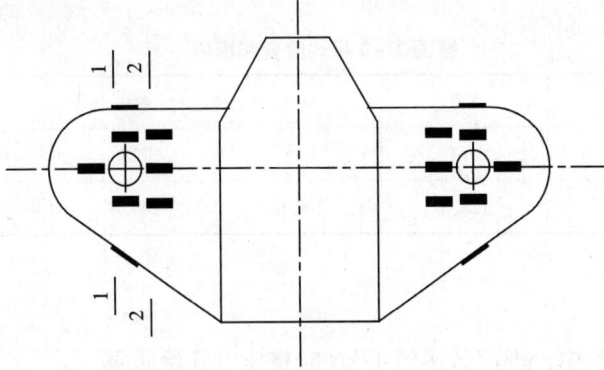

图 11 - 3 - 5 应变片位置示意图

(一) 孔边区域

孔边区域平均应变和应力见表 11 - 3 - 4、图 11 - 3 - 6。

孔边平均应变和应力   表 11 - 3 - 4

加载（kN）	350	382	400	440	445
平均应变（10^{-6}）	1260	1456	1678	2556	2756
平均应力（MPa）	259.6	300（屈服点）	屈服	屈服	屈服

截面 1 - 1 侧面平均应变和应力见表 11 - 3 - 5、图 11 - 3 - 7。

截面 1 - 1 侧面平均应变和应力   表 11 - 3 - 5

加载（kN）	350	400	440	445
平均应变（10^{-6}）	300	359	354	360
平均应力（MPa）	61.8	73.9	72.9	74.1

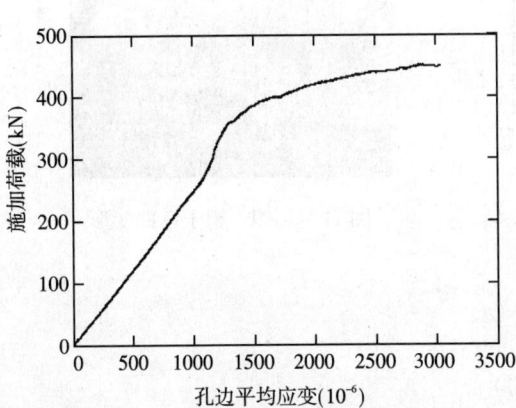

图 11 - 3 - 6 孔边平均应变与荷载关系曲线

（注：加载至 382kN 时该区域屈服）

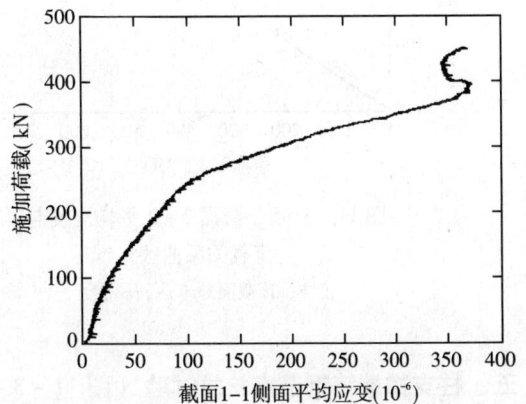

图 11 - 3 - 7 截面 1 - 1 侧面平均应变与
荷载关系曲线

（注：该区域并未达到屈服）

（二）截面 2 - 2

截面 2 - 2 平均应变和应力见表 11 - 3 - 6、图 11 - 3 - 8。

截面 2 - 2 平均应变和应力

表 11 - 3 - 6

加载（kN）	350	400	440	445
平均应变（10^{-6}）	613	679	725	730
平均应力（MPa）	126.3	140.0	149.4	150.4

三、孔上点挤压作用

腹杆耳板抗拉试验中，当荷载达到 47kN 时挤压点开始屈服。

下弦杆耳板抗拉试验，当荷载达到 67kN 时挤压点开始屈服。

此后，接触面扩大，变形减小，影响也减小，试验结束后，销孔无明显变形。

四、销子的变形

根据试件制作方说明，本次试验所用销子材质为 45 号钢。

试验结果表明，试验后销子已出现明显弯曲变形，此变形是由于剪切形成，如图 11 - 3 - 9 所示。

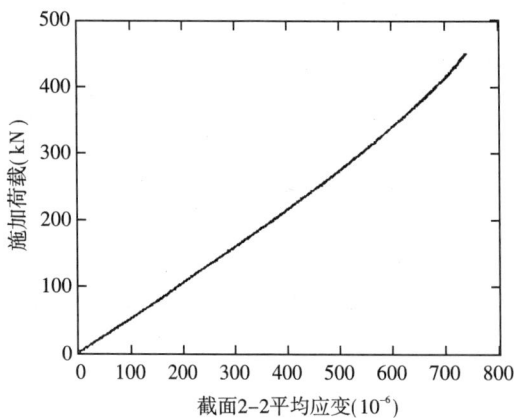

图 11 - 3 - 8　截面 2 - 2 平均应变与
荷载关系曲线
（注：该截面并未达到屈服）

图 11 - 3 - 9　销子弯曲变形

五、柱支撑端铸钢节点抗拉试验（图 11 - 3 - 10）

（一）截面 1 - 1

截面 1 - 1 处平均应变和应力见表 11 - 3 - 7、图 11 - 3 - 11。

378

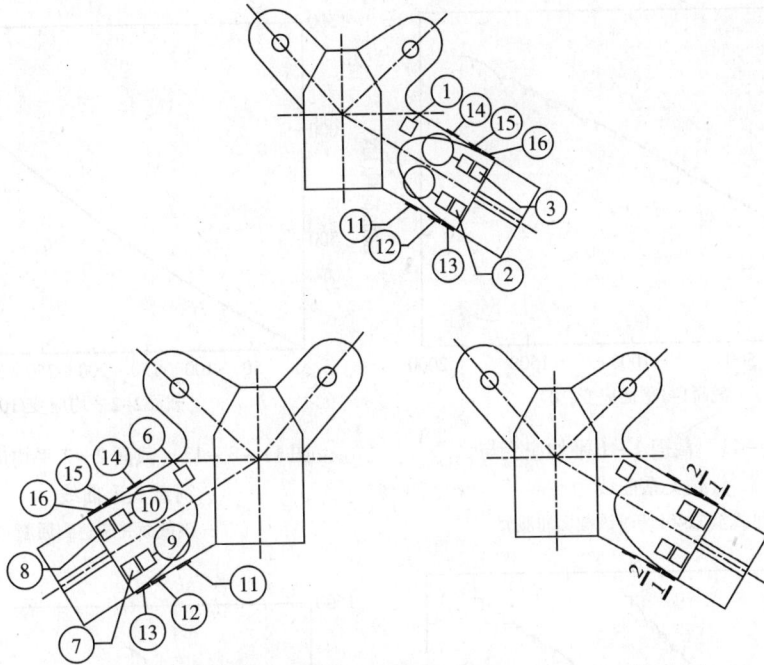

图 11-3-10　柱支撑端铸钢节点应变片位置示意图

截面 1-1 平均应变和应力　　　　　　　　　　表 11-3-7

加载（kN）	1000	1100	1140	1150	1200
平均应变（10^{-6}）	1180	1373	1456	1473	1578
平均应力（MPa）	243.1	282.9	300（屈服点）	屈服	屈服

由于此截面靠近焊缝，属于焊缝热影响区范围，可能受焊接残余应力影响较大，较早（当荷载在 1140kN 时）进入了塑性变形阶段。

（二）截面 2-2

截面 2-2 处的平均应变和应力见表 11-3-8、图 11-3-12。

截面 2-2 平均应变和应力　　　　　　　　　　表 11-3-8

加载（kN）	1000	1100	1150	1200
平均应变（10^{-6}）	296	320	332	344
平均应力（MPa）	61.0	66.0	68.5	71.0

（三）柱支撑端铸钢节点对称性

应变片 2 和应变片 7 位于铸钢节点段两侧的对称位置，应变片 7 和应变片 8 位于铸钢节点段同面左右的对称位置，理论上该两处应变应对称，由于试件制作可能出现偏差，试件中存在初始弯曲，导致试件在试验中受弯，两处应变不对称，图 11-3-13 为应变片 2 和应变片 7 的应变比较，图 11-3-14 为应变片 7 和应变片 8 的应变比较，说明初弯曲的影响。

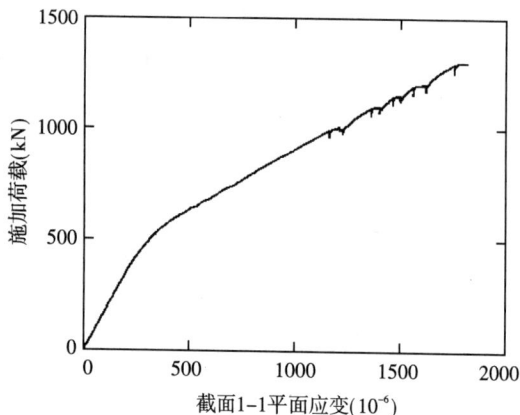

图 11 - 3 - 11　截面 1 - 1 平均应变与
荷载关系曲线

（注：加载至 1140kN 时该截面屈服）

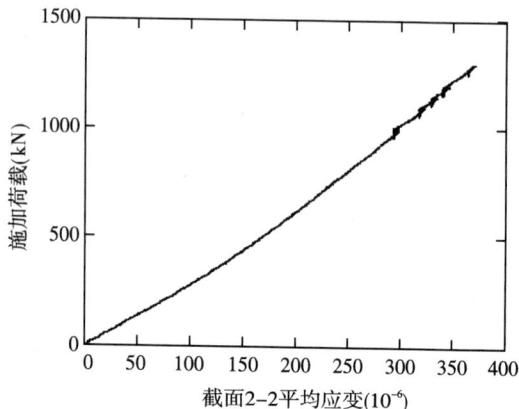

图 11 - 3 - 12　截面 2 - 2 平均应变与
荷载关系曲线

（注：该截面并未达到屈服）

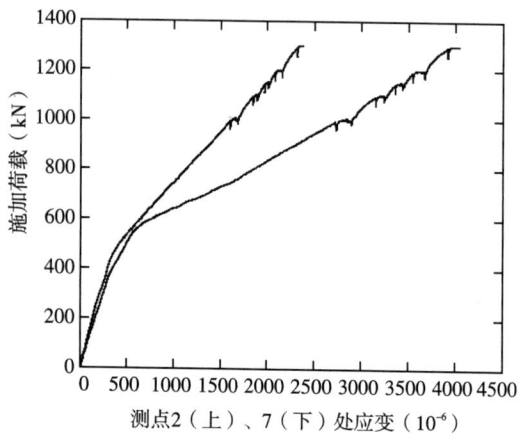

图 11 - 3 - 13　截面 1 - 1 正反两面应变与
荷载关系曲线

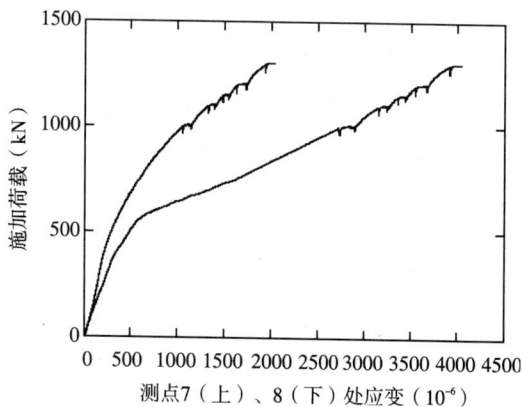

图 11 - 3 - 14　截面 1 - 1 左右两侧应变与
荷载关系曲线

从以上两图可以看出，柱支撑端铸钢
节点在两处都处于非对称状态。

（四）所测测点中最大应变点

图 11 - 3 - 15 为该节点中应变最大处
（应变片 7）的荷载应变曲线图，从图中
可看出初始屈服的位置。

试验结果表明，无柱雨棚铸钢件节点
在设计荷载下可以确保结构安全。

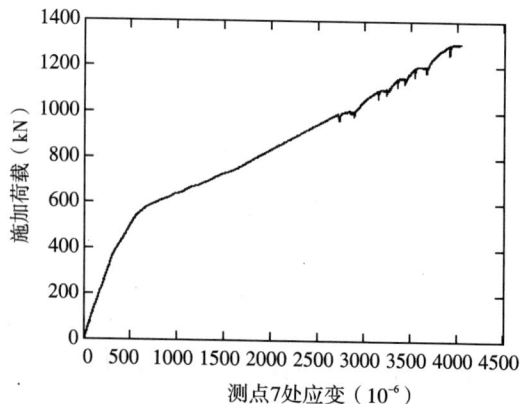

图 11 - 3 - 15　最大应变与荷载关系曲线
（注：测点 7 为所测测点中最大应变点，
加载至 724kN 时该点屈服）

第十二章 阳光板屋面系统研究

第一节 前 言

聚碳酸酯板（Polycarbonate），俗称阳光板，以其特有的重量轻、强度高、透光性好、耐冲击、易于加工等优点而得到越来越多的青睐。在欧洲，较早的工程实例是建于 1979 年的克罗地亚斯普利特足球场看台（图 12 - 1 - 1），屋面面积约 20000m²，板材由 GE 公司生产，该建筑目前仍在正常使用。在 2003 年葡萄牙足球欧锦赛体育场馆中，聚碳酸酯板得到大量应用，如 Leiri、Aveiro、Bessa、Luz 等体育场馆，总面积约 74000m²。在国内，2004 年建成的重庆奥林匹克体育场（图 12 - 1 - 2）、北京赛特商城、南京火车站等工程，应用情况如表 12 - 1 - 1 所列。

图 12 - 1 - 1 斯普里特足球场（克罗地亚）　　　图 12 - 1 - 2 重庆奥林匹克体育场

聚碳酸酯板材在国内外工程应用　　　　　　　　　　表 12 - 1 - 1

	工程项目名称	地点	面积/m²	完成时间
国内	重庆奥林匹克体育场	重庆	31000	2004 年
	成都国际会展中心	成都	12000	2004 年
	九寨天堂国际会议厅	九寨天堂	4000	2004 年
	成都消防中心礼堂	成都	1500	2004 年
	北京赛特商城	北京	1300	2004 年
	齐齐哈尔体育馆	齐齐哈尔	20000	2003 年
	新塘牛仔城、针织城	广州	10000	2003 年
	北京总政治部	北京	5500	2003 年
	深圳妈湾电厂	深圳	5000	2003 年

	工程项目名称	地点	面积/m²	完成时间
国内	昆明机场采光顶	昆明	1800	2003 年
	花都狮岭国际皮具城	广州	30000	2002 年
	大连市龙王塘水上乐园	大连	20000	2002 年
	上海源深体育馆	上海	16500	2000 年
国外	克罗地亚斯普里特足球场	克罗地亚	20000	1979 年
	西班牙毕尔巴鄂体育场	西班牙	5000	1981 年
	维也纳城市俱乐部体育场	奥地利	7500	1982 年
	英国斯旺西足球场	英国	6000	1983 年
	克罗地亚萨格勒布体育场	克罗地亚	6000	1986 年
	意大利罗马奥林匹克体育场	意大利	42000	1990 年
	西班牙圣塞伯斯蒂安体育场	西班牙	3000	1992 年
	挪威奥林匹克体育场	挪威	4000	1992 年
	西班牙巴塞罗那奥林匹克体育场	西班牙	2000	1992 年
	丹麦西尔克伯格体育场	丹麦	1622	1994 年
	鹿特丹费因诺德体育场	荷兰	7000	1995 年
	阿姆斯特丹阿贾克斯体育场	荷兰	63000	1996 年
	法国巴黎	法国	7320	1996 年
	英国伦敦世纪体育场	英国	11000	1999 年
	澳大利亚（奥林匹克）	澳大利亚	27000	1999 年

聚碳酸酯板材系统的一个关键问题是使用年限。可以从两方面加以考虑：一是板材的使用年限；二是板材系统的使用年限。

板材的使用年限是指板材满足特定的使用要求时间年限，主要由黄变指数、透光率损失和抗冲击强度三个具体指标来衡量。目前的产品可以做到 15 年的质量保证：黄变指数不大于 4，透光率损失不大于 4%，可承受冰雹的冲击力，但这并不是说过了 15 年期限板材就不能使用了。根据工程实例，限于当时技术水平（1979 年）所建造的克罗地亚斯普利特足球场屋面板材，距今已有 26 年，目前仍在正常使用。

而对于板材屋面系统的使用年限则是指整个屋面系统满足结构安全和使用要求的年限。这取决于构造设计、材料和安装质量。目前邓普系统较为成熟。在上海铁路南站工程中采用的是一种全新的屋面系统。

本章主要对上海铁路南站阳光板屋面系统力学性能进行研究。

第二节 工程概况

上海铁路南站巨大的圆形屋盖覆盖面积约 6 万 m²，由 2 列钢柱支撑，18 组"人"字形钢架体现出建筑的力度和美感，在设计构思上，屋面系统采用三层构造（图 12-2-1）：外层铝合金遮阳百叶、中层半透明聚碳酸酯板及内层铝合金多孔吊顶板。

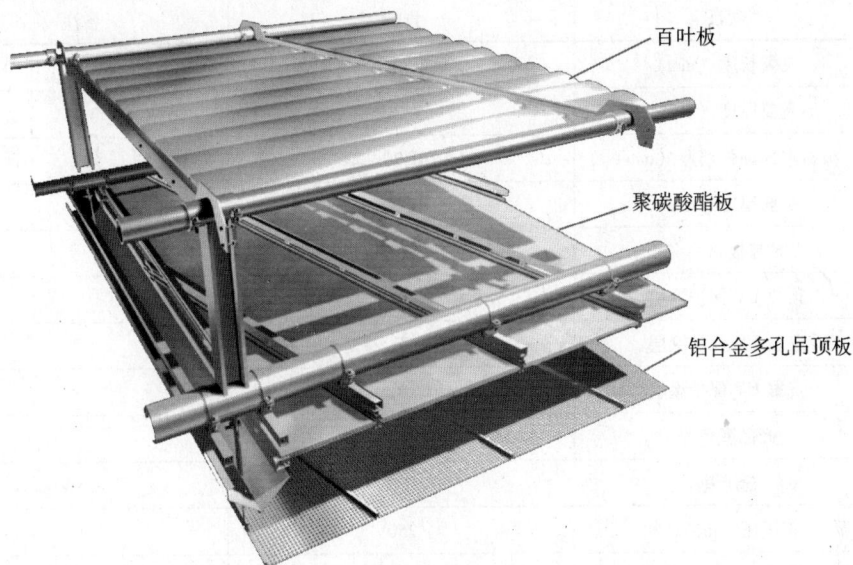

图 12 – 2 – 1　上海铁路南站屋面系统

在功能上，外层的百叶板避免阳光直射，使光线柔和地进入室内，防止冰雹、雨水直接作用于阳光板上，减弱风荷载作用，延缓中层屋面板材老化。中层的聚碳酸酯板承受着外荷载，起主要防水作用，同时保证较高的透光率，是屋面系统主要功能部件。内层的多孔板可使室内光线变得柔和，创造出宁静祥和的空间效果，同时起着装饰作用。

一、屋面系统板型设计

屋面板材必须同时满足变形、强度、透光率、防水、边界固定及加工运输等方面要求。经过比选优化，确定采用 LTPXP30/3RV4.4 带 90°飞翼型板材（图 12 – 2 – 2），参数见表 12 – 2 – 1。该板材有良好的自洁性，工作温度在 −40℃ ~ +120℃ 之间，阻燃性为 B1 级。专用板材端部竖向加强筋适应边界固定而不产生大的变形，板材中间尽量通透以满足透光率，端部与板材一起挤压成型的防水飞翼为系统增加了又一道防水功能。

LTPXP30/3RV4.4 带 90°飞翼型板材参数表　　　　　　表 12 – 2 – 1

序号	项目	指标	备注
1	产品重量（kg/m²）	4.40	
2	中空板总宽度（mm）	964	
3	最小长度（mm）	6500	
4	最大长度（mm）	12400	
5	板材厚度（mm）	30	

序号	项目	指标	备注
6	飞翼长度（mm）	30	
7	飞翼厚度（mm）	1.30	
8	板材端部加强筋厚（mm）	0.70	
12	竖筋厚度（mm）	0.70	
13	飞翼与板材面夹角	90°	
14	顶面 UV 保护涂层	有	
15	底面 UV 保护涂层	无	
16	飞翼 UV 保护涂层	无	
17	产品颜色号	透明 112	
18	透光率	65%	±5%
19	正风压（kg/m²）	250	
20	负风压（kg/m²）	350	
21	冰雹模拟测试	模拟冰雹直径 20mm，速度 21m/s	按照 TNO 冰雹模拟测试方式，
22	隔热值（U 值）（W/m²·K）	2.3±0.2	ISO 12567—1
23	隔声性能（dB（A））	21±2	
25	15 年透光率损失	4%	

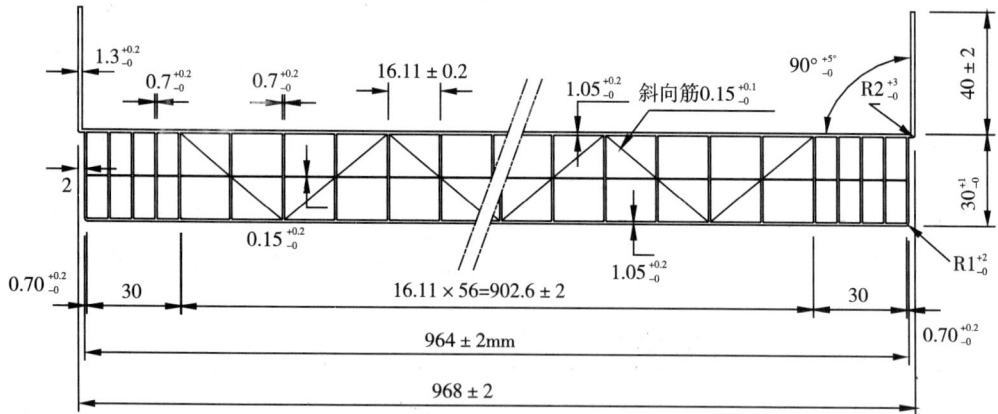

图 12-2-2 LTPXP30/3RV4.4 带 90°飞翼型板材剖面

二、阳光板典型支撑构造

一般明框玻璃幕墙的固定方式是利用橡胶条自身具有的压缩量，通过压条上一定间距螺栓（约 400～600mm）锁紧提供足够的嵌压压力，其安全性已经在实际使用中得到充分的验证。本工程中阳光板在铝合金檩条上的固定节点设计汲取了上述幕墙固定方式的特点。确定铝型材截面及与阳光板的连接构造如图 12-2-3 所示，中层及内层支撑型材巧妙地合二为一，有效地保证了型材的强度及刚度，安装施工方便连接，考虑多道防水构造，确保防水效果，同时又不影响美观。

三、系统防水构造

屋面系统设置三重防水构造：

1. 板材自身带有飞翼，飞翼与板材一起挤压成型，为系统设置了一重防水构造。

2. 铝合金檩条通过三元乙丙橡胶条与Lexan®板材干式装配，压紧密封，将雨水阻挡在板材表面。

3. 在铝合金檩条中设计有排水通道，可对少量渗入的雨水进行有组织排水，即使在橡胶条防水失效后，仍能确保系统的防水可靠性。这种双重防水措施的安全性已经在国内外许多大型封闭式场馆建筑工程中得到验证，如巴塞罗那奥林匹克体育场和荷兰阿贾克斯体育场等。

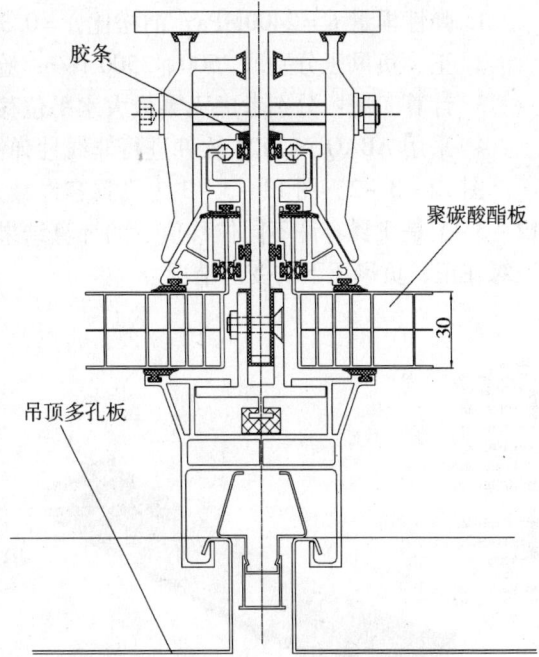

图 12 - 2 - 3　阳光板典型节点构造

第三节　阳光板屋面系统力学性能分析

一、聚碳酸酯板材料的力学性能

聚碳酸酯板材的力学是整个系统的根本保证。聚碳酸酯板是一种特殊的工程材料。在一定变形范围内它是一种完全的弹性材料，超过此范围则表现为非线性弹性。工程中一般把比例极限（Proportional limit）作为设计最大容许应力，在此范围内，阳光板材料是完全弹性的，移去外力后，材料完全可以恢复到原来的指标而不会产生残余变形。而当外力超过材料的极限强度后，阳光板将产生破坏。材料弹性模量 $E = 2300$MPa，图 12 - 3 - 1 中的 $F_y = 65$MPa，应变在 6% ~ 8%；而在破坏时，应变大于 100%。阳光板具有很好的重（量）强（度）比。

二、聚碳酸酯板材力学性能有限元分析

对阳光板在不同荷载及支撑边界下的变形及应力进行有限元分析。计算参数如下：

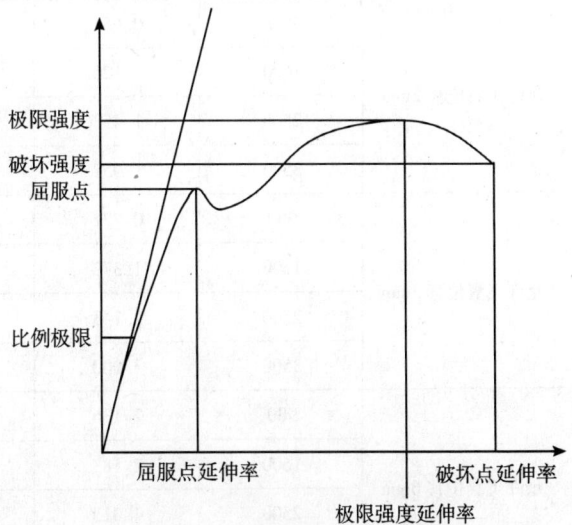

图 12 - 3 - 1　聚碳酸酯板材料力学性能

1. 弹性模量 $E = 2400 \text{MPa}$，泊松比 $\mu = 0.38$，板材宽度 $= 964 \text{mm}$，板材长度 $= 8 \text{m}$。
2. 正、负风压分别取 2500、3500 N/m^2 验算变形及应力。
3. 计算工况：分别考虑飞翼最大水平位移 2mm、3mm、6mm。
4. 采用 ABAQUS FEM 软件进行非线性弹性有限元分析。

图 12 - 3 - 2、图 12 - 3 - 3 为飞翼容许最大水平位移 2mm 时的应力图及竖向位移，表 12 - 3 - 1 是飞翼容许不同位移值下的计算结果一览表，图 12 - 3 - 4、图 12 - 3 - 5 是板材边缘在正、负风压下的变形情况。

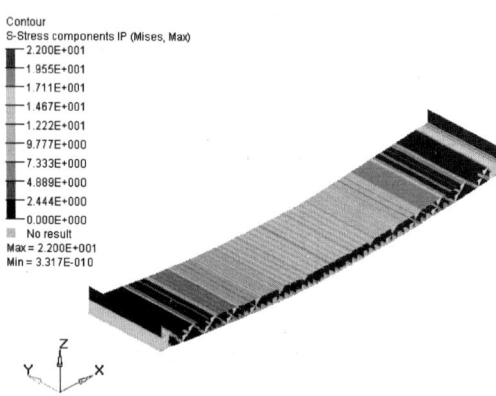

图 12 - 3 - 2　飞翼允许最大水平位移 2mm 时的应力分布图

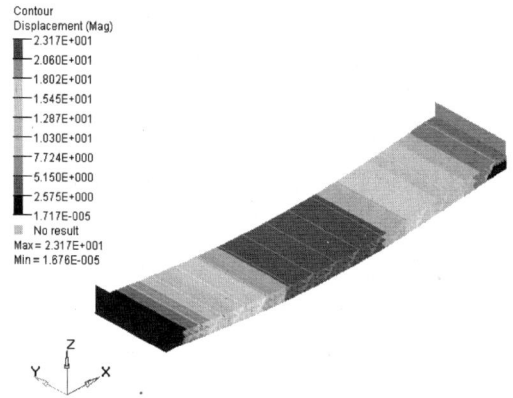

图 12 - 3 - 3　飞翼允许最大 2mm 时的竖向位移图

LTPXP 30/3RV4.4 允许飞翼不同位移值下的计算结果　　　　　表 12 - 3 - 1

边界条件	荷载（N/m²）	最大位移			应力（MPa）
		$-X$ 向	$-Y$ 向	$-Z$ 向	
允许飞翼位移 2mm	900	0.651	0.000	6.737	5.576
	1600	1.120	0.000	11.643	10.016
	2500	1.453	0.000	17.412	15.729
	3500	1.957	0.000	23.170	22.000
允许飞翼位移 3mm	900	0.771	0.000	9.514	6.660
	1600	1.372	0.000	16.122	10.939
	2500	2.143	0.000	23.589	17.436
	3500	3.000	0.000	30.860	26.380
允许飞翼位移 6mm	900	2.136	0.000	15.599	15.005
	1600	2.583	0.000	25.110	22.009
	2500	4.313	0.000	36.619	32.783
	3500	6.000	0.000	47.420	44.040

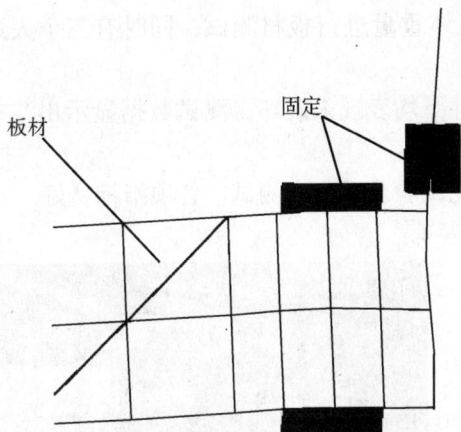

图 12 - 3 - 4　板材边缘在正风压下的变形情况　　图 12 - 3 - 5　板材边缘在负风压下的变形情况

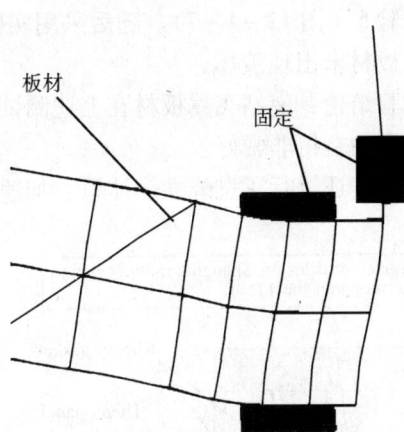

三、计算结果分析

1. 板的变形与应力水平与边界条件密切相关，理想的情况是边界完全固定，边界越接近固定则变形及应力水平越小，反之变形及应力就越大。

2. 在各种工况中，阳光板的变形及应力水平都较低，应力水平一般均低于比例极限强度 28MPa。仅在极端情况，即 3500 N/m²、飞翼水平允许位移 6mm 时，板的变形为 47mm，应力达到 44MPa，但其应力也远低于板的屈服强度 65MPa。板的强度可以满足工程要求。

3. 实际工程中，由于节点构造及施工误差，阳光板的边界固定条件实际上是介于最理想条件完全固定与最不理想的简支固定两种情况之间。这提示我们要保证整个屋面系统安全，在满足温度变形的情况下，要在构造节点上做到边界固定。

4. 此外，板材固定部位加强筋明显增强板材强度及刚度，板材的挠度和应力比不带斜向加强筋的板材减少约 8%。

第四节　试验研究

一、国外力学试验研究

在 GE 公司欧洲总部荷兰 BOZ，进行了正、负风压测试试验。荷载施加通过产生真空吸力实现，挠度和荷载值可直接传输到 Exell 电子表格，生成图形。利用木质支撑结构模拟边界固定条件。试验装置和情况如图 12 - 4 - 1、图 12 - 4 - 2 所示。

试验 1（图 12 - 4 - 3）。板材负风压测试。加载最大至 2500N/m²，用循环方式加载，每隔 4s 进行加载和卸载，共进行 12 次加载和卸载过程。在 2500N/m² 荷载下挠度为 30mm，最大的荷载值为 2853N/m²，板材中央点的挠度为 34.8mm。

试验 2（图 12 - 4 - 4）。负风压测试，试验条件同上，荷载最大加至 3720N/m²，测试重复 4 次，最大挠度为 47mm，在 3500N/m² 荷载下挠度为 44mm。

试验 3（图 12 - 4 - 5）。正风压测试。同样采用循环加载方式。最大荷载加至 990N/m²，在板材自由端相应的挠度为 11.4mm。

试验 4（图 12 - 4 - 6）。正风压测试。测试施加恒定的荷载。最大恒定荷载加至 968N/m²，板材自由端的挠度为 12.1mm。

试验 5（图 12 - 4 - 7）。随后采用实际人体重量进行板材测试，同时有三个人站在板材上，板材未出现破坏。

试验结论：南站飞翼板材在上述测试条件下均表现未破坏，测试数据显示出与有限元分析结果吻合得非常好。

此外，还进行了燃烧性、冰雹、加速老化试验及透光率测试。各项指标良好。

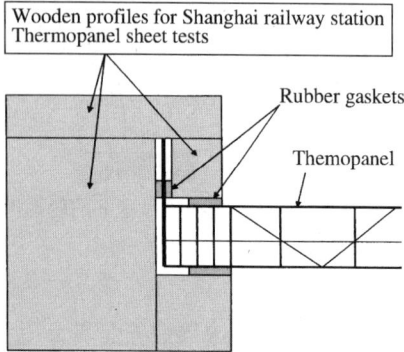

图 12 - 4 - 1　节点试验边界条件模拟

图 12 - 4 - 2　节点试验情况

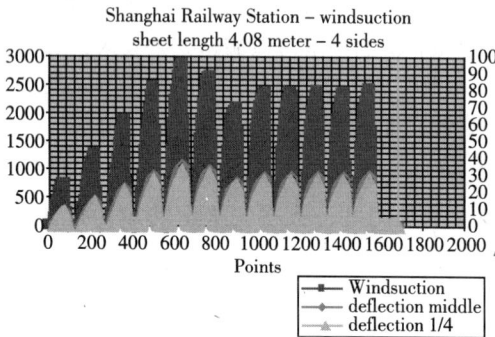

图 12 - 4 - 3　荷兰 BOZ 试验 1

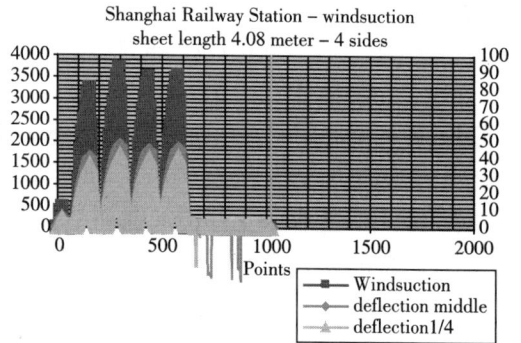

图 12 - 4 - 4　荷兰 BOZ 试验 2

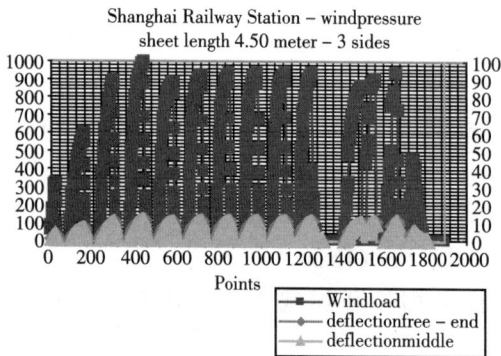

图 12 - 4 - 5　荷兰 BOZ 试验 3

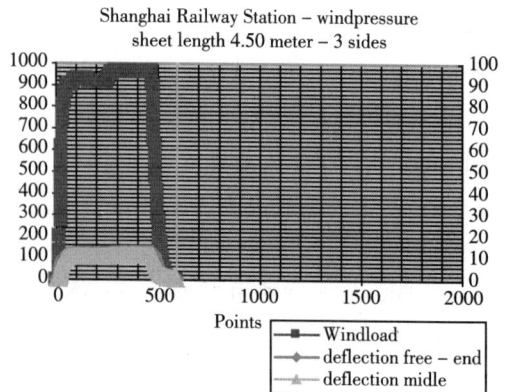

图 12 - 4 - 6　荷兰 BOZ 试验 4

二、国内力学试验研究1

在上海建筑幕墙检测中心对屋面系统单元进行试验测试。边界条件按实际工况。

试验结果：正风压 2510N/m² 时，挠度 24.1mm；负风压 2510N/m² 时，挠度为19.9mm。

试验结论：风荷载 2500 N/m² 时，板材挠度测试结果与理论计算值吻合。同时发现边界固定条件对确保系统力学表现的重要性。

三、国内力学试验研究2

在广东省建筑幕墙质量检测中心对屋面系统单元进行风荷载试验。材料及边界条件完全按实际工况。

此外，还在国家防火建筑材料质量监督检验中心进行防火等级检验试验。按 GB8624—1997 判定，材料燃烧性能达到 B1 级。

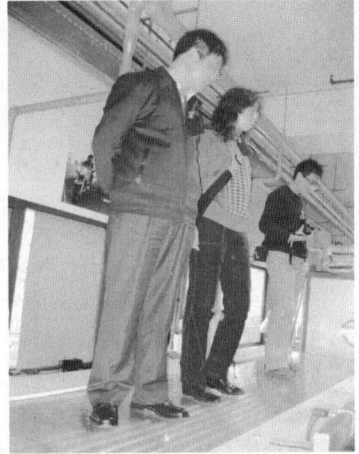

图 12 - 4 - 7　荷兰 BOZ 试验 5

第五节　结　论

1. 屋面板材的强度和变形与边界固定条件密切相关。理想的边界条件是完全固定。边界越接近固定则变形及应力越小；反之变形及应力就越大。要保证整个屋面系统安全，要在构造节点上做出连接保证。

2. 实际工程中，阳光板的边界固定条件是介于最理想条件完全固定与最不理想的简支固定两种情况之间。为把板材变形及应力水平都控制在较低水平，则应在节点构造及施工质量上控制，使板的强度和变形控制在容许范围内。

3. 板材固定部位加强筋可以明显增强板材强度及刚度，板材端部加强筋适应边界固定要求，满足中间透光率，做到透过与固定的协调，是一项非常有效的构造做法。

4. 端部与板材一起挤压成型的防水飞翼为系统增加了一重防水功能，也有利于板材边界固定，非常有效。

上海铁路南站工程中，通过系统优化，做到飞翼板材同时满足变形、强度、透光率、防水、边界条件及加工运输等各方面的要求，保证了标志性建筑的设计理念及使用要求。工程实践取得成功。

参考文献

1 陈东杰. 上海铁路南站相邻基坑施工技术研究. 同济大学博士学位论文, 2004.8

2 徐伟. 软土地基深基础施工结构设计方法的研究与应用. 同济大学博士论文, 1999.3

3 陈火红. Marc 有限元实例分析教程. 北京：机械工业出版社, 2002.2

4 徐伟, 刘文明. 高层建筑地下施工结构的设计研究与变形控制. 建筑施工, 1998

5 吕凤梧, 徐伟. 软土地基深基坑开挖的时空效应研究与应用. 建筑施工, 1997

6 徐伟, 吕凤梧. 深 19.6m 特大型基坑的围护设计与挖土施工. 建筑施工, 1997

7 徐伟, 吕凤梧. 大型深基坑施工方案的设计优化. 建筑技术, 1996

8 龚晓南. 复合地基理论及工程应用. 北京：中国建筑工业出版社, 2002

9 徐伟, 李庚飞. 曲线刚架支撑结构在万都大厦 92 米直径深基坑支护施工中的应用. 建筑施工, 1996

10 吕凤梧, 徐伟. 深基坑开挖支护的弹塑性有限元数值模拟与分析. 建筑技术, 2002

11 吕凤梧, 徐伟. 地下施工结构的可靠性分析和基于可靠度的优化设计. 建筑技术, 2001

12 刘匀, 徐伟. 以方便施工为目标的深基坑支撑结构几何布置的优化. 建筑施工, 2000

13 金瑞君, 徐伟. 深大基坑开挖施工中的塑性区发展规律的分析与应用. 建筑技术, 2000

14 刘格非, 徐伟. 沉井式空心桩的设计与施工. 建筑施工, 2000

15 孙仓龙, 徐伟. 施工栈桥在超大型基坑土方开挖工程中的应用形式与设计分析. 建筑施工, 1999

16 李建伟, 徐伟. 均方差值最小的施工计划优化方法改进. 同济大学学报, 1998

17 吕凤梧, 徐伟. 以现浇钢筋混凝土框架为支撑体系的支护结构有限元数解法. 建筑施工, 1996

18 50m 深基坑支护开挖设计和施工—理论研究（鉴定材料）. 同济大学, 2002.5

19 刘成宇. 土力学. 北京：中国铁道出版社, 1990

20 胡中雄. 土力学与环境土工学. 上海：同济大学出版社, 1997

21 马忠政, 刘朝明. 关于基坑围护结构墙内预留土堤土压力的研究探讨. 城市交通隧道工程最新技术——2003 上海国际隧道工程研讨会论文集. 上海：同济大学出版社, 2003.10

22 邱锡宏. 上海人民广场地下车库中心岛法施工技术. 施工技术, 1995, No.2

23 孙钧. 岩土材料流变及其工程应用. 北京：中国建筑工业出版社, 1999.12

24 孙钧. 市区基坑开挖施工的环境土工问题. 地下空间, Vol.19, No.4, 1999.10

25 Lambe T. W. and Turner C. K., Braced Excavation, Lateral Stress in Ground and Design of Earth-retaining Structure, ASCE, 1970.

26 Boone, S. J., Braced Excavations: Temerature, Elastic Modulus, and Strut Loads, Journal of Geotechnical and Geoenvironmental Engineering, Vol.126, No.10, 2000.10

27 Duncan, J. M., Chang, C. Y., Nonlinear Analysis of Stress and Strain in Soils, Journal of the Soil Mechanics and Foundations Division, ASCE, Vol.96, No. SM5, 1970.9.

28 Duncan J. M., Hyperbolic Stress-strain Relationship, In: R. N. Yong and H. Y. Ko (Editors), Limit Equilibrium Plasticity and Generalized Stress-Strain in Geotechnical Engineering, ASCE, New York (1981)

29 Duncan, J. M., Byrne P., Strength, Stress-strain in Bulk Modulus Parameters for Finite Element Analysis of Stresses and Movements in Soil Masses, Rep. No. VCB/GT/80 – 81, 1980, Univ. of California, Berkeley,

Calif

30　Finno R. J. , Performance of a Stiff Support System in Soft Clay, Journal of Geotechnical and Geoenvironmental Engineering, Vol. 128, No. 8, 2002

31　Goh, A. T. C. , Estimating Basal-Heave Stability for Braced Excavations in Soft Clay, Journal of Geotechnical Engineering, Vol. 120, No. 8, August 1994

32　Gourvence S. M. and Powrie W. , Three-Dimensional Finite Element Analyses of Embedded Retaining Walls Supported by Discontinuous Earth Beams, Canadian Geotehnical Journal, Vol. 37, No. 2, 2000

33　Hashash Y. M. A. , Whittle A. J. , Ground Movement Prediction for Deep Excavations in Soft Clay, Journal of Geotechnical Engineering, Vol. 122, No. 6, 1996

34　Hsieh P. G. and Ou C. Y. , Shape of Ground Surface Settlement Profiles Caused by Excavation, Canadian Geotechnical Journal, Vol. 35, No. 6, 1998

35　刘建航, 侯学渊. 基坑工程手册. 北京: 中国建筑工业出版社, 1997

36　吕凤梧. 复杂条件下深基坑嵌岩支护开挖施工过程数值模拟与分析. 同济大学博士论文, 2002. 5

37　刘玉涛. 嵌岩地下连续墙支护结构受力特性分析. 同济大学博士论文, 2004. 6

38　梁清香, 张根全. 有限元与 Marc 实现. 北京: 机械工业出版社, 2003

39　刘永颐, 关建光. 空间曲线预应力束摩擦应力损失计算方法的探讨. 土木工程学报, 1981

40　任茶仙, 竺润祥. 曲梁内曲线预应力筋锚固损失的计算. 宁波大学学报, 1999

41　邹焕祖, 刘自明. 预应力混凝土空间长钢绞线束孔道摩阻损失的测试方法. 桥梁建设, 1993

42　宋玉普等. 空间多曲线型预应力钢索的预应力摩擦损失研究. 土木工程学报, 2002

43　赵勇等. 平板中预应力筋的瞬时预应力损失分析. 工业建筑, 2003, 33 (3)

44　胡光祥等. 空间曲线预应力束摩擦损失测试和摩擦系数反演. 建筑科学, 2004, (5),

45　陈晓宝等. 预应力混凝土结构中空间索线筋的预应力摩擦损失计算. 土木工程学报, 2003, 36 (6)

46　ACI Committee 318, Building Code Requirement for Structural Concrete (ACI 318 – 02) and Commentary (ACI 318R – 02), American Concrete Institute, Detroit, MI. 2002

47　AS 3600 – 1988, Australian Standard for Concrete Structures, Standards Association of Australia, Sydney, 1988

48　R. I. Gilbert, N. C. Mickleborough, Design of Prestressed Concrete, E&FN SPON, 1997,

49　R. Ian Gilbert, Shrinkage Cracking in Fully Restrained Concrete Members. ACI Structural Journal, Vol. 89, No. 2, March-April 1992: 141～149

50　徐有邻, 周氏. 混凝土结构设计规范理解与应用. 北京: 中国建筑工业出版社, 2002

51　Bijan O. Aalami and Allan Bommer, Design Fundamentals of Post-Tensioned Concrete Floors, Post-Tensioning Institute, Phoenix, AZ, 1999

52　杨建明, 杨宗放. 框架结构中预应力筋合理布置的研究. 建筑结构, 1993, (1)

53　孟少平, 李金根, 郭正兴. 大面积框架预应力施工与设计的配合问题. 施工技术, No. 12, 1998

54　孟少平, 杨宗放, 吕志涛. 关于大面积有粘结预应力混凝土框架结构设计与施工中的若干问题. 建筑技术, Vol. 29, No. 12, 1998

55　冯大斌, 南建林等. 首都国际机场停车楼有粘结预应力框架结构施工. 建筑技术, Vol. 29, 1998

56　郑锐谋, 卢辉等. 大面积有粘结框架结构工程实践——福州大利嘉城设计和施工特点. 建筑技术, Vol. 29, No. 12, 1998

57　张保和, 钟麟强等. 96m 超长索预应力框架梁的设计与施工. 建筑技术, Vol. 29, No. 12, 1998

58 刘耀民，孟少平. 青岛澳柯玛综合厂房大面积预应力混凝土框架结构设计与施工. 建筑技术，Vol. 29，No. 12，1998

59 黎万策，王晓波. 深圳车港工程大面积有粘结预应力施工. 建筑技术，Vol. 29，No. 12，1998

60 李金根，李维滨等. 南京国际展览中心超长大面积预应力楼盖施工. 建筑技术，Vol. 31，No. 12，2000

61 张马俊，李佩勋等. 超长、大跨、双向预应力连续梁施工. 建筑技术，Vol. 31，No. 12，2000

62 冯健，吕志涛等. 超长混凝土结构的研究与应用. 建筑结构学报，Vol. 22，No. 6，2001

63 冯大斌，栾贵臣. 后张预应力混凝土施工手册. 北京：中国建筑工业出版社，1999

64 黄鹏，顾明. 风洞中模拟大气边界层流场的方法研究. 同济大学学报，Vol. 27，No. 2，1999.

65 Wind tunnel studies of buildings and structures, ASCE manuals and reports on engineering practice No. 67, Task committee on wind tunnel testing of buildings and structures［M］. Aerodynamics committee aerospace division, American society of Civil Engineers, 1999

66 GE Structured Product Lexan Ⓡ Sheet Ⓡ 9030・Excell Ⓡ・Margard Ⓡ Technical Manual Glazing, General Electric Company, USA.

67 上海铁路南站站房钢结构屋面系统工程检测报告［F2005（32）0075］. 广州：广东省建筑幕墙质量检测中心，2005. 05

上海铁路南站建设大事记

一九九六年

1996 年 11 月,在《上海市人民政府、铁道部关于上海市地铁 3 号线建设项目双方会议纪要》(沪府〔1996〕57 号)文中,第一次提出了建设铁路漕河泾第二客站(现称上海南站),要按"统一规划、一次动迁、同步实施、逐步完善"的原则进行。自此,揭开了上海铁路南站工程建设的序幕。

一九九七年

1997 年 2 月,铁道第四勘察设计院完成《上海铁路枢纽漕河泾第二客站及相关工程方案研究报告》的编制。

1997 年 3 月,上海市人民政府土地管理部门发出(沪府土用〔1997〕030 号)通知,批准漕河泾铁路第二客站用地。

1997 年 4 月及 7 月,上海市城市规划管理局局分别以编号为(沪规地〔1997〕第 059 号)、(沪规地〔1997〕第 343 号)发给漕河泾铁路第二客站建设用地规划许可证。

1997 年 5 月,铁道部工程设计鉴定中心完成对"上海铁路枢纽漕河泾第二客站总体布局及实施方案"的预审,并发出《上海漕河泾二客站总体布局及实施方案预审查会议纪要》。

一九九八年

1998 年 3 月,上海铁路局以(上铁师发〔1998〕第 078 号文)向上海市人民政府汇报上海铁路二客站筹建工作进度及有关问题。

1998 年 4 月,铁道部发展计划司以(计长〔1998〕第 90 号文)致函上海铁路局、铁道部第四勘察设计院,同意上海漕河泾二客站总体布局及实施方案。

1998 年 7 月,上海铁路局以(上铁计发〔1998〕第 393 号文)请示铁道部关于上海铁路枢纽漕河泾二客站立项的有关事宜。

1998 年 9 月,上海市城市规划管理局发出(沪规划〔1998〕第 562 号)通知,对由上海市城市规划院组织上报的《上海铁路枢纽漕河泾二客站规划》作出批复并提出规划控制要素。

1998 年 12 月,上海铁路局以(上铁劳发〔1998〕第 646 号)文,发出《关于成立上海铁路局上海第二客站建设领导小组和工程建设指挥部的通知》。

1998 年 12 月,铁道部致函国家计委,并报送《新建上海铁路枢纽第二客站工程项目建议书》(铁计函〔1998〕第 377 号)。

一九九九年

1999 年 10 月，铁道部发展计划司就加快上海铁路第二客站建设问题与上海市有关委办举行会谈。并以铁道部发展计划司、上海市发展计划委员会、上海市人民政府交通办公室联合发文的形式，印发了《关于加快上海铁路第二客站建设的会议纪要》（铁计长〔2000〕第 12 号）的通知。

二〇〇〇年

2000 年 2 月，中国国际工程咨询公司组织对铁道部上报的《新建上海铁路枢纽第二客站工程项目建议书》进行了评估审查。3 月 16 日，中咨公司向国家计委报送了对该项目的评估意见。

2000 年 4 月，国家计委办公厅发文《关于新建上海铁路枢纽第二客站项目有关问题的复函》（计办基础〔2000〕第 253 号）致函铁道部、上海市，要求把上海铁路第二客站的市政配套工程及广场建设部分作为整个第二客站项目的组成，联合报国家计委立项审批。

2000 年 5 月，上海市城市规划管理局复函上海铁路局，以《关于铁路上海南站（二客站）站房设计规划要素的函》（沪规划〔2000〕第 0375 号），确定上海铁路南站（二客站）站房设计的规划要素。

2000 年 6 月，上海市发展计划委员会向国家计委专报，《关于推进上海南站（二客站）建设工作的有关情况汇报》。

2000 年 11 月 11 日，上海市、铁道部联合在上海召开了"上海铁路南站建设领导小组第一次会议"，确认了领导小组成员名单，组长为上海市市长韩正（原上海市副市长）、铁道部副部长蔡庆华。

2000 年 12 月，上海市城市规划设计院和铁道第四勘察设计院，分别完成了《上海铁路南站站区控制性详细规划》和《上海铁路南站预可行性研究报告》（送审稿）的编制工作。

二〇〇一年

2001 年 1 月，上海铁路南站建设领导小组办公室启动运作。

2001 年 3 月 17 日，铁道部和上海市在北京对《上海铁路枢纽新建上海南站预可行性研究报告》（送审稿）进行联合审查。

2001 年 4 月，上海铁路南站站房建筑方案概念设计国际招标开始。

2001 年 5 月，《铁路南站项目建议书》上报国家计委审批。

2001 年 6 月 24～26 日，上海铁路南站站房建筑方案概念设计评标。

评委会由来自全国的 11 位建筑、结构和铁路交通枢纽建设方面的专家组成：郑时龄、王惠章、齐康、马国馨、沈济黄、严涧、张书一、顾岷、陈耀先、石定稷、忻铁朕等。

2001 年 4 月 31 日，铁道部、上海市人民政府联合向国家发展计划委员会报送了《上海铁路枢纽新建上海南站工程项目建议书》（铁计函〔2001〕第 167 号）。

2001 年 6 月 24～26 日，受国家计委委托，中国国际工程咨询公司在上海对《上海铁路枢纽新建上海南站预可行性研究报告》进行评估审查。

2001 年 7 月 7 日，上海铁路南站建设领导小组第二次会议在上海举行。

2001 年 9 月，根据上海铁路南站建设领导小组第二次会议要求，铁道第三勘察设计院及法国 AREP 公司和华东建筑设计院各自提出二个优化方案。经专家评审，并经铁道部和上海市领导复审，确定采用由华东建筑设计研究院、法铁 AREP 公司联合设计的"车轮滚滚与时俱进"圆形方案。

为了上海铁路南站项目建设启动，堆积在新龙华地区 16 年之久的"垃圾山"，经数百名建设者 72 天的日夜奋战，于 2001 年 11 月 9 日全部清运完毕。

二〇〇二年

2002 年 2 月，完成《上海铁路南站行车工程和站屋工程的可行性报告》。

2002 年 4 月 9 日上午，上海铁路南站工程建设指挥部及上海南站、广场投资有限公司揭牌仪式在市府三楼会议室举行，上海市委书记陈良宇（原上海市市长）和铁道部副部长蔡庆华出席仪式。

2002 年 4 月 14 ~ 16 日，铁道部工程设计鉴定中心在上海对《上海铁路南站工程可行性研究报告》进行评审。

2002 年 4 月 23 日，上海铁路局和上海现代设计集团华东建筑设计研究院、法国国营铁路 AREP 公司签署《上海铁路南站站房建筑设计合同》。

2002 年 5 月，完成《新建上海铁路南站工程可行性研究（修改）》。

2002 年 6 月，铁道部发展计划司，计长函（2002）110 号，转发《国家计委关于审批上海铁路南站工程项目建议书的请示》的通知，国家计委以《印发国家计委关于审批上海铁路南站工程项目建议书的请示的通知》（计基础［2002］879 号）发文，项目建议书业经国务院批准。上海铁路南站工程正式立项。

2002 年 7 月，完成上海铁路南站站屋工程的初步设计。

2002 年 7 月 28 日，在上海铁路局南站建设指挥部举行上海铁路南站建设领导小组第三次会议。

上海铁路南站主要配套项目——地铁一号线上海南站站改建 7 月 28 日正式开工，标志着上海铁路南站建设正式启动。上海市委副书记、市长韩正（原副市长）在施工现场下达了开工令，铁道部副部长蔡庆华出席了开工仪式。同时，上海铁路南站站屋工程打下第一根试验桩。

2002 年 8 月 28 ~ 31 日，铁道部工程设计鉴定中心在上海对《上海铁路南站（站房、行车工程）初步设计》进行评审。

2002 年 8 月 29 日，上海铁路南站工程之 35kV 变配电所建成，开通使用，保证上海铁路南站工程全面开工所需的施工用电。

2002 年 9 月，铁道部计划司《关于新建上海铁路南站（站房、行车工程）可行性研究的审查意见》（计长函［2002］189 号）下发。

2002 年 9 月，铁道部、上海市人民政府《关于报送〈新建上海铁路南站工程可行性研究报告〉的函》（铁计函［2002］363 号）上报国家计委。

2002 年 9 月 29 日上午，上海铁路南站工程建设指挥部召开第一次会议，总指挥吴念祖、常务副总指挥赵翠书、副总指挥傅钦华、林桂祥及指挥部成员单位出席了会议。会议通过了《上海铁路南站建设大纲》和指挥部机构设置意见。

2002 年 10 月 21 日，上海铁路南站临时搬至梅陇站过渡运营。

2002 年 12 月 6 日，上海铁路南站工程之桂林路立交工程（跨越铁路部分）上网进行招标。

2002 年 12 月 25 日，桂林路立交工程开标，参加投标有五家施工单位，最后由上海铁路建设（集团）有限公司中标。

2002 年 12 月 13～15 日，由国家计委、中国国际咨询工程公司铁道部组成的专家组一行 14 人来沪，组织对铁道部、上海市人民政府联合上报的《关于报送〈新建上海铁路南站工程可行性研究报告〉的函》进行评估。

2002 年 12 月 22 日上午，铁道部副部长孙永福在路局局长陆东福、党委书记杜光远陪同下，视察上海铁路南站工地。

2002 年 12 月 31 日上海铁路南站工程之桂林路立交工程正式开工。上海南站行包邮政联系地道同时施工。

二〇〇三年

2003 年 1 月 15 日，铁道部部工程设计鉴定中心以鉴站［2003］6 号文下发《关于上海铁路南站（站房、行车工程）初步设计的预审意见》。

2003 年 3 月 23 日，上海市建设和管理科技委员会组成专家组对上海铁路南站站屋建筑钢结构进行了安全认证，同时上海市消防局也汇报了南站站屋的消防措施。中国国际工程咨询公司的有关专家专程来沪听取了专家们的意见。专家们对主站屋圆形钢结构屋顶的稳定性、抗风、抗震、抗扭能力提出了建设性意见。

2003 年 3 月 27 日，路局以《关于开展上海南站及配套（行车）工程前期工作的请示》（上铁基函［2003］161 号）上报上海市发展计划委员会。

2003 年 4 月 17 日，上海市发展计划委员会以《关于开展上海铁路南站及配套（行车）工程前期工作的批复》（沪计城［2003］157 号）。同意我局先期开展上海铁路南站及配套（行车）工程有关的征地、拆迁等前期工作。

2003 年 4 月，委托上海国际招标有限公司为上海铁路南站站屋主体建设工程施工招标及施工监理招标代理单位。

2003 年 4 月 18 日，在上海市建设工程招标信息网上发布《上海铁路南站站屋主体建设工程施工招标》公开招标信息，报名单位有 12 家施工单位。

2003 年 4 月 25 日，在上海市建设工程招标信息网上发布《上海铁路南站站屋主体建设工程施工监理招标》公开招标信息。

2003 年 5 月 29 日，召开《上海铁路南站站主体建设工程监理招标投标评》评审会议，评委由 7 名专家组成。上海市建筑科学研究院建设工程咨询监理部中标。

2003 年 5 月 21 日，上海市徐汇区检察院、上海铁路运输检察分院、上海铁路南站建设工程指挥部、上海铁路局南站工程建设指挥部联合召开创"双优"活动动员会，联合建立旨在预防职务犯罪，确保"工程优质、干部优秀"的联席会议。

2003 年 6 月 6 日，召开上海铁路南站站主体建设工程施工招投标评审会议，评委由 7

名专家组成。上海市建工（集团）总公司中标。

2003年6月16日，在上铁资讯网上发布《上海铁路南站（行车）工程上海南站——春申复线工程施工、监理》公开招标信息。

2003年7月31日，召开《上海铁路南站（行车）工程上海南站——春申复线工程施工招投标》评审会议，评委由7名专家组成。福建铁路建设（集团）有限公司中标。

南站至春申增建第二线工程施工监理由上海铁道学院建设监理有限公司中标。

2003年7月，委托上海市工程建设咨询监理有限公司为《上海铁路南站站房钢结构工程施工招标》代理单位。

2003年8月8日，发布《上海铁路南站站房钢结构工程施工招标》公开招标信息。

2003年8月22日，上海铁路南站工程建设指挥部召开《全面推进上海铁路南站建设立功竞赛动员大会》，上海市人民政府副秘书长洪浩、上海市建设和管理委员会副主任丁浩、上海铁路南站建设工程指挥部常务副指挥赵翠书、副指挥傅钦华等及参与上海铁路南站工程的各单位参加大会。

2003年9月2日，上海铁路局党委副书记、纪委书记张双喜一行三人视察上海南站工地。

2003年9月，上海铁路局上海南站工程建设指挥部对钢筋、水泥、商品混凝土进行公开招标。

2003年9月30日，召开《上海铁路南站站房钢结构工程施工招标》评审会议，上海市机械施工公司中标。

2003年10月6日，铁道部副部长陆东福在上海铁路局局长刘涟清、副局长傅钦华、刘建民陪同下，视察上海铁路南站工地，听取关于南站工程进展情况的汇报，并作重要指示。

2003年11月14日，上海铁路局南站工程建设指挥部对站屋屋面工程的深化设计进行比选，邀请13家单位参与竞标。

2003年11月17日，铁道部和上海市人民政府联合发文《关于报请批准上海铁路南站工程开工建设的函》（铁计函〔2003〕509号）上报国家计委。

2003年11月21日，铁路南站工程设备之电梯上网公开招标。

2003年12月12日，召开《电梯招标》专家评审会议，邀请七名专家组成评委，提出了评估报告。

2003年12月17日，在上海铁路局举行《上海铁路南站站房工程施工总承包合同签字仪式》。上海铁路局局长刘涟清和上海市建工（集团）总公司总经理徐征分别代表上海铁路局和上海市建工（集团）总公司在合同书上签字。

2003年12月19日，上海铁路局南站指挥部邀请上海市有关专家十一名对上海铁路南站站房屋面板系统优化设计方案进行评选，各专家提出了宝贵的意见。

经过多次询标最终确定上海南站站屋钢结构制作单位为江南造船（集团）有限责任公司。

2003年12月23日，国家发展和改革委员会下发《国家发展改革委关于下达2003年第十五批新开工固定资产投资大中型项目计划的通知》（发改投资〔2003〕2284号）同意上海站铁路南站工程开工。

二〇〇四年

2004 年 1 月 7 日，铁道部设计鉴定中心为了下达上海南站初步设计的审查意见，在北京召开"上海南站修改设计审查会"。

2004 年 1 月 14 日，上海市城市规划管理局局长毛佳梁一行三人，在市指挥部常务副指挥赵翠书、上海铁路局副局长傅钦华陪同下，视察了南站建设工地，并参观了上海南站建设模型。

2004 年 1 月 17 日，上海铁路南站建设领导小组第四次会议在上海铁路局南站工程建设指挥部举行。出席会议有：杨雄（上海市副市长）、陆东福（铁道部副部长）、洪浩（上海市政府副秘书长）、何华武（铁道部总工程师）、杨建新（铁道部副总工程师、建设管理司司长）、周孝文（铁道部发展计划司副司长）、方平（国家邮政局财务部主任）、俞北华（上海市发展改革委副主任）、赵翠书（上海铁路南站工程建设指挥部常务副指挥）、傅钦华（上海铁路局常务副局长）、林桂祥（上海市徐汇区副区长）、汤志平（上海市规划局副局长）、顾金山（上海市水务局副局长）、干观德（上海市交通局副局长）、杨文新（上海市邮政局副局长）、顾伟华（上海市市政局总工程师）、吴平（上海市电力公司总工程师）、陈元高（上海市交警总队副总队长）、徐君伦（上海市建委副局级巡视员）、赵伟星（上海市财政局局长助理）、王争鸣（铁道第四勘察设计院副院长）。

2004 年 2 月 12 日，上海铁路南站工程建设指挥部召开扩大会议，对 2004 年的工作进行了全面部署。市府副秘书长洪浩出席会议并做重要讲话。

2004 年 2 月 11 日，在上海工程建设网上发布《上海铁路南站站房幕墙工程施工招标》信息，上海市工程建设咨询监理有限公司进行代理招标。

2004 年 2 月 23 ~ 27 日，上网发布《上海铁路南站客运车场工程施工、监理招标》的信息。

2004 年 3 月 11 日，上海铁路局局长刘涟清，副局长李庆鸿等一行十余人视察南站工地，并作重要指示。刘局长指出，一定要把南站建成精品；采用新工艺、新材料要论证，要有依据，为今后维修保养考虑，要考虑成本；在投资上要把好关。

2004 年 3 月 26 日，上海铁路南站客运车场工程施工开标，上海建工集团总公司中标。

2004 年 3 月 31 日，上海铁路南站第一榀钢屋架在江南造船集团泗泾基础正式开工。

2004 年 4 月 3 日，在上海铁路局上海南站工程建设指挥部召开《上海铁路南站钢结构屋面系统方案优化澄清评审会》。此会是在 2003 年 12 月 17 日召开的《上海铁路南站站房屋面系统优化设计方案论证会》的基础上，根据铁道部《关于上海铁路南站（站屋、行车工程）初步设计的预审意见》（站鉴［2003］6 号）文的有关批复意见、做出两个局部屋面 1:1 比例实物模型的情况下进行的。邀请了铁道部、北京、上海的 11 名专家：郑时龄、沈祖炎、钱基宏、刘忠伟、顾明、陆津龙、吴欣之、韩志伟、陈耀先、傅钦华、忻铁朕等。

上海铁路南站工程建设指挥部常务副总指挥赵翠书和上海铁路局总工程师杜厚智、副总经济师周方道等有关领导出席了会议。

2004 年 4 月 1 日，召开上海铁路南站幕墙工程施工单位专家评审，无锡王兴幕墙装饰工程有限公司中标。

2004 年 3 月 30 日，召开上海铁路南站客运车场施工单位专家评审会，上海铁路建设（集团）公司中标。

2004 年 4 月 16、17 日，在指挥部，对站台无柱雨棚设计方案进行了审议。路局副总经济师周方道、副总工程师忻铁朕、原路局副局长傅钦华参加会议。

2004 年 4 月 27、28 日，市重大办、质监总站对上海上海铁路南站工程的质量、安全、文明施工进行专项检查。

2004 年 5 月 13 日，举行《上海铁路南站站房电梯合同》签定仪式，上海铁路局工程建设中心主任陈金城和 OTIS 总裁李国伟分别代表双方在合同书上签字。

2004 年 5 月 25 日，国家发展和改革委员会《国家发展改革委关于印发 2004 年国家重点建设项目名单的通知》（发改投资 ［2004］ 950 号）中明确上海铁路南站工程被列入 2004 年国家重点建设项目名单。

2004 年 5 月 25 日，南站无柱雨棚完成试桩施工。

2004 年 5 月 26 日，徐汇区铁路南站地区建设和管理指挥部召开南站地区规划会议。

2004 年 6 月 8 日，铁道部副部长陆东福及铁道部副总工程师杨建新、计划司副司长周孝文、鉴定中心副主任吴克非等一行十余人在路局局长刘涟清、党委书记杜光远、副局长李庆鸿陪同下视察南站工地。

2004 年 6 月 15 日，由路局组织路局有关处室召开"上海南站站屋智能化系统工程总体设计方案"评审会议。

2004 年 7 月 6 日，上海铁路分局局长任纪善带领分局有关处室领导十余人赴南站工地进行调研。

2004 年 7 月 15 日，上海市市长韩正与副市长周禹鹏、杨晓渡一行来到正在紧锣密鼓如火如荼施工中的上海南站施工现场，向奋战在烈日下的一线职工表示亲切慰问。

2004 年 7 月 23 日，对《上海铁路南站工程空调箱和冷水机组设备》进行开标及评标。

2004 年 7 月 26 日，上海市消防局召开《上海铁路南站建筑工程消防安全性能化评估专家论证会》。

2004 年 7 月 26 日，对《上海铁路南站工程变配电设备和莘庄春申站计算机联锁设备》进行开标及评标。

2004 年 8 月 19 日上午，中共中央政治局委员、上海市委书记陈良宇和市委副书记罗世谦，市委常委、市委秘书长范德官，副市长杨雄等，来到正在紧张施工的上海铁路南站工程现场调研，实地察看、仔细了解铁路南站工程建设情况。在与第一线挥洒汗水奋力拼搏的工人、技术人员和干部交谈时，陈良宇代表市委、市政府和全市人民向广大建设者表示崇高敬意和亲切慰问。

2004 年 8 月 19 日下午，上海铁路南站工程建设指挥部召开"全面推进上海铁路南站工程建设动员大会"。上海市副市长杨雄出席会议并做重要讲话。会议由市府副秘书长洪浩主持。

2004 年 9 月 3 日，发出《上海铁路南站站房钢结构屋面工程深化设计及施工》招标的邀请书。

2004 年 9 月 17 日，举行主站屋 9.9 米平台结构合拢浇注仪式，比计划提前 23 天。

2004 年 9 月 24 日，铁道部副部长陆东福在检查上海局基建工作时，对上海铁路南站工程的建设提出重要指示。

2004 年 9 月 28 日，举行上海铁路南站站屋钢结构吊装仪式。14:58，上海市人民政府副秘书长洪浩一声令下，南站钢结构第一段开始起吊。

2004 年 9 月 28 日，对《上海铁路南站站房钢结构屋面工程深化设计及施工》进行评审。

2004 年 10 月 21 日，上海南站工程建设指挥部同意在上海铁路南站钢结构屋面系统工程中使用通用电气（中国）有限公司的 GE lexan LTP30/3RSXP 矩形结构防水飞翼聚碳酸酯板材。

2004 年 10 月 25 日，珠海市晶艺玻璃工程有限公司被确认为上海铁路南站钢结构屋面系统工程深化设计单位。

2004 年 10 月 6 日，上海铁路局局长刘涟清视察南站工地。

2004 年 10 月 28 日，铁道部党组副书记、纪委书记安立敏一行六人在路局党委副书记、纪委书记张双喜陪同下，听取了南站指挥部的工程建设及廉政建设的汇报，并视察了工地。

2004 年 11 月 6 日，铁道部副部长孙永福等一行八人在路局局长刘涟清、副局长刘建民陪同下，视察了南站工地。

2004 年 11 月，原路局领导张龙、邓金华、张春新、袁铮、管天保、姚守然及原路局处领导二十余人来到南站工地，听取指挥部的介绍，并提出了一些建设性的意见。

2004 年 11 月 23 日，上海市政协主席蒋以任、副主席宋仪侨率领上海市政协关于本市交通设施的建设情况专题巡视组一行 70 余人，在市重大办副主任徐荣华、铁路局常委书记杜光远、铁路局副局长刘建民陪同下来到铁路局南站指挥部，听取了上海铁路南站工程建设指挥部常备副指挥赵翠书及上海铁路局南站工程建设指挥部常备副指挥谢景川的汇报，并观察了南站施工工地。

2004 年 11 月 27 日，铁道部副部长王兆成、铁道部计划司副司长周孝文在路局常委书记杜光远、局长刘涟清、总工程师杜厚智的陪同下视察了铁路南站工地，并作了重要指示。

2004 年 11 月 30 日，路局副局长王峰到铁路南站指挥部，听取汇报并视察南站工地。

2004 年 12 月 6 日，铁道部质量监督总站站长到铁路南站指挥部检查工作。

2004 年 12 月 21 日，《上海铁路南站客车整备所及机务折返段工程施工招标》开标，中标单位为中铁二十四局集团有限公司。

2004 年 12 月 30 日，《上海铁路南站客车整备所及机务折返段工程施工监理招标》开标，上海华东建设监理有限公司。

2004 年 12 月 28 日，《上海铁路南站无柱雨棚工程施工招标》开标，中铁四局钢结构有限公司中标。

二〇〇五年

2005 年 1 月 16 日下午，铁道部副部长陆东福率领铁道部副总工程师何华武及部计划司、建设司、设计鉴定中心等领导和有关人员在铁路局局长刘涟清、常委书记杜光远、副局长王峰陪同下，乘座轨道车自梅陇—春申—南站一路上视察沿线线施工工地并对工程质量及施工安全作了重要批示。

2005 年 1 月 17 日下午，上海铁路南站建设领导小组第五次会议在上海铁路局新天鹭会议中心举行。上海市副市长杨雄，铁道部副部长陆东福，以及上海市政府、铁道部有关部门和单位的负责人出席了会议。会议由上海市政府副秘书长洪浩主持。

2005 年 1 月 6 日，铁路局南站指挥部接上海市通知，涉及上海至杭州的磁浮工程进入上海南站的情况南站北侧暂缓施工。

2005 年 5 月 1 日，杨雄副市长一行，冒雨来到南站工地慰问节日上班的工人。

2005 年 5 月 6 日，法国国家铁路设计院一行 30 余人参观南站工地。

2005 年 4 月 4 日，上海铁路局局长刘涟清局长及王峰副局长等人视察南站工地并作了重要指示。

2005 年 1 月 6 日，上海市公安局以［2005］沪公消（建扩）字第 1 号文批复（关于上海铁路南站主站屋扩初消防设计的审核意见）。

2005 年 5 月 18 日，铁道部副总工程师郑健及部计划司副司长周孝文在路局总工程师杜厚智的陪同下视察了南站工地，作重要指示。

2005 年 5 月 29 日，上海铁路南站配套项目之一——桂林南路下立交工程建成通车。

2005 年 5 月 27 日，上海市消防局以［2205］沪公消（建备）字第 000026 号建筑工程消防设计的审核意见书批复《关于同意上海铁路南站主站屋消防设计审核意见（设备阶段）》。

2005 年 6 月 23 日下午，上海市人大主任龚学平率市人大常委部分组成人员，到正在建设中的上海南站工地进行视察。在上海铁路局局长刘涟清的陪同下，实地察看了上海南站工地、工程模型及多媒体演示。市人大副主任周慕尧、包信宝、刘伦贤、任文燕、朱晓明等参加了视察。

2005 年 7 月 5 日，市委副书记王安顺、市委组织部长姜斯宪等领导顶着 38℃ 的高温在市建设交通委党委甘忠泽、副书记徐海峰、上海铁路南站工程建设指挥部常务副指挥赵翠书、上海铁路局副局长王峰、建工集团董事长蒋志权和副总裁钱培的陪同下来到上海铁路南站部屋 9.9m 平台，慰问在高温下奋战的工程建设者，对他们在上海铁路南站工程建设中付出的辛勤劳动表示衷心的感谢，并向他们一一送上毛巾和矿泉水。同时叮嘱指挥部领导在高温的天气下要关心外来劳务工的身体健康，注意劳逸结合，切实做好防暑降温工作。

2005 年 7 月 5 日上午，市人大常委会副主任、市总工会总工会主席陈豪率领市总工会有关同志来到上海铁路南站工地亲切慰问坚持高温作业的广大建设者，并向建设者代表赠送了慰问金和慰问品。

2005 年 7 月 21 日，上海铁路局副局长任纪善来指挥部代表路局宣布成立上海铁路南站筹备组，组长为赵丽建。

2005 年 7 月 28 日和 29 日，莘庄站、春申站进行施工封锁，正式启用新设备。

2005 年 8 月 10 日，原铁道部副部长孙永福在路局局长刘涟清陪同下再次来到南站工地指导工作。

2005 年 8 月 15 日，南站指挥部与项目总包单位上海建工集团总公司在上海共同组织召开了南站室内真空卫生排水系技术方案专家评审会。对济南机车车辆/德国洛蒂真空和住宅技术公司及铁道科学研究院的方案进行评审。

2005 年 9 月 14 日，上海铁路南站工程建设指挥部召开上海铁路南站工程建设全面推进动员会，落实市政府今年年底基本建成上海铁路南站的要求，上海市政府副秘书长范希平出席会议并作了重要讲话。

2005 年 9 月 22 日，铁道部副部长芦春芳一行八人，在铁路局副局长王峰陪同视察了南站及沪闵路立交工地。

2005 年 11 月 13 日，上海铁路局刘涟清局长到南站工地检查工程情况，并作重要指示。

2005 年 12 月 5 日，上海铁路南站配套工程、上海在建的最深、最宽的铁路立交——沪闵路铁路立交最后一只钢筋混凝土箱体顶进就位，标志着沪闵路铁路立交工程提前 25 天完成。

2005 年 12 月 22 日，铁道部部长刘志军在路局局长刘涟清、党委书记杜光远、副局长王峰的陪同下视察了南站工地，慰问了建设管理和施工单位的代表，对我局的南站建设和管理工作表示肯定，同时勉励广大建设者要再接再厉，抓好建设管理和工程质量，精心组织建设好上海南站。

2005 年 12 月 22 日，上海铁路局副局长任纪善、副总经济师周方道及局客运处、总工程师室、建设处、计划处、上海站等有关人员听取"上海铁路南站标识系统方案"汇报。

二〇〇六年

2006 年 1 月 27 日，中央政治局委员、上海市委书记陈良宇及市委常委、市委秘书长范德官，市大常委会副主任、市总工会主席陈豪，副市长杨雄一行对春节坚持加班的来沪务工者慰问。陈良宇书记指出，进城就业的农民工，是我国改革开放和工业化、城镇化进程涌现的一支新型劳动大军，是新时期产业工人的重要组成部分，是上海市精神的共同培育者，鼓励他们把各地优秀的精神品质和多姿多彩的文化带到上海，在融入上海的过程中，以坚持四海为家、敢闯敢干的特殊品格，善于适应环境、学习新技能的进取精神，始终坚忍不拔、不畏艰难的顽强毅力，丰富了"海纳百川 追求卓越"的上海市城市精神的内涵。

2006 年 2 月 8 日，上海铁路局在现场召开"奋战六十天，建成新南站"动员大会，上海铁路局副局长王峰主持会议。

2006 年 2 月 10 日，上海铁路南站工程建设指挥部召开上海铁路南站建设动员大会，上海市府副秘书长洪浩参加会议，并作重要讲话。

2006 年 3 月 1 日，福建省发改委组织福州市、厦门市政府、省交通厅、建设厅、铁办、南昌铁路局、东南沿海铁路福建公司等来上海铁路南站工程学习考察。

2006 年 3 月 2 日，天津市交通集团来上海铁路南站工程学习考察。

2006 年 4 月 26 日，河南省副省长张大卫率团考察上海铁路南站工程建设。

2006 年 5 月 1 日，上海市市长韩正、副市长杨雄一行二十余人在上海铁路局局长刘涟清陪同下，来到南站工地慰问节日加班的工人，并视察即将完工的上海铁路南站站房。

2006 年 5 月 25 日，四川省副省长王怀臣率团考察上海铁路南站工程建设。

2006 年 5 月 27 日，法国交通、装备、旅游和海洋事务部部长多米尼克·佩尔邦（Dominique PERBEN）先生在上海铁路局局长刘涟清等陪同下参观上海铁路南站，并接受法国BFM 电视台采访。

2006 年 5 月 31 日，嘉兴市副市长考察上海铁路南站工程建设。

2006 年 6 月 1 日下午，上海铁路南站建设领导小组第六次会议在上海铁路局上海南站工程建设指挥部举行。上海市副市长杨雄、铁道部副部长陆东福等出席会议。会议由上海市政府副秘书长洪浩主持。会议对工程建设所取得的成绩给予充分肯定。上海南站交通枢纽工程是上海市与铁道部合作的良好典范，是科学技术与施工工艺的巧妙结晶，是广大建设者智慧和心血凝聚的丰硕成果。会议确定上海铁路南站 2006 年 7 月 1 日正式开通。

2006 年 6 月 25 日上午 8：15，随着发往杭州的 N521 次旅客列车正点驶出站台，首批920 位乘客幸运地见证了中国内地设施最为先进的火车站投入试运营的辉煌一刻。

2006 年 7 月 1 日上午 9：30，中共上海市委副书记、市长韩正宣布"上海铁路南站正式开通"，一列从上海开往义乌的 N559 次列车满载八方旅客驶离站台，她也承载着世界上第一座透光圆顶火车站驶向中国铁路车站建设的又一个辉煌。铁道部党组成员、副部长陆东福受铁道部党组书记、部长刘志军的委托出席开通仪式并讲话，上海市副市长杨雄出席开通仪式并讲话。开通仪式由上海市政府副秘书长洪浩主持。